征 稿 启 事

  人民交通出版社是隶属于交通运输部的国家一级出版社,被国家新闻出版广电总局评为"全国百佳图书出版单位""讲信誉、重服务"出版社。建社60多年来,交通社累计出版各类图书近3.4万种,总发行量超过3亿册,一大批图书荣获中国政府出版奖、中华优秀出版物奖、"三个一百"原创出版工程、国家精品教材等奖项;建立起一支包括院士和行业知名学者、专家、教授在内的高素质作者队伍。

  "天工开物·名家文集"是我社面向土木工程领域专家、学者策划组织的丛书,致力于行业名家总结毕生的学术思想和科技成果,为工程领域科技人员提供有益的借鉴;目前已先后出版《王恭先滑坡学与滑坡防治技术文集》《程良奎科技论文集——岩土锚固·喷射混凝土·岩土工程稳定性》等著作。现向各位土木工程领域专家、学者征集相关稿件,期待与各位合作。

  来稿咨询:陈力维,010—85285927,clw@ccpress.com。

程良奎科技论文集

岩土锚固·喷射混凝土·岩土工程稳定性

程良奎 [著]

人民交通出版社股份有限公司
China Communications Press Co., Ltd.

内 容 提 要

本书收录了程良奎先生 50 多年来在岩土锚固、喷射混凝土与岩土工程稳定性的研究方面的 51 篇论文。其中第一部分 10 篇,主要论述了我国 20 世纪 60 年代以来,各阶段岩土锚固技术的发展现状与趋向,剖析了影响岩土锚固技术发展的若干力学概念与热点问题;第二部分 14 篇,集中论述了压力分散型、后高压灌浆型、缝管摩擦型等新型高性能岩土预应力锚杆的结构构造、锚固机理、力学作用、工作特性与使用效果;第三部分 13 篇,分别论述了喷射混凝土的主要性能、喷锚支护的工作特性、作用原理、工程类比法设计与监控量测法设计,适应不同围岩地质与工作条件的喷锚支护体系;第四部分 14 篇,分别针对高边坡、大型洞室、复杂岩层隧洞、混凝土重力坝、深基坑等大型复杂锚固结构物,介绍其设计、施工、监测与工程稳定性分析,并探讨了影响锚固结构物稳定性的主要因素及岩土锚固的长期性能与安全评价。

本书可供水利、交通、建筑、地矿、电力和国防工程系统的工程技术人员使用,也可供有关高等院校师生及科研单位相关科研人员参考。

图书在版编目(CIP)数据

程良奎科技论文集:岩土锚固·喷射混凝土·岩土工程稳定性 / 程良奎著. — 北京:人民交通出版社股份有限公司,2015.8
ISBN 978-7-114-12417-4

Ⅰ.①程… Ⅱ.①程… Ⅲ.①岩土工程－文集 Ⅳ.①TU4-53

中国版本图书馆 CIP 数据核字(2015)第 179860 号

书　　名:	程良奎科技论文集——岩土锚固·喷射混凝土·岩土工程稳定性
著 作 者:	程良奎
责任编辑:	陈力维
出版发行:	人民交通出版社股份有限公司
地　　址:	(100011)北京市朝阳区安定门外外馆斜街 3 号
网　　址:	http://www.ccpress.com.cn
销售电话:	(010)59757973
总 经 销:	人民交通出版社股份有限公司发行部
经　　销:	各地新华书店
印　　刷:	北京盛通印刷股份有限公司
开　　本:	787×1092　1/16
印　　张:	34
字　　数:	765 千
插　　页:	8
版　　次:	2015 年 8 月　第 1 版
印　　次:	2015 年 12 月　第 2 次印刷
书　　号:	ISBN 978-7-114-12417-4
定　　价:	158.00 元

(有印刷、装订质量问题的图书由本公司负责调换)

作者简介

程良奎,1935年11月生,江苏溧阳人,1957年毕业于西安建筑工程学院建筑工程系,教授级高级工程师,1991年享受国务院政府特殊津贴,曾任冶金工业部建筑研究总院研究室主任、院副总工程师。

程良奎是我国喷射混凝土锚杆结构与岩土锚固技术领域的主要开拓者和学科带头人。50多年来,一直工作在岩土工程技术第一线,1965年,在国内率先主持研究成功喷射混凝土及其支护技术,并应用于鞍钢的矿山隧道工程。1966年,率先在国内将喷射混凝土与锚杆相结合的支护用于地质条件复杂的本钢南芬选矿厂永久性泄水隧洞,成效显著。此后,长期研究喷锚支护与围岩的相互作用与共同工作规律,块状结构、碎裂结构及高应力低强度塑性流变岩体隧洞喷锚支护的力学机制与工作特性,通水、强爆破震动、反复冻融、腐蚀介质条件下的喷锚支护的适应性,建立了适用于不同工作条件和围岩地质条件的喷锚支护体系;提出了"及时支护,先柔后刚,分期实施,全面封闭"的控制塑性流变岩体变形的喷锚支护理论与方法,发展了"围岩——喷锚支护"共同工作理论;主持制定了我国首本锚杆喷射混凝土支护技术规范(国家标准);引发和实现了我国隧道与地下工程传统支护方法的根本变革,大大加速了我国各类岩石隧道和地下工程的建设,产生了重大经济效益和社会效益。

在岩土锚固技术领域,他主持研究开发出缝管式摩擦型岩石锚杆技术、后高压注浆型土层锚杆技术、荷载分散型锚杆技术和可拆芯式锚杆技术等一系列创新型高性能锚杆技术,均属国内首创,达到国际领先或国际先进水平,攻克了塑性流变岩体、强爆破震动工况、淤泥质土地层、超越红线区域等复杂条件使用锚杆的突出难题,大大拓宽了岩土锚固技术的应用领域。主持锚杆荷载传递机制研究,根据锚杆负荷后锚固段黏结应力分布特征,提出了预应力锚杆抗拔承载力计算公式中应引入锚杆锚固段长度对强度的影响系数,修正了传统计算公式的不合理性,已被我国相关标准所采用。研究成功的压力分散型锚杆具有黏结应力分布均匀、抗拔承载力高、蠕变量小、长期稳定性好等独特优越的工作特性,对提高我国大型锚固结构物(边坡、大型硐室、重力坝、受拉基础等)稳定性发挥了重大作用,实现了岩土锚固技术的新突破。

程良奎在喷锚结构与岩土锚固力学机制及设计方面,提出了新的理论和学术见解,是创建和发展喷锚结构与岩土锚固学科的领军人物。他与该领域的其他老专家一道,共同创建了中国岩土锚固工程协会,并任一、二、三届理事长,加强了与国际间的学术交流及科技合作,主持国际岩土锚固工程技术研讨会,大力推进我国的岩土锚固工程技术不断向纵深发展。

程良奎长期坚持走奋力挖掘岩土的固有潜能之路,紧密团结相关科技人员,以充分利用和发挥岩土体的能力和自身强度,维护岩土开挖工程稳定性,作为科研工作的出发点与归宿,从不停歇地研究岩土锚固、喷射混凝土支护技术与岩土工程稳定性,硕果累累,成效显著。

作为第一完成人,有18项成果获得国家及省部级科技奖,其中国家科技进步二、三等奖各1项,全国科学大会奖2项,省部级科技进步一、二、三等奖14项。获发明专利2项、新型实用专利1项。作为独著或第一作者,出版《井巷喷射混凝土支护》《喷射混凝土》《岩土加固实用技术》《喷射混凝土与土钉墙》《岩土锚固》《岩土锚固·土钉·喷射混凝土——原理·设计与应用》等专著7本。主编手册、论文集(包括英文版)7本。作为第一起草人主编《锚杆喷射混凝支护技术规范》(GB 50086—2001)、《岩土锚杆与喷射混凝土支护工程技术规范》(GB 50086—2015)、《岩土锚杆(索)技术规程》(CECS 22:2005)等国家及行业标准7部。在国内外公开发表论文190余篇。主持参与的矿业、建筑、水利、水电、交通、地质工程系统的数百项大型复杂岩土工程的技术咨询、方案论证及病害治理,均获得良好的成效,受到工程界的普遍好评与赞誉。曾获冶金部先进科技工作者与建设部全国施工技术进步先进个人等荣誉称号。

1985年至今,一直担任中国岩石力学与工程学会常务理事,国际岩石力学学会中国小组成员,曾任中国岩石力学与工程学会技术咨询委员会主任委员、中国岩石力学与工程学会地下工程专业委员会副主任委员、中国岩土工程研究中心技术委员会委员、中国岩土锚固工程协会(一、二、三届)理事长、中国金属学会施工技术专业委员会主任委员、中国金属学会矿建专业委员会副主任委员、中国土木工程学会隧道与地下工程分会理事、大连理工大学、北京科技大学、中国矿业大学(徐州)兼职教授,《土木工程学报》《岩石力学与工程学报》编委。

1. 岩土科研人生

大学毕业(21岁)时　　　　　　　　　　　1995年60岁时

1984年3月,在烟台主持国家标准《锚杆喷射混凝土支护技术规范》编写组工作会议(参会的还有段振西、刘启琛、郑颖人、赵长海、苏自约、徐祯祥、张家识、邹贵文、丁恩保等人)

1985年在厦门仙岳山庄边坡现场进行新型预应力锚杆抗拔承载力试验

1986年1月，中国岩石力学与工程学会一届二次常务理事会议在北京召开时的合影（前排右4学会理事长陈宗基先生）

1986年正在撰写科技论文

1989年在加拿大出席国际隧道工程学术大会期间,同孙广忠、侯学渊教授一起与国际著名学者、加拿大多伦多大学教授Hoek.E进行学术交流

1994年，应日本PC格构协会邀请，在东京作中国岩土锚固工程技术现状与发展的学术报告

1996年在广西柳州主持国际岩土锚固工程技术的应用与发展研讨会

2008年在杭州图强工程材料有限公司主持涨壳式中空锚杆蠕变试验

2008年，同夫人张玉玲教授在南非

2. 国际学术交流

1985年，作为中国土木工程学会代表团成员，出席在巴基斯坦拉合尔召开的国际混凝土材料、结构与工艺学术大会（前排右1团长吴中伟院士）

1990年出席在成都召开的国际隧道工程学术大会

1993年在莫斯科进行学术交流与工程考察

1994年11月在日本讲学期间，与日本的专家、学者研讨岩土锚固工程技术

1994年在日本讲学期间

1996年在意大利进行岩土锚固工程技术交流与工程考察

1997年在美国哥伦比亚大学出席国际岩石力学学术会议并考察纽约郊区在建的水工隧洞

1997年同朱维申教授等出席在美国夏威夷大学召开的国际不连续岩石变形分析研讨会

3. 国内学术交流

1988年在中国岩土锚固工程协会成立大会上作学术报告

1992年主持第三次全国岩土锚固工程学术大会

1999年，在上海同济大学召开的岩土锚固技术研讨会作报告

2009年在全国第二次水工岩石力学学术会议上作报告

4. 技术咨询与工程考察

1992年,同刘天泉院士在辽宁抚顺煤矿西露天矿滑坡整治工程现场

1994年在日本东京郊区考察深基坑锚拉桩支护工程

1994年2月,与田裕甲等考察链子崖滑坡治理工程现场

1997年在美国夏威夷考察岩土工程技术

1998年在厦门考察基坑锚固工程

1998年在湖北宜昌与日本三峡工程参访团的部分专家商讨技术合作事项

2000年在云南地质工程第二勘察院作学术报告后,解答疑难问题

2005年与刘广润院士等专家考察锦屏一级水电站530m高边坡现场后回西昌途中

2005年在越南胡志明市，考察韩国新型土锚采用组合千斤顶张拉试验情景

2008年在锦屏一级水电站左坝肩530m高边坡锚固现场开展技术咨询

序*

随着时代的发展,岩土锚固技术在隧道、洞室、矿井、边坡、深基坑、混凝土坝、抗浮结构、基础及桥梁等工程中越来越广泛地得到应用,它独特的工作特性与工程效应决定了从事岩土锚固技术的专家必须具备敏锐的思维和严谨的逻辑。在中国,说起岩土力学与工程学科的分支——锚喷结构与岩土锚固工程学科,不能不提及这样一位资深的锚喷结构与岩土锚固工程专家,他从事岩土力学与工程技术研究已半个世纪,50多年的科研历程,智慧、知识、执着、奉献,不变的追求与信念,最终硕果累累,震撼业界,他就是我国锚喷结构与岩土锚固工程技术领域的主要开拓者和学科带头人、著名岩石力学与岩土工程专家程良奎教授!

他在喷锚结构和岩土锚固工程学科技术领域取得了重大的创造性的成就和贡献。多年来,新华社、人民日报、中国建设报、科技日报、中华建筑报、科学中国人、岩土工程界等报刊曾报道了他和他的科研团队在挖掘岩土潜能的征途上不断创新的事迹。

他是原冶金工业部建筑研究总院副总工程师、中国岩石力学与工程学会常务理事、国际岩石力学学会中国小组成员、中国岩石力学与工程学会技术咨询委员会主任委员、中国岩土锚固工程协会(一、二、三届)理事长,教授级高级工程师。

在岩土力学与工程领域,他曾作为第一完成人,有18项科技成果获得国家及省部级科技奖,其中国家科技进步二、三等奖各一项,省部级科技进步一、二、三等奖14项,全国科学大会科技成果奖二项。曾获"冶金部先进科技工作者"及"建设部全国施工技术进步先进个人"等多种荣誉称号,1991年开始享受国务院政府特殊津贴。

他目前和曾担任的社会兼职还有中国岩石力学与工程学会地下工程专业委

---

* 本序言摘自《科学中国人》,2009,3:112-115 和中国未来研究会,《影响中国的领军人物》,2015,5:148-151.

员会副主任委员,中国金属学会施工技术专业委员会主任委员,中国金属学会矿建专业委员会副主任委员,中国岩土工程研究中心技术委员会委员,大连理工大学、北京科技大学、中国矿业大学(徐州)兼职教授,《土木工程学报》《岩石力学与工程学报》编委,中国工程建设标准化协会理事等职。

1935年11月,程良奎出生于江苏溧阳。1953年他考入了东北工学院,1956年全国高校院系调整,他随该院土木建筑系并入新建的西安建筑工程学院学习。1957年他毕业了,进入了冶金部建筑研究院工作,从此开启了他自己的岩土人生,当时程良奎年仅21岁。

1965年,程良奎和他领导的科研小组在国内率先研究成功喷射混凝土支护,并成功地用于鞍钢弓长岭铁矿埋深较浅的157水平运输隧道,随即新华社、人民日报和北京广播电台等新闻媒体作了报道,引起了岩土工程界的强烈反响。

1966年,他们又在国内首次将喷射混凝土与锚杆相结合的支护体系应用于本钢南芬选矿厂一条长2km的穿过钙质、炭质和泥质页岩互层的输水隧洞和攀钢专用铁路隧道,并首次用喷射混凝土加固北京地铁(古城段)被火烧伤的混凝土衬砌,为我国地下工程支护方法的根本变革和建筑结构新型加固方法的创立奠定了基础。

1973年,程良奎作为第一作者与鞍山矿山设计院冯宝玉、本钢矿建工程公司赵丙芹合著的《井巷喷射混凝土支护》一书出版,这是我国第一本关于喷射混凝土的专著,首次发行量1万余册。该书用冶金矿山支护的工程实践表明,喷射混凝土或它与锚杆支护相结合的支护,与现浇混凝土支护相比,可以减少支护厚度1/2～2/3,节省岩石开挖量15%,加快支护速度2～4倍,并可节约木材,降低支护成本40%左右,具有显著的技术经济优越性。

1979年1月,程良奎作为第一起草人与冶金部建筑研究总院苏自约、邹贵文,煤炭科学研究院段振西,铁道科学研究院刘启琛,水电部东北勘测设计院赵长海,铁道部专业设计院张家识等共同起草编制的《锚杆喷射混凝土支护设计施工规定》经国家基本建设委员会批准颁发,对推动我国隧道与地下工程锚杆喷射混凝土支护的广泛应用发挥了重大作用。

此后,程良奎紧紧抓住困扰着隧道建设的软弱破碎与高应力低强度围岩的支护难题,带领科研组成员长期深入研究"围岩—锚喷支护"相互作用与共同工作的理论与实践。从1980年至1983年,先后取得了多项重大科技成果,这些成果的应用,大大提高了复杂和不良岩层中隧道洞室的稳定性。

1979年,程良奎、庄秉文等完成了用喷锚支护加固块状围岩拱的室内结构试验。试验结果表明,用10根 ϕ8mm 钢筋作杆体的灌浆锚杆或用厚10cm的喷射混凝土加固后的块状围岩拱,其破坏荷载分别提高了6.0倍和8.6倍,在50kN荷载作用下,拱中挠度仅为未加固拱件的4.4%和13.3%。1981年,他们发表了"块状岩体喷锚支护的作用机理与设计"一文,被收录于由冶金工业出版社出版的《中国金属学会第一届矿山岩石力学学术会议论文集》中。该文在国内外首次深刻揭示和论证了喷锚支护对块状岩体的加固作用机理,在地下工程界产生了深远影响,至今有关论据仍被业内人士所引用。

1981年,程良奎与冯申铎等人研究开发出开缝管式摩擦锚杆新技术,填补了我国岩石锚杆支护领域中的一项空白。该新型锚杆具有独特的力学效应与工作特性,能对围岩施加三向预应力,安设后可立即提供支护抗力,在岩层移动和经受采动影响条件下锚杆抗力得以进一步增长,因而在我国煤矿、金属矿的巷道和采场支护工程中得以广泛采用,技术经济效益十分显著。

1982年,程良奎主持的"金川矿区不良岩层巷道变形控制与喷锚支护"研究课题,取得突破性成果,他们针对高应力、低强度的软岩支护难题,建立了"及时支护、先柔后刚、分期实施、全面封闭"等一整套控制塑性流变岩体变形的理念与方法,成效显著。此后,这些基本原则与方法被国家标准《锚杆喷射混凝土支护技术规范》(GB 50086—1985)所采用。1980—1984年,他在《地下工程》《金属矿山》《煤炭科学技术》等刊物上先后发表了《块状围岩喷锚支护的作用机理与设计》《喷锚支护的工作特点与作用原理》《挤压膨胀性岩体中巷道的稳定性问题》《喷锚支护的几个力学问题》《喷锚支护监控设计及其在金川镍矿巷道工程中的应用》《管缝式摩擦锚杆的力学作用与加固效果》等论文,对促进我国地下工程喷锚支护的迅速广泛应用及喷锚结构学科的创立发挥了重要作用。

1983年,我国著名岩土力学专家陈宗基先生在金川主持了全国地下工程技术经验交流会。会上程良奎作了喷锚支护的工作特性与作用原理的学术报告。他指出,喷锚支护加固围岩的力学作用来源于它的独特的工作特性。喷锚支护的及时性、黏结性、柔性、深入性、灵活性和密封性等工作特性是构成最大限度利用围岩强度和自支承能力的基本要素。能否根据不同类型的围岩,在工程设计施工中能动地运用这些特性,是评价围岩自承力的得失、围岩加固效应好坏的关键要素。该报告得到了与会学者专家的普遍好评。

1985年,程良奎作为第一起草人,主持编制的国家标准《锚杆喷射混凝土支护技术规范》(GB 86—1985)被批准颁发。这是我国第一本关于锚杆喷射混凝土支护的技术规范,被作为设计施工的技术法规和主要依据而广为应用,实现了我国隧道与地下工程支护方法的根本变革,开创了我国隧道与地下工程全面采用能充分发挥围岩自支承力的锚喷支护的新阶段。同年,中国岩石力学与工程学会在北京成立,他被推选为常务理事,也是首届理事会中最年轻的一位常务理事。

1986年,国内迎来了城市基础设施和高层建筑建设高潮,出现了大量软土深基坑稳定的难题。他带领的科学研究小组,紧紧把握社会经济发展的热点,及时调整科研重点,他和宝钢二十冶张惠甸总工紧密合作,率领科技人员研究开发了可重复高压灌浆型锚杆新技术,将上海淤泥质土地层中的预应力锚杆的极限抗拔力由 400kN 提高到 1000kN,成功地解决了上海太平洋饭店锚拉板桩支护体系的稳定问题,还研究分析了软土锚固的蠕变特性,提出了软土锚固后的蠕变量控制标准。从而加速了我国沿海软土地区地下空间建设,使我国的软土锚固技术水平进入了世界先进行列。

1991 年程良奎等人完成的"可重复高压灌浆型锚杆"与"爆破扩大头型锚杆技术"集成为"岩土预应力锚杆新技术",获国家科技进步三等奖。

1993 年程良奎与杨志银等研究开发出具有我国特色的"土钉支护"技术。次年他们撰写出版的《岩土加固实用技术》一书中系统全面地论述了土钉墙的原理、特点、设计方法、稳定性、施工工艺及工程应用实例。此后,他们用预应力锚杆与土钉墙支护复合,成功地治理了中国人民大学的一个濒临全面倒塌的基坑,使基坑转危为安,赢得了工程界的赞许。

1997 年程良奎率领科研小组,所完成的"压力分散型锚固体系的理论与实践"科研成果,则是我国岩土锚固技术的重大突破。这种新型的锚杆结构与工艺技术,从根本上改善了锚杆荷载的传递机制,使锚杆的切应力得以均匀分布,极大地调动了地层的抗剪强度,提高了工程锚杆的力学稳定性与化学稳定性,目前已在我国的边坡、洞室、结构抗浮、基坑、大坝等各类大型锚固结构中获得广泛应用。

程良奎等开发的压力分散型锚杆在使用要求完成后具有拆除筋体的功能,创立了无障碍型岩土锚固技术,填补了我国岩土锚固领域的又一项空白。

1998 年程良奎主持了科技部"稳住一头"科研项目"三峡永久船闸高边坡预应力锚固技术的研究",参加该项目研究的有冶金部建筑研究总院、长江科学院和四平岩土工程公司等 10 余名科技人员,经过近 3 年的努力,取得了预应力锚固的力学效应、作用机理、钻孔偏斜控制、长期工作性能等多方面的研究成果,该项研究成果达到国际先进水平,部分成果属国际领先水平。

2002 年,以"压力分散型(可拆芯式)锚杆的研究与应用"和"三峡永久船闸高边坡预应力锚固技术的研究"为核心内容的"预应力岩土锚固综合技术及其应用"科技成果获国家科技进步二等奖。2003 年 2 月程良奎作为该项成果的第一完成人,出席了国家科学技术奖励大会,受到党和国家领导人的亲切接见。

2005 年程良奎主持编制的《岩土锚杆(索)技术规程》(CECS 22:2005)由中国工程建设标准化协会批准颁布。

2009 年程良奎和范景伦等人提出的"多段袋式挤压型锚杆"被国家专利局授予国家发明专利证书。

2010 年由杭州图强工程材料有限公司主持、程良奎作为该项目首席专家所完成的"EX型涨壳式预应力锚杆系统成套技术"获中国岩石力学与工程学会科技进步二等奖。

2015年程良奎作为第一起草人与全体编写组人员一道,共同完成了国家标准《岩土锚杆与喷射混凝土支护工程技术规范》(GB 50086—2015)。该规范已被住房与城乡建设部批准颁布,它是我国土木、水利和建筑工程中一项影响力大、覆盖面广的技术规范。对加速我国隧道、洞室、矿山井巷、边坡、基坑、受拉基础、结构抗浮和混凝土坝等各类锚固结构工程建设必将发挥重大作用。

今年8月,《程良奎科技论文集》将由人民交通出版社股份有限公司出版发行。该书全面、系统地反映了作者及他的合作者50多年来在岩土锚固、喷射混凝土及岩土工程稳定性方面的科技与学术成果,记录了作者为挖掘岩土体潜能而奋斗不息、勇于创新的艰辛历程。

一个学科的建立需要一个基本理论体系和大量的专业技术概念。程良奎教授在科技创新的同时,一直非常重视理论的建立、提升和发展。多年来,他以第一起草人的身份,主持制定和修订了《锚杆喷射混凝土支护技术规范》(GB 50086—2015)、《岩土锚杆(索)技术规程》(CECS 22:2005)等7部国家与行业标准,作为设计与施工的技术法规与主要依据被广为应用。撰写出版了《喷射混凝土》《岩土加固实用技术》《喷射混凝土与土钉墙》《岩土锚固》《岩土锚固·土钉·喷射混凝土——原理、设计与应用》等7部专著;在国内外公开发表论文190余篇,在喷射混凝土、锚杆与围岩的相互作用与共同工作、喷锚支护工作特性与作用原理、高应力低强度围岩隧洞的变形控制机理、岩土锚杆的荷载传递机制与切应力分布特征、岩土锚杆的破坏机理与提高锚杆抗拔承载力的途径与方法等研究领域提出了不少独到的概念及深有见地的学术思想,为我国建立和发展喷锚结构与岩土锚固学科贡献了全部的心智。

程良奎先生以其50余载的专业科研生涯与工程积累,丰厚的底蕴,扎实的理论基础和丰富的经验,主持参与的矿业、建筑、水利、水电、交通、市政、地质工程系统的数百项大型复杂岩土工程的技术咨询、方案论证、病害治理,均获得良好成效,得到工程界普遍好评与赞誉。

时光流逝,岁月沧桑,当初那位怀着满腔热忱的少年,已是满脸风霜。岁月的积淀赋予了他更多的内涵,我们眼前的他是如此的睿智严谨、深沉平和、坦然淡定的一位学者、大家。他像一台永不停歇的发动机,转动、前进,再转动、再前进。如今,他仍不停息地奋斗在挖掘岩土潜能的征途上。谈到这些年的工作与历程,他坚定地说挖掘岩土固有的潜能,造福于人类,其乐无穷,也永无止境。"我酷爱这一学科和专业,胜似生命,它是我毕生的追求,也是我力量的源泉,我将毫不迟疑地沿着这条挖掘岩土潜能的道路走下去,直至走完最后一步。"

前言

1957 年,作者大学毕业后被分配到冶金工业部建筑研究总院工作。自 1963 年至今的 50 多年来,一直从事喷射混凝土技术、岩土锚固技术和岩土锚固与喷射混凝土支护工程稳定性的研究工作。先后出版专著 7 本,在国内外公开发表论文 180 余篇。这次在人民交通出版社的热情鼓励和大力支持下,选择了其中的 51 篇,出版了本论文集。这本论文集体现了作者奋力挖掘岩土固有潜能,充分利用和发挥岩土体的自承能力与自身强度,维护岩土工程稳定性的学术思想与科研轨迹;较全面、系统地反映了作者及其合作者在喷锚结构与岩土锚固技术领域的科技与学术成果;记录了作者与科研团队为不断挖掘岩土潜能而奋斗不息、勇于创新的艰辛历程。

本论文集共有 4 部分组成。

第一部分包括论文 10 篇,主要论述了不同时期我国岩土锚固技术的发展现状和趋向。剖析了发展中的岩土锚固技术的若干力学概念与热点问题,以冀我国的岩土锚固技术始终沿着健康的轨道向纵深发展。

第二部分包括论文 14 篇,集中论述了压力分散型锚杆、后高压灌浆型锚杆、可拆芯式锚杆、缝管式摩擦型锚杆和涨壳式中空锚杆等新型岩土预应力锚杆,介绍它们的结构构造、锚固机理、力学作用、工作特性及使用效果。论证了荷载分散型锚杆受荷时在传力机制、剪应力分布特征、地层强度利用率、抗拔承载力水平及长期工作稳定性等方面明显地优于荷载集中型锚杆。

第三部分包括论文 13 篇,分别论述了喷射混凝土与钢纤维喷射混凝土的性能、喷锚支护的工作特性、作用原理、工程类比法设计与监控量测法设计以及适应不同围岩地质与工作条件的锚喷支护体系。还论述了采用适时地调整喷锚支护的刚度与抗力,维持围岩变形与支护抗力的动态平衡,有效控制高挤压围岩变形的理论与方法。

第四部分包括论文14篇,主要论述了高边坡、大型洞室、复杂岩层隧道、混凝土重力坝、深基坑等大型复杂锚固结构物的设计,施工,试验,监测与稳定性分析。还研究讨论了影响锚固结构物稳定性的主要因素及岩土锚固的长期性与安全评价。

科学技术是不断发展的,人的生命却是有限的。在作者年届八旬之际,能出版这本论文集,感到非常高兴。这主要得益于大家的支持和鼓励,特别是贾金青、杨志银、王帆、范景伦、张培文等同志对本论文集出版的热情关心和大力支持。在此,谨向他们和所有为本论文集出版做出贡献的同志表示衷心感谢。

由于时间仓促,水平有限,本论文集难免存在不当或错误之处,恳请同行们批评指正。

程良奎

2015.6

目 录

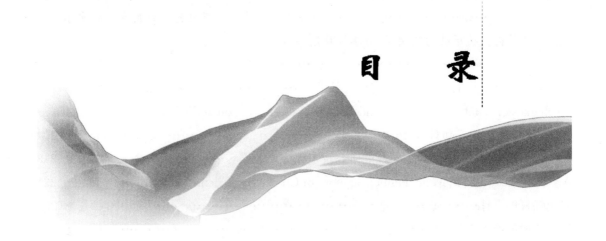

第一部分 岩土锚固技术的现状与发展

岩土锚固研究与新进展 ·· 程良奎(3)
岩土锚固的力学作用与主要成就 ················ 程良奎 范景伦 韩 军(16)
岩土锚固的现状与发展 ·· 程良奎(32)
国家标准《岩土锚杆与喷射混凝土支护工程技术规范》(GB 50086—2015)的
　基本特点与主要修订内容 ··· 程良奎(41)
岩土锚固工程的若干力学概念问题 ············· 程良奎 张培文 王 帆(58)
当今岩土锚固的几个热点问题 ··· 程良奎(80)
我国岩土锚固技术的现状与发展 ······································ 程良奎(95)
岩土预应力锚固技术的应用和发展趋向 ··························· 程良奎(100)
国内外岩土锚杆规范的现状与要点 ································ 程良奎(107)
Application and development of anchoring in
　Rock and Soll in China ······································ Cheng Liangkui(125)

第二部分 新型岩土锚杆(索)的锚固机理、工作特性与工程应用

压力分散型(可拆芯式)锚杆的研究与应用
　················· 程良奎 范景伦 周彦清 李成江 韩 军 罗超文(137)
单孔复合锚固法的机理和实践 ······································ 程良奎(157)
压力分散型锚杆工作特性的有限元模拟分析 ·········· 李成江 程良奎(165)
可拆芯式锚杆技术 ······························ 程良奎 周彦清 范景伦(174)
后高压灌浆预应力锚杆及其在淤泥质土层中的应用
　···························· 程良奎 于来喜 范景伦 钟映东 胡建林(179)

淤泥质土层中后高压注浆型锚杆的工作特性
································· 程良奎　于来喜　范景伦　钟映东　胡建林(185)
提高岩土锚杆抗拔承载力的途径、方法及其效果
··· 程良奎　范景伦　张培文　周建明(190)
缝管式摩擦型锚杆的力学作用和支护效果············· 程良奎　冯申铎(200)
Mechanics of Friction Rock Bolt and Its Adaptability to Controlling
　　Deformation of Soft Ground ···························· Cheng Liangkui(204)
EX型涨壳式预应力锚杆的力学性能研究及工程应用效果······ 程良奎　王　勇(213)
A New Innovation in Mine Tunnel Support in China ··· Cheng Liangkui　Hu Jianlin(221)
岩土锚杆的设计·· 程良奎(229)
岩土锚固的若干力学问题··· 程良奎(239)
土层锚杆的几个力学问题··································· 程良奎　胡建林(249)

第三部分　喷射混凝土与地下工程喷锚支护体系的研究与应用

喷射混凝土及其在矿山巷道中的应用············· 程良奎　王岳汉　苏自约(259)
喷射混凝土性能的研究··· 程良奎(266)
钢纤维喷射混凝土的研究与应用······················· 程良奎　杨志银(286)
影响喷射混凝土强度的若干主要因素············· 程良奎　张　弛　邹贵文(295)
喷射混凝土工程设计施工中的若干问题······························· 程良奎(304)
喷锚支护的工作特性与作用原理····································· 程良奎(311)
岩石隧洞喷射混凝土支护的结构作用································· 程良奎(319)
不同工作条件下喷锚支护的使用效果及其分析······················· 程良奎(324)
地下工程喷射混凝土支护的作用与设计······························· 程良奎(333)
新奥法与喷射混凝土锚杆支护的监控量测···························· 程良奎(340)
喷锚支护监控设计及其在金川高挤压岩层巷道工程中的应用·········· 程良奎(346)
建筑结构修复加固工程中的喷射混凝土技术·························· 程良奎(355)
Recent Development of Shotcrete-Rockbolt Support in Chinese Mine
　　Tunnels and Chambers ········· Cheng Liangkui　Feng Shenduo　Hu Jianlin(371)

第四部分　岩土锚固与喷射混凝土支护工程的设计及稳定性

挤压膨胀性岩体中巷道的稳定性问题·································· 程良奎(381)
块状围岩隧洞喷锚支护的作用原理与设计········ 程良奎　庄秉文　张　弛　邹贵文(392)
三峡永久船闸高边坡预应力锚固技术的研究与应用
············· 程良奎　范景伦　胡建林　韩　军　周彦清　盛　谦　李绍基　等(401)

影响锚固边坡稳定性的若干主要因素··程良奎(430)
地下工程喷射混凝土锚杆支护的设计与应用·······································程良奎(442)
关于地下水封洞库锚喷支护体系的思考与展望······································程良奎(451)
关于提高喷锚支护隧洞稳定性的几点认识··程良奎(460)
关于喷锚支护的几个力学问题···程良奎(466)
压力分散型锚杆的工作特征与大型锚固构筑物的稳定性···············程良奎　李正兵(472)
水工隧洞中的喷射混凝土锚杆支护···程良奎(479)
深基坑锚杆支护的新进展··程良奎(486)
土钉墙计算程序及参数研究··杨志银　程良奎(500)
Issues on the Design and Application of Anchored pile/wall structure for
　　Deep Foundation Pit ·····················Cheng Liangkui　Song Fa　Han Jun(509)
岩土锚固工程的长期性能与安全评价···························程良奎　韩　军　张培文(516)

第一部分
岩土锚固技术的现状与发展

岩土锚固研究与新进展

程良奎

(中冶集团建筑研究总院,北京 100088)

摘　要　岩土锚固在我国边坡、隧道、地下洞室、基坑、坝体及抗倾、抗浮等工程建设中已得到广泛应用,成效显著。围绕岩土锚固的应用领域与规模,标准化建设,锚固效应与力学作用,荷载传递机制与荷载分散型锚杆(索),重复灌浆技术,中空注浆锚杆与扩体型锚杆,土钉与复合土钉加固,钻孔机具与监测、检测技术等方面,较全面地论述了我国岩土锚固的主要研究成果和最新进展,并对岩土锚杆的设计、类型及其适应性、腐蚀与防护、长期工作性能与安全评价以及研究方向等有关发展我国岩土锚固的几个关键问题提出了意见。

关键词　岩土工程;岩土锚固;进展;应用领域;荷载传递;力学效应;关键技术

中图分类号　TU 443　　**文献标识码**　A　　**文章编号**　1000-6915(2005)21-3803-09

Research and New Progress in Ground Anchorage

Cheng Liangkui

(*Central Research Institute of Building and Construction*, *China Metallurgical Construction Group Corporation*, *Beijing* 100088, *China*)

Abstract　The ground anchorage technology has been widely used in slopes, foundation pits, mines, tunnels, underground caverns, dams, resistance to overturning and floatation, etc. in China with remarkable success. It is expounded more comprehensively that major achievements and the latest progresses in ground anchorage from the application field and scale, standardized construction, reinforcing mechanical effect, load transfer mechanism as well as load-dispersed anchors (cables), repeated grouting technique, hollow-grouted anchor and underreamed anchor, soil nail and composite soil nail, drilling machines and monitor techniques, etc. in China. Meanwhile, some opinions are proposed on several key problems, concerning the development of ground anchorage in China, such as the design, type and adaptability, corrosion and protection, long-term working behavior and safety evaluation, as well

---

* 本文摘自《岩石力学与工程学报》,2005(11):3803-3811.

as the research direction, etc. of the ground anchors.

Key words　geotechnical engineering; ground anchorage; progress; application field; load transfer; mechanical effect; key technologies

1　引言

岩土锚固是岩土工程领域的重要分支。在岩土工程中采用锚固技术，能较充分地发挥和提高岩土体的自身强度和自稳能力，显著缩小结构物体积和减轻结构的自重，有效控制岩土工程的变形。岩土锚固方法已经成为提高岩土工程稳定性和解决复杂岩土工程问题最经济有效的方法之一。

近20年来，国内外岩土锚固的研究异常活跃，工程应用迅猛发展。可以明显地看出，自20世纪80年代以来，国外岩土锚固的研究重点和发展趋势主要集中在以下几个方面：

(1)在锚杆黏结应力分布特征研究与改善锚杆荷载传递机制创新方面，文[12]采用现场锚固试验与数值模型等方法对锚杆的黏结应力分布特征进行较系统深入的研究，证实了锚杆锚固段黏结应力分布的严重不均匀性，平均黏结应力随着锚固段长度的增加而减小。文[11]在长期研究中得到了伦敦硬黏土中随锚杆锚固段的增长，其有效调用土层抗剪强度的效率急剧降低的关系曲线，并成功研究了单孔复合锚固法（荷载分散型锚固体系），大大提高了土层锚杆的极限抗拔力。采用这种单孔复合锚固技术，在英国的软土中可使锚杆承载力达到1337kN。日本的KTB锚固工法是典型的单孔复合锚固体系，从20世纪90年代初就在日本边坡工程中广泛应用，近年来获得了更大的发展。

(2)在防腐技术方面，1986年国际预应力协会（FIP）地锚工作小组对收到的35例锚杆腐蚀破坏实例分析研究后指出：锚头以及锚头与自由段或自由段与锚固段的交界处最易遭受腐蚀。鉴于锚头特别容易遭受腐蚀，应加强对锚头的早期防护。锚杆的短期破坏（几星期后）是由于应力腐蚀和氢脆作用所致。淬火与回火的低碳钢及高强合金钢比其他种类的钢更易遭受氢的脆化作用，因而在具有侵蚀性的环境下使用上述钢材应格外小心。

为了检验锚杆防腐系统的完善性，瑞士开发应用了锚杆的电隔离（电阻法）测定技术。该法已列入瑞士和全欧洲的锚杆标准。

(3)在高承载力锚固体系的开发应用方面，由于高强度钢绞线生产和深大钻孔技术的发展，在重力坝加固及桥梁工程中，实际应用的单根锚杆(索)的承载力有很大提高。如德国采用104根长75m、单锚设计承载力为4500kN的预应力锚杆加固了高47m的Eder混凝土重力坝。澳大利亚从1992—1995年先后对Nepean、Captains Flat、Burrinjuck、Lyell等4座混凝土重力坝采用高预应力锚杆进行加固，其中Burrinjuck坝高79m，采用由65根直径为15.2mm的钢绞线组成的预应力锚杆加固，锚杆钻孔直径为315mm，单锚极限承载力达16250kN。澳大利亚悉尼通往Glebe岛的钢索斜拉桥，同样采用高承载力的预应力锚杆将基础与下卧的砂岩锚固起来，以承受较大的上举力。每根锚杆长40～46m，锚孔直径为310mm，单锚极限承载力为16700kN，共用了22根预应力锚杆。

(4)在研究与揭示锚杆的长期工作性能方面，近年来，国外给予了极大的关注，1997年在英国召开的"地层锚杆与锚固结构"学术讨论会上，就有英国、德国、南非、澳大利亚、瑞士等国的11篇论文讨论锚杆的长期性能。

如德国的 Eder 坝采用 104 根单锚设计承载力为 4500kN 的锚杆加固时,曾对 10 根锚杆安设了测力计,还安设了玻璃纤维测量装置研究拉力沿锚固段长度的分布,锚杆安装两年后测力计的显示表明,锚杆荷载变化只与水温有关,而与水位变化无关。

此外,还对全部锚杆进行了拉力抗拔试验。试验表明,使用 26 个月后,平均锚杆力的损失为 63kN,约为锚杆锁定力的 1.4%。所有这些锚杆长期性能的检测与监测资料,为评价锚杆的安全状态提供了有效的基础数据。

英国普利茅斯德文波特皇家造船厂为修理核潜艇,需专门修建一个综合码头。稳定计算表明,原有船坞墙的所有断面均需加固后才能排水。总共需安装 331 根锚杆(包括干船坞墙体已安装的 220 根锚杆)。为此对在海水环境工作 22 年的原干船坞锚杆的工作性能进行了测试。测试内容包括:

(1)对 30%左右锚杆的锚头上下部进行腐蚀状况检查,并进行金相分析和环境腐蚀性态的测定;

(2)确定钢绞线剩余荷载的拉动试验(试验量占锚杆总量的 30%);

(3)确定自由段长度的循环加载试验(试验数量占锚杆总量的 3%)。根据对锚杆现存的承载力和腐蚀情况的测试结果,对锚杆的安全使用年限进行了科学评估。

近十几年来,我国岩土锚固新理论、新技术、新方法不断涌现,已在边坡、基坑、隧道、地下洞室、矿山井巷、坝体、航道、水库、机场、码头及抗倾、抗浮结构等工程建设中广泛应用,成效显著。随着我国大力兴建基础设施,特别是对水利、交通、能源及城市基础设施建设力度的加大,岩土锚固将展示出广阔的发展前景。

2 岩土锚固研究与新进展

2.1 应用领域与规模

岩土锚固应用领域的迅速拓展与应用规模的不断扩大,标志着我国岩土锚固的设计、施工水平已有了很大的提升。

(1)在交通、水利、水电及城市岩土边坡工程中,开挖高度大于 30m 的高边坡的防护,采用预应力锚杆(索)和全长黏结型锚杆相结合的支护方式是最为普遍的。如三峡永久船闸边坡长 1607m,高 170m,处于风化程度不等的闪云斜长花岗岩中,共采用 4000 余根长 25~61m 的 3000kN(部分为 1000kN)的预应力锚杆(索)和 100000 余根长 8~14m 的高强锚杆作系统加固与局部加固,保持了边坡的稳定,当船闸开挖至底部,高 70 余米的直立边坡顶端位移为 20~43mm。

(2)在隧道和地下洞室工程中,锚喷支护已经成为保持围岩稳定的最常用最有效的方法。如小浪底、龙滩、彭水等水电站的大型洞室工程中,采用预应力锚杆(索)、系统砂浆锚杆和配筋喷射混凝土(或钢纤维喷射混凝土)等相结合的支护形式,保持了洞室的稳定。广西龙滩水电站主厂房最大开挖跨度为 31.7m,开挖高度为 74.8m,厂区围岩由厚层砂岩、粉砂岩和泥板岩互层夹少量凝灰岩、硅泥质砂岩组成。顶拱采用长 6.0 与 9.5m 交错布置的张拉锚杆,侧墙采用 2000kN 的预应力锚索与长 6.0、8.0m 交错布置的锚杆,洞室壁面用 20cm 厚塑料纤维喷射混凝土或配筋喷射混凝土支护。洞室建成后,顶拱最大下沉量小于 10mm,侧壁的位移小于 40mm。

(3)在煤矿建设中,每年使用锚杆或锚杆与喷射混凝土支护的巷道约 5000km。主要的锚

杆形式为钻孔直径 $\phi 28mm$ 的以树脂或快硬水泥卷为锚固剂的钢筋锚杆。此外,单根钢绞线作杆体的预应力锚杆及缝管锚杆也占有一定比例。

(4)在城市基坑工程中,预应力锚杆背拉桩墙的支护结构应用十分普遍。仅北京就有几百座深度在15m以上的基坑采用桩(墙)锚支护,如中国银行总行地下室面积为16000m^2,深为22~25m,采用3~4排极限抗拔力为1200kN的预应力锚杆背拉厚800mm的地下连续墙(连续墙即地下室外墙)支护,保持了基坑的稳定,坑边的最大位移小于30mm。基坑东侧日后要修建地下商场,不容许锚杆残留在地层内,还在国内首次成功地采用了可拆芯式锚杆技术。

(5)在坝体工程中,将坝体与基岩紧固起来的预应力长锚杆(索),可在不中断工作条件下加固或加高坝体,因而经济效益十分突出。至今已在有梅山、双牌、石泉、丰满、潘家口等十几座混凝土重力坝采用设计拉力值为2400~8000kN的预应力锚杆加固。其中石泉大坝为消除千年一遇的洪水在非溢流坝段坝踵出现的0.029~0.413MPa的拉应力,共采用长度为42~75m的锚杆30根,其中29根设计拉力值为6000kN,1根为8000kN。1年后测得锚杆拉力损失小于3.5%,表明锚杆工作状态良好。

(6)在地下室抗浮工程中,北京、大连、厦门、上海等地采用锚杆抗浮的实例日益增多。抗浮锚杆的形式多种多样。北京新保利大厦、首都机场及第五广场等地下室先后采用压力分散型抗浮锚杆,效果良好。这类锚杆的突出优点是能提高土层强度的利用率和锚杆的耐久性。处于饱和软土中的上海龙华污水处理厂沉淀池,共用1028根黏结型锚杆抗浮,经过十几年的运营考验,水池结构稳定,满水位时沉降5mm,放水时上升2mm,该工程采用土锚抗浮,与混凝土压载抗浮相比,节约造价50%,经济效益十分显著。

2.2 标准化建设

近年来,随着岩土锚固新技术新方法的不断涌现和工程实践的发展,我国岩土锚固的标准化建设也日趋完善。已于近年完成了对岩土锚杆(索)规范规程的修订。并先后颁布了国家标准《锚杆喷射混凝土支护技术规程》(GB 50086—2001)和中国工程建设标准化协会标准《岩土锚杆(索)技术规程》(CECS 22:2005)。在上述规范中,增添了一些新的条款(表1),集中反映了我国岩土锚固领域的新成果与新水平,基本上实现了与国际相关标准的接轨,在有关锚杆类型与锚杆设计方面还有所创新。

《岩土锚杆(索)技术规程》(GB 50086—2001)新增的主要内容　　　表1
Main contents added to *Technical specification for ground anchors*　　　Table 1

章 节 名 称	新增的条款内容
锚杆类型	(1)压力分散型与拉力分散型锚杆; (2)中空注浆锚杆系列与可拆芯式锚杆; (3)不同类型锚杆(索)的适用条件
锚杆设计	(1)除规定了锚杆锚固体的抗拔安全系数外,还规定了锚杆杆体抗拉安全系数; (2)在锚固段长度的计算公式中,引入了锚固长度对平均黏结强度的影响系数; (3)对承受反复变动荷载锚杆拉力设计值的规定
锚杆施工	钻孔时透水性试验与须固结注浆的条件
防腐保护	(1)地层腐蚀性的标准; (2)Ⅰ,Ⅱ级防腐保护的设计要求
工程质量检验与验收	不合格锚杆的处理

此外，我国水利、交通、铁道、建工、军工等部门及有关省市在相关的行业与地方标准中，也对岩土锚杆技术做出了规定。所有这些对确保我国岩土锚固的应用沿着经济合理、技术先进、安全可靠的轨道发展发挥着重大作用。

2.3 岩土锚固的力学效应研究

岩土锚固的力学效应主要表现在两方面：一是加固岩土体自身；二是利用岩土体的抗剪强度传递与承受结构物的拉力。对于加固岩土的力学效应，国内进行了多方面研究，取得了明显成效：

（1）在岩土锚固的模型试验方面，文[5]进行了锚杆加固模型试件的抗压、抗拉和循环加载试验，论证了锚杆加固对提高岩石强度和抑止扩容的显著作用。

（2）在岩土锚固的数值计算方面，朱维申、李术才、盛谦、李宁及何满潮等采用不同的计算分析方法，揭示了锚杆（索）对改善围岩应力状态，减少围岩塑性区、拉应力区以及控制围岩变形的明显效果。

（3）在岩石承载拱效应试验方面，文[10]完成了锚杆加固拱的试验。该试验用34块不规则的混凝土块模拟碎裂结构的岩石拱，模拟拱的断面尺寸为250mm×300mm（长×宽），净跨为2000mm，矢高为500mm，它借助拱端的约束作用，具有较低的承载力（表2），但当用10根ϕ8mm的灌浆锚杆加固后，块石拱的承载力提高了6.0倍，50kN荷载作用时，拱中挠度仅为未用锚杆加固的13.3%。锚杆加固拱破坏前，首先在两根锚杆间裂隙面张开而出现掉落，随后，掉落处上方的混凝土块被逐步压碎，导致整体破坏。破坏时没有发生锚杆被拔出或拉断、剪断现象，而且锚杆仍与周围的混凝土块牢固连接。这些现象表明，隧道锚杆与被它穿过的岩块锚固在一起，提高了岩石的抗剪强度和整体性，并保持了锚杆间岩块的镶嵌和咬合效应，从而限制了岩块的松动与坠落，大大提高了岩石锚固后的承载拱效应。

锚杆加固拱荷载试验结果　　表2
Load test results of the arch strengthened with anchors　　Table 2

试 件 名 称	试件形式与加荷方式	破坏荷载 (kN)	50kN荷载时 拱中挠度 (mm)
碎块状岩石拱		73	9.0
锚杆加固拱		507	1.2

（4）在岩石锚固改善岩体性态的研究工作方面，中冶集团建筑研究总院与长江科学院合作，结合三峡永久船闸高边坡预应力锚固工程，采用多点位移计、声波、钻孔弹性模量等综合测试方法，研究了高承载力（3000kN）预应力锚索对中微风化花岗岩边坡的开挖损伤区的锚固效应。测试结果表明：

①在高承载力锚索作用下能沿锚索轴线形成一个半径为2.0m、深为8.0m的压应力区

(图 1),当锚索以群体工作时,锚索的压应力区互相叠合,能在被锚固的坡体上形成受压的承载岩石墙,使边坡的稳定性得到明显改善。

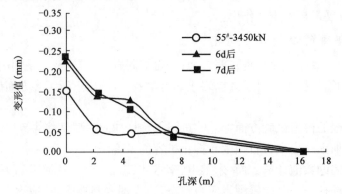

图 1　D_1 孔张拉前后锚杆轴向压缩变形曲线

Fig. 1　Axial compressive strain curves of the anchor in D_1 borehole before and after tension

②在 3000kN 锚固力作用下,相对无锚固作用时:在离破面 4.0m 范围内岩体的波速一般提高 10% 以上,岩体波速最大提高率达 48.34%,约提高 2000m/s,振幅也有明显增大,这表明坡体在锚固力作用下,其一定范围内的岩体完整性有明显提高。

③3000kN 锚索张拉锁定后,离坡面 4m 范围内的岩体弹模相对无锚索张拉时的对应岩体弹性模量平均上升 4GPa 左右,约提高 20%。灌浆后,岩体弹性模量进一步提高,约为无锚固时的 1.3 倍(图 2)。

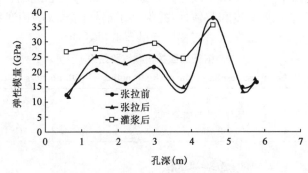

图 2　预应力锚固前后岩体弹性模量测试曲线

Fig. 2　Testing curves of rock elastic modulus before and after prestressed anchorage

2.4　荷载传递机制与荷载分散型锚杆

由于围绕杆体的灌浆体与岩土体的弹性特征差异较大,传统的集中拉力型锚杆(索)在其受荷时,不能将荷载均匀地作用于固定长度上,会出现严重的应力集中现象。在多数情况下,随着锚杆荷载的不断增大,在荷载传至固定长度最远端之前,固定段前端的地层强度已超出了极限值,仅具有某些残余强度,从而导致灌浆体与地层界面上会出现黏结效应逐渐弱化或脱开的现象(图 3)。这会大大降低地层强度的利用率,限制了锚杆承载力的提高,并会引起锚杆蠕变的增加。

为了从根本上改善锚杆的荷载传递机制,克服集中拉力型锚固方法的弊端,程良奎、田裕甲、范景伦、周彦清等人成功开发了荷载分散型锚固体系,又称单孔复合锚固方法。该方法是在同一钻孔中安装几个单元锚杆,而每个单元锚杆有自己独立的杆体,自由长度和固定长度,而且承受的荷载也是通过各自的张拉千斤顶施加的,并通过预先补偿张拉(补偿各单元锚杆在同等荷载下因自由段长度不等而引起的位移差),而使所有单元锚杆承受相同的荷载。

对荷载分散型锚杆的有限元分析和现场测试等综合研究表明,这种新型锚固体系,可将集中荷载分散为几个较小的荷载分别作用于固定段的不同部位,使黏结应力峰值大大降低,因单元锚杆的固定长度很小,一般不会发生黏结效应逐步弱化现象,能使黏结应力均匀分布在整个固定长度上(图4),最大限度地发挥整个锚杆固定长度的地层强度,锚杆承载力可随固定长度的增长而成比例地提高。

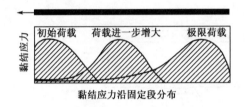

图3 拉力集中型锚杆的黏结应力分布形态

Fig. 3 Bond stress distribution of tension-concentrated anchor

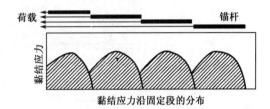

图4 压力分散型锚杆的黏结应力分布

Fig. 4 Bond stress distribution of pressure-dispersed anchor

特别是由无黏结钢绞线绕承载体弯曲成"U"形的单元锚杆组合而成的压力分散型锚杆体系,除能形成双层防腐外,由于灌浆体受压,不易开裂,大大提高了锚杆的耐久性。若用于临时工程,在其使用功能完成后,可方便地拆除芯体,不构成对周边地下工程开发的障碍。

目前,以压力分散型锚杆为主的荷载分散型锚固方法已在我国深基坑支挡、边坡支护、地下室抗浮及运河船闸抗倾结构中得到广泛应用,展示了广阔的发展前景。

2.5 重复高压灌浆处理技术

面对软土锚杆抗拔力低、蠕变变形大无法满足工程使用要求的突出难题,文[10]开发了软土锚杆的重复高压灌浆技术。

该技术的关键是采用把锚杆的自由段与锚固段分离开来的密封袋和带环圈的袖阀管,在适当时机对锚杆锚固段第一次灌浆体实施高压劈裂灌浆。无纺布密封袋长 1.5~2.0m,紧固在锚杆锚固段上端。在首次以低压向锚杆注浆时,同时也向密封袋内注浆,当灰浆挤压钻孔壁达一定强度后就把锚固段分开。袖阀管是一种直径较大的 PVC 管,在其侧壁每隔 1.0m 就开有若干小孔,这些孔的外部用橡胶圈盖住,从而高压能使灰浆流入管外的钻孔内,但不能反向流动(图5)。

注浆钢管上有两个密封圈能限定浆液穿越范围。注浆钢管通入注浆导管后,按需要依次向一个个开孔处注浆。可重复高压灌浆一般用 2.5~4.0MPa 的压力破坏原来变硬的水泥浆体(适宜的水泥浆劈开强度约为 5MPa),使浆液向锚固段周边的土体渗透、挤压和扩散,从而可使软土锚杆(索)的黏结强度与抗拔力提高 1.0 倍左右。处于淤泥质土中的上海太平洋饭店基坑工程,钻孔直径 168mm 的土层锚杆采用重复高压灌浆技术后,其极限抗拔力达 800~1000kN。

根据上述原理,天津、武汉、厦门、上海等地的许多软土锚固工程,采用钻孔内预埋二次注浆管,该管伸入锚固段的一端开有若干小孔,并用胶布覆盖。待第1次注浆体的强度达5MPa时即向预埋的注浆管进行高压灌浆,也获得较好效果,锚杆承载力约可提高0.3~0.4倍。

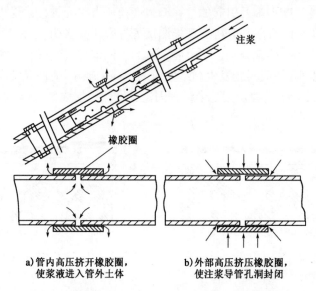

图 5 采用带环圈的注浆导管和钢注浆管的可重复注浆

Fig. 5 Repeated grouting by using collared grouting tube and steel grouting pipe

2.6 中空注浆锚杆及扩体型锚杆

目前普遍采用的普通砂浆锚杆具有成本低廉、施工简便等优点,但因一般采用先灌浆后插杆的工艺,人为因素对灌浆饱满度影响较大,特别是当施工向上倾斜且长度大于3.0m的锚杆,灌浆饱满度更难于控制,导致有效锚固长度往往与设计要求相差甚远,当前又缺乏检验砂浆饱满度的有效方法,普通砂浆锚杆的工程质量存在严重隐患。

与普遍砂浆锚杆相比,近年来迅速发展的中空注浆锚杆则具有明显的优势。普遍中空注浆锚杆由表面带有标准联结螺纹的中空杆体、止浆塞、垫板和螺母组成。施工时采用先扦杆后注浆工艺,浆液从中空杆体的孔腔中由内向外流动,当浆液由锚杆底端流向孔口时,止浆塞与托板能有效阻止其外溢,保证杆体与孔壁间的灌浆饱满,使锚杆伸入范围内的岩体都得到有效加固。通过连接套或对中环,可使杆体在孔内居中,杆体被均匀的砂浆保护层包裹,显著提高了锚杆的耐久性。

在软弱破碎、成孔困难的地层中,则可将中空杆体作为钻杆,形成自进式中空锚杆。对大跨度洞室的顶部支护常需采用长8~10m的系统锚杆,这时可采用杆体底端带涨壳或楔块等机械锚固件的中空注浆锚杆。这类锚杆不仅可保持普通中空注浆锚杆的优点,又可在安设后使托板和锚固件处产生压力球(图6),在张拉后立即提供60~150kN的初始预应力,使被锚固岩体形成压应力拱,进一步提高了围岩的稳定性。

目前,杭州图强、北京中博、成都迈氏等公司的中空注浆锚杆已在我国隧道和边坡工程中广泛应用。杭州图强公司的涨壳式中空锚杆在重庆彭水电站地下厂房(洞跨30m)和杭州万松岭隧道(洞跨17m)中应用,获得良好效果。

对锚杆的锚固段实施扩孔技术构成的扩体型锚杆,依靠扩大凸出部分土体所提供的面承力可显著提高锚杆的承载力。台湾久耀地锚工程技术股份有限公司开发了用旋转的叶片将锚杆底端扩成直径为0.6m的锥体的新技术(图7),已用于抗浮工程。当锚杆在砂、黏土中的固定长度为6～10m时,这种锚杆的极限抗拔力可达960～1400kN,比直径为12cm的圆柱状固定段的锚杆抗拔力提高2～3倍。

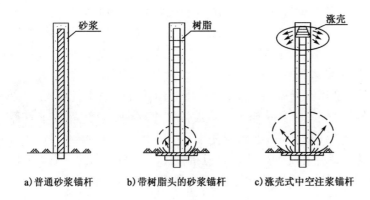

图6 不同类型锚杆对岩体预应力的作用

Fig. 6 Effects of different anchors on rock prestress

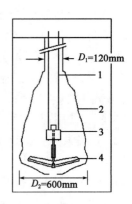

图7 圆锥形锚杆简图

Fig. 7 Schematic diagram of cone-shaped anchor

1-钻杆;2-扩体;3-联结装置;4-旋转叶片

台湾大地工程股份有限公司采用特制的扩孔器可在锚固段上扩成多段圆锥形扩体。将原始直径为10cm的钻孔,扩成直径为30～40cm,长为60～80cm的圆锥体。一个直径30cm、长度60cm的圆锥体在泥岩中的抗拔力通常达250～300kN。目前,该种多段扩体型锚杆已较广泛地用于台湾的边坡、基坑与抗浮工程中。

2.7 土钉与复合土钉加固

土钉是当土体自上而下进行开挖时,及时系统地设置于土体中的间隔紧密的钢杆,用以加强边坡的原位土体。

由于土钉有合理发挥土体固有强度和自承能力的作用,又具有结构轻型、柔性大、节约用地、施工简便、缩短工期、经济效益显著等优点,因而发展极为迅速,在北京、广州、深圳、武汉、成都等地的基坑工程中,土钉支护的比重已跃居首位。特别是近年来土钉与预应力锚杆、水泥搅拌桩、超前竖向锚杆等加固支护型式相结合的复合型土钉支护,进一步拓宽了土钉的应用领域。在北京,开挖深度在20m左右的基坑工程,上部采用土钉与预应力锚杆相结合,下部采用桩(墙)锚结构,已成为工程界普遍认同的支护模式。在上海、浙江等沿海软土地区,开挖深度在7～8m以内的基坑采用土钉与搅拌桩相结合(必要时采用超前竖向土钉及水泥搅拌桩加固被动区)的复合土钉支护,获得广泛应用,成效显著。

关于土钉与复合土钉的设计,虽然也有采用"土压力"设计法的,但从土钉加固的作用原理及实际工程中土钉支护的失稳破坏形态分析,以采用"滑动面"设计法为宜,即按潜在滑移面极限平衡理论来设计土钉的长度、间距及土钉拉力。对于稳定软土基坑的复合土钉支护,上海同济大学李象范等人做了许多深入的研究工作。李象范根据上海等地复合土钉支护工程的变形破坏发展过程特征,认为复合土体支护的一般破坏形式是整体滑移失稳破坏,应按边坡滑移的概念设计分析复合土钉支护,还提出了原状土体、土钉、水泥土搅拌桩三者对抗滑力矩的贡献度。这一见解是值得重视的。

2.8 钻孔机具与检测、监测技术

锚杆孔的钻凿是影响锚杆工程质量与进度的重要环节。虽然我国的锚杆钻孔机械的技术性能与国外仍有一定差距,但也取得了明显进步。如无锡双帆机械厂、无锡探矿机械厂生产的YG型和MD型气动冲击潜孔钻机,具有分体配置的特点,体积小、质量轻,可在高架上进行作业,在采用偏心钻头的条件下,可跟管钻进,已广泛用于我国边坡锚固工程。吉林四平岩土工程公司研制的DKM水平钻机,具有液压给进调平机构,它与DHD360型冲击器和$\phi89$mm双壁钻杆配套使用,并采用支点纠偏等技术,在三峡船闸高边坡锚固工程中成功地实现了直径168mm长锚索钻孔偏斜率小于1‰的好成绩,达国际领先水平。此外,我国香港的HD-90、HD-120型钻机以及由中冶集团建筑研究总院和柳州建筑机机械总厂研制生产的YTM87型土锚钻机均可在土层钻孔中实现跟管作业,适用于软土、砂砾层等复杂地层中的成孔作业,已在我国北京、深圳、广州、南宁等地推广应用。

在锚杆(索)荷载的监测技术中,丹东前阳和三达测试仪器厂生产的钢弦式测力计,可测定250～3000kN锚杆荷载变化,长期稳定性(年变化率)≤±0.15%,分辨率为0.15%。前阳工程测试仪器厂生产的2000kN锚杆测力计,可超载30%,且性能稳定,3组弦在满载与卸载条件下的频率差均小于1Hz。此外,重庆交通大学王继成等人研制的预应力张拉锚固自动综合测试仪,能准确地测试出单根或整束绞线的有效预应力,精度达1%,并及时提出各绞线受力的不均匀性,实现了施工过程预应力张拉的精确控制,对保证多根钢绞线组成的预应力锚杆(索)的工程质量有重要作用。

3 发展我国岩土锚固几个关键问题

3.1 关于锚杆设计

锚杆设计中有许多不确定因素,如地层性态、地下水或周边环境的变化,灌浆与杆体材料质量的不稳定性,杆体钢绞线受力的不均匀性,锚杆群中个别锚杆承载力下降或失效所附加给周边锚杆的工作荷载增量等。因此锚杆设计必须严格按规范要求采用安全系数。根据锚固工程破坏后对公共安全的破坏程度,永久锚杆锚固段的抗拔安全系数应不小于1.8～2.2,杆体的抗拉安全系数应不小于1.6(钢筋)和1.8(钢绞线)。

此外,锚杆设计中将锚固长度的黏结应力视为均匀分布,采用锚杆承载力与锚固长度成正比的计算公式是不合理的。该锚杆承载力计算公式中应引入锚固长度对黏结强度的影响系数ψ。当锚固长度大于6.0m(岩锚)和10.0m(土锚)时,该值可取0.6～1.0;当锚固长度小于6.0m(岩锚)和10.0m(土锚)时,该值可取1.0～1.6。

3.2 关于锚杆类型及其适应性

不同类型的锚杆,其传力机制、工作性能、加固效果和耐久性是有差异的。应根据地层性态、锚杆工作条件和服务年限选择相应的锚杆类型:

(1)永久性岩石边坡与大型岩石洞室支护,宜采用高或较高预应力的长锚杆(索)与低预应力的短锚杆相结合的锚固体系。

(2)岩石隧道支护应积极发展端头附有机械锚固件的中空注浆锚杆或用快硬胶结料(树脂、水泥锚固剂)的钢筋锚杆。

(3)围岩自稳时间短或有明显流度特征或受爆破震动影响的矿山巷道工程,宜采用缝管锚杆、水胀锚杆等摩擦型锚杆。

(4)对软岩和土体中的边坡或基坑工程,应积极发展荷载分散型锚固体系。永久性锚固工程应采用压力分散型锚杆;临时性锚固工程,可采用拉力分散型锚杆。

(5)对结构抗浮工程,宜采用压力型、压力分散型锚杆或扩体型锚杆。

(6)对坝体或坝基加固工程,宜采用高承载力、大直径、多股钢绞线作杆体的预应力长锚杆(索)。

3.3 关于锚杆的腐蚀及防护

岩土锚固的使用寿命取决于锚杆的耐久性。对锚杆寿命的最大威胁则来自腐蚀。锚杆预应力筋腐蚀的主要危害是地层和地下水中的侵蚀介质、锚杆防护系统失效、双金属作用以及地层中存在着杂散电流。高拉应力作用下的筋体的应力腐蚀及氢脆破坏,也会直接引起钢丝或钢绞线的断裂。

总结分析国内外预应力锚杆腐蚀破坏原因,为提高锚杆的长期化学稳定性,应采取以下主要防护措施:切实弄清锚杆工作环境内的腐蚀性质和程度;处于侵蚀性地层中的永久锚杆杆体应采取双层防腐,水泥浆保护层厚度不应小于20mm;尽可能采用压力分散型锚杆;采用钢丝、钢绞线作预应力筋的锚杆,其锁定荷载不宜超过筋体材料抗拉强度标准值的60%;锚杆自由段与锚头接合处的空隙,务必再次补浆;锚杆张拉后,锚头应及时封闭保护。

3.4 关于锚杆的长期工作性能与安全评价

我国岩土锚固的应用正在迅猛发展,但对大量使用中的岩土锚固的长期工作状态缺乏了解,对新建岩土锚固工程的监测力度也十分不足,部分岩土锚固工程潜伏着失稳、破坏的隐患,有的已酿成工程事故。为确保岩土锚固工程的安全使用,必须加强对锚固工程长期性能的检测与监测,确定岩土锚固失效的临界技术指标,建立岩土锚固安全评价体系,对失效或承载力降低的锚杆采取有效的处治措施。

为掌握岩土锚固长期性能与安全状态,对锚杆现有极限承载力、锚杆初始预应力变化、锚杆锚头及锚固结构物的变位以及锚杆腐蚀状况的检测或监测是十分必要的。

4 结语

为了适应工程建设的需要和推动岩土工程学科的发展,应紧紧围绕以下课题,展开科学研究和技术创新:

(1)岩土锚杆的结构形式与传力机制;

(2)各类地层中预应力锚杆固定长度黏结应力分布特性与固定长度有效因子;

(3)复杂地层快速、高效的钻孔机具;

(4)锚杆杆体及其传力装置的工厂化生产;

(5)高承载力(>10000kN)锚杆及其在大坝加固及桥梁基础工程中的应用；
(6)扩体型锚杆及其在边坡与结构抗浮工程中的应用；
(7)锚杆的腐蚀与防护；
(8)锚杆的长期工作性能与锚固工程的安全评价；
(9)地震、冲击荷载、变异荷载等条件下锚杆的性能；
(10)岩土工程数值分析中锚杆(索)锚固效应与力学作用的模拟方法；
(11)复合土钉支护工作机理及设计方法。

参 考 文 献
(References)

[1] 程良奎.岩土锚固的现状与发展[J].土木工程学报,2001,34(3):7-12.[Cheng Liangkui. Present status and development of ground anchorages[J]. China Civil Engineering Journal,2001,34(3):7-12. (in Chinese)]

[2] 程良奎.深基坑锚杆支护的新进展[A].见:岩土锚固新技术[C].北京:人民交通出版社,1998:66-76.[Cheng Liangkui. New development of anchor-supporting for deep excavations[A]. In:New Technology of Ground Anchorage[C]. Beijing:China Communications Press,1998:66-76. (in Chinese)]

[3] 程良奎,韩军.单孔复合锚固法的理论和实践[J].工业建筑,2001,31(5):35-38.[Cheng Liangkui, Han Jun. Theory and practice of the single bore multiple anchor method[J]. Industrial Construction,2001,31(5):35-38. (in Chinese)]

[4] 程良奎,张作眉,杨志银.岩土加固实用技术[M].北京:地震出版社,1994.[Cheng Liangkui, Zhang Zuomei, Yang Zhiyin. Practical Technology of Strengthening Ground[M]. Beijing:Earthquake Press, 1994. (in Chinese)]

[5] 朱维申,何满潮.复杂条件下围岩稳定性与岩体动态施工力学[M].北京:科学出版社,1995.[Zhu Weishen, He Manchao. Surrounding Rock Stability and Rock Dynamic Construction under Complicated Conditions[M]. Beijing:Science Press,1995. (in Chinese)]

[6] 赵长海.预应力锚固技术[M].北京:中国水利水电出版社,2001.[Zhao Changhai. Prestressed Anchorage Technology[M]. Beijing:China Water Power Press,2001. (in Chinese)]

[7] 中华人民共和国行业标准编写组.《岩土锚杆(索)技术规程》(CECS 22:2005)[S].北京:计划出版社,2005.[The Professional Standards Compilation Group of People's Republic of China. Specification for Design and Construction of Ground Anchors(CECS22:2005)[S]. Beijing:China Planning Press,2005. (in Chinese)]

[8] 李象范,尹骥,许峻峰,等.基坑工程复合土钉支护(墙)受力机理与发展[A].见:苏自约编.岩土锚固技术与工程应用[C].北京:人民交通出版社,2004:39-45.[Li Xiangfan, Yin Ji, Xu Junfeng, et al. Forced mechanism and development of compound soil-nailed wall for excavations[A]. In:Su Ziyue ed. Ground Anchorage Technology and Engineering U-

[9] ses[C]. Beijing: China Communications Press, 2004: 39-45. (in Chinese)]

[9] Liao H J, Wu K W, Shu S C. Uplift behaviour of a cone-shape anchor in sand[A]. In: Littlejohn G S ed. Proc. of Ground Anchorages and Anchored Structures[C]. London: Themas Telford, 1997. 401-410.

[10] 程良奎, 范景伦, 韩军, 等. 岩土锚固 [M]. 北京: 中国建筑工业出版社, 2003. [Cheng Liangkui, Fan Jinglun, Han Jun, et al. Anchoring in Soil and Rock[M]. Beijing: China Architecture and Building Press, 2003. (in Chinese)]

[11] Barley A D. Theory and practice of the single bore multiple anchor system[A]. In: Proc. Int. Symp. on Anchors in Theory and Practice[C]. Salzburg: [s. n.], 1955: 322-328.

[12] Woods R I, Barkhordari K. The influence of bond stress distribution on ground design [A]. In: Proc. Int. Symp on Ground Anchorages and Anchored Structures[C]. London: Themas Telford, 1997: 300-306.

[13] Fischli F. Electrically isolated anchorages[A]. In: Proc Int. Symp. on Ground Anchorages and Anchored Structures[C]. London: Themas Telford, 1997: 335-342.

[14] Cavil B A. Very high capacity ground anchors used in strengthening concrete gravity dams[A]. In: Proc. Int. Symp. on Ground Anchorages and Anchored Structures[C]. London: Themas Telford, 1997: 262-271.

[15] Feddersen I. Improvement of the overall stability of a gravity dam with 4500 kN anchors[A]. In: Proc. Int. Symp on Ground Anchorages and Anchored Structures[C]. London: Themas Telford, 1997: 318-325.

[16] Weerasinghe R B, Anson R W W. Investigation of the long term performance and future behaviour of existing ground anchorages[A]. In: Proc. Int. Symp. on Ground Anchorages and Anchored Structures[C]. London: Themas Telford, 1997: 353-362.

岩土锚固的力学作用与主要成就*

程良奎[1]　范景伦[1]　韩　军[2]

(1. 中冶集团建筑研究总院,北京 100088;2. 长江科学院,武汉 430030)

岩土锚固是岩土工程领域的重要分支。在岩土工程中采用锚固技术,能较充分地调用和提高岩土体的自身强度和自稳能力,大大缩小结构体积和减轻结构物自重,已经成为提高岩土工程稳定性和解决复杂的岩土工程问题最经济、最有效的方法之一。岩土锚固在我国边坡、基坑、井巷、隧洞、地下工程、坝体、航道、水库、机场、码头及抗倾抗浮结构等工程建设中已获得广泛应用。随着我国大力兴建基础设施,特别是对交通、能源、水利和城市基础设施建设力度的加大,岩土锚固将展示出十分广阔的发展前景。

1　岩土锚固的特点

岩土锚固是通过埋设在地层中的锚杆,将结构物与地层紧紧地联锁在一起,依赖锚杆与周围地层的抗剪强度传递结构物的拉力或使地层自身得到加固,以保持结构物和岩土体的稳定。与完全依赖自身的强度或重力而使结构物保持稳定的传统方法相比,岩土锚固尤其是预应力的岩土锚固具有许多鲜明的特点:

(1)能在地层开挖后,立即提供支护抗力,有利于保护地层的固有强度,限制地层的进一步扰动,提高工程的稳定性;

(2)提高地层软弱结构面、潜在滑移面的抗剪强度,改善地层的其他力学性能;

(3)改善岩土体的应力状态,使其向有利于稳定的方向转化;

(4)将结构物—地层紧紧地联锁在一起,形成共同工作的体系;

(5)伴随着锚固结构物体积的减小,能显著节约工程材料,有效地提高土地的利用率,经济效益显著;

(6)对预防整治滑坡、塌方、冒顶等工程病害,具有独特的功效,有利于保护人民的生命财产安全。

2　岩土锚固的力学作用

2.1　抵抗竖向位移

对于水池、车库、水库、船坞等坑洼式结构物,当地下水的上浮力大于结构物重力时,将导致结构物上漂、倾斜和破坏,因此在设计上必须采用抵抗竖向位移的方法。传统的办法是压重法,即加厚结构的尺寸,这会使基底进一步下降,从而又增大了上浮力[图 1a],因而增大结构工程量的作用又会部分地被增大体积所排开的水的浮力所抵消。

---

* 摘自《中国岩石力学与工程世纪成就》,南京:河海大学出版社,2004:604-618。

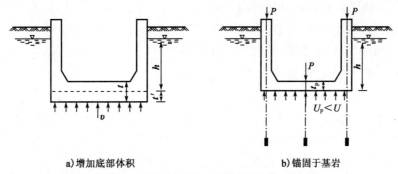

a)增加底部体积   b)锚固于基岩

图1 对坑洼结构进行锚固以抵抗竖向位移(上浮力)

采用锚固结构抵抗竖向位移,可大大减小坑洼式结构的体积[图1b],而且由于对锚固结构施加预应力,当地下水上浮力不大于预应力值时,就不会出现竖向位移。与上浮力相抗衡的锚杆锚固力 P 可由式(1)求得:

$$P = kU - Q = khF - V\gamma \tag{1}$$

式中:k——抵抗上浮力的安全系数;

U——地下水浮力(kN);

h——基底以上的地下水位(m);

V——结构体积(m^3);

γ——结构物材料的重度(kN/m^2);

F——结构的基底面积(m^2)。

2.2 抵抗倾倒

对于坝工建筑,坝体的稳定性常取决于作用在结构上的绕转动边的正负弯矩的比值。如图2所示,结构物的重力 G 和该重力中心至基础转动边的距离直接影响着有利于稳定的负弯矩。水压力 V 和上浮力 U 则产生不利于稳定的正弯矩。若完全依赖坝体体积即结构物重力 G 来平衡产生倾覆的正弯矩,这不仅需要庞大的混凝土体积,而且产生抗倾倒的力也难以根据混凝土体积来加以调整。

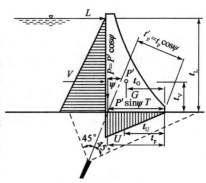

图2 锚固对结构的抗倾稳定作用
L-冰的压力;V-水的压力;U-上浮力;G-结构物净重;P-锚固力

用锚固技术抵抗倾覆,其锚固力中心可以位于距转动点的最大距离处,这就能以较小的锚固力,产生较大的抗倾覆弯矩。坝工抵抗倾覆所需的锚杆锚固力,可由式(2)确定:

$$P = \frac{kM^{(+)} - M^{(-)}}{t_P} \tag{2}$$

式中: P——抵抗倾倒所需的锚杆锚固力(kN);

k——抵抗倾倒的安全系数;

$M^{(+)}$、$M^{(-)}$——锚固前作用于结构上的正负弯矩(kN·m);

t_P——锚固力 P 与转动边间的距离(m)。

对深基坑工程,采用护壁桩或连续墙维护基坑稳定,也常出现倾倒的危险。采用锚杆拉固护壁桩,既能抵抗倾倒,也有利于减小护壁桩的弯矩。

2.3 控制地下洞室围岩变形和防止塌落

地下开挖会扰动岩体原始的平衡状态,导致岩石的变形、松散、破坏甚至塌落。长期以来沿袭采用的木钢支架和混凝土衬砌,完全依赖自身的强度被动地承受围岩的松散压力来维护洞室的稳定。采用这些传统支护尽管花费大量的工程费用,但由于其施作迟缓、结构与围岩相分离等固有弱点,支护结构的破坏和围岩的塌冒常常是难免的。

岩石锚杆或它与喷射混凝土相结合的支护,则能主动加固围岩,提高围岩结构面的抗剪强度,保持岩块间的咬合镶嵌效应,锚杆与围岩紧锁在一起,共同工作,形成加筋的岩石自承环。特别是采用预应力锚杆,既能提供径向抗力,使开挖后的岩石尽快避免出现单轴或两轴应力状态,进入三轴应力状态,以保持围岩的固有强度,又可改善围岩应力状态,在锚固范围内,形成压应力环(图3),进一步提高洞室的稳定性。

锚杆作为新奥地利隧洞设计施工法的三大支柱之一,其功能是促使围岩由荷载物变为支护结构的重要组成部分,充分发挥围岩的自支承作用,能以较小的支护抗力经济有效地保护洞室的稳定。

2.4 阻止地层的剪切破坏

在边坡工程中,当潜在滑体沿剪切面的下滑力超过抗滑力时,即会出现沿剪切面的滑移和破坏。在坚硬岩体中,剪切面多发生在断层、节理、裂隙等软弱结构面上。在土层中,砂质土的滑移面多为平面状,黏性土的滑移面则呈现圆弧状,有时也会出现沿上覆土层和下卧岩层的临界面滑动的情况。

为了保持边坡稳定,传统的方法是大量削坡,直至达到稳定的边坡角,或是设置挡墙结构。在许多情况下,这些办法往往是不经济的,或不可能实现的。

采用预应力锚杆加固边坡,能提供足够的抗滑力(图4),并能提高潜在滑移面上的抗剪强度,有效地阻止坡体的位移,这是被动支挡结构所不具备的力学作用。在土层中,边坡稳定问题常用条分法求解,边坡安设预应力锚杆后所提高的安全系数可用式(3)表示:

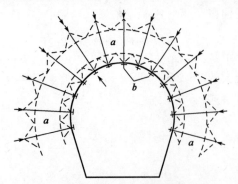

图3 用均布预应力锚杆加固松散岩石
a-压应力环;b-预应力锚杆

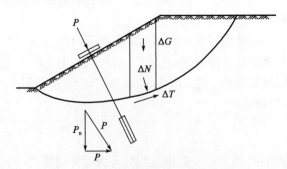

图4 预应力锚杆的抗滑作用

$$k = \frac{f(\sum \Delta N + P_n) + \sum C \cdot \Delta L}{\sum \Delta T \pm P_t} \tag{3}$$

式中： k——抗滑稳定安全系数；

ΔN——作用在一条剪切面上的重力 G 的垂直分力(kN)；

f——等于 $\tan\varphi$，剪切面的摩擦系数；

C——剪切面上的黏结力(kN)；

ΔL——剪切面宽度(m)；

ΔT——作用在一条剪切面上的重力 G 的切向分力(kN)；

P_n——锚杆锚固力的垂直分力(kN)；

P_t——锚杆锚固力的切向分力(kN)。

在岩体中，由于岩石产状及软硬程度存在严重差异，岩石边坡可能出现不同的失稳和破坏模式，如滑移、倾倒、转动破坏或软弱风化带剥蚀等。锚杆的安设部位、倾角应当最有利于抵抗边坡的失稳或破坏，一般锚杆轴线应与岩石主结构面或潜在滑动面呈大角度相交。

2.5 抵抗结构物基底的水平位移

坝体等结构对水平位移的阻力在很多情况下是由其自重决定的。除自重外，水平方向的稳定也依靠基础底平面的摩擦系数。结构抵抗沿基底面剪切破坏的安全系数可由式(4)求得：

$$k = \frac{N \cdot f}{T} \tag{4}$$

式中：k——剪切破坏安全系数；

N——垂直作用于基础底平面的力的总和(kN)；

T——使结构产生水平位移的平行于基础底面的切向力总和(kN)；

f——等于 $\tan\varphi$，基底面的摩擦系数。

如果计算得出的安全系数不能满足要求，则可用把结构锚固于下卧地层的方法取代增加结构重量的方法(图5)。这样，就能大量地节约工程材料和显著地降低工程造价。采用预应力锚固方法，所要求的垂直于基础底面的锚固力 P 值可由式(5)求得：

$$P = \frac{kT}{f} - N \tag{5}$$

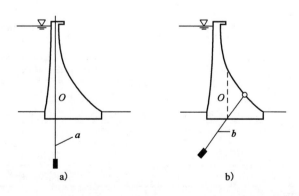

图5 采用预应力锚杆抵抗结构基底的水平位移

2.6 预加固地基

锚固处理能使地基受到压缩,因此,锚固可以在各类结构物建造前使地基得到加固,以消除地基的极度沉降对结构产生额外应力或使结构物破坏。

预应力锚固也可用于紧靠新筑土石方工程(堆土坝、堆石坝)的静不定结构基础,以调整结构的任何不均匀沉降,而避免结构物破坏。在不同土层上建造基础会出现不均匀沉降,由于在建筑物边缘区受荷(图6),或在靠近已有建筑物建造新建筑物会使变形集中于结构物中心,都可用预应力锚固消除差异变形或差异沉降。

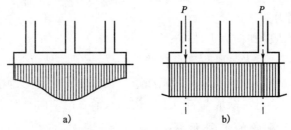

图 6 对结构边缘进行锚固以弥补可压缩地基的变异变形

3 我国岩土锚固的主要成就

3.1 应用领域与规模不断扩大

随着我国水利、电力和城市建设的发展,我国岩土锚固的应用在80年代进入旺盛时期。伴随着我国高强钢绞线生产和灌浆技术的进展,长度大于15m的高预应力锚杆,在我国边坡稳定、地下洞室加固、深基坑支护、坝基加固和抗浮结构等工程中广泛应用(表1),标志着我国岩土预应力锚固的设计、材料、施工水平进入了新的阶段。

岩土锚固工程实例　　　　　　　　　表1

工程名称	工程用途	锚杆类型	锚杆承载力 (kN)	锚杆钢绞线 (根/直径)	最大钻孔直径 (mm)
三峡水利枢纽	边坡稳定	拉力型	3000	19/15.2mm	165~176
李家峡水电站	边坡稳定	拉力型	3000		
李家峡水电站	重力坝加固	拉力型	10000	55/15.2mm	256
小浪底水利枢纽	边坡稳定	拉力型	3000	19/15.2mm	220
二滩水电站	地下厂房	拉力型	1750		
石泉水电站	重力坝加固	拉力型	6000(8000)	33/15.2mm(43/15.2mm)	240(300)
丰满水电站	重力坝加固	拉力型	6000		
中国银行总行办公楼	深基坑支挡	压力分散型	800	6/15.2mm(8/12.7mm)	133
北京京城大厦	深基坑支挡	拉力型	1300	9/15.2mm	150
首都机场扩建工程	结构抗浮	压力分散型	2200	14/15.2mm	200
梅山水库	重力坝加固	拉力型	3200	165/φ5(钢丝)	
小浪底水利枢纽	地下厂房	拉力型	1500		150

举世瞩目的三峡水利枢纽工程,长1607m、高170m的船闸边坡处于风化程度不等的闪云斜长花岗岩中,采用4000余根长25～61m的3000kN(部分为1000kN)的预应力锚杆支护和近100000根长8～14m的高强锚杆作系统加固(图7)。它对阻止不稳定块体的塌滑,改善边坡的应力状态,抑制塑性区的扩展,提高边坡的整体稳定性发挥了重要作用。船闸开挖至底部后,直立边墙的位移为20～43mm,近两年来,位移已不再发展,完全符合设计要求。

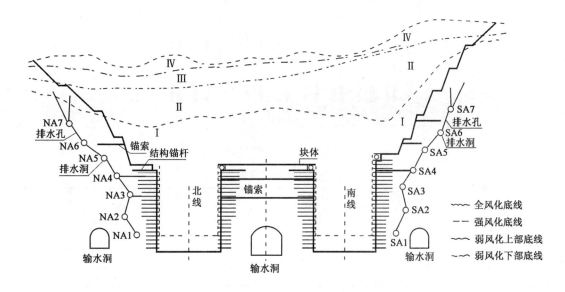

图7 三峡永久船闸高边坡锚固示意图

石泉水电站混凝土重力坝坝高65m,全长353m,建于1973年。为提高坝体的安全度,采用29根6MN和1根8MN的预应力锚杆。其中8MN的预应力锚杆长68.5m,钻孔直径为300mm。一年后测得的预应力损失小于1%,表明预应力锚杆的工作状态是稳定的。

北京中国银行大厦基坑开挖深21.5～24.5m。穿越的地层为人工堆积层、粉质黏土、细、中砂和砂卵石层。由3～4排预应力锚杆背拉厚80cm地下连续墙作支挡结构。共采用设计承载力为800kN的锚杆1300余根,成功地维护了基坑的稳定。基坑周边最大位移量仅为30mm。该基坑东侧的337根预应力锚杆系压力分散型,在其使用功能完成后,按要求全部实现了芯体拆除,为日后顺利建造地下商场创造了良好条件。

首都机场扩建工程的地下车库,深20m,为抵抗地下水的上扬力,采用了1000多根设计承载力为2000kN的压力分散型锚杆(图8),可减小地下室底板厚度5～6m,经济效果十分显著。

3.2 标准化建设日趋完善

为使我国的岩土锚固设计施工符合经济合理、技术先进、安全可靠的原则。1986年颁发了国家标准《锚杆喷射混凝土支护技术规范》(GBJ 86—1985),1990年颁发了《土层锚杆设计施工规范》(CECS 22:90)。从1995年开始,对国标GBJ 86—1985进行了全面修订,已于2001年颁发了《锚杆喷射混凝土支护技术规范》(GB 50086—2001)。这些规范对岩土锚杆的设计、材料、施工、防腐、试验和监测都做了明确规定。规范对预应力锚杆服务年限在2年以下的定为临时锚杆，服务年限2年或2年以上的定为永久锚杆。锚杆设计采用统一的安全系数（表2）。

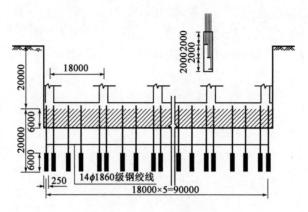

图8 首都机场地下车库抗浮锚杆（尺寸单位：mm）

锚杆锚固体拉拔安全系数　　　　　　　　表2

锚杆破坏后危害程度	最小安全系数	
	临时锚杆	永久锚杆
危害轻微，不会构成公共安全问题	1.4	1.8
危害较大，但公共安全无问题	1.6	2.0
危害大，会出现公共安全问题	1.8	2.2

国标GB 50086—2001还对地下工程锚杆支护的工程类比法及监控量测法设计作了明确规定。并将近年来发展起来的压力分散型锚杆、自钻式锚杆等新型锚杆纳入规范。

在这些规范的"试验"一节中，分别规定了基本试验、蠕变试验和验收试验的试验数量，最大试验荷载和加荷方式。并规定了锚杆验收的合格标准，即锚杆除应在最大试验荷载作用下，锚头位移趋于稳定外，还应满足试验所得的杆体总弹性位移大于自由段长度理论弹性伸长的80%，且小于自由段长度与1/2锚固段长之和的理论弹性伸长。

此外，水利水电、建筑、军工等部门还相应制订了有关岩土锚杆的行业标准。岩土锚固标准化建设的逐步完善，对我国岩土锚固应用的健康发展发挥了重要作用。

3.3 岩石锚固效应的研究取得可喜进展

近20年来，围绕岩石锚固效应的研究，国内有关人士进行了许多研究，取得了不少有价值的成果。

中科院岩土所朱维申等人曾进行了不同锚固方案的模型试验。模型材料选用了四种不同粒径的建筑砂，胶结剂采用白乳胶，锚杆用竹纤制得。在试验中分别制作了圆柱形、矩柱形试件，进行了单轴、双轴及三轴压缩试验以及循环载荷试验和巴西劈裂法试验等，获得以下试验结果。

（1）加锚比无锚情况单轴压缩时材料峰值提高约17%，残余强度提高了一倍，变形能力显著增加，抗拉强度亦提高了一倍。对双轴受力，其峰值强度对不同情况可提高50%~100%或更多，当锚固密度相当大时，可提高3倍强度而无扩容现象。无锚和有锚条件下材料的劈裂抗拉试验结果见图9。

(2) 平面应变条件下试件强度除与锚固密度相关外,还受锚固角、锚固形式、锚杆材料的抗剪强度及侧向刚度的强烈影响。

(3) 倾斜交叉布置锚杆对提高峰值强度及控制岩体扩容作用显著,倾角以与壁面成65°左右效果最好,但此种锚固类型要求锚杆有较大的侧向刚度。

(4) 全长胶结锚与端锚相比,虽对峰值强度影响不大,但体变曲线不同,前者扩容开始得晚对抑制扩容较有效,且峰值后软化现象不明显。而端锚类型则有软化现象,后期强度较低。

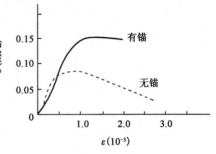

图9 劈裂法对比试验

国内许多单位进行了岩石锚固效应的非线性有限元分析。朱维申等人设岩洞断面为圆形,采用平面应变问题分析,当无限远处作用有均匀应力场 $\sigma_1^0 = \sigma_2^0 = -20\text{MPa}$,给出了三种不同情况下洞周的最大位移值(表3)和洞周破损区的范围(图10)。由表3和图10可以看出,在有锚固条件下,无论对减小洞周位移或减小破损区范围均有显著效果,尤以倾斜交叉的锚固效果最佳。

洞周位移($\sigma_1^0 = \sigma_2^0$ 情况) 表3

参　数	无　锚	法　向　锚	斜　交　锚
U_{max}(cm)	1.8	1.11	0.84
破损单元数	24	16	8

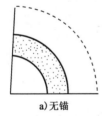 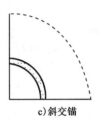

a) 无锚　　　　　　　b) 法向锚　　　　　　　c) 斜交锚

图10 不同情况下洞周破损区分布

在岩石锚固效应的室内大比例试验方面,冶金部建筑研究总院程良奎、庄秉文等人于1979年完成了锚杆加固拱的试验。该试验用34块不规则的混凝土块模拟碎裂结构的岩石拱,它借助拱端的约束作用,具有较低的承载力(表4),但当用10根 ϕ8mm 的灌浆锚杆加固后,块石拱的承载力提高了6倍,50kN荷载作用时,拱中挠度仅为未用锚杆加固的13.3%。锚杆加固拱的破坏,首先在拱的内表面两根锚杆间被裂隙交割的混凝土块由于裂隙面张开而出现掉落,随着荷载的增加,掉落处上方的混凝土块被逐步压碎,导致整体破坏。破坏时没有发生锚杆被拔出或拉断、剪断现象,而且锚杆仍与周围的混凝土块牢固地连接着。这些现象表明,锚杆与被它穿过的岩块锚固在一起,提高了岩石的抗剪强度和整体性,并保持了锚杆间岩块的镶嵌和咬合效应,从而限制了岩块的松动和掉落。

锚杆加固拱的试验参数与试验结果　　　　　　表4

试件名称	试件形式与加荷方式	断面尺寸(mm)	净跨(mm)	矢高(mm)	破坏荷载(kN)	50kN荷载时拱中挠度(mm)
碎块状岩石拱		250×300	2000	500	73	9
锚杆加固拱		250×300	2000	500	507	1.2

注：每组试件各三个，表中荷载及挠度均为平均值。

近年来，冶金部建筑研究总院与长江科学院紧密结合三峡永久船闸高边坡预应力锚固工程，采用多点位移计、声波、钻孔弹模等综合测试方法，研究了高承载力（3000kN）预应力锚索对中微风化花岗岩边坡的开挖损伤区的锚固效应。测试结果表明：

(1) 高承载力锚索作用后能在锚固作用点周围形成一个半径2.0m、深8.0m的压应力区（图11），当锚索以群体工作时，锚索的压应力区互相叠合，能组合成受压的承载岩石墙，使边坡的稳定性得到明显改善。

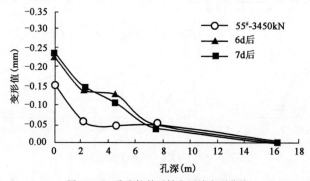

图11　D_1孔张拉前后轴向压缩变形曲线

(2) 3000kN锚固力作用后，在离坡面4.0m范围内岩体的波速一般提高10%以上，岩体波速最大提高率为48.34%，约提高2000m/s，振幅也有明显提高，这表明坡体一定范围内的岩体完整性有明显提高。

(3) 3000kN锚索张拉锁定后，离坡面4m范围内的岩体弹性模量平均上升4GPa左右，约提高20%。灌浆以后，岩体弹性模量进一步提高，约为无锚固时的1.3倍（图12）。

3.4 锚固材料与施工机具有新的发展

在锚杆的黏结材料方面，由于硫铝酸盐水泥和各种高效早强剂的发展，使得早强水泥卷锚杆的应用成为现实。这类锚杆能显著地提高锚杆早期限制围岩变形的能力，使安装2h后的锚杆抗拔力达 150kN。在锚杆的筋材方面，目前天津、江西新余等地的钢丝厂均能生产高强度 (1860MPa) 低松弛的钢绞线（包括无黏结型），为发展我国高承载力锚杆和单孔复合锚固型锚杆创造了良好条件。

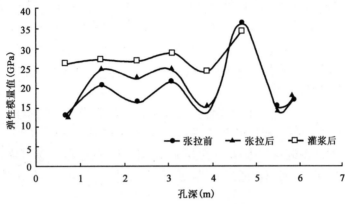

图 12　预应力锚固前后岩体弹性模量测试曲线图

此外，国内已能生产各种规格的具有标准连接螺纹的中空筋材，实现了自钻式锚杆的国产化。

在锚固施工机具方面，除了从国外引进一些较先进的钻孔机具外，我国无锡探矿机械厂、宣化英格索兰工程机械有限公司和东北岩土工程公司等单位生产的钻孔直径从 65～165mm 的岩锚钻机以及冶金部建筑研究总院研制的 YM160 步履式土锚钻机，均具有良好的工作性能。在锚固设施方面，柳州建筑机械总厂等单位生产的各种规格的锚具及 6000kN 级张拉千斤顶，具有可靠的工作性能，在国内许多大型岩土锚固工程中应用，取得了满意的效果。

丹东三达测试仪厂等单位生产的 3000kN 级以下的锚杆测力计，工作性能稳定，在岩土锚杆长期工作性能的测试中发挥了良好作用。

3.5　单孔复合锚固改善了锚杆的传力机制

传统的岩土锚固方法，即集中拉力型锚杆在其受荷时，不能将荷载均匀地分布于固定长度上，会产生严重的应力集中现象。由于黏结应力分布的不均匀性，随着锚杆上荷载的增大，在荷载传至固定长度最远端之前，在杆体与灌浆体或灌浆体与地层界面上就会发生黏结效应逐步弱化或脱开的现象[图 13a)]。

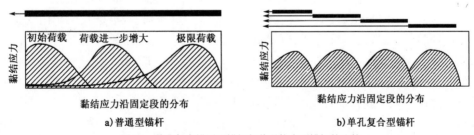

图 13　单孔复合锚固型锚杆与普通拉力型锚杆的比较

为了从根本上改变集中拉力型锚固方法的弊端，冶金部建筑研究总院等单位已研究成功单孔复合锚固方法。该方法是在同一钻孔中安装几个单元锚杆，而每个锚杆有自己的杆体，自由长度和固定长度,而且承受的荷载也是通过各自的张拉千斤顶施加的,并通过预先补偿张拉(补偿各单元锚杆在同等荷载下因自由段长度不等而引起的位移差),而使所有单元锚杆始终承受相同的荷载。

对单孔复合锚固型锚杆的有限元分析和现场测试等综合研究表明,这种新型锚固体系,可将集中荷载分散为几个较小的荷载分别作用于固定段的不同部位,使黏结应力峰值大大降低,因单元锚杆的固定长度很小,不会发生黏结效应逐步弱化,能使黏结应力均匀地分布在整个固定长度上[图13b],最大限度地调用整个锚杆固定长度范围内的地层强度,锚杆承载力可随固定长度的增长而成比例的提高。

冶金部建筑研究总院开发的单孔复合锚固体系是一种压力分散型锚杆,它是将无黏结钢绞线绕承载体弯曲成"U"形构成单元锚杆(图14)。这种锚杆用于永久工程,由于预应力筋(钢绞线)有油脂、聚乙烯及灌浆体包围,形成多层防腐,且灌浆体受压,不易开裂,大大提高了锚杆的耐久性。用于临时工程,使用功能完成后,可方便地拆除芯体,不构成对周边地下工程开发的障碍。

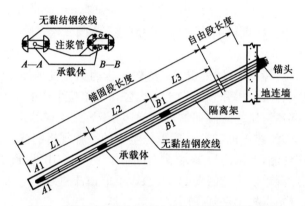

图14 单孔复合锚固体系(压力分散型锚杆)的结构构造

目前,以压力分散型锚杆为主要形式的单孔复合锚固已在我国深基坑支挡、边坡加固、地下室抗浮及运河船闸抗倾结构中得到广泛应用,展示了广阔的发展前景。

3.6 各具特色的锚杆新品种竞相争妍

在矿山工程中,最近20年来,两种以空心钢管扩张原理形成的全长摩擦锚固的机械式固定锚杆的应用有很大发展。一种是缝管锚杆,它是由我国冶金部建筑研究总院程良奎、冯申铎等人在美国J.J.Scott博士设计的开缝式稳定器(split-set)基础上,根据我国矿山支护特点和钢材性能,研究开发而成的。缝管锚杆由纵向开缝的管体、挡环和托板三部分组成。管体由16Mn或20Mnsi带钢弯曲成型,外径为38～45mm,缝宽13～18mm。当这种空心管体打入比其外径小2.0～3.0mm的钻孔中,开缝管体受到岩石孔壁的约束而产生较大的径向力,与岩石紧紧地锚固在一起。缝管锚杆在力学上有以下鲜明的特点:

(1)能向围岩施加三向预应力。除向孔壁岩石施加径向力外,安装锚杆时托板紧贴岩面,对岩面也产生支承抗力。

(2)锚杆安装后能立即提供支承抗力,有利于及时控制围岩变形。

(3)锚杆的锚固力随时间而增加。岩层的剪切位移或采掘矿(岩)石过程中的爆破震动冲击,导致管体折曲,从而进一步锁紧岩层。在超限应力或膨胀性围岩中由于锚孔缩小管体被挤得更紧,使锚杆的径向力增大。所有这些,均会使锚杆的锚固力随着时间的推移而有所增加。

(4)当围岩位移后锚杆仍能保持较高的锚固力。

缝管锚杆在金属矿、煤矿的软岩巷道,受采动影响的巷道及采场中得到了广泛应用,均取得良好的使用效果。

另一种全长摩擦锚固的机械固定锚杆是水胀式锚杆。它是由山东新汶矿务局在瑞典阿特拉斯(Atlas)公司生产的 swellex 锚杆基础上开发而成的。水胀式锚杆常用 50mm 钢管制作,通过机械方式加以整型,使其外径为 31mm。锚杆两端焊有套管,其中一个套管有一垫板并有一个小孔,以便将高压水注入管内,使其胀开。当钻孔直径小于钢管原来的直径时,就使锚杆与钻孔壁面保持紧密结合,并产生挤压孔壁岩层的径向力。这种锚杆的工作性能与缝管锚杆相似,在煤矿巷道中得到了推广应用。

为了解决在松软破碎地层中成孔困难,即钻杆拔出,随即塌孔,无法安装锚杆的难题,自钻式锚杆在我国已有很大发展。这种锚杆是由中空的钢质管材构成杆体,杆体全长为国际标准波形螺纹。借助连接器可将锚杆加长到设计长度。这种锚杆的最大特点是锚杆杆体与钻进的钻杆及注浆时的注浆管合为一体,能有效地保证质量。自钻式锚杆的标准长度有 2.0m、3.0m、4.0m 和 6.0m 4 种。视杆体截面不同,自钻式锚杆的极限抗拔力分别为 200kN、280kN、360kN 和 500kN。

在城市建筑基坑锚固工程中,冶金部建筑研究总院还成功地开发了可拆芯式锚杆及无腰梁锚固技术。前者是当锚杆使用功能完成后可以拆除,排除了对周边地层开发的障碍。后者则在城市建筑密集、用地紧张条件下,无须腰梁即可向支护桩提供支点力,大大提高了土地利用率。

3.7 软土锚固取得重大突破

软土主要由细粒土组成,一般具有松软、含水率高、孔隙比大、压缩性高和强度低的特点,主要分布在沿海一带。改革开放以来,沿海地区高层建筑蓬勃兴起,并要求快速经济地建造一大批深基坑工程,它为软土锚固的发展提供了契机。

我国软土锚固技术与世界先进水平相比是毫不逊色的。其主要成果可归纳为两方面:

(1)采用可重复高压灌浆技术,大幅度提高了软土中锚杆的承载力。该技术是借助密封袋、袖阀管、注浆枪等特殊的结构构造,能在一次灌浆体强度达 5MPa 时,实现二次或多次重复高压(3.5~4.0MPa)劈裂灌浆,使水泥浆能较均匀地沿锚固段全长向周围土体渗透、挤压和扩散,以显著提高灌浆加固土层的抗剪强度,从而使灌浆体与土层界面上的黏结强度及锚杆承载力提高 0.6~1.0 倍。可重复灌浆型锚杆已在天津、上海、深圳、厦门等地的软土基坑工程中得到广泛应用。

(2)基本上掌握了软土中锚杆蠕变变形和预应力值变化的规律。对塑性指数大于 17 的软土(不包括淤泥)在锚杆荷载作用下的蠕变变形及锚杆荷载随时间的变化特性进行了较深入的研究,并得到了以下一些基本认识:

①采用较小的应力水平,即当锚杆锁定荷载与极限承载力的比值小于 0.53,能使锚杆的蠕变变形控制在容许范围内,且蠕变变形是收敛的。

②当与锚杆相联系的桩墙支挡结构出现较大位移时,锚杆荷载(预应力值)会急剧增大,故

对容许一定位移的临时性支挡工程,锚杆锁定荷载值取锚杆拉力设计值的 0.7～0.85 为宜。

③当锚杆的预应力损失大于 10% 时,可通过重复张拉加以补偿。

3.8 土钉支护有所创新

20世纪70年代在法国、德国等欧洲国家开始应用的土钉支护,于20世纪90年代在我国基坑和边坡工程中得到迅速发展。土钉支护由被加固土,放置于原位土体中的细长金属杆件(土钉)以及附着于坡面的混凝土面板组成,形成一个类似于重力式的挡土墙,以此来抵抗墙后传来的土压力及其他作用力,从而使边坡稳定。

土钉支护结构轻型、柔性大、施工方法简便、施工速度快,也有利于信息化施工,经济效益显著,约比排桩、地下连续墙等支挡形式节约投资 30% 以上,因而发展极为迅速。目前,我国已制定了《基坑土钉支护技术规程》(CECS 96:97)。冶金部建筑研究总院、清华大学、同济大学、北京理正软件设计研究所等单位先后开发了土钉支护稳定性分析和设计计算程序。总参工程兵三所、冶金部建筑研究总院、广州军区建筑设计院、同济大学等单位在土钉支护应用方面做了大量工作。北京、广州、深圳、武汉、成都等地的基坑支护工程中,土钉支护的比重已跃居首位。特别是近年来土钉支护与其他的止水设施或支护结构相结合使用所形成的复合土钉支护,如土钉支护与搅拌桩、旋喷桩相结合构成的止水型土钉支护,土钉与预应力锚杆相结合构成的加强型土钉支护,土钉与微型桩、超前注浆、超前竖向土钉相结合的超前加固型土钉支护,大大拓宽了土钉支护的应用领域。

复合土钉支护用于深度达 17m、坑边很近处有建(构)筑物或深度小于 5.0m 的淤泥质土基坑工程,已有不少成功的实例,取得了有益的经验,使我国的土钉支护技术跻身于世界先进行列。

4 对发展我国岩土锚固的几点意见

4.1 关于锚杆设计

岩土锚固适用于各类岩石、黏性土、粉土和砂土。但未经处理的有机质土,液限 $W_L>50\%$ 和相对密度 $D_r<0.3$ 的土层不得作永久性锚杆的锚固地层。

锚杆设计中有许多不确定因素及风险性,如地层性态、地下水或周边环境的变化,灌浆与杆体材料质量的不稳定性,锚杆群中个别锚杆承载力下降或失效所附加给周边锚杆的工作荷载增量等。因此锚杆设计必须严格按规范要求,采用合理的设计安全系数。规范规定,对锚固体的设计,临时锚杆安全系数的最小值为 1.4,永久锚杆安全系数最小值为 1.8。笔者认为对处于严重腐蚀环境或处于塑性指数大于 17 的地层中的永久锚杆,安全系数不应小于 2.2。必须指出,当前相当多的锚固工程取用的安全系数偏低或缺乏正规的验收试验核定工程锚杆是否满足所采用的安全系数值,对锚杆的长期可靠性将构成严重的威胁,这种状况必须彻底改变。

锚杆设计中将锚固长度上的黏结应力视为均匀分布,采用锚杆承载力与锚固长度成正比的计算公式是不合理的。当前普遍采用的集中拉力型锚杆在受荷时,不能将荷载均匀地分布于锚固长度上,会出现严重的应力集中现象。当荷载传至锚固长度最远端之前,锚固长度近端处的黏结效应会出现弱化甚至脱开现象。因此,应积极采用在一个钻孔中安放若干个锚固长度较短的单元锚杆的复合锚固,它能使黏结应力较均匀地分布于整个锚固长度上,能更有效地利用地层的抗剪强度。同时在计算锚杆承载力时(T_u)应引入锚固长度有效因子,锚杆承载力的计算公式可修正为式(6):

$$T_u = \pi \cdot D \cdot L \cdot \psi \cdot q_s \tag{6}$$

式中:L——锚杆的锚固长度(m);

D——锚固体直径(m);

ψ——锚固长度有效因子;

q_s——杆体与灌浆体或灌浆体与地层间的黏结强度(MPa)。

此外,潮汐、温度变化、风荷载、交通荷载和浅水波浪冲击等都会对锚杆产生反复作用的荷载,这种反复荷载将使锚杆产生附加位移,而荷载变化范围的大小对附加位移有重要影响。因此,必须控制荷载变化范围对锚杆的不利影响,法国、奥地利等国的锚杆规范规定:荷载变化范围应小于锚杆承载力设计值的20%,这对我国类似条件下的锚杆设计是可以借鉴的。

4.2 关于锚杆类型及其适用性

不同类型和品种的锚杆,其传力机制、工作性能、加固效果和耐久性是有差异的,应根据地层性态,锚杆工作条件和服务年限来选择适宜的锚杆类型,从而使岩土锚固工程的设计与施工既经济合理,又安全可靠。

(1)永久性岩石边坡和大型岩石洞室工程,宜采用高或较高预应力的长锚杆与低预应力的短锚杆相结合的锚固体系。

(2)岩石隧洞(交通与水工隧洞等)工程,应主要发展低预应力的端头锚固型锚杆体系,如涨壳式中空注浆锚杆、快硬水泥卷锚杆、树脂卷锚杆等。

(3)围岩自稳时间短,或具有明显的流变特征或受邻近爆破震动影响且服务年限较短的矿山巷道工程,宜采用缝管锚杆、水胀锚杆等全长摩擦型锚杆。

(4)对岩土边坡或基坑支挡工程,应积极发展单孔复合锚固。永久性锚固工程,宜采用压力分散型锚杆;临时锚固工程,可采用拉力分散型锚杆。

(5)对难于成孔的复杂地层中的锚固工程,宜采用自钻式锚杆。

4.3 关于锚杆试验

为了确定锚杆的承载力,验证锚杆设计参数和施工工艺的合理性,检验锚杆工程质量或掌握锚杆在软弱地层中工作的变形特征,应按不同情况对锚杆进行相关试验。锚杆规范规定对任何一种新型锚杆或已有锚杆用于未曾用过的地层时应进行基本试验;对锚固于塑性指数大于17的地层中的锚杆应进行蠕变试验;对任何一项岩土锚固工程,均应进行锚杆的验收试验。但目前许多工程甚至一些重要的永久性工程都偏离规范的规定,只是在锚杆荷载施加至锁定值前超张拉至锚杆轴向拉力设计值的1.05~1.10倍,作为锚杆合格的标准给予验收,这是十分有害的,因为这远不能检验锚杆的实际承载力是否与要求的安全系数相接近。国内外有关标准对锚杆验收试验的规定是基本一致的,即验收试验锚杆的数量应取锚杆总数的5%,且不得少于最初施作的3根;永久锚杆的最大试验荷载为锚杆轴向拉力设计值的1.33倍或1.5倍;临时锚杆的最大试验荷载为锚杆轴向拉力设计值的1.2倍。锚杆验收标准不仅要求锚杆在最大试验荷载作用下,锚头位移稳定,还要求在最大试验荷载作用下,锚杆的总弹性位移应符合规范的规定。

4.4 关于锚杆的腐蚀及防护

岩土锚固结构的使用寿命取决于锚杆的耐久性。对寿命的最大威胁则来自腐蚀。锚杆预应力筋腐蚀的主要危害是地层和地下水中的侵蚀性质,锚杆防护系统失效,双金属作用以及地层中存在着杂散电流。这些危害会引起不同形态的腐蚀,如全面腐蚀、局部腐蚀和应力腐蚀。对预应力锚杆来说,除了来自侵蚀介质引起的腐蚀外,高拉应力作用下的应力腐蚀及氢脆破坏,将会直接引起钢丝或钢绞线的断裂。

国内外锚杆腐蚀现象时有发生,1986年国际预应力协会(FIP)曾对35件锚杆腐蚀而导致锚杆杆体断裂的实例进行调查,其中永久锚杆占69%,临时锚杆占31%,断裂部位多半位于锚头附近和自由段范围内。我国安徽梅山水库的预应力锚杆使用6~8年后,发现有3个孔内的部分钢丝因应力腐蚀(兼有氢脆)而断裂。

总结分析预应力锚杆腐蚀破坏的原因,笔者认为应采取一系列综合防护对策,以提高锚杆的防腐能力和长期化学稳定性。主要的防护措施有:切实弄清锚杆工作环境内的腐蚀性质和程度;处于侵蚀性地层中的永久锚杆杆体应采取双层防腐,水泥浆保护层的厚度不应小于20mm;尽可能采用压力分散型锚杆;采用钢丝、钢绞线作预应力筋的锚杆,其锁定荷载不宜超过筋体材料抗拉强度标准值的60%;锚杆自由段与锚头接合处的空隙,务必实施二次补浆;张拉作业完成后,锚头应及时封闭保护。

4.5 关于岩土锚固的研究方向

当前,我国正加大对交通、水利、能源及城市基础设施的建设力度,为岩土锚固的发展带来空前良好的机遇。为了适应工程建设的需要和推动本学科的发展,应紧紧围绕以下课题,展开科学研究与技术创新:

(1)岩土锚杆的结构形式与传力机制;
(2)各类地层中锚杆固定长度黏结应力特性与固定长度有效因子;
(3)快速、高效与多功能的钻孔机具;
(4)地下工程锚固体系的设计计算方法;
(5)高承载力(>10000kN)锚杆及其在大坝加固及桥梁基础工程中的应用;
(6)扩体型锚杆及其在边坡与结构抗浮工程中的应用;
(7)锚杆的腐蚀与防护;
(8)锚杆的长期工作性能;
(9)地震、冲击荷载、变异荷载等条件下锚杆的性能;
(10)锚杆预应力对岩土体应力重分布及岩土体力学性能的影响;
(11)复合土钉支护工作机理及设计方法。

参 考 文 献

[1] 程良奎.岩土锚固的现状与发展.土木工程学报[J].2001,34(3),7-12.
[2] 程良奎.深基坑锚杆支护的新进展[M].//中国岩土锚固工程协会.岩土锚固新技术.北

[3] 程良奎.分散压缩型可拆芯式锚杆[M].//陈惠玲.高效预应力结构设计施工实例应用手册.北京:中国建筑工业出版社,1998.

[4] 程良奎,张作眉,杨志银.岩土加固实用技术[M].北京:地震出版社,1994.

[5] 朱维申,何满潮.复杂条件下围岩稳定性与岩体动态施工力学[M].北京:科学出版社,1995.

[6] 赵长海.预应力锚固技术[M].北京:水利水电出版社,2002.

[7] 程良奎.喷射混凝土与土钉墙[M].北京:中国建筑工业出版社,1990.

[8] 程良奎.单孔复合锚固法的机理和实践[M].//闫莫明.岩土锚固新进展.北京:人民交通出版社,2000.

[9] 杨清玉.小浪底水利枢纽地下厂房支护设计[M].//中国岩土锚固工程协会.岩土锚固新技术.北京:人民交通出版社,1998.

[10] 中国工程建设标准化协会.CECS 22:90 土层锚杆设计与施工规范[S].北京:计划出版社,1991.

[11] 国家质量监督检验总局,建设部.GB 50086—2001 锚杆喷射混凝土支护技术规范[S].北京:计划出版社,2001.

[12] 陈肇元,崔京浩.土钉支护在基坑工程中的应用[M].北京:中国建筑工业出版社,1997.

[13] Fu Bingjun,Qi junxiu,xu Shulin. Advance and State of Arts of Rock Anchoring in Hydraulic Construction in China[M]. Proc. Anchoring & Grouting. GuangZhou:Zhongshan university publisher,1999.

[14] Zhang Zhiliang,Xia Kefeng,Wang Taiheng. The Use of Prestressed Anchors with a Large Tonnage at the Dam Reinforcement of the Shiguan Hydropower Station[M]. Proc. Anchoring & Grouting. Guang zhou:Zhongshan university publisher,1999.

[15] L Hobst,J Zajic. Anchoring in Rock and Soil[M]. New York:Elsevier Scientific Publishing Company,1983.

[16] 程良奎,范景伦,韩军,等.岩土锚固[M].北京:中国建筑工业出版社,2003.

岩土锚固的现状与发展*

程良奎

(冶金部建筑研究总院)

摘 要 本文回顾了国内外岩土锚固的发展简史,论述了我国岩土锚固在理论、设计、材料、施工、工程应用以及软土锚固和复合土钉支护等方面的主要成就和最新进展,并对今后我国岩土锚固技术发展中的若干关键问题,如锚杆的设计与试验、腐蚀与防护,理论研究与技术开发的方向等提出了意见。

关键词 岩土锚固;现状;发展

中图分类号 TV223.3;TV554.$^+$12;U455.7$^+$1 **文献标识码** A **文章编号** 1000-131X(2001)03-0007-06

1 引言

岩土锚固是岩土工程领域的重要分支。在岩土工程中采用锚固技术,能较充分地调用和提高岩土体的自身强度和自稳能力,大大缩小结构物体积和减轻结构物自重,显著节约工程材料,并有利于施工安全,已经成为提高岩土工程稳定性和解决复杂的岩土工程问题最经济最有效的方法之一。岩土锚固已在我国边坡、基坑、矿井、隧洞、地下工程、坝体、航道、水库、机场及抗倾、抗浮结构等工程建设中获得广泛应用。

随着我国大力兴建基础设施,特别是对交通、能源、水利和城市基础设施建设力度的加大,岩土锚固将展示出十分广阔的应用前景。

1911年,美国首先用岩石锚杆支护矿山巷道。1934年在阿尔及利亚切尔伐斯坝的加高工程中,首先采用承载力为10000kN的预应力岩石锚杆来保持加高后坝体的稳定。在稍后的时间里,印度的坦沙坝、南非的斯登布拉斯坝、英国的亚格尔坝和奥地利的斯布列希坝也同样采用预应力锚杆加固。1957年法国Bauer公司开始采用土层锚杆。

20世纪60年代,捷克斯洛伐克的Lipno电站主厂房(宽为32m)、联邦德国的Waldeck Ⅱ地下电站主厂房(宽33.4m)等大型地下洞室采用高预应力长锚杆和低预应力短锚杆(张拉锚杆)相结合的支护形式。中国的矿山巷道、铁路隧洞和电站地下厂房中锚杆支护的应用得到迅速发展。1964年,中国安徽梅山水库采用设计承载力为2400~3200kN的预应力锚杆加固坝基。

20世纪70年代,英国在普莱姆斯的核潜艇综合基地干船坞的改建中,广泛应用了地锚,用以抵抗地下水的上浮力。1974年,纽约世界贸易中心深开挖工程采用锚固技术,950m长、0.9m厚的地下连续墙,穿过有机质粉土、砂和硬土层直达基岩,开挖从地面至地面以下21m,

---
* 本文摘自《土木工程学报》,2001(6):7-12.

由6排锚杆背拉,锚杆倾角为45°,工作荷载为3000kN。法国、瑞士、捷克、澳大利亚先后颁布了地层锚杆的技术规范。在瑞士、法国、捷克、澳大利亚、意大利、英国、巴西、美国、日本等国广泛采用岩土锚杆维护边坡稳定。

20世纪80年代,英国、日本等国研究开发了一种新型锚固技术——单孔复合锚固,改善了锚杆的传力机制,能大大提高锚杆的承载力和耐久性。英国采用单孔复合锚固技术,在软土中使锚杆的承载力达到1337kN。1989年,澳大利亚在Warragamba重力坝加固工程中采用由65根15.2mm的钢绞线组成的锚杆,最大承载力达16500kN。中国北京的京城大厦、王府饭店以及上海的太平洋饭店等大型基坑工程采用预应力土层锚杆背拉桩墙结构。奥地利、英国、美国、国际预应力协会、日本和中国相继制定了地层锚杆的技术规范。

20世纪90年代,国际岩土锚固的理论研究、技术创新和工程应用得到进一步发展。理论研究主要围绕地层锚固的荷载传递机理、不同类型注浆锚杆用于不同地层时杆体与注浆体,注浆体与地层间的黏结应力及其分布状态展开的。英国、澳大利亚、加拿大等国的学者和工程师们提出了"注浆锚杆的侧向刚度、注浆体长度及膨胀水泥含量对杆体与注浆体界面特性的影响"、"有侧限状态下注浆锚杆的性质"、"锚杆注浆体与岩石界面的现场特性"、"黏结应力分布对地层锚杆设计的影响"和"单孔复合锚固的理论与实践"等理论研究成果,对改进锚杆设计和发展能充分利用地层强度的锚杆体系具有重要作用。在技术创新与工程应用方面,中国的成就是特别令人注目的。据初步统计,从1993年至1999年,中国在深基坑和边坡工程中的预应力锚杆用量,约为每年2000~3500km。澳大利亚对Nepean重力坝和Burrinjuck重力坝相继采用高承载力(分别16500kN和16250kN)的锚杆加固。为了检验锚杆防腐蚀系统的完善性,瑞士开发应用了电隔离锚杆(电阻测定法)技术,该法已列入瑞士和全欧洲的锚杆标准。瑞典和日本开发的带端头膨胀体的土中锚杆得到了实际应用,据称,这种锚杆膨胀体的直径可达0.8m,它改变了摩擦作用的传力机制,大大缩短了固定段长度,具有多方面的优点。我国台湾在砂性土的抗浮工程中,应用了底端扩成圆锥体的锚杆,它借助旋转的叶片,底端可形成直径为0.6m的锥体,当固定长度为6~10m时,锚杆的极限承载力达960~1400kN,可比直径为12cm的圆柱形固定段的锚杆承载力提高2~3倍。在香港新机场建设中,采用单孔复合锚固创造了单根土层锚杆承载力的新纪录。位于砂和完全风化崩解的花岗岩层中的单孔复合型锚固锚杆,由7个单元锚杆组成,单元锚杆的固定长度分别为5m和3m,锚杆固定总长度达30m,在3000kN荷载作用下,未见异常变化。

这一期间国际学术交流也十分活跃,1995、1996、1997年连续三年先后在奥地利、中国和英国举办了关于地层锚固和锚固结构的国际学术会议,广泛交流了岩土锚固的理论、设计、材料、施工、腐蚀、防护、试验、长期性能、荷载传递和界面上的黏结特性等成果,特别是根据美国、科威特和南非的现场调查,提出了关于锚杆杆体腐蚀的独特的、重要的研究资料。

不容置疑,当今国际岩土锚固的理论和实践已提高到一个新水平,为广泛应用岩土锚固技术打下了坚实的基础。

2 岩土锚固的现状

2.1 应用领域不断拓宽

自20世纪60年代以后,我国矿山巷道和交通隧洞工程中,2~5m的非预应力或低预应力的岩石锚杆和喷射混凝土支护得到广泛应用,对加速我国矿山和交通隧洞工程建设发挥了重大作用。由于工程要求的多样性,锚杆品种日益增多,全长黏结的砂浆锚杆,端头锚固的树脂锚杆,快硬水泥卷锚杆,低预应力的缝管锚杆与水胀式锚杆以及自钻式锚杆,竞相争妍,它们面对错综复杂、变化多端的围岩地质与工程条件,均找到了自己的生存和发展空间。

随着我国水利、电力和城市建设的发展,我国岩土锚固的应用在20世纪80年代进入旺盛时期。伴随着我国高强钢绞线生产和灌浆技术的进展,长度大于15m的高和较高预应力的锚杆,在我国边坡稳定、地下洞室加固、深基坑支护、坝基加固和抗浮结构等工程中广泛应用(表1),标志着我国岩土预应力锚固的设计、材料、施工水平进入了新的阶段。

岩土锚固工程实例　　　　　　　　表1

工程名称	工程用途	锚杆类型	锚杆承载力(kN)	锚杆钢绞线(根/直径)	最大钻孔直径(mm)
三峡水利枢纽	边坡稳定	拉力型	3000	19/15.2mm	165~176
李家峡水电站	边坡稳定	拉力型	3000		
李家峡水电站	重力坝加固	拉力型	10000	55/15.2mm	256
小浪底水利枢纽	边坡稳定	拉力型	3000	19/15.2mm	220
二滩水电站	地下厂房	拉力型	1750		
石泉水电站	重力坝加固	拉力型	6000	33/15.2mm	240
石泉水电站	重力坝加固	拉力型	8000	43/15.2mm	300
丰满水电站	重力坝加固	拉力型	6000		
中国银行总行办公楼	深基坑支挡	拉力型	800	6/15.2mm	133
中国银行总行办公楼	深基坑支挡	压力分散型	800	8/12.7mm	133
北京京城大厦	深基坑支挡	拉力型	1300	9/15.2mm	150
首都机场扩建工程	结构抗浮	压力分散型	2200	14/15.2mm	200
梅山水库	重力坝加固	拉力型	3200	165/φ5(钢丝)	
小浪底水利枢纽	地下厂房	拉力型	1500		150

举世瞩目的三峡水利枢纽工程,长1607m、高170m的船闸边坡处于风化程度不等的闪云斜长花岗岩中,采用4000余根长25~61m的3000kN(部分为1000kN)的预应力锚杆和近100000根8~14m的高强锚杆作系统加固或局部加固。它对阻止不稳定块体的塌滑,改善边坡的应力状态,抑制塑性区的扩展,提高边坡的整体稳定性发挥了重要作用。

石泉水电站混凝土重力坝坝高65m,全长353m,建于1973年。为提高坝体的安全度,采用29根6MN和1根8.0MN的预应力锚杆。其中8MN的预应力锚杆长68.5m,钻孔直径为300mm。一年后测得的预应力损失小于1%,表明预应力锚杆的工作状态是稳定的。

北京中国银行大厦基坑开挖深21.5~24.5m。穿越的地层为人工堆积层,粉质黏土,细、中砂和砂卵石层。由3~4排预应力锚杆背拉厚80cm地下连续墙作支挡结构。共采用设计承载力为800kN的锚杆1300余根,成功地维护了基坑的稳定。基坑周边的最大的位移量仅为30mm。该基坑东侧的337根预应力锚杆系压力分散型,在其使用功能完成后,按要求全部实现了抽芯拆除技术,为日后顺利地建造地下商场创造了良好条件。

首都机场扩建工程的地下车库,为抵抗地下水的上扬力,采用了 1000 多根设计承载力大于 2000kN 的压力分散型锚杆。可减小地下室底板厚度 5～6m,经济效果十分显著。

2.2 标准化建设日趋完善

为使我国的岩土锚固设计施工符合经济合理、技术先进、安全可靠的原则。1986 年颁发了国家标准《锚杆喷射混凝土支护技术规范》(GBJ 86—1985),1990 年颁发了《土层锚杆设计施工规范》(CECS 22:90)。从 1995 年开始,对国标 GBJ 86—1985 进行修订,现已完成报批稿。这些规范对岩土锚杆的设计、材料、施工、防腐、试验和监测都做了明确的规定。规范规定预应力锚杆服务年限在 2 年以下的为临时锚杆,服务年限 2 年或 2 年以上的为永久锚杆。锚杆设计采用统一的安全系数(表2)。规范在"试验"一节中,分别规定了基本试验、蠕变试验和验收试验的试验数量,最大试验荷载、加荷方式。并规定了锚杆验收的合格标准,即锚杆除应在最大试验荷载作用下,锚头位移趋于稳定外,还应满足试验所得的总弹性位移应大于自由段长度理论弹性伸长的 80%,且小于自由段长度与 1/2 锚固段长之和的理论弹性伸长。

锚杆的安全系数　　表2

锚杆破坏后危害程度	安 全 系 数	
	临时锚杆	永久锚杆
危害轻微,不会构成公共安全问题	1.4	1.8
危害较大,但公共安全无问题	1.6	2.0
危害大,会出现公共安全问题	1.8	2.2

此外,水利电力、建筑、军工等部门还制定了相应的有关岩土锚杆的行业标准。岩土锚固标准化建设的逐步完善,对我国岩土锚固应用的健康发展发挥了重要作用。

2.3 锚固材料与施工机具有新的发展

在锚杆的黏结材料方面,由于硫铝酸盐水泥和各种高效早强剂的发展,使得早强水泥卷锚杆的应用成为现实。这类锚杆能显著地提高锚杆早期限制围岩变形的能力,使安装 2h 后的锚杆抗拔力达 150kN。在锚杆的筋材方面,目前天津、江西新余等地的钢丝厂均能生产高强度(1860MPa)低松弛的钢绞线(包括无黏结型),为发展我国高承载力锚杆和单孔复合锚固型锚杆创造了良好条件。

此外,国内已能生产各种规格的具有标准连接螺纹的中空筋材,为采用自钻式锚杆提供了保证。

在锚固施工机具方面,除了从国外引进一些较先进的钻孔机具外,我国无锡探矿机械厂、宣化英格索兰工程机械有限公司和东北岩土工程公司等单位生产的钻孔直径从 65～165mm 的岩锚钻机以及冶金部建筑研究总院研制的 YM160 步履式土锚钻机,均具有良好的工作性能。在锚固设施方面,柳州建筑机械总厂生产的 OVM 锚具,则具有可靠的自锚性能,在国内许多大型岩土锚固工程中应用,取得了满意的效果。

2.4 单孔复合锚固改善了锚杆的传力机制

传统的岩土锚固方法,即拉力型锚杆在锚杆受荷时,不能将荷载均匀地分布于固定长度上,会产生严重的应力集中现象。由于黏结应力分布的不均匀性,随着锚杆上荷载的增大,在

荷载传至固定长度最远端之前,在杆体与灌浆体或灌浆体与地层界面上就会发生黏结效应逐步弱化或脱开的现象[图1a)]

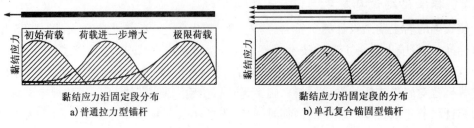

图1 单孔复合锚固型锚杆与普通拉力型锚杆的比较

为了从根本上改变拉力型锚固方法的弊端,冶金部建筑研究总院等单位已研究成功单孔复合锚固方法。该方法是在同一钻孔中安装几个单元锚杆,而每个单元锚杆有自己的杆体、自由长度和固定长度,而且承受的荷载也是通过各自的张拉千斤顶施加的,并通过预先补偿张拉(补偿各单元锚杆在同等荷载下因自由段长度不等而引起的位移差),而使所有单元锚杆始终承受相同的荷载。

这种新型锚固体系,可将集中荷载分散为几个较小的荷载作用于固定段的不同部位,使黏结应力峰值大大降低,因单元锚杆的固定长度很小,不会发生黏结效应逐步弱化,能使黏结应力均匀地分布在整个固定长度上[图1b)],最大限度地调用整个锚杆固定长度范围内的地层强度,锚杆承载力可随固定长度的增长而成比例的提高。与拉力型锚杆相比,承载力可提高30%~200%。

目前,单孔复合锚固已成功地用于北京中国银行总行基坑支护工程、北京华澳中心基坑工程、首都机场地下车库抗浮结构工程和北京虎峰山庄边坡工程。在中国银行大厦基坑工程中使用的单孔复合锚固法为一个钻孔内安放4根单元锚杆,每根单元锚杆的固定段长5.0m,固定段位于粉质黏土和中细砂层中,在1500kN荷载作用下,无异常变化。

冶金部建筑研究总院开发的单孔复合锚固体系是一种压力分散型锚杆,它是将无黏结钢绞线绕承载体弯曲成"U"形构成单元锚杆。这种锚杆用于永久工程,由于预应力筋(钢绞线)有油脂、聚乙烯及灌浆体包围,形成多层防腐,且灌浆体受压,不易开裂,大大提高了锚杆的耐久性。用于临时工程,使用功能完成后,可方便地拆除芯体,不构成对周边地下工程开发的障碍。

2.5 软土锚固取得重大突破

软土主要由细粒土组成,一般具有松软、含水率高、孔隙比大、压缩性高和强度低的特点,主要分布在沿海一带。改革开放以来,沿海地区高层建筑蓬勃兴起,并要求快速经济地建造一大批深基坑工程,它为软土锚固的发展提供了契机。

应当说我国软土锚固技术与世界先进水平相比是毫不逊色的。其主要成果可归纳为三方面:

(1)采用可重复灌浆技术,大幅度提高了软土中锚杆的承载力。

该技术是借助于密封袋、注浆套管、注浆枪等特殊的结构构造,能在一次灌浆体强度达5MPa后,实现二次或多次重复高压(315~410MPa)劈裂灌浆,使水泥浆能较均匀地沿锚固段全长向周围土体渗透、挤压的扩散,以显著提高灌浆加固土层的抗剪强度,从而使灌浆体与土层界面上的黏结强度及锚杆承载力提高 0.6~1.0 倍。可重复灌浆型锚杆已在天津、上海、深圳、厦门等地的软土基坑工程中得到广泛应用。

(2) 基本上掌握了软土中锚杆蠕变变形和预应力值变化的规律。

对塑性指数大于 17 的软土（不包括淤泥）在锚杆荷载作用下的蠕变变形及锚杆荷载随时间的变化特性进行了较深入的研究，提出了以下一些基本认识。

① 采用较小的应力水平，即当锚杆锁定荷载与极限承载力的比值小于 0.53，能使锚杆的蠕变变形控制在容许范围内。

② 当与锚杆相联系的桩墙支挡结构出现较大位移时，锚杆荷载（预应力值）会急剧增大，故对容许有一定位移的临时性支挡工程，锚杆锁定荷载值取设计值的 0.7~0.85 为宜。

③ 当锚杆的预应力损失大于 10% 时，可通过重复张拉加以补偿。

(3) 在实践中，找到了控制软土基坑周边位移的若干有效方法。

控制软土基坑周边位移的方法主要有：

① 在地下水位较高的软土地层中开挖基坑，应设可靠的止水帷幕，阻止坑边地下水的流失。

② 适当加大桩墙结构尺寸和加密锚杆，以提高支护结构刚度。

③ 锚杆成孔采取"跳钻"，即在水平方向上每隔 2~4 个锚杆孔位钻孔，并随即完成扦筋、注浆作业，使单位时间内对单位体积土体的扰动范围降低到最低程度。

④ 土方开挖要分层实施，使卸荷作用的应力调整缓慢发生。基坑周边应随开挖、随锚固，使无支承条件下坑边所暴露的时间尽可能少，所敞露的面积尽可能小。

⑤ 当坑边有密集建（构）筑物时，可在建构筑物周边设置垂直向的微型桩，以改变应力传递途径，减少基坑周边位移对建（构）筑物的影响。

2.6　土钉支护有所创新

20 世纪 70 年代在法国、德国等欧洲国家开始应用的土钉支护于 20 世纪 90 年代在我国基坑和边坡工程中得到迅速发展。土钉支护由被加固土、放置于原位土体中的细长金属杆件（土钉）以及附着于坡面的混凝土面板组成，形成一个类似于重力式的挡土墙，以此来抵抗墙后传来的土压力及其他作用力，从而使边坡稳定。

土钉支护结构轻型、柔性大、施工方法简便、施工速度快，也有利于信息化施工，经济效益显著，约比排桩、地下连续墙等支挡形式节约投资 30% 以上，因而发展极为迅速。目前，我国已制定了《基坑土钉支护技术规程》(CECS 96:97)。冶金部建筑研究总院、清华大学、同济大学、北京理正软件设计研究所等单位先后开发了土钉支护稳定性分析和设计计算程序。总参工程兵三所、冶金部建筑研究总院、广州军区建筑设计院、同济大学等单位在土钉支护应用方面做了大量工作。北京、广州、深圳、武汉、成都等地的基坑支护工程中，土钉支护的比重已跃居首位。特别是近年来土钉支护与其他的止水设施或支护结构相结合使用所形成的复合土钉支护，如土钉支护与搅拌桩、旋喷桩相结合构成的止水型土钉支护，土钉与预应力锚杆相结合构成的加强型土钉支护，土钉与微型桩、超前注浆、超前竖向土钉相结合的超前加固型土钉支护，大大拓宽了土钉支护的应用领域。

复合土钉支护用于深度达 17m、坑边很近处有建（构）筑物或深度小于 6.0m 的淤泥质土基坑工程，已有不少成功的实例，取得了有益的经验，使我国的土钉支护技术跻身于世界先进行列。

3 对发展我国岩土锚固的几点意见

3.1 关于锚杆设计

岩土锚固适用于各类岩石、黏性土、粉土和砂土。但未经处理的有机质土,液限 $W_L>50\%$ 和相对密度 $D_r<0.3$ 的土层不得作永久性锚杆的锚固地层。

锚杆设计中有许多不确定因素及风险性,如地层性态、地下水或周边环境的变化,灌浆与杆体材料质量的不稳定性,锚杆群中个别锚杆承载力下降或失效所附加给周边锚杆的工作荷载增量等。因此锚杆设计必须严格按规范要求,采用合理的设计安全系数。规范规定,对锚固体的设计,临时锚杆安全系数的最小值为 1.4,永久锚杆安全系数最小为 1.8。笔者认为对处于严重腐蚀环境或处于塑性指数大于 17 的地层中的永久锚杆,安全系数不应小于 2.2。必须指出,当前相当多的锚固工程取用的安全系数偏低或缺乏正规的验收试验核定工程锚杆是否满足所采用的安全系数值,对锚杆的长期可靠性将构成严重的威胁,这种状况,必须彻底改变。

锚杆设计中将锚固长度上的黏结应力视为均匀分布,采用锚杆承载力与锚固长度成正比的计算公式是不合理的。当前普遍采用的集中拉力型锚杆在受荷时,不能将荷载均匀地分布于锚固长度上,会出现严重的应力集中现象。当荷载传至锚固长度最远端之前,锚固长度近端处的黏结效应会出现弱化甚至脱开现象。因此,应积极采用在一个钻孔中安放若干个锚固长度较短的(<5.0m)的单元锚杆的复合锚固,它能使黏结应力较均匀地分布于整个锚固长度上,能更有效地利用地层的抗剪强度。同时在计算锚杆承载力时应引入锚固长度有效因子,锚杆承载力极限值 T_u 的计算公式可修正为:

$$T_u = \pi \cdot D \cdot L \cdot \psi \cdot q_s$$

式中:L——锚杆的锚固长度(m);

D——锚固体直径(m);

ψ——锚固长度有效因子;

q_s——杆体与灌浆体或灌浆体与地层间的极限黏结强度标准法(MPa)。

此外,潮汐、温度变化、风荷载、交通荷载、浅水波浪冲击等都会对锚杆产生反复作用的荷载,这种反复荷载将使锚杆产生附加位移,而荷载变化范围的大小对附加位移有重要影响。因此,必须控制荷载变化范围对锚杆的不利影响,法国、奥地利等国的锚杆规范规定:荷载变化范围应小于锚杆承载力设计值的 20%,这对我国类似条件下的锚杆设计是可以借鉴的。

3.2 关于锚杆类型及其适用性

不同类型和品种的锚杆,其传力机制、工作性能、加固效果和耐久性是有差异的,应根据地层性态,锚杆工作条件和服务年限来选择适宜的锚杆类型,从而使岩土锚固工程的设计与施工既经济合理,又安全可靠。

(1)永久性岩石边坡和大型岩石洞室工程,宜采用高或较高预应力的长锚杆与低预应力的短锚杆相结合的锚固体系。

(2)岩石隧洞(交通与水工隧洞等)工程,应主要发展低预应力的端头锚固型锚杆体系,如涨壳式中空注浆锚杆、快硬水泥卷锚杆、树脂卷锚杆等。

(3)围岩自稳时间短,或具有明显的流变特征或受邻近爆破震动影响且服务年限较短的矿山巷道工程,宜采用缝管锚杆、水胀锚杆等摩擦型锚杆。

(4)对岩土边坡或基坑支挡工程,应积极发展单孔复合锚固。永久性锚固工程,宜采用压力分散型锚杆;临时锚固工程,宜采用拉力分散型锚杆。

(5)对难于成孔的复杂地层中的锚固工程,宜采用自钻式锚杆。

3.3 关于锚杆试验

为了确定锚杆承载力,验证锚杆设计参数和施工工艺的合理性,检验锚杆工程质量或掌握锚杆在软弱地层中工作的变形特征,应按不同情况对锚杆进行相关试验。锚杆规范规定对任何一种新型锚杆或已有锚杆用于未曾用过的地层时应进行基本试验;对锚固于塑性指数大于17的地层中的锚杆应进行蠕变试验;对任何一项岩土锚固工程,均应进行锚杆的验收试验。但目前许多工程甚至一些重要的永久性工程都偏离规范的规定,只是在锚杆荷载施加至锁定值前超张拉至锚杆轴向拉力设计值的1.05～1.10倍,作为锚杆合格的标准给予验收,这是十分有害的,因为这远不能检验锚杆的实际承载力是否与要求的安全系数相接近。国内外有关标准对锚杆验收试验的规定是基本一致的,即验收试验锚杆的数量应取锚杆总数的5%,且不得少于最初施作的3根;永久锚杆的最大试验荷载为锚杆轴向拉力设计值的1.33倍或1.5倍;临时锚杆的最大试验荷载为锚杆轴向拉力设计值的1.2倍。锚杆验收标准不仅要求锚杆在最大试验荷载作用下,锚头位移稳定,还要求在最大试验荷载作用下,锚杆的总弹性位移应符合规范的规定。

3.4 关于锚杆的腐蚀及防护

岩土锚固结构的使用寿命取决于锚杆的耐久性。对寿命的最大威胁则来自腐蚀。锚杆预应力筋腐蚀的主要危害是地层和地下水中的侵蚀性质,锚杆防护系统失效,双金属作用以及地层中存在着杂散电流。这些危害会引起不同形态的腐蚀,如全面腐蚀、局部腐蚀和应力腐蚀。对预应力锚杆来说,除了来自侵蚀介质引起的腐蚀外,高拉应力作用下的应力腐蚀及氢脆破坏,将会直接引起钢丝或钢绞线的断裂。

国内外锚杆腐蚀现象时有发生,1986年国际预应力协会(FIP)曾对35件锚杆腐蚀而导致锚杆杆体断裂的实例进行调查,其中永久锚杆占69%,临时锚杆占31%,断裂部位多半位于锚头附近和自由段范围内。我国安徽梅山水库的预应力锚杆使用6～8年后,发现有3个孔内的部分钢丝因应力腐蚀(兼有氢脆)而断裂。

总结分析预应力锚杆腐蚀破坏的原因,笔者认为应采取一系列综合防护对策,以提高锚杆的防腐能力和长期化学稳定性。主要的防护措施有:切实弄清锚杆工作环境内的腐蚀性质和程度;永久锚杆杆体应有聚乙烯和水泥浆体双层以上的防护层,水泥浆保护层的厚度不应小于20mm;尽可能采用压力分散型锚杆;采用钢丝、钢绞线作预应力筋的锚杆,其锁定荷载不宜超过筋体材料抗拉强度标准值的60%;锚杆自由段与锚头接合处的空隙,务必实施二次补浆;张拉作业完成后,锚头应及时封闭保护。

3.5 关于岩土锚固的研究方向

当前,我国正加大对交通、水利、能源及城市基础设施的建设力度,为岩土锚固的发展带来空前良好的机遇。为了适应工程建设的需要和推动本学科的发展,应紧紧围绕以下课题,展开科学研究与技术创新:

(1)岩土锚杆的结构形式与传力机制;
(2)各类地层中锚杆固定长度黏结应力特性与固定长度有效因子;
(3)快速、高效与多功能的钻孔机具;
(4)地下工程锚固体系的设计计算方法;
(5)高承载力(>10000kN)锚杆及其在大坝及桥梁基础工程中的应用;
(6)扩体型锚杆及其在边坡与结构抗浮工程中的应用;
(7)锚杆的腐蚀与防护;
(8)锚杆的长期工作性能;
(9)地震、冲击荷载、变异荷载等条件下锚杆的性能;
(10)锚杆预应力对岩土体应力重分布及岩土体力学性能的影响;
(11)复合土钉支护工作机理及设计方法。

参 考 文 献

[1] 程良奎.中国岩土锚固技术的应用与发展[M].//程良奎,刘启深.岩土锚固工程技术的应用与发展.北京:万国学术出版社,1996.

[2] 程良奎.深基坑锚杆支护的新进展[M].//中国岩土锚固工程协会.岩土锚固新技术.北京:人民交通出版社,1998.

[3] 程良奎.分散压缩型(可拆芯式)锚杆[M].//陈惠玲.高效预应力结构设计施工实例应用手册.北京:中国建筑工业出版社,1998.

[4] 程良奎,张作眉,杨志银.岩土加固实用技术[M].北京:地震出版社.1994.

[5] 程良奎.喷射混凝土与土钉墙[M].北京:中国建筑工业出版社,1998.

[6] 程良奎.单孔复合锚固法的机理和实践[M].//闫莫明.岩土锚固新进展.北京:人民交通出版社,2000.

[7] 杨清玉.小浪底水利枢纽地下厂房支护设计[M].//中国岩土锚固工程协会.岩土锚固新技术.北京:人民交通出版社,1998.

[8] 中国工程建设标准化协会.CECS 22:90 土层锚杆设计与施工规范[S].北京:计划出版社,1991.

[9] 国家计划委员会.GBJ 86—1985 锚杆喷射混凝土支护技术规范[S].1986.

[10] 陈肇元,崔京浩.土钉支护在基坑工程中的应用[M].北京:中国建筑工业出版社,1997.

[11] Fu Bingjun, Qi Junxiu, Xu Shulin. Advance and State of Arts of Rock Anchoring Techniques in Hydraulic Construction in China[M]. Proc. Anchoring & Grouting. Guangzhou:Zhongshan university publisher,1999.

国家标准《岩土锚杆与喷射混凝土支护工程技术规范》(GB 50086—2015)的基本特点与主要修订内容

程良奎

(中冶建筑研究总院有限公司)

摘 要 本规范是在原《锚杆喷射混凝土支护技术规范》(GB 50086—2001)的基础上修订而成的,主要修订了预应力锚杆、喷射混凝土等章节,并新增了边坡锚固、基坑锚固、基础与混凝土坝的锚固,抗浮锚固等章节,是我国土木、水利、建筑、矿业和地质灾害防治工程中一本覆盖面广、影响力大的工程技术标准。

关键词 岩土锚杆;预应力锚杆;喷射混凝土;技术规范

Basic Characteristics and Main Revised Contents of "Technical Code for Engineering of Ground Anchors and Shotcrete Support" (GB 50086—2015)

Cheng Liangkui

(*Central Research Institute of Building and Construction Co. Ltd, MCC, Beijing 10088, China*)

Abstract This technical code is complied on the basis of revising the former "Technical Code for Anchors and Shotcrete Support" (GB 50086—2001). It is highlighted on the revision of chapters, such as prestressed anchor and shotcrete etc; and the chapters, such as slope anchoring, excavation anchoring, foundation & concrete dam anchoring, as well as anti float anchoring etc are also added. Therefore, GB 50086—2015 is an engineering technical standard having a wide use scope and a great significance that can be used for civil, water conservancy, building, mining industry and geological disaster prevention & control engineering in China.

Keywords ground anchor; prestressed anchor; shotcrete; technical code

1 引言

国家标准《岩土锚杆与喷射混凝土支护工程技术规范》(GB 50086—2015)是根据原建设部《关于印发〈2007年工程建设标准规范制订、修订计划(第二批)〉的通知》(建标〔2007〕126号文件)的要求,由中冶建筑研究总院有限公司会同有关单位在原《锚杆喷射混凝土支护技术规范》(GB 50086—2001)的基础上修订完成的。

本规范在编制过程中,编制组经广泛调查研究,认真总结实践经验,吸纳成熟的新成果与新技术,参考国外先进标准,与国内相关标准协调,并在广泛征求意见的基础上,最后经审查定稿。该规范已于2015年由国家住房和城乡建设部批准发布。

现就国标 GB 50086—2015 的基本情况、特点与主要修改内容做以介绍。

2　基本情况

国家标准《岩土锚杆与喷射混凝土支护工程技术规范》(GB 50086—2015)是我国土木、水利、建筑、矿业和地质灾害防治工程建设中的一本覆盖面广、影响力大的工程技术标准。

本规范共分15章和15个附录,主要技术内容包括:总则、术语、工程勘察与调查、预应力锚杆、低预应力与非预应力锚杆、喷射混凝土、隧道与地下工程锚喷支护、边坡锚固、基坑锚固、基础与混凝土坝的锚固、抗浮锚固、试验、工程监测与维护和工程质量检验与验收。

本规范引用标准名录如下所列。
(1)《混凝土结构设计规范》(GB 50010—2010);
(2)《建筑地基基础设计规范》(GB 50007—2011);
(3)《预应力混凝土用钢绞线》(GB/T 5224—2014);
(4)《岩土工程勘察规范》(GB 50021—2001);
(5)《建筑基坑工程监测技术规范》(GB 50497—2009);
(6)《高耸结构设计规范》(GB 50135—2006)。

本规范参考的国外标准如下所列。
(1)日本地盘工学会:《岩土锚杆——设计·施工基准,同解说》(CJGS 4101—2000);
(2)日本建筑学会:《建筑地盘锚杆——设计施工指南,同解说》(2001);
(3)英国:《British Standard Code of Practice for Ground Anchorages》(BS 8081—1989);
(4)Post-tensioning Institute:《PTI Recommendations for Prestressing Rock and Soil Anchors》(1996);
(5)FIP《Recommendation,Design and Construction of Prestressed Ground Anchors》(1996);
(6)EF,NARC:《European Specification for Sprayed Concrete》;
(7)挪威隧道协会和挪威岩石力学学会:《岩土支护用喷射混凝土——规范、指南及测试方法》;
(8)美国交通部联邦公路总局:①土钉墙指南;②临时性喷射混凝土面层和墙体排水指南(规范);③永久性喷射混凝土面层和墙体排水指南(规范)。

3　规范修订的指导原则、基本特点与主要修订内容

3.1　指导原则与基本特点

(1)岩土锚杆与喷射混凝土支护工程的设计、施工应符合安全适用、技术先进、经济合理、确保质量和保护环境的要求;
(2)贯彻国家有关节能、低碳、保护生态环境等技术经济政策;
(3)最大限度地保护和利用岩土体的自稳能力和自身强度;

(4)覆盖面广,能指导隧道洞室、边坡、基础、基坑、抗浮和混凝土坝等各类锚喷工程的设计与施工;

(5)积极采用成熟的新理念、新技术、新材料和新工艺;

(6)与国际同类先进标准接轨,与国内相关标准协调。

3.2 本规范修订的主要技术内容

(1)增加边坡、基础、基坑、抗浮及坝工等工程岩土锚杆设计、施工内容;

(2)增加Ⅰ、Ⅱ级围岩中跨度25～35m,Ⅲ级围岩中跨度20～35m,高跨比大于1.2的大跨度、高边墙洞室工程锚喷支护工程类比法设计内容;

(3)增补土层预应力锚杆设计施工相关内容;

(4)增加可重复高压灌浆锚杆、涨壳式中空注浆锚杆等新型预应力锚杆内容,细化压力分散与拉力分散型锚杆的设计施工内容;

(5)调整预应力锚杆设计计算方法,在锚杆承载力计算中引入了锚固段长度对黏结强度影响系数"ψ";

(6)增加预应力锚杆防腐等级及相应的防腐构造要求;

(7)调整喷射混凝土的配合比设计、1d抗压强度及喷射混凝土与岩石间黏结强度最小值规定,增加高应力、大变形隧洞喷射混凝土最小抗弯强度与残余抗弯强度(韧性)要求;

(8)补充修改预应力锚杆验收试验及锚杆验收合格标准的相关内容;

(9)增加喷射混凝土或喷射钢纤维混凝土的抗弯强度和残余抗弯强度试验方法内容。

4 预应力锚杆

4.1 锚杆类型

本规范规定的预应力锚杆一般指预应力值≥150kN、长度≥10m 的锚杆。对锚杆类型,规定了拉力型、拉力分散型、压力型、压力分散型、可重复高压灌浆型与可拆芯式等 6 种类型的锚杆的工作特性和适用条件。

4.2 锚杆防腐

对于锚杆防腐保护规定应根据锚杆的设计使用年限及所处地层的腐蚀性程度确定锚杆的防腐保护等级。腐蚀环境中的永久性锚杆都应采用Ⅰ级防护构造设计;非腐蚀性环境中的永久性锚杆及腐蚀环境中的临时性锚杆可采用Ⅱ级防腐保护构造设计。还列表具体规定了Ⅰ、Ⅱ、Ⅲ级防腐保护等级的构造措施要求。

4.3 锚杆设计

规定永久性锚杆拉力设计值可按式(1)

$$N_d = 1.35\gamma_w N_k \tag{1}$$

临时性锚杆拉力设计值可按式(2)

$$N_d = 1.25 N_k \tag{2}$$

式中:N_d——锚杆拉力设计值(kN);

N_k——锚杆拉力标准值(kN);

γ_w——工作条件系数,一般取1.1。

对锚杆筋体截面设计,规定除应满足 $A_s \geqslant N_d/f_{py}$ 或 $A_s \geqslant N_d/f_y$ 外(其中 N_d 为锚杆拉力设计值,f_{py} 为钢绞线或预应力螺纹钢筋抗拉强度设计值,f_y 为普通钢筋抗拉强度设计值)。预应力筋的张拉控制应力 σ_{con} 还应符合表1的规定。

锚杆预应力筋的张拉控制应力 σ_{con}　　　　表1

锚杆类型	σ_{con}		
	钢绞线	预应力螺纹钢筋	普通钢筋
永久	$\leqslant 0.55 f_{ptk}$	$\leqslant 0.70 f_{pyk}$	$\leqslant 0.70 f_{yk}$
临时	$\leqslant 0.60 f_{ptk}$	$\leqslant 0.75 f_{pyk}$	$\leqslant 0.75 f_{yk}$

对锚杆或荷载分散型锚杆的单元锚杆抗拔承载力,规范规定应按式(3)和式(4)计算,锚固段的设计长度应取计算长度的较大值。

$$N_d \leqslant \frac{f_{ms}}{K} \cdot \pi \cdot D \cdot L_a \cdot \psi \tag{3}$$

$$N_d \leqslant f'_{ms} \cdot n \cdot \pi \cdot d \cdot L_a \cdot \xi \tag{4}$$

式中:N_d——锚杆或单元锚杆的拉力设计值(kN);

L_a——锚固段长度(m);

f_{ms}——锚固段注浆体与地层间极限黏结强度标准值(kPa),应通过试验确定,无试验资料时,可按规范4.6.10取值;

f'_{ms}——锚固段注浆体与筋体间黏结强度设计值,可按表2取值;

D——锚杆锚固段钻孔直径(mm);

d——钢筋或钢绞线直径(mm);

K——锚杆锚固段注浆体与地层间的黏结抗拔安全系数,按表3取值;

ξ——采用2根或2根以上钢筋或钢绞线时,界面黏结强度降低系数,取0.7~0.85;

ψ——锚固段长度对极限黏结强度的影响系数,可按表4选取;

n——钢筋或钢绞线根数。

规范对压力型、压力分散型锚杆锚固段注浆体的承压面积也做出了规定。

锚杆锚固段注浆体与筋体间黏结强度设计值(MPa)　　　　表2

锚杆类型	灌浆体抗压强度(MPa)　　　　　杆体预应力筋种类	20	25	30	40
临时	预应力螺纹钢筋	1.4	1.6	1.8	2.0
	钢绞线、普通钢筋	1.0	1.2	1.35	1.5
永久	预应力螺纹钢筋		1.2	1.4	1.6
	钢绞线、普通钢筋		0.8	0.9	1.0

锚杆锚固段注浆体与地层间的黏结抗拔安全系数　　　　表3

锚固工程 安全等级	破 坏 后 果	安 全 系 数	
		临时锚杆 <2年	永久锚杆 ≥2年
Ⅰ	危害大,会构成公共安全问题	1.8	2.2
Ⅱ	危害较大,但不致出现公共安全问题	1.6	2.0
Ⅲ	危害较轻,不构成公共安全问题	1.5	2.0

注:蠕变明显地层中永久锚杆锚固体的最小抗拔安全系数宜取3.0。

锚固段长度对黏结强度的影响系数 ψ 建议值　　　　表4

锚固地层	土　　层					岩　　石				
锚固段长度(m)	14～18	10～14	10	10～6	6～4	9～12	6～9	6	6～3	3～2
ψ 值	0.8～0.6	1.0～0.8	1.0	1.0～1.3	1.3～1.6	0.8～0.6	1.0～0.8	1.0	1.0～1.3	1.3～1.6

对锚杆的初始预应力(锁定荷载)做出以下规定:

(1)对地层及被锚固结构位移控制要求较高的工程,初始预加力值宜为锚杆拉力设计值;

(2)对地层及被锚固结构位移控制要求较低的工程,初始预加力值宜为锚杆拉力设计值的0.70～0.85倍;

(3)对显现明显流变特征的高应力低强度岩体中隧洞和洞室支护工程,初始预加力宜为拉力设计值的0.5～0.6倍;

(4)对用于特殊地层或被锚固结构有特殊要求的锚杆,其初始预加力可根据设计要求确定。

4.4　锚杆施工

规范规定,在裂隙发育以及富含地下水的岩层中进行锚杆施工时,应对钻孔周边孔壁进行渗水试验。当钻孔内注入0.2～0.4MPa压力水10min后,锚固段钻孔周边渗水率超过0.01m³/min时,则应采用固结注浆或其他方法处理。

4.5　锚杆试验

规范规定,永久性锚杆工程应进行锚杆的基本试验,临时性锚杆工程当采用任何一种新型锚杆或锚杆用于从未用过的地层时,应进行锚杆的基本试验。塑性指数大于17的土层锚杆、强风化的泥岩或节理裂隙发育张开且充填有黏性土的岩层中的锚杆应进行蠕变试验。基本试验与蠕变试验的锚杆均不得少于3根。

规范规定,工程锚杆必须进行验收试验。其中应对占锚杆总量5％且不少于3根的锚杆进行多循环张拉验收试验,占锚杆总量95％的锚杆应进行单循环张拉验收试验。该条为强制性条文。对锚杆的多循环张拉验收试验的最大试验荷载应取锚杆受拉承载力设计值的1.2倍;临时性锚杆应取锚杆受拉承载力的1.1倍。锚杆多循环张拉验收试验结果的整理与判定应符合下列规定。

(1)按图1和图2的要求,整理锚杆荷载—位移(N—δ)曲线、锚杆荷载—弹性位移(N—

δ_e)曲线、锚杆荷载—塑性位移(N—δ_p)曲线。

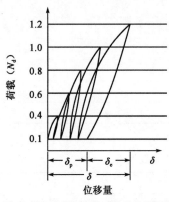

图1　锚杆多循环张拉验收试验的荷载(N)—位移(δ)曲线

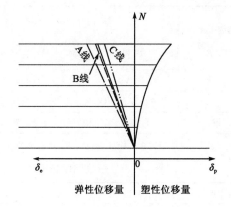

图2　锚杆多循环张拉验收试验的荷载(N)—弹性位移(δ_e)曲线和荷载(N)—塑性位移(δ_p)曲线

（2）验收合格标准：

①最大试验荷载作用下，在规定的持荷时间内锚杆的位移增量应小于1.0mm，不能满足时，则增加持荷时间至60min，锚杆累计位移增量应小于2.0mm；

②压力型锚杆或压力分散型锚杆的单元锚杆在最大试验荷载作用下所测得的弹性位移应大于锚杆自由杆体长度理论弹性伸长值的90％，且小于锚杆自由杆体长度理论弹性伸长值的110％；

③拉力型锚杆或拉力分散型锚杆的单元锚杆在最大试验荷载作用下，所测得的弹性位移应大于锚杆自由杆体长度理论弹性伸长值的90％，且小于自由杆体长度与1/3锚固段之和的理论伸长值。

5　低预应力锚杆与非预应力锚杆

低预应力锚杆一般指预应力值小于或等于200kN的锚杆，多用于隧道、洞室的围岩加固或初期支护。本规范规定了涨壳式中空注浆锚杆、树脂卷与快硬水泥卷锚杆及摩擦型锚杆的工作特性与适用条件。对非预应力锚杆，规定了普遍水泥砂浆锚杆、自钻式中空锚杆、普通中空锚杆和纤维增强塑料锚杆的工作特性与适用条件。

6　喷射混凝土

在岩土体开挖早期，为改善喷射混凝土控制岩土体变形的能力，规定喷射混凝土1d龄期的抗压强度应不低于$8N/mm^2$。

对开挖后呈现明显塑性流变或高应力易发生岩爆的岩体中的隧洞，受采动影响、高速水流冲刷或矿石冲击磨损的隧洞和竖井，宜采用喷射钢纤维混凝土支护。

对大断面隧道及大型洞室喷射混凝土支护，应采用湿拌喷射法施工；对矿山井巷、小断面隧洞及露天工程喷射混凝土支护，可采用骨料含水率为5％～6％的干拌（半湿拌）喷射法施工。

对喷射混凝土试验的规定,检验喷射混凝土强度的标准试块应在不小于450mm×450mm×120mm 的喷射混凝土板件上,用切割法或钻芯法取得。规定喷射混凝土与岩石或硬化混凝土的黏结强度试验可在现场采用对被钻芯隔离的喷射混凝土试件进行拉拔试验完成(图3),也可在试验室采用对钻取的芯样进行拉力试验完成(图4)。

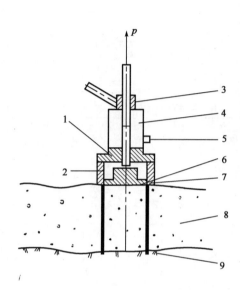

图3 对钻芯隔离的喷射混凝土试件的拉拔试验
1-基座;2-支撑装置;3-螺母;4-千斤顶;5-泵;6-黏结剂;
7-托架;8-喷射混凝土;9-基岩

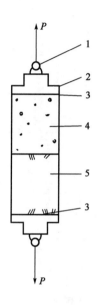

图4 钻取试件的直接拉力试验
1-接头;2-支架;3-黏结计;4-喷射混凝土;5-基岩

7 隧道与地下工程的锚喷支护

对隧道与地下工程锚喷支护的设计,GB 50086—2015 规定与 GB 50086—2001 仍保持一致,即规定应采用工程类比与监测、量测相结合的设计方法。对于大跨度、高边墙的隧道洞室,还应辅以理论验算法复核。对于复杂的大型地下洞室群可用地质力学模型试验验证。锚喷支护的工程类比法设计应根据围岩级别及隧洞开挖跨度确定锚喷支护类型和参数。

对围岩分级,本规范基本上保留了 GB 50086—2001 版的内容,仅对围岩的强度应力比做了修改和补充,即规定Ⅰ级围岩的强度应力比应大于4,Ⅱ级围岩的强度应力比应大于2。对极高地应力围岩Ⅰ、Ⅱ级围岩强度应力比小于4,Ⅲ、Ⅳ级围岩小于2宜适当降级。

对于隧洞与斜井的锚喷支护类型和设计参数表,主要作了两方面的增补或修改。一是根据我国二滩、三峡、龙滩、拉西瓦、瀑布沟、小湾等水电站的地下厂房(洞室跨度>30m,高跨比>2.0),采用锚喷支护的成功经验,将Ⅰ、Ⅱ、Ⅲ级围岩按工程类比法设计的洞室跨度范围,由原规范的 25m(Ⅰ、Ⅱ级围岩)、20m(Ⅲ级围岩)均扩大至 35m。二是基于低预应力锚杆与钢纤维喷射混凝土具有一些独特的工作特性,有利于改善控制岩体开挖早期变形,建议在跨度大于20m和Ⅳ、Ⅴ级围岩中的隧洞洞室中优先采用。

本规范规定的隧洞与斜井锚喷支护类型和设计参数见表5。

隧洞与斜井的锚喷支护类型和设计参数

表 5

围岩级别	B≤5	5<B≤10	10<B≤15	15<B≤20	20<B≤25	25<B≤30	30<B≤35
I级围岩	不支护	喷混凝土 $\delta=50$	(1)喷混凝土 $\delta=50\sim80$; (2)喷混凝土 $\delta=50$, 布置锚杆 $L=2.0\sim2.5$, @$1.0\sim1.5$	喷混凝土 $\delta=100\sim120$, 布置锚杆 $L=2.5\sim3.5$, @$1.25\sim1.50$, 必要时, 设置钢筋网	钢筋网喷混凝土 $\delta=120\sim150$, 布置锚杆 $L=3.0\sim4.0$, @$1.5\sim2.0$	钢筋网喷混凝土 $\delta=150$, 布置锚杆和预应力锚杆 $L=4.0\sim5.0$ 低预应力锚杆, @$1.5\sim2.0$	钢筋网喷混凝土 $\delta=150\sim200$, 相间布置锚杆和低预应力锚杆 $L=5.0\sim6.0$, @$1.5\sim2.0$
II级围岩	喷混凝土 $\delta=50$	(1)喷混凝土 $\delta=80\sim100$; (2)钢筋网喷混凝土 $\delta=50$, 布置锚杆 $L=2.0\sim2.5$, @$1.0\sim1.25$	(1)钢筋网喷混凝土 $\delta=100\sim120$, 局部锚杆; (2)喷混凝土 $\delta=80\sim100$, 布置锚杆 $L=2.5\sim3.5$, @$1.0\sim1.5$, 必要时, 设置钢筋网	钢筋网喷混凝土 $\delta=120\sim150$, 布置锚杆 $L=3.5\sim4.5$, @$1.5\sim2.0$	钢筋网喷混凝土 $\delta=150\sim200$, 相间布置锚杆 $L=3.0\sim4.5$ 低预应力锚杆, @$1.5\sim2.0$	钢筋网或钢纤维喷混凝土 $\delta=150\sim200$, 相间布置锚杆和低预应力锚杆 $L=5.0\sim7.0$, @$1.5\sim2.0$, 必要时设置预应力锚杆	钢筋网或钢纤维喷混凝土 $\delta=180\sim200$, 相间布置锚杆, 8.0 锚杆, @$1.5\sim2.0$, 必要时布置 $L\geq10.0$ 的预应力锚杆
III级围岩	(1)喷混凝土 $\delta=80\sim100$; (2)布置锚杆 $L=1.5\sim2.0$, @$0.75\sim1.0$	(1)钢筋网喷混凝土 $\delta=120$, 局部锚杆; (2)钢筋网喷混凝土 $\delta=80\sim100$, 锚杆 $L=2.5\sim3.5$, @$1.0\sim1.5$	钢筋网喷混凝土 $\delta=100\sim150$, 布置锚杆 $L=3.5\sim4.5$, @$1.5\sim2.0$, 局部加强	钢筋网或钢纤维喷混凝土 $\delta=150\sim200$, 布置锚杆 $L=3.5\sim5.0$, @$1.5\sim2.0$, 局部加强	钢筋网或钢纤维喷混凝土 $\delta=150\sim200$, 锚杆 $L=4.0\sim6.0$, @1.5, 必要时布置或局部加强预应力锚杆 $L\geq10.0$	钢筋网或钢纤维喷混凝土 $\delta=180\sim250$, 相间布置锚杆 6.0 锚杆, 8.0, @1.5, 必要时布置 $L\geq15.0$ 预应力锚杆	钢筋网或钢纤维喷混凝土 $\delta=200\sim250$, 相间布置锚杆 6.0 锚杆, 9.0, @$1.2\sim1.5$, 必要时布置 $L\geq15.0$ 的预应力锚杆

续上表

围岩级别	开挖跨度 B(m)						
	B≤5	5<B≤10	10<B≤15	15<B≤20	20<B≤25	25<B≤30	30<B≤35
IV级围岩	钢筋网喷混凝土 δ=80~100,布置锚杆 L=1.5~2.5,@1.0~1.25	钢筋网或钢纤维喷混凝土 δ=120~150,布置低预应力锚杆 L=2.0~3.0,@1.0~1.25,必要时设置仰拱和实施二次支护	钢筋网或钢纤维喷混凝土 δ=200,布置低预应力锚杆 L=4.0~5.0,@1.0~1.25,局部钢拱架或格栅拱架,必要时设置仰拱和实施二次支护	—	—	—	—
V级围岩	—	钢筋网或钢纤维喷混凝土 δ=150,布置低预应力锚杆 L=1.5~2.5,@0.75~1.25,设置钢拱架或格栅拱架,设置仰拱和实施二次支护	钢筋网或钢纤维喷混凝土 δ=200,布置低预应力锚杆 L=2.5~3.5,@0.75~1.0,局部钢拱架或格栅拱架,设置仰拱和实施二次支护	—	—	—	—

注:
1. 表中的支护类型和参数,是指隧洞的永久支护,包括初期支护和后期支护的类型和参数。
2. 复合衬砌的隧洞和斜井、初期支护采用表中的参数时,应根据施工具体情况,予以减小。
3. 表中凡标明有(1)和(2)两款预应力锚杆参数时,可根据围岩特性选择其中一种作为设计取值参数。
4. 表中表示范围的支护参数,洞室开挖跨度小时取小值,洞室开挖跨度大时取大值。
5. 二次支护可以是喷支护或现浇钢筋混凝土支护。
6. 开挖跨度大于20m的洞室洞室高跨比 H/B≤1.2 情况的顶部锚杆宜采用张拉型(低)预应力锚杆。
7. 本表仅适用于洞室高跨比 H/B≤1.2 情况的顶部锚杆宜采用张拉型(低)预应力锚杆设计。
8. 表中符号:L——锚杆(锚索)长度(m),其直径应与格栅拱架配套协调;
   @——锚杆(锚索)或钢拱架或格栅拱架间距(mm);
   δ——钢筋网喷混凝土或喷混凝土厚度(mm)。

对下列特殊地质条件的锚喷支护设计,应通过试验或专门研究后确定:
(1)膨胀性岩体;
(2)未胶结的松散岩体;
(3)有严重湿陷性的黄土层;
(4)大面积淋水地段;
(5)能引起严重腐蚀的地段;
(6)严寒地区的冻胀岩体。

监控量测试法是隧洞与地下工程锚喷支护设计的重要组成部分。本规范规定,隧洞洞室实施现场监控量测范围应按表6确定。规范还规定了隧洞洞室周边允许相对收敛值(表7)。

隧洞、洞室实施现场监控量测表　　　表6

围岩分级	洞室跨度(或高度)B(m)				
	B≤5	5<B≤10	10<B≤15	15<B≤20	20<B
Ⅰ	—	—	△	△	√
Ⅱ	—	△	√	√	√
Ⅲ	△	√	√	√	√
Ⅳ	√	√	√	√	√
Ⅴ	√	√	√	√	√

注:"√"者为应实施现场全面监控量测的隧洞洞室。
"△"者为应实施现场局部区段监控量测的隧洞洞室。

隧洞、洞室周边允许相对收敛值(%)　　　表7

围岩类别	洞室埋深(m)		
	<50	50~300	300~500
Ⅲ	0.10~0.30	0.20~0.50	0.40~1.20
Ⅳ	0.15~0.50	0.40~1.20	0.80~2.00
Ⅴ	0.20~0.80	0.60~1.60	1.00~3.00

注:1.洞周相对收敛量是指两测点间实测位移值与两测点间距离之比,或拱顶位移实测值与隧道宽度之比。
2.脆性围岩取小值,塑性围岩取大值。
3.本表适用于高跨比0.8~1.2、埋深<500m,且其跨度分别不大于20m(Ⅲ级围岩)、15m(Ⅳ级围岩)和10m(Ⅴ级围岩)的隧洞洞室工程,否则应根据工程类比,对隧洞、洞室周边允许相对收敛值进行修正。

当位移增长速率无明显下降,而此时实测的相对收敛值已接近表7中规定的数值,同时喷射混凝土表面已出现明显裂缝,部分预应力锚杆实测拉力值变化已超过拉力设计值的10%;或者实测位移收敛速率出现急剧增长,则应立即采取补强措施,并调整施工程序或设计参数,必要时应立即停止开挖,进行支护处理。

8 边坡锚固

边坡锚固这一章是新增的。在边坡锚固设计一节中,规定边坡锚固工程设计应首先确定边坡变形破坏类型、岩质边坡结构分类和边坡安全等级。滑动破坏型岩质边坡结构分类应符

合表 8 的规定,边坡安全等级应符合表 9 的规定。此外,还规定:

锚固边坡的稳定性计算可采用极限平衡法,对重要或复杂边坡的锚固设计计算则宜同时采用极限平衡法与数值极限分析法。应根据不同破坏形式的锚固边坡的稳定性计算方法,对可能产生圆弧滑动的锚固边坡,宜采用简化毕肖普法、摩根斯坦—普赖斯法或简布法计算,也可采用瑞典法计算;对可能产生直线滑动的锚固边坡,宜采用平面滑动面解析法计算;对可能产生折线滑动的锚固边坡,宜采用传递系数隐式解法、摩根斯坦—普赖斯法或萨玛法计算;对岩体结构复杂的锚固边坡,可配合采用赤平极射投影法和实体比例投影法进行分析。

滑动破坏型岩质边坡岩体结构分类 表 8

边坡结构类别	亚类	岩体结构及结构面结合情况	滑动控制性结构面与边坡面关系	岩体完整性指标	岩石单轴饱和抗压强度（MPa）	直立边坡自稳能力
Ⅰ		整体状结构及层间结合良好的厚层状结构	无滑动控制性结构面,层面产状为陡倾角或近水平,但层面不显	>0.75	>60	30m 高边坡可长期稳定,但偶有掉块
Ⅱ	Ⅱ₁	块状结构及层间结合较好的厚层状结构	滑动控制性结构面不很发育,层面产状为陡倾角或接近水平	>0.75	>60	20m 高的边坡可基本稳定,但有掉块
	Ⅱ₂	块状结构或结合较好的中厚层结构	滑动控制性结构面不很发育,局部交切出潜在不稳定块体。层面以不同倾角倾向坡内,或以 <25°倾角倾向坡外	>0.6	30～60	15m 高的边坡基本稳定,但 15～20m 的边坡欠稳定;有较大的掉块
Ⅲ	Ⅲ₁	薄层状结构,层间结合一般,局部有软弱夹层或夹泥	岩层以不同倾角倾向坡内,或以<25°倾角倾向坡外	0.5～0.3	硬岩>60 软岩>20	8m 高的边坡基本稳定,但 15m 高的边坡欠稳定,有较多掉块
	Ⅲ₂	碎裂镶嵌结构,节理面多数闭合,少数有充填	存在节理组合滑动块体	0.4～0.3	>60	5m 高的边坡基本稳定,但 8m 高的边坡欠稳定,有较多掉块
Ⅳ	Ⅳ₁	碎裂结构或中厚至薄层状结构,层间结合差	存在贯穿性顺坡向中等倾角软弱结构面;层面以大于其摩擦角的倾角,倾向坡外	—	—	
	Ⅳ₂	散体结构,多为构造破碎带、全强风化带	存在潜在滑动面或可能形成弧状滑动面	—	—	

注:1. 本分类按定性与定量指标分级有差别时,一般应以低者为准。
   2. 层状岩体可按单层厚度划分:
      厚层:大于 0.5m;
      中厚层:0.1～0.5m;
      薄层:小于 0.1m。
   3. 当地下水丰富时,Ⅲ₁ 或 Ⅲ₂ 类山体结构可视具体情况降低一档,为 Ⅲ₂ 或 Ⅳ₁ 类。
   4. 主体为强风化岩的边坡可划为 Ⅳ₂ 类岩体。

边坡工程安全等级   表9

安全等级	岩土类别及岩质边坡结构类别	边坡开挖高度 H(m)	破坏后果
一级	岩体结构为Ⅰ类或Ⅱ类	$H>30$	很严重
	岩体结构为Ⅲ类	$H>20$	
	岩体结构为Ⅳ类	$H>15$	
	土质	$H>15$	
二级	岩体结构为Ⅰ类或Ⅱ类	$20<H\leqslant30$	严重
	岩体结构为Ⅲ类或Ⅳ类	$10<H\leqslant20$	
	土质	$10<H\leqslant15$	
三级	岩体结构为Ⅰ类或Ⅱ类	$H\leqslant20$	不严重
	岩体结构为Ⅲ类或Ⅳ类	$H\leqslant10$	
	土质	$H\leqslant10$	

注：1. 一个边坡的各段，可根据实际情况采用不同的安全等级。
 2. 复杂重要边坡，可通过专门研究论证确定安全等级。

对沿结构面可能产生平面滑动的岩质边坡锚固时，锚固边坡的稳定安全系数（图5）可按式(5)计算。

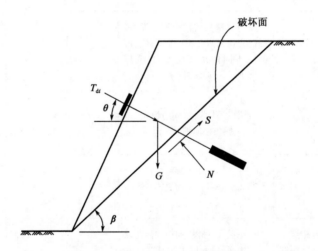

图5 锚固沿结构面产生平面滑动的岩质边坡的稳定性分析简图

$$K=\frac{\sum_{i=1}^{n}T_{di}\cdot\sin(\theta+\beta)\cdot\tan\varphi+G\cdot\cos\beta\cdot\tan\varphi+c\cdot A}{G\cdot\sin\beta-\sum_{i=1}^{n}T_{di}\cdot\cos(\theta+\beta)} \qquad (5)$$

式中：K——锚固边坡的稳定安全系数；
T_{di}——第 i 根预应力锚杆受拉承载力设计值(kN)；
G——边坡岩体自重(kN)；
c——边坡岩体结构面的黏聚力标准值(kPa)；
φ——边坡岩体结构面的内摩擦角标准值(°)；
A——边坡岩体结构面面积(m^2)；

β——岩体结构面与水平面的夹角(°);
θ——预应力锚杆的倾角(°);
n——预应力锚杆的根数。

采用预应力锚杆锚固的边坡的稳定安全系数应按边坡安全等级及边坡工作状况确定。锚固边坡稳定安全系数可按表10的规定取值。

锚固边坡稳定安全系数　　　　　　表10

边坡安全等级	边坡工况	持久状况 (天然状态)	短暂状况 (暴雨、连续降雨状态)	偶然状况 (地震力作用状态)
一级		1.35～1.25	1.20～1.15	1.15～1.05
二级		1.25～1.20	1.15～1.10	1.10～1.05
三级		1.15～1.10	1.10～1.05	1.05

9 基坑锚固

基坑锚固是本规范新增的一章,它包括锚拉桩(墙)支护和土钉墙支护两部分内容。

对锚拉桩(墙)支护设计,其支护结构的整体稳定性可按式(6)进行验算(图6)。

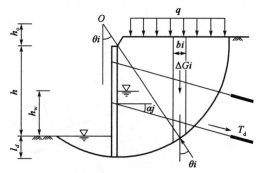

图6　基坑整体稳定性验算

$$K = \frac{\sum(q_i b_i + \Delta G_i)\cos\theta_i \tan\varphi_i + \sum c_i l_i + \sum \dfrac{T_{dj}\sin(\theta_i+\alpha_j)\tan\varphi_i}{s_j}}{\sum(q_i b_i + \Delta G_i)\sin\alpha_j - \sum \dfrac{T_{dj}\cos(\theta_i+\alpha_j)}{s_j}} \qquad(6)$$

式中:K——整体滑动稳定安全系数,Ⅰ级基坑为1.3,Ⅱ级基坑为1.25,Ⅲ级基坑为1.2;
c_i——第i土条滑弧面上土层的黏聚力(kPa);
φ_i——第i土条滑弧面上土层的内摩擦角(°);
l_i——第i土条滑弧面上的弧长(m);
q_i——作用在第i土条上的附加分布荷载值(kN);
b_i——第i土条的宽度(m);
ΔG_i——第i土条的天然重力,地下水位以下土条重力计算应采用浮重度(kN);
θ_i——第i土条的滑弧面中点处的切线与水平面的夹角(°);
T_{dj}——第j个支点的锚杆承载力设计值(kN);

α_j——第 j 个支点的锚杆与水平面的夹角(°);

s_j——第 j 个支点的锚杆的水平间距,当支点两侧的水平间距不同时,取 $s=(s_1+s_2)/2$,此处 s_1 与 s_2 分别为该支点与相邻两支点的间距(m)。

当有地下水作用时,锚拉桩(墙)支护整体稳定性验算应在本规范公式(9.2.9)分母项中加入由地下水压力对圆弧滑动体圆心的滑动力矩 M_w,M_w 可按式(7)计算:

$$M_w = \gamma_w h_w \left[\frac{(h_o + h - \frac{h_w}{3}) h_w}{2} + (h_o + h + \frac{l_d}{2}) l_d \right] \tag{7}$$

式中:γ_w——水的重度(kN/m^3);

h_w——基坑底以上水头高度(m);

l_d——桩(墙)埋深(m)。

规范还规定,基坑锚杆的锁定拉力应根据锚固地层及支护结构变形控制要求确定,宜取锚杆拉力设计值的 0.7~0.85 倍。

对土钉墙支护设计,规定非软土地层中基坑深度小于 10m,周边环境对基坑变形控制要求不高,可采用土钉墙支护;非软土地层中,基坑深度大于 10m,或周边环境对基坑变形控制要求较为严格的基坑,可采用土钉墙与预应力锚杆相结合的复合支护,基坑深度不宜大于 15m。土钉及其与预应力锚杆复合支护的整体稳定验算应考虑土钉和锚杆的受拉作用,整体稳定安全系数可按式(8)计算(图7)。每一工况的安全系数应取用该工况下各种可能滑移面所计算安全系数的最小值。

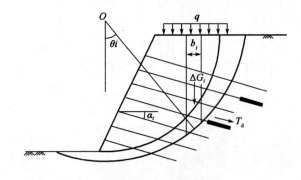

图7 整体稳定性验算

$$K = \frac{\sum_{i=1}^{n} c_i l_i + \sum_{i=1}^{n} (q_i b_i + \Delta G_i) \cos\theta_i \tan\varphi_i + \sum_{j=1}^{m} \frac{T_{dj}[\sin(\theta_i + \alpha_j)\tan\varphi_j]}{s_j} + \sum_{j=1}^{m} \frac{T_{dj}'\cos(\theta_i + \alpha_j)}{s_j} + \sum_{j=1}^{m} \frac{\eta T_{dj}'[\sin(\theta_i + \alpha_j)\tan\varphi_i]}{s_j}}{\sum_{i=1}^{n} (q_i b_i + \Delta G_i) \sin\theta_i - \sum_{j=1}^{m} \frac{T_{dj}\cos(\theta_j + \alpha_j)}{s_j}} \tag{8}$$

式中:n——滑动土体分条数;

m——滑动体内土钉及预应力锚杆数;

c_i——第 i 条土条滑动面处黏聚力标准值(kPa);

φ_i——第 i 条土条滑动面处内摩擦角标准值(°);

q_i——第 i 条土条地面荷载标准值(kN);

b_i——第 i 条土条宽度(m);

l_i——第 i 条土条沿滑弧面的弧长,$l_i = b_i/\cos\alpha_i$(m);

ΔG_i——第 i 条土条自重标准值(kN);

θ_i——第 i 条土条滑弧中点的切线和水平线的夹角(°);

T_{dj}——第 j 层锚杆的受拉承载力设计值(kN);

$T_{dj}{}'$——第 j 层土钉的受拉承载力设计值(kN);

s_j——第 j 层土钉或锚杆的水平间距(m);

α_j——第 j 层土钉或锚杆与水平面间夹角(°);

η——土钉抗力法向分量降低系数,取 0.6;

K——圆弧滑动稳定安全系数,Ⅱ级基坑为 1.25,Ⅲ级基坑为 1.2。

10 基础与混凝土坝的锚固

在基础锚固设计一节中,规定承受切向力或承受倾覆力的基础锚固宜采用预应力锚杆。承受倾覆力矩的基础,其单根预应力锚杆所承受的拔力标准值,可按式(9)计算(图8)。

$$N_{Ki} = \frac{M_{xK} y_i}{\sum y_i^2} + \frac{M_{yK} x_i}{\sum x_i^2} - \frac{F_K + G_K}{n} \tag{9}$$

式中:F_K——相应于作用的标准组合时,作用在基础顶面的竖向压力值(kN);

G_K——基础自重及其上的土重(kN);

M_{xK}、M_{yK}——按荷载效应标准组合计算作用在基础底面形心的力矩值(kN·m);

x_i、y_i——第 i 根锚杆至基础底面形心的 y、x 轴的距离(m);

N_{Ki}——相应于作用的标准组合时,第 i 根锚杆所承受的拔力值(kN);

n——锚杆根数。

在混凝土坝的锚固一节中,对混凝土重力坝采用垂直于坝基面的预应力锚杆的抗倾覆力矩及其抗倾覆稳定安全系数可按式(10)和式(11)计算(图9)。

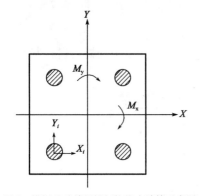

图 8　锚杆基础单根锚杆抗拔力计算示意图

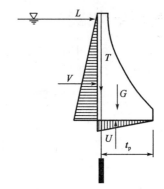

图 9　预应力锚杆对坝体抗倾覆稳定的作用图
L-冰压力;V-水压力;U-扬压力;G-坝静重;T-锚杆力;t_p-锚杆力的力臂

$$K = \frac{M^{(-)}}{M^{(+)}} \tag{10}$$

$$T_d = \frac{KM^{(+)} - M^{(-)}}{t_p} \tag{11}$$

式中:T_d——混凝土坝抗倾覆所需的锚杆受拉承载力设计值(kN);

K——抗倾覆安全系数,根据工程的性质与安全等级,按国家现行有关标准的规定取值;

$M^{(+)}$、$M^{(-)}$——锚固力作用前坝体上的正弯矩(倾覆力矩)或负弯矩(抗倾覆力矩)之和(kN·m);

t_p——锚杆力的力臂(m)。

采用垂直于坝基面的预应力锚杆增大沿坝基面抗滑力的混凝土坝,其抗滑稳定安全系数可按式(12)和式(13)计算。

按抗剪断强度:

$$K' = \frac{f'\left(\sum W + \sum_{j=1}^{m} T_{dj}\right) + C'A}{\sum P} \tag{12}$$

式中:K'——按抗剪断强度计算的抗滑稳定安全系数;

f'——坝体混凝土与坝基接触面的抗剪断摩擦系数;

C'——坝体混凝土与坝基接触面的抗剪断黏聚力(kPa);

A——坝体与坝基的接触面积(m²);

$\sum W$——作用于坝体上全部荷载(包括扬压力,下同)对滑动面的法向分值(kN);

$\sum P$——作用于坝体上全部荷载对滑动面的切向分力值(kN);

T_{dj}——作用于坝体上第 j 根锚杆受拉承载力设计值对滑动面的法向分量(kN)。

按抗剪强度:

$$K = \frac{f\left(\sum W + \sum_{j=1}^{m} T_{dj}\right)}{\sum P} \tag{13}$$

式中:K——按抗剪强度计算的抗滑稳定安全系数;

f——坝体混凝土与坝基接触面的抗剪摩擦系数。

11 抗浮结构锚固

本规范规定:抗浮锚杆宜采用预应力锚杆。且应进行整体性稳定分析,其抗浮稳定安全系数可按式(14)计算(图10)。

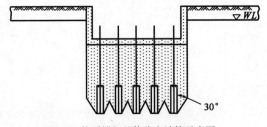

图10 抗浮锚杆整体稳定计算示意图

$$K = \frac{W + G}{F_f} \tag{14}$$

式中:W——基础下抗浮锚杆范围的总的土体重力,计算时采用浮重度(kN/m³);

G——结构自重及其他永久荷载标准值之和(kN);

F_f——地下水浮力标准值(kN);

K——抗浮稳定安全系数,应满足国家现行有关标准规定。

本规范规定,岩土锚固与喷射混凝土支护锚固工程的监测与维护应贯穿工程施工阶段和工程使用阶段全过程,应定期对永久性锚固工程或安全等级为Ⅰ级的临时性锚固工程的锚杆预应力值、锚头及被锚固结构物的变形监测。单个独立工程锚杆预应力的监测数量应符合表11的规定,且不应少于3根。岩土锚固与喷射混凝土支护工程安全控制的预警值宜按表12确定。

预应力锚杆拉力的监测数量　　　　　　　　　　　　　　　　表11

工程锚杆总量	监测预加力的锚杆数量(%)	
	永久性锚杆	临时性锚杆
<100 根	8～10	5～8
100～300 根	5～7	3～5
>300 根	3～5	1～3

工程安全控制的预警值　　　　　　　　　　　　　　　　　　表12

项　目		预警值
锚杆预加力变化幅度	预加力等于锚杆拉力设计值	≤±10%锚杆拉力设计值
	预加力小于锚杆拉力设计值	≤-10%锚杆锁定荷载
锚头及锚固地层或结构物的变形量与变形速率		设计单位根据地层性状、工程条件及当地经验确定
持有的锚杆受拉极限承载力与设计要求的锚杆受拉极限承载力之比		≤0.9
锚杆腐蚀引起的锚杆杆体截面减小率		≤10%

参 考 文 献

[1] 住房和城乡建设部. GB 50086—2015　岩土锚杆与喷射混凝土支护工程技术规范[S].北京:中国计划出版社.

[2] 住房和城乡建设部. GB 50086—2001　锚杆喷射混凝土支护技术规范[S].北京:中国计划出版社.

[3] 程良奎.岩土锚杆与喷射混凝土支护工程技术规范(GB 50086—2015)(修订)送审稿的主要特点与修订内容[R].北京:岩土锚杆与喷射混凝土支护工程技术规范(GB 50086—2015)(修订)送审稿审查会议,2013.

岩土锚固工程的若干力学概念问题

程良奎[1]　张培文[1]　王　帆[2]

(1. 中冶建筑研究总院有限公司地基与地下工程研究所，北京 100088；2. 北京市市政工程研究院)

摘　要　我国当前某些岩土锚固工程存在力学概念模糊、设计施工方法不当的问题，导致锚杆失效、工程失稳现象频频出现，工程坍塌破坏等事故也时有发生。本文通过对岩土锚固的典型工程及事故工程调查、理论分析和试验研究，研究了显著影响锚固工程的稳定性与健康发展的若干力学概念问题，旨在为提高锚固工程的设计施工水平，改善锚固工程的安全性与经济性提供依据。主要研究结果：

(1) 预应力锚杆(索)具有提供主动抗力、能将结构的拉力传至深部稳定地层等力学特征，凡抵抗倾倒、竖向位移、沿基础底面、地层剪切面破坏和洞室坍塌的结构锚固均应采用此类锚杆。

(2) 适应张拉控制应力要求的锚杆筋体截面，足够的自由段长度和能充分调动地层抗剪强度的锚固体形式是提高锚杆受拉承载力的基本要素。

(3) 压力分散型锚固体系显著改善了锚杆的荷载传递机制与防腐保护性能，具有良好的力学与化学稳定性。

(4) 施锚时机滞后是影响锚固工程稳定性的主要因素之一。及时施作低预应力(张拉)锚杆和发展预制的钢筋混凝土块件作锚杆的传力结构，可有效控制和避免施锚时机滞后现象。

(5) 为改善高应力低强度岩层中的大型洞室的稳定性，应全面采用低预应力锚杆作初期支护，严格控制高预应力锚杆施作滞后，提高锚杆拉力设计值与初始预应力值和加强围岩变形—锚杆抗力(刚度)相互作用失衡的调控力度。

关键词　岩土锚固；力学概念；施锚时机；压力分散型锚杆

Several mechanical conceptions for anchored structures in rock and soil

Cheng Liangkui[1]　Zhang Peiwen[1]　Wang Fan[2]

(1. *Ground and underground engineering institute, Central research institute of building and construction, MCC group co. LTD, Beijing, China*, 100088; 2. *Beijing municipal engineering research institute, Beijing, China*, 100037)

* 摘自《岩石力学与工程学报》, 2015(4).

Abstract There are fuzzy mechanical concepts, irrational methods of design and construction for anchored structures in ground in China. Which frequently lead to diseases and accidents, such as anchor failure, instability and even collapse of these structures. According to the geotechnical investigation of typical engineering and engineering accidents, theoretical analysis and experimental studies, some mechanical conceptual problems are studied which is significantly affected the stability and healthy development of ground anchorage engineering, in order to improve the construction level of ground anchorage engineering and provide a basis for improving ground anchoring engineering safety and economy, The main researches are as follows:

(1) The prestressed anchor has the advantages of providing active resistance and transferring tensile stress of structures to the deep stable strata, which can be widely used to resist dumping, vertical displacement, shear failure along foundation base and openings collapse.

(2) The anchor tendons section requirements of Adapting to tension stress control, enough anchor free length and anchoring formations fully mobilizing the ground shear strength of surrounding anchor roots are the basic elements for high tensile bearing capacity of anchors.

(3) pressure-dispersive anchor significantly improves the load transfer mechanism and anti-corrosion protection performance and has excellent mechanical and chemical stabilities.

(4) The timing lag of constructing anchors can be effectively controlled and avoided after excavation in the slopes and openings by timely applying tensile anchors and developing prefabricated reinforced concrete blocks as the high bearing capacity transfer structures.

(5) In order to improve the stability of large openings in high stress and low-strength rock, It is necessary to adopt low prestressed anchors as initial support, strictly control the timing lag of constructing anchors, improve the initial prestressed value and strengthen the surrounding rock deformation—anchorage resistance (stiffness) interaction process control efforts.

Key words ground anchorage; mechanical concepts; timing of constructing anchor; pressure-dispersive anchor

1　引言

随着岩土锚杆与锚固结构的不断发展,国内外学者、专家以不同角度对岩土锚杆(索)的工作特性、作用机理、破坏模式、锚杆与锚固工程的设计及稳定性分析进行了研究,取得了丰硕的成果。英国 T. H. Hanna 等研究了锚杆内荷载转移及其有关问题,提出了荷载从锚杆杆体向灌浆体与地层传递的路径与力学行为,给出了可能出现锚杆破坏的模式。捷克 L. Hobst 和 J. Zajic 等研究了不同类型锚杆的工作特性与工程效果。A. D. Barley 和程良奎等研究了单孔复合锚固体系（荷载分散型锚杆）的传力机制、工作特性与设计施工方法，这种锚固体系已在国内外各类岩土锚固工程中获得广泛应用。朱维申等采用模型试验研究了隧洞内岩体分离体的应力应变特性，论证了锚固岩体的抗压抗拉强度均有明显提高。黄福德等采用现场试验研究了高边坡预应力群锚的加固增稳机理。康洪普等研究了全断面高预应力强力锚索支护及其在动压巷道中的应用。日本岛山三树男、张满良等研究开发了 PC 格构锚固工法及其在边坡工程中的应用。此外，近 10 多年来，中国、英国、美国、日本等国相继修订了岩土锚固技术标准。岩土锚固领域的研究成果和标准化建设方面的成就，对推动我国岩土锚固的技术进步和锚固工程的健康发展发挥了重要作用。

但是，我国幅员辽阔，工程条件与地质条件复杂多变，随着工程建设的大力发展，岩土锚固工程应用的广度与深度前所未有，在这种新形势下，一些岩土锚固工程力学概念比较模糊、设计施工不当，导致锚杆失效、工程失稳现象频频出现，锚固工程垮塌事故也时有发生。而至今对影响锚固工程稳定性的设计施工因素的综合研究则较为少见。本文研究了不同类型锚杆的力学特性与适用条件、锚杆筋体、自由段与锚固段的设计、单孔复合（荷载分散型）锚固体系的力学特征、施锚时机以及高应力围岩大型洞室锚固方法与边坡锚固效应等问题，以期对澄清锚固工程中的若干力学概念，提高岩土锚固设计施工水平，改善锚固工程的安全性与经济性有所帮助。

2 不同类型岩土锚杆的力学性能与适用条件

岩土锚杆一般分为预应力锚杆和非预应力锚杆两类，前者若筋体由钢绞线与钢丝构成，也可称为预应力锚索，后者则常称为全长黏结型锚杆或土钉。两者虽都是埋设于地层中的受拉杆件，但两者的基本原理存在差异，在地层中的传力机制是不同的，导致两者对岩土工程的力学效应及对工程稳定性的贡献度有显著差异，它们的适用条件和应用范围也有明显区别。

非预应力锚杆主要起加固岩土体的作用，其弱点主要有二，一是其所处地层出现的位移对其产生一定的反作用力时，它才承受外力，而较大的位移（变形）对多数工程结构而言是无法接受的；二是不能将工程稳定所需的足够的锚固力或拉力传递到锚杆根部的稳定地层，即能传递到岩土体潜在滑裂面或破坏面处的抗力是很小的或有限的。预应力锚杆则有很强的控制岩土体位移（变形）的能力，如图 1 所示的长度为 L，并在 A 点固定的锚杆，当用千斤顶系统对承载板施加一个大小为 P 的力后，则锚杆的弹性伸长为 ΔL，地基通过承载板受压后，产生的局部压缩为 $\Delta L'$，然后移去液压千斤顶，那么预应力荷载就通过锚具锁定被加到锚杆中了。这样，只有当锚杆受到大于预应力的外荷载 P 时，锚杆才会产生位移，因此用预应力锚杆锚固的结构与地层位移，一般是较小的。此外这种锚杆能通过施加预应力过程将稳定结构物所需的抗力完全作用于潜在滑移面或破坏面外的稳定地层。预应力锚杆与非预应力锚杆在构造特征、布置形式、传力方式、工作特性与力学效应方面的比较见图 2 及表 1。

预应力锚杆与非预应力锚杆的比较　　　　表1
The characteristics of prestressed anchor and non-prestressed anchor　　Table 1

预应力锚杆	非预应力锚杆
锚杆由锚头、杆体自由段、杆体锚固段组成，能对地层施加预应力	锚杆杆体全长用灌浆料与地层固定，不能对地层施加预应力
锚杆一般较长，布置较稀疏	锚杆一般较短，布置较密集

续上表
continue

预应力锚杆	非预应力锚杆
安设后能提供主动抗力,且受拉承载力高	当地层变形后,才能发挥受力作用
能将结构物拉力传至深部稳定地层	主要起加固地层作用
控制地层变形能力强	控制地层变形能力差
能明显地提高地层潜在滑裂面与软弱结构面的抗剪强度	依靠筋体自身的强度,被动地抑制滑裂面或软弱结构面抗剪强度降低
能改善开挖后地层的应力状态,变拉应力状态为压应力状态	不能改善开挖后地层的应力状态

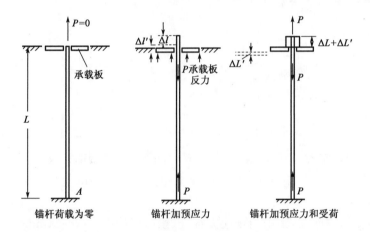

图1 长度为 L 的锚杆的加荷与位移简图

Fig. 1 Schematic diagram of loading and displacement of anchor

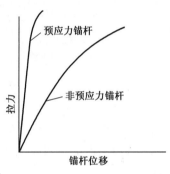

图2 预应力与非预应力锚杆的拉力—位移曲线

Fig. 2 Load-displacement curve of prestressed and non-prestressed anchor

基于预应力锚杆与非预应力锚杆在工作特性与力学效应方面的显著差异,凡须有明确的锚固力以抵抗结构的倾覆、竖向位移、沿基底或剪切面滑移及可能出现大范围失稳或塌落的岩土工程,诸如大型地下洞室、岩土边坡、基坑挡土结构、混凝土坝、受拉基础、抗浮结构、桥梁受拉结构等均应采用预应力锚杆。非预应力锚杆则可用于跨度较小(<10m)处于Ⅱ、Ⅲ级围岩中的隧道洞室支护,控制边坡锚固工程预应力锚杆间的小块岩石滑动或土体变形和加固开挖深度较小的基坑边坡。

然而,一些设计者尚有不能根据工程地质条件正确地选择锚杆类型或不合理地设计锚杆参数等问题,导致锚固结构存在安全隐患。如我国北京某岩石边坡工程,开挖高度20m,边坡上部为强风化凝灰岩,下部为中风化凝灰岩,坡率为1:0.3~1:0.15,采用13排全长黏结型系统锚杆(索)与厚15cm的钢筋网喷射混凝土支护,如图3所示,该边坡支护设计存在问题如下:

(1)边坡剖面图上,未给出不同性状的岩土层分布与主要结构面的产状,表明该边坡工程地质状况不清晰、有缺失,增加了分析锚固边坡的稳定性和确定边坡的失稳模式与锚杆在坡面上布设的困难。

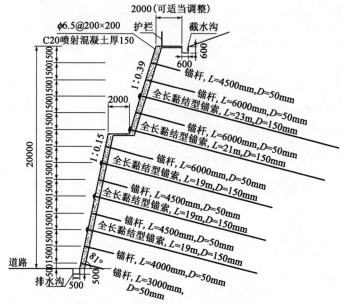

图3 采用全长黏结型锚杆的锚固边坡(尺寸单位:mm)
Fig. 3 The anchored slope with whole grouting bolts(mm)

(2)若通过计算分析,该开挖边坡稳定性尚好,那仅采取 3~6m 的全长黏结型锚杆或低预应力锚杆与喷射混凝土加固浅层受开挖影响的区域即可,无必要采用多排 19~21m 全长黏结型锚杆。

(3)若开挖边坡存在潜在滑动面滑动问题,不采用预应力锚杆(索),仅用 $L=19\sim21m$ 的全长黏结型锚杆则是不可靠的,是有安全隐患的,因为这类被动型锚杆,无法施加预应力,控制位移(变形)的能力差,也无法将抗力传递到破坏面处与下滑力抗衡。

(4)全长黏结的长锚杆 $L=19\sim21m$ 的筋体采用 1860 级 $4\times15.2mm$ 钢绞线对改善边坡稳定性的实效很小,实属没有必要。

又如,北京一个深 11.0m 的基坑工程,采用直径 800mm、间距 1.5m 的悬臂桩支护,当基坑挖至坑底时,基坑局部护坡桩顶端位移达 140mm,坑外土体出现严重开裂,届时,业主召开基坑病害应急处理方案论证会,会上设计方坚持要用土钉加固基坑周边土体,与会专家们纷纷指出,在基坑周边土体已出现严重变形和松动条件下,作为被动支护的土钉加固效果很差,而当前关键问题是悬臂桩结构不足以控制侧向过度变形,应采用预应力锚杆背拉护坡桩,对桩施加支点力,以减少桩的弯矩和水平位移,业主毅然按锚拉桩方案增设一道预应力锚杆后,使濒临破坏的基坑转危为安。

再如,某用于抵抗滑坡后缘变形体滑动的锚固工程,虽用密集而结实的钢筋混凝土格构布满坡面,但却采用被动的全长黏结型锚杆,它存在两方面的安全隐患,一是全长黏结型的钢筋锚杆对滑动体所提供的抗力是有限的,也是不确定的,二是筋体 PE 防护层的缺失,其化学腐蚀的风险将增大。以上案例分析,只是说明要谨慎和正确地选择全长黏结型锚杆的应用条件,非预应力的全长黏结型锚杆对岩土体的加固作用仍然应当肯定的,特别是对地下工程中的Ⅱ、Ⅲ级围岩,全长黏结型锚杆保持和改善被裂隙分割的岩块的镶嵌咬合效应,提高加固范围内岩体的整体性和承载力极为明显。程良奎、庄秉文等[18]采用室内锚杆加固拱试验,论证了全长黏结型锚杆对块状岩体的加固效应。该试验表明:由 34 块形状各异的混凝土块拼装成跨度为 2.0m、拱高 50cm、截面为 250mm×300mm 的拱形构件,当用 10 根 ϕ8mm 灌浆钢筋锚杆加固后,在拱顶 4 点均布加载后,与未锚固构件相比,其承载力提高 6.9 倍,在 50kN 荷载作用下,拱中挠度仅为未锚固拱的 13.3%。

用于加固基坑土体的非预应力全长黏结型锚杆,通常称为土钉,其加固作用的发挥就受到一些限制。特别是土中水,包括地下水、雨水、地下管线的漏水、局部水源等,常导致土的强度急剧降低,土与土钉间的摩擦力减小,造成浸水部位土钉墙垮塌事故并不少见。相反,若土钉支护用于地下水位以上,或采用人工降低地下水,地表水又有严格的防排设施的区域,则土钉的加固效应和土钉墙的稳定性就会明显的提升。

3 锚杆的筋体截面、自由段、锚固体的设计与锚杆受拉承载力

3.1 预应力筋的截面面积设计不能忽视张拉控制应力要求

预应力锚杆是将张拉力传递到稳定的或适宜的岩土体中的一种受拉杆件(体系),一般由锚头、杆体自由段和杆体锚固段组成。其结构如图 4 所示。关于预应力筋体截面面积设计,国内《建筑基坑支护技术规程 JGJ120》规定按式(1)计算确定:

$$N \leqslant f_{py} A_P \tag{1}$$

式中:N——锚杆轴向拉力设计值(kN);

f_{py}——预应力筋抗拉强度设计值(MPa);

A_P——预应力筋截面面积(cm^2)。

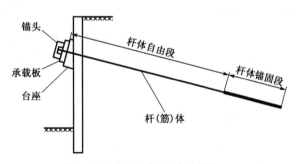

图 4　预应力锚杆结构组成示意图

Fig. 4　Schematic diagram structure of prestressed anchor

该公式对于由普通钢筋作杆体的非预应力锚杆是合适的,而对于一般以多股钢绞线作筋体的预应力锚杆则是不相宜的,会造成筋体截面不足,加大安全风险。岩土中的预应力锚杆是一种典型的后张法预应力结构,应当满足张拉控制应力的要求。基于采用多股钢绞线作筋体的预应力锚杆埋设于地层内,工作条件恶劣,直径为 4mm、5mm 的钢丝在地下水或潮湿介质影响下易出现腐蚀,筋体施加预应力后,各股钢绞线及各根钢丝的拉应力是不均匀的,其差异常高达 10%~20%;钢丝在高拉应力状态下工作,易出现肉眼看不到的微细裂缝,从而导致应

力腐蚀的风险加大。国外由于锚杆筋体在高拉应力条件下出现脆性破坏或应力腐蚀破坏事故并不少见。如法国朱克斯坝有几根承载力为13000kN的预应力锚杆使用数月后出现钢丝断裂，其原因是锚杆用钢丝的应力水平为极限抗拉强度标准值的67%，所引起的应力腐蚀所致。

图5 基坑锚杆筋体断裂而导致成排桩倾倒
Fig. 5 Pile-anchor retaining structure collapse because of anchor tendon fracture

阿尔及利亚某大坝锚固工程，采用拉力设计值为1960kN的预应力锚杆，其工作应力水平为筋体屈服强度标准值的75%，在使用几个星期至1年，局部钢丝也曾发生脆性断裂。我国基坑工程中因锚杆局部钢绞线或钢丝断裂导致锚杆失效或引起基坑局部地段变形过大乃至造成坍塌的事例也时有发生，图5为北京某医院采用锚拉桩支护的基坑，在暴雨后，由于土压力增大引起锚杆钢绞线断裂，导致大范围的护坡桩向坑内倾倒和土体坍塌，并损坏了正在施工的地下室侧墙结构。

当前，包括我国《岩土锚杆（索）技术规程（CECS22：2005）》在内的世界各国岩土锚杆标准都规定，在满足设计抗力要求时，预应力锚杆筋体的张拉应力水平不应大于钢材极限抗拉强度标准值的60%。具体来说，各国规定的锚杆筋体的最小抗拉安全系数（筋体极限抗拉力与锚杆拉力设计值之比），美国为1.67，日本为1.54（临时）与1.67（永久），中国为1.6（临时）与1.8（永久），英国为1.6（临时），英国的锚杆标准还规定，对地层腐蚀风险较大或破坏后果严重的锚杆工程，锚杆筋体抗拉安全系数不应小于2.0。相比而言，若按本文公式（1）计算得出的锚杆筋体截面，按常用的1860级钢绞线进行测算，筋体的抗拉安全系数仅为1.4，显然是偏低了，对岩土锚固工程的安全性是颇为不利的。

3.2 足够的锚杆自由段长度

预应力锚杆杆体的自由段是指锚杆锚头与锚固段间的杆体长度，其功能是利用该段筋体张拉过程的自由弹性伸长对筋体施加张拉力，并将拉力完全地传递给锚固体及锚固体周边的地层。

足够长的锚杆自由段是必须的，理由如下：

(1) 锚杆自由段应穿入临界破坏面至少1.5m，这几乎是国内外岩土锚杆标准都相同的规定。如图6所示，只有当锚杆锚固段离潜在破坏面足够的远，才能有效发挥锚杆的抗力作用和保证地层开挖面与滑裂面间有足够的压应力区。

(2) 有利于将锚固段设置于抗剪强度较高的地层中。

(3) 保证锚杆与结构体系的整体稳定性。

(4) 足够长的杆体自由段有利于缓减位移变化引起锚杆初始预应力的显著变化，既可防止由于钢绞线与锚具间缺乏足够紧固度或墩座等传力系统荷载损失而引起传递荷载的显著减小，也可防止由于地层位移增大而引起传递荷载的显著增大。

因此，世界各国的岩土锚杆技术标准均规定，锚杆的自由段长度不应小于4.5～5.0m。目前，国内基坑工程中的土锚自由段长度普遍偏小，如处于饱和粉质黏土中的天津华信商厦基坑深10m，采用锚拉地连墙支护结构，预应力锚杆长21m，其中锚固段长16m，自由段长5.0m，当锚杆力锁定后 30d,土方已开挖至坑底后,锚杆初始预应力呈现明显的增长趋势,拉力增加的最大值为锚杆拉力锁定值的 66%。锚杆的拉力已接近筋体的屈服强度,濒临杆体破损的边缘,显然,这与地连墙位移过大(大于 5~8cm)有直接关系。但自由段过短,不足以控制锚杆使用过程中因杆体弹性伸长增大而引起杆体拉应力的增量,这也是一个不可忽视的因素。北方某厂区一个高 29m 的填方边坡,采用混凝土锚锭块作锚杆的锚固端,锚头设置于坡面钢筋混凝土框架梁上,设计方要求回填土分层夯实,并按回填土的内摩擦角 20°,对锚固边坡进行稳定性分析,锚杆的自由段长度设计为 15m。但土方回填施工质量很差,根本没有分层夯实,按经验估计,土的内摩擦角远小于 10°,结果,当回填与支护到达坡顶后,坡体突然发生大范围的整体坍塌,图 7 为锚固高填方边坡的整体坍塌情景。

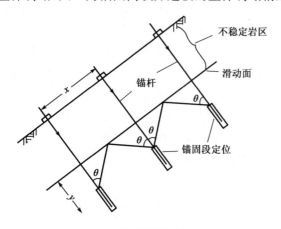

图 6　锚杆的锚固段定位

Fig. 6　Schematic diagram of fixed-anchor length position

图 7　锚固高填土边坡发生整体破坏

Fig. 7　The collapse of anchored high filling slope

3.3　锚杆锚固段的合理长度

预应力锚杆锚固段的功能是借助注浆体或机械装置,将作用于锚杆杆体上的拉力,传递给其周围的地层。对于黏结型锚固体锚杆的抗拔承载力值 R 是由锚固体长度 L_a、锚固体直径 D、锚固段注浆体与地层间的黏结强度 f_{mg} 决定的,以往一般采用式(2)。

$$R = f_{mg} \pi D L_a \tag{2}$$

该公式表明,锚杆的抗拔承载力随着锚固段长度的增加而成比例地增大,由此,国内一些商业性的基坑支护设计程序也按传统的计算公式确定锚杆锚固段长度,导致国内相当普遍地存在基坑锚拉桩墙的锚杆锚固段长常达 18~25m 之多,甚至有设计者将位于卵石层中的锚杆锚固段也设计成不小于 20m 的情况。难道增加锚固段长度真能无条件地提高锚杆的抗拔力吗?事实并非如此,大量关于锚杆荷载传递机理的试验研究与理论分析已经证实[1,16,17],基于锚杆与周边地层的弹模存在明显差异,荷载集中型锚杆在拉力作用下,锚杆锚固段注浆体与地层间的黏结应力沿锚固长度的分布是很不均匀的,一般呈现如图 8 所示的分布形态,即当拉力较小时,黏结应力仅分布在较小的长度上,随着拉力的增加,则黏结应力峰值逐渐向锚杆根部转移,而锚杆锚固段近端的黏结应力则急剧下降,当黏结应力峰值到达根部时,锚杆锚固段近端残余黏结应力则会降至很低的水平或出现注浆体与周边地层的黏脱现象。图 8 表明,锚杆的锚固段越短,则其平均黏结强度越高,有效发挥岩土体抗剪强度的锚固段长度是有限的。

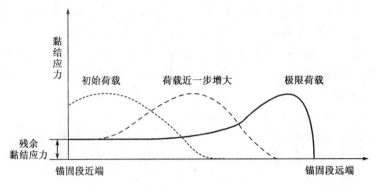

图 8 荷载集中型锚杆沿锚固段全长的黏结应力分布

Fig. 8 Bond stress distribution along fixed anchor length

图 9 为德国 ostermayer 等人曾对不同密实度的砂和砂砾石中的锚杆进行试验,证实了当锚固段长度大于 8~10m,其抗拔力的提升就极为有限或不再提高。作者近年来对土锚的锚固段长度与极限抗拔力或极限黏结强度的相互关系进行了研究,在北京昆仑公寓、LG 大厦等基坑工程对处于粉质黏土和黏质粉土中的预应力锚杆抗拔试验表明,当锚杆锚固段长度由 18~19m 缩短为 8m,则锚固段注浆体与土层间的平均黏结应力可提高 57%~61%。在北京地铁 10 号线慈寿寺站基坑处于粉质黏土地层中的预应力锚杆的基本试验结果如图 10 所示,当锚杆锚固段长度大于 12m,其极限抗拔力就不再提高了。我国《岩土锚杆(索)技术规程(CECS22:2005)》规定荷载集中型锚杆的锚固段长度宜为 3~8m(岩石)和 6~12m(土层)已被理论研究和工程实践验证是正确的。

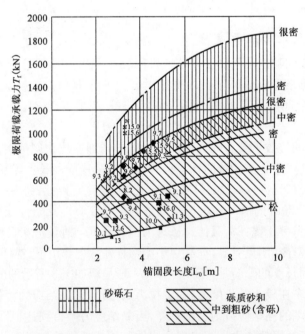

图 9 非黏性土中锚杆承载力与土体种类,锚固段长度的关系(德国 Ostemayer)

Fig. 9 The curve of the capacity and anchor fixed length in the different non-clay (Germany Ostemayer)

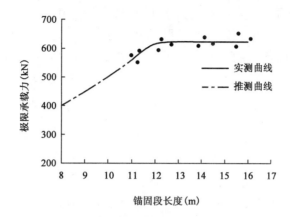

图 10　北京地铁慈寿寺站土锚抗拔力测定结果

Fig. 10　Ultimate load testing result of ground anchor used in cishousi subway station of beijing

总之,超越有效发挥黏结效应的锚杆锚固段长度,并不能提高锚杆的抗拔承载力,过长的锚固段是不必要的和不经济的,反而会降低锚杆施工效率,增加工程成本,推迟施锚时机,对岩土锚固工程带来不少负面影响。

3.4　几种显著提高锚杆抗拔承载力的方法

如前所述,锚固段长到达一临界值后,再增加长度就不能提高锚杆抗拔承载力了,但绝非提高单锚抗拔承载力就断然无望了,大量科学试验与工程实践表明,采用以下三种方式,能有效调动或增大锚固体周边岩土体的抗剪强度,对提高软弱或复杂岩土层中锚杆的抗拔力具有显著功效。

(1)单孔复合锚固法[图11a]:在一个钻孔内设置2个或2个以上单元锚杆,各单元锚杆均有独立的杆体自由段与杆体锚固段,当对各单元锚杆分别作用张拉力后,可使注浆体与地层间的黏结应力分布均匀,应力峰值大大降低,达到充分利用锚固段周边地层抗剪强度的目的,这种方式可使锚杆抗拔力随单元锚固体个数或锚固体总长度的增加而成比例地增大。

(2)后高压注浆锚固法[图11b]:将附有袖阀管、密封袋等特殊装置的锚杆杆体插入孔内后,用注浆枪向锚杆锚固段灌注水泥浆形成圆柱状注浆体,当强度达到5.0MPa后,采用不小于2.5MPa的高压注浆浆液劈开初次注浆体,向锚固段周边地层渗透、扩散和挤压,从而能极大地提高注浆体与地层间的黏结强度,并导致锚杆的极限抗拔力得以成倍提高。

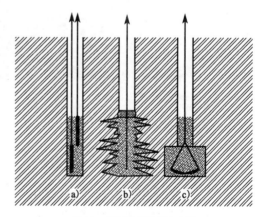

图 11　提高抗拔承载力方法

Fig. 11　The methods of improving ultimate pulling out capacityof anchor

(3)扩体扩头锚固法[图11c]:国内外有多种使锚固段扩体或扩头的方法,其中扩大头锚杆能利用锚固段变截面处土体的支承阻力,大幅度提高锚杆的极限抗拔力,目前我国苏州能工基础工程公司的合页板承压型旋喷扩大头锚杆(专利技术)和中国京冶工程技术有限公司的囊式承压型旋喷扩大头锚杆(专利技术)在工程应用中均获得良好效果,合页板承压型旋喷扩大头锚杆的应用实践表明,锚固段扩大头处于砂层或黏土层中,则锚杆的极限抗拔力分别可达到1000kN 或 800kN。

4 荷载分散(单孔复合)型锚固体系的传力机制

在前一节中,讨论了荷载集中型锚杆的荷载传递机制问题,得到了一些基本认识,那就是在集中荷载作用下,锚杆锚固段注浆体与地层间的黏结应力分布是很不均匀的;锚固段越短,则锚固段平均黏结应力越高,越能有效发挥锚杆锚固段周边地层的抗剪强度。为了从根本上改变荷载集中型锚杆传力方式的弊端,20世纪80年代,英国A. D. Barley首先提出并实践了单孔复合锚固的理念。1997年,我国程良奎、范景伦、李成江、周彦清等人结合中国银行地下室工程锚杆拆芯的需要,自主开发了压力分散型(可拆芯)锚杆技术,并于同年将这种新型锚杆339根成功地用于中国银行总行深21~23m地下室支护工程。还从锚杆的拉拔试验、锚固段应变测试及锚杆轴力、黏结应力分布特征的有限元分析等方面,揭示了新型锚杆的传力特征和工作特性。压力分散型锚杆结构如图12所示,压力分散型锚杆一般由2~4个单元锚杆组成,单元锚杆锚固段长度较短,常为 2~4m,单元锚杆所受的荷载仅为压力集中型锚杆的1/4~1/2。这种压力分散型锚杆与荷载集中型锚杆相比,具有以下鲜明的传力特征和工作特性。

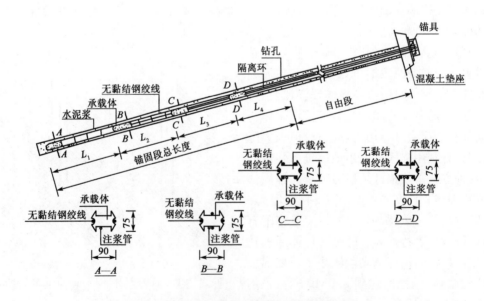

图12 压力分散型锚杆结构构造图(尺寸单位:mm)

Fig. 12 Schematic structure diagram of pressure dispersive anchorage(mm)

(1)可大幅度降低锚杆锚固段注浆体轴力及注浆体与地层间的剪(黏结)应力峰值,显著改善了锚杆注浆体轴力与剪(黏结)应力分布的均匀程度。这已被冶金部建筑研究总院等单位相关科技人员完成的受荷条件下压力分散型锚杆锚固段应力应变测试及有限元分析结果所证实,图 13 为采用有限元分析所得的压力分散型与压力集中型锚杆的轴力与黏结应力沿锚固段的分布曲线。

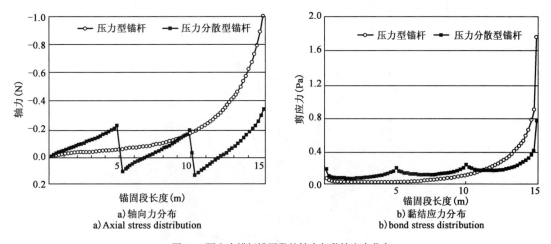

图 13　预应力锚杆锚固段的轴力与黏结应力分布
Fig. 13　Axial stress and bond stress distribution along fixed-anchor

(2) 随着单元锚杆数量的增加和锚杆总锚固段的增长,锚杆的抗拔承载力可成比例提高。

(3) 锚杆受荷时锚固段注浆体与地层间黏结应力分布趋于均匀化,可显著降低应力集中现象,大大降低锚固地层的蠕变及地层与注浆体间的剪切位移,从而有利于控制锚杆初始预应力的损失,提高锚杆长期工作的可靠性。

(4) 压力分散型锚杆的杆体采用无黏结钢绞线,这种无黏结钢绞线由裸体钢绞线外涂油脂及外包 PE 防护层构成,此外杆体受拉时,锚杆注浆体基本上处于受压状态,不易开裂,因而可显著增强这种锚杆杆体的防腐保护性能,提高锚杆的耐久性。

基于压力分散型锚杆具有独特优越的传力机制与工作特性,因而近 10 多年来,在我国的边坡、洞室、结构抗浮和重力坝抗倾等工程中得到迅速发展。如锦屏一级电站高 550m 的边坡支护及大型洞室群支护、福建京福高速公路、浙江诸永高速公路边坡支护、北京首都机场二号航站楼地下车库抗浮工程以及石家庄混凝土重力坝抗倾锚固工程等大型土木工程均成功地应用了这种新型锚杆并获得良好效果。以石家庄市峡石沟高 32m、长 127.5m 的垃圾拦挡坝为例,该混凝土重力坝工程采用 63 根压力分散型锚杆与基岩联锁在一起,每根锚杆的拉力设计值为 2200kN,用以提高混凝土坝的抗倾覆稳定性。锚杆工作后半年所测得的锚杆预应力损失仅为 3.47%～3.61%,随后一直处于稳定状态。该锚固的混凝土重力坝与非锚固的重力坝相比,节约混凝土量 37%,节约工程投资 30%。

有人却说,压力分散型锚杆不适用于永久性工程,这既有悖于这种新型锚杆良好的工作特性,又不符合这种新型锚杆正迅猛发展的势态。至于荷载分散型锚杆的结构存在各单元锚杆无黏结长度不等,若采用一次整体张拉筋体,则会造成筋体受力不均匀问题,现已有多种改良的筋体张拉方式,可以实现工程锚杆筋体受力均等的要求,这些方法如下:

(1) 采用并联千斤顶组张拉方式,如图 14 所示,它能使各单元锚杆的筋体从张拉开始直至锁定完毕始终处于受力均匀状态。

(2) 采用非同步张拉法，即按各单元锚杆受力均等原则，在对各单元锚杆整体张拉前，采用预先由钻孔底端向顶端逐次对各单元锚杆张拉锁定方式，以弥补各单元锚杆因无黏结长度不等的弹性位移差（相对应的荷载差）。

图14　采用并联千斤顶组等荷载张拉锚杆
Fig. 14　Schematic diagram of equal tensile loading unit anchor using parallel jacks

5　施锚时机

这里所说的施锚时机是指锚杆的预应力或锚固力作用于被开挖后的岩土体的时机。边坡、隧洞和洞室开挖后，如不及时施作锚杆，提供足够的锚固抗力是十分有害的。一方面，地层开挖卸荷作用引起的岩土体变形会随时间推移而增大；另一方面，随着开挖面的扩大，振动、雨水、风化和温度变化等因素的作用，岩土体及岩体结构面的抗剪强度会降低，岩体节理裂隙间的软弱充填物会流失，这些均会加速岩土体自承能力的削弱。

当前，我国边坡锚固工程中开挖与锚固工序互不协调互不衔接，乃至严重脱节的现象仍相当普遍。笔者在现场也常看到，某些开挖后的边坡，敞露10多天或经历1～2场大雨后，即出现严重塌滑现象，原有的完好台阶和平整坡面均荡然无存。三年前，福建临海的一座开挖高度约80m、长1170m的边坡，边坡自上向下分别为素填土、粉质黏土和全风化、强风化、中风化闪长岩与花岗岩。共分8个台阶放坡开挖，采用预应力锚杆背拉框架结构支护，当上部2个台阶坡面预应力锚杆已完成注浆作业，但尚未张拉锁定，刚刚开挖第三个台阶时，在开挖卸荷和雨水的双重作用下，突然发生大范围的坍塌，不得不多花费千万元才完成边坡锚固工程，施工周期也推迟了1年多。

在隧道和洞室工程中，锚杆、喷射混凝土支护滞后，开挖后岩面长期裸露，围岩处于单轴或双轴受力状态，固有强度要降低；岩块间的黏土质充填物质的蠕变或流失引起围岩松弛区不断扩大；空顶长度不断增大，隧道端部的支承效应也无法利用，围岩变形会持续发展。因此，隧道、洞室开挖后因锚喷滞后时间较长而出现岩块坠落、变形过大、局部坍塌的现象较为普遍，乃至严重塌方冒顶的事故也频频发生。

不容置疑，最大限度地缩短岩土体开挖与锚杆锚固抗力发挥作用间的时距，使开挖面无锚固抗力作用的时段与面积达到最小化，是充分发挥开挖岩土体自承能力，提高边坡、隧道稳定性的首要条件与根本原则。那么，怎样才能有效控制锚杆锚固力作用时机滞后呢？有以下三点建议：

(1) 鉴于国内外现有岩土锚杆技术标准关于锚杆力作用时机的规定，一般只是提出"随开挖、随锚固"的要求，显得过于空泛，缺乏严格的控制标准。建议国内相关标准将锚杆锚固力作用时机作为岩土锚固工程设计的主要参数之一，按工程类型、开挖宽度与高度、岩土体质量、围岩级别或岩体结构类别等工程条件与地层地质条件，对开挖面无锚杆支护的裸露时段与面积作出明确规定。

(2) 大跨度高边墙洞室及Ⅳ、Ⅴ级围岩中的隧洞工程的系统锚杆支护应全面采用涨壳式中空注浆锚杆、树脂卷锚固型锚杆、快硬水泥卷锚固型锚杆等低预应力锚杆取代被动的全长黏结型锚杆。低预应力锚杆能提供主动的支护抗力，有效控制岩体开挖早期的变形发展，迅速充分调动围岩的自支承能力，使锚固范围内的破碎岩块被紧密地联锁和咬合在一起，形成压缩性岩石承载环(拱)，能显著地提高地下工程的稳定性。这里要特别提出的是，小浪底地下主厂房跨度 26.2m，高 61.4m，长 251.5m，围岩属Ⅱ、Ⅲ级，断层区及其影响带区围岩等级降至Ⅴ级和Ⅳ级，由于全面采用低预应力(张拉)锚杆作系统锚杆，并在开挖后立即施作，最终洞室建成时，测得的顶拱最大下沉 4.76mm，边墙最大位移 5.97mm，预应力锚索拉力变化值为 0.3%～1.5%，取得了国内相似地质条件的大跨度高边墙洞室工程的最好稳定效果。

(3) 在边坡锚固工程中，积极推行工厂或现场预制的钢筋混凝土传力构件。这样就能从根本上消除因就地制作传力构件所需的支模、绑扎钢筋及混凝土浇筑、养护的时间，迅速地对边坡开挖面提供锚固抗力。笔者曾对日本的锚固边坡技术进行实地考察，目睹日本的锚固边坡已广泛应用工厂预制的预应力钢筋混凝土块件，这种块件呈菱形或十字形，可随边坡开挖面的形成，即时安设于坡面上，有效地将锚杆预应力传递给地层(图15)，避免边坡长期裸露和处于不稳定状态。工厂制作的预应力钢筋混凝土块件，有很强的韧性，工作时，无开裂，耐久性好，通过灵活快速的布置，与自然环境相协调能得到美丽的景观(图16)。

图15 在很小的裸露坡面上安设预制块件和施作预应力锚杆

Fig. 15 Installing prefabricated reinforcement concrete block and ground anchorage on the bare slope with small space

图16 采用预制块件作传力结构锚固边坡

Fig. 16 anchored slope using prefabricated block served as the transmission component of anchoring force

6 影响高地应力岩体中大跨度高边墙洞室稳定性的锚固因素

现以锦屏Ⅰ级电站地下厂房的岩石锚固与变形控制方法为例,作一些分析和探讨。

6.1 洞室工程的基本情况及围岩地质

锦屏一级水电站地下厂房位于大坝下游约350m的右岸山体内,垂直埋深160~420m,厂区出露为三叠系中上统杂谷脑大理岩,有多条大小断层通过。地下厂区属高应力区,最大主应力值大于30MPa,厂区围岩以Ⅲ类围岩为主,局部稳定性差,在f_{13}、f_{14}、f_{18}断层和煌斑岩脉出露部位,岩体破碎、风化,属Ⅳ~Ⅴ类,稳定性差或不稳定。

6.2 洞室锚喷支护

1)主厂房

顶拱:一般部位为5cm厚钢纤维喷射混凝土和15cm厚配筋喷射混凝土;7m长的砂浆锚杆和9m长的$T=120$kN的低预应力锚杆交错布置,在f_{14}断层部位锚杆长度增加至9m。

高边墙:上中部位5cm厚钢纤维喷射混凝土和10cm厚配筋喷射混凝土;6m和9m长的砂浆锚杆交错布置。f_{14}断层处采用6m和12m的砂浆锚杆交错布置,约80d后施作系统布置的$L=20/25$m、$T=1750/2000$kN(拉力锁定值$T=1500/1750$kN)预应力锚杆,平均间距为3m×3m~4.5m×4.5m。

2)主变室

顶拱:配筋喷射混凝土厚15cm,$L=6$m和$L=9$m的砂浆锚杆交错布置,在f_{14}和f_{18}断层部位及煌斑岩脉处常用加强支护。

边墙:钢纤维喷射混凝土厚5cm和配筋喷射混凝土厚10cm;$L=6$m和$L=9$m的砂浆锚杆交错布置,平均间排距1.3~1.15m,洞室上下游分别采用多排$T=1750$~2000kN,$L=20$~45m的预应力锚杆与相邻洞室对拉,平均间距为3.0~4.5m。

6.3 洞室围岩变形特征

在主厂房、主变室开挖支护过程中,在主厂房下游拱顶、高边墙中部等区段,围岩发生严重的变形破坏现象,其特征为喷层及围岩开裂,砂浆锚杆应力超限、围岩深部松弛范围不断扩大,部分预应力锚杆出现断丝现象,不得不多次用预应力锚杆和砂浆锚杆进行大面积加固。

2009年11月底,对洞室监测资料表明[24]:主厂房有7个监测点位移达30~50mm,5个监测点大于50mm,最大位移达92.7mm,若考虑安设测点前丢失的位移,估计最大位移量大于100mm。主变室有2个监测点位移在30~50mm间,6个监测点大于50mm,最大位移达195.29mm。拱脚处测得的最大松弛深度达8m以上,高边墙中部卸荷松弛深度达10~15m的也较为多见,监测砂浆锚杆127根,其中有20根锚杆钢筋应力大于300MPa。监测轴力变化的预应力锚杆139根,其中有127根呈现轴力比锁定值增加,有39根的轴力超过拉力设计值,有10根锚杆轴力大于锚杆125%,16根预应力锚杆出现轴力突降现象,说明部分锚杆的钢绞线已出现应力超限和断丝现象。

6.4 洞室围岩过度变形及局部地段围岩破坏的原因分析

1)强度应力比较小的围岩位移的时效性特征

锦屏一级主厂房、主变室所处岩体最大主应力大于30MPa,岩石强度应力比较小,洞室开挖后，围岩显现早期变形大，变形向深度方向发展的范围宽，且持续变形时间长等特征，f_{14}、f_{14}煌斑岩脉通过或受其影响的部位，围岩变形尤为剧烈。面对这种围岩条件，洞室边墙初期系统锚杆均采用被动的普遍水泥砂浆锚杆，不能适应控制洞室开挖早期变形发展的要求，如图17所示，部分测点3个月后的位移即大于20mm，一年后的位移大于60mm，且位移并未稳定下来。

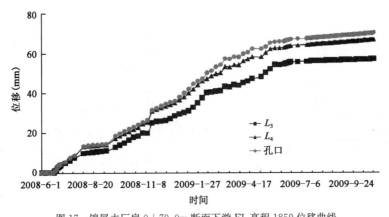

图17 锦屏主厂房0+79.0m断面下游EL高程1859位移曲线

Fig. 17 The displacement-time curve of elevation 1859 EL for the 0+79.0m section of the jinping underground main plant

2) 预应力长锚杆施锚时机严重滞后

锦屏Ⅰ级电站主厂房洞室开挖后约80d才施作预应力长锚杆，这时，围岩位移已达20mm左右，围岩松弛范围已达10m以上，会使锚杆抗力作用受到削弱。此外，设计的锚杆初始预应力值比国内强度应力比较大的围岩条件下的大型洞室工程也低许多，远不足以遏制围岩的变形发展，在预应力锚杆施加后的100~120d内，主厂房5号机组断面下游边墙中部的围岩位移与锚杆拉力一直呈现等速率增长，最终洞室某些区段围岩进入松散破坏状态。这正如图18所示，由于预应力长锚杆施锚时机严重滞后，支护抗力偏小，刚度不足，导致支护特性曲线无法在围岩出现松散前与围岩变形曲线相交。

3) 相邻洞室向下开挖错距较小的影响

主厂房与主变室间的距离约为45m，当主厂房开挖拱脚后，两洞室同时向下开挖的深度错距较小，岩壁两侧频繁的爆破震动，加剧了对岩壁和对拉预应力锚杆的扰动，使岩壁围岩出现局部松动的概率增大。

4) 预应力长锚杆拉力设计值偏低

针对锦屏一级电站主厂房洞室围岩强度应力比小，开挖后变形量大，持续时间长的特征，考虑围岩持续变形会引起锚杆拉力显著增大，确定锚杆初始预应力值为锚杆拉力设计值的50%~60%，这是合理的。问题是不能以极度降低初始预应力值为代价，水利水电系统处于Ⅱ、Ⅲ级围岩中的大跨度高边墙洞室预应力锚杆的初始预应力值一般为1500~2000kN，而处于高应力和低强度岩体中的锦屏一级厂房高边墙的锚杆初始预应力值却反而降低为1000kN左右，势必加剧了围岩变形与支护抗力相互作用过程中失衡现象。在施锚5个月后，局部区段围岩位移仍呈等速率发展。在这种情况下，不得不采用多次增设预应力锚杆的加强支护措施，才使围岩变形逐步稳定下来，如图19所示，强度应力比较小的岩体开挖后，其应力应变特征有明显的时效性,在不同时间阶段,岩体应力应变曲线是不同的,在 t_1、t_2 时,抗力或刚度较低的支护特征曲线与围岩特征曲线相交,说明两者能取得平衡。支护自身的柔性特征虽导致相对低的压力作用于支护体上,但却引起相当大的位移,随时可能使围岩松散,必须及时增加具有足够抗力和刚度的锚杆支护,以求得在 t_3 时实现两者新的稳定的平衡。

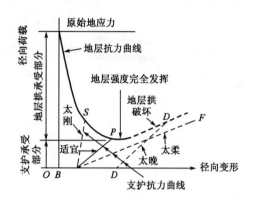

图 18　围岩变形—支护相互作用曲线

Fig. 18　Schematic diagram for interaction of ground and supporting

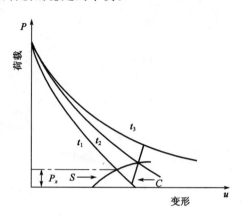

图 19　不同时间的围岩特性曲线与支护特性曲线

S-支护刚度较小;C-支护刚度较大

Fig. 19　Characteristic curve of surrounding rock and supporting in different time

S-small supporting stiffness;C-large supporting stiffness

6.5　对高应力岩体大跨度高边墙洞室锚固设计的建议

(1)洞室周边(顶拱、边墙)应在开挖后及时全面施作低预应力(张拉)锚杆与钢纤维喷射混凝土支护,并选取合理的支护参数,迅速在洞室周边构建有足够厚度、刚韧性强和处于受压状态的"锚喷—岩石"承载环,以控制开挖初期岩石应力释放引起的剧烈变形。

(2)采用预制的钢筋混凝土块体作传力结构,最大限度缩小施作系统的张拉锚杆与预应力长锚杆间的间隔时间。预应力长锚杆的张拉锁定工作宜在岩石开挖后 20~30d 内完成。这样预应力长锚杆能将洞室周边浅层的被锚固的岩石承载环与深部的稳定岩层联锁起来,以提升遏制洞室围岩后期变形的能力。

(3)缩小预应力长锚杆间距,提高作用于单位面积洞壁面上的初始预应力值,其值不宜小于 $120kN/m^2$。

(4)预应力锚杆的初始预应力(锁定荷载)宜为锚杆拉力设计值的 50%,以适应随着岩石应力进一步释放和围岩变形的增加会引起锚杆拉力的增大,而锚杆抗力的增大又会进一步抗衡围岩变形的发展,使围岩变形与支护抗力(刚度)在协调发展中取得最终的稳定。

(5)加强洞室工程位移监测与信息反馈,一旦出现围岩位移持续等速率增长,围岩—支护抗力相互作用过程失衡现象,应立即增补预应力锚杆。

7　边坡锚固效应

为维护开挖边坡的稳定,预应力锚杆支护体系得到了广泛应用,尤其是高陡边坡的稳定,预应力锚杆支护几乎是唯一的正确选择。关于边坡锚固设计,有两点应当特别予以重视,一是如何评价预应力锚杆对边坡稳定性的作用与贡献,二是锚杆在坡面上的合理布设,以有效发挥锚杆的锚固效应。

7.1 锚固边坡的稳定性计算

目前,国内较普遍采用极限平衡法分析计算锚固边坡的抗滑移稳定性,当岩质边坡结构复杂时,常配合采用极射赤平投影法和实体比例投影法;当边坡破坏机制复杂时,则配合采用数值极限分析发。在用刚体极限平衡法计算锚固边坡的抗滑稳定时,常出现这样的情况,即使采用较多且单锚承载力较高的预应力锚杆,但计算所得锚杆对边坡稳定安全度的贡献仍较小或很有限,这是与锚固边坡实际反映的稳定安全状态不符的。原因何在呢?这主要是由于计算中忽略了锚杆预应力可明显提高边坡破坏面处的黏聚力 C 和岩石弹性模量 E,并低估了锚杆锚固力对破坏面的切向抗力作用的缘故。前者影响因素较为复杂,有足够的资料或经验时,可按适当提高 C 值处理,一般可作为安全储备考虑。后者,即在计算锚固边坡的安全系数时,将锚杆锚固力的切向分力放在计算公式的分子项中,显然是低估了锚杆的锚固效应。合理的处置是应当将锚杆锚固力的切向分力位于公式的分母项中作为减小的下滑力处理。

不妨用一个简单的平面破坏的边坡实例加以分析说明,如图 20 所示的边坡破坏面处的力系平衡方程式为:

$$c \cdot L + [W\cos\psi + T\cos\alpha - U_1 - U_2\sin\psi]\tan\varphi = W\sin\psi - T\sin\alpha + U_2\cos\psi \tag{3}$$

式中:L——滑移破坏面长度(m);

c、φ——滑移面处的岩石黏聚力(kPa),与内摩擦角(°);

T——锚杆的轴向拉力(kN);

U_2——拉伸裂隙处的水压力(kN);

U_1——岩体滑裂面底部的上托力(kN)。

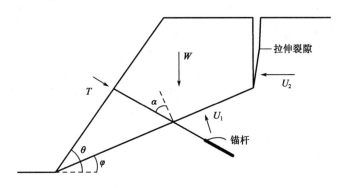

图 20　平面破坏的边坡锚固

Fig. 20　Schematic diagram for anchored Plane failure slope

该方程有两个特点是很重要的,第一锚杆减小了下滑力,第二锚杆增加了破坏面上的法向力。假定锚杆拉力以 α 角穿过破坏面,令 θ 为斜坡倾角,破坏面的倾角为 ψ,则岩块抗滑安全系数为:

$$K = \frac{c \cdot L + [W\cos\psi - U_1 - U_2\sin\psi + T\cos\alpha]\tan\varphi}{W\sin\psi + U_2\cos\psi - T\sin\alpha} \tag{4}$$

这里,应当说明的是,预应力锚杆作用于边坡体上的锚杆力 T 是一个确定的预加力,并经锚杆的验收试验所确认,它不因岩土体或结构面抗剪强度的变化而变化,因此,公式中的 $T\sin\alpha$ 作为减小的下滑力是合理的。这样,特别当锚杆与破坏面的夹角有利于增大锚杆逆向于下滑力的切向分力时,计算所得抗滑安全系数就会有明显的增大。这对正确判定预应力锚杆的锚固效应及其对边坡安全系数的贡献,避免锚固边坡工程设计过于保守和不经济,是有益的。

7.2 坡面锚杆的布设

边坡锚固工程设计的另一个重要问题是要弄清边坡岩性、岩体结构及结构面的结合情况,结构面与坡面的关系,岩石中软弱带的分布和地下水状况等地质情况,并据此确定边坡破坏类型或模式。然后根据最可能出现的破坏模式,选择锚杆的布设方案。

对于呈现缓倾不连续面的沉积岩或变质岩体($\beta<\alpha$),可能出现平面破坏的边坡,一般采取沿坡面均匀布置预应力锚杆[图21a];对于陡倾不连续面的岩质边坡($\beta>\alpha$),可考虑不设置系统的预应力锚杆,仅对坡面做防护处理。对于水平节理岩体(薄层沉积岩)可能出现圆弧滑动或坡脚出现软弱岩层风化带的岩质边坡则可在坡脚的应力集中处安设预应力锚杆[图21c)、d)]。对于可能出现倾倒破坏的边坡,则宜在边坡的上中部设置预应力锚杆,且锚杆应向上倾斜[图21b)],以提高对不连续面的法向作用力,抵抗岩石的倾倒和折屈破坏。

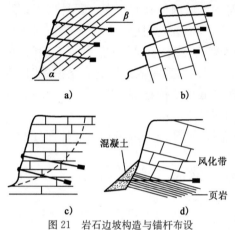

图 21　岩石边坡构造与锚杆布设

Fig. 21　Schematic diagram of installed and layout anchor for different rock slope failure

8　结语

针对当前频频发生的岩土锚固工程病害与事故,研究分析了岩土锚杆设计应用中的一些力学概念问题,提出了防范锚固工程病害与事故的设计施工对策,得到以下结论。

(1)预应力锚杆(索)与非预应力锚杆在力学效应、作用机理和工作特性方面存在明显的差异,预应力锚杆能迅速主动提供支护抗力,将结构物拉力传至深部稳定地层,控制地层变形能力强,可采用保护筋体免受腐蚀的防护层,是其明显的优势。凡须有明确的锚固抗力以抗衡结构物的倾动、竖向位移、沿基底或剪切面破坏和隧道洞室坍塌的工程锚固,均应采用预应力锚杆(索)。

(2)满足张拉控制应力要求的筋体截面面积、足够的自由段长度和能充分调动地层抗剪强度的锚固体形式是实现高拉承载力锚杆的基本要素。采用单孔复合(荷载分散)型锚固体系,锚固体后高压注浆技术或承压型旋喷扩大头锚固技术是提高锚杆抗拔承载力的基本途径。

(3)压力分散型(单孔复合)锚固形式具有优越的传力方式、工作特性和良好的筋体防腐保护系统,其灌浆体与地层间的剪应力分布较均匀、抗拔承载力可大幅度提升、长期工作的蠕变量小,是一种发展前途十分广阔的永久性锚杆形式。但其筋体因非黏结长度不等,同步张拉后引起的受力不均匀问题应给予足够重视,可采用组合千斤顶张拉或事前补偿荷载的分步张拉法予以解决。

(4)岩土体开挖后立即或快速施锚对维护边坡、隧道、洞室的稳定性尤为重要。建立无锚固条件下开挖面的裸露时间与面积的控制标准、发展低预应力(张拉)锚杆和采用预制的钢筋混凝土块件作预应力锚杆的传力结构是遏止施锚时机滞后的有效途径和方法。

(5)锦屏一级电站高应力低强度岩体中的大型洞室群围岩变形呈现显著的时效特征。采用被动的全长黏结型锚杆作为初期支护,预应力长锚杆施锚时机严重滞后,且初始预应力度低,对围岩变形与支护抗力(刚度)相互作用过程中出现的不适应性缺乏应有调控能力是洞室围岩出现过度变形、喷层开裂、锚杆失效和局部围岩破坏的主要原因。从中吸取经验和教训,全面采用低预应力(张拉)锚杆作初期支护,严格控制施锚滞后现象,提高锚杆的初始预应力度和设计拉力值,加强对围岩变形与支护抗力相互作用失衡的适时调控,必将对改善类似条件下的大型洞室的整体稳定性发挥重要作用。

(6)锚固边坡设计,能否将预应力锚杆作用于滑移面上的切向分力作为减小下滑力处理和根据边坡岩性、不连续面的产状与分布及软弱带的强度特征等地质情况,合理确定坡面上锚杆布设位置与方位角对正确评价与有效发挥锚杆锚固效应有重要影响。

参 考 文 献

[1] 程良奎,李象范.岩土锚固·土钉·喷射混凝土——原理、设计与应用[M].北京:中国建筑工业出版社.2008.[Cheng Liangkui,Li Xiangfan. The theory,design and application of ground anchorage, soil nail and shotcrete[M]Beijing:China Architecture & Building Press. ,2008. (in Chinese)]

[2] T. H. 汉纳.锚固技术在岩土工程中的应用[M].北京:中国建筑工业出版社,127-154,193-204([E]T. H. Hanna. The application of anchorage technology in geotechnical engineering[M], China Building Industry Press, 127-154, 193-204.)

[3] L. Hobst and Zajic. Anchoring in rock and soil[M]. Elsevier scientific publishing company, New York. 1983.)

[4] A. D. Barley. Theory and practice of the single Bore Multiple Anchor system[A]. in : proc. Int. symp. On Anchors in Theory and practice [c] Salzburg, Austria, 1995. 293-301.

[5] 程良奎,单孔复合锚固法的机理与实践,中国岩石力学与工程学会,新世纪岩石力学与工程开拓和发展[M].北京:中国科学技术出版社2000,867-870.[Cheng Liangkui,Theory and application of single multiple anchors system[M],Chinese society for rock mechanics and engineering-New development rock mechanics and engineering in new century Chinese science and Technology Press. 2000,867-870. (in Chinese)]

[6] 朱维申,何满朝.复杂条件下围岩稳定性与岩体动态施工力学[M].北京:科学出版社,1995.[Zhu Weishen, He Manchao. Stability of surrounding on the complex condition and the dynamic construction mechanics of rock mass[M]:Beijing: Science Press,1995. (in Chinese)]

[7] 黄福德,吕祖珩.预应力群锚高边坡增稳机理研究[A].中国岩土锚固协会,岩土锚固新技术[C].北京:人民交通出版社,1998,90-94.[Huang Fude,Lv Zuheng. Research on pres-

tressed group anchorage mechanism of increasing stability of high slopes[A], Chinese geotechnical anchoring Association, New technology of ground anchorage[C], Beijing: People's Commumication Press, 1998, 90-94. (in Chinese)]

[8] 康洪普,林建,吴拥政. 全断面高预应力强力锚索支护技术及其在动压巷道中的应用[J]. 煤炭学报,2009,34(9):1153-1159. [Kang Hongpu, Lin Jian, Wu Yongzheng. High pretensioned stress and in tensive cable bolting technology set in full section and application in entry affected by dynamic pressure[J]. Journal of Coal Science and Engineering,2009, 34(9):1153-1159.]

[9] Mike shimayama, Zhang Manliang. The PC frame anchorage technique[A], In. Proc. int. symp on Apllication and development of rock-soil anchoring technology[C]. Liuzhou. China,Beijing: International Academic Publishers, 1998. 76-80.

[10] 中国工程建设标准化协会标准. 岩土锚杆(索)技术规程[CECS 22:2005][S]. 北京:计划出版社,2005. (The Technical specifications for ground anchor, (CECS22:2005)[S]. Beijing China Planning Press 2005. (in Chinese)]

[11] British standard Institution (BS8081), British standard code of practice for ground anchorages. 1989.

[12] post-tensioning Institution, PTI Recommendations for pressing rock and soil anchors, 1996.

[13] 地盤工学会,グラウンドアンカー设计 施工基准,同解说 JGS 4101—2000. 2000.

[14] 程良奎. 岩土锚固研究与新进展[J]. 岩石力学与工程学报,2005,24(21)3803-3810. [Cheng Liangkui. Research and new progress in ground anchorage[J]. Chinese Journal of rock mechanics and engineering 2005:24(21),3803-38010. (in Chinese)]

[15] 周德培,刘世雄,刘鸿. 压力分散型锚索设计中应考虑的几个问题[J]. 岩石力学与工程学报. 2013. 32(8):1513-1519. [Zhou Depei, Liu Shixiong, Liu Hong. some problems to be considered in design for compression dispersion type anchors[J]. Chinese Journal of rock mechanics and engineering 2013. 32(8)1513-1519. (in Chinese)]

[16] P. J. Sabatini, D. G. pass, R. C. Bachus. Ground anchors and anchored systems[M]. University press of the pacific, honolala Hauaii, 2006, 46-78.

[17] R I Woods and K Barkhordari, The influence of bond stress distribution on ground anchor design [A] in: proc. int. symp on Ground anchorages and anchored structures [c], London: Themas Telford, 1997. ,55-64.

[18] 程良奎,张作瑂,杨志银. 岩土加固实用技术[M]. 北京:地震出版社,1994,18-62. [Cheng Liangkui, Zhang Zuomei & Yang Zhiyin. Practical Technology of Strengthening Ground [M]. Beijing:. Earthquake press, 1994. 18-62(in Chinese)]

[19] 程良奎. 深基坑锚杆支护的新进展[A]. 中国岩土锚固工程协会编,岩土锚固新技术[C]. 北京:人民交通出版 1998:1-15. [Cheng Liangkui. New development of anchor-supporting for deep excavations [A]. New technology of Ground Anchorage [c]. Beijing: People's Communications press, 1998:1-15. (in Chinese)]

[20] 程良奎,于来喜,范景伦等. 高压灌浆预应力锚杆及其在饱和淤泥质土地层中的应用[J].

工业建筑,1988(4):1-6.[Cheng Lingkui, Yu Laixi, Fan Jinglun, High pressure grouting prestressed anchor and its application in saturated silt soil[J], Industrial Construction,1988(4):1-6. (in Chinese)]

[21] 刘玉堂,袁培中,白彦光.压力分散型锚索不宜作为永久性锚索[J].预应力技术,2008,(3):19-21.[Liu Yutang, Yuan Peizhong, Bai Yanguang. Inappropriate to use pressure – dispersion anchors as permanent anchors[J]. Prestressed Technology,2008(3):19-21. (in Chinese)]

[22] 石家庄道桥建设总公司,石家庄道桥管理处.高承载力压力分散型锚固体系及其在新建坝体中的应用研究[R]. 2006.[Shijiazhuang road and bridge construction company, Shijiazhuang Road Management Office. The application research for high bearing capacity pressure-dispersive anchorage system in new building dam[R]. 2006. (in Chinese)]

[23] 杨秀山,刘宗仁,郑谅臣.黄河小浪底水利枢纽岩石力学研究与工程实践[M].中国岩石力学与工程—世纪成就,南京:河海大学出版社,2004:829-860.[Yang Xiushan, Liu Zongren, Zheng Liangchen. The Yellow Rivexiaolangdi key water control dam project rock mechanics and engineering practice [M],Chinese rock mechanics and engineering-Century achievements,Nanjing:Hehai university press,2004:829-860. (in Chinese)]

[24] 锦屏建设管理局安全监测中心,锦屏一级电站地下厂房洞室群安全监测综合分析报告[R]. 2009.[Jinping Construction Bureau safety monitoring center, The underground caverns safety monitoring and analysis report of Jinping first stage hydropower station [R],2009. (in Chinese)]

[25] Petros P. Xanthakos. Ground anchors and anchored structures[M],A wiley Interscience publication,John wiley&Sons,Inc. New York,1991:494-501.

当今岩土锚固的几个热点问题

程良奎

(冶金部建筑研究总院)

摘　要　我国的岩土锚固技术,已进入了迅猛发展的阶段。边坡、大坝、机场、航道、堤防、码头、桥梁、隧洞、地下工程以及建筑结构物的抗倾、抗浮、抗滑移等建设工程必将对岩土锚固提出许多新的更为复杂的课题。本文讨论了锚杆设计和使用中的安全系数、荷载传递机制、预应力变化及其控制、软土锚固、腐蚀及其防护、重复荷载及地震效应影响等问题,并提出了自己的观点与建议。

关键词　锚固;安全系数;荷载传递;稳定性;腐蚀;重复荷载

20世纪90年代,我国的岩土锚固进入了迅猛发展的阶段。大中城市高层建筑的崛起,为土层锚固的应用开辟了广阔的天地。据初步统计,从1992年到1997年间,仅深基坑工程采用的土层锚杆长度已超过600万m。从1995年开始兴建的三峡永久船闸高边坡锚固工程,锚杆总长度达160万m,也将在近期完成。当前,随着我国交通、水利、基础设施建设力度的加大,又为永久性岩土锚固的应用提供了空前良好的机遇。边坡、大坝、机场、航道、堤防、码头、桥梁、隧洞、地下空间以及建筑结构物抗倾、抗浮、抗滑移等建设工程将对岩土锚固提出许多新的十分复杂的课题,作为岩土锚固工作者是无法回避的。

笔者根据多年来的科学试验及工程实践,参考了国外的一些资料,对锚杆结构设计的安全系数、荷载传递机制、预应力变化及其控制、软土锚固、腐蚀及防护、重复荷载及地震效应影响等问题发表了自己的观点和建议,旨在抛砖引玉,引起同行们的关注、研究和讨论,以不断提高岩土锚固的设计施工水平,适应日趋复杂的工程建设的需要。

1　安全系数

锚杆的安全系数是对锚杆的工作荷载或锚杆轴向拉力设计值而言的,也就是说,设计时所规定的锚杆极限状态时的承载力(锚杆轴向拉力极限值)应当是锚杆的工作荷载与安全系数的乘积。

适宜的安全系数一般是考虑锚杆结构设计中的不确定因素和危险程度,如地层性态、地下水或周边环境的变化;灌浆与杆体材料质量的不稳定性;锚杆群中个别锚杆承载力下降或失效所附加给周边锚杆的工作荷载增量等。多数国家锚杆规范中锚杆安全系数值取决于锚杆的工作年限和破坏后所产生的危害程度,这是不无道理的,因为随着使用年限的增长,不利因素的影响才会逐步显露出来。

鉴于锚杆的安全系数是锚杆工程可靠性的基本保证,因而世界各国的锚杆规范均对此作了明确规定,见表1。然而,我国多数岩土锚固工程中实际所采取的安全系数的状况,却偏离

---

* 本文系作者1999年11月在同济大学召开的"全国复杂软弱地层中的锚固技术研讨会"上所做的学术报告。

规范的要求,令人十分担忧。其中,一类情况只是笼统地称锚杆承载力是 1000kN、2000kN、3000kN 或 6000kN,到底这是锚杆拉力的设计值还是极限值说不清楚,难免有对安全系数概念模糊不清之嫌。另一类情况是,安全系数取值偏低,如临时锚杆安全系数取 1.2~1.3,永久锚杆的安全系数为 1.5~1.6。还有一类情况,虽设计中按规范要求有明确的安全系数值,但没有规范的验收试验,来核定工程锚杆是否满足安全系数的要求,凡此种种,都会给锚固工程留下隐患,临时性工程或许因工作荷载估计过大,或锚杆背拉的支挡结构出现位移过大而暂时掩盖了锚杆安全系数不足的矛盾。但永久性锚杆所潜伏着的危险经历较长的时间后可能会突发出来。英国就有这样的实例,泰晤士河畔一个用锚杆背拉的钢板桩墙工程,经历了 21 年后,终于酿成了大祸。于 1990 年 2 月 26 日造成锚杆断裂,钢板桩倾倒,离开原来的起重机平台近 30m(图 1)的严重事故。

岩土锚杆的抗拔安全系数　　　　　　　　　　表1

国家/机构	规　　范	出版年代	抗拔安全系数	
			临时锚杆	永久锚杆
瑞士	SIA191	1977/95		1.8、1.8、2.0
美国	PTI-Recom	1979/95		2.0*
英国	BS8081			2.0
英国	DD81	1982	1.4、1.6、2.0	2.0
国际预应力协会 FIP	Recom	1982		2.0
苏联	Recom	1982		2.0
日本	JSFD1—77	1977/92	1.5	2.5
中国	CECS 22:90	1990	1.4、1.6、1.8	1.8、2.0、2.2
中国	GBJ 85—1986(修订报批稿)	待出版	1.4、1.6、1.8	1.8、2.0、2.2
中国香港	Model Speci	1984	1.6、1.6、1.8	2.0

注:*美国规范规定对锚杆预应力筋的安全系数是 1.67。

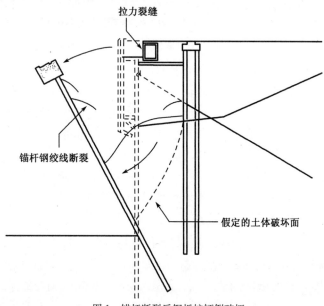

图 1　锚杆断裂后钢板桩倾倒破坏

总之，必须十分审慎地对待锚杆的安全系数。

(1)根据锚杆的设计工作年限及破坏后可能造成的危害程度，严格按我国规范要求，采用相应的安全系数。

(2)在塑性指数大于17或地下水发育并有侵蚀性的地层中安设永久性锚杆，其抗拔安全系数不得小于2.2。

(3)为检验锚杆是否满足安全系数的要求，应取工程锚杆总数5%的锚杆作验收试验。验收试验的最大试验荷载，永久性锚杆取拉力设计值的1.5倍，临时锚杆取拉力设计值的1.2倍。锚杆在最大试验荷载作用下，荷载恒定10min，蠕变量≤1.0mm，荷载恒定60min，蠕变量≤2.0mm。且弹性位移应大于锚杆自由段长度理论弹性伸长量的80%，小于自由段长度与1/2锚固段长度之和的理论弹性伸长量。

2 荷载传递机制

2.1 锚杆类型与拉伸型锚杆的荷载传递特征

按照荷载的传递方式，可将灌浆型预应力锚杆分为三类，即摩擦型、支承型、摩擦—支承复合型。而摩擦型锚杆又可分为拉伸型与压缩型两种(图2)。

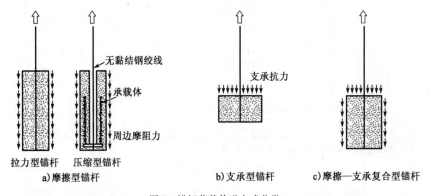

图2 锚杆荷载传递方式分类

国内外大量的实测资料已经证实，拉伸型锚杆在张拉荷载作用下的传力特征是沿锚固段长度的岩土—水泥浆间的黏结应力与杆体轴向力分布极不均匀，而且荷载传递范围仅在有限长度内，黏结摩阻应力或杆体轴力的峰值分布在临近自由段处，易出现渐进性破坏。

图3～图5为在工程中实测的锚杆轴向力和岩土—灌浆体间的黏结摩阻应力分布曲线。

上列图例显示，锚固体内杆体轴向力及锚固体表面的黏结摩阻应力传递长度一般均不大于10m。这也就是说，进一步增加长度，并不会对提高锚杆的承载力带来明显的效果。改善锚杆的荷载传递机制，充分调用土体强度，才是提高锚杆承载力的有效途径。

2.2 单孔复合锚固(SBMA)系统

单孔复合锚固(SBMA)系统是改善锚杆荷载传递机制的有效方法之一。它是在单个钻孔中，用若干个单元锚杆(unit Anchor)组合成一根锚杆。在英国某黏性土工程中，采用4个单元锚杆的锚杆，其锚固段长度依次为7.4m、5.2m、4.6m和3.6m，锚杆的承载力超过2032kN，还没有破坏迹象。在香港新机场建设中，采用这种SBMA锚固系统创造了土锚承载力的新记录,位于砂和完全风化崩解的花岗岩层中的锚固段长 30m,设置了 7 个单元锚杆(锚固段分别为 3m 和 5m),在 3000kN 荷载作用下,未见异常变化。在日本称之为 KTB 工法的分散压缩型锚杆(图 6)也属这类锚杆,据称,其用量已占该国岩土锚杆用量的 70%～80%。

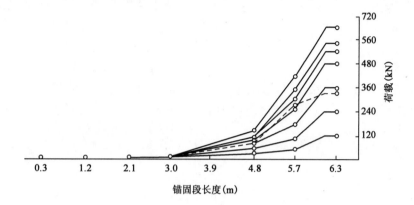

图 3 沿锚固段分布的杆体轴力(美国中央首都银行,细到粗砂和砾石砂)

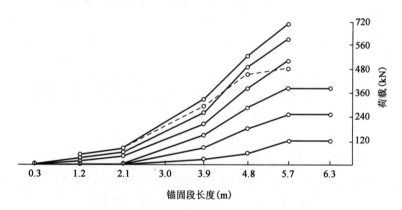

图 4 沿锚固段长度分布的杆体轴力(美国 1800 麻省住宅区,细到中粉砂、黏土)

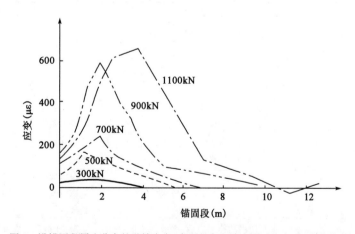

图 5 沿锚固段周边分布的黏结应变(中国北京京城大厦,细、中砂、砂质黏土)

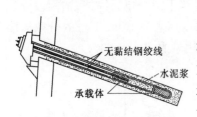

图6 分散压缩型锚杆结构示意图

我国冶金部建筑研究总院及北京京冶大地工程有限公司,在1997年初也开发了这种在单个钻孔中安设多个单元锚杆的分散压缩型锚杆,先后成功地用于北京中银大厦、华澳大厦基坑支护及北京市委培训中心、广州东兴综合大厦永久边坡工程。中银大厦基坑位于中、细砂地层中,单孔中安放4个承载体(锚固段长均为5m)的分散压缩型锚杆,在1600kN拉力作用下,工作状态依然正常。理论分析、现场试验及工程实践表明,与拉伸型锚杆相比,分散压缩型锚杆具有锚固体周边黏结摩阻应力分布较均匀,能合理利用岩土强度,承载力可随长度增加而增加,耐久性好,并有可拆芯等独特的优点,见图7和表2。

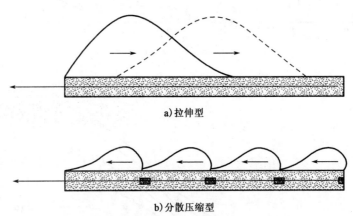

图7 锚杆锚固体周边黏结摩阻应力分布形态

无疑,分散压缩型锚杆是值得大力发展的。但在使用这种新型锚杆时有两点应当特别重视,一是钻孔内不应残留土岩块屑,一般应采宜用带套管护壁的钻孔作业;二是灌浆体应有足够的抗压强度(不小于30MPa),以免在承载体附近出现压碎现象。

拉伸型(圆柱状锚固体)锚杆与分散压缩型锚杆的工作性能比较 表2

项 目	普通拉伸型锚杆	分散压缩型锚杆
岩土—水泥浆体间的黏结摩阻应力分布状况	沿锚固体长度分布极不均匀,应力集中现象严重,易发生渐进性破坏	沿锚固长度分布较均匀
岩土—水泥浆体间的黏结摩阻应力值	总拉力大,黏结摩阻应力值大	总拉力可分散成几个较小的压力,黏结摩阻应力值显著减小
黏结摩阻强度	灌浆体受拉不会产生径向力而增大黏结摩阻强度	灌浆体受压会产生径向力而使黏结摩阻强度增大
锚杆承载力	锚固长度超过一定值后,抗拔承载力增长极其微弱	锚杆抗拔承载力随锚固长度增加而增加
耐久性	灌浆体受拉,易开裂,防腐性差	灌浆体受压,不易开裂,预应力筋外有油脂、PVC涂层及水泥浆体多层防腐,耐久性好
可拆芯性	使用功能完成后,钢绞线不能拆除,构成对周边地层开发的障碍	需要时,钢绞线可拆除,不构成对周边地下开挖工程的障碍

2.3 扩孔型锚固

扩孔型锚固(图8)引人的魅力同样在于它能大大改善锚杆的荷载传力机制,使得该种锚杆在有限长度的锚固体范围内承载力得以显著提高。扩孔型锚固从荷载传递机制来说一般是摩擦—支承复合型锚杆,其承载力由锚固体与地层接触界面上的摩阻力 F 与扩孔处突出土体的支承力构成(图9),传力机理较为复杂。

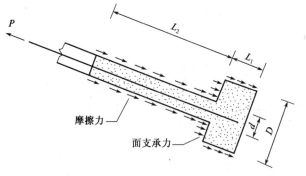

图8 端部扩大头型锚杆抗拔力原理图　　图9 摩擦作用与支承作用图

黏性土中端部扩孔锚杆的极限承载力 P 一般可由下式表达:

$$P = Q + F = \frac{\pi}{4}(D^2 - d^2) \cdot \beta \cdot \tau + \pi \cdot D \cdot L_1 q_s + \pi \cdot d \cdot L_2 \cdot q_s$$

式中:　　　Q——扩大头变截面处土体的支承力(kN);

F——锚固体表面的摩阻力(kN);

τ——土体不排水抗剪强度(kPa);

β——支承力因子,在黏土中可取 9.0;

D, d, L_1, L_2——锚固段的直径(cm)与长度(m);

q_s——锚固体与土层间的黏结摩阻强度(kPa)。

国内外扩大头形锚杆,一般有两类,即单一的底端部扩大头和多段扩体(图10)。我国台湾的扩体型锚杆形式多样,应用较广。仅台湾大地公司在岩土地层中完成的多段扩型锚杆就达 20 万 m。台湾用于抗浮的固定于砂质土的扩大头锚杆试验表明,当锚杆的固定长度为 6～10m 时,其承载力比相同固定长度的圆柱形锚固体锚杆大 2～3 倍。

英国 G. S. Littlejohn 最近的报告说,他在对软泥岩中采用几种不同锚固方式的研究后发现:

(1)锚杆破坏时,测得的圆柱状锚杆的岩石—注浆体间的平均黏结应力为 $500kN/m^2$,扩孔锚杆的岩石—注浆体间的等效黏结应力为 $738kN/m^2$。圆柱状锚杆的钢绞线—注浆体间的最大黏结应力 $1420kN/m^2$,扩孔锚杆的钢绞线—注浆体间的最大黏结应力为 $2750kN/m^2$。

(2)锚固段为 3m 的端部扩孔锚杆的承载力比普通圆柱状锚杆提高 45%。

我国冶金部建筑研究总院 1985 年在厦门黏性土中的试验表明,锚固长度为 6.0m 的锚杆,端部采用爆扩后,可将直径为 15cm 的钻孔底端扩大为高 45cm、直径 60cm 的球状穴,灌浆后锚杆的极限抗拔力比同等锚固长度的单纯摩擦型锚杆大 1.0 倍以上。最近冶建院与京冶大地公司已完成了扩孔器的研制,并将在近期获得以机械方式成型的多段扩孔型锚杆的试验成果。

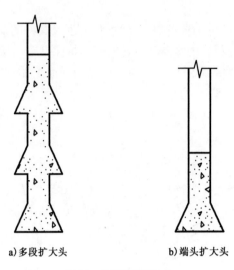

图10 扩孔锚杆的形式

a) 多段扩大头　　b) 端头扩大头

3　预应力变化及其控制

随着时间的推移,锚杆的初始预应力值是变化的。影响锚杆预应力值变化的因素是多方面的,除了锁定过程引起的损失外,地层的蠕变,杆体材料的松弛,锚头的松动,地层进一步开挖,震动、温度、岩土体及结构物的位移等都会对锚杆初始预应力值产生影响。

图11是对三峡永久船闸70m高直立边坡所测得的45条锚杆预应力随时间变化曲线中有代表性的两条曲线。从图上可以看出,锚杆预应力值在锁定过程损失2‰~3‰,锁定一周内预应力损失较大,这主要是钢绞线松弛以及混凝土传力座及岩体蠕变所造成的。一般约半年左右预应力损失趋于稳定。随后又呈现预应力值的回升势态,分析这可能是下部开挖,由于爆破震动和卸荷作用导致边坡岩体松弛带裂隙张开,坡面向外位移所引起的。

图12显示出锁定后的早期由于杆体钢材松弛和地层蠕变而呈现预应力值急剧下降的势态,锚杆拉力值即应力水平越高,则预应力损失越大。约一个月后预应力损失保持稳定。当时基坑锚拉桩墙结构的水平位移小于10mm。

图13为在天津华信商厦基坑中锚杆背拉地连墙工程中所测得的锚杆预应力变化,锁定早期同样出现锚杆预应力损失,约25天后趋于稳定,当锚杆下部土方进一步开挖,基坑长边中部地连墙位移逐步增大至10~12cm,相当于对锚杆进一步张拉,导致锚杆预应力值急剧上升,在80~100天后高至锁定荷值的120%~166%,使锚杆杆体出现临频破断的危险。

应当指出,锚杆初始预应力值过度的损失或增大,都是十分有害的。初始预应力损失过大,意味着主动作用力的减小,不利于结构稳定和抑制变形;初始预应力过度增大,会加大对预应力筋应力腐蚀的危险,甚至引起预应力筋的断裂。为此,国内外的锚杆规范都规定锚杆预应力值的变化不得大于锚杆拉力设计值的10%。

显然,减少锚杆设计预应力值的变化,对保持锚固结构的稳定是至关重要的。一般认为采取以下措施可以将锚杆设计预应力值变化控制到最低程度,并满足规范的要求。

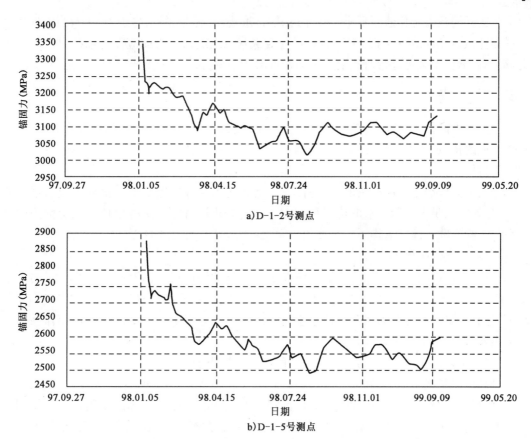

图 11 三峡永久船闸边坡锚杆预应力变化

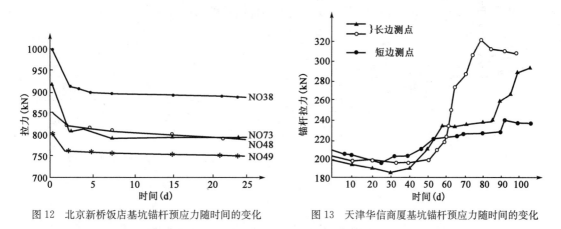

图 12 北京新桥饭店基坑锚杆预应力随时间的变化　　图 13 天津华信商厦基坑锚杆预应力随时间的变化

(1) 永久锚杆或用于重要工程的临时锚杆应采用低松弛钢绞线或钢丝作预应力筋。

(2) 永久锚杆或处于塑性指数大于 17 的土层锚杆，其锁定荷载与极限抗拔力的比值不应大于 0.5。

(3) 对于容许锚拉结构有较大位移的临时锚杆，其锁定荷载值不宜大于锚杆拉力设计值的 0.8。

(4) 永久锚杆或用于重要工程的临时锚杆，应有不少于 5% 的工程锚杆作拉力变化的监测。永久锚杆的拉力变化监测不小于3年(法国标准规定监测期限不少于10年),当出现变化值超过锚杆拉力设计值10%时,应对锚杆进行再次张拉或放松。为此应保持锚杆自由段永久自由,锚头在确认不必再进行监测前也不应用混凝土包封。

4 软土锚固

软土是一种简称,主要是由细粒土组成。软土一般具有松软、含水率高、孔隙比大、压缩性高和强度低的特点。软土在我国沿海一带分布较广,研究锚杆用于软土中的规律颇具理论意义和实用价值。

在软土中的锚固主要应解决的问题有二,一是如何控制因地层蠕变对锚杆预应力损失的影响,二是如何满足工程所要求的锚杆承载力。冶金部建筑研究总院等单位在软土锚固的科学研究与工程实践方面已取得了一些成果。总括起来,可归纳为以下几点。

(1)合理确定使用界限。

塑性指数(I_p)小于17的粉质黏土可用作永久锚杆的锚固;塑性指数(I_p)大于17的黏土可用作临时锚杆的锚固;天然含水量大于液限,天然孔隙比大于或等于1.5的淤泥未经加固处理前不得用作锚杆的锚固;天然孔限比小于1.5但大于或等于1.0的淤泥质土可用作临时锚杆的锚固,但须采取提高锚杆承载力的有关措施。

(2)采用重复高压灌浆,提高土—灌浆体间的黏结摩阻强度。

重复高压灌浆是当锚杆锚固段的水泥浆强度达到5.0MPa时,再施作二次或多次高压劈裂灌浆,可显著提高圆柱灌浆体周边土的抗剪强度和土—灌浆体间的黏结摩阻强度。特别是采用标准型的二次或三次高压灌浆,由于它设置独特的密封袋和袖阀管,并由注浆枪(图14)完成高压灌浆工作,水泥浆液能沿锚固段全长较均匀地向周围土体渗透、挤压和扩散,从而显著地提高了土—灌浆体间的黏结摩阻强度和软土锚杆的承载力(表3)。

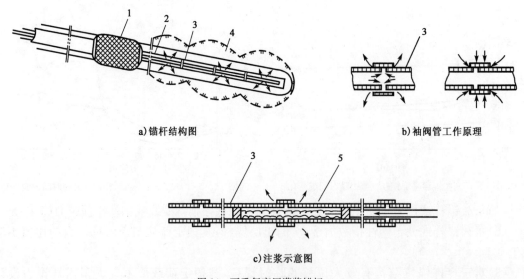

图14 可重复高压灌浆锚杆
1-密封袋;2-钢绞线;3-袖阀管;4-异形扩体;5-注浆枪

不同灌浆方式对软土中锚杆承载力的影响 表3

工程名称	地层条件	钻孔直径（mm）	锚固段长度（m）	灌浆方式	灌注水泥量（kg）	锚杆极限承载力（kN）	资料来源
上海太平洋饭店基坑工程	淤泥质土	168 168 168 168	24 24 24 24	一次灌浆 二次高压灌浆 二次高压灌浆 二次高压灌浆（标准型）	1200 2500 2500 3000	420 800 800 1000	冶金部建筑研究总院
天津华信商厦基坑工程	粉质黏土 黏土	130 130	16 16	一次灌浆 二次高压灌浆（简易型）	800 1500	210～230 410～480	冶金部建筑研究总院
深圳海神广场基坑工程	黏土	168	19	三次高压灌浆（标准型）	3000	>1260	冶金部建筑研究总院
武汉百营广场基坑工程	粉质黏土	130	16	二次高压灌浆（简易型）	1500	>470	北京京冶大地工程有限公司

重复高压灌浆型锚杆的承载力增长的幅度与所灌注的水泥总量成正比，而且由于锚固体周边的水泥土的强度的增长要比水泥浆体强度增长缓慢，因而测得的重复灌浆型锚杆在锁定后一个月的承载力可比锁定后14天的承载力提高10%以上，说明这种锚杆在后期有更大的安全储备。

（3）采用分散压缩型或扩孔型锚杆，改善荷载传递机制或利用土体的承压能力，可提高软土中锚杆的受拉承载力。

（4）控制软土的蠕变变形，减少锚杆预应力损失。

软土在受荷条件下的蠕变，会产生塑性压缩或破坏造成的。对于预应力锚杆，蠕变主要发生在应力集中区，即靠近自由段的锚固段前端和紧临挡土结构或传力结构的土体。

国外的一些资料表明，在软黏土中，由于土层压缩产生的变形非常明显，而且持续很长时间。锚固在此类土体中的锚杆在极限荷载作用下，锚固段会发生大的蠕变变形，这种变形随时间推移将继续增大，锚杆的承载力就会下降，锚杆连根拔出土体的危险就相应增大了。

笔者曾在多个软土锚固工程中，进行了锚杆的蠕变试验，图15是锚固于淤泥质土中的锚杆的蠕变曲线。从图15中可以清晰地看到，锚杆荷载的蠕变随荷载水平的增大而增大。当荷载较大（超过锚杆极限承载力的50%）时，蠕变变形量大且在较长时间内不趋于收敛。反之采用较小的荷载水平，则蠕变量小，且很快趋于收敛和稳定。为此遵循以下要点，就可以控制软土中锚杆的蠕变变形，减少锚杆的预应力损失。

①锚固在塑性指数大于17的软土中的锚杆，必须进行蠕变试验，蠕变试验中最后一个加荷等级周期内的蠕变量不应大于2.0mm。

②软土中锚杆的锁定荷载应小于锚杆极限承载力的50%。

③当土层蠕变引起锚杆的预应力损失大于10%时，应对锚杆实施再次张拉，使锚杆的预

应力损失控制在容许范围内。

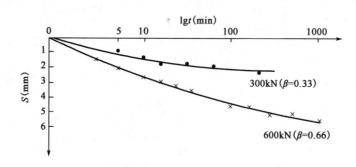

图 15　淤泥质土中锚杆的蠕变曲线（上海太平洋饭店基坑工程）

(5) 采取综合措施，控制锚拉结构的位移。

在软土基坑工程中采用锚杆背拉桩墙结构时，为控制基坑周边位移可采取以下措施。

①设计时要考虑基坑支挡结构的悬臂高尽可能小一些。在一般条件下，上排锚杆离地面的距离不应大于 2.0m。

②锚杆钻孔应"跳"钻。即视土质条件，有规律地越过 1～3 个锚杆孔位钻 1 个孔，并应在钻孔后立即安放杆体和注浆，使得在单位时间内，对单位体积土体的扰动限制在有限范围内，以减小基坑周边的沉降和水平位移，这对基坑周边有密集的建筑群时更为重要。

③土方开挖应与锚固作业紧密配合，宜采用台阶式开挖，随开挖，随锚固，使桩墙结构在无锚杆支承力约束条件下所暴露的面积尽量小，暴露的时间尽量短。

5　锚杆的腐蚀及其防护

岩土锚固结构的使用寿命取决于锚杆的耐久性。对寿命的最大威胁则来自腐蚀。锚杆预应力筋腐蚀的主要危害是地层和地下水的侵蚀性质、锚杆防护系统的失效、双金属作用以及地层中存在着杂散电流。这些危害引起不同形态的腐蚀发生，如全面腐蚀、局部腐蚀和应力腐蚀（图16）。对预应力锚杆来说，除了来自侵蚀介质引起的腐蚀外，高拉应力作用下的应力腐蚀及由此引起的氢脆破坏，将会直接引发钢丝和钢绞线的断裂。

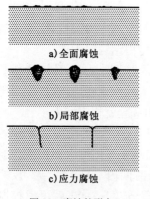

图 16　腐蚀的形态

不容忽视，国外已出现不少因腐蚀而导致锚杆破坏的实例。如法国朱克斯坝有几根承载力为 1300kN 的锚杆预应力钢丝仅使用几个月就发生断裂。钢丝所用的应力水平为极限值的 67%。经多次试验后的结论是，处于高拉伸应力状态下的锈蚀是破坏的主要原因。英国泰晤士河畔的一个码头，由预应力锚杆背拉的钢板桩工程，在使用 21 年后发生预应力筋断裂，钢板桩倾覆 30m 的严重事故。经分析，也是锚杆的钢绞线的锈蚀而引起的。1986 年国际预应力协会（FIP）曾对 35 件锚杆因腐蚀导致锚杆断裂的实例进行了调查，见表4。其中永久锚杆占 69%，临时锚杆占 31%。断裂部位多半位于锚头附近及自由段长度处。

腐蚀事故调查结果　　　　　　　　　　表4

调查项目		件数(件)
调查件数	永久锚杆	24
	临时锚杆	11
预应力筋的种类	预应力钢丝	19
	预应力钢筋	9
	预应力钢绞线	8
锚杆的使用时间	6个月以内	9
	6个月~2年	10
	2年以上	18
	31年	1
断裂部位	锚头附近(背面1m以内)	19
	自由段长度处	21
	锚固段长度处	2

经分析，腐蚀原因大致如下：

(1)因地层及地下水含有硫化物及氯化物，使浆液产生劣化及预应力筋产生腐蚀(未采取适当对策)。

(2)因施工缺陷，损伤了防护套管及防护罩，且修补不充分。

(3)特别是锚头防腐处理太晚。

(4)由于构筑物及地基变形，在预应力筋上产生弯曲及过高的应力。

(5)作为防锈材料的油类分解沉淀了，未充分包裹预应力筋。

(6)来自相邻铁路沿线的杂散电流而产生腐蚀。

我国近年来岩土锚固的应用有很大发展，但在对待锚杆的防腐处理上存在较大的欠缺。潜伏的腐蚀危害是不容低估的。当前的主要问题有：

(1)未按规范要求作防腐处理，永久锚杆锚固段的水泥浆体保护层厚度不足10~20mm。

(2)处于腐蚀环境中的永久性锚杆锚固段除小浪底水利枢纽等少数工程采用波形管保护，形成双层防腐外，多数仅用水泥浆简单防腐。

(3)永久锚杆在张拉作业完成后，自由段长度随即灌满水泥浆(即钢绞线或钢筋直接与水泥浆接触)，锚杆工作时极易出现应力集中，而引起水泥浆开裂。

(4)锚头与自由段相交处未灌满水泥浆。

(5)杆体安放前已出现轻微锈蚀。

(6)锚头防腐处理太晚。

(7)锚杆杆体放置在地下水丰富的钻孔内，延误了注浆时间。

为切实改善锚杆的防腐效果，提高锚杆的耐久性，笔者认为应采用以下防腐对策：

(1)在适当条件下，永久性锚杆应优先选用分散压缩型锚杆。这种锚杆的预应力钢绞线外裹油脂、PVC涂层及水泥浆，形成多层防腐，且锚杆工作时水泥浆体受压，不易开裂，能大大提高锚杆的耐久性。

（2）严格执行《岩土锚杆（索）技术规程》(CECS 22:90)及即将颁发的国标《锚杆喷射混凝土支护技术规范》（修订）的有关防腐处理的规定。

（3）锚杆在一次灌浆后，由于浆液的下沉，必然会在锚头背面一定长度的自由段内形成空腔，务必施作二次补浆，使之灌浆密实。

（4）永久性拉伸型锚杆锚固段内的预应力筋应采用波形管外套，与水泥浆共同构成双层防腐。

（5）对永久性拉伸型锚杆的自由段也应有 PVC 管包裹，保持锚杆工作期间预应力筋有自由伸缩、调整应力的功能。

（6）永久锚杆的锚头应在安设后立即完成防腐处理，早期可采用锚头四周充满油脂的钢保护罩，后期再改用混凝土包覆。

6 重复荷载与地震效应对锚杆的影响

6.1 重复荷载对锚杆的影响

锚杆的重复荷载多半原因是潮汐变化、昼夜的温度变化、风荷载和浅水中的波浪荷载。随着锚杆应用领域的扩大，这些问题也将被提出。

国内外关于在重复荷载作用下锚杆性能的资料是很少的。国外 Sivapalan、AL-Mosawe 等人曾在室内条件下，对在中密砂中设置的直径为 38mm 的锚锭板，在不同荷载变化范围、不同荷载循环周数与位移的关系进行了试验（图 17）。此外，按照 AL-Mosawe(1979)对普通锚杆和预应力平板型锚锭锚杆重复加载试验的对比，发现预应力能将锚杆寿命提高 10 倍。

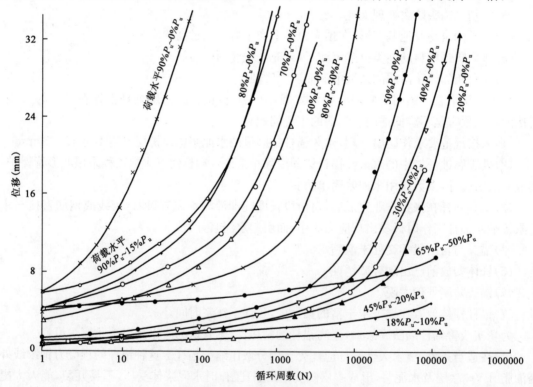

图 17　荷载循环周数对一定范围荷载振幅的锚杆位移的影响

根据国外的资料,可以得到以下结论:

(1)锚杆重复加载引起锚杆的附加位移。

(2)荷载变化的范围大小对附加位移有重要影响,在相同的荷载循环周数内,荷载变化大,则附加位移也大。荷载变化小,则附加位移小。

(3)相对于重复加荷而言,锚杆的预应力能增长其寿命。

(4)沿锚固段有凸出物或扩孔锥的锚杆,抵抗重复荷载的能力较强。

对于重复荷载条件下的锚杆设计,仅考虑静力荷载条件的传统设计是不合适的。瑞士等一些国家规范规定,锚杆重复受荷的荷载变化范围不应大于设计荷载的15%,可用于设计承受重复荷载的锚杆的参考。

6.2 承受地震效应的锚杆

锚固于地层中的锚杆,是一根细长的杆件,与岩土紧密结合,柔性及延性均较好,因而被锚固的结构物,有良好的抵抗地震的性能。

我国唐山曾发生7.8级地震,震后对近10000m的地下巷道支护结构的损坏情况作了调查,结果表明,由短的非预应力岩石锚杆和喷射混凝土结合的支护的损坏率为1.5%,而混凝土衬砌损坏率为4.5%。日本HANSHIN-Awaji大地震后,未得到任何关于锚杆背拉的挡墙或由锚杆加固的边坡发生破坏或失效的报告。并调查到一个采用锚拉的挡土结构物,当开挖深度达到13m时墙顶部的位移为8mm,地震后这个位移达到11mm,也就是说,在地震力作用下墙顶位移只增加了3mm,并且锚杆的轴向应力没有增加。对比之下,采用内支撑的基坑,却发生了5起边墙破坏的事例。

尽管锚杆具有良好的抗地震性能,但为了防止地震的破坏作用,有抗震设防要求地震区的锚杆设计还是要作特殊考虑的。日本的规范规定,设计锚杆时的荷载组合应计入地震力。

参 考 文 献

[1] 程良奎.岩土加固实用技术[M].北京:地震出版社,1994.

[2] 程良奎.基坑锚杆支护的新进展[C]//基坑支护技术进展.建筑技术,增刊,1998.

[3] 程良奎,胡建林.土层锚杆的几个力学问题[C]//岩土锚固工程技术.北京:人民交通出版社,1996.

[4] 程良奎.可拆芯式(分散压缩型)锚杆[C]//高效预应力结构设计施工实例应用手册.北京:中国建筑工业出版社,1998.

[5] RB Weerasinghe, GS Littlejohn. Load transfer and failure of anchorages in Weak mudstone[J]. Ground Engineering,1997,3.

[6] HJ Liao. KWWU,SC shu. Uplift behaviour of a Cone-Shape anchor in sand[J]. Ground Engineering,1997(3).

[7] Euring AD Barley. The failure of a 21 year old anchored sheet pile quay wall on the Thames[J]. Ground Engineering,1997(3).

[8] FIP State of the report,Corrosion and Corrosion protection of prestressed ground anchorges,1986.

[9] BS Draft for Development, Recommendations for ground anchors, 1982.

[10] FIP Recommendations for the design an Construction of prestressed ground anchors, 1982.

[11] G. S. Little john. Ground anchors-state of the art, symposium on prestressed ground Anchors in Johannesburg, 1979, 1-12.

[12] Keiichi Fujita. An Overview of the application of ground anchorages in Japan, Application and Development of rock-soil anchoring technology, Proceedings of the interation Symposium on rock-soil anchoring, International Academic publishers, 1996.

[13] Standard for Design and Construction of Ground Anchorages in Japan (JFS D1—88), 1990.

我国岩土锚固技术的现状与发展

程良奎

(冶金部建筑研究总院)

在岩土工程中使用锚固结构,可以取得显著的经济效果,并能确保施工安全与工程稳定,因而世界各国都在大力发展岩土锚固技术。据记载,美国于1911年首先用岩石锚杆支护矿山巷道,1918年西利西安矿山开采使用锚索支护,1934年阿尔及利亚的舍尔法坝加高工程使用预应力锚索,1957年联邦德国Bauer公司在深基坑中使用土层锚杆。目前,国外各类岩石锚杆已达600余种,每年使用的锚杆量达2.5亿根。日本土锚的用量已比三年前增加了5倍。联邦德国、奥地利的地下开挖工程,已把锚杆作为施工中的重要手段,无论硬土层或软土层,几乎没有不使用锚杆的。我国的岩石锚杆起始于20世纪50年代后期。当时有京西矿务局安滩煤矿、河北龙烟铁矿、湖南湘潭锰矿等单位使用楔缝式锚杆支护矿山巷道。进入20世纪60年代,我国开始在矿山巷道、铁路隧道及边坡整治工程中大量应用普通砂浆锚杆与喷射混凝土支护。1964年,梅山水库的坝基加固采用了预应力锚索。20世纪70年代,北京国际信托大厦等基坑工程采用土层锚杆维护。近几年来,我国岩土锚固工程的发展尤为迅速,几乎已触及土木建筑领域的各个角落。如矿山井巷、铁路隧洞和地下洞室支护,岩土边坡加固,坝基稳定,深基坑支挡,结构抗浮与抗倾,悬索建筑的地下受拉结构等,无不与锚固技术结下了不解之缘。

可以预料,锚固技术将以独特的效应、简便的工艺、广泛的用途、经济的造价,在岩土工程领域中显示出旺盛的生命力。

1 我国岩土锚固技术的主要成就

1.1 应用领域与工程规模日益拓宽,取得了明显的社会经济效益

在矿山井巷和隧洞工程中,岩石锚杆的应用最为普遍。据煤炭、冶金矿山井巷工程中采用锚杆支护或锚杆与喷射混凝土联合支护的初步统计,截至1986年末,累计使用量为16000km,年使用量已超过1000km。矿山井巷工程的实践证明,采用锚杆与喷射混凝土支护取代传统的现浇混凝土支护,可以加快支护速度2~4倍,节省劳动力50%以上,节约全部模板木材和40%以上的混凝土,降低支护成本40%,从根本上改变了矿山井巷支护的落后面貌。特别是进入20世纪80年代后,把锚杆、喷射混凝土支护与现场监控量测、信息反馈技术巧妙地结合起来,采用及时支护、分期实施、柔刚适度、全环封闭等一整套充分发挥围岩自承能力的原则与方法,已建成一批复杂和困难地质条件下的隧洞工程。如高地应力(水平应力达30MPa以上)、大变形(巷道水平收敛量达25cm)地层中的金川镍矿巷道工程;处于软弱、遇水膨胀的红

---

* 本文系作者在中国岩土锚固工程协会成立大会上所做的学术报告,曾刊登于中国岩土锚固工程协会主办的《岩土锚固工程》,1989(1):14-19。

板岩中的张家洼铁矿巷道工程；开拓于半胶结和未胶结的泥页岩中，并受到采矿动压影响的舒兰煤矿巷道工程；覆盖层厚度仅10余米的Q_3黄土质砂黏土中的军都山双线隧洞工程，这些有代表性的地下锚固工程的建成，标志着我国软弱地层中地下工程的建造技术有了新的突破。

在大跨度地下洞室工程中，预应力锚杆的应用取得了可喜的进展。1969年，我国海军某大跨度地下工程首先用高承载力锚杆加固了高40m的岩壁，比原计划的钢筋混凝土边墙支护，节约投资250万元，并缩短了工期，提高了工程质量。之后，跨度为40m的海军某地下机库、碧口电站隧洞、白山电站地下厂房边墙和小浪底坝址大跨度隧洞，均采用了预应力长锚索。

在坝基加固工程中，采用预应力锚索可不放空水库进行加固施工，而且不必增加坝体重量，对抗震稳定也有利，是最为经济有效的坝基稳定处理方法。早在1964年，我国水电系统就对使用中出现偏斜和裂缝的梅山水库右岸坝基采用长30～47m的预应力锚索加固，每根锚索体由123根φ5钢丝或165根φ5钢丝组成，每孔最大张拉荷载达2400kN或3240kN。加固后坝基抗滑稳定系数由0.95提高到1.05，并减少了剪切变形，保证了大坝的正常工作。近年来，麻石、双牌、白山、南河、葛洲坝、丰满等大坝的坝基、闸墩、导流壁也分别采用预应力锚索加固，大大提高了坝基和闸墩的稳定性。

在岩土边坡，包括铁路路堑、路堤、露天矿边坡、厂房边坡和城市建筑物边坡加固工程中，采用锚杆技术已十分普遍，根据不同的工程特点，形式多种多样。在西南地区铁路建设中，采用锚杆挡土墙处理工程边坡较多。在城市或厂房岩石边坡整治工程中，用预应力锚索、砂浆锚杆和喷射混凝土相结合的方法也日趋增多，厦门观音山小区高30m的倾倒型岩石边坡处理就是其中一个典型实例。在西南地区用抗滑桩与预应力锚索相结合的方法控制滑坡也已显示出明显的优越性。

在深基坑支挡工程中，土层锚杆技术占有重要地位，它和地下连续墙或各种护壁桩相结合已成为土体开挖施工中控制侧向位移的有效手段。北京国际信托大厦、王府井宾馆、京城大厦、亮马河大厦、新桥饭店、隆福大厦、上海太平洋饭店、上海展览中心、沈阳中山大厦等深基坑工程均采用了预应力锚索，并取得了良好的技术经济效果。

上海太平洋饭店总高度110.5m，地表以下深11.65m，所处地层为饱和淤泥质黏土。采用钢筋混凝土板桩与四排预应力锚索支挡结构，预应力锚索长30～35m，采用二次高压灌浆工艺，预应力值为500～600kN，有效地维护了基坑稳定。

北京王府井宾馆基坑最大开挖深度为16m，采用多层预应力锚杆与钢筋混凝土地下连续墙联合结构。该结构在基坑开挖时作为挡土挡水结构，以后则与内衬墙一起。以复合墙结构形式承受水土侧压力及建筑结构的垂直荷载。预应力锚索长14.3～27.5m，每根锚索的张拉荷载为408～1030kN。

在结构抗浮工程中，采用土锚结构能大量节约混凝土和工程投资。以上海龙华污水处理厂在饱和软黏土地层内建造二次沉淀池为例。该沉淀池直径40m，埋入土中4m，当池内放空时由垂直锚杆平衡地下水浮力。锚杆长22m，锚固体直径为18cm。该工程共用锚杆1028根，节约工程投资20%左右。

1.2 锚杆结构与工艺不断革新，提高了锚杆在不同条件下的适应性

为了适应不同地质和不同工作条件下岩土锚固工程的需要，近年来锚杆结构形式单一化的状况有了很大改变。

以树脂作为黏结剂的锚杆和快硬水泥卷锚杆都具有早期强度高,能及时提供足够的支护抗力等优点,在煤炭矿山及铁路隧道中的应用日见增多。

开缝式摩擦锚杆(缝管锚杆)是一条沿纵向开缝的高强钢管,当其被强制推入比其外径小2~3mm 的钻孔中时,能立即对围岩施加三向预应力。这种锚杆的延展性好,随着时间的推移,经受爆破震动或岩石移动后,锚固力会大幅度增长。因而它特别适用于软弱围岩或受爆破震动的巷道工程。目前缝管锚杆已在全国 100 多个煤矿和金属矿中推广应用。

让压锚杆(又称屈服锚杆或伸缩式锚杆)比普通锚杆具有更大的变形能力,在过大的围岩压力作用下,能产生柔性卸压作用,从而能更好地保证支护体系和工程的稳定。这种锚杆的出现给大变形和受动压作用的巷道工程提供了一种有效的支护形式。锚杆所具有的让压作用可通过锚杆的摩擦滑移、屈服元件或延伸率高达 10%~20% 的钢材来实现,这种让压锚杆已开始在一些大变形的煤矿巷道中使用。

近年来,无论是岩层中还是土体中的预应力锚杆(索)技术都有很大发展,用于水电站坝基稳定的预应力锚索最长达 90m,最大张拉荷载达 4000kN。土层中的预应力锚索最长达 40m,最大张拉荷载达 1000kN。为了提高土层锚杆的承载能力,已研究采用了端部扩大型锚杆和二次高压灌浆型锚杆。后者是借助袖阀管和密封袋,以压力高达 3~3.5MPa 的注浆工艺,使第一次注浆形成的强度约为 5MPa 左右的注浆体产生贯通裂缝,浆液则沿裂缝深入土体中,在锚杆上形成一串球状体,不仅可以提高锚杆周围土体的抗剪强度,还能增大土体与锚固体间的接触面积,从而显著地提高锚杆的抗拔承载力。

1.3 新型锚固施工机具不断出现,充实了岩土锚固技术

用于地下工程的锚杆安装机具已有新的发展,研制应用了多种形式的锚杆钻孔安装机。马鞍山矿山研究院等单位研制的砂浆锚杆钻装机,可以连续地进行锚杆成孔、注浆、插杆作业,具有施工速度快、效率高等优点。冶金部建筑研究总院研制的风动型自进式缝管锚杆安装机,重 14.5kg,高 45cm,解决了低矮工作面缝管锚杆的安装问题。该安装机已获得国家发明专利,在 1988 年北京国际发明展览会上展出,获得铜牌。

土层锚固工程中的关键设备——锚杆钻机,国外多采用全液压全方位多功能钻机。该钻机施工效率高、行走就位方便,特别是可在带有保护套管条件下进行成孔作业,适用于各种软硬土层。我国已从联邦德国、意大利、日本等国引进了这类钻孔机,最近国内一些科研与生产单位相结合,正积极研制这类钻机,并取得了一定进展。为了满足发展高承载能力的预应力锚索的需要,东北水电勘测设计院科研所与柳州建筑机械总厂合作,已研制成 6000kN 的张拉设备和锚固装置,正在丰满电站大坝工程中试用。柳州建筑机械总厂等单位已大批量生产各种系列的张拉设备和锚具,可以满足不同种类锚杆张拉和固定的需要,为发展我国岩土锚固技术,奠定了良好的基础。

1.4 锚杆材料的新发展,改善了锚杆的工作性能

在岩石锚杆的黏结材料方面,由于硫铝酸盐水泥和各种高效早强剂的发展,使得早强水泥药卷锚杆的应用成为现实。这类锚杆能显著地提高早期限制围岩变形的能力,且成本低廉,因而具有广阔的销售市场。

在预应力锚杆杆体材料方面,发展高强、低松弛的预应力钢丝、钢绞线或钢筋,对于节

约钢材、方便施工、减少锚杆预应力损失具有重要意义。现在,继天津预应力钢丝厂后,江西新余新华金属制品有限公司也开始生产预应力钢绞线,并引进了生产低松弛钢绞线的成套技术,近期可望从根本上扭转由国外进口钢绞线的被动局面。此外冶金部建筑研究总院和鞍钢、首钢、上钢等单位联合研制了精轧螺纹钢筋,其直径为26mm和32mm,屈服强度达750~870MPa,钢筋长度可自由选取,用套筒连接。由于这种钢材强度高,安装方便,深受用户的欢迎。

1.5 理论研究工作取得一定成绩,锚固工程设计与施工开始纳入规范化轨道

近十余年间,国内不少单位采用理论分析,模拟试验和现场试验的方法,研究岩土工程中锚杆(包括预应力锚索)的作用原理和力学效果,以及相应的设计计算方法,对土层锚杆的徐变与松弛,影响预应力锚杆承载力和预应力变化的因素,岩土边坡锚固工程优化设计等课题进行了研究,并取得一些具有实用价值的成果。它为指导复杂地层中锚杆的设计与施工提供了理论依据,并加深了对锚杆的力学作用的认识。

在广泛吸收国内外大量工程实践经验和科研成果基础上,已于1986年颁布了我国国家标准《锚杆喷射混凝土支护技术规范》(GBJ 86—1985)。该规范对于锚杆的设计和施工等都做了明确的规定,是指导我国现阶段地下工程锚杆支护设计与施工的技术法规。规范中提出的地下工程锚杆支护设计以工程类比法为主,必要时辅以监控量测法和理论计算法是符合我国当前实际情况的。此外,《水电工程预应力,锚索设计施工规范》(部标)和《土层锚杆的设计施工规范》(中国工程建设标准化委员会标准)均已开始编制,即将陆续颁布。所有这些都标志着我国岩土锚固技术已进入规范化的新阶段。

2 岩土锚固技术的发展方向

2.1 努力发展先进的综合配套的锚固施工机具,并逐步实现国产化

在地下工程锚固机具方面重点是充实、完善锚杆钻孔,安装一条龙的施工机具,提高施工效率。在地面工程锚固机具方面,要抓紧全液压、多功能、多方位的土层锚杆钻机和扩孔机的研制工作,使其尽快进入使用阶段。预应力锚索的调直、装配、钻孔、注浆、张拉机具要成龙配套,并向高效、轻型化方向发展。要研究高承载力(大于6000kN)的和特长锚索的施工机具,以确保锚索的成孔和安装质量。

2.2 继续开发锚杆新品种、新工艺

对土层锚杆,要完善后高压灌浆型锚杆,要研究开发可拆芯式锚索和端头扩大型锚索,以不断扩大土层锚索的使用范围。在岩石锚杆方面,要继续完善发展早强黏结型锚杆、摩擦型锚杆和让压锚杆,以提高锚杆支护在软弱并有明显流变特征的岩石中的适应性。还要研究高承载力和适用于复杂工作条件下的预应力锚索的结构形式。

2.3 加强施工质量控制方法和工程可靠性检测仪表的研究工作

长期以来,我国矿山井巷和地下工程中大量使用全长砂浆锚杆,但对最能反映其施工质量水平的灌浆密实度一直缺乏必要而有效的检测方法,这种状态要集中力量重点研究解决。此外,对于岩土预应力锚索长期稳定性,也缺乏严格的监测,其中一个重要原因是检测仪表落后。应当向国外学习,发展包括机械式、液压式、光弹式、电阻式、弦式等各种精度高、体积小、重量

轻的测力传感器,并由专门厂家生产。

2.4 把研究锚杆(索)初始预应力过度损失的控制方法和防腐新技术放在重要位置

如何保证长期工作条件下地层锚杆的力学稳定性与化学稳定性,是工程使用者最为关注的一个问题,应当深入研究地层徐变、钢材松弛、温度及冲击荷载、变异荷载状态下的预应力锚索应力变化规律及保持允许应力值的方法。还要改进现有的锚杆(索)防腐技术,并根据锚杆的服务年限和地层腐蚀程度,提出不同防腐标准做到既稳妥可靠,又宽严适度、简便可行。

2.5 健全锚固工程的标准规范工作,提高锚固工程的设计施工水平

鉴于锚杆新品种不断增多,锚固新工艺、新技术不断出现,要根据发展了的锚杆技术,按国家工程建设标准局的要求,在1990年前后修订《锚杆喷射混凝土支护技术规范》,并建议尽快制订颁发《土层锚杆设计施工规范》(中国工程建设标准化委员会推荐标准)和《水电工程预应力锚杆设计施工规程》(部标),以提高锚固工程的设计施工水平。

2.6 紧密结合工程实际,努力开展理论研究

当前,要围绕工程建设中提出的一些重大问题,加强对以下课题的研究工作:
(1)根据半理论半经验的设计原则,研究提出地下工程系统锚杆支护的实用计算方法;
(2)在大变形巷道中,摩擦式锚杆、让压锚杆与围岩的相互作用;
(3)锚杆承载力的时空效应;
(4)预应力锚杆引起的岩土应力重分布;
(5)不同性状地层中锚杆锚固体剪应力传递规律;
(6)地层开挖、地震、冲击荷载、冰冻、波浪、高温等条件下锚杆的性能。

岩土预应力锚固技术的应用和发展趋向

程良奎

(冶金工业部建筑研究总院)

摘　要　本文论述了预应力锚杆的特点、应用领域和工程效果,并讨论了预应力锚杆的发展趋向。

关键词　预应力;锚固;稳定

Application and Development Tendency of Prestressed Anchors in Rock and Soil

Cheng Liangkui

(*Central Research Institute of Building and Construction of MMI*)

Abstract　In this paper the property, application field, and engineering effect of prestressed anchors is described. The development tendency of prestressed anchors is discussed.

Key words　prestress;anchorage;stability

1　概述

用于岩土锚固的预应力锚杆体系是一种将拉力传递到土层和岩体的体系。锚杆一端埋设在地层内,另一端与构筑物相连,并在该端对锚杆施加预应力,以承受由岩土压力、水压力或风荷载等所施加于结构的推力,维持岩土体或结构物的稳定。预应力锚杆主要包括预应力钢材、锚具、浆体和其他附件(图1)。

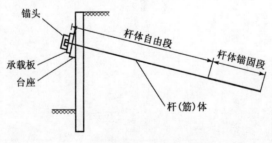

图1　预应力锚杆结构组成示意图

最早使用预应力锚杆(索)是1934年阿尔及利亚的舍尔法坝加高工程。1957年原联邦德

---

* 本文摘自《工业建筑》,1992(9):37-42.

国Bauer公司在深基坑中采用土层预应力锚杆。1964年我国首次在梅山水库坝基加固中采用预应力锚杆。20世纪70年代,北京国际信托大厦等工程相继用预应力锚杆,以保持基坑周边的稳定。近年来,我国岩土预应力锚杆技术的发展尤为迅速,几乎已遍布土木建筑领域的各个角落,如地下工程支护、岩土边坡加固、坝基稳定、深基坑支挡、结构抗浮和抗倾、悬索建筑的受拉基础等。预应力锚固技术正以其独特的效应、简便的工艺、广泛的用途、经济的造价,在岩土工程领域中显示出旺盛的生命力。

2 特点

岩土预应力锚固,在力学作用和施工工艺方面都有其鲜明的特点。

(1)受力合理。能充分利用岩土体的抗剪强度平衡作用于结构物的拉力,而不像传统的重力式结构那样完全依赖自身的重力和抗力来平衡拉力,因而能大量节约建筑材料和工程投资。

(2)主动抗衡。锚杆安装后即能主动提供足够的抗力,有效地限制岩土体的位移。而传统的支挡结构(桩、挡土墙、衬砌等)及非预应力锚杆均为被动受力结构,要在岩土体发生明显位移后才发挥作用。

(3)改善岩土体的应力状态,使锚固范围内的岩土体处于压应力区,增强了岩土工程的稳定性,并能使较弱结构面上或滑移面上的抗剪强度得以提高。

(4)锚固力的作用点和作用方向可以根据需要选取,从而获得最佳的稳定效果。

(5)当施工中地层条件变化时,能及时地调整设计参数。

(6)在作业空间狭小或地理环境复杂的情况下可照常施工,无须使用大型机械。

(7)在深基坑开挖工程中使用锚杆可免去大量支撑,节约工作量,为机械化施工创造了良好条件。

3 应用领域和工程效果

3.1 边坡稳定

当边坡发生沿剪切面滑动时,可用预应力锚杆锚固。锚杆的预应力 P 对滑移面产生的抗滑力(图2),能极大地提高边坡的抗滑稳定性。

瑞士阿尔普纳德附近的铁路、公路路堑高度在20m以上,曾出现25万 m^3 亚黏土沿下卧坚硬岩层斜坡滑移的危险,经用289根预应力锚杆,每根锚杆的承载力为1.4MN,长度为12~38m,有效地制止了滑坡。我国云南漫湾电站,由于地形、地质条件对边坡的稳定不利,再加上施工开挖方法不当和地表水内渗作用等原因,于1989年1月在坝体左岸边产生约10万 m^3 的塌滑,其上缘波及缆机平台基础。采用了1~3MN级

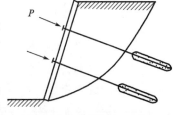

图2 边坡采用预应力锚杆抗滑

预应力锚杆1000余根,同锚固洞、抗滑桩等抗滑措施相结合,成功地解决了左岸边坡潜在的滑移和破坏问题,保证了电站工程建设的正常进行。大冶等露天矿边坡,也曾用预应力锚杆防止了坡体局部危岩的塌滑事故。近年来,厦门、深圳等地一些邻近建筑群、工厂和公路的土质或岩质边坡,采用预应力锚杆、砂浆锚杆与配筋喷射混凝土加固结构日益增多。这种形式与重力式挡

墙相比,具有节约用地、支挡工程量少、稳定效果好、施工作业灵活等优点,深受用户的欢迎。

3.2 坝体稳定

对于重力式坝体工程,无论是用以抵抗沿坝基的水平位移还是用以抵抗绕转动点的倾倒,采用预应力锚杆都是十分经济有效的(图3、图4)。

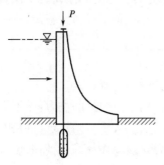 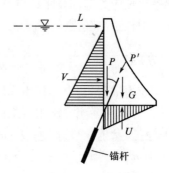

图3 抵抗基底水平位移的锚固结构　　　图4 锚固对坝体的抗倾稳定作用

早在1964年,我国水电系统就对使用中出现偏斜和裂缝的梅山水库右岸坝基采用长30~47m的预应力锚杆(索)加固,这些锚杆分别由123根或165根φ5的钢丝组成,最大张拉荷载分别达2.4MN和3.2MN。加固后坝基抗滑稳定系数由0.95提高到1.05,并减少了剪切变形,保证了大坝的正常工作。近年来,麻石、双牌、白山、丰满等大坝坝基均采用预应力锚固,大大地提高了坝基的稳定性。

在国外,无论是建造新坝还是加高老坝,预应力锚固技术的应用都十分广泛。预应力锚固技术的应用能显著地减少坝体重量,大幅度地降低工程费用。如苏格兰1座高22m的重力坝由于使用了锚固技术,使混凝土用量减少了50%,施工费用降低17%。法国St. Miche地区的一座新坝在设计中用了锚固技术,结果使用每吨锚固钢材能节省340m³混凝土,使工程总费用降低20%左右。

用预应力锚固技术取代部分混凝土的重力,维重力坝的稳定,也具有良好的长期力学稳定性。1882年建成的阿尔及利亚的舍尔法坝是一座高30m的重力坝,1934年又加高3m。采用37根锚索(每根由630根φ5的钢丝组成,每根所受预应力达10MN)将重力坝与坝底以下的基岩紧紧地连锁在一起,有效地保持了大坝的长期稳定。20年后,锚索的初始预应力损失仅为3%。

3.3 地下工程支护

建造地下隧洞,预应力锚固不仅能将松散和不稳固的表层岩石同深部未遭受松动破坏的岩层介质锚固成一整体,而且可以改善锚固区范围内岩层的应力状态,使其转化成加筋的压缩体(图5)。该压缩体能承受自身重量和阻止更深处岩层的松动,其加固与稳定岩体的效能要比单纯消极支护或衬砌的大得多。

大量实例表明,无论是通过极为复杂的不良地质的岩层,还是保持大跨度洞室的稳定,预应力锚固均显示其显著的优越性。如奥地利的陶恩隧道和阿尔贝格公路隧道,穿过的岩层主要为软弱破碎的千枚岩,并具有强烈的构造应力,石墨特征明显的千枚岩的抗剪强度常小于0.1MPa,采用锚固技术和新奥法施工,使围岩得以稳定。巴西Psolo Alfonso-Ⅳ电站洞室开挖于复杂的岩石中,洞室采用长为9.0m,张拉力为225kN的预应力锚杆和厚10～15cm的配筋喷射混凝土加固。岩石吊车梁则由18m长的锚杆固定,施加的预应力为1.32MN,有效地维护了洞室的长期稳定。原联邦德国的WsldeckⅡ地下电站是世界上最大的洞室之一。该洞室长106m,高54m,宽33m,开挖从顶部向下分阶段进行,挖后对每一段及时进行锚固(图6),共采用716根长23.5m,承载力为1.7MN的预应力锚杆。它同一系列长4～6m的张拉树脂锚杆和20cm厚的配筋喷射混凝土相结合,形成了围岩自承拱。用这种方法稳定大型洞室,能大量地减少洞室开挖量和混凝土衬砌工程量,大大降低工程费用。

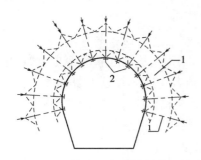

图5 用均布预应力锚杆加固松散岩石
1-加固后形成的压缩拱;2-预应力锚杆

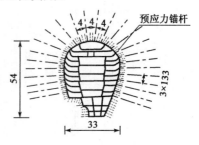

图6 WsldeckⅡ地下电站的开挖
与支护(尺寸单位:m)

在国内,除各类低预应力锚杆(摩擦型锚杆,端头锚固型锚杆)广泛应用于地下工程外,承载力属于高中等级预应力锚杆的应用也有长足的发展。1969年,在我国海军某大跨度地下工程中首次用预应力锚杆加固了高40m的岩壁,结果比钢筋混凝土边墙支护节约投资250万元,并缩短了工期。此外,碧口电站隧洞、白山电站地下厂房边墙、小浪底坝址大跨度隧洞、武汉龟山地下礼堂等岩石加固和矿山马头门加固等工程采用预应力锚固均收到明显的力学和经济效益。

3.4 深基坑支挡

在深基坑施工中,采用悬臂护壁桩结构常常不足以抵抗由于土压力引起的侧向位移。在这种情况下,可以用锚杆来控制基坑的倾倒和侧移(图7)。

国内外预应力锚杆用于深基坑以保持周边的稳定已相当普遍。北京国际信托大厦、王府井宾馆、京城大厦、亮马河大厦、上海太平洋饭店、上海展览中心、沈阳中山大厦等工程的基坑均采用了预应力锚杆,都取得了良好的技术经济效益。上海太平洋饭店基坑深11.65m,所处地层为饱和淤泥质黏土,采用板桩与4排预应力锚杆支挡结构,预应力锚杆长30～35m,预应力值为500～600kN,有效地保证了基坑的稳定,其工程费用比连续墙约节省25%,工期缩短了3个月。北京京城大厦基坑支护工程是国内最深的基坑支护工程,地面以下23.5m,采用长27m的H型钢桩和3排预应力锚杆作支挡结构。它比其他支挡结构形式明显地缩短了工期,节约了用地,并为机械化挖土作业创造了良好条件。

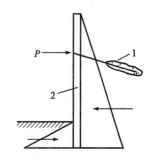

图7 单锚板桩力系平衡图
1-锚杆;2-桩

新加坡的CPE建筑群,场地面积为98m×33m,厚为0.6m的地下连续墙由4排锚杆支承

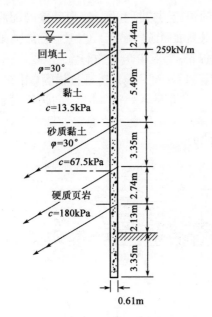

图8 新加坡CPE建筑的锚固连续墙

(图8),尽管邻近的高速公路上交通工具超载很大,但锚固墙的工作状态仍令人满意,没有发现建筑物的损害。

笔者在1989年曾对加拿大多伦多市十余个紧邻高层建筑和道路的深度在12～20m的地下基坑工程进行了实地考察,这些基坑均采用H型钢桩和多排预应力锚杆结构,据承包商介绍,这种方法的主要优点是不影响基坑内的作业,能加快施工速度。

3.5 结构抗浮

水池、水库等储水结构物放空时,为抵抗地下水浮力,传统的方法是增加结构物底板的厚度,即用压重法平衡向上的垂直荷载。这通常是很费钱的。若用锚杆将结构物与下卧地层锚固起来(图9),由锚杆的锚固力平衡地下水浮力,则相当经济。

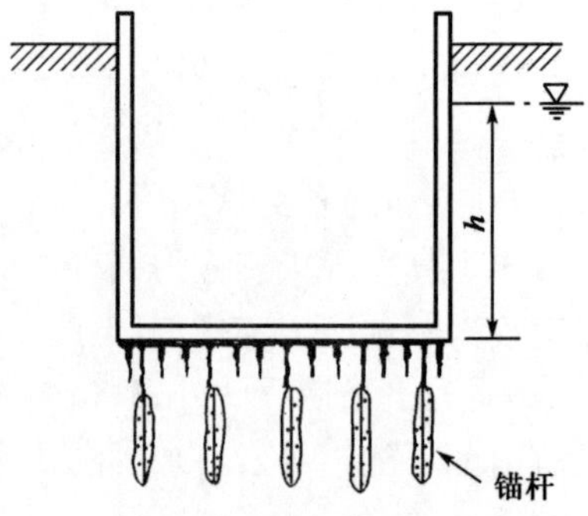

上海龙华污水处理厂在饱和软黏土中建造二次沉淀池。该沉淀池直径40m,埋入土中4m,共采用长18m的锚杆1028根,以抗衡池内放空时地下水浮力可能引起的结构上漂。采用锚固法比压重法节省工程费用约20%。西班牙卡塔其纳的船坞工程对声呐设施进行大修,需将底板高程降低2m,改建的方法是将底板混凝土凿除2m,然后对削弱后的底板用$55.5kN/m^2$的锚固力加以稳定。如果用传统的方法改建,就需要拆除整个底板,从已有基底高程处挖深4.9m,然后灌筑6.9m厚的新底板。传统方法的费用要比采用锚固方法高5倍,所需时间大致也就是这种比例。

图9 用锚杆抵抗地下水浮力

3.6 高耸结构基础

动力线路的塔架、电视发射塔、高架管道支座和其他类似结构,在使用期间主要受倾覆力矩的作用。这些力矩是由作用在结构顶部的水平力产生的,传统的结构基础是大体积混凝土基础,靠自重抵抗拔出。采用这种方法的成本是昂贵的。如使用锚固技术,大体积混凝土所提供的重力的很大一部分可用预应力锚杆来代替(图10)。

在运输不便地区,对塔架使用锚固技术是相当有利的,如美国加州建造在威尔山顶的一高162m的电视塔架,由于使用了锚固技术,致使基础重量大大降低。塔架支柱由单独的底脚支承,而每一底脚由长7m的预应力值为600～800kN的锚杆固定在基岩上。

预应力锚固技术用于高耸结构的基础,也是十分可靠的。如原联邦德国某核电厂的散热塔高180m,采用了216根锚杆,在大风中顶端位移仅15cm。

3.7 悬索结构

悬索或帐幕结构最宜采用锚杆基础(图11)。因为该类结构的基础总是承受向上的荷载。

这方面国外已有大量的工程实例。

图 10　高耸结构用基础锚杆抵抗倾覆

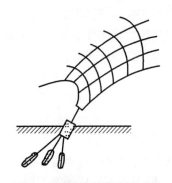

图 11　帐幕式结构采用锚杆基础

德国慕尼黑奥林匹克村帐幕式结构面积达 7 万 m^2,使用了大量预应力地基锚杆。每一个基础,采用由长度 14～22m 的 6～12 根锚杆组成锚杆组,以抵抗 2～7MN 的上举力。

原联邦德国多特蒙地区体育场的悬索屋盖跨度为 80m,采用锚杆基础,悬索的拉力通过预应力锚杆被传入下卧地层中。

美国加利福尼亚跨度为 396m 的 Rucka-Chucky 悬索桥基脚的锚固,标志着桥梁建筑的一种全新的概念。在此类桥梁中,桥墩为锚固于谷坡的悬索系统所代替。

4　发展趋向

1)开发快速高效的锚固施工机具,提高施工效率,降低锚固成本

德、日、意等国先后发展了全液压、多功能、全方位锚杆钻机。这类钻机由履带牵引,能向任意方位钻孔,孔径最大可达 168mm,钻孔深度在 100m 以上,可适应硬岩到软黏土的各类地层中钻孔。我国冶金部建筑研究总院与柳州建筑机械总厂合作,也已研究出与上述机型性能相似的钻机,在钻进速度、深度等方面有了新的突破。

为适应发展高承载力预应力锚杆的需要,国外已生产 10MN 张拉设备体系。我国东北水电勘测设计院科研所与柳州建筑机械总厂合作,也已研制成 6MN 级张拉设备并已成功地用于丰满电站大坝加固工程。

2)发展锚杆新品种、新工艺,改善锚固效果

针对提高上层锚杆的承载力,扩大其使用范围,国内外积极发展锚杆新品种、新工艺,冶金部建筑研究总院与第二十冶金建设公司合作,研究成高压灌浆型预应力锚杆。该锚杆是在第一次灌浆体的强度达 5MPa 时,采用压力为 3～3.5MPa 的第二次劈裂灌浆,冲破第一次灌浆体,在锚固段内形成一连串比钻孔直径大 1.5 倍的球状体,其承载能力约为第一次灌浆的直筒形锚固体的两倍。这种新型锚杆在位于饱和淤泥质土地层的上海太平洋饭店深基坑护壁工程中得到大面积推广。英国的一些土锚公司专用的钻探和绞刀设备,在钻孔内制得几个两倍或四倍于钻孔直径的连续扩张孔洞,其孔洞形状像铃形,锚杆承载力可大幅度提高。在黏结力 $c=0.1$MPa 的黏土中为 0.25MN;而在砾石和砂土中为 0.5MN,在岩层中为 1～4MN。此外,国外还开发了一种可拆芯式锚杆。日本鹿岛建设公司在上海展览馆基坑工程中,曾采用了这种先进工艺。由于在基坑支挡作用完成后,预应力筋(索)能从锚固体中抽出,不影响周围土层

中地下设施的建造,对推动土锚工程的发展将产生积极作用。

3) 控制锚杆预应力损失和改善锚杆防腐技术

如何保证长期工作条件下土层锚体杆的力学稳定性是工程使用者最为关注的一个问题。关于控制锚杆的预应力损失,除一般采用低松弛钢材,保持适宜的荷载比(锚杆的锁定荷载与极限承载力之比)和采取多次张拉外,国外特别重视预应力损失的监测工作,如法国标准规定,应对 5%～15% 的永久锚杆监测 20 年。关于锚杆的防腐设计,国外的永久锚杆,一般用双重防腐,如自由段钢绞线的防腐除在其表面涂刷防腐剂外,还要再用塑料管保护,锚固段则采用波形管与水泥砂浆起保护作用。

4) 制定规范标准,保障岩土锚固工程的安全可靠与经济合理性

目前,欧美国家先后制定了预应力锚杆标准。我国工程建设标准化委员会也制定了《土层锚杆设计施工规范》,这标志着岩土预应力锚固技术的应用已相当成熟。为确保锚杆使用的可靠性,国内外的锚杆标准中,对永久性锚杆不适应的地层、锚杆的安全系数和变异荷载的限制都做了几乎相同的规定。

如规定有机质土,液限 $w_L>50\%$ 和相对密度 $D_r<0.3$ 的松散土均不得作为永久性锚固地层。又规定锚杆的安全系数应按锚杆服务年限及其一旦破坏后对公共安全危害的大小来选取,一般在 1.3～2.5。还规定由潮汐、昼夜温度、风载、浅水中波浪冲击所引起的变异荷载不得大于锚杆设计荷载的 20%。

5) 结合工程需要,开展理论研究

科研工作者正围绕下列课题进行研究:

(1) 预应力锚杆对改善岩体结构面力学性能的影响;

(2) 锚杆承载力的时空效应;

(3) 预应力锚杆引起的岩土应力重分布;

(4) 拉力型、压力型和剪力型锚固体内应力传递规律;

(5) 地层开挖、地震、冲击荷载、冰冻、波浪、高温等条件下锚杆的性能;

(6) 锚杆与其他支挡结构的共同工作性能。

国内外岩土锚杆规范的现状与要点

程良奎

(中冶集团建筑研究总院)

1 引言

在 20 世纪 70 年代以后,由于岩土锚固的迅速发展和广泛应用,许多国家和地区先后制定或修订了锚杆规范或推荐性标准。我国于 2001 年由国家质量监督检验检疫局和建设部颁发了修订后的国家标准《锚杆喷射混凝土支护技术规范》(GB 50086—2001),又于 2003 年由中国工程建设标准化协会颁发了修改后的《岩土锚杆(索)技术规程》(CECS 22:2003)(表 1)。

国内外部分地层锚杆标准的名称　　　表1

国名/机构	规范(标准)名称及编制单位
中国	锚杆喷射混凝土技术规范(GB 50086—2001)(冶金部建筑研究总院主编) 岩土锚杆(索)技术规程(CECS 22:2005)(中冶集团建筑研究总院主编)
英国	地锚规范 BS 8081:1989 英国标准学会
美国	PTI 预应力岩土锚杆的建议(1996)美国后张预应力混凝土学会
日本	JSF DI—88 地层锚杆设计施工规程(1988)日本土质工学会
奥地利	ÖNORM B—4445 地层锚杆规范
瑞士	SN 533—191 地层锚杆瑞士工程建筑学会
德国	DIN 4125(一篇)临时注浆锚杆标准 DIN 4125(二篇)永久注浆锚杆标准
FIP(国际预应力混凝土协会)	预应力锚杆设计施工规范

各国岩土锚杆规范的基本内容是相似的,几乎都包括适用范围、定义、设计、施工、防腐、试验等章节。一般都按锚杆的使用年限分为永久锚杆和临时锚杆两种,其分界期限则为 18 个月至 2 年。对永久锚杆和临时锚杆的安全系数、防腐保护标准等规定有较大区别,体现了既安全可靠又经济合理的设计原则。

鉴于地层地质条件的复杂性和施工工艺(钻孔方法、注浆压力、注浆方法等)的差异性,要事先准确地判断注浆体与地层间摩阻力是困难的。因此,各国锚杆规范都把锚杆试验(基本试验、性能试验或适应性试验、验收试验)摆在十分重要的位置,详细规定了各种试验的程序和方法,某些国家的规范还规定了锚杆验收的合格标准。

岩土锚杆往往埋设在腐蚀环境的地层内,如何根据地层的腐蚀程度和锚杆的服务期限,制定不同的防腐保护方法,也是各国地层锚杆规范内容中突出的重点。

---

* 摘自《岩土锚固·土钉·喷射混凝土——原理、设计与应用》.北京:中国建筑工业出版社,2008:391-408.

大量的科学试验和工程实践已经证实,在荷载作用下沿锚杆固定长度的黏结应力分布是很不均匀的,在集中拉力作用下,锚杆固定段长度上的地层强度利用率受到很大限制。近年来发展起来的单孔复合锚固(压力分散型或拉力分散型锚杆)却从根本上改善了荷载传递机制,极大地调用了地层强度利用率。我国国家标准《锚杆喷射混凝土支护技术规范》(GB 50086—2001)首次将这类新型锚杆列入规范条文,反映了岩土锚固技术的先进水平。我国工程建设标准化协会于2005年颁发的《岩土锚杆(索)技术规程》(CECS 22：2005),则进一步完善了关于压力分散型与拉力分散型锚杆的设计、施工规定。特别是根据锚杆长锚固段的黏结应力分布极不均匀及易发生渐进性破坏的荷载传递特征,对锚杆极限抗拔力的计算公式,首次引入了锚杆锚固段长度对黏结强度的影响系数,为大力发展压(拉)力分散型锚杆奠定了理论基础。

2 中国岩土锚杆规范

2.1 锚杆喷射混凝土支护技术规范(GB 50086—2001)

该规范是2001年颁发的中国国家标准,主要适用于隧道、地下工程和边坡工程的支护设计与施工。

该规范指出地下工程锚杆喷射混凝土支护的设计,宜采用工程类比法,必要时应结合监控量测法及理论验算法。

在工程类比法设计中,将围岩按其稳定程度分成Ⅰ、Ⅱ、Ⅲ、Ⅳ、Ⅴ五级,并将地下工程按毛洞跨度 B 分成五档,即 $B \leqslant 5m, 5 < B \leqslant 10m, 10 < B \leqslant 15m, 15 < B \leqslant 20m, 20 < B \leqslant 25m$。按已有的工程经验,分别给出了不同围岩级别、不同毛洞跨度条件下的锚杆、喷射混凝土支护参数。

在监控量测法设计中,指出量测的各类数据均应及时绘制位移—时间曲线,并规定隧洞周边的实测位移相对值或用回归分析推算的最终位移值小于表2所列数据。当位移速度无明显下降,而此时实测位移相对值已接近表2中规定数值,同时支护混凝土表面已出现明显裂缝,或者实测位移速度出现急剧增长时,必须立即采取补强措施,并改变施工程序或设计参数,必要时应立即停止开挖,进行工程处理。

隧洞周边允许位移相对值(%)　　　　表2

围岩级别 \ 埋深(m)	<50	50～300	>300
Ⅲ	0.10～0.30	0.20～0.50	0.40～1.20
Ⅳ	0.15～0.50	0.40～1.20	0.80～2.00
Ⅴ	0.20～0.80	0.60～1.60	1.00～3.00

注：1. 周边位移相对值系指两测点间实测位移累计值与两测点间距离之比。两测点间位移值也称收敛值。

2. 脆性围岩取表中较小值,塑性围岩取表中较大值。

3. 本表适用于高跨比0.8～1.2的下列地下工程：

　　Ⅲ级围岩跨度不大于20m；

　　Ⅳ级围岩跨度不大于15m；

　　Ⅴ级围岩跨度不大于10m。

4. Ⅰ、Ⅱ级围岩中进行量测的地下工程,以及Ⅲ、Ⅳ、Ⅴ级围岩中在表注3范围之外的地下工程应根据实测数据的综合分析或工程类比方法确定允许值。

对采用两次支护的地下工程,规定后期支护的施作,应在同时达到下列三项标准时进行：

(1)隧洞周边水平收敛速度小于0.2mm/d;拱顶或底板垂直位移速度小于0.1mm/d。
(2)隧洞周边水平收敛速度,以及拱顶或板垂直位移速度小于0.1mm/d。
(3)隧洞位移相对值已达到总相对位移量的90%以上。

在"锚杆支护设计"一节中,对全长黏结型锚杆、端头锚固型锚杆、摩擦型锚杆、预应力锚杆、自钻式锚杆的结构设计做出了规定。特别对预应力锚杆的设计,规定软岩宜采用压力分散型或拉力分散型锚杆,这是首次将这类新型锚杆列入规范。

规范对预应力锚杆锚固体抗拔设计安全系数的规定见表3。还规定了预应力筋截面设计安全系数,临时锚杆取1.6,永久锚杆取1.8。

岩石预应力锚杆锚固体设计的安全系数   表3

锚杆破坏后危害程度	最小安全系数	
	锚杆服务年限≤2年	锚杆服务年限>2年
危害轻微,不会构成公共安全问题	1.4	1.8
危害较大,但公共安全无问题	1.6	2.0
危害大,会出现公共安全问题	1.8	2.2

此外,对岩石与水泥结石体,预应力筋与水泥结石体间黏结强度标准值的推荐均注明仅适用于黏结长度小于6.0m的锚杆,表明该规范已注意到随着锚杆黏结长度的增加,其黏结应力的不均匀性会趋于严重。

规范对预应力锚杆的基本试验、验收试验方法做出了明确规定。规定锚杆验收试验的数量不应少于锚杆总数的5%,且不得少于3根。锚杆试验应分级加荷,最大试验荷载为锚杆拉力设计值的1.5倍。规范还指出,永久性锚杆及用于重要工程的临时性预应力锚杆,应对其预应力变化进行长期监测。永久性锚杆的监测数量不应少于锚杆总数的10%,临时性锚杆的监测数量不应少于锚杆总数的5%。锚杆预应力变化值不应大于锚杆拉力设计值的10%,必要时可采取重复张拉或适当放松的措施,以控制预应力值的变化。

在"锚杆施工"一节中,规定预应力锚杆的钻孔轴线与设计轴线的偏差不应大于3%。还规定压力分散型或拉力分散型锚杆应按张拉设计要求对单元锚杆进行张拉,当各单元锚杆在同等荷载条件下因自由段长度不等而引起的弹性伸长差得以补偿后,再同时张拉各单元锚杆。

2.2 岩土锚杆(索)技术规程(CECS 22:2005)

该规程是在《土层锚杆设计施工规范》基础上经全面修订后由中国工程建设标准化协会于2005年颁发的。

规程在"设计"一节中,指出使用年限在2年以内的锚杆,可按临时性锚杆设计;使用年限大于2年的锚杆,应按永久性锚杆设计。规定未经处理的有机质土、液限$W_L>50\%$及相对密度$D_r<0.3$的土层不得作为永久性锚杆的锚固段。当锚杆承受反复荷载时,反复荷载的变化幅度不应大于锚杆拉力设计值的20%。并规定锚杆锚固段上覆地层厚度不宜小于4.5m,锚杆自由段长度不应小于5.0m,应穿过潜在滑裂面的长度不小于1.5m,且能保证锚杆与锚固结构体系的整体稳定。锚杆的间距除必须满足锚杆的受力条件外,尚宜大于1.5m。锚杆的倾角宜避开与水平向成$-10°\sim+10°$的范围。还规定了锚杆锚固体的抗拔安全系数(表4)与锚

杆体的抗拉安全系数(表5)。特别是在国内外首次规定后锚杆锚固段设计中引入锚固段长度对黏结强度的影响系数 ψ(表6),并指出了岩石或土层锚杆锚固段的适宜长度。

岩土锚杆锚固体抗拔安全系数　　　　　表4

安全等级	锚杆损坏的危害程度	最小安全系数	
		临时锚杆	永久锚杆
Ⅰ	危害大,会构成公共安全问题	1.8	2.2
Ⅱ	危害较大,但不致出现公共安全问题	1.6	2.0
Ⅲ	危害较轻,不构成公共安全问题	1.4	2.0

注:对蠕变明显地层中的永久性锚杆锚固体,最小抗拔安全系数取2.5。

锚杆杆体抗拉安全系数　　　　　表5

杆体材料	最小安全系数	
	临时锚杆	永久锚杆
钢绞线精轧螺纹钢筋	1.6	1.8
HRB400、HRB335钢筋	1.4	1.6

锚固长度对黏结强度的影响系数 ψ 建议值　　　　　表6

锚固地层	土层					软岩或极软岩				
锚固段长度(m)	13~16	10~13	10	10~6	6~3	9~12	6~9	6	6~4	4~2
ψ 取值	0.8~0.6	1.0~0.8	1.0	1.0~1.3	1.3~1.6	0.8~0.6	1.0~0.8	1.0	1.0~1.3	1.3~1.6

在"材料"一节中,规定压力分散型及对穿型锚杆的杆体材料应采用无黏结钢绞线。采用钢筋的预应力锚杆杆体材料宜采用高度黏轧螺纹钢筋,对预应力值较小和长度小于20m的锚杆也可采用 HRB400 级或 HRB335 级钢筋。水泥系注浆材料宜采用普通硅酸盐水泥,必要时可采用抗硫酸盐水泥,不宜采用高铝水泥;水泥强度等级应大于 32.5MPa,压力型锚杆应采用强度等级不低于 42.5MPa 的水泥。必要时注浆材料可使用控制浆液泌水、改善流动性、减少用水量和调整凝结时间或早期强度的外加剂。

在"施工"一节中,规程提出在裂隙发育或富含地下水的岩层中进行锚杆施工时,应对锚固段周边孔壁进行不透水性试验。当 0.2~0.4MPa 的水压力作用10min后,锚固段周边渗水率超过 0.01m³/min 时,应采用固结注浆或其他方法进行处理。规定钻孔偏斜率不应大于锚杆长度的 2‰。锚杆注浆体和混凝土传力结构的强度应分别达到表7的规定值方能进行锚杆的张拉与锁定工作。指出荷载分散型锚杆张拉时可按设计要求先张拉单元锚杆,消除在相同荷载作用下因自由段(无黏结段)长度不等而引起的弹性伸长差,再同时张拉各单元锚杆并锁定。

锚杆张拉时注浆体和混凝土台座抗压强度值　　　　　表7

锚杆类型		抗压强度值(MPa)	
		注浆体	台座混凝土
土层锚杆	拉力型	15	20
	压力型和压力分散型	30	20
岩石锚杆	拉力型	25	25
	压力型和压力分散型	30	25

在"防腐"一节中指出:当对地层的检测和调查中发现下列一种或多种情况时,应判定该地层具有腐蚀性:

(1)pH 值小于 4.5;

(2)电阻率小于 2000Ω·cm;

(3)出现硫化物;

(4)出现杂散电流或出现对水泥浆体和混凝土的化学腐蚀。

指出腐蚀环境中的永久性锚杆应采用Ⅰ级双层防腐保护构造;腐蚀环境中的临时性锚杆和非腐蚀环境中的永久性锚杆可采用Ⅱ级简单防腐保护构造。锚杆的Ⅰ、Ⅱ级防护构造应符合表 8 的要求。

锚杆Ⅰ、Ⅱ级防腐防护要求　　　　　　表 8

防腐保护等级	锚杆类型	预应力锚杆和锚具的防护要求		
		锚头	自由段	锚固段
Ⅰ	拉力型、拉力分散型	采用过渡管,锚具用混凝土封闭或钢罩保护	采用注入油脂的护套,或无黏结钢绞线,或有外套保护管的无黏结钢绞线	采用注入水泥浆的波形管
Ⅰ	压力型、压力分散型	采用过渡管,锚具用混凝土封闭或用钢罩保护	采用无黏结钢绞线	采用无黏结钢绞线
Ⅱ	拉力型、拉力分散型	采用过渡管,锚具用钢罩保护或涂防腐油脂	采用注入油脂的护套,或无黏结钢绞线	注浆

在"试验"一节中,对锚杆的基本试验、蠕变试验和验收试验作了明确规定。

使用任何一种新型锚杆或锚杆用于未应用过的地层时,必须进行锚杆的基本试验(极限抗拔试验)。

验收试验的锚杆数量不得少于锚杆总数的 5%,且不得少于 3 根。对有特殊要求的工程,可按设计要求增加验收试验锚杆的数量。永久性锚杆的试验荷载应取锚杆轴向拉力设计值的1.5 倍;临时性锚杆的最大试验荷载应取锚杆轴向拉力设计值的 1.2 倍。

当符合下列两项要求时,应判定锚杆验收合格:

(1)拉力型锚杆在最大试验荷载下所测得弹性位移量应超过该荷载下杆体自由段长度理论弹性伸长值的 80%,且小于杆体自由段长度与 1/2 锚固段长度之和的理论弹性伸长值。

(2)在最后一级荷载作用下,1~10min 锚杆蠕变量不大于 1.0mm;如超过,则 6~60min 内锚杆蠕变量不大于 2.0mm。

在"监测和维护管理"一节中,规定对锚杆拉力监测的数量:永久性锚杆应为工程锚杆总量的 5%~10%;临时性锚杆应为工程锚杆总量的 3%,且均不得少于 3 根。

在"工程质量检验及验收"一节中,对不合格锚杆作了明确规定。锚杆验收试验不合格时,应增加锚杆试件数量,增加的锚杆试件应为不合格锚杆试件数量的 3 倍。对不合格锚杆,在具有二次高压注浆的条件下应进行注浆处理,然后再按验收试验标准进行试验,否则应按实际达到的试验荷载最大值的 50%进行锁定,并按不合格锚杆占锚杆总量的百分率推算工程锚杆实际总抗力与设计总抗力的差值,按此差值增补相应的锚杆量。

3 欧洲锚杆规范

3.1 英国地锚规范 BS 8081：1989

该规范是1989年由英国标准协会制定的。在"总则"一节中,该规范所推荐的设计方法是基于安全系数法。表9列出了在各种不同情况下所要求的锚杆的安全系数。

单根锚杆设计时建议的最小安全系数　　　　　表9

锚杆分类	最小安全系数			检验荷载系数
	杆体	浆材与地层界面	浆材与钢筋束界面或浆材与密封材料界面	
服务年限小于6个月的临时锚杆,失稳不产生严重的后果,不威胁到公众安全的临时锚杆,如桩承载力的测试中所用的临时性反力系统锚杆	1.40	2.0	2.0	1.10
服务年限小于2年的临时锚杆,尽管其失稳后果是严重的,但是在没有预警的情况下,不会对公众的安全构成威胁,如拉锚的挡土墙	1.60	2.5①	2.5①	1.25
锈蚀严重或失稳后会造成严重后果的永久锚杆和临时性锚杆,如作为提升重型构件的反力系统的锚杆和悬索桥的主钢索	2.0	3.0②	3.0①	1.50

注：①若有条件进行现场足尺试验时,最小安全系数可取2.0。
②为限制地层蠕变,必要时可提高至4.0。

规范指出地锚设计需考虑的因素有总体稳定性、埋设深度、群锚效应、锚固段尺寸等。为使用方便,本规范给出了两个流程图。这两个图包含了设计前的准备工作、细部设计、施工与维护等内容。

在"锚杆类型"一节中,按锚杆形态将锚杆分成四类,即A类、B类、C类和D类(图1)。C类锚杆由注浆导管、止浆塞及能实施二次高压注浆的部件组成。通常二次灌浆由袖阀管系统来完成(图2)。典型的灌浆压力 $P_i > 2000 kN/m^2$,当压力突然下降,表明地层已被压裂,在这以后只能达到相对较低的灌浆压力。D类扩体型锚杆的抗拔力主要取

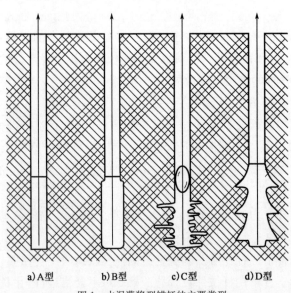

a) A型　　b) B型　　c) C型　　d) D型
图1 水泥灌浆型锚杆的主要类型

决于侧向剪力和扩大处的端承力。对于单个或大间距的扩体,对锚杆位移的约束作用主要来自于端承力。

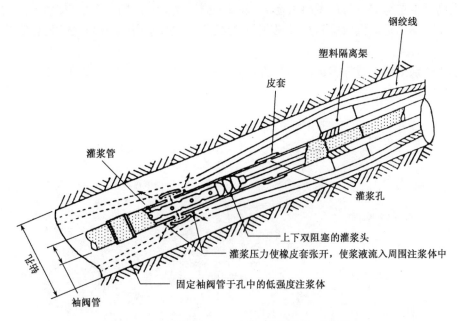

图 2　用于对锚杆锚固段二次压力灌浆的袖阀管详图

在"地层与锚杆浆材界面"一节中,规定无论岩石或土层中的锚杆,其锚固段长均不应小于 3.0m 和大于 10m。为了减少锚杆间的相互作用,锚杆的间距一般采用 1.5~2m。锚杆与相邻的基础或地下设施间的距离应大于 3.0m。并特别提出,为了提高锚杆的抗拔力或在最大荷载作用下防止总的剪切破坏,以及减少锚固段周围出现局部剪切破坏的可能性,锚固段埋深应大于 5.0m。

在"浆材与杆体筋材接触面"一节中,对于黏结力值,规范规定:假设黏结力在筋体长度方向上是均匀的,其最大值不应超过:

(1) 清洁光滑的钢丝和光面钢筋为 $1.0N/mm^2$;
(2) 螺纹钢丝为 $1.5N/mm^2$;
(3) 清洁的钢绞线或变形钢筋为 $2.0N/mm^2$;
(4) 局部有结点的钢绞线为 $3.0N/mm^2$。

上面这些数值是基于在受力之前的最小砂浆抗压强度为 $30N/mm^2$。如果有效间距不小于 5mm,上面所建议的数值适应于单根或平行的多根钢绞线的情况。并指出在筋材与浆体间有疏松或润滑性物质存在时,其表面条件会严重影响黏结强度。

在"锚杆的侵蚀与防腐"一章中,规范指出,选择锚杆防护分类标准(表 10)是设计者的职责,其选择方法应考虑锚杆失效的后果、环境的腐蚀性及防护费用等因素。

地锚防护分类标准建议　　　　　　　表 10

锚杆类型	防护分类	锚杆类型	防护分类
临时	临时无防护 临时单层防护 临时双层防护	永久	永久单层防护 永久双层防护

该规范对单层与双层防护做出了定义。单层防护意味着在锚杆安装前提供一层物质性防护层。双层防护则是提供两层防护层,其中外层的作用是防止预应力筋在组装和安装时可能造成的损坏。

该规范分别给出了锚杆黏结段典型的双层保护图(图3、图4)及典型的挡水结构锚杆锚头防护详图(图5、图6)。

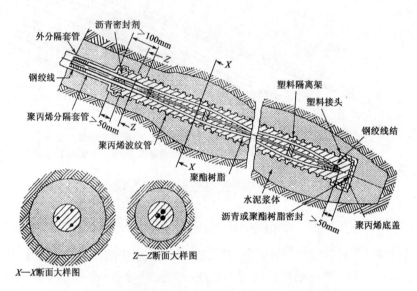

图3 锚杆黏结段采用单层波纹管和聚酯保护的典型双层防护图
注:1.对双层保护,聚酯树脂不开裂是非常重要的。
2.如波纹隔离管内用水泥灌浆,锚杆黏结段只为单层保护。

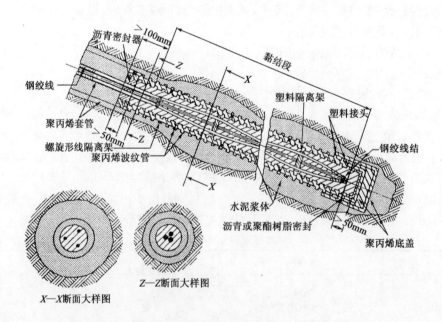

图4 锚杆黏结段采用双层波纹管和水泥灌浆保护的典型双层防护图

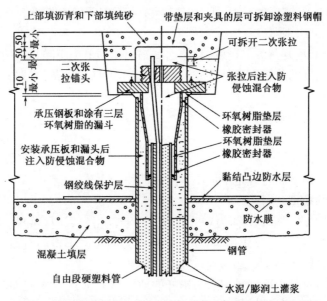

图 5　典型的挡水结构双层防护锚杆(筋体为钢绞线)的锚头防护图

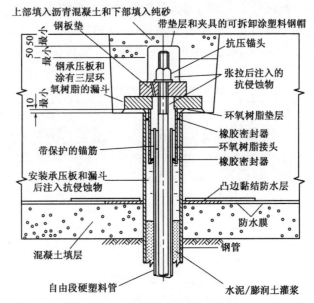

图 6　典型的挡水结构双层防护锚杆(筋体为钢筋)的锚头防护图

3.2　德国(原联邦德国)DIN4125 锚杆规范

DIN4125 第一篇为临时锚杆规范,于 1972 年制定;1976 年又制定了第二篇永久锚杆规范。两篇规范的目次相同,这里着重介绍第二篇永久锚杆规范的内容。

规范对外荷载和界限荷载下了定义,外荷载是指设计上的锚固力 A_r 和实际上的固定锚固力 A_f。限界荷载是由钢材截面确定的荷载(A_s)、适应试验的破坏荷载(A_b)与适应试验中徐变量 $K_s = \dfrac{S_2 - S_1}{\tan(t_2 - t_1)} = 2$ mm 时的荷载值(A_k),对这三者要加以区别。

规范规定,作为永久锚杆的应用范围应排除有机质土,稠度指数 $I_C<0.9$,液限 $W_L>50\%$,相对密度<0.3的土质。

为避开车辆荷载等反复荷载的影响,从路面到锚固体的最小距离必须确保在4m以上。

规范规定,永久锚杆的防腐必须特别完善,并规定了六项必要条件,即:

(1)防腐材料的耐久性;
(2)施工前防腐材料的确认;
(3)施工中防腐材料的保护;
(4)锚杆头部完全防腐;
(5)低强度钢材不做防腐时规定了最小钢材截面积;
(6)强腐蚀环境的多重防腐法。

在"设计和检验"一节中,容许锚固力(A)取 $A_s/1.75$、$A_B/1.75$ 及 $A_k/1.5$ 三者中最小值。由于活荷载和风荷载等反复荷载作用时,受拉材料应力的变动不得超过设计锚固力的20%,且由于锚固体徐变降低了锚固力,必须确认其安全程度。

在"施工"一节中,对是否适宜采用永久锚杆的地层作了规定,并规定对软弱的裂隙多的地层,有必要特别注意注浆施工质量。

在"基本试验和适应性试验"一节中,指出了应做基本试验的地层。对于这些地层,钻孔是否采用套管,试验结果是不同的。进行试验的锚杆,其倾斜度应在1:2以下。永久锚杆的基本试验,从测量精度考虑,有必要确定试验的初期荷载 A_0,然后按表11所示的荷载阶段施加张拉荷载。

不同荷载阶段最少测定时间　　　　　　　表11

荷载阶段		最少测定时间	
基本试验	适用性试验	粗粒土	细粒土
$A_0\leqslant 0.1A_a$	$A_0\leqslant 0.2A_r$		
$0.3A_s$	$0.4A_r$	15min	30min
$0.45A_s$	$0.8A_r$	15min	30min
$0.60A_s$	$1.0A_r$	1.0h	2.0h
$0.75A_s$	$1.2A_r$	1.0h	3.0h
$0.90A_s$	$1.5A_r$	2.0h	24h

在各荷载阶段终了以后,为得出弹性和塑性变形,应卸荷至初期荷载 A_0,做基本试验的锚杆,不能得出限界荷载 A_b 时,可加荷到不少于 $0.9A_s$,若有哪根锚杆达不到 $0.9A_s$ 时,至少有一根锚杆达到这一荷载阶段,就可用以判定结果。为了求得限界荷载 A_k,在卸荷前测定一定荷载下的变位,以求得屈服点。在图7时间—对数图上,能得到明确的斜率,可求出徐变率 K_s。在非黏性土地层,K_s 在1.0mm以上时,为求界限荷载 A_k,可按图8所示把各荷载阶段的 K_s 做成连线,在相当于 $K_s=2$mm 之处求得 A_k。

在"验收试验"一节中,永久锚杆(2篇)与临时锚杆(1篇)不同之处为:全部锚杆都从初始荷载 A_0 加荷至设计锚固力 A_r 为止,其后再加荷到 $1.5A_r$ 为止。经过所定的时间之后,卸荷到 A_0,再度张拉至锁定荷载,测定这时的锚头变形,最初10根和最后10根锚杆之中,要有一

根锚杆的荷载为 $0.4A_r$、$0.8A_r$ 和 $1.2A_r$，并测定卸荷时的变形。$1.5A_r$ 的最大试验荷载保持 15min 进行测定（即 1min、2min、3min、5min、10min、15min）。如果 5min 与 15min 之间的变形 $\Delta S > 0.5\mathrm{mm}$ 时，延长测定时间，测定到徐变量明确确定为止。锚固体的间隔在 1.0m 以内的情况，因有群锚效应问题，应对相邻几根锚杆同时施加荷载，必须通过试验确定其性能。

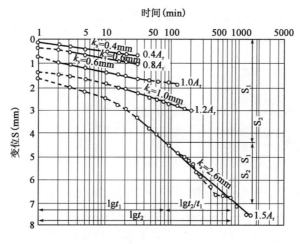

图 7　求徐变量 K_s 的时间变形曲线

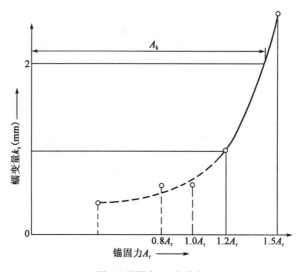

图 8　界限力 A_k 的设定

3.3 奥地利 B-4455 锚杆规范

该规范内容与法国标准 DIN4125 相似。此规范能适用于永久和临时两种锚杆，是参考 DIN4125 一篇和二篇编订的。名称和记号与 DIN 的大致相同，其独自的规定介绍如下：

在"定义"一节中，确定界限荷载和试验荷载的方法与 DIN 有不同，最少测定时间规定得长一些（表 12）。

在"设计指针"一节中，锚杆设计时对锚固体产生影响的周围地基状况和其他条件（水路、车道面、附近基础、振动影响）考虑得十分详细，规定要在设计图纸上记明这些内容。锚杆头部的设计要能调整锚固力,其构造必须有再张拉的可能。锚杆头部由于锚固壁的变形和锚杆轴线的施工误差所引起的附加弯曲易发生二次应力,这一点必须引起注意。其他,如不适用永久锚杆的锚固地层($I_c<0.9$,$W_L>50\%$,$I_D<0.3$)和对反复荷载(交通荷载、风荷载)等变动荷载的限制(最大设计锚固力的20%以下)与DIN是相同的。

最少测定时间　　　　　　　　　　　　　　　　　　　　表12

试验荷载		最少测定时间		
试验锚杆 (基本试验用)	工程锚杆 (适应试验用)	良好岩基	粗粒土地基 多裂隙岩基	细粒土地基
$A_0 \cong 0.1A_s$	$A_0 \cong 0.2A_s$	—	—	—
$0.3A_s$	$0.4(A_r+摩擦)$	5min	15min	30min
$0.45A_s$	$0.8(A_r+摩擦)$	15min	1.0h	2.0h
$0.60A_s$	$1.0(A+摩擦)$	30min	1.0h	3.0h
$0.75A_s$	$1.2(A_r+摩擦)$	1.0h	2.0h	24h
$0.90A_s$		1.0h	2.0h	24h

在"防腐"一节中,本规范与DIN及其他规范有不同的特点,如表13所示防腐水平对临时锚杆和永久锚杆有区别,按土砂与岩基、自由长度部分与锚固长度部分、非腐蚀地基和弱腐蚀地基分别设定。

防腐标准　　　　　　　　　　　　　　　　　　　　　　表13

	锚杆种类			临时锚杆	永久锚杆
	使用时间			<2年	>2年
防腐	岩基	自由长度部分的保护	非腐蚀	简易防腐②	简易防腐①
			弱腐蚀	简易防腐①	完全防腐②
		锚固体部分的防护	非腐蚀	简易防腐③	简易防腐③
			弱腐蚀	简易防腐②	完全防腐②
防腐	土砂	自由长度部分的保护	非腐蚀	简易防腐①	完全防腐②
			弱腐蚀	完全防腐②	完全防腐②
		锚固体部分的防护	非腐蚀	完全防腐④	完全防腐②
			弱腐蚀	完全防腐②	完全防腐②

注:①选用下列任一简易防腐法:a.把张拉材料直接用水泥砂浆包裹;b.施作机械的被覆工作;c.充填耐久性材料;d.被覆管。
②施作下列任一完全防腐法:a.使用防腐蚀钢材;b.使用两种独立的防腐工法(如套管+注入料);c.在工地施作机械被覆工作(施工前检查不得有缺陷);d.锚杆有可能再次张拉时,自由长度部分的钢材与套管之间充填完全防腐的塑性材料。特别是锚杆头部及其接头附近应加以注意。
③上述1.a的水泥砂浆厚度$d=1.0cm$。
④上述2.a的水泥砂浆厚度$d=2.0cm$。

在"设计和校核"一节中,有表14所示的内容,使容许锚固力A_{zul}和试验荷载A_{pruf}的求得方法易于明白。

容许锚固力 A_{zul} 和试验荷载值 A_{pruf} 表14

试验类型			解说：
容许锚固力		$A_{zul}=A_s/1.33$ $=A_b/1.70$ $=A_k/1.20$ $=A_z/1.70$	$A_s=\sigma_s \cdot F_{emin}$（由钢材抗拉强度决定的荷载） A_b——锚固体破坏荷载； A_k——在张拉试验荷载下，徐变量 $K_s=2mm$ 时的荷载值； A_z——钢材的破断强度 A_r——设计锚固力； R_v——摩擦损失； $K_s=\dfrac{S_2-S_1}{\lg(t_2/t_1)}(mm)$
试验类型	基本试验或适应试验	$A_{pruf}\geqslant 1.2A_r+R_v$ $\leqslant 0.9A_s$ $\leqslant 0.7A_z$ $K_s\leqslant 2mm$ 对各锚杆	
	验收试验	$A_{pruf}=1.2A_r$ $=0.9A_s$ $=0.7A_z$ $K_s=2mm$ 最初3根和其后10根中有1根锚杆的锚固力为： $A_{pruf}=1.2A_r+R_v$ $K_s\leqslant 2mm$	

"施工"一节，对有关钻孔方法、漏水试验、锚杆固定、注浆工艺、张拉工艺和施工资料的收集作了规定。对漏水试验的规定是，在 $2\times 10^5 \sim 4\times 10^5 Pa$ 的压力下，按钻孔全长测定5min，当漏水量 $Q\leqslant 6\sim 12l/min$，则预先用水泥浆灌注。对漏水量更大的情况，在充分调查地基状态的基础上，必须采取适当对策（例如采用封填等）。对锚固体施工，确保水泥砂浆厚度特别重要。岩基锚杆应避免在倾角 $\pm 10°$ 以内进行注浆。对于不用套管的锚杆，在锚固体上端使用堵浆器，使注浆工作在密闭状态下进行，使注浆饱满。注浆后至少3d不使张拉材料受到扰动。施工作业中要做好安全管理和施工资料（地层、注浆品质及配合比、注浆量、注浆压历等）的记录。

对施工完毕的锚杆，为了检查其是否达到限界荷载 A_b 或 A_k，要进行"适应性试验"。这种试验如在相似地层条件下已经做过，并有国家试验所或有鉴定人保证的报告书交给锚杆工程业主时，可以免做。但如果钻孔方法、注浆方法等不同时，或地层条件良好，但要获得更高的锚固力时，也要进行"适应性试验"。

3.4 瑞士锚杆标准 SN533—191

该标准于1977年制订，能适用于临时和永久两类锚杆。本规范中临时锚杆指定为3年以内，永久锚杆要在结构物使用过程中都能发挥其作用。本规范适用于灌浆锚杆的计划、设计、材料、施工和监测，对地基中传力的所有锚固形式也都能适用。

在"定义"一节中，其他规范中所没有提及的定义是锚杆的预应力水平（标准）。根据锚杆的极限承载力 V_u 对锚杆的作用力 V_0 的比率：$0.5<V_0/V_u\leqslant 0.75$ 为预应力锚杆；$0.25<V_0/V_u\leqslant 0.50$ 为拉力锚杆；$0<V_0/V_u\leqslant 0.25$ 为固定不动的锚杆。这三种锚杆的锁定荷载等级根据危险程度和使用期限确定。

在"计划"一节中，叙述了地层条件，技术上和法制上的要求，试验锚杆和永久锚杆的特殊条件，工程师的义务和承包商的义务。在充分把握地层条件的情况下，才能安全地设计锚杆。

必须通过现场调查，收集锚固结构物所受到的影响。另外，在锚杆设计时，作为必要的技术情报有：预备施加的锚固力，附近构筑的沉陷和隆起，从附近构筑物到锚杆的距离，钻孔方法，有关锚杆制作的容许误差等，并规定了法规问题也必须在设计中予以考虑。

试验锚杆是为了明确有关锚固体设计的基本情况，所以要详细地进行试验。试验锚杆的数量根据每个工程的地基复杂性、危险程度和同样条件下有无已成工程而异。若是没有同类型工程可参考，试验锚杆数量按表15确定。

试验锚杆的数量　　　　　　　　　　　　　表15

工程现场全部锚杆数	每个工程现场试验锚杆数量		
	1级	2、4级	3、5、6级
20根以下	不要	不要	3根
20根以上	全数的1%，不少于3根	全数的1.5%，不少于3根	全数的2%，不少于3根

作为永久锚杆，有必要对置换、变位观测、检查用锚杆、安全性、防腐等方面采取充分对策。所谓置换就是永久锚杆在使用中锚固有欠缺时，要设计成可以更换的。检查锚杆是为了进行定期检查而指定的锚杆。对于永久性锚杆，现行的防腐工艺是否长期有效，尚无充分资料，推荐对全体锚杆设置检查设施。

在"设计"一节中，分为土中锚杆和岩石锚杆，对作用于锚杆的荷载 V_G、锚杆的自由长度 l_{fr} 和张拉荷载 V_0 的确定方法都做了指示。在砂土地基和岩基中的锚杆，其承载力和锚固长度的限制如表16、表17所示。锚杆的级别和临时永久锚杆的安全系数由表18确定。

砂层中锚杆的承载力和锚固长度　　　　　　表16

地层种类	承载力 V_u		锚固长度(m)
	不密实地层(kN)	密实地层(kN)	
砂砾	600	1000	4～7
砂	400	1000	4～7

岩石锚杆的承载力和锚固长度　　　　　　表17

岩石种类	承载力 V_u		锚固长度(m)
	裂隙多的岩石(kN)	裂隙少的岩石(kN)	
花岗岩、片麻岩、玄武岩、硬质石灰岩、白云岩	2000	4000	4～7
软质石灰岩、软质白云岩、硬质砂岩	1200	2000	4～7

锚杆级别和临时、永久锚杆的安全系数　　　表18

危险程度	临时锚杆		永久锚杆	
	级别	安全系数 F	级别	安全系数 F
锚杆破坏后受害不扩展，公共安全无问题	1	1.3	4	1.6
锚杆破坏后受害大扩展，公共安全无问题	2	1.5	5	1.8
锚杆破坏后受害大扩展，公共安全成问题	3	1.8	6	2.0

在"材料"一节中,除对锚杆杆体钢材作了明确规定外,还指出灌浆如果使用高铝水泥,腐蚀的危险性大,以不用为好。其他掺合料,如有充分保障也可使用。

在"施工"一节中,对钻孔、岩石水密性试验、锚杆插入时的必要对策、灌浆、防腐、张拉程序、锚固试验、张拉试验以及工程记录等作出规定。钻孔时应充分注意水的溢出和钻孔速度,作为锚杆插入作业的注意事项,要完全清除油污,确保保护层厚度。灌浆要分清锚固部分和自由长度部分。对于防腐工艺,提出的防腐方法,其技术解说要在报告书中说明。以灌浆材料作为防腐工艺时,要能完全包裹和覆盖杆体,保证保护层厚度20mm的标准值。锚固试验是为了得出锚杆设计时需用的基础资料,张拉试验是为了评价锚杆的制作质量。对锚杆详细张拉试验的最小根数见表19。

详细张拉试验的最小根数　　　　　　　　　表19

试验荷载 V_P(kN)	锚杆等级	
	1、2、4、5	3、6
>200	3%,不少于2根	6%,不少于4根
≤200	5%	

4 美国预应力岩土锚杆的建议

美国《预应力岩层与土层锚杆的建议》是由美国后张预应力混凝土学会(PTI)于1996年完成修订和颁发的,它取代了1986年的版本。

该建议在"范围"一节中,明确指出本建议可作为灌浆型预应力岩层和土层锚杆的设计、安装和试验的实用指南,但不得用于其他锚杆系统。

在"材料"一节中,指出一般不需或不用外加剂,但为控制砂浆泌水、改善流动性、减少用水量和缩短凝结时间而需用外加剂时,在得到工程师的批准和经过对砂浆及其黏结性能无有害影响的验证试验后方可使用。当砂浆注入锚固段密封套管、防腐蚀套管、锚杆罩或在二次灌浆及护套内有某些要用的地方时,在砂浆中也可使用膨胀剂。

在"防腐蚀保护"一节中,指出在防腐蚀保护体系的设计和施工中,应保证用于临时性和永久性结构的锚杆可靠。防腐蚀保护的形式与范围应以结构的使用寿命、环境侵蚀状况、预应力筋破坏后果、生命周期成本、预应力筋形式及其安装方法为依据。

对于环境的侵蚀性,规定如果地层有下列一种或多种情况,应认为地层是有侵蚀性的:

(1)pH值<4.5;

(2)电阻率<2000Ω·cm;

(3)出现硫化物;

(4)出现杂散电流或造成对其他地下混凝土、结构的化学侵蚀。

在该节中,规定了防腐蚀保护分为两类:第一类:有套管的预应力筋(双层防腐保护),第二类:灌浆保护的预应力筋(单层防腐保护)。表20简略列出了各类保护要求。

规定使用寿命小于24个月的临时性锚杆工作在有侵蚀性的地层中,应采用第二类保护,工作在无侵蚀性的地层中,无须保护。使用寿命大于24个月的永久性锚杆,工作在侵蚀性未知或有侵蚀性的地层中,应采用第一类保护。工作在无侵蚀性地层中,则应视破坏后严重程度决定采用保护类型,若破坏后果严重,应采用第一类保护;若破坏后果不严重,也可采用第二类保护。

防腐蚀保护要求 表20

类型	保护要求		
	锚头	自由张拉段	锚固段
Ⅰ 套管保护的预应力筋	1. 采用过渡段; 2. 如果暴露在空气中,需用锚具罩	1. 注入黄油的护套; 2. 注入水泥浆的护套; 3. 锚杆全长包裹环氧树脂	1. 注入水泥浆的套管; 2. 环氧树脂
Ⅱ 灌浆保护的预应力筋	1. 采用过渡段; 2. 如果暴露在空气中,需用锚具罩	1. 注入黄油的护套; 2. 热收缩套管	灌浆

在"设计"一节中,指出岩层锚杆的锚固段长度一般不小于3.0m,不大于10m。土层锚杆的锚固段长在6~12m,建议锚固段的最小长度为4.5m。岩土锚杆的自由段长度,预应力钢绞线长度不应小于4.5m,预应力钢筋长度不应小于3.0m,锚固段起始点穿过临界破坏面至少1.5m,并要保证锚杆和结构体系的整体稳定性。规定锚固段之间中对中的距离至少应为锚杆最小直径的4倍,一般情况下应大于1.2m,如果锚杆间距必须更近,则应将锚固段错开布置或改变相邻锚杆的倾角。指出锚杆倾角应避免与水平面夹角在+5°~-5°的范围。

在"施工"一节中,规定钻头或套管头部不应比规定的钻孔直径小3mm以上。并对锚孔找正与允许误差作出规定,即锚孔的入口部位应不偏离其平面位置300mm(任何方向),如果没有其他误差允许结构的规定,锚孔入口端与预定方位的允许角偏差不应大于±3°。还对那些岩层应作不透水性试验做出了规定。

在"试验"一节中,提出了应对锚杆进行性能试验与验收试验。性能试验的数量为最初施工的两根或三根锚杆,随后最少将2%的剩余锚杆进行同样的试验。性能试验的目的是用来确定:①锚杆是否有足够的承载力;②预应力筋显性自由长度满足要求;③塑性(残余)位移差;④徐变率在规定的限度内是稳定的。性能试验的最大试验荷载一般为设计荷载的133%,特殊情况下可增至设计荷载的133%以上,但不得超过预应力筋抗拉强度(F_{pu})的80%。

验收试验的数量是进行性能试验以外的所有工程锚杆。该试验旨在快速而经济地确定:①锚杆是否有足够的承载力;②预应力筋显性自由长度满足要求;③徐变率在规定的限度内是稳定的。最大试验荷载为设计荷载的133%。对于地层条件和安装方法均有充分了解的临时性锚杆,其安装方法受到严格控制的,验收试验的最大荷载可降低到1.2倍设计荷载。

美国的岩土预应力锚杆建议中还对锚杆验收标准做出了规定,即应满足下列三项要求:

(1)徐变:试验荷载下1~10min的徐变量不得超过1mm,如果超过,则6~60min内的徐变量不得超过2mm。

(2)位移:试验荷载下的最小显性自由段长度,按弹性位移计算,应与不小于80%设计自由张拉段长度与千斤顶长度之和相当。试验荷载下的最大显性自由段长度,按弹性位移计算,应小于100%自由段长度加50%锚固段长度加千斤顶长度。

(3)初动荷载读数:应在设计锁定荷载的5%以内。

最后还对试验不合格的锚杆的后续措施提出了处理意见。指出如果因黏结部位的破坏而使锚杆达不到试验荷载，相应的措施则取决于是否能对锚杆进行二次灌浆，可做二次灌浆的锚杆就应进行二次灌浆，然后仍以原规定的标准为准，无二次灌浆系统的锚杆应废除（更换），或在不大于应达到的最大荷载 50% 情况下锁定，在这种情况下，无进一步的验收标准可循。

5　日本地层锚杆设计施工规程

日本《地层锚杆的设计、施工规程》(JSF:01—88)是由日本土质工学会于 1988 年 11 月正式制订的。

该规程将"锚杆的计划与调查"专列一节，规定在锚杆计划中应考虑锚杆特性，并充分研究锚杆与被锚固构筑物的稳定性、经济性与可施工性。规程规定调查分一般调查和地层调查。一般调查包括对地形及用地的有关情况；周围已有构筑物、地下埋设物、道路、交通和气象条件以及其他与工程有关的情况进行调查。地层调查则包括对地层的地质构造、工程特性以及地下水状况进行的调查。

在"材料"一节中规定，使用引气剂、减水剂、膨胀剂等外加剂必须符合相应标准的要求。

在"防腐"一节中，规程规定：应根据对锚杆腐蚀环境的充分调查，选择适当的防腐方法。永久性锚杆一般（原则上）应进行双层防腐；不处在腐蚀环境中的永久性锚杆和临时性锚杆可采用简单防腐。张拉段与锚固体的交界面处是最易腐蚀的危险区，必须特别注意其防腐。锚具的背面是腐蚀危险区，必须充分注意其防腐。

在"设计"一节中，规定对锚杆长度与间距的确定应考虑其所锚定的构筑物与周边地层的整体稳定性。锚杆的倾角应避开与水平面成 $-10°\sim +10°$ 的范围。锚杆的自由长度一般在 4m 以上，锚杆锚固长度通常在 3m 以上，10m 以下。锚杆的设计锚固力不得大于容许锚固力。容许锚固力(T_a)取容许拉力(T_{as})与容许抗拔力(T_{ag})中之较小值。容许拉力(T_{as})取表 21 中钢拉杆的极限荷载(T_{us})及屈服荷载(T_{ys})中之较小值。容许抗拔力按表 22 取用。

锚杆的容许拉力　　　　表 21

锚杆类别		与钢拉杆极限荷载 T_{us} 之比	与钢拉杆屈服荷载 T_{ys} 之比
临时性锚杆		0.65	0.80
永久性锚杆	正常情况	0.60	0.75
	地震时	0.75	0.90

锚杆的容许抗拔力　　　　表 22

锚杆类别		与极限抗拔力(T_{ug})之比
临时性锚杆		$T_{ug}/1.5$
永久性锚杆	正常情况	$T_{ug}/2.5$
	地震时	$T_{ug}/1.5\sim 2.0$

在"施工"一节中，规定在岩层中施工锚杆时，应先对锚固体周边孔壁的不透水性进行检查。根据检查结果，必要时应预注浆。钢拉杆在安装前应注意不使其受伤，不弯成锐角，且不损伤其防腐保护材料。一次灌浆一般使用压力灌浆。灌浆从钻孔的最低部位开始，在灌浆过

程中应确保从孔内顺利排水与排气。灌浆作业不得中断,直至灌完。初期张拉力的确定要考虑一定调整量,但不得超过钢拉杆屈服荷载的90%。

在"试验"一节中规定设计永久锚杆时必须进行基本试验,设计临时锚杆最好进行基本试验。每次循环加荷的持续时间示于表23。计划最大试验荷载为钢拉杆屈服荷载的90%。

持荷时间(单位:min)　　　　　　　　　　表23

荷载类别 \ 锚固地层	黏 性 土	砂 性 土	岩 石
首次加荷	>15	>10	>5
重复加荷	>3	>2	>1

注:变形未稳定时应继续持荷至变形稳定

"试验"一节中还规定应从实际应用的锚杆中选5‰(不得少于3根)进行适用性试验,其最大试验荷载,永久性锚杆为正常情况下设计锚固力的1.5倍及地震时设计锚固力中较大者,临时性锚杆取设计锚固力的1.2倍。试验方法同基本试验,即采用反复加荷卸荷。

规定除去适用性试验所用的锚杆外,全部锚杆应进行验收试验。验收试验计划的最大试验荷载,对永久性锚杆,正常情况下取设计锚固力的1.2倍,且大于地震时的设计锚固力;对临时性锚杆,取设计锚固力的1.1倍以上。

Application and development of anchoring in Rock and Soll in China[*]

Cheng Liangkui

(Central Research Institute of Building and Construction of Ministry of Metallurgical Industry. Beijing, China, 100088)

Abstract Anchoring in rock and soil is an important branch of the geotechnical engineering. In recent years, rapid progresses have been made in China's anchoring technology in rock and soil, including anchoring material, structural type, construction technique, design method, theoretical study, field testing & monitoring and engineering application, etc. A brief introduction to the new developments in the anchorage technologies into rock and soil of the above mentioned respects, and a discussion of the developing direction for China's anchoring technology in rock and soil are given in this paper.

1 Introduction

The anchoring in rock and soil are an important branch of modern geotechnical engineering. Anchoring in rock and soil have been developed by leaps and bounds with a rapid development of the engineering constructions in China in recent 20 years; particularly in the last several years. The use of the rock bolt in China was started in the later of 1950's, which was used only for tunnels of coal mines and iron mining at that time. In 1960's, shotcrete and rock bolt supportings were started to use in a big way for tunnels of mines and railways, as well as slope renovation projects in China. The prestressed anchor were adopted tor reinforcement of the dam base of Meishan Reservoir in Anhui province in 1964; whereas the soil anchor was used for the foundation pits of Beijing International Trust Building, etc. In the last 10 years, the anchoring technique into rock and soil has been popularized in a large scale to rock-soil slope, foundation pit supporting and retaining, dam base stability, overturning resistant and anti-floatation of structures engineering in China; and significant economic and social benefits have been obtained.

It has been proved through a large amount of engineering practices that obvious advantages can be obtained when the anchoring techniques will be applied to geotechnical engineering.

---

[*] 摘自 *Proceeding of the International Symposium on Application and Development of Rock-Soil Anchoring Technology*, 22-25. October 1996, *Liuzhou*: 1-6.

(1) The energy of a rock-soil mass can be exploited fully and the strength and self-stable capability of the rock-soil mass can concentrated and used;

(2) The dead weight of a structure can be greatly reduced, so as to save engineering materials and decrease significantly the cost of an engineering;

(3) The safety of the construction process can be raised;

(4) The deformations of a rock-soil mass and an engineering structure can be controlled effectively, thus ensuring the stability of an engineering.

2 Main Achievements of Anchoring Technology into Rock and Soil in China

2.1 Application fields and engineering scales are enlarged continuously, and significant economic and social benefits have been obtained

For mine tunnels and different sorts of tunnel engineering, the rock bolt is the most popular means, and very obvious mechanical and economic effects can be gained due to the reinforcement of the surrounding rock by the rock bolts. According to the initial statistics of the bolt-supporting and bolt-shotcrete supporting for the tunnels of coal mines and metal mines, the accumulative total usage and the annual usage were more than 35000km and 1600km respectively during the period of 1960 to 1995. The engineering practices have shown that the construction speed of $2\sim4$ times higher than that of the traditional concrete supporting, more than 50% of labor saving, saving all the timbers and more than 40% of the concrete, as well as a decrease of $35\%\sim45\%$ in cost can all be realized when the traditional concrete supporting is replaced by the bolt shotcrete supporting. In 1980's a batch of tunnel engineering with complicated and difficult geological conditions were constructed by means of a complete set of principles and methods to developing full self-supported ability of the surrounding rock, these include application of bolts and shotcrete combining with site monitoring and feed-back-information analysis, erecting support timely, constructing step by step and using suitable soft & rigid supporting and a full ring supporting. Some of these tunnel engineering are listed below: Jinchuan Nickel Mine Tunnel in a ground of high stresses (with a horizontal stress of 30MPa) and large deformations (with a horizontal convergence of $25\sim30$cm); Shulan Coal Mine Tunnel that was constructed in a ground of semi-cementing pelitic shales and affected by the dynamic pressure from mining excavations; Jundushan Tunnel Project built in a ground of Q3 soft loess clay whose overburden has a thickness of only about 10m. The completion of these typical underground anchoring engineering manifests a new breakthrough of the constructions of the underground projects in soft grounds in China.

Rock-soil slopes using anchoring techniques are very popular with various forms according to different characteristics of engineering, which has become the main form of reinforcing or renovating large slopes with the development of the anchoring technology in recent years. For example, in January, 1989, for Yunnan Manwan Power Plant, Rock mass of about 106000m^3 form left bank slope within the scope of the dam and the plant was collapsed. A combination of 2200 prestressed anchors (prestressing force=1000~3000kN)with anchoring holes and antislip piles was used to control the potential slips and damages of the left bank slope. Another example is Sanxia Lianziya dangerous rock mass of the Yangtze River. If it were collapsed due to the comprehensive actions of earthquake, heavy rain and a long rain, sail preventing or even severe consequences of cutting-off the flow of the river would occur. It would especially be so for a dangerous rock mass of 50000m^3 adjacent to the Yangtze River having obvious and potential deformation damages and direct influences due to its instability. For this dangerous rock mass of 50000m^3, the triangular blocks were formed by cutting the rock mass by T_{11}, T_{12}, seams and R_{203}, soft Layer, thus producing a dangerous steep wall of about 60~80m high and 65m wide, where 185 prestressed anchors with prestressing forces of 3000kN, 2000kN and 1000kN were used respectively for different positions, resulting in a total anchoring force of about 311000kN.

The Yantze River Sanxia Water-Control Project has a ship lock slope of 170m high, of which 67m are a vertical one, for which more than 2000 prestressed anchor with forces of 3000kN and 1000kN were used to maintain the stability of the slope, as well as control strictly its deformation.

As far as a dam base engineering is concerned, using the prestressed anchor to build a new dam or reinforce an old one is the most effective method for stabilizing the dam base. Back in 1964, the prestressed anchor with a length of 30~47m were adopted to reinforce the right bank dam base with deflections and cracks of Anhui Meishan Reservoir, and the maximum tensile load of a single prestressed anchor was up to 3240kN. Recently, the prestressed anchors have also been used successfully to reinforce the dam bases of Manwan, Shuangpai and Hongshan Water and hydroelectric engineering. The maximum bearing capacity of a single anchor is up to 3200kN.

Soil anchor technique has a predominant position in deep foundation pit supporting engineering. All sorts of fender piles and underground diaphragm walls back-tied by prestressed anchor can decrease not only the lateral displacements, but also reduce considerably the bending stresses, sectional areas and lengths of the piles when they are used for foundation pit supportings. The anchors have been used widely for the foundation pit supporting projects in Beijing, Tianjin, Shanghai, Guangzhou, Wuhan, Shenzhen, Xiamen and Shenyang, etc in China; and excellent technical and economic results have been achieved.

The foundation pit of Beijing Jingcheng Building is the deepest one in China with a depth of 23.5m below surface, whose retaining structure was made of H-steel piles of 488mm×300mm(27m long and a space of 1.1m)and 3 rows of prestressed anchors, which can maitain effectively the stability of the foundation pit. The foundation pit of business office building for Beijing Industry and Commerce Bank of China had a depth of 15.5m, to which fender piles of reinforced concrete(0.8m diameter and 1.6m space)back-tied by one row of prestressed anchors (each has a bearing capacity of 600kN)were applied. These piles had a insertion of 3.5m to the bottom of the pit; and whose maximum horizontal displacement was only 7mm.

Shanghai Pacific Hotel with a total height of 110.5m and a basement of 11.65m deep was built on the ground of saturated silty clay, whose foundation pit was retained and supported by the combination of the sheet piles of reinforced concrete(40cm thick)with 4 rows of prestressed anchors (30~35m long), where the secondary high pressure grouting was used, and prestressing force reached 500~600kN, thus maintaining the stability of the foundation pit during its use.

The foundation pit(13.5m deep)of Tianjin Department Store Building is located in a ground of soft silty clay with a ground water depth of 1.0~1.5m. An underground diaphragm wall(70cm thick)back-tied by 4 rows of prestressed anchors was used. The maximun displacement at the top of the foundation pit wall was 6.3cm when the excavation was reached the elevation of the bottom.

For structural anti-floating projects, anchoring structure can save a large amount of engineering materials and costs. For example, the secondary settling tank for Shanghai Longhua Sewage Treatment Plant was built in a ground of saturated soft clay. The diameter of the tank was 40m and an embedment of 4m into the soil. The uplift of the groundwater was balanced by 1028 vertical bolts (22m long with an anchored body of 18cm diameter)when emptying the tank.

2.2 Continuous innovation of the bolt structure and technology and improving the adaptation of the bolts to different working conditions

In recent years, the variety of the Chinese rock-soil anchor has been increased continuously whose technology also inovated continuously, in order to improve the adaptation of the bolt to different working conditions and raise its economy.

The frictional rock bolt taking the split set and swellex bolt as its main type has many advantages, such as the three-way prestress can be applied to the surrounding rock immediately after installation; excellent ductility; the anchoring force can be increased greatly after undergoing blasting vibrations or movements of rock with time. Therefore, the frictional rock bolt is very suitable for an underground project of soft surrounding rock or the one that will be affected by blasting vibrations. At the present, this sort of bolt has been used for more than 100 underground mining engineering.

The bolt taking resin as its adhesive and the rapid hardening cement-packed bolt feature a high early strength, providing enough supporting resistance timely, etc, whose applications to mines and traffic tunnels are increased.

Yielding bolt or telescopic bolt has a greater capacity of resisting deformations as compared to the ordinary ones, whose characteristics are realized through the frictional slip and yielding elements of the bolts or the bolt steel with an elongation of $10\% \sim 20\%$. The development and application of the yielding bolt gives a more effective supporting form to the mining tunnel projects with large deformations; or those are affected by dynamic pressures.

Recently, there has been a more rapid development in rock-soil prestressed anchor technology. The prestressed anchor rope for stabilizing a dam base has a length of 90m, and the ultimate bearing capacity of a single anchor is up to 6000kN. The prestressed anchor in soil for stabilizing a foundation pit has a length of 40m, and the ultimate bearing capacity of a single one is up to 1200kN. If the secondary high pressure grouting is applied to an anchoring length of a soil anchor, the cement grout will be splited, extruded and penetrated into the soil mass around the anchoring length, thus increasing considerably the shear strength of the soil mass. As a result, the anchoring strength of a bolt can be raised by about 50%~100% as compared to that of the one with the first normal pressure grouting only.

2.3 Using advanced anchoring machines and tools to improve construction efficiency of rock-soil anchor

Among the construction machines and tools for the prestressing drilling machines and tools are the key ones influencing construction efficiency and economic benefit. In recent years, in order to meet the needs of large rock-soil anchoring projects, in addition to import various crawler-type hydraulic drilling machines from Sweden, USA, Germany, Italy, Japan, etc; on the other hand, we persist in developing our own new types of drilling machineries. Now the national drilling machines applying to engineering are CM351, KQJ-100B, Qz-100K etc machines for rock anchorage; and 88IL, YTM87 machines for soil anchor anchor, YTM87 is a crawler-type full hydraulic drilling machine which has the following functions. One is the dry drilling with a screw stem which can get a borehole of 32m deep; the other is the wet drilling with a sleeve and clean water circulation, which can make a borehole of 60m deep. MH86-1 and YBG88 hydraulic pipe pullers have been developed by Central Research Institute of Building and Construction of Ministry of Metallurgical Industry, which have fitted effectively the operations of the drilling machine with a sleeve.

China can produce tension devices and anchor head with various load levels for the prestressed anchor ropes, of which the one with a load of 6000kN has already been used for the reinforcement project of Jilin Fengman Dam. The OVM anchor head produced by Liuzhou Building Machinery Plant have good self-anchoring capability, whose anchoring efficiency factor $\eta_A \geqslant 0.95$, total fracture strain $\varepsilon_N \geqslant 2.0\%$ and the frictional loss factor at anchoring mouth is 0.025. Satisfactory results have been obtained from the applications of OVM anchor head to may Large rock-soil anchoring projects in China.

2.4 New developments in anchoring materials improve working performance of anchor

Regarding with the bonding materials of the rock bolts, the use of the early-strength Cement packed bolt comes into being due to the developments of sulfoaluminate cement and all sorts of high efficiency early-strength agents. These sorts of the bolt have a broad sales market due to their higher capability of controlling the deformations of surrounding rocks at early stage and lower costs. The pull-out force of a bolt can be up to 150kN within two hours after erection by a cement-base packed anchoring agent produced in China.

For prestressed rope materials, the development of a prestressing strand with a high strength and a low relaxation is very important for saving steel, providing convenient construction and reducing the loss of prestressing forces. At the present, prestressed wire factories in Tianjin, Jiangxi Xinyu, etc can produce steel strands of low relaxation. Besides, the prestressed steel bar whose diameter is 25mm and 32mm, and a yield strength of 715MPa is produced by Central Research Institute of Building and Construction of Ministry of Metallurgical Industry and steel plant concerned. The length of the steel can be determined according to the needs of the construction and connected by a sleeve. It is well received by users due to its high strength and convenient erection.

2.5 Gratifying achievements are obtained by the application of soil nailing wall to engineering

The soil nailing wall has been used widely for the deep excavations in Beijing, Shenzhen, Guangzhou, etc in China, because of its unique mechanics and good technical and economic results; particularly it has been applied successfully to excavations with greater depths and in soft soil strata. For example, the foundation pit (16m deep) for Guangzhou Anxin Building adjacent to multi storey buildings was located in a ground of silty clay and local mucky soil. The stable requirements were met by the supporting form of integrating soil nails, reinforcements with shotcrete and prestressing anchor. It can be believed that the soil nailing wall will become a main form to stabilize excavated faces in China's deep excavation projects, which has broad developing prospects.

2.6 New progresses in theoretical work and design and construction of anchoring engineering stepped into normalized path

In the last ten years many valuable results have been achieved in the following respects by lots of the Chinese scientific researchers using theoretical analysis, model testing and field measurement, etc. These are as below: study on the function principle, stabilization effect and corresponding design & calculation method of rock-soil anchoring; the supporting behaviors and mechanical effects of the bolts for tunnels; creep and relaxation of soil anchor; factors influencing changes in bearing capacity and prestressing force of the prestressed anchor; and optimized design of anchoring project of rock-soil slope. There results provide a theoretical basis for guiding the design and construction of the anchor using for complicated strata.

In 1986 China issued a national standard *Code of Bolt and Shotcrete Supporting Technology* (GBJ 86—1985) on the basis of summing up extensively experiences in practical engineering and scientific achievements. The classification, design and construction of bolts are defined explicitly in this code that is a technical rule for guiding the bolt supporting and construction of underground projects at the present in China. According to the practical circumstances in China, It is defined that engineering analog method shall be as the main means for designing the bolt supportings of underground projects, which will be supplemented with monitored and measuring method as well as theoretical calculating method, if necessary.

Specification of Design and Construction of Soil anchor (CECS 22 : 90) by China Engineering Construction Standardization Commission was issued in 1990, in which the design, materials, construction, test, monitoring, corrosion resistant and engineering acceptance of the prestressing soil anchor are defined explicitly. It is very important for guiding the design and construction of the soil anchor.

3 Developing Direction of Anchoring Technology in Rock and Soil in China

3.1 Make positive developments in advanced mating construction machines and tools

A drill hole is a key link influencing the construction speed and project cost of the rock-soil anchoring for both underground and surface engineering, therefore it will give emphasis on developing national self-traveled drilling machines of full hydraulics, multifunction and all direction operations in the future.

The machines and tools for straightening, assembling drilling, grouting and tensioning of the prestressed anchor ropes must be fitted together and developing along a direction of high efficiency and lightweight. There will be factorial and commercial developments of the production of the prestressed anchor ropes. Special attention shall be given to the development of the drilling equipments of lightweight and high efficiency, which are suitable for high altitude operations to meet the needs of rock slope anchoring projects.

3.2 Develop continuously new variety and technology of the anchors

For soil anchor, the following tasks must be done.

(1) Perfection of secondary high pressure grouting anchor, exploitation of multisection expansive anchor to raise unit length anchoring capacity of the soil anchor;

(2) Research and development of core-separable anchor rope, so constructions of underground facilities will not be influenced by the installations of the anchor ropes;

(3) Popularize multi-section compressible anchor rope to improve the working characteristics of an anchoring body.

For rock anchoring, the following work must he undertaken.

(1) Continuous perfection of early-strength bonding bolt, frictional bolt and yielding bolt to raise the adaptation of supporting to a soft rock with obvious rheological characteristics;

(2) Further optimization structural form and construction technique of the prestressed anchor rope with large anchoring capacity to accommodate large rock anchoring projects.

3.3 Devote major efforts to developing technology of soil nailing wall

A Soil nailing wall has unique advantages of making full use of soil mass strength and self-stable capability, and lowering costs of projects, as compared to other supporting and retaining structures. Therefore, the technology of the soil nailing wall has broad developing prospects except for the Chinese coastal areas consisting of muck and mucky soil strata. At the present, for the design of a soil nailing wall, the calculation program shall be perfected that can reflect fully the characteristics of the soil nailing wall, and the combined action of the soil nails and strata. Further more, the empirical rules of the design for the soil nailing wall shall also be perfected step by step on the basis of summing up the experience and lessons of the built projects. For the construction techniques, the degree of mechanization construction for a soil nailing wall shall be raised to speed up its construction. Working out technical standards of a soil nailing wall shall be grasped firmly, in order to raise the design and construction levels of a soil nailing wall.

3.4 Strengthening quality control of construction and engineering monitoring work

Strengthening quality control of construction and carrying out engineering monitoring are the necessary prerequisite for ensuring a project stability during construction of a project. To this end, the following work must be done well.

(1) For rock-soil prestressed anchoring projects, basic tests, acceptance tests, and if required, creep tests shall all be conducted in accordance with the requirements of the specifications;

(2) The detection device for cement mortar density is to be perfected, and a good job shall be done on the measurement of grouting density for a non-prestressed bolt of full length bonding;

(3) Monitoring and measurement (including monitoring of displacements of anchoring structures, changes in prestressing forces, etc) of rock-soil anchoring project shall be strengthened and information feedback realized in order to revise a design or regulate procedures of construction.

3.5 Emphasis shall be given on controlling prestressing losses and researching anti-corrosion technology of prestressed anchor

How to guarantee the mechanical and chemical stabilities of the anchor at long-term working conditions is a problem to which users of projects show the greatest concern. It is, therefore, necessary to study the method for keeping permissible stress value and the general laws of stress variation of prestressed anchor subjected to creep deformation of strata, stress relaxation of steel material, variation of temperature, under the action of impulsive loads and fluctuating load, etc. It is also necessary to modify the existing anticorrosive technology for the anchor and put forward different anticorrosive standards according to different service time and degrees of corrosions.

3.6 Devote major efforts to carrying out theoretical researches according to actual needs of engineering

At the present, the following theoretical work must be strengthened around some major problems proposed by engineering constructions.

(1) Practical calculation methods of the bolts supportings for underground engineering systems shall be studied and proposed according to the semi-theoretical and semi-empirical design principles;

(2) The interactions between frictional bolts, yielding bolts and the surrounding rocks within tunnels of large deformations;

(3) Influence of the time-space effect on the loading capacity of anchor;

(4) The stress redistribution in rock and soil mass due to the prestressed anchor;

(5) The law of stress transfer in the anchoring body of tension type, compression type and shear type;

(6) Anchor behaviours at the conditions of stratum excavation, earthquake, impact loading, freezing, wave and high temperature, etc;

(7) Combined actions of anchor and other supporting and retaining structures, such as piling, shotcrete, etc.

第二部分

新型岩土锚杆(索)的锚固机理、工作特性与工程应用

压力分散型(可拆芯式)锚杆的研究与应用

程良奎[1]　范景伦[1]　周彦清[1]　李成江[1]　韩 军[2]　罗超文[2]

(1. 冶金部建筑研究总院；2. 长江科学院)

在我国土木建筑工程中，岩土锚固得到了日益广泛的应用。特别是随着我国水利、水电、交通、铁路等基础设施建设力度的加大，为永久性岩土锚固的应用提供了空前良好的机遇。边坡、大坝、机场、航道、堤防、码头、桥梁、隧洞、地下空间、深基坑以及建筑结构物的抗倾倒、抗浮力、抗滑移等建设工程将对岩土锚固提出一些新的和更高的要求，如要求进一步调用岩土体的自身强度，锚杆承载力随锚固体长度的增加而提高；锚杆应具足够的耐久性；锚杆的使用应不影响周边地层的开发等。而目前国内普遍采用的拉力型锚杆是无法满足这些要求的。因此，研究一种新型锚固系统，从改善锚杆的荷载传递机制入手，使之兼有多方面的优点，从根本上解决拉力型锚杆固有的弊端，以适应日趋复杂的工程建设的需要，取得更为显著的经济效益与社会效益，乃是本课题研究开发的宗旨。

1 锚杆类型与拉力型锚杆的荷载传递特征

按照荷载的传递方式，可将灌浆型锚杆分为三类，即摩擦型、支承型和摩擦—支承复合型。摩擦型锚杆又可分为拉力型与压力型两种(图1)。

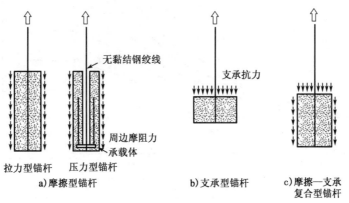

图 1　锚杆荷载传递方式分类

国内外大量的实测资料已经证实，在张拉荷载作用下，拉力型锚杆的传力特征是注浆体—岩土体间的黏结摩阻应力与杆体轴向力沿锚固体长度分布是极不均匀的，而且荷载传递范围仅在有限长度内，黏结摩阻力或杆体轴力的峰值分布在临近的自由段处，易出现渐进性破坏。

＊ 摘自冶金部建筑研究总院《科学技术研究成果报告》，1999。

如图 2～图 5 所示为在工程中实测的锚杆轴向力和注浆体—岩土间的黏结摩阻应力分布曲线。

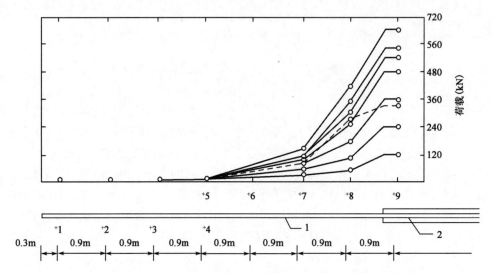

图 2　沿锚固段分布的杆体轴力（美国中央首都银行，地层为细到粗砂和砾石砂）
1-锚固段；2-自由段

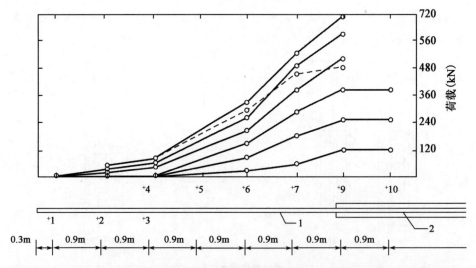

图 3　沿锚固段分布的杆体轴力（美国 1800 麻省住宅区，地层为细～中粉砂、黏土）
1-锚固段；2-自由段

图 4 是由德国 Ostermager 和 Scheele 根据 30 根预应力锚杆破坏试验结果整理分析得到的。

上列图例显示，锚固体内杆体轴向力及锚固体表面的黏结摩阻应力传递长度一般均不大于 10m。这也就是说，进一步增加长度，并不会对提高锚杆的承载力带来明显的效果。采用单孔复合锚固方法，即在单一钻孔内安放几个单元锚杆，可从根本上改善锚杆的荷载传递机制，充分调用土体强度，才是提高锚杆承载力的有效途径。

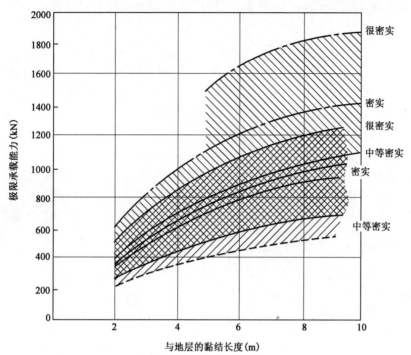

图 4　砂性土中锚杆承载力与土的密实度及锚杆锚固段长度的关系
（灌浆锚杆的直径为 10～15m，覆盖层厚 4m）

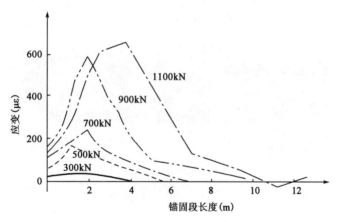

图 5　沿锚固段周边分布的注浆体—土界面上的黏结应变
（中国北京京城大厦，细、中砂，砂质黏土）

2　压力分散型锚杆的结构构造

压力分散型锚杆是一种单孔复合锚固体系。它是在同一个钻孔内安设 2 个以上单元锚杆，每个单元锚杆均有自己的筋体、自由段与锚固段。各单元锚杆锚固段的底端安有承载体（图 6），受压型单元锚杆的结构构造是将无黏结钢绞线弯曲成 U 形，用钢带与承载体绑紧在一起（图 7）。这种锚杆受到外部张拉力时，可将集中拉力分散为几个较小的压力，分部分段地作用于锚固段全长,以显著降低锚固段注浆体与周边地层间的黏结摩阻应力。

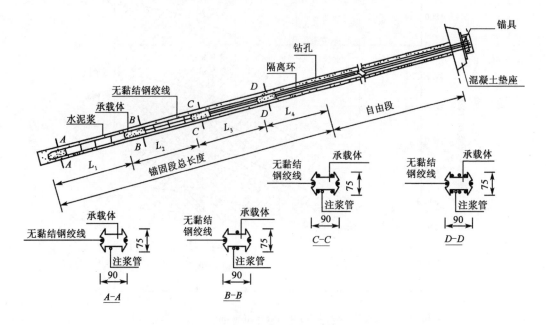

图6 压力分散型锚杆结构构造图(尺寸单位:mm)

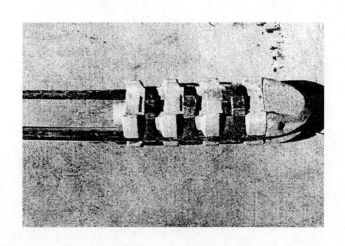

图7 聚酯纤维承载体与钢绞线的固定

3 压力分散型锚杆的承载力试验

3.1 承载体

承载体是压力分散型锚杆的关键受力部件,对钢绞线施加的拉力通过承载体,转化为对水泥浆体的压力。我们研制成的承载体是一种聚酯与纤维的复合材料,它具有高强度、高韧性等特点,主要技术性能见表1,满足了压力分散型锚杆的使用要求。

承载体材料的主要技术性能　　　　表1

项　目	技术性能
变曲强度(MPa)	≥85
抗冲击强度(kJ/m²)	≥23
压缩强度(MPa)	≥110
吸水率	≤2.15％(24h 23℃)
绝缘电阻(Ω)	$10^{12} \sim 10^{14}$
热变形(℃)	150

3.2 锚杆承载力

压力分散型锚杆通过在锚固段内埋设2个以上单元锚杆的复合锚固体系。可将传统拉力型锚杆作用于锚固体的集中拉力分散为几个较小的压力分段作用在锚固体上，显著地改善了注浆体—岩土界面上的黏结摩阻应力的不均匀性，从而可提高地层强度的有效利用率，锚杆承载力可随锚固段的增长而提高。我们曾在北京中银大厦基坑工程和广州凯城东兴大厦边坡工程中，进行了压力分散型锚杆与拉力型锚杆的现场抗拔试验，试验结果见表2。

压力分散型锚杆与拉力型锚杆的现场抗拔试验　　　　表2

锚杆类型	地层地质条件	试验根数	锚固段直径(mm)	锚固段总长度(mm)	单元锚杆(根)	承载体截面积(cm²)	各单元锚固段长度(m)	锚杆抗拔力数值(kN)	锚杆抗拔力所占比例(％)	试验现场	备　注
拉力型	粉质黏土,细、中砂	3	133	21	—	—	21	1200	100	北京中银大厦基坑工程	—
压力分散型	粉质黏土,细、中砂	3	133	21	4	7.0	5.25、5.25、5.25、5.25	1478	123	北京中银大厦基坑工程	各单元锚杆的黏结应力传递长度仅为2.0m左右
拉力型	粉质黏土	3	150	18	—	—	18	510	100	广州凯城东兴大厦工程	—
压力分散型	粉质黏土	3	150	18	2	7.0	9.0、9.0	570	112	广州凯城东兴大厦工程	—
压力分散型	粉质黏土	3	150	18	3	7.0	6.0、6.0、6.0	808	158	广州凯城东兴大厦工程	—

从表2有关数据可以得到以下一些认识。

(1)在土层条件和锚固段长度相同的条件下,压力分散型锚杆的承载力比拉力型锚杆大12%～58%。这是由于压力分散型锚杆能显著地改善注浆体—土体间的黏结摩阻应力沿锚固段全长分布的不均匀性,注浆体—土体界面上的黏结摩阻强度得以合理发挥的结果。

(2)在锚杆总锚固段长度不变条件下,增加单元锚杆的数量,即单元锚杆的锚固段长度小一些,则更能发挥锚固段周边土体抗剪强度的作用,锚杆承载力也就越高。如广东凯城东兴城大厦基坑工程采用压力分散型锚杆,锚固段总长度为18m,设置3个单元锚杆(锚固段长约为6m)的压力分散型锚杆,其抗拔承载力可比设置2个单元锚杆(锚固段长均为9m)的提高41.7%。

(3)合理确定单元锚杆的数量,采用较短的单元锚杆的锚固段长度和较大的单元锚杆承载体截面积,是提高压力分散型锚杆单位锚固长度承载力的关键。一般来说,土层中的压力分散型锚杆单元锚杆个数不宜小于3个,单元锚杆锚固段长可为3～6m。

4 压力分散型锚杆锚固体应力状态测试

为了解压力分散型锚杆锚固体应力分布特征,结合中银大厦基坑锚杆支护施工,取4根试验锚杆,采用应变传元件进行了锚杆锚固体轴向和径向应变的测试。

4.1 试验锚杆的布置

试验锚杆的锚固段主要分布在砂层中,共取4根锚杆进行应力分布测试。4根锚杆的编号为141号、126号、178号和179号。试验锚杆的原材料、结构形式与施工工艺同工程锚杆。锚杆钻孔直径ϕ133mm。每个锚杆孔中布置单元锚杆4个,各单元锚杆的锚固段长为5.25m。试验锚杆自由段长度12.5m。锚杆孔水平向下倾斜20°。对每个试验锚杆,应变砖的布置方式和位置基本相同,即从锚杆孔底向孔口方向的第二个承载体开始布置应变砖。锚杆孔中每个承载体附近布置5个应变砖,其相对位置分别为-0.2m、0.5m、1.0m、2.0m和3.5m,(图8)。图中,A_i为测孔中从孔底开始的第i个承载体,P_1、P_2、…、P_5为与A_i承载体对应的应变砖。每个试验锚杆共布置应变砖的总数为15个。在每个应变砖中沿锚杆轴向和垂直锚杆轴线方向分别布置有应变测量元件。

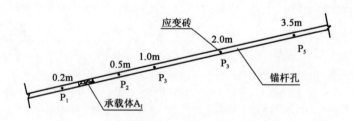

图8 锚杆孔中应变砖布置图

4.2 锚固体轴向应变测试结果及分析

表3中分别列出了141号孔A_2承载体和179号孔A_3承载体所依附的锚固段,随张拉力

增大,各测点的应变砖的相应应变值变化的测试结果。图9为相应的变化曲线。

张拉过程与锚固体应变值增长相关性　　　　　　　　　表3

承载体编号	张拉力(MPa)	荷载(kN)	应 变 值 ($\mu\varepsilon$)				
			P_1	P_2	P_3	P_4	P_5
141—A_2 号	2	55.6	−20	42	11	23	18
	4	111.2	−59	99	58	23	18
	6	166.8	−95	247	189	43	18
	8	222.4	−122	341	311	80	3
179—A_3 号	2	55.6	−21	104	48	12	10
	4	83.4	−61	158	53	15	3
	6	111.2	−124	364	141	69	18

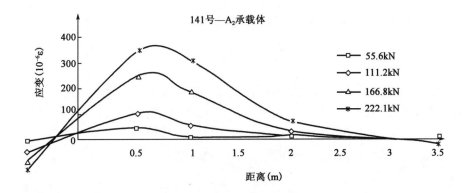

图9　141号锚杆 A_2 单元锚杆锚固段的轴向应变分布

由表3和图9,一方面可以了解张拉过程中承载体所在部位锚固体应变随张拉荷载的变化发展过程;另一方面可以了解承载体所在部位锚固体在荷载作用下其应变值的分布特征和分布范围。分析表3中两个典型锚固体 $P_1 \sim P_5$ 测点应变砖测试结果可知,承载体前方(下方)的锚固体内受到一定的拉应力作用;承载体后方(上方)的锚固体的压应变值主要反映在 P_2 和 P_3 测点部位,P_4 测点的压应变值仅是 P_2 点的 19%~23%,说明每个锚固体受压范围主要集中在2m以内。

图10为141号试验锚杆整体张拉锁定后,锚固体中所有应变砖测得的沿锚固体长度方向的应变分布曲线。该曲线基本上可以反映压力分散型锚杆整体张拉完成后,其锚固体应变的分布特征。

从测试结果可以看出,在张拉荷载作用下,尽管测得的在每一个承载体所依托的锚固段长的轴向应变值并不相等,但其基本分布形态是相似的。这反映了它与拉力型锚杆不同,在整个锚固体长度上,应力集中现象得到改善,轴向应力有规律地分布在整个锚固段长度范围内。

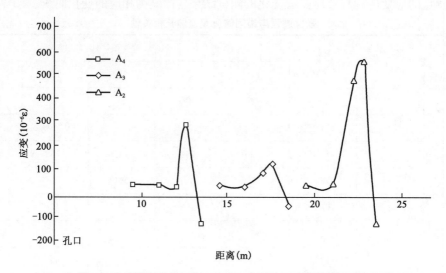

图 10　141 号锚杆整体加荷至 620kN 时的锚固段的轴向应变分布

4.3　锚固体径向应变测试结果及其分析

对锚固体径向应变的测试结果规律性较好。图 11 和图 12 分别为在不同的张拉荷载作用下 141 号孔 A_2 和 179 号孔 A_3 锚固体径向应变曲线。图 11 和图 12 表明：

(1) 紧挨各承载体的单元锚杆锚固段内的径向应变测试结果与轴向应变一样，即其应变值随张拉力的增加而增加，而且主要集中在离承载体 2.0m 的范围内。

(2) 如图 11 所示，在张拉力为 222kN 作用下锚固段上最大的径向拉应变为 $61\mu\varepsilon$，无疑这对提高注浆体—土体界面上的黏结摩阻强度是十分有利的。

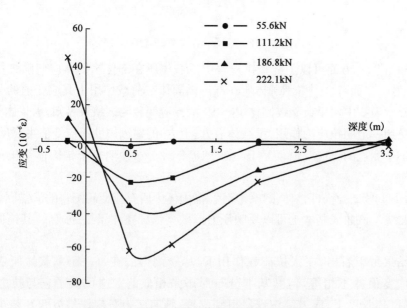

图 11　141 号孔 A_2 是承载体附近锚固段内的径向应变

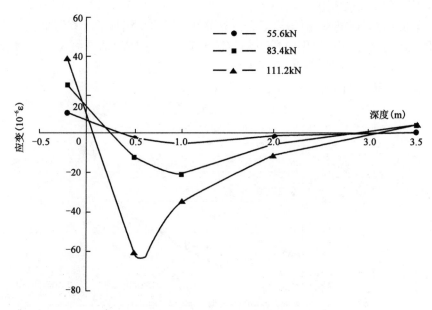

图 12　178 号孔 A_3 承载体附近锚固段内的径向应变

5　压力分散型锚杆轴力及切应力分布的有限元分析

5.1　计算分析模型

计算分析时,取成孔直径为 $\phi130mm$;注浆体强度等级为 M25;总锚固体长度为 15m,单元锚杆(承载体)为 3 个,分别位于 5m、10m 和 15m 处。并假定:

(1)注浆体为弹性各向同性材料。

(2)土体介质符合 Drucker-Prager 屈服准则的各向同性的弹塑性材料。

(3)不考虑地层覆盖压力的作用。

按该假定条件,问题的求解可归结为平面轴对称问题,所取的计算简图见图 13。其中 Z 为锚杆的轴线方向,Y 为径向,环向角度取 1rad。计算分析时采用 8 节点等参元。

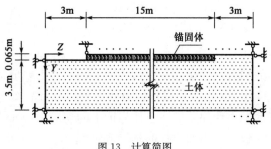

图 13　计算简图

5.2　锚固体轴力及切应力分布曲线

压力型锚杆与拉力型锚杆均依靠注浆体—土体界面上的摩阻力与张拉荷载相抗衡。而且承受张拉荷载时均以一集中力的形式作用在锚固体的一端。此外,二者除了荷载传递方向不同外,在荷载传递形态上是相似的。

为便于分析讨论,计算时同时给出了压力分散型与压力型锚杆的计算结果。

图 14 是取单位荷载(1N)作用时压力型与压力分散型锚杆的轴力曲线。图 15 为取单位荷载(1N)作用时压力型与压力分散型锚杆的注浆体—土地体界面上的切应力分布曲线。计算时土的弹性模量为注浆体的 1/400,泊松比为 0.3。

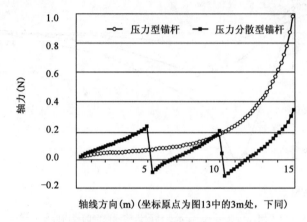

图 14　压力型与压力分散型锚杆的轴力曲线

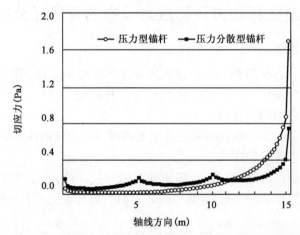

图 15　压力型与压力分散型锚杆注浆体—土体间切应力分布曲线

图 14 和图 15 显示:

(1)压力分散型锚杆的轴力及注浆体—土体界面上的切应力峰值远小于压力型锚杆,仅为压力型锚杆的 0.33 和 0.43,大大改善了锚杆轴力和切应力分布的不均匀性。

(2)压力分散型锚杆的轴力和注浆体—土体界面上的切应力分布在 15m 长的整个锚固长度范围内,与实测结果较一致。压力型锚杆的轴力和注浆体—土体界面上的切应力分布范围远比压力分散型的小。轴力主要集中分布在约 8.0m 长度范围内,切应力主要分布在约 6.0m 长度范围内。

(3)压力分散型锚杆的轴力曲线是分段连续的,在各承载体处轴力发生突变,且在两承载体之间轴力曲线呈 S 形,并在逆着各承载体受力方向的一侧会出现一定范围的拉应力。这与实测结果也是比较一致的。

5.3 土体弹性模量对锚杆轴力及切应力分布的影响

计算时,土体弹性模量 E_s 取不同的值:注浆体弹性模量 E_c 为 2.8×10^4 MPa,泊松比取 0.2,土体的泊松比取 0.3。

图 16 给出了 E_c 与 E_s 之比分别取 100、200、400、800、1600、3200 时单位荷载作用下的轴力曲线。从图中可以看出,不同土体弹模值所对应的曲线仍然保持图 14 的轴力曲线特征,但随着土体弹性模量的降低,各曲线段有逐步从 S 形曲线向直线形过渡的趋势。同时,除 15m 处的承载体外,在其他承载体的左右两截面上,轴力突变值虽保持不变,但其平均值随土体弹性模量的降低渐然向受压状态偏移。

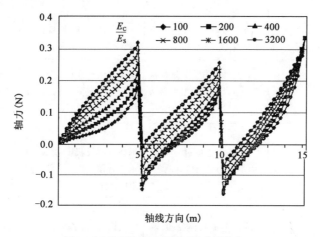

图 16　土体弹性模量对锚杆轴力的影响

切应力分布曲线随土体弹性模量变化的情况见图 17。从图 17 中可以发现,在整个锚固体上,随土体弹模的降低,各承载体部位切应力峰值在逐渐缩小,曲线变化逐渐趋于平缓,分布趋向均匀;并且随土体弹性模量的降低,切应力分布对土体弹性模量变化的敏感性降低。

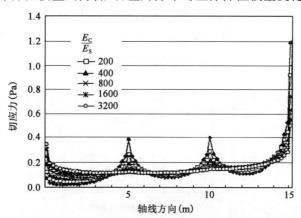

图 17　土体弹性模量变化对切应力分布的影响

6 压力分散型锚杆的工作特点

对压力分散型锚杆的现场试验、锚固体应力测试、有限元计算及工程应用实践等多方面的资料分析表明,与拉力型锚杆相比,压力分散型锚杆具有受荷时黏结应力分布较均匀、承载力高、耐久性好、可拆芯等工作特点(表 4 和图 18),是一种值得大力发展的新型锚杆,其潜在的优势将会在岩土工程中产生巨大的经济效益和社会效益。

压力分散型锚杆与拉力型、压力型锚杆工作性能比较　　表 4

序号	项目	拉力型	压力型	压力分散型
1	锚杆轴力及黏结摩阻应力值	轴力及黏结摩阻应力峰值高,应力集中现象严重	轴力及黏结摩阻应力峰值高,应力集中现象严重	因张拉荷载可分散为几个较小的压力,分段作用在锚固体上,轴力及黏结摩阻应力峰值显著减小
2	锚杆轴力及黏结摩阻应力沿锚固段分布状况	分布极不均匀,且仅分布在有限的长度范围内	分布极不均匀,且仅分布在有限长度范围内	可沿整个锚固长度较均匀地分布
3	黏结摩阻强度	灌浆体受拉,不会对孔壁产生径向力而增大黏结摩阻强度	灌浆体受压时,会对孔壁产生一定的径向力,并使黏结摩阻强度提高	灌浆体分段受压会对孔壁产生较均匀的径向力,使黏结摩阻强度提高
4	锚杆承载力	锚固长度超过一定值后,承载力增长极其微弱	锚固长度超过一定值后承载力增长极其微弱,且承载力较大时,承载体附近的灌浆体易压碎	锚杆承载力随单元锚杆数及总锚固段长度增加而提高,可得到高承载力的锚杆
5	耐久性	受荷时灌浆体受拉,易开裂,防腐性差	受荷时,灌浆体受压,不易开裂,防腐性好	受荷时灌浆体基本受压,不易开裂,预应力筋外有油脂 PVC 涂层及水泥浆体多层防腐,耐久性好
6	可拆芯性	使用功能完成后钢绞线不能拆除,构成对周边地层开发的障碍	使用功能完成后,钢绞线能拆除,不构成对周边地层开发的障碍	需要时,钢绞线可拆除,不构成对周边地下开挖工程的障碍

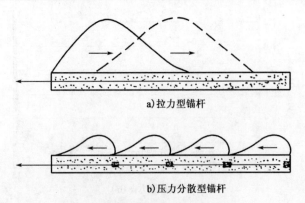

图 18　锚杆锚固体周边黏结应力分布形态

7　压力分散型锚杆的设计

(1)压力分散型锚杆各单元锚杆杆(筋)体受拉承载力可按下式计算,并应满足杆(筋)体张拉控制应力要求。

$$N_d \leqslant f_{py} \cdot A$$

式中:N_d——锚杆筋体受拉承载力设计值(kN);

　　　f_{py}——钢绞线抗拉强度设计值(kN);

　　　A——钢绞线的截面积(mm^2)。

(2)压力分散型锚杆各单元锚杆锚固段的抗拔承载力应按下式计算,锚固段长度取设计长度的较大值。

$$N_d \leqslant \frac{f_{mg}}{K} \pi \cdot D \cdot L_a$$

$$N_d \leqslant f'_{ms} \cdot n \cdot \pi \cdot d \cdot L_a$$

式中:N_d——单元锚杆锚固段拉力设计值(kN);

　　　L_a——单元锚杆锚固段长度(m);

　　　f_{mg}——锚固段注浆体与地层间极限黏结强度标准值,应通过试验确定,无试验资料时,可按相关标准取值;

　　　f'_{ms}——锚固段注浆体与筋体间黏结强度设计值,可按相关标准取值;

　　　K——锚固段注浆体与地层间的黏结抗拔安全系数,临时性锚杆取1.5,永久性锚杆取2.0~2.2;

　　　$D、d$——锚固体或筋体直径(mm)。

(3)压力分散型锚杆单元锚杆锚固段注浆体承压面积可按下式验算:

$$N_d \leqslant 1.35 \ A_p \left(\frac{A_m}{A_p}\right)^{0.5} \eta \cdot f_c$$

式中:N_d——单元锚杆受拉承载力设计值(kN);

　　　A_p——单元锚杆与锚固段注浆体横截面净接触面积(mm^2);

　　　A_m——锚固段注浆体横截面积(mm^2);

　　　η——有侧限锚固段注浆体强度增大系数,由试验确定;

　　　f_c——锚固注浆体轴心抗压强度设计值(kN)。

(4)压力分散型锚杆单元锚杆锚固段长度,一般宜按各单元锚杆锚固段受力均等的原则设计。基于不同岩土体与锚固段注浆体间的黏结摩阻强度差异很大,根据经验,单元锚杆的锚固段长建议为≥6m(软黏土);4~6m(硬黏土);2~4m(砂、砂砾);1.5~3.0m(岩石)。

8　压力分散型锚杆的施工

8.1　钻孔

(1)钻孔应采用管护壁套管湿作业成孔,这既有利于将制作的杆体顺利地插入孔内,也可保证灌浆体的密实。

(2)当采用无套管螺旋锚杆干作业成孔时,则钻至设计深度后应将钻孔内的余土旋出孔外,保证孔内无虚土和碎屑。

8.2 绑索

(1)按设计规定的长度切割钢绞线。

(2)用弯曲机将无黏结钢绞线先弯曲成U形并绑在承载体上,然后按单元锚杆锚固段长距组装成完整的锚杆杆体。

(3)在锚固段全长每隔2.0m设置一个隔离架,使钢绞线不能互相缠绕,并保证承载体处于钻孔中部。

(4)对不同单元锚杆的钢绞线的外露端应作出标记。

8.3 注浆

(1)注浆宜先用52.5级普通硅酸盐水泥,并加入一定数量的早强剂,使水泥石7d强度不低于30MPa。

(2)当向有套管护壁的钻孔中注浆时,务必先注浆,后拔套管。

(3)当向无套管护壁的钻孔内注浆前,应将孔内的虚土或石屑排出。

8.4 张拉

压力分散型锚杆的张拉作业,与普通拉力型锚杆是不同的。由于锚杆杆体上各对钢绞线分别绑扎在处于不同位置的承载体上,实际上各对钢绞线至张拉端间的距离存在着差异(图19)。若对同一根锚杆上各对钢绞线同时张拉,则由于延伸量不变,势必造成各对钢绞线受力不均。因而必须采用非同时张拉(等荷载张拉)方式,其要点如下所述。

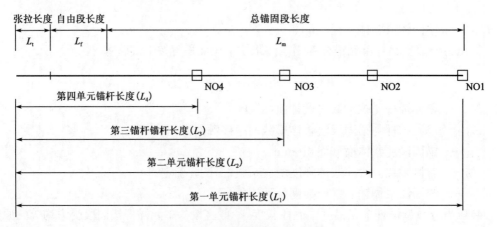

图19 压力分散型锚杆长度示意图

(1)每个单元锚杆所受的拉力N_i,应按下式计算:

$$N_i = \frac{N_d}{n}$$

式中:N_d——锚杆拉力设计值(kN);

n——单元锚杆数量(个)。

(2)每个单元锚杆的弹性位移量(mm),应按下式计算:

$$S_i = \frac{N_i L_i}{E_s A_s}$$

式中：L_i——每个单元锚杆的长度（mm）；

E_S——钢绞线的弹性模量（N/mm²）。

（3）各单元锚杆的起始荷载 N_i，应按下式计算：

$$N_1 = 0$$

$$N_i = N_{i-1} + [(i-1) \times N_i - N_{i-1}] \times \frac{S_{i-1} - S_i}{S_{i-1}} \quad (i=2,3,4\cdots)$$

（4）张拉步骤。

①将张拉工具锚夹片安装在第一单元锚杆位于锚头处的筋体上，按张拉管理图（图20）张拉至第二单元锚杆起始荷载 N_2。

②将张拉工具锚夹片筋体安装在第二单元锚杆的筋体上，张拉第一、二单元锚杆至张拉管理图上荷载 N_3。

③将张拉工具锚夹片筋体安装在第三单元锚杆的筋体上，继续张拉第一、二、三单元锚杆至张拉管理图上荷载 N_4。

④在张拉工具锚夹片仍安装在第一、二、三单元锚杆钢绞线的基础上，将张拉工具锚夹片安装在第四单元锚杆的筋体上，继续张拉至张拉管理图上的组合张拉荷载 $P_{组}$。

⑤各单元锚杆组合张拉至锁定荷载。

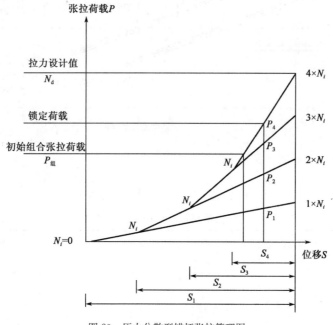

图20 压力分散型锚杆张拉管理图

9 工程应用

9.1 北京中银大厦基坑支护工程

中银大厦是中国银行在北京的主办公楼，位于复兴门内与西单北大街交会处，其主体结构采用钢筋混凝土框架体系，地上高度为59.8m，共15层，地下4层，基坑深度为−24.5～−20.5m，基坑平面面积13100m²,基坑所处地层见图21。该基坑采用锚杆背拉地下连续墙的支护方式,基坑的南侧、西侧和北侧采用普通拉力型锚杆,而基坑东侧因其特殊的地理位置,不允许锚杆滞留在红线以外,所以采用压力分散型(可拆芯式)锚杆。该基坑地下连续墙厚80cm,墙底高程为-29.0m,基坑东侧地下连续墙上布置四排可拆芯锚杆,锚杆的高程分别为-4.0m、-9.0m、-14.0m和-17.0m。第一、二、三排锚杆的设计荷载为698kN,第四排为722kN,安全系数为1.8。锚杆的结构设计参数见表5,共用锚杆338根。

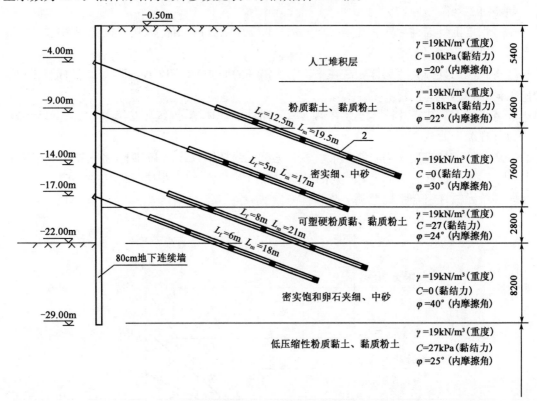

图21 中银大厦基坑所处地层条件(尺寸单位:mm)

中银大厦可拆芯锚杆结构参数表　　表5

排数	锚杆长度(m)	自由段长度(m)	锚固段长度(m)	承载体个数(个)	承载体间距(m)	锚杆倾角(°)	钢绞线(根)
第一排	32.0	12.5	19.5	4	5.0、5.0、5.0、4.5	20、25	8
第二排	27.0	10.0	17.0	4	均为4.25	20、25	
第三排	29.0	8.0	21.0	4	均为5.25	20、25	
第四排	24.0	6.0	18.0	4	均为4.25	20、25	

该型锚杆的预应力筋采用ϕ12.7mm、极限抗拉强度为1860MPa的无黏结钢绞线。

锚杆施工时,由于工期紧迫,曾采用7台履带式液压钻机同时作业。钻进时,均采用套管护孔,既完全避免了塌孔现象,又保证了注浆的饱满程度,是高度机械化施工的一个锚杆工程。

该锚杆支护工程的实践表明:

(1) 在粉质黏土及中、细砂地层中,锚固段长为 19.5m 时,采用 4 个承载体的压力分散型锚杆,承载力到达 1475kN 时,并未见异常变化。

(2) 基坑东侧共用 338 根可拆芯式锚杆,实际抽芯率达 96%,消除了周边地层开发的障碍。

(3) 基坑开挖至坑底时,压力分散型锚杆背拉的地连墙的最大位移为 13.5mm(图 22)。而与其地质条件相似的由拉力型锚杆背拉的连续墙支护的其他周边,下连续墙的最大位移量近 30mm,这说明压力分散型锚杆控制基坑变形的能力是较强的。

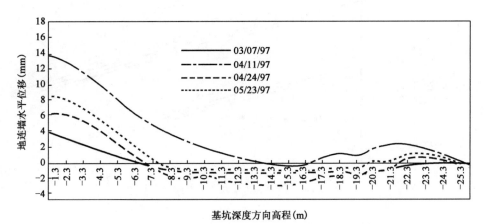

图 22 基坑东侧由压力分散型锚杆背拉的地连墙位移量

9.2 凯城东兴大厦边坡工程

凯城东兴大厦位于广州先烈中路,占地面积 3500m²,地下 3 层,地上 33 层。边坡支护剖面见图 23。

场区地层由上至下依次为第四系的人工填土层、坡积粉质黏土层、坡积的强风化泥质砂岩和中风化泥质砂岩。人工填土层主要由建筑垃圾及生活垃圾组成,夹有石块及碎砖块,局部有水泥板,厚度 1.1~1.8m。坡积粉质黏土平均厚度约 17.0m,呈可塑~硬塑状态,局部夹有多层中细砂及砾石层,永久边坡基本处于该层土层,其力学参数为:$\gamma=20kN/m^3$,$C=40kPa$,$\varphi=23°$。依据上述参数进行永久基坑支护设计。场地地下水综合水位一般在 2.6~10.5m,以潜水形式存在,主要含水层为坡积土层及风化岩层,大气降水和附近生活用水构成补给源。见表 6。

边坡锚杆支护结构与设计参数　　　　表 6

排数 项目	锚杆形式	锚杆自由段长(m)	锚杆锚固段长(m)	承载体个数(个)	锚杆轴向拉力设计值(kN)	锚杆轴向拉力极限值(kN)
第一排	拉力型	7.5	18	—	125	250
第二排	压力分散型	5.0	9	2	300	600
第三排	压力分散型	5.0	9	2	250	500

该工程对锚杆预应力值变化及边坡顶端水平位移进行监测,由图 24 可见,锚杆预应力变化幅度较小,表明锚杆工作正常。

护坡桩桩顶水平位移见图 25。水平位移一般为 4~8mm,最大值达 17mm,目前位移已经稳定。

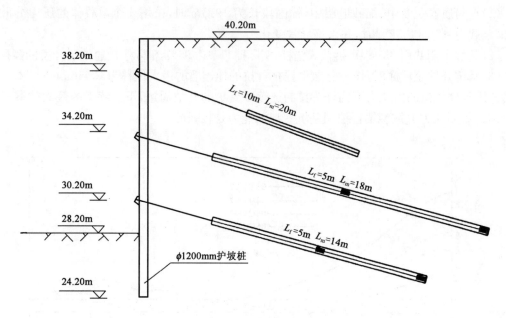

图 23 凯城东兴大厦边坡支护剖面图

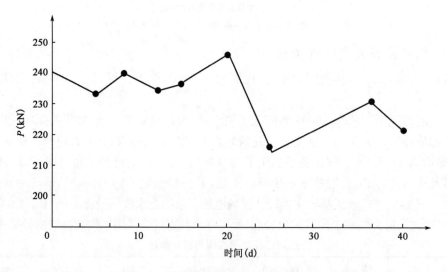

图 24 28～29号桩间锚杆预应力变化曲线(第二排)

9.3 北京虎峰山庄边坡加固工程

虎峰山庄位于北京八大处,是休闲和疗养胜地。二期工程开挖边坡高15～25m,坡角70°～85°,开挖过程中发生滑坡,使一期工程部分建筑物倒塌。根据该场区地勘报告和滑坡后所暴露出的岩土层情况,该边坡自上而下分布有人工填土层、坡积黏土层、强风化砂岩和中风化砂岩。

根据该边坡复杂的地质条件和边坡永久性加固的原则,采用锚拉框架梁结构加固土质边坡,采用预应力锚杆、砂浆锚杆、配网喷射混凝土加固岩质边坡。土质边坡锚杆施工前,在边顶

2.5m 处布置三排深度至坡底的预注浆孔,实施先期注浆以加固疏松的人工填土层和黏土层及强风化岩层,并提高其密实性和力学参数;岩质边坡采用预应力锚杆提供抗滑力,以维持深部岩体的稳定,砂浆锚杆和配网喷射混凝土加固边坡浅层破碎岩体,边坡加固典型剖面见图 26。鉴于该边坡加固为永久性工程,为保证锚杆的耐久性,锚杆均为压力分散型锚杆,锚固段布置两个承载体,预应力筋采用 1860 级 $\phi15.24mm$ 无黏结钢绞线。锚杆轴力设计值及极限值参数见表 7。

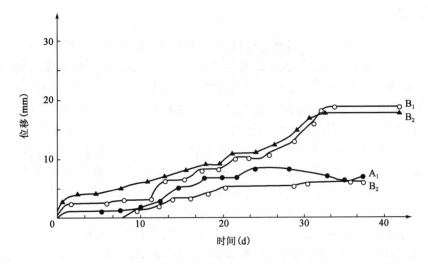

图 25　桩顶水平位移变化曲线

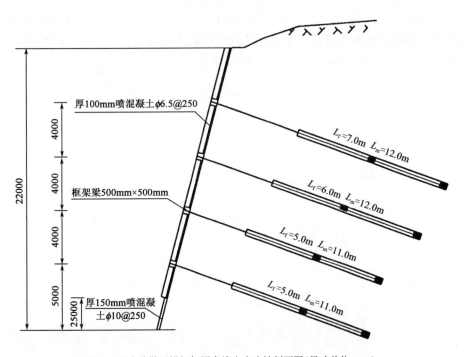

图 26　压力分散型锚杆加固虎峰山庄边坡剖面图(尺寸单位:mm)

锚杆轴向拉力设计值与极限值　　　　　　　表7

锚杆类别	轴力设计值(kN)	轴力极限值(kN)	张拉锁定荷载(kN)
岩锚	400	720	400
土锚	400	756	380

该边坡采用压力分散型锚杆加固后已处于稳定状态,一期工程地表裂缝未见继续发展,边坡加固效果良好。

10　结语

(1)压力分散型(可拆芯式)锚杆具有独特的传力机制和良好的工作性能。这主要表现在它能使锚杆轴力及注浆体—土体界面上的黏结摩阻应力峰值控制到最低限度,并能较均匀地分散到整个锚固段长度上,有效地发挥了锚固长度范围内土体强度的作用,锚杆承载力能随锚固段长度的增长而提高,为获得高承载力的锚杆和解决软弱土层中锚杆承载力问题开辟了新的途径,标志着锚固技术取得了突破性的进展。

(2)压力分散型(可拆芯式)锚杆使用功能完成后,预应力钢绞线可方便地抽出,这就不会构成对相邻地下工程建造的干扰,也不致发生由于锚杆超越红线带来侵犯相邻房产业主产权的争议,无论从工程意义还是从法律观念上来说,这种锚杆都是值得大力推荐的。

(3)压力分散型锚杆的锚段灌浆体基本受压,不易开裂,且无黏结钢绞线外有多层防腐,大大提高了锚杆的耐久性,这对保证永久性锚固工程的长期可靠性具有重要作用。

(4)工程实践表明,压力分散型锚杆结构新颖、设计合理、承载力高、控制变形能力强,能保证其锚固的结构稳定可靠,具有显著的经济效益和社会效益。

(5)为了满足压力分散型锚杆在承受拉力设计值条件下各钢绞线受力均等的目的,锚杆张拉应由钻孔底端向顶端逐次对各单元锚杆进行张拉锁定。条件许可时,应采用组合千斤顶实施对各单元锚杆的等荷载张拉。

单孔复合锚固法的机理和实践

程良奎

(冶金部建筑研究总院 北京 100088)

摘 要 论述了单孔复合锚固法的基本原理、工作机理和工程实践。与传统的锚固法相比,单孔复合锚固法能将荷载分散地传递给钻孔内几个较短的固定段,不会发生黏结效应逐步弱化或"脱开"现象,能有效地调用天然地层强度,显著地提高锚杆承载力。指出了传统锚杆设计中,将固定长度上杆体与注浆体,注浆体与地层之间的黏结应力视为均匀分布是不合理的。在计算锚杆承载力时,应引入固定长度有效因子这一概念。

关键词 单孔复合锚固;固定长度;有效因子

Mechanism and Practice of Single Borehole Compound Anchor Method

Cheng Liangkui

(*Central Research Institute of Building and Construction of Ministry of Metallurgical Industry, Beijing* 100088 *China*)

Abstract The basic principles, working mechanism and practice of the single borehole compound anchor method are destribed. The single borehole compound anchor can transfer the load simultaneously to a number of short lengths in the fixed anchor borehole without the occurrence of progressive debonding or separation, will mobilize the in-situ ground strength efficientiy and result in a considerable increase in anchor capacity. It is pointed out that it is unreasonable to consider the bond stresses between the tendon/grout or the grout/ground at a fixed length to be distributed uniformly for the design of anchor. An effective factor of the length should be adopted when calculating the capacity of the anchor.

Key words sing borhole compound anchor; fixed length; effecive factor

1 前言

在岩土体中埋设锚杆,由于围绕杆体的灌浆体与岩土体的弹性特征同杆体的弹性特征难于协调一致,因此岩土锚杆受荷时,不能将荷载均匀分布于固定长度上,会出现严重的应力集

---

* 本文摘自《第六次全国岩石力学与工程学术大会论文集》,武汉:2000,10。

中现象。在多数情况下,随着锚杆上荷载的增大,在荷载传至固定长度最远端之前,在杆体与灌浆体或灌浆体与地层界面上就会发生黏结效应逐步弱化或脱开的现象。这是与固定长度上黏结应力分布的不均匀性紧密相关的。

锚杆固定段黏结效应逐步弱化或"脱开",会大大降低地层强度的利用率。如图 1a)所示,当处于固定长度深部的地层强度被利用的条件下,那么固定段前端的地层已超出其极限强度值,该处锚杆与土体界面上只具有某些残余强度。然而有这样一种锚固方法,它可将荷载分散地传递给钻孔内几个较短的固定长度上,而不会发生黏结效应逐步弱化或"脱开",因而可以有效地调用天然地层强度,同时能显著地提高锚杆承载力,如图 1b)所示。这就是本文要论述的单孔复合锚固体系(SBMA 法)。

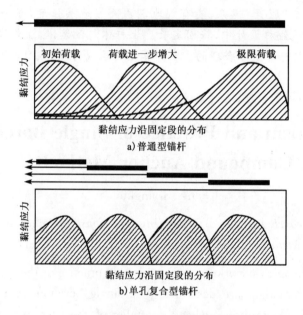

图 1　单孔复合锚固法与普通锚固法的比较

2　单孔复合锚固法的基本概念

单孔复合锚固系统是在同一个钻孔中安装几个单元锚杆,每个单元锚杆有自己的杆体、自由长度和固定长度,而且承受的荷载也是通过各自的张拉千斤顶施加的,并通过预先的补偿张拉(补偿各单元锚杆在同等荷载下因自由段长度不等而引起的位移差)使所有单元锚杆始终承受相同的荷载。

当单元锚杆的固定长度很小,而不会发生黏结效应逐步弱化或"脱开"的情况下,能最大限度地调用锚杆整个固定长度范围内的地层强度。此外,使用这种锚固系统的整个固定长度在理论上是没有限制的,锚杆承载能力可随固定长度的增长而提高。而对普通锚杆而言,当固定长度大于 8~10 m 时,其承载能力增量很小或无任何增加。

当锚杆的固定段位于非均质地层中时,可以合理调整单元锚杆的固定长度,即比较软弱的地层中单元锚杆的固定长度应大于比较坚硬的地层中的单元锚杆的固定长度。这样就能使不同的地层强度都得到充分的利用。如果需要,单孔复合型锚杆可采用全长涂塑的无黏结钢绞线,并绕承载体弯曲成 U 形的单元锚杆复合而成。该种锚杆完全处于多层防腐的环境中,既可用作高耐久性的永久性锚杆,也可用作可拆除芯体(钢绞线)的临时性锚杆。

3 单孔复合锚固法的试验研究

从 1997 年开始,笔者主持的课题组对单孔复合锚固法进行了试验研究。

所开发的单孔复合锚固法是一种压力分散型锚杆,它由无黏结钢绞线(预应力筋)、承载体、灌浆体及锚头组成。绕过承载体弯曲成 U 形的无黏结钢绞线,构成一个独立的单元锚杆。在同一钻孔中,可安放多个单元锚杆(图 2)。

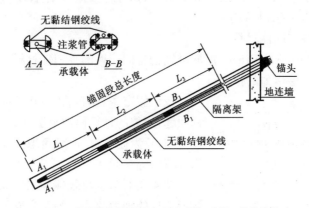

图 2　单孔复合锚固体系(压力分散型锚杆)的结构构造

为了揭示单孔复合型锚杆的工作特点及黏结应力分布规律,进行了现场锚杆抗拔试验,锚杆轴力及黏结应力分布有限元分析和工程锚杆应力测试等研究工作。

3.1 现场锚杆抗拔试验

在北京中银大厦基坑工程和广州凯城东兴大厦边坡工程大量应用了单孔复合型锚杆,并对相似条件下的单孔复合型锚杆与普通锚杆进行了抗拔试验,试验结果见表 1。

单孔复合锚杆的现场抗拔试验　　　　表 1

锚杆类型	荷载传递方式	单元锚杆个数(个)	单元锚杆固定长度(m)	锚杆总固定长度(m)	地层地质条件	锚杆抗拔力(kN)	试验现场
普通锚杆	拉力型	1	21.0	21.0	粉质黏土,细、中砂	1200	北京中银大厦
单孔复合锚杆	压力分散型	4	4.5,5.0,5.0,5.0	19.5	粉质黏土,细、中砂	1480	北京中银大厦
普通锚杆	拉力型	1	18	18	粉质黏土	510	广州凯诚东兴大厦
单孔复合锚杆	压力分散型	3	6.0,6.0,6.0	18	粉质黏土	810	广州凯诚东兴大厦

锚杆抗拔试验结果表明:在相似条件下,单孔复合型锚杆比普通锚杆的承载力提高 23%～58%,显然这是由于单孔复合型锚杆的整个锚固长度上黏结应力分布较均匀,各单元锚杆

固定长度较短,不会出现逐步黏结破坏现象,固定长度周围的地层强度得到合理利用的结果。

应当说明,锚杆的抗拔试验是结合工程进行的,锚杆荷载并没有达到破坏值,且压力分散型锚杆各单元锚杆的承载能力还受到灌浆体轴向抗压能力的限制,因而单孔复合(压力分散型锚杆)的各单元锚杆固定长度上的黏结能力并未充分发挥,其提高承载能力的潜在优势并未完全被揭示。

3.2 单孔复合锚杆轴力及黏结应力分布的有限元分析

计算分析时,取钻孔直径为 130mm,注浆体强度等级为 M25,单孔复合(压力分散)型锚杆由 3 个单元锚杆组成,各单元锚杆的固定长度均为 5m,锚杆的总固定长度为 15m。普通(压力型)锚杆的固定长度也为 15m,并假定:

(1)注浆体为弹性各向同性材料。
(2)土体介质符合 Drucker-Prager 屈服准则的各向同性的弹塑性材料。
(3)不考虑地层覆盖层压力的作用。

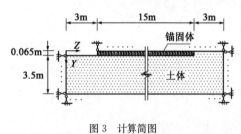

图 3 计算简图

按该假定条件,问题的求解可归结为平面轴对称问题,所取的计算简图见图 3。其中 Z 为锚杆的轴线方向,Y 为径向,环向角度取 1rad。计算分析时采用 8 节点等参元。

图 4 是取单位荷载(kN)作用时压力型与压力分散型锚杆的轴力曲线。图 5 为取单位荷载(kN)作用时压力型与压力分散型锚杆的注浆—土体界面上的黏结应力分布曲线。计算时土的弹性模量为注浆体的 1/400,泊松比为 0.3。

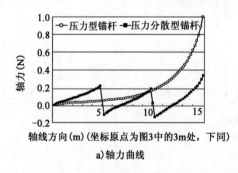

a) 轴力曲线

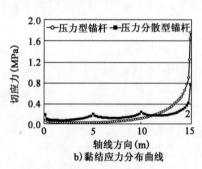

b) 黏结应力分布曲线

图 4 普通压力型与单孔复合压力分散型锚杆的轴力曲线与黏结应力分布曲线

图 4 显示:

(1)单孔复合(压力分散型)锚杆固定长度上的轴力及注浆体—土体界面上的黏结应力峰值远小于普通(压力型)锚杆,仅为普通锚杆的 0.33 和 0.43,大大改善了锚杆固定长度轴力和黏结应力分布的不均匀性。

(2)单孔复合型锚杆的轴力和注浆体—土体界面上的黏结应力分布在 15m 长的整个固定长度范围内,普通锚杆的轴力和注浆体—土体界面上的黏结应力分布范围远比压力分散型小,轴力主要集中分布在约 8.0m 长度范围内,黏结应力主要分布在约 6.0m 长度范围内。

从锚杆的有限元分析资料可以看出,单孔复合锚杆可大大降低注浆体—土体界面上的黏结应力,并能较均匀地分布于整个锚固长度上。

3.3 锚杆固定长度灌浆体轴向应力的测定

曾在中银大厦基坑工程中,测定了单孔复合(压力分散型)锚杆各单元锚杆固定段注浆体的轴向应力,结果表明:

(1)固定于中细砂层中的单元锚杆,其固定长度为 5.0m,测得的灌浆体轴向应力随锚杆荷载的增加而增加(图 5)。当荷载为 220kN 时,轴向应力分布主要集中在 2m 范围以内。

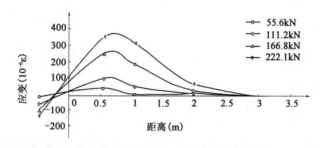

图 5　锚杆锚固体应力分布曲线

(2)对单孔复合锚杆的各单元锚杆施加荷载时,各单元锚杆固定段注浆体的轴向应力数值有一定差异,但分布形态是相似的。这说明,与普通锚杆不同,单孔复合型锚杆可以大幅度降低固定段灌浆体的应力峰值,并使轴向应力分布在整个锚固长度上;同时还说明,在砂质土中,在充分发挥单元锚杆预应力筋(2 根直径为 φ12.7mm 钢绞线)的抗拉强度的条件下,单元锚杆的固定长度可比 5.0m 短得多,2.0～3.0m 较为适宜。

总之,通过锚杆的抗拔试验、有限元分析及应力测试,从不同的侧面揭示了单孔复合型锚杆独特的荷载传递机制,在外力作用下,这种新型锚杆的应力能较均匀地分布在整个固定长度上。因而能充分利用土层的抗剪强度,显著地提高锚杆的承载力。

4　单孔复合锚固法的工程应用

单孔复合锚固在国内外岩土锚固工程中获得迅速发展。我国冶金部建筑研究总院近年来开发的单孔复合锚固法是一种压力分散型锚杆,已在基坑及边坡工程中使用了 20000 余根单元锚杆。在中国银行基坑工程的中细砂及粉质黏土地层中,由 4 个单元锚杆组成的单孔复合型锚杆承载力达 1500kN 时仍未见破坏,并全部实现了芯体拆除,从根本上排除了对开发周边地下空间的障碍。香港在新机场建设中,采用单孔复合锚固法创造了单根土层锚杆承载力的新纪录。位于砂和完全风化崩解的花岗岩层中的单孔复合型锚杆,由 7 个单元锚杆组成,单元锚杆的固定长度分别为 5m 和 3m,锚杆固定总长度达 30m,在 3000kN 荷载作用下,未见异常变化。台湾大地工程有限公司已完成单孔复合型锚杆的总长度达 80000m,主要用于基坑工程的可拆除地锚。

英国是开发单孔复合型锚杆较早的国家之一,至今已使用得相当广泛。设置在 Brakle-sham Beds 黏土中的由 5 个单元锚杆组成的单孔复合型锚杆,用测力计测得的锚杆总荷载为 1337kN。在日本边坡加固工程中广泛采用的被称之为 KTB 的锚固工法,实质上就是一种单孔复合型锚杆。它也是一种压力分散型锚杆。将无黏结钢绞线绕承载体弯曲成 U 形,构成单元锚杆,一般由 3~4 个单元锚杆组成单孔复合锚杆。该种锚杆用于土层、强风化或软弱破碎的岩层中的极限承载力通常为 800~1200kN。

5 关于改进锚杆设计的讨论

目前关于锚杆的设计,锚杆的极限承载力与锚杆的固定长度成正比。计算锚杆极限承载力的方程式为:

$$T_u \propto L$$
$$T_u = \pi D L q_s$$

式中:T_u——锚杆的极限承载力(kN);
D——钻孔直径(mm);
L——固定段长度(m);
q_s——灌浆体与土体界面上的黏结强度(kPa)。

在上述表达式中,是将锚杆受荷过程中固定长度上周边的黏结应力视为均匀分布。然而,正如前面已经提到的那样,由于锚杆杆体、灌浆体以及经过灌浆处理的地层的弹性模量是不协调的,在杆体—灌浆体或是地层—灌浆体界面处的逐步"分离"阻碍着黏结应力的均匀分布。因此,假定锚杆荷载传递过程中,作用在锚固段整个周边的黏结应力均视为均匀分布,并采用锚杆的承载力与锚固长度成正比的设计原则是不合理的。

通过单孔复合锚杆与普通锚杆现场试验,有限元分析与工程锚杆的应力测试。可以对传统的锚杆设计公式作如下修正:

$$T_u = \pi D L \psi q_s$$

或

$$T_u = \pi D L \psi \alpha C_u$$

式中:T_u——锚杆极限承载力(kN);
L——锚杆固定段长(m);
D——钻孔直径(mm);
q_s——灌浆体与地层间的黏结强度(kPa);
ψ——与固定长度有关的有效因子;
α——黏结系数;
C_u——地层的平均不排水抗剪强度(kPa)。

黏结系数 α 考虑设置锚杆地层的变异以及钻孔和施工技术的变化。有效因子 ψ 则是考虑随着固定长度的增加地层强度有效利用率逐渐减低的一种系数。

英国 A. D. Barley 通过在黏土中对 61 个单元锚杆的试验,其中 21 个单元锚杆和 2 根普通锚杆发生了破坏,对其结果分析整理后,综合考虑了黏结系数以及有效锚固长度随固定长度增加而降低的影响,得出了伦敦极坚硬的黏土中锚杆固定长度与综合有效因子 f_c 的关系曲线(图6)。

图 6 表明,当使用短的固定长度(2.5~3.5m)时,有效因子为 0.95~1.0,几乎能完全调用

黏土的抗剪强度。此后随着固定长度的增加,综合有效因子 f_c 急剧下降。当使用很长的固定长度(25m)时,锚杆的有效因子 f_c 可降低到 0.25。

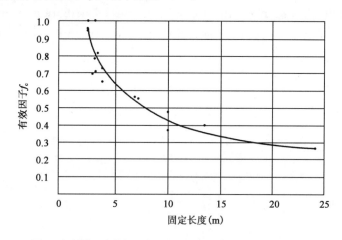

图 6 坚硬黏土中锚杆固定长度与综合有效因子(f_c)的关系曲线

笔者认为,在锚杆设计中,必须建立固定长度有效因子的概念。但对砂质土、软黏土、硬黏土、软岩、中硬岩、硬岩等不同地层,固定长度的有效因子随长度变化的规律是不同的。今后应通过更多的试验获得不同地层中的有效因子,为修改锚杆设计提供定量的科学依据。

6 结语

(1)与传统的锚固法相比,在同一钻孔中安设多个单元锚杆的单孔复合锚固法能使黏结应力较均匀地分布在整个锚固长度上,因而能更有效地利用地层强度。

(2)设计单孔复合锚固法时,除应考虑地层强度的变异性外,应特别重视地层抗剪强度的有效利用率将随锚杆固定长度的缩短而提高。

(3)单孔复合锚固法的固定长度可达 30m,其承载力可随固定长度的增加而成比例提高,为在土层及软弱破碎岩石中大幅度提高单根锚杆的承载力提供经济有效的方法。

(4)随着锚杆荷载的增大,锚杆固定段前端过高的黏结应力峰值会导致注浆体与地层或注浆体与杆体界面处黏结效应弱化或分离。因而以往的锚杆极限承载力计算公式将沿固定段全长的黏结应力按均匀分布处理是不合理的。在计算锚杆承载力时,应引入固定长度有效因子 ψ,该值随锚杆固定长度的增加而急剧减小。

(5)若单孔复合型锚杆的预应力筋采用涂塑的无黏结钢绞线,则能形成多层防腐体系,既可用作高耐久性的永久锚杆,也可用作可拆除芯体(钢绞线)的临时锚杆。

参 考 文 献

[1] 程良奎.深基坑锚杆支护的新进展[M]//中国岩土锚固工程协会.岩土锚固新技术.北京:人民交通出版社,1998.

[2] 程良奎.分散压缩型(可拆芯式)锚杆[M]//陈惠玲编.高效预应力结构设计施工实例应用手册.北京:中国建筑工业出版社,1998.

[3] Barley A D. The single bore multiple anchor system[M]//Proc. Ground Anchorages and Anchored Structures. London:Thomas Telford,1997.

[4] Woods R L,Bakhodari K. The influence of bond stress distribution on ground anchor design[M]//Proc. Ground Anchorages and Anchored Structures. London:Thomas Telford,1997.

压力分散型锚杆工作特性的有限元模拟分析

李成江　程良奎

（冶金部建筑研究总院）

压力分散型锚杆是压力型锚杆的一种改进形式，在构造上与压力型锚杆的不同之处在于在锚固段的锚固段内设置了多个承载体，从而可将单一的集中荷载分散为几个较小的荷载，分别施加在锚固段的不同部位，显然这种构造形式比锚固荷载集中地作用在锚固段端部的压力型锚杆具有以下优点：一是降低了锚固荷载作用部位注浆结石体局部受压的应力水平，有利于大吨位锚杆的制作；二是荷载的分段施加，在较大程度上改善了注浆结石体与土体交界面上的剪应力分布不均匀的状况，可将锚固荷载较均匀地分散到整个锚固段的长度上，从而提高了锚杆锚固段的有效利用率。

压力分散型锚杆的这一特点从概念上讲是易于理解的，在工程实践中通过实测也得到了初步认证，但从推广应用的角度看，有必要在此认识的基础上对这类锚杆的工作特性作进一步的研究和了解。为此，本文结合课题的研究，采用有限元方法对其工作特性进行了模拟定性分析，拟通过分析来加深对该类锚杆的工作特性的认识，从而为这类锚杆的设计与施工提供有益的帮助。

1　计算分析模型

压力分散型锚杆的应用对象主要是深基坑支护、边坡加固等工程，所涉及的工程地质条件主要为各类土体或软弱岩体介质。锚杆制作的工艺一般为：成孔直径 $\phi130$，杆体材料采用 $7\times\phi4$ 或 $7\times\phi5$ 的无黏结预应力钢绞线，注浆结石体为 M25～M35 的水泥浆或水泥砂浆，承载体设置 2～4 个，锚固段长度 10～20m，锚固荷载一般在 600～1200kN 范围内。为此，本文在计算分析时，取：

(1)成孔直径为 $\phi130$。
(2)注浆结石体为强度等级为 M25 砂浆。
(3)锚固段长度为 15m。
(4)设置 3 个承载体，第一个设置在孔底位置，第二、三个分别设置在距孔底 5m 及 10m 处，且每个承载体上分配的锚固荷载相同。

并假定：
(1)注浆结石体为弹性各向同性材料。
(2)土体介质为符合 Drucker-Prager 屈服准则的各向同性的弹塑性材料。
(3)不考虑地层覆盖压力的作用。

---

* 摘自冶金部建筑研究总院《科技成果报告》，1998。

按该假定条件，问题的求解可归结为平面轴对称问题，所取的计算简图见图1。其中，Z 为锚杆的轴线方向，Y 为径向，环向解度取为1rad。计算分析时采用8节点等参元。

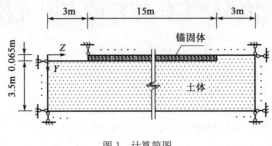

图1 计算简图

2 对比计算分析

2.1 工作特性曲线

2.1.1 轴力曲线

压力型锚杆的荷载传递过程是：荷载→杆体→承载体→注浆结石体→注浆结石体与地层的交界面→地层，在这一荷载传递过程中，注浆结石体起到了中间传递载体的作用，承载体将荷载以轴向力的形式传递给注浆结石体，结石体则通过其与地层交界面，以剪应力形式将荷载扩散到地层中去。注浆结石体的这一荷载传递过程可通过结石体的轴向力沿锚杆轴线方向上的变化曲线来反映，在本文中简称该曲线为轴力曲线。由于不同的锚杆结构构造以及地层的物理力学参数变化对锚杆荷载传递的影响均可通过该曲线表示出来，因此该曲线是反映锚杆工作特性的基本曲线。

本文首先取单位荷载(1N)作用时的情况进行了计算。图2给出的曲线即为在单位荷载作用下的锚杆轴力曲线。为进行对比分析，在该图中也同时给出了压力型锚杆在同等计算条件下的轴力曲线。计算时，土体的弹性模量取为注浆结石体的1/400，泊松比为0.3；对于压力分散型锚杆，在5m、10m、15m处的承载体上分别施加1/3N的作用力，而对于压力型锚杆单位荷载，则集中作用在15m处的承载体上，荷载的作用方向指向坐标原点。

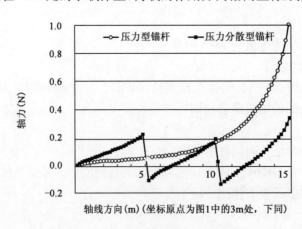

图2 轴力曲线

图 2 给出的曲线显示：

(1) 压力分散型锚杆的轴力曲线是分段连续的,在各承载体处轴力发生突变,量值上等于在该点施加的荷载。

(2) 以承载体为分界点,压力分散型锚杆在靠近坐标原点侧锚固段上的轴力分布与压力型锚杆具有相似的曲线形式;而在承载体之间的各锚固段上,轴力分布曲线则呈 S 形,并且在坐标原点侧的端点附近的一定范围内,注浆结石体会出现受拉状态,拉力的最大值发生在该端点承载体处的右截面上。

(3) 由于施加于压力分散型锚杆的荷载是由多个承载体承担的,因此各承载体部位注浆结石体承受的局部压应力在量值上较压力型锚杆显著减小。

2.1.2 切应力分布曲线

按 2.1 节的计算条件,压力分散型锚杆以及压力型锚杆在单位荷载作用下,注浆结石体与土体交界面上的剪应力分布曲线如图 3 所示。该曲线反映了注浆结石体与土体交界面的剪力传递能力和规律,也是反映锚杆工作特性的基本曲线之一。

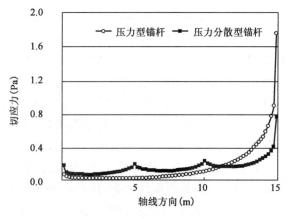

图 3 切应力分布曲线

从给出的曲线可以看出,理想状态下,压力分散型锚杆在注浆结石与土体交界面上的剪应力分布曲线是一条有拐点的连续变化曲线,与各承载体的位置相对应,该曲线具有多个峰值。在整个锚固段上,压力分散型锚杆的切应力分布要比压力型锚杆的切应力分布合理,不均匀性得也到了显著改善,在本计算条件下,其剪应力的最小值和最大值分别为压力型锚杆的 4.13 倍和 0.43 倍。

2.2 地层参数变化对切应力分布和轴力传递的影响

已有的研究成果表时,锚杆的切应力分布以及轴力传递受多方面因素的影响,但当锚杆的制作工艺参数确定后,这些影响主要来自于工程地质条件的变化。为此,在本文中就土体的弹性模量及泊松比两个基本土体的物理力学参数的变化,对锚杆切应力分布和轴力传递的影响进行对比计算分析。

2.2.1 土体弹性模量变化对锚杆轴力传递和切应力分布的影响

表 1 中给出了工程中常遇到的土体介质的弹性模量变化范围(摘自《地基与基础》,中国建筑工业出版社,顾晓鲁等)。参考该表给出的数值,本文就土体的弹性模量 E_s 分别取不同的

值时进行了对比计算。计算时,取注浆结石体(M25)的弹性模量 E_C 为 2.8×10^4 MPa、泊松比取 0.2,土体的泊松比为 0.3。

土体的弹性模量值 E　　　　　表1

土 的 种 类	E 值(MPa)
砾石、碎石、卵石	40～56
粗砂	40～48
中砂	32～56
干的细砂	24～32
饱和的细砂	8～16
硬塑的亚黏土及轻亚黏土	32～40
可塑的亚黏土及轻亚黏土	8～16
坚硬的黏土	80～160
硬塑的黏土	40～56
可塑的黏土	8～16

在图 4 中给出了 E_C 和 E_S 之比分别取 100、200、400、800、1600、3200 时单位荷载作用下的轴力曲线。可以看出,不同的土体弹性模量值对应的曲线依然保持 2.1.1 节中描述的轴力曲线特征,但随着土体弹性模量的降低,相邻承载体之间的各曲线段有逐步从 S 形的曲线形式向直线形过渡的趋势。同时,除 15m 处的端部承载体外,在其他承载体处的左、右两截面上,轴力突变值虽然保持不变,但其平均值则随土体弹性模量的降低而逐步向受压状态偏移。

图 4 给出的结果表明,在本文所取的计算模型条件下,在 5m 和 10m 处承载体的右断面上,轴力始终处于受拉状态,在其他条件不变的情况下,只有通过调整承载体的位置才能对这一受力状态进行改善,但是由于受多方面因素的影响,这种调整实际上是困难的,难以找到有效可行的办法。考虑到注浆结石体材料承受拉力的能力较弱这一事实,在实际应用中可认为锚固段在此处是分段的,从而可简化计算,但在进行永久性锚杆的设计时,应注意加强该部位的防腐处理。

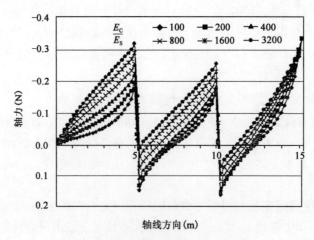

图 4　土体弹性模量变化对锚杆轴力的影响

切应力分布曲线随土体弹性模量变化的情况见图 5。根据该图中给出的曲线分析可以发现,在整个锚固段上,随土体弹性模量的降低、各承载体部位的切应力峰值在逐渐减小,曲线的变化逐渐趋于平缓,分布趋向于均匀,形状则逐渐呈现出 U 形的曲线;并且随土体弹性模量的降低,切应力分布对土体弹性模量的变化的敏感性降低。在本文计算条件下,当 E_C 和 E_S 之比大于 800 后,给出的曲线只有在两端点附近变化较为明显。

对于图 5 给出的曲线在左端点附近的值有随土体弹性模量的降低而增加的现象,分析其原因,认为是由于注浆结石体的端部影响随土体弹性模量降低而增大所致。

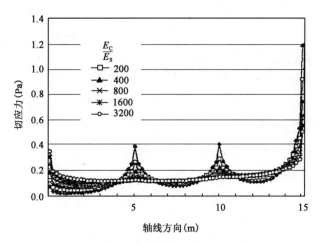

图 5　土体弹性模量变化对切应力分布的影响

2.2.2　土体泊松比变化对锚杆轴力传递和切应力分布的影响

土体泊松比的变化范围一般在 0.15～0.4,表 2 给出了工程中常遇到的各类土体介质的泊松比变化范围(摘自《地基与基础》,中国建筑工业出版社,顾晓鲁等)。为了探讨锚杆轴力传递以及切应力分布对土体泊松比变化的敏感性,就土体泊松比分别取 0.05、0.3、0.45 的情况进行了对比计算。计算时取 E_C 和 E_S 为 200。

土体的泊松比 μ　　表 2

土的种类和状态		μ
碎石土		0.15～0.20
砂土		0.20～0.25
粉土		0.25
粉质黏土	坚硬状态	0.25
粉质黏土	可塑状态	0.30
粉质黏土	软塑或流塑状态	0.35
黏土	坚硬状态	0.25
黏土	可塑状态	0.35
黏土	软塑状态或流塑状态	0.42

图 6、图 7 分别给出了泊松比取不同值的轴力传递以及切应力分布曲线,可以看出泊松比的变化对锚杆的轴力传递和切应力分布的影响,但其影响的程度较小,以切应力的变化为例,

当土体的泊松比由 0.05 变化到 0.45 时,切应力变化最大处的值仅增加 18%。

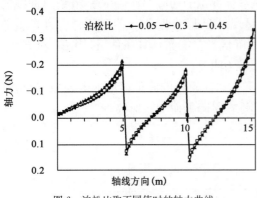

图 6　泊松比取不同值时的轴力曲线　　　　图 7　泊松比取不同值时的切应力分布曲线

泊松比的变化对锚杆的轴力传递和切应力分布的影响规律类似于弹性模量,但过程相反,即泊松比增加与土体弹性模量降低对轴力传递和切应力分布的影响具有相似的规律。

2.3　土体塑性应力重分布对锚杆工作特性的影响

以上就单位荷载作用下的锚杆工作特性进行了讨论,但当施加的荷载水平较高时,注浆结石体与土体交界面上的切应力将随土体塑性变形的发展而发生重分布。为此,在这里采用基于 Druke-Plager 屈服准则的弹塑性模型,就考虑土体塑性应力重分布后,压力分散型锚杆的工作特性进行了初步对比计算分析。

2.3.1　不同高荷载水平下的工作特性曲线

大量的锚杆试验表明,当施加的试验荷载达到一定的水平时,荷载—位移曲线将出现不可恢复的塑性位移,该塑性位移的产生主要是注浆结石体与土体交界面附近的土体产生塑性变形引起的,本文中将施加的超过该试验荷载的荷载水平定义为高荷载水平。

图 8、图 9 分别给出了不同高荷载水平下锚杆的轴力曲线以及切应力分布曲线。计算时取土体内摩擦角为 0°,黏聚力为 50kPa,E_c/E_s 为 400,泊松比为 0.3;施加的荷载分别为 255kN、191kN、153kN(分别对应于按规范计算出的锚杆的安全系数 1.2、1.6、2.0)。

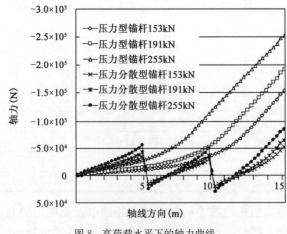

图 8　高荷载水平下的轴力曲线

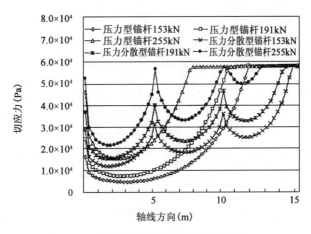

图9 高荷载水平下的切应力分布曲线

对图8、图9给出的曲线进行比较分析,在本节给定的计算条件下,得到以下认识:

(1)随着施加的荷载水平提高,压力分散型锚杆和压力型锚杆在其注浆结石体与土体交界面上的切应力将随土体塑性变形的发展出现重分布现象,其过程是自单位荷载作用下切应力分布曲线上最大值对应的部位开始随荷载的增加而逐步扩展。

(2)在塑性区范围内,锚杆轴力曲线的斜率,以及注浆结石体与土体交界面上的切应力值均不随荷载的变化而变化;而在弹性区范围内,轴力曲线以及注浆结石体与土体交界面上切应力分布曲线仍具有单位荷载作用下的曲线形式,但其值随荷载的增加而增加。

(3)在同等荷载水平下,压力分散型锚杆注浆结石体与土体交界面上的塑性切应力分布范围小于压力型锚杆的塑性切应力分布范围,但这种差别随荷载水平的提高而减小。这表明,压力分散型锚杆注浆结石体与土体交界面上出现塑性切应力的荷载水平要较压力型锚杆的高,但其扩展速度要比压力型锚杆迅速,最终两者同时达到极限承载力。在本算例中,当分别施加153kN、191kN、255kN荷载时,压力分散型锚杆切应力分布范围分别为压力型锚杆塑性切应力分布范围的9.1%、17.6%和37.0%。此外,试验表明,各类土体介质具有明显的塑性应变软化特征,若考虑该因素的影响,推断压力分散型锚杆的极限承载力应大于压力型锚杆。

2.3.2 高荷载水平下土体弹性模量变化对锚杆轴力传递以及切应力分布的影响

取土体的内摩擦角 $0°$,黏聚力为 50kPa,泊松比为 0.3,施加的荷载为 255kN,然后分别取 E_C/E_S 为 100、200、400、800 和 1600 进行对比计算,讨论高荷载水平作用下,土体弹性模量变化对锚杆轴力传递以及注浆结石体与土体交界面上的切应力分布的影响趋势。在图10、图11中分别给出了 E_C/E_S 分别取不同值时的锚杆轴力曲线和切应力分布曲线。

将图10与图4进行比较,可以看出在塑性区范围内,轴力曲线为直线段,并具有相同的斜率。除 15m 处的端部承载体外,在其他的承载体处,尽管 E_C/E_S 的取值不同,但该处左、右两断面上的轴力值均随塑性区范围的扩展而逐步接近,由此推断,当锚杆达到其极限承载力时,所有的曲线应是重合的,而在弹性区,锚杆的轴力曲线仍基本保持了2.2.1节所述的特征。

将图11与图5进行比较,可以发现,随着土体弹性模量值的增大(E_C/E_S 减小),锚杆在注浆结石体与土体交界面上的塑性切应力分布的范围也随之扩大。而在弹性区范围内,切应力的分布仍基本保持了2.2.1节所述的特征。

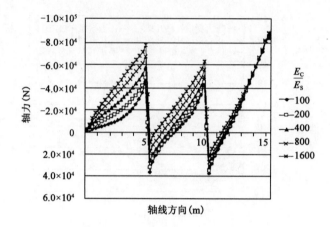

图 10　高荷载水平下轴力随土体弹性模量的变化

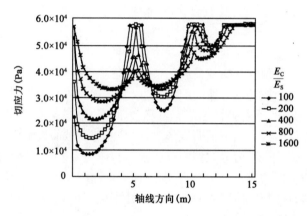

图 11　高荷载水平下切应力分布随土体弹性模量的变化

3　结语

本文采用有限元分析手段,就所选取的计算模型从不同的角度对压力分散型锚杆的工作特性进行了定性与对比分析。综合以上对比计算分析结果,得到以下结论和认识:

(1)与压力型锚杆相比,压力分散型锚杆的确具有较优越的特点。在同等荷载作用下,由于施加的荷载通过多个承载体被分配锚固段的不同部位,不但显著降低了各承载体部位注浆结石体局部受压的应力水平,从而有利于大吨位锚杆的制作,而且注浆结石体与土体交界面上的切应力分布不均匀现象也得到了显著改善。这一方面有利于提高锚固段的有效利用率,另一方面,切应力分布不均匀性的改善,可降低预应力锚杆的应力松弛现象,从而有利于永久性锚杆的制作。

(2)压力分散型锚杆注浆结石体的轴向力是分段连续变化的,在各承载体处轴力发生突变,量值上等于施加于该处承载体上的荷载值。注浆结石体与土体交界面上的切应力分布则是具有多个峰值的连续曲线,峰值对应于轴力的突变点,且为拐点。

(3)压力分散型锚杆注浆结石体与土体交界面上的切应力分布不均匀的现象得到改善的

效果,相对于自身而言,随土体弹性模量的降低而加强;但相对于压力型锚杆而言,则随土体弹性模量的降低而减弱。在进行锚杆设计时,除要考虑注浆结石体承载体部位的局部抗压能力外,还应考虑土体弹性模量的大小对注浆结石体与土体交界面上切应力分布的影响。若土体的模量较大,则选用压力分散型锚杆较为合理;再者,当已确定采用压力型锚杆时,若土体的模量较小,则可适当加大承载体之间的布置距离或适当减少承载体的数量。

(4)同等荷载作用下,由于压力分散型锚杆注浆结石体与土体交界面上塑性切应力分布范围小于压力型锚杆的塑性切应力分布范围,因此其承载体处的塑性位移也较压力型锚杆小。

(5)除设置在锚固段端部的承载体,压力分散型锚杆其他承载体的承受荷载侧一定范围内的注浆结石体易出现受拉状态而导致其断裂,尽管可以不考虑结石体断裂对锚杆承载力的影响,但在进行永久性锚杆设计时,应考虑结石体断裂给该部位带来的防腐问题。

可拆芯式锚杆技术

程良奎　周彦清　范景伦

(冶金部建筑研究总院)

摘　要　本文以北京中银大厦基坑东侧由338根U形锚式压力分散型锚杆锚固地下连续墙工程为基本素材,论述了可拆芯锚杆的结构构造、施工工艺及工程效果。

关键词　可拆芯;抗拔阻力;无黏结钢绞线

1　引言

在临时性地锚工程中,若锚杆超越红线安设,在其使用功能完成后,不予以回收,继续残留在地层内,势必影响周边地层的开发,给周边地下空间开发带来严重障碍。为此,冶金部建筑研究总院程良奎、周彦清、范景伦等开发一种新型的锚杆芯体拆除回收技术,并于1997年成功地用于北京中国银行总行营业办公楼基坑东侧锚杆地连墙工程,收到了良好的锚杆芯体拆除与回收效果。

2　锚杆的结构构造

新型的可拆芯锚杆,是一种承载体结构构造特殊的压力分散型锚杆,它由2个或2个以上压力型单元锚杆组成。锚杆筋体均为无黏结钢绞线,每个单元锚杆的无黏结钢绞线绕承载体(聚酯与纤维复合体)变曲线U形,并用打包机将钢带牢固地捆扎在承载体上,构成单元锚杆的承载头(图1)。将各单元锚杆按设计要求组装在一起,而构成完整的压力分散型锚杆结构(图2)。该种可拆芯锚杆技术于1997年2月开始应用于北京中银大厦基坑东侧锚杆地连墙工程。

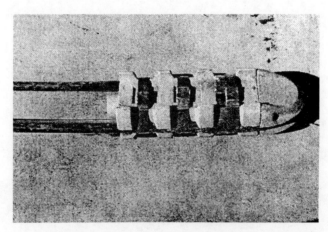

图1　聚酯纤维承载体与钢绞线的固定

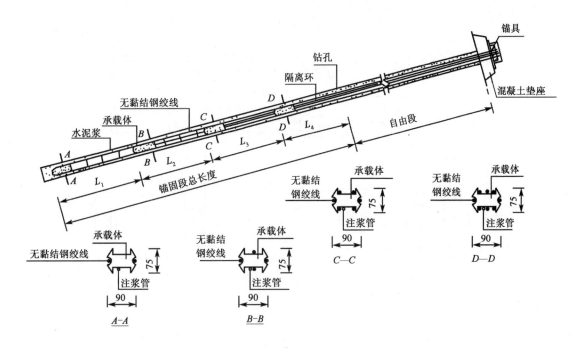

图 2　压力分散型锚杆结构构造图(尺寸单位:mm)

3　可拆芯锚杆在中银大厦基坑工程中的应用

中银大厦位于北京复兴门内大街与西单北大街交叉路口的西北角,占地面积 13100m²,总建设面积 172000m²,由北京中银大厦有限公司兴建,美国贝氏建筑事务所、Weidlinger 工程师事务所、中国建筑科学研究院综合设计研究所负责设计。中银大厦地上 15 层,地下 4 层,基坑深度为－24.5～－20.5m,基坑平面形状如图 3 所示。基坑的东侧由于其特殊的地理位置,不允许锚杆滞留在红线外侧,所以采用可拆式芯式锚杆,而基坑其余三侧仍采用拉伸型锚杆。

中银大厦基坑东侧地连墙上共布置四排可拆芯式锚杆,从上到下一至四排可拆芯式锚杆的高程分别为－4.0m、－9.0m、－14.0m 和－17.0m。锚索设计长度依次为 32.0m、27.0m、29.0m 和 24.0m。

中银大厦可拆芯式锚杆工程历时 1 年零 1 个月的时间,于 1998 年 3 月 20 日全部完成按设计要求的锚杆施工任务,可拆芯式锚杆整个施工工序包括套和跟进钻孔(同时进行编索)、放杆、注浆、拔套管、二次注浆、养护、安装锚具、张拉锁定,直至锚杆芯体拆除。

锚杆拆除的原理是利用钢绞线的无黏结性和 U 形变曲特性。锚杆拆除前,应将单元锚杆锚头端钢绞线放松(即拆除夹片),当对钢绞线一端施加拉力时,在克服钢绞线与涂塑层及变曲处的阻力而被抽出。

可拆芯式锚杆拆除的主要设备为拉力≥50kN 的绞车及前卡式千斤顶。根据北京中银大厦地下室锚杆共拆除 1287 条钢绞线的经验,当钢绞线长度为 35～64m 时,钢绞线从涂塑层中抽出的抗拔阻力为 28～40kN(图 3),即绞线每米长度的抗拔阻力为 0.6～0.8kN。

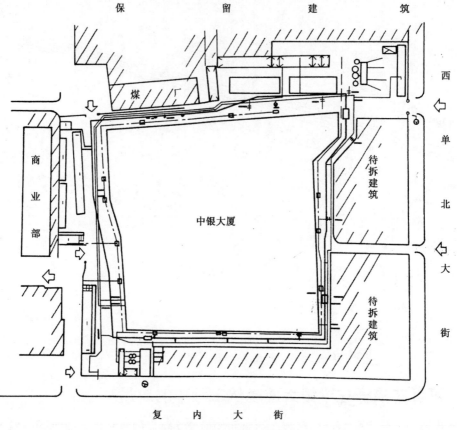

图3　中银大厦基坑平面图

各单元锚杆的拆除顺序是先长后短,即先拆离锚头最近的单元锚杆,最后拆离锚头最远的单元锚杆,依次有序进行。在锚杆拆除过程中,如绞车不能抽动钢绞线时,可先用千斤顶预抽,当绞线抗拔阻力降到用绞车可以抽动时,改用绞车抽拔。根据工程施工现场情况,锚杆拆除工艺可采用直拉法和侧拉法,直拉法即直接用绞车抽拉,绞车拉力方向与锚杆杆体轴线一致(图4),侧拉法即绞车拉力方向与锚杆杆体方向成一定角度,需通过滑轮导向。

图4　在中银大厦地下室楼板上拆除锚杆芯体的情况

中银大厦基坑东侧锚杆地下连续墙工程应拆锚杆总量为338根,计1352条钢绞线,实际抽芯率达96%。若对以下诸点加以改造,则锚杆拆芯率可更接近于100%。

(1)承载体及其被无黏结钢绞线捆扎后的外径应严格控制,使其与套管内径间有较大的空隙。

(2)各单元锚杆无黏结钢绞线的绑扎不宜过紧。

(3)套管内的砂与石屑要清洗干净,以防钢绞线出现扭麻花现象。

4 锚杆抗抽拔力试验

为了检测可拆芯式锚杆单根钢绞线抗抽拔阻力,随机选择了三根可拆芯式锚杆进行试验,三根锚杆编号依次为 A_1-86、A_1-91 和 A_1-97,锚杆长度为32.0m,锚杆结构参数见表1,试验结果见表2。抽芯时,无黏结钢绞线长度与抗拔阻力的关系曲线见图5。

试验锚杆结构参数表　　　　　表1

锚杆编号	自由段 L_f	锚固段 L_1	锚固段 L_2	锚固段 L_3	锚固段 L_4
A_1-86	12.5m	5.0m	5.0m	5.0m	4.5m
A_1-91	12.5m	5.0m	5.0m	5.0m	4.5m
A_1-97	12.5m	5.0m	5.0m	5.0m	4.5m

可拆芯式锚杆抗抽拔力试验结果　　　　　表2

锚索编号		钢绞线抗拔阻力(kN)	锚索编号		钢绞线抗拔阻力(kN)	锚索编号		钢绞线抗拔阻力(kN)
A_1-86	第一条钢绞线	28	A_1-91	第一条钢绞线	32	A_1-97	第一条钢绞线	28
	第二条钢绞线	32		第二条钢绞线	32		第二条钢绞线	32
	第三条钢绞线	40		第三条钢绞线	36		第三条钢绞线	36
	第四条钢绞线	40		第四条钢绞线	40		第四条钢绞线	40

注:第一条钢绞线长 17.5×2=35m;
　　第二条钢绞线长 22.5×2=45m;
　　第三条钢绞线长 27.5×2=55m;
　　第四条钢绞线长 32.0×2=64m。

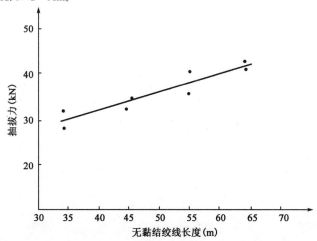

图5 拆芯时无黏结钢绞线长度与抗拔阻力的关系曲线

5 结语

由U形锚为特征的单元锚杆所组成的压力分散型锚杆,既能大幅度提高锚杆的抗拔承载力,又具有良好的可拆芯性,且结构简单、施工方便,在基坑工程中具有广阔的发展前景。

参 考 文 献

[1] 程良奎,范景伦,周彦清,等.压力分散型(可拆芯式)锚杆的研究与应用[R].科学技术研究报告,1999,10.

[2] 周彦清.可拆芯锚索的拆除[C]//中国岩土锚固工程协会.岩土锚固新技术.北京:人民交通出版社,1998.

[3] 程良奎,李象范.岩土锚固·土钉·喷射混凝土——原理、设计与应用[M].北京:中国建筑工业出版社,2008.

后高压灌浆预应力锚杆及其在淤泥质土层中的应用

程良奎　于来喜　范景伦　钟映东　胡建林

（冶金部建筑研究总院）

近年来，土层锚杆技术发展极为迅速，应用范围不断扩大，在国内外边坡稳定、滑坡整治、基坑护壁、结构抗浮、坝体稳定和结构抗倾覆等工程中得到了广泛应用。

为了适应处于饱和淤泥质土层中的上海太平洋饭店深基坑护壁工程采用预应力锚杆的需要，冶金部建筑研究总院与冶金部第二十冶金建设公司一道，研究成功后（重复）高压灌浆型土层锚杆技术，它与钢筋混凝土板桩相结合，成功地用于上海太平洋饭店基坑护壁工程，有效地保证了基坑周边土体的稳定，取得了明显的技术经济效果。

1　后（重复）高压灌浆型锚杆的结构构造

后（重复）高压灌浆型土层锚杆由锚头、自由段、锚固段、袖阀管和密封袋部分组成（图1）。锚杆杆体为多股（7根 $\phi5$）钢绞线。自由段的多股钢绞线设置两层保护层，第一层是在每股钢绞线上涂不少于2mm厚的黄油并用橡胶套管包缠起来；第二层用 $\phi100$ 的塑料管将所有钢绞线包缠起来。这既可使自由段的钢绞线与水泥浆体互不黏结，又具有很好的防腐作用。锚固段的钢绞线绑扎在支承架上，支撑架每隔1m设置一个，袖阀管从其中间穿过。这样，整个锚固段的钢绞线得到了固定，增加了钢绞线和水泥浆的接触面积，能提供充分的握裹力。

图1　带袖阀管的后高压灌浆型锚杆杆体锚固段结构构造

袖阀管和密封袋是后灌浆型土层锚杆锚固工艺中重要的部件。袖阀管是在其侧壁上每隔0.5m开有8个小孔的弹性很强的塑料管，开孔处的外部用橡胶圈盖住，使得浆液只能从袖阀管开孔处流出，而不能反向流动。袖阀管的构造与工作原理如图2所示。密封袋是用无纺丝布扎制而成，长1.9m，周长60cm。绑扎在自由段和锚固段的分界处（图3），以保证后（重复）高压灌浆时浆液的压力和注浆的范围。

---

* 摘自《工业建筑》，1988(04)。

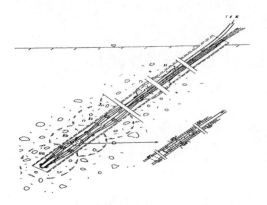
图2 袖阀管结构构造及工作原理

图3 锚固段与自由段分界处的密封袋

2 后(重复)高压灌浆型锚杆的工作特性与承载机理

后(重复)高压灌浆型锚杆采用具有独特性能的袖阀管和注浆枪,首先,它采用比钻孔直径($\phi168$)稍大的密封袋($\phi191$),使高压(>2.0MPa)灌浆成为可能;其次,采用袖阀管和注浆枪,可在一次灌浆形成的圆柱状锚固体的基础上,进行二次或多次高压注浆,其浆液冲破一次注浆形成的锚固体向其周边土体渗透、挤压、扩散,使圆柱状锚固体周边的淤泥质土形成水泥土,其力学性能得到显著提高,极大地增强了圆柱状锚固体与周边地层的黏结强度(图4)。此外,大于2.0MPa的高压灌浆,导致对锚固段周边地层作用有较大的法向力,使灌浆体与周围土层结合面上的摩阻力明显增长。这两者的共同作用是显著提高后高压灌浆锚杆抗拔力的主要因素。

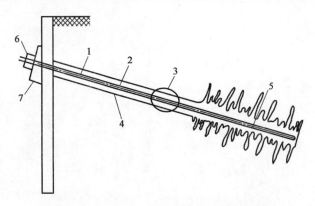

图4 后高压灌浆提升了锚固段周边地层的力学性能
1-杆体;2-浆体;3-密封袋;4-钻孔;5-后高压注浆体;6-锚头;7-斜撑

3 后(重复)高压灌浆型锚杆在饱和淤泥质黏土层中的应用

上海太平洋饭店位于上海虹桥经济开发区,地上29层,总高度110.5m,地下2层,基坑面积约6000m²,深度11.65m。该工程邻近有城市道路和正在施工的扬子江大酒店(两建筑物仅相距8m)。地下室施工不可能采取常规放坡开挖方案,若采用内支撑和地下连续墙支护结构,不仅施工速度慢,而且工程造价很高,故采用预制钢筋混凝土板桩和多排斜拉锚杆来维护基坑的稳定。该工程所处的土层属饱和淤泥质黏土,含水率高,厚约20m。地层剖面及预应力锚杆布置如图5所示,工程施工中的锚拉板桩基坑见图6。

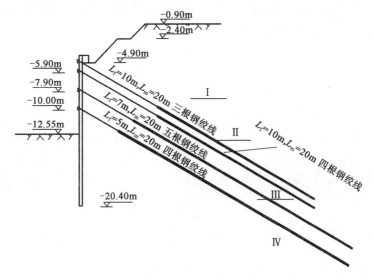

图5 上海太平洋饭店基坑土体分布及锚杆布置

Ⅰ-亚黏土层 $q_u=0.02\sim0.036$MPa,$W=4.17\%\sim45.7\%$;Ⅱ-灰色淤泥质软黏土层 $q_u=0.04$MPa;Ⅲ-灰色淤泥质黏土、亚黏土层 $q_u=0.026\sim0.85$MPa;Ⅳ-灰色粉质黏土 $q_u=0.043\sim0.082$MPa,$W=37.8\%\sim46.3\%$

该基坑支护采用由四排预应力锚杆背拉的厚45cm的钢筋混凝土板桩,锚杆排距分别为1m和2m,水平间距为1.86m。第一、第二排锚杆总长30m,其中锚固段20m,自由段10m,由3根或4根钢绞线组成;第三、第四排锚杆总长35m,其中锚固段28~30m,自由段5~7m,由5根钢绞线组成。钻孔直径均为168m,与水平面夹角30°。锚杆设计荷载为400~720kN。安全系数取1.3。

图6 上海太平洋饭店锚拉板桩基坑

1)施工工艺

施工工艺不仅对土层锚杆的承载能力有着重要影响,而且对土锚应用时的经济效益和施工进度也至关重要。

(1)钻孔。钻孔设备是采用意大利生产的WD201型全液压旋转式套管护壁钻机。该钻机的性能齐全,适应性广,操作、定位和移动都方便,是土锚钻孔的专用钻机。

钻孔采用清水循环套管护壁(ϕ168)一次钻进成孔法,清水由专用压力水泵由钻杆头部喷出,将切削的泥土通过钻杆与套管之间的空隙带到地面流入指定地点。钻到设计深度后还要继续供水,直至溢出清水为止。

(2)锚杆的制作和安设。锚杆应严格地按照设计要求制作,保证高压灌浆的顺利进行。为了便于锚杆插入钻孔,在锚杆最前端设置一钢质套筒,将锚杆杆体罩住。

锚杆的安设是在有套管护壁的条件下进行的,即先安设锚杆杆体后拔管,以防钻孔塌陷。

套管用冶金部建筑研究总院研制的拔管机拔出,该机操作方便,工作效率高,是土锚施工的必需设备。

(3)注浆。采用注浆泵配以搅拌机进行注浆。注浆泵的最高压力为 8MPa。注浆材料为纯水泥浆,其配合比为水泥:水:减水剂:=1:0.45:0.0075。采用 525 号普通硅酸盐水泥和 UNF-2 型减水剂。浆体密度约 1.85kg/cm³,水泥结石体强度 1d 为 4.0MPa,2d 为 11.3MPa,7d 强度则大于 15MPa。水泥浆液中加入适量减水剂,以改善浆液的和易性,并可适当减小水灰比。

锚杆安设并拔出护壁套管后,立即插入注浆枪进行初次重力灌浆,注浆枪插入袖阀管的最下端,浆液从钻孔底部向上回返,随着浆液的注入,钻孔孔口处有水徐徐溢出,待孔口出现纯水泥浆时,拔出注浆枪至密封袋位置,进行密封袋的充填注浆,待注浆压力达到 2.0MPa 时,停止注浆,用清水清洗整个袖阀管,一次重力灌浆结束工作。

二次高压灌浆是后高压注浆型土层锚杆施工工艺中最重要的环节,它的成功与否直接关系到锚杆的抗拔承载力和提升的幅度。二次高压灌浆是在一次重力灌浆结束后 12h 开始的。利用袖阀管和注浆枪对锚固段分段注入浆液。二次高压灌浆的前提条件是必须使用二次注浆浆液首先冲开一次常压灌浆所形成的具有一定强度的锚固体,一般来说,冲开压力宜大于 2.5MPa。二次注浆压力因地层条件、钻孔完整性以及一次重力灌浆所形成的锚固体的形状和强度不同而异,其值也在 1.4~3.8MPa 间变化。当压力稳定后,稳压 1.5~2min,则该段的二次高压灌浆结束后。然后,上拔注浆枪 500mm,再进行二次高压注浆,按此程序,直至完成全部锚固段的高压灌浆作业。

(4)锚杆的张拉和锁定。钢绞线张拉和锁定采用意大利生产的千斤顶和锁紧装置,每根钢绞线上安装一台千斤顶,张拉时由一个油泵统一给油,以保证每股钢绞线拉力相等。

当水泥强度达到 15MPa 后,用千斤顶对锚杆进行张拉,并按 0.8 倍设计荷载锁定。

2)工程监测和效果

在工程施工中,对板桩位移、锚杆预应力值随时间的变化、锚杆锚固体轴向应变的分布、锚杆的蠕变等进行了测定,及时地掌握了预应力锚杆的受力状态和基坑周边的稳定状况,有效地指导了施工。

预应力锚杆对于控制基坑周边位移,维护基坑稳定的作用是十分明显的。如当基坑开挖至-4.9m 时,由于没有及时施作锚杆,钢筋混凝土板桩位移 6cm,在地表出现了宽 10~20mm 的裂缝,沉降量达 20cm。后来及时地施作了预应力锚杆,板桩位移得到了有效的控制,未见地表继续下沉和开裂。最终,基坑板桩的最大位移量为 10~20cm,锚杆的预应力损失量约为锚杆锁定值的 10%,基坑处于稳定状态,成功地满足了太平洋饭店顺利建成的要求。在太平洋饭店基坑工程中采用预应力锚杆背拉钢筋混凝土板桩护壁,与内支撑连续墙方案相比,可节约大量工程费用,并可缩短建设周期。

4 后高压灌浆型锚杆的承载能力检验

1)锚杆承载力

曾在与本工程条件相似的情况下,进行了锚杆极限抗拔承载力试验,其结果见表 1。

不同注浆方式的锚杆抗拔承载力　　　　　　　　　　表1

编号	钻孔直径(mm)	钢绞线根数	自由段长度(m)	锚固段长度(m)	二次高压灌浆	极限承载力(kN)
A	168	3	6	24	无	420
B	168	4	6	24	有	800
C	168	5	6	24	有	1000
D	168	4	6	24	有	800

由表1可以看出，在相同锚固长度情况下，一次重力灌浆型锚杆的承载力为420kN；经后高压灌浆后锚杆的承载力为800～1000kN，是一次灌浆型锚杆承载力的1.9～2.3倍，提高锚杆抗拔承载力的幅度极为显著。

2) 锚杆的变形特征

将锚杆的拉拔试验结果分别绘制锚杆荷载(P)—锚杆位移(S)曲线(图7、图8)，和锚杆荷载(P)—锚杆弹性位移(S_e)曲线、锚杆荷载(P)—锚杆塑性位移(S_p)曲线(图9、图10)。

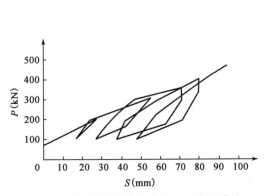

图7　一次重力灌浆锚杆荷载(P)—位移(S)曲线

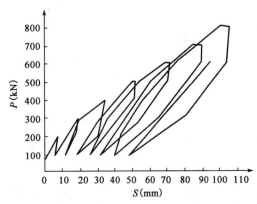

图8　后高压灌浆锚杆荷载(P)—位移(S)曲线

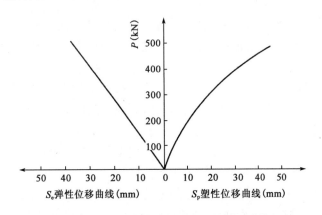

图9　一次重力灌浆锚杆荷载弹性塑性位移曲线

在淤泥质黏土层中的锚杆拉拔力和变形关系曲线，可以反映出锚杆的某些工作特征和变形规律。由 P-S 曲线看出，锚杆的变形随载荷的增加而增大，但一次重力灌浆型锚杆单位荷载(kN)的变形量(mm)远大于二次高压灌浆型锚杆。其次，从一次重力灌浆型锚杆和二次高压灌浆型锚杆的 P-S 曲线及 P-S_e、P-S_p 曲线比较中可以看出，在荷载水平为400kN时，一次灌浆型锚杆的总位移为85mm,其中弹性位移量38mm,塑性位移为47mm,塑性位移量占总位移的54%;二次高压灌浆型锚杆的总位移为38mm,其中弹性位移量为22mm,塑性位移为16mm,塑性位移量占总位移的44%。由此可见,在相同的荷载条件下,一次重力灌浆型锚杆的总位移量远比二次高压灌浆型锚杆的大;且二次高压灌浆型锚杆的塑性位移远小于一次重力灌浆型锚杆的塑性位移,二次高压灌浆型锚杆塑性位移占总位移量的百分比也小于一次重力灌浆型锚杆。

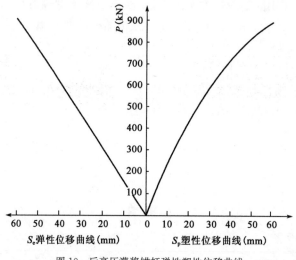

图10　后高压灌浆锚杆弹性塑性位移曲线

上述结果表明,在饱和淤泥质黏土中,后(重复)高压灌浆型锚杆具有良好的工作性能,采用后(重复)高压灌浆来提高锚杆的抗拔承载力是行之有效的。

5　结语

(1)后(重复)高压灌浆型预应力锚杆具有良好的工作性能,它借助袖阀管、注浆枪和密封袋,能实现对一次灌浆所形成的圆柱状锚固体的均匀连续可重复高压劈裂注浆,显著提高了锚固体周边土体的抗剪强度和锚固段灌浆体与周围地层间的黏结强度。此外,以大于2.0MPa的高压灌浆,能对锚固体与周围地层间的结合面产生较大的法向力。从而使后高压灌浆型预应力锚杆的承载能力与常压灌浆型锚杆相比,能得到成倍的增加。

(2)采用具有独特性能的袖阀管、注浆枪和密封袋,是实现后(重复)高压灌浆工艺的关键。

(3)处于饱和淤泥质土层的上海太平洋饭店基坑工程,采用钢筋混凝土板桩与后(重复)高压灌浆型锚杆护壁,有效地维护了基坑周边土体的稳定,并取得了明显的经济效果。

(4)后(重复)高压灌浆型锚杆用于软土层中的临时性加固工程,是经济合理、安全可靠的。若用于软土层中的永久性加固工程,尚应对锚杆的蠕变特性及控制蠕变的方法进一步加以研究。

淤泥质土层中后高压注浆型锚杆的工作特性

程良奎 于来喜 范景伦 钟映东 胡建林

（冶金部建筑研究总院）

近年来，工程建设中广泛地应用了土层锚杆，但在饱和淤泥质黏土层中的应用在国内外均不多见。一方面是由于软土层安设的锚杆得不到足够的锚固力；另一方面，由于土层蠕变等因素所引起的预应力损失较大，锚固结构物稳定性难以预测。

为了提高预应力锚杆在软土层中的适应性，冶金部建筑研究总院与宝钢第二十冶金建设公司，开发了可重复高压注浆型锚杆。它同预制钢筋混凝土板桩相结合，已成功地用于上海太平洋饭店饱和淤泥质黏土层中深 11.65m 的基坑工程，使基坑周边的变形得到了控制，满足了工程稳定要求。

在该项工程中，冶金部建筑研究总院对预应力锚杆的工作特性和锚杆—板桩系统的稳定趋势进行了长期监测，以便于指导施工，保证工程的顺利进行；同时也为掌握软弱土层中预应力锚杆的工作特性积累资料，对进一步改进锚杆的设计与施工是大有裨益的。

1 锚杆的蠕变性能

土层锚杆的蠕变，是指土层锚杆在某恒定荷载作用下的锚头位移量随时间而增大的现象，这是由于土体在受荷影响区域内的应力作用下产生塑性压缩或破坏造成的。对于预应力锚杆，蠕变主要发生在应力集中区，即临近锚杆自由段的锚固段上部和紧挨传力结构的土层等部位。如图 1 所示。

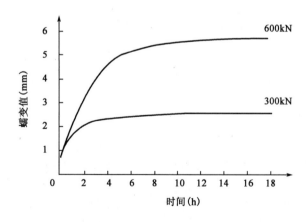

图 1 预应力锚杆在饱和淤泥质土层中的蠕变曲线

---

* 摘自《工业建筑》，1988(04)。

从图1可以看出，地层蠕变值同锚杆荷载大小有关，荷载较大时，其蠕变量明显大于荷载较小时的蠕变值。这主要是由于土体的压应力或剪应力越大，其压缩变形或剪切变形也就越大，因而引起锚杆的蠕变值也就越大。

从图1还可以看出，在荷载作用初期，蠕变值增长速度很快。当荷载为300kN时，最初1h的蠕变值为1.8mm，占5h总蠕变值的85.7%，且蠕变曲线收敛很快，2h左右蠕变值基本上趋向于一定值。当荷载为600kN时，前4h蠕变值为4.3mm，占18h总蠕变值的72.1%。其蠕变曲线收敛的很慢。测量18h后，蠕变值仍在增加，只是蠕变的增长速度明显小于加荷初期的增长速度。

在美国等相关岩土锚杆规范规定，在最大试验荷载（锚杆拉力设计值的1.2～1.33倍）作用下，锚杆持荷60min，其蠕变量≤2.0mm，则永久性锚杆的长期工作性能是安全的。根据这一规定，我们分析认为，在与上海太平洋饭店基坑地层相似的饱和淤泥质土中，后高压注浆锚杆的拉力设计值为300～400kN，用于临时性工程，其工作是安全的。

2 锚杆预应力变化

由于土层的蠕变和筋体的应力松弛以及基坑的开挖卸荷，土层锚杆的预应力变化是不可避免的，但其变化必须控制在一定范围内；否则，会引起锚杆的失效或土坡的失稳。因而监测锚杆的预应力变化和基坑稳定性状态是极为重要的。

试验中采用应变式压力盒测取锚杆预应力变化。压力盒设置在锚座与锚具之间。从YJ-5型电阻应变仪上读数。试验中分别对四根锚杆预应力变化进行了长期观测。

1）锚杆张拉、锁定过程中预应力损失

在锚杆张拉锁定过程中，分别对N_1、N_2、N_3、N_4号锚杆进行了预应力监测，结果如表1所示。

锚杆张拉、锁定过程预应力的损失　　表1

锚杆编号	张拉荷载(kN)	预应力损失量(kN)	损失百分比(荷载损失量/张拉荷载)(%)
N_1	600	51	8.5
N_2	600	74	12.3
N_3	700	119	17
N_4	600	64	10.7

由此可见，在锚杆张拉锁定过程中，预应力的损失是较大的，约为张拉荷载的10%，这是预应力锚杆的一个显著特点。因而，预应力锚杆的设计和施工必须充分考虑这一情况，并对张拉锁定工具进行改进，以有助于减小在过程中的预应力的损失量。

2）锚杆工作过程中预应力变化

锚杆工作过程中预应力的变化是极为复杂的。土层的蠕变、筋体的松弛、基坑的逐步开挖引起板桩位移和周围环境（湿度、湿度、振动）影响等因素，都会导致预应力的增加或减少。

在基坑施工过程中，根据对锚杆预应力变化的监测，绘制了锚杆预应力随时间变化的曲线，如图2所示。

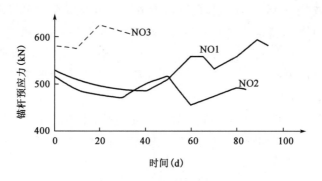

图2 锚杆预应力值随时间的变化曲线

由图2看出,在锚杆安装后25d左右,预应力变化基本趋于稳定。在此过程中,如果不继续开挖,预应力变化主要表现为预应力的损失,损失量约为锁定荷载的10%。这主要由筋体的松弛和地层的蠕变引起的。随着基坑的开挖,板桩位移、板桩与锚杆相互作用以及锚固区域地层的轻微变化都会引起预应力值的变化。在基坑刚开挖一定深度,呈现预应力减小,这是由于开挖引起土体扰动,导致锚固区域地层变位所致;而在以后的时间内则表现为锚杆预应力上升,主要是由于板桩位移明显增大,相当于进一步张拉锚杆所致。

因此,在锚杆的整个工作过程中,预应力随时间(筋体松弛、土层蠕变)、空间(基坑开挖)和环境因素而变化,且变化规律较为复杂。但总的来说,锚杆安装后(下一层土体开挖前)其预应力值是减少的,其损失量约为锁定荷载的10%。而土体进一步开挖引起的预应力变化小于锁定荷载的8%,且在整个工作过程中预应力值变化限定在一定幅度内,并不会危及基坑的稳定。

3 锚杆再次张拉对预应力损失的补偿作用

上海太平洋饭店基坑工程实测结果表明,埋置于饱和淤泥质土层中的预应力锚杆,一般在张拉锁定1个月内,预应力损失较大(10%左右)。但若采取再次张拉法,则可减少锁定后锚杆的长期预应力损失,如图3所示。

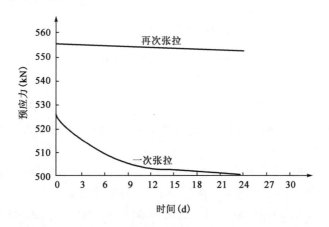

图3 一次张拉与再次张拉后锚杆预应力值的初期变化曲线

从图3看出,锁定24h后,一次张拉的预应力值从526kN减至498kN,预应力损失5.3%。而再次张拉的预应力值从556kN减至551kN,预应力仅损失0.9%。可见,再次张拉预应力损失率小于一次张拉的预应力损失率。从曲线上还可以看出,一次张拉的预应力损失在锁定后初期比较大,前2h预应力损失为22kN,占前24h预应力损失总值的78%。而再次张拉前2h应力损失为1.8kN,只占前24h总损失值的36%。这主要是由于经过一次张拉后,在持荷作用下,锚固影响范围内土的物理力学性质已发生一定变化,土体的部分塑性变形已经完成,土体在相当程度上得到了挤压和密实。因而再次张拉锚杆,土体的蠕变及其所引起的预应力损失也就远小于一次张拉的情况(图4)。

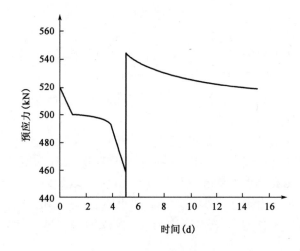

图4 再次张拉与一次张拉后较长时间的预应力值变化曲线

图4表明,一次张拉5d内预应力值从529kN减至461kN,预应力损失了11.7%。经再次张拉锁定后,7d内预应力值从545kN减至520kN,预应力损失了4%,小于一次张拉预应力损失。由此可见,采用再次张拉程序,对于控制饱和淤泥质土层中锚杆的预应力损失,改善锚杆的长期工作性能是十分有利的。

4 锚杆锚固段筋体轴向力分布规律

监测土层锚杆锚固段筋体轴力分布特征及其传递规律,对于掌握锚杆筋体受力状况和优化锚杆锚固段长度设计是有益的。

采用粘贴应变片的方法测量锚杆筋体应变分布并推算筋体的轴力。应变片为1mm×1.5mm胶基型,粘贴在一股钢绞线上,且用玻璃布和环氧树脂密封。实测的锚杆剪应力分布如图5所示。

从图5看出,锚杆筋体最大轴力出现在锚固段上部,随着荷载的增大,筋体轴力也随之增大。但轴力沿锚固段从上部至根部是逐渐减小的,且筋体轴力沿锚固段的分布范围是有限的,主要集中在锚固段上部长13~15m以内。这说明即使在饱和淤泥质土层中,过长的锚固段也是不必要的。

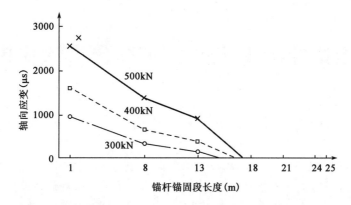

图 5　不同张拉荷载条件下锚杆锚固段筋体的轴向应力分布

5　板桩位移与基坑周边稳定

板桩位移是衡量锚固效果的一个重要标志,可根据桩顶位移随时间和基坑开挖深度的变化趋势,推测挡土结构系统的稳定性并为是否需要调整设计和施工方案提供科学依据。

板桩位移测量采用经纬仪,测取板桩桩顶端的位移,其测点间距一般为6～8m。为了解在整个施工过程中板桩位移的变化趋势,测量了303个测点。即在三个月左右的开挖期间内,随着开挖的进行,板桩位移逐渐增大,且板桩顶端最大位移达12cm。此后基坑周边位移保持稳定。

当板桩位移当12cm时,对锚杆的工作性态进行检测表明,无论是锚杆的预应力值还是锚固段筋体的最大轴力都在设计容许的范围内。

6　结语

(1)后高压灌浆型锚杆在淤泥质黏土层中具有良好的适应性,不仅保证了基坑的稳定,而且加快了工程进程,开创了国内在饱和淤泥质黏土层中采用斜锚的先例。

(2)锚杆的蠕变特性与张拉荷载(应力水平)值大小的关系极大。在不同应力水平作用下,它可能呈现长期稳定或失效两种状态。因而,确定合理的工作荷载对锚杆的长期稳定性至关重要。

(3)锚杆预应力值的变化主要是由土层的蠕变和筋体的松弛以及基坑的进一步开挖引起的,为了保证基坑的稳定,锚杆初始预应力值变化必须控制在一定范围内,当初始预应力值损失超过锚杆拉力设计值的10%时,可采取再次张拉来补偿预应力值的损失。

(4)对锚杆筋体轴向应力分布的实测表明,在饱和淤泥质土层中,锚杆筋体轴向应力主要分布于锚固前端13～15m以内,过长的锚杆锚固段是不必要的。

提高岩土锚杆抗拔承载力的途径、方法及其效果*

程良奎[1]　范景伦[1]　张培文[1]　周建明[2]

(1. 中冶建筑研究总院有限公司；2. 苏州能工基础工程有限责任公司)

摘　要　针对普通预应力锚杆单锚承载力较低的状况，采用理论分析、现场试验和工程应用调查等方法，介绍了荷载分散、后高压注浆和端部扩大头三种能显著提高抗拔承载力的锚杆形式，论述这三种方法各自不同的承载机理、技术内涵、工作特性、实施要领及适用条件，并通过工程实测反映了其锚固效果。

关键词　抗拔承载力；后高压注浆；荷载分散；端部扩大

DOI：10.13204/j.gyjz201506021

The Ways and Methods for Improving the Pull-out Bearing Capacites of ground Anchors and Reinforcement Effect

Cheng Liangkui[1]　Fan Jinglun[1]　Zhang Peiwen[1]　Zhou Jianming[2]

(1. Central Research Institute of Building and Construction, MCC Group Co Ltd；
2. Suzhou Nenggong Foundation Engineering Co Ltd, Suzhou 21500, China)

Abstract　Aiming at the state of lower pullout bearing capacity for normal prestressed anchor, three typical kinds of anchor—load-dispersive anchor, post high pressure grouting and under-reamed ground anchor, were discussed by adopting theoretical analysis, field test and investigation. The bearing mechanism, the technical connotation, work characteristic, implementation essentials and application conditions of the three ones were discussed, the anchorage effects were also reflected by several measurements in situ.

Key words　pull-out bearing capacity; post high pressure grouting; load-dispersive; under-reamed

岩土锚固技术正在我国的隧道、洞室、边坡、建筑基坑、受拉基础、结构抗倾覆、抗浮等工程建设中迅猛发展，并取得了巨大的经济效益。但是，处于软岩或土体中的预应力锚杆在受力时，往往由于锚杆锚固段注浆体与地层间的剪切强度不足或出现黏结破坏导致锚杆失效，工程局部失稳乃至垮塌的事例。因此，提高单锚的抗拔承载力对遏制工程事故，保障工程安全具有

---

* 本文摘自《工业建筑》，2015(06)。

重要的作用。另一方面,提高单锚的抗拔承载力,可以实现用较少的锚杆来满足锚固结构物稳定性的要求,这对于降低工程成本、缩短工程建设周期十分有益。

长期以来,国内外对于提高单锚抗拔承载力一直给予极大的关注,研究工作从未间断。如英国的 Barley 研发的单孔复合锚固体系(SBMA)法、法国土锚公司研究的 ZRP 高压注浆型锚固系统,均能大幅度提高土层锚杆的抗拔承载力。程良奎等在荷载(压力或拉力)分散型锚杆的研发和应用方面做了大量的工作,并针对淤泥质土层中锚杆应用的困难,研发了后高压注浆技术,用于上海淤泥质地层中的锚固结构,单锚承载力提高了一倍。台湾的陈秋生研究的机械式扩孔器装置,实现了多段式锥形扩孔地锚,并在台湾得到广泛应用。周建明等分别采用压应力分散装置和囊式注浆体装置,开发了承压型旋喷扩大头锚固技术,并在抗浮和基坑支护工程中获得较广泛应用,成效显著。这些研究成果及其工程应用经验,对促进我国岩土锚固技术的进步发挥了重要作用。

但是,对这些提高单锚抗拔承载力的途径和方法的力学机制、工作特性及影响因素,尚欠深入研究。对它们相互间的综合比较分析也较为欠缺,不同方法的适用条件也不够明确。为此,本文通过理论分析,现场试验和工程应用效果调查等方式,对单孔复合锚固(荷载分散型锚固)、后高压注浆技术及承压型旋喷扩大头锚固三种能显著提高锚杆或锚索的抗拔承载力技术的力学机制、工作特征、使用效果和适用条件进行分析,旨在促进我国岩土锚固技术的进步和健康发展,进一步提高岩土锚固工程的安全性和经济性。

1 显著提高锚杆抗拔承载力方法的力学机制分析

1.1 单孔复合锚固法(荷载分散型锚杆)的承载机理

传统的荷载集中型锚杆,由于锚杆锚固段注浆体与周边地层的弹性特征存在显著差异,在受荷时,注浆体与地层界面上的黏结应力分布是极不均匀的。沿锚固段全长的黏结应力一般呈现分布区间短、黏结应力峰值高的特点。锚固段周边岩土体的抗剪强度不能被充分发挥,利用率低,即使增加锚固段长度,也不能有效提高锚杆抗拔承载力。

荷载分散型锚杆是在同一个钻孔中,安设 2 个以上的单元锚杆,构成单孔复合锚固体系。这种新型锚杆工作时,作用于各单元锚杆的拉力仅为荷载集中型锚杆总拉力的 $1/n$(n 为单元锚杆数),且单元锚杆的锚固段很短,也仅为荷载集中型锚杆锚固段总长的 $1/n$,这就从根本上改善了锚杆的传力机制,即在受荷时,锚杆锚固段周边的黏结应力分布呈现出与荷载集中型锚杆截然不同的情况:黏结应力集中现象大大缓减,沿锚固段全长分布较均匀(图1),平均黏结应力值显著降低,从而可以较充分地发挥和利用整个锚固段周边地层的抗剪强度,锚杆的抗拔承载力得以大幅度增长。从理论上说,这种荷载分散型锚杆的抗拔承载力可随着单元锚杆数量和锚固段总长度的增加而呈比例提高,并已被大量的工程实践和实测成果所证实。

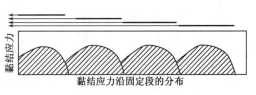

图 1　荷载分散型锚杆黏结应力分布

1.2 后高压注浆型锚杆的承载机理

CECS 22:2005《岩土锚杆(索)技术规程》已对传统计算预应力锚杆抗拔承载力的算式进

行了修正。修正后的锚杆抗拔承载力计算式为：
$$T_u \geqslant \pi D f_{mg} \psi L_a \tag{1}$$
式中：T_u——锚杆抗拔承载力极限值(kN)；
D——锚杆锚固段钻孔直径(cm)；
L_a——锚杆锚固段长度(m)；
ψ——锚固长度对黏结强度的影响系数,其值视锚固段长度而定,可取0.6~1.6,且随锚固段长度增长而降低；
f_{mg}——锚固段注浆结石体与地层间的极限黏结摩阻强度标准值(kPa)。

式(1)清楚地表明：当锚固段达到一定长度后,再增加锚固段长度对锚杆抗拔力的影响是极其微小的,也就是说,在锚固体直径不变的条件下,只有提高锚杆锚固段注浆体与地层间的摩阻,才能有效地提高锚杆的抗拔承载力。对锚固体周边地层实施后高压注浆正是出于增大注浆体与地层间黏结摩阻强度的考虑,后高压注浆锚杆的承载机理是：

(1)改良锚杆锚固体周边土的物理力学性质,提高土的抗剪强度。由于后高压劈裂注浆挤压土体,使颗粒间距离减小,单位面积上颗粒的接触点增多,提高了原状土的凝聚力,另外水泥水化反应生成的Ca^{2+}离子与土体中的氧化物反应以及与Na^+离子交换,提高了土体、裂隙及弱面点颗粒的固化黏聚力。对土体进行高压劈裂注浆,可增大土体密度和增强颗粒的咬合作用,浆脉的形成能约束颗粒间的运动,弱结合水的减少可减小吸附水膜厚度。同时,化学反应和离子交换也限制了颗粒间的相互作用,从而可提高土体的内摩擦角。

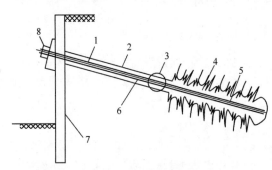

图2　后高压注浆型锚杆示意
1-杆体；2-钻孔；3-密封袋；4-后高压注浆体；5-袖阀管；6-注浆管；7-挡土结构；8-锚具

(2)提高锚固段剪切面上的法向应力。通常以大于2.5MPa的高压劈裂后注浆,会对孔壁外周边土体产生较大的径向应力。英国Ostermayer的研究认为：二次高压劈裂注浆使锚固体表面受到的法向应力比覆盖层产生的应力大2~10倍。

(3)采用袖阀管、注浆枪、密封袋等装置,实施有序的后高压注浆工艺,能保证锚固体周边土体的劈裂注浆形成的浆脉分布范围大且均匀(图2),具有良好的地层加固效应。

由此,通过后高压注浆,可使得锚固体与地层间结合面上的黏结摩阻强度得以显著增大,大幅度提高锚杆的抗拔承载力。

1.3 扩大头锚杆的承载机理

扩大头型锚杆是指在锚杆锚固段底端或在锚固段全长形成一个或几个体状扩大了的锚杆(图3),它也是一种能改善锚杆传力机制的锚杆,一般称为"支承—摩阻"复合型锚杆。其承载力由扩大头变截面处土体的支承力和锚固体与地层接触界面上的黏结摩阻力构成(图4)。一般认为土体的支承力是扩大头锚杆承载力的主要部分。能否充分发挥扩大头锚杆变截面处土体的支承阻力,乃是显著提高该类型锚杆抗拔承载力的关键。

扩大头锚杆的极限承载力一般应由基本试验确定,必要时,黏性土中的扩大头锚杆的承载力T_u可由式(2)估算：

$$T_u = Q + F < \frac{\pi}{4}(D^2 - d^2)\beta_c C_u + \pi D L_1 f_{mg} + \pi d L_2 f_{mg} \tag{2}$$

式中：Q——扩大头变截面处土体的支承力(kN)；

F——锚固体周边总的摩阻力(kN)；

D、d——扩大头、非扩大头部分锚固体直径(mm)；

β_c——承载力因子，在黏土中可取 9.0；

C_u——土体不排水抗剪强度(kPa)；

L_1、L_2——非扩大头与扩大头部分锚固体长度(m)；

f_{mg}——锚固段与黏土间的黏结摩阻强度标准值(kPa)。

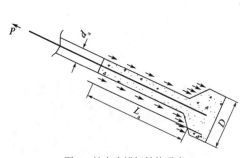

图 3　扩大头锚杆结构示意

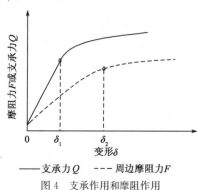

图 4　支承作用和摩阻作用

关于在砂性土中的扩大头锚杆承载力的估算，则应主要考虑砂的重力密度、内摩擦角及锚固段上方的覆盖层厚度。

2　提高锚杆抗拔承载力的三种方法的技术内涵及使用效果

2.1　荷载分散型锚杆

在 Barley 等开发的单孔复合锚固技术的影响下，1997 年冶金部建筑研究总院程良奎等在国内首先研发了压力分散型（可拆芯式）锚杆（图 5），并成功地应用于北京中国银行总行 21～24m 深的基坑锚拉地下连续墙工程，锚杆用量为 335 根。由于该工程东侧日后要兴建大型地下商场和地铁车站，使用的锚杆均要求拆芯，故采用可拆芯压力分散型锚杆，实际拆芯率达 97%。由于这种锚杆具有抗拔承载力高、蠕变量小、防腐保护性能强等一系列独特优越的工作特性，目前已在我国的岩土边坡、建筑基坑、结构抗浮和混凝土重力坝抗倾及受拉基础等工程中获得了日益广泛的应用。

2.1.1　压力分散型锚杆的技术内涵及要点

(1) 压力分散型锚杆的筋体应采用无黏结钢绞线，各单元锚杆的筋体(无黏结钢绞线)应与其底端的聚酯纤维承载体或钢板承载体连接牢固。

(2) 锚杆破坏有两种类型：注浆结石体压碎破坏或锚固段和地层间的黏结破坏，在锚杆设计时，应验算锚固段注浆体的承压面积及锚固段与地层间的抗拔力能否满足锚杆受拉承载力要求。

(3) 压力分散型锚杆的单元锚杆应在锚孔内有序排列，其长度宜为 2～3m（软岩）和 3～6m（土层）。单元锚杆端头可用聚酯纤维承载体或钢板承载体(图 6、图 7)。

(4) 每个单元锚杆应有独立的自由段长度和锚固段长度，并应由各自的千斤顶进行张拉。

鉴于压力分散型锚杆各单元锚杆的无黏结长度不等,为使各筋体受力均等,宜采用组合式千斤顶(图8)或采取补偿式张拉进行张拉锁定。

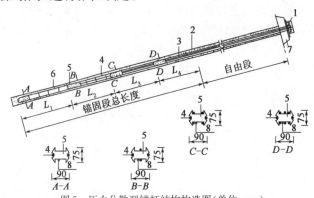

图5 压力分散型锚杆结构构造图(单位:mm)

1-锚具;2-钻孔;3-隔离环;4-无黏结钢绞线;5-承载体;6-水泥浆;7-混凝土垫座;8-注浆管

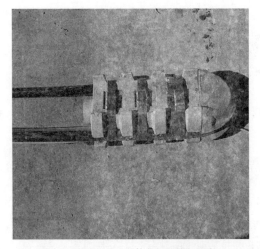

图6 聚酯纤维承载体与钢绞线的固定

图7 钢质承载板与钢绞线的固定

图8 组合式千斤顶张拉

而拉力分散型锚杆在构造上则更为简便,所不同的是在钻孔内设置的均为拉力型单元锚杆。

2.1.2 使用效果

由于压力分散型锚杆从根本上改善了锚杆荷载的传递机制,黏结应力沿锚固段的分布较均匀,能充分调动锚固段周边地层的抗剪强度,因而单锚承载力大幅度高于普通的拉力型锚杆(表1)。

压力分散型锚杆的抗拔承载力　　　　　　　　表1

工程名称	地质情况	单元锚杆长度(m)	个数(个)	锚固段总长度(m)	锚杆抗拔力(kN)
北京中银大厦	粉质黏土、细中砂	4.5、5.0、5.0、5.0	4	19.5	1480
首都机场2号航站楼	旋喷砂层	2	3	6	2200
广州凯城东兴大厦	粉质黏土	6	3	18	810
香港新机场	完全风化崩解的花岗岩	3~5	7	30	3000
英国	黏土	—	5		1337

注:每个单元锚杆黏结应力传递长度仅为2.0~2.5m。

目前,由于压力分散型锚杆的承载力稳定性和防腐性能好,已广泛应用于永久性岩石锚固工程。在大型高边坡锚固和重力坝锚固工程中,采用高承载力的压力分散型锚杆,还表现出初始预应力损失量小,在外荷载变化时,预应力波动小等优点,这无疑会使这类锚杆承载力得到提高。它是基于良好的传力机制,大大降低了黏结应力峰值,使黏结应力的分布相对均匀化的结果。如石家庄32m高、127m长的重力坝,采用了62根设计承载力为2300kN的预应力锚杆抵抗倾覆力,建成半年后锚杆的预应力损失仅为3.64%。锦屏Ⅰ级电站左坝肩高550m的边坡共使用6300余根长分别为80m、60m、40m的压力分散型锚杆,锚杆的设计承载力分别为3000、2000、1000kN,经6年多监测,锚杆的预应力损失仅为2%~4%,其左岸海拔1960m以上的边坡孔口位移量介于−3.7~22.28mm,且位移主要发生在边坡开挖期间,大坝蓄水前、后的位移变化量仅为0~0.37mm。

在北京和广州的基坑中,在锚固段总长度近似的条件下采用拉力分散型锚杆取代普通拉力型锚杆,锚杆抗拔承载力同样呈现出显著提高的状况(表2);而且随着单元锚杆的增多,单元锚杆锚固段长度的减小,锚杆抗拔承载力提高的幅度就越大。

拉力分散型锚杆与普通拉力型锚杆承载力的比较　　　　　　　　表2

工程名称	地层条件	锚杆形式	锚固段总长度(m)	单元锚杆 个数	单元锚杆 锚固段长(m)	锚杆抗拔力(kN)
北京LG大厦	粉质黏土	集中拉力型	21			400~450
		拉力分散型	15	2	7.5	650
北京昆仑公寓	粉质黏土	集中拉力型	18	—		400~450
		拉力分散型	16	2	8.0	600~640
	粉质黏土	集中拉力型	19	—		600~625
		拉力分散型	16	2	8.0	810~840
广州凯城东兴大厦	粉质黏土	集中拉力型	18	2	9.0	510
	粉质黏土	拉力分散型	18	3	6.0	810

2.2 后高压注浆型锚杆

后高压注浆锚杆是在一次高压注浆结束后对一次注浆形成的锚固体再次或多次施作高压

注浆的锚杆。

原冶金部建筑研究总院与冶金部第二十冶金建设公司借鉴吸收了意大利高压注浆锚杆技术经验,在1986年针对上海淤泥质土层的特点,研制成功了可多次进行后高压注浆的锚杆(图9),它能极大地提高软土中锚杆的抗拔承载力,应用于上海太平洋饭店基坑护壁工程,取得了良好的支护效果。

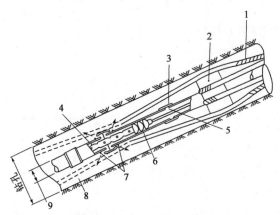

图9 后高压注浆用袖阀管构造

1-钢绞线;2-塑料隔离架;3-橡胶圈;4-注浆枪;5-灌浆孔;6-上、下双阻塞的灌浆头;7-灌浆压力使橡皮套张开,使浆液流入周围注浆体中;8-固定于袖阀管孔中的低强度注浆体;9-袖阀管

2.2.1 后高压注浆型锚杆的技术内涵和关键点

(1)袖阀管、注浆枪和密封袋是后高压注浆锚杆的关键部件。袖阀管为在侧壁上每隔0.5m开有8个小孔的塑料管,在袖阀管开孔处的外部用橡胶圈盖住,使浆液只能从袖阀管内向外流出钻孔,而不能反向流动,注浆枪为中间开有小孔的特制钢管,其两端有与袖阀管相匹配的密封塞,浆液从注浆枪中部小孔注入袖阀管,由于密封塞的约束作用,浆液以高压从袖阀管开孔处流出,并劈裂一次注浆体,向钻孔周边土体挤压、渗透和扩散。密封袋用无纺布扎制而成,绑扎在自由段和锚固段的分界处,使锚固段的高压注浆成为可能。

(2)锚杆注浆一般分2次完成。第1次为重力注浆,形成圆柱状的锚固段结石体,同时向密封袋内注满灰浆。

(3)有序地进行第2次高压劈裂注浆。当一次注浆的结石体强度达到5MPa(12～36h)后,进行第2次高压劈裂注浆。第2次高压注浆时,注浆枪应首先插入袖阀管底端,然后依次每隔0.5m分段向上注浆,直至浆液流在锚固段周边土层中均匀分布。

(4)后注浆压力不应小于2.0MPa。只有足够高的第2次或第3次劈裂注浆压力,才能满足浆液流在锚固段周边土体中有较宽的分布区域,从而获得较高的锚杆抗拔力。在砂性土中安设锚杆,注浆压力对锚杆承载力的影响很大。一些试验已经证实,锚杆的拉拔承载力随注浆压力的增大而增大(图

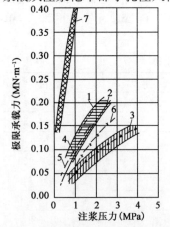

图10 锚杆承载力与注浆压力的关系
1-比利时布鲁塞尔地区的中粒砂;2-泥灰质石灰岩;3-泥灰岩;4-法国塞纳河的沉积物;5-带黏土的砂砾层;6-软质白垩纪淤积物;7-硬石灰岩

10)。但当注浆压力超过 4MPa 后,对锚杆承载力的增大效果较微弱,同时用于土体的注浆压力不能超过上覆土层压力的容许值。

2.2.2 后高压注浆锚杆的使用效果

原冶金部建筑研究总院等单位完成的带袖阀管的高压注浆锚杆的试验研究和工程实践表明:在淤泥质土、饱和黏性土和砂性土地层中采用后高压注浆,均能显著提高锚杆的承载力并减小锚杆的变形。与普通的一次重力注浆锚杆相比,在同等锚固段长度条件下,后高压注浆锚杆承载力约提高 100%以上(表 3)。

后高压注浆(带袖阀管)锚杆的抗拔承载力　　　表 3

工程名称	地层条件	钻孔直径(mm)	锚固段长(mm)	注浆方式	注浆水泥总量(kg)	锚杆极限抗拔承载力(kN)
上海太平洋饭店基坑工程	淤泥质土	168	24	—	1200	420
				一次重力	2500	800
				二次袖阀高压	2500	800
				二次袖阀高压	3000	1000
深圳海神广场基坑广场	黏土	168	19	三次袖阀高压	3000	≥1260
深圳嘉宾大厦基坑工程	淤泥质粉质黏土	168	16	二次袖阀高压	≥1625	≥750
				三次袖阀高压	≥2100	≥750

注:高压注浆压力均大于 2.0MPa。

在国外特别是在欧洲和美国,后高压注浆锚杆得到了广泛的应用,英国 BS 8081:1989《地层锚固实践规范》将后高压注浆锚杆作为一种基本的预应力锚杆形式。美国后张预应力混凝土学会(PTI)于 1996 年修订的《预应力岩层与土体锚杆规程》指出:对于因黏结部位而达不到锚杆验收合格试验荷载要求的锚杆,相应的措施取决于能否对锚杆进行第 2 次注浆,可做二次注浆的就应进行二次高压注浆,无二次注浆的锚杆应废除(更换)或在不大于锚杆所达到的最大荷载的 50% 锁定。由此可见:对一些复杂地层中的岩土锚固工程,将日后可进行第 2 次高压注浆的设施固定于杆体上,打入钻孔内后,先进行第 1 次重力注浆,当出现锚杆抗拔承载力不足时,再行用第 2 次高压注浆加以加固补救,不失为一种既经济又稳妥的提高锚杆承载力的方法。

目前,国内较普遍地采用一种简易的后高压注浆锚杆。它是在锚杆杆体上预先绑扎第 2 次高压注浆管,该注浆管采用耐高压塑料管,在锚固段长度范围内每隔 1～2m 设置有第 2 次注浆小孔,在一次注浆形成结石体且强度达 5.0MPa 后再进行二次高压注浆。这种后高压注浆锚杆,注浆压力较小(常为 1.0～1.5MPa)。预埋的二次注浆管所开的小孔既稀少又集中,导致二次劈裂注浆浆液流在锚固段周围土层中的分布很不均匀,分布的区域也很有限,因而其抗拔承载力的提高较为有限,此普通一次重力注浆锚杆一般仅提高 30%左右。

2.3 压应力分散型旋喷扩大头锚杆

苏州能工基础公司与中国京冶工程技术有限公司开发的承压型旋喷扩大头锚杆是近年来比较成熟的扩大头锚固技术。

苏州能工基础公司开发的压应力分散型旋喷扩大头锚杆是将预先由工厂制作且附有分散

承载板(合页板或钢板)的杆体放置于钻孔内,采用改良的高压旋喷工艺,形成直径为600～800mm的旋喷注浆体,当旋喷注浆体固结硬化达到设计要求的强度后,即形成具有高承载力的压应力分散型旋喷扩大头锚杆(图11)。

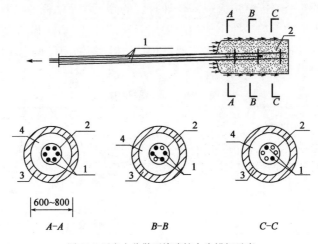

图11 压应力分散型旋喷扩大头锚杆示意
1-ϕ15.24无黏结钢绞线;2-ϕ195×16;3-土体;4-锚固体

2.3.1 技术内涵及技术要点

(1)采用预先由工厂制作且附有2块以上的承载板(钢板或合页板)的无黏结钢绞线杆体,随着旋喷钻机钻头的推进而牵引并放置于钻孔内。

(2)2～3块承压板巧妙分布于扩大头锚固段的不同部位,增大了承压板面积,可大幅度减少锚固段旋喷注浆体的压应力,能有效抑制在高张拉荷载条件下旋喷体的局部压碎和剪切破坏。

(3)扩大头锚固体直径由旋喷注浆前的200m扩大至600～800mm,能有效利用扩大头变截面处土体的端承力。

(4)锚杆钻进成孔钻头牵引杆体至要求部位与高压旋喷注浆形成设计要求的扩大头等工序紧密衔接,一次完成,大大简化了施工工序,提高了施工效率,加快了工程进度。

(5)当承压钢板锚具改为热熔锚具,则可方便地拆除芯体,实现无障碍锚固。

2.3.2 使用效果

压应力分散型锚杆已在国内20余个结构抗浮和基坑支护工程中应用(表4),显示出锚杆锚固段长度显著缩短、承载力高且稳定、可回收性好、施工效率高、锚杆综合单价低等一系列明显优点,具有广阔的发展前景。对于这类锚杆,由于旋喷注浆体早期强度较低,往往影响到急需早期张拉锁定锚杆的情况,现正在积极研究改进中。

压应力分散型锚杆的抗拔承载力　　　　表4

工程名称	锚固段所处土层的土质参数		用途	极限抗拔承载力(kN)
	土质名称	黏聚力C(kPa) / 内摩擦角φ(°)		
徐州中央国际广场C地块	黏土	75 / 11.8	基坑围护	1120
苏州市立医院东区门急诊楼	粉质黏土夹粉土	23 / 12.8	基坑围护	880
苏地2010-B-10地块	粉质黏土夹粉土	22.47 / 15.19	基坑围护	860

续上表

工程名称	锚固段所处土层的土质参数			用途	极限抗拔承载力 (kN)
	土质名称	黏聚力 C(kPa)	内摩擦角 φ(°)		
苏州南山相城檀香花园项目二标地库	粉砂	5.3	24.3	结构抗浮	1015
南通职业大学抗浮锚杆工程	粉砂夹粉土	4	28.9	结构抗浮	915

3 结语

(1)以荷载分散、后高压注浆与压应力分散旋喷扩大头锚固为基本特征的三种锚杆技术，承载机理清晰、设计理念先进、实施方法简便、应用成效显著，是值得推荐的三种能显著提高锚杆抗拔承载力的方法。

(2)深刻认清这三种方法的承载机理，切实掌握它们各自的技术内涵、工作特性和实施要领，是最大限度发挥和提升锚杆抗拔承载能力的关键。

(3)基于三种能显著提高锚杆抗拔承载力方法在承载机理、技术内涵、工作特性与实施要领存在的差异，它们的适用条件也是不同的：荷载分散型锚杆适用于各类土层和软弱、破碎岩体中的锚固工程，且具有锚杆蠕变变形小、承载力持续保持稳定、初始预应力损失小等优点；后高压注浆型(带袖阀管)锚杆适用于包括淤泥质土在内的各类土层和破碎岩体中的锚固工程，且在锚杆验收或使用过程中，一旦出现锚杆承载力不足，可用作有缺陷锚杆的加强和补救措施；压应力分散型旋喷扩大头锚杆可用于砂土、粉土、粉质黏土等地层的锚固工程，当基坑工程需拆除锚杆芯体时，只要用热熔锚具更换普通锚具，就可经济方便地满足锚杆杆体回收的要求。

参 考 文 献

[1] 程良奎,李象范.岩土锚固土钉喷射混凝土:原理、设计与应用[M].北京:中国建筑工业出版社,2008.

[2] 程良奎.岩土锚固的现状与发展[J].土木工程学报,2001,34(3):7-12.

[3] Barley A D. Theory and Practive of the Single Bore Multiple Anchor System[C]//Proc of Int. Confr. on Anchors in Theory and Practive. 1995:293-301.

[4] 程良奎,于来喜,范景伦,等.高压灌浆预应力锚杆及其在饱和淤泥质地层中的应用[J].工业建筑,1988(4):1-6.

[5] 程良奎,于来喜,范景伦,等.饱和淤泥质黏土层中预应力锚杆的工作特性[J].工业建筑,1988(4):9-12.

[6] Hobst J,Zajic J. Anchoring in Rock and Soil[M]. New York:Elsevier Seientific Publishing Company,1983:207-208.

[7] British Standard Institution. BS 8081 Code of Practice for Ground Anchorages[S]. Brussels CEN,1989.

[8] Post-Tensioning Institute. DC35. 1-14 Recommendation for Prestressed Rock and Soil Anchors[S]. 3rd. Phoenix,Arizona:Post-Tensioning Institute,1996.

缝管式摩擦型锚杆的力学作用和支护效果

程良奎　冯申铎

（冶金部建筑研究总院）

1　工作原理与力学作用

缝管式锚杆是一条沿纵向开缝的高强度钢管，上端部稍呈椎体状，下端部焊有钢环。锚杆直径为38~41.5mm，缝宽14mm，长度一般为1.2m、1.5m、1.8m、2.0m和2.5m几种规格。钢材选用壁厚2.0~2.5mm的16Mn和20MnSi带钢，锚杆采用门架式焊管机卷压成型。钢托板采用A3钢，尺寸为150mm×150mm×6mm。锚杆抗拉断能力为13t。

缝管式锚杆与其他类型锚杆相比，具有新的工作原理和优越的力学特性。其主要特点如下所述。

1) 对围岩施加三向预应力，围岩处于压缩状态

非张拉的砂浆锚杆不能对岩石施加预应力，是一种被动的岩石锚固装置。机械式点锚固锚杆，也只能沿锚杆杆体轴线方向对岩石施加预应力。缝管式锚杆，则可在平行及垂直于杆体轴线的方向上同时对岩石施加预应力。

缝管式锚杆打入比其直径稍小（一般小2~3mm）的锚杆孔中，杆体受到孔壁的约束而产生环向压缩变形。通过测定得知，锚杆进入锚杆孔后其环向应变远比纵向应变高，约高一个数量级。锚杆在1820kg的推力作用下进入比其直径小2mm的孔中，最大纵向应变为$133\mu\varepsilon$，最大环向应变为$1550\mu\varepsilon$。锚杆材料本身屈服强度和弹性模量都比较高，锚杆必然在全长范围内对钻眼孔壁施加径向压力。经测定，该径向压力的平均值一般大于$4.0kg/cm^2$。在实际工程中正是这种径向力，将锚杆间的岩层挤紧，抑制围岩裂隙张开，阻止岩石滑移和坠落。

此外，托板在锚杆安装时紧压在岩石上，对岩石产生约3.0t的支承抗力。这样，锚杆周围的岩石就处于三维压缩状态（图1）。按一定间距布置的锚杆群加固的范围就形成一个岩石压缩带，改善了围岩应力状态，围岩得以稳定。

2) 锚杆在安装后能立即提供支承抗力，有利于及时控制围岩变形

普通砂浆锚杆虽具有全长锚固的特点，但其不能在安装后就及时地向围岩提供支护抗力。管缝式锚杆在安装

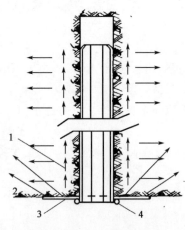

图1　锚杆周围的岩石处于三维压缩状态
1-杆体和托板作用在岩石上的力；2-岩石；3-托板；4-挡环

---

* 本文摘自《煤炭科学技术》：1984(6)。

过程中可产生相当高的支护抗力。对不同岩层条件下 200 余根管缝式锚杆所作的拉拔试验结果表明,锚杆的初锚固力一般为 3.5～7.0t(表 1)。这就为早期及时地控制围岩变形创造了极为有利的条件。

管缝式锚杆的初锚固力表　　　　　　　　　　　　　　　表 1

地　点	岩　石	锚杆长度(m)	初锚固力(t)
湘东铁矿清水矿	砂页岩	1.2～1.6	4.84～8.55
湘东铁矿潞水矿	绿泥石、砂页岩	1.5	4.50～5.70
湘潭锰矿红旗矿	灰绿色页岩	1.5	4.28～7.10
湘潭锰矿黄峰寺井	风化灰绿色板岩	1.5	4.00～5.40
焦家金矿	碎裂岩	1.65	3.70～4.27

3)锚固力随时间而增加

机械式点锚固锚杆在锚固过程中会产生严重的应力集中,由于岩层断裂、爆破震动冲击、锚杆蠕变或其他因素的影响,锚杆锚固力急剧下降甚至不起作用,岩层失去约束。缝管式锚杆在工作中没有应力集中现象。岩层的剪切位移或采掘过程中的爆破震动冲击,导致杆体折曲,从而进一步锚固住岩层。在超限应力或膨胀性围岩中,杆体由于锚杆孔逐渐缩小而被挤得更紧,锚杆的径向张力提高。杆体在潮湿介质中有轻微锈蚀,杆体表面的粗糙度增大,杆体与孔壁的摩擦力增加。所有这些,都会使锚杆的锚固力随时间而增加。

曾对铁矿、锰矿、金矿不同岩层条件下的锚杆锚固力的时间效应作了测定,结果表明,锚杆锚固力在所有条件下于一定时间区段内均有明显的增长(图 2)。锚杆在安装 60～100d 以后,其锚固力提高 35%～65%。缝管式锚杆的支护刚度与支撑抗力随时间而增长的特性,符合"岩石—支护"协同变形所要求"先柔后刚"的原则,特别是对于延性流变岩体更具有良好的适应性。

4)围岩位移以后仍能保持锚固力

缝管式锚杆的一个重要特点,就是全长锚固,均匀受力。即使锚杆与岩层发生滑动,而仍能保持相当高的锚固力,这已为大量的锚杆拉拔试验所证实。从如图 3 所示的几个金属矿山工程中实测的锚杆拔出量与锚固力关系曲线可见,当锚杆从岩层中拔出 50～100mm 时,锚固力仅降低 0.5～0.8t,实际上只是损失了未与岩层接触的那段锚杆长度上的摩擦阻力。拔出部分的锚杆若重新打入钻孔中,锚杆的锚固力就恢复原状。

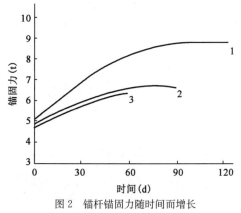

图 2　锚杆锚固力随时间而增长
1-黑色页岩;2-锰矿体;3-绿泥岩

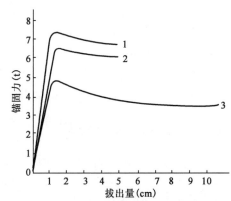

图 3　缝管式锚杆的锚固力与拔出量的关系
1-砂岩体;2-锰矿体;3-绿泥岩

上述情况说明,当岩石荷载大于滑动锚固力时,锚杆虽然仍保持本身的摩擦锚固力,但杆体则在受力方向上滑动;等到锚杆承受的岩石荷载小于其锚固力时,杆体停止滑动。由杆体受压后产生的作用在岩石上的径向力重新锚固,锚杆在新的位置上又在与岩石接触的长度上继续产生锚固力,直到围岩进一步位移又产生新的滑动。锚杆的这种既允许围岩位移又能保持支承抗力的特性,使其在承受很大的拉力或剪力时具有柔性卸载作用,在围岩与锚杆的相互作用中,保持围岩位移与锚杆摩擦阻力间的动态平衡。

5)锚杆的支护抗力可调整,对于不同岩层的适应性较强

由于地质条件和工程性质不同,往往对支护抗力的要求也不一样。管缝式锚杆可以通过调整杆体长度、锚杆钻孔直径以及在杆头附加锚头等措施,灵活地控制支护抗力,从而更为有效地控制岩层。

锚固长度是影响锚固力和锚固效果的基本因素之一。缝管式锚杆主要是靠摩擦作用稳定岩层,而且是全长受力,所以,在其他条件相同时,杆体越长,锚固力越大。根据实测得知,随着锚杆锚入岩体的长度增加,锚固力也大致成正比增大(图4)。

锚杆孔径是影响锚固力的另一重要因素。不同孔径中的锚杆的拉拔试验结果表明,锚杆孔越小(管孔径差越大),锚固力就越高(图5)。因此,可以通过调节锚杆钻孔孔径来获得需要的锚固力。合适的孔径需要通过现场拉拔试验确定,一般来说,软岩中的钻孔孔径应比硬岩中的小。

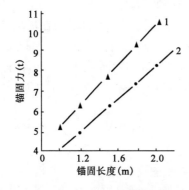

图4 锚固力与锚固长度关系曲线
1-锰矿体;2-黑色页岩

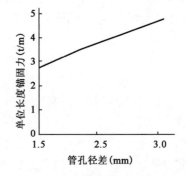

图5 单位长度锚固力随管孔径差的变化

如果需要进一步增加锚杆的初始支护抗力,还可在杆头上附加锚头,其具体做法是:先在杆体的锥头部分焊几片薄钢板片,锚杆按正常工序装好后,锥头部分顶入一个粗细适度的小钢塞,使其锥头部分胀开而压入孔壁,从而在杆头上增加一个集中锚固点。据湘东铁矿的试验,锚杆在附近加锚头后锚固力增长较大,特别是在坚硬岩层中更为明显。在细砂岩、砂页岩中,锚固力平均增长5.4t。在风化破碎并有渗水的绿泥岩、砂页岩中,锚固力平均增长1.1t。

2 工程应用及其效果

缝管式锚杆先后在铁矿、锰矿和金矿等金属矿山以及煤矿、铀矿和铁路隧道中使用,效果良好。

1)巷道峒室工程

湘潭锰矿红旗矿－200m水平的水仓、泵房以及－110m水平的甩车岔口工程,围岩系灰

绿色板岩,软弱破碎。开挖后紧跟工作面先安设缝管式锚杆和金属网,然后集中喷射薄层混凝土。两年来,巷道峒室无异常变化。

湘东铁矿某巷道岔口,最大跨度达 6m。围岩为薄层绿泥岩与泥质砂页岩,有断层通过,节理、裂隙十分发育,风化严重。原用木支架支护,围岩层塌落,后用缝管式锚杆与薄层喷射混凝土支护,一年多来巷道是稳定的,没有明显的变形。

八街铁矿在松软破碎的开拓巷道中用 1.3~2m 长的管缝式锚杆和金属网取代原来的钢筋混凝土支护,也取得了良好的效果。巷道围岩为砂、板岩互层,泥化严重,地质条件恶劣。过去每米巷道需架设两架混凝土支架,用背板 20 块。改用锚杆支护后,不仅施工简便,且每米巷道支护成本降低 59%。

2) 壁式法采场护顶工程

湘东铁矿潞水矿 335m 水平 4-6 矿房斜长 33m,宽 8m,采幅 2.13m。矿房面积为 264m^2,覆盖层厚 5~10m。顶板为绿泥岩、泥质砂页岩,层间夹有 1~5cm 厚的风化泥。围岩节理十分发育,风化严重。有 5 条断层通过,顶板极易掉块和冒落。据已采地段统计,用木棚支护的采场顶板的绿泥石脱层达 60%~70%。该矿房顶板在用锚杆支护过程中,还设置了木信号柱、顶板下沉测点、量测锚杆和压力盒,用以监视采场顶板的稳定性。观测结果表明,在采矿过程中顶板总下沉量为 1.55~4.7cm,约为类似条件下用木支撑护顶时的 1/2。锚杆支护提高了顶板岩层的完整性和稳定性,绿泥岩基本没有脱落,满足了安全采矿和放顶的要求。与木支撑护顶相比,可以节约坑木 50%,降低矿石贫化率 2% 左右,提高采矿效率。

Mechanics of Friction Rock Bolt and Its Adaptability to Controlling Deformation of Soft Ground *

Cheng Liangkui

(Central Research Institute of Building & Construction of Ministry of Metallurgical Industry)

ABSTRACT This paper discuses requirements of the basic characteristies of rock anchor for the deformation control of the soft surrounding rock, mechanics of friction rock bolts(split set bolts) and the interaction between the rock anchor and the surrounding rock. The application of friction rock bolts to the headings and stopes of coal, manganese and iron ore mines is presented, focusing on the favorable results from the control of soft host rock deformation.

1 Deformation Control of Soft Host Rock and Basic Characteristics of Rock Anchoring

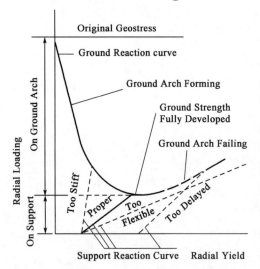

Fig. 1 Schematic diagram for interaction of ground and support

Soft host rock, plastic squeezing rock in particular, is charactevized by long-term substantial deformation after the excavation of drifts. In such case, as shown in schematic diagram of "host rock-support"interaction(Fig. 1), the support structure must not be too rigid or too flexible, and especially should not be installed too late, in order to fully. develop the self-supporting capability by the wall rock, to effectively control the deformation and rationally maintain the stability of drifts. Due to its inherent weak points, conventional support can hardly adapt itself to the control of soft rock deformation, therefore it has been gradually replaced by rock bolting and shotcreting support. Nevertheless it is not that any rock bolting can provide favourable adaptability to the control of soft host rock deformation.

---

* 本文摘自 *Proceedings of the International spmposium on Engineering in Complex Rock Formations*, 3-7 November, 1986, Beijing: 739-744.

It is the author's opinion that the rock bolting, to be suitable to the deformation control of soft host rock, should have the following characteristics:

(1) The installation of rock bolts should closely follow the excavation heading and the rock bolts, after installation can immediately provide support resistance to the host rock;

(2) The rock bolts have excellent toughness, its anchoring force is stable and it will not decrease with the passage of time or by blasting vibration and accompanying rock movement;

(3) The rock bolts are in full contact with rock, can quickly transfer large rock load, and there will be no stress concentration;

(4) The rock bolt has a deformation modulus compatible with that of host rock, so that the rock load can be properly transferred to the rock bolts, therefore there will be no crack on the contact interface of the rock bolts and the host rock.

2 Working Principle and Mechanics of Friction Rock Bolt

The author, together with other scientific and technical personnel, has recently studied and developed friction rock bolting technique according to the requirements for the control of soft host rock deformation.

A friction rock bolt (split set bolt) is a high-strength longitudinally slotted steel tube, the upper part of which has a conical shape and to the lower end a steel ring is weided. The rock bolt is 42mm in diameter, 1.2m, 1.5m, 1.8m, 2.0m and 2.5m in length, and has a slot width of 14mm. 16Mn and 20MnSi strip steel with 2.0mm wall thickness was selected as the raw material for rockbolts. Rock bolts are fabricated using gantry-type pipe welding machine. Steel roof plates are made of A3 steel 150mm×150mm×6mm in dimension. Anti-breaking strength of rockbolts is 130kN.

Friction rockbolt has new working principles and excellent mechanical properties as compared with the other types of rockbolts. Its major features are:

(1) Exerting three-dimensional prestress on the wall rock to bring it to a compressed state.

Non-tensile grouted rockbolt is a passive rock anchorage device and can not exert prestress on the rock. Mechanical point anchor bolt can exert prestress on the rock only along the bolt axis. But the friction rockbolt can exert prestress simultaneously on rock parallel and vertical to bolt axis direction.

Friction rockbolt is driven into borehole slightly smaller than the rockbolt. The anchor tube is compressed and deformed due to the restraint of the bore-hole wall. It can be seen form measurement that the ring strain value of the rock bolt is far higher than the longitudinal strain value after it is inserted into the bore-hole. The maximum ring strain is $1550\mu\varepsilon$. The yield strength and the clastic modulus of the material of friction rockbolts are quite high. Having been compressed, rockbolts are bound to exert radial pressure on the surrounding rock at its full length. Measurement indicates that the average radial pressure value is generally higher than 0.4MPa. In practice, it is just this radial pressure that squeezes the rock between rockbolts and restrains the opening of wall rock fissures thus preventing the rock form sliding and falling.

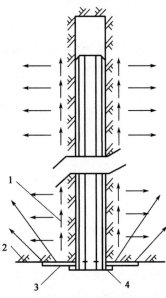

Fig. 2 The rock around the rockbolts in the three-dimensional state of compression
1-the force of bolt stick and plate exerted on the rock; 2-rock; 3-roof plate; 4-retaining ring

In addition, the roof plate is tightly pressed on the rock during rockbolt installation and produces about 30kN support resistance to the rock. Thus, the rock reinforced by rockbolts is in a three-dimensional state of compression (Fig. 2). The anchoring range of rockbolts which are arranged at a given interval, forms a rock compression zone, and the stress state of the wall rock is improved thus making the wall rock stable.

(2) Support resistance can be immediately provided after rockbolt installation, which is advantageous to the control of wall rock deformation.

Though conventional grouted rockbolt is characterized by its entirelength anchorage it can not provide in time support resistance to the wall rock after rockbolt installation. Friction rockbolt, however can produce quite high supporting resistance in the process of installation. The result obtained from pull tests of more than 200 friction rockbolts under different rock conditions demonstrates that the primary holding power is 35~70kN in general (Tab. 1). It should be noted that the primary holding power of a friction rockbolt will not markedly decrease, even in the case of very soft rock, because its full-length is anchored into the rock. This created very favourable condition for early control of host rock deformation.

Primary holding power of friction rockbolt Tab. 1

Site	Rock type	Rockbolt lenght (m)	Primary holding power (kN)
Xing-dong Fe Mine	Sandy shale	1.2~1.6	48~86
Xing-dong Fe Mine	Chlorite, sandy shale	1.5	45~57
Xingtan Mn Mine	Grey-green shale	1.5	43~71
Jiaojia Au Mine	Cataclasite	1.6	37~43
Nanpiao Bureau of Mines	Sandy shave with coal interlayer	1.5	40~51

(3) The holding power increases with time. Mechanical point load rockbolts may produce serious stress concentration. Rock fracture, vibration impact due to blasting, anchor creep and other factors make rock unrestrained, so that the holding power of rockbolts sharply decreases, and rockbolt under operating condition may even lose action altogether. Friction rock

bolts on the other hand do not have stress concentration. Shearing displacement of the rock and vibration impact due to blasting in the process of mine may make the steel pipe bends, as a result, the rock will be further locked(Fig. 3). In the overstressed or swelling ground, the boreholes will tend gradually to reduce in size and the steel pipes will be further squeezed, results in increase of the radial tension of the rockbolts. In case of humid medium, the slight rusting of rockbolts can increase the surface roughness of the rockbolts. All these will improve the holding power of rockbolts with the passage of time.

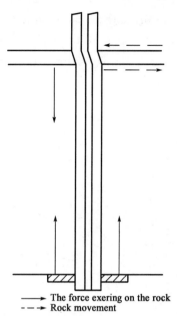

Fig. 3 Rock movement causes further rock locking by friction rock bolts

→ The force exering on the rock
--→ Rock movement

The time effect of the holding force of rockbolts installed in different ground conditions of iron, manganese and gold mines has been determined. The results show that, the anchorage force of rockbolts has increased considerably within a given time interval under all conditions (Fig. 4). Anchorage force of rockbolts increases by 35%~65% in 60~100days after installation. It must be noted the feature that the support rigidity and supporting resistance of friction rockbolts increases with time is in conformity with the principle of toughness at first and then rigidity as required by the "rocksupport" coordinated deformation. Thus friction rockbolting is quite adaptable, especially for plastic squeezing rocks.

(4) Friction rockbolt and keep its holding power after the occurrence of large displacement of the ground.

One of the important features of friction rockbolts is that their friction anchorage are over the entire length and uniform bearing force. Even if the friction rockbolts are somewhat overloaded and there occurs sliding between the rockbolt and the rock, the anchorage force will not sharply drop as the mechanical point-load rock bolt or bonding rockbolt do. Quite high anchorage force still exist. This has been proved by a number of pull tests of friction rockbolts. Fig. 5 shows the relation curve for the pulled out amount VS, the anchorage force of rockbolts tested in several metallic mines. It can be seen from Fig. 5 that the anchorage force decreased only by 5~8kN when the rockbolts were pulled out by 5~10cm. In fact the friction resistance lost is nothing but that of the small length of the rockbolt which becomes out of contact with the rock. Once the pulled out part of the rockbolt is pushed into borehole again, the anchorage force of the rockbolt can be restored to the full original state.

The above-mentioned facts demorstrate that though rockbolts will slide in the direction forceexerted by the rock, when the rock load exceeds the anchorage force, the rockbolts can still keep its anchorage force. Rockbolts cease to slide when the force exerted on the roof plate becomes smaller than anchorage force. The radial force exerting on the rock produced as a result of the compression of the steel pipe rockbolt will anchor itself again. In the new place the rockbolt will provide anchorage force again over the length that it contacts with rock, until rock moves further and produces sliding. That friction rockbolts allow the country rock to slide and at the same time, keep their supporting resistance gives them flexible pressure-release under large tension or shear force. Therefore a dynamic balance between rock movement and friction resistance of rockbolts is maintained on account of the interaction of the rock and bolts.

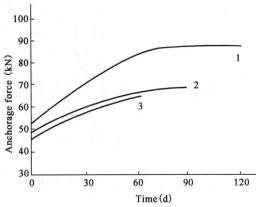

Fig. 4 Anchorage force -time curves
1-black shale(Xiang-tan Mn Mine); 2-Mnorebody(Xiang-tan Mn Mine); 3-chlorite(Xiang-dong Fe Mine)

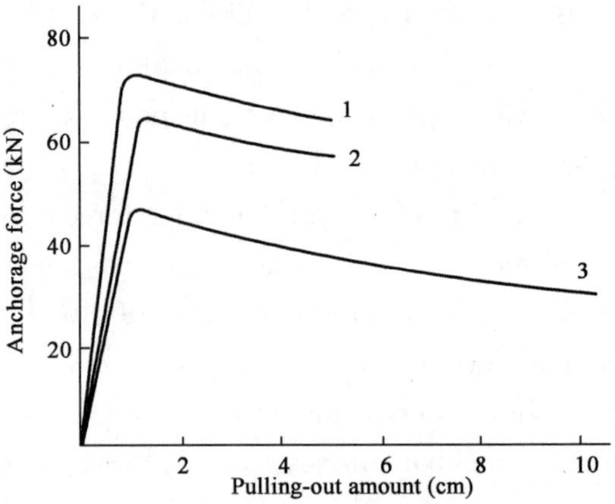

Fig. 5 The relationship between anchorage force and pulling-out amount of friction rockbolts
1-sandy shale (Xiang-dong Fe Mine); 2-Mn orebody (Xiang-tan Mn Mine); 3-chlorite(Xiang-tan Mn Mine)

(5)The supporting resistance of friction rockbolt is adjustable and is well adaptable to different rock formation.

The requeried for supporting resistance is different for different geological conditions and different nature of engineering. The supporting resistance of friction rockbolts can be controlled by adjusting the bolt length, the boreh oie diameter as well as adding anchor head on to the rockbolts, so that friction rockbolts can be effectively adapted to different rock formations.

Anchor length is one of the basic factors influencing the anchorage force and the anchororage results. Friction rock bolts stabilize the rock stratum mainly by friction which acts on the entire length of the bolts, therefore under same conditions the longer the rockbolt, the greater will be the holding power. Measurements show that the holding power increases directly proportional to the length increase of rockbolt anchored into the rock formation.

Borehole diameter is another important factor influencing the holding power. The required holding power can be attained by adjusting the borehole diameter. Generally speaking, smaller borehole diameter should be adapted in soft rock than in hard rock.

It is necessary to increase the initial supporting resistance of the rockbolt, a small stell stopper with proper size can be placed in the conical end of the bolt, so that as the bolt is pushed into the borehole the conical opened and pressed into the rock. In this way a mechanical anchorage head is formed and an additional anchoring force is provided in addition to the friction anchoring.

In soft ground, especially in heavily squeezing ground, very high initial holding power is not needed, and due to the release of rock stress, the load on the support can be reduced.

3 The Effect for Controlling Soft Wall Rock Deformation by Friction Rockbolt

The superior mechanical characteristics of friction rockbolt makes it to have excellent adaptability to working conditions in soft rock and to vibration impact from blasting. In recent years about 1500000 friction rockbolts have been used for support of mine openings and stopes in coal, iron, gold, manganese and uranium mines in China. The application of friction rockbolts has been successful, particularly in drifts and stopes of soft rock.

(1) Development work and deepening drifts of No. 3 mine (coal mine) of Feng feng Bureau of Mines is 10.48~14m² in final cross-section with 400m in depth. The rock formation passed through is sandy shale which is soft, fragmental and has large tectonic stress. Quarry stone and grouted rockbolt-shotcrete were used for support. Because, no dynamic balance could be established between support reaction and rock reaction, approximately 1700m length of openings were damaged in different degrees, about 400m length of drifts supported by quarry stones was damaged due to compressive deformation. Floor heave up to 10~100cm and horizontal convergence up to 10~60cm occurred, roof subsided or collapsed, therefore this section could no longer used and the coal mining operation was seriously impaired. By using 1.5~1.8m long friction rockbolts with 0.7m spacing and 100~150mm shotcreting to strengthen these openings, the deformation of the surrounding rock was finally controlled and the stability of the openings was restored(Fig. 6). In the new development and deepening operation made for the mine under similar geological conditions, friction rockbolting was adopted and good results have been achieved.

(2) Air shaft deepening from the level 400m in Qiupigou Coal Mine of Nanpiao Mines Bureau.

The shaft has a length of 404m with 25° inclined angle. Its net cross-sectional area is 9.7m². Major rock-strata passed through are sandy shale and calcareous shale and coal lines are frequently interleaved. Joints are quite developed and are filled with clay minerals. The rock formations therefore are very unstable and tend to collapse. A 118m long shaft sunk at first was supported by mechanical point anchor bolts and shotcreting. Since the holding power of such rockbolts is sensitive to the geological condition, its value under practical conditions is usually lower than 20kN which makes point rockbolt anchorage very unadaptable to soft rocks. The supporting structure was destroyed and the wall rock collapse due to vibration during excavation caused by blasting. Since November 1984, 1.6m long friction rockbolts with 0.7~0.8cm spacing and 10cm thick reinforced shotcrete have been used as primary support. Support followed the excavation of the working face. Design and construction were guided by the measured convergence-time curve of the shaft, through all these measures the stability of shaft was effectively maintained. Fig. 7 shows the measured shaft convergence-time curves. They indicate that the surrounding rock tends to become stable after 70 days with finished maximum deformation of 3.5~4.5cm.

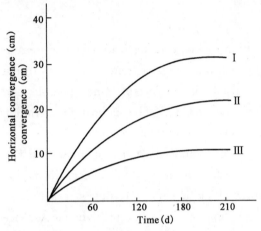

Fig. 6 Drift horizontal convergence-time curve
I -quarry stone support; II -grouted rock bolt-shotvrete support; III -friction rockbolt-shotcrete support

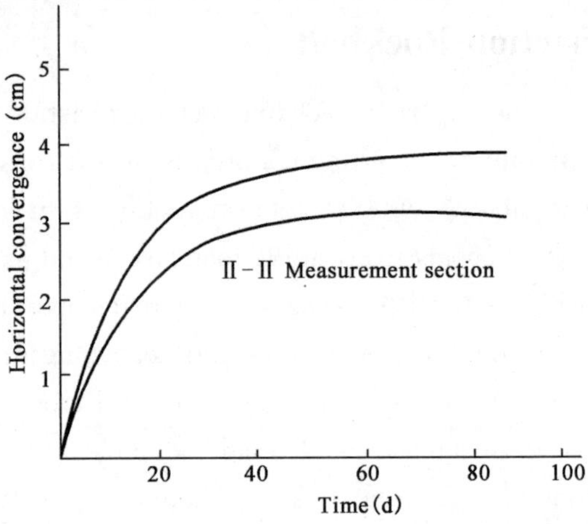

Fig. 7 Schaft convergence-time curves (Qiupigou Coal Mine)

(3) Two adjacent stoping drifts with 3~20m spacing in Xiangtan Mn Mine both passing through carbonaceous shale, have very similar geological conditions. One drift was supported by a layer of 250mm thick cast concrete reinforced with 14mm steel bars. The other drift was supported by friction rockbolts(1.5cm in length, 0.8~0.9m in spacing) and 30~70mm thick reinforced Shotcrete. The drift supported by in-situ cast concrete failed seriously and could not be used after blasting from upper mining. Drift supported by friction rockbolts and shotcrete can be continuously used even there were slight cracks in drift.

(4) No. 4~6 stalls on 335m level in Lushui operation of Xiangdong Fe Mine is 8m wide and 33m in inclined length. The thickness of the overburden is 5~10m. The roof consists of chlorite, argillaceous sandy shale with 1.5cm thick weathered mud between them. Joints are developed in host rock which is seriously weathered. There are five faults passing through, and the roof tends to collapse. According to statistics in the process of mining the adjacent stalls with similar geological conditions, roofs of chlorite supported by timber frame was sloughed by 60%~70%. Chlorite was basically not sloughed as it was supported by 1.6m friction rockbolts. In the process of roof supporting by friction rockbolts, roof sag measuring points, measuring bolts, wooden signal columns and pressure boxes have been installed for monitering whether the roof was stable. Observation results showed that the maximum roof sag at different points in the stope was 1.55~4.7cm where mining operation finished. It was

only half of the maximum sag of roofs supported by timber frame under similar conditions. Roof rockbolting has improved the stability and intactness of roof rock and meets the need for safe mining and construction. In comparison with timbering this method can save timber by 50%, reduce the percentage of ore impoverishment by 2% and enhance the mining efficiency.

(5) In the fault and fracture zones of Zhangtan railway tunnel, the rock could not stand without support and the surrounding rock must be prestrengthened by rockbolts. Previously, grouted rockbolts were used, but could not meet the requirement of prestrengthening due to their poor capability against vibration, and because they could not bear immediately applied load and it was difficult to accomplish cement grouting. On the other hand, the use of friction rockbolts can immediately strengthen the surrounding rock. Its support capacity is not affected by blasting vibration. Therefore very good results were attained and successful passing through the fault and fracture zones was achieved. When necessary, the borehole for the friction rockbolts may be grouted to strengthen the surrounding rock in order to perform the safely construction of opening (tunnels) under difficult ground conditions.

4 Conclusions

(1) Friction rockbolts posses unique mechanical characteristics: for instance they can exert immediately after installation three-dimensional prestress on rock so that the rock is in compressive state; their holding power increase with time; they can keep their support resistance when there is large displacement of surrounding rock etc. Other types of rockbolts do not possess all these characteristics.

(2) The interaction mechanism between rockbolts and rock is especially advantageous in the deformation control of soft rock and in resisting the vibration impact due to blasting in drift and stopes.

(3) In order to maintain the stability of drifts driven in soft especially in plastic and heavily squeezing ground. It is important that the frictional rockbolts fulfil the following requirements: the friction rockbolts are fully in contact with the host rock; the deformation modulus of rockbolts and that of surrounding rock are in conformation; the holding power of rockbolts nearly keeps constant or increases substantially with time. To pursue blindly too high a primary holding power so that the rock is over-restrained against deformation will cause the rockbolts and shotcrete be bear excessive rock load and is harmful.

(4) It is necessary to adopt a comprehensive method for controlling deformation of soft ground. In addition to using friction rockbolts with good ductility and shotcreting for support, selecting proper profile of openings, installing inverted arch and applying measurement data (mainly the convergence-time curve for drift) to guide design and construction work are of great importance.

References

[1] Cheng Liangkui. Some problems on the mechanics of rockbolting and shotcreting support [J]. Metallic Mines, Aug, 1983.

[2] Cheng Liangkui, Feng Shenduo. Mechanics and supporting result of friction split-set stabilizer[J]. Coal Science and Technology, June, 1984.

[3] Cheng Liangkui. The stability of tunnels in squeezing and swelling ground[J]. Underground Engineering, Aug. 1981.

[4] James J. Scott. Friction rock stabilizer impact upon anchor design and ground control practices[J]. 1982.

EX 型涨壳式预应力锚杆的力学性能研究及工程应用效果

程良奎[1]　王　勇[2]

(1. 中冶建筑研究总院有限公司；2. 杭州图强工程材料有限公司)

摘　要　EX 型涨壳式预应力锚杆是杭州图强工程材料有限公司在普通中空锚杆基础上开发出的一种新型涨壳式低预应力锚杆。本文论述了这种新型锚杆的结构构造、工作特点、力学性能及其工程应用效果。

关键词　涨壳式锚固；低预应力；力学性能

1　引言

EX 型涨壳式预应力锚杆是杭州图强工程材料有限公司在普通中空注浆锚杆基础上开发出的一种新型低预应力锚杆(专利技术)，本文重点论述了 EX 型涨壳式低预应力锚杆的力学性能试验研究及在彭水水电站大跨度洞室与锦屏二级水电站高埋深、高应力条件下隧洞支护工程中的应用效果。

2　EX 型涨壳式预应力锚杆的结构构造

EX 型涨壳式预应力锚杆主要由中空锚杆体、钢质涨壳锚固件、垫板、螺母、注浆管(或排气管)等部件组成，必要时还可设置止浆体(图 1)。

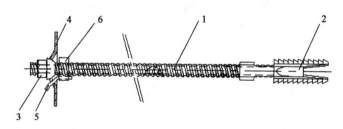

图 1　EX 型涨壳式(预应力)中空注浆锚杆的构造
1-中空锚杆体；2-涨壳锚固件；3-螺母；4-垫板；5-注浆(排气)管；6-止浆体

(1)中空锚杆体(1)：为全螺纹中空钢质杆体，按锚杆安装的不同方式，锚杆体的中空孔可作为注浆(向下安装)或排气(向上安装)的通道。

(2)涨壳锚固件(2)：由两个楔块和涨壳体组成，所有的零件都由高强度钢精铸成。目前已开发了适合中高硬岩条件下锚固的表面为环向倒锯齿、人字形倒锯齿或颗粒状倒锯齿的涨壳夹片，以及适合软岩条件下锚固的表面为糙面构造的涨壳式夹片。

(3)垫板(4)、螺母(3)：预应力外部锁定紧固件和传递荷载的构件。垫板上带注浆(或排气)孔。

(4)注浆(或排气)管(5):塑料管一端插入钻孔,另一端伸出在孔外。根据锚杆安装方式(向上安装或向下安装时)与中空锚杆配合使用,具有注浆或排气的功能。

(5)连接套:对于锚固工程来讲,有时需要的锚杆体长度较长,单根锚杆的长度难以满足现场的施工或设计要求,为将锚杆体接长到需要的长度,需用一个带有内螺纹的套管(连接套)将二根锚杆连接起来,连接套的内螺纹尺寸和牙型与中空锚杆体表面的螺纹相匹配。

3　EX 型涨壳式中空锚杆的工作特性

EX 型涨壳式中空锚杆是由普通中空锚杆发展而成的。它与普通中空锚杆的主要区别是:结构构造上,在杆体底端增设了一个能依靠杆体自旋而使端头锚固的机械锚固体(常称涨壳),能在锚杆安装后,立即施加预应力,在托板和机械锚固件处产生压应力球,形成压应力区(图2),从而显著地提高了岩体的稳定性。

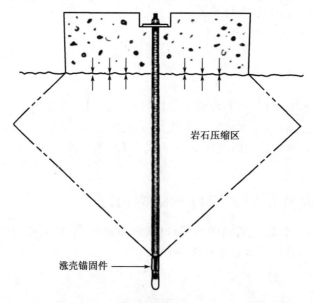

图 2　涨壳式中空锚杆作用于岩石时形成压应力区

EX 型涨壳式中空锚杆作为一种低预应力锚杆,与其他端头黏结型(树脂卷或块硬水泥卷)锚杆相比,在获得同等体积剪力锥时,所需的锚杆长度可短得多(图3)。此外,这类预应力

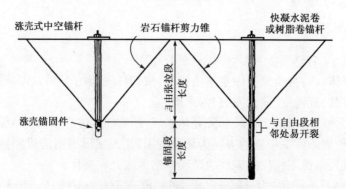

图 3　不同类型的低预应力锚杆工作时形成的剪力锥

锚杆属主动加固型锚杆,有利于控制岩体位移,理论上只要外部荷载不超过锚杆的预应力值,杆体是不会伸长的,因而可免除杆体周边灌浆体的开裂,增强了锚杆的防腐保护性能。EX 型涨壳式中空锚杆与端头黏结型锚杆的比较见表1。

不同类型低预应力锚杆的性能比较 表1

涨壳式中空锚杆	端头黏结型锚杆
(1)在大多数岩层中应用具有良好的工作性能,并能获得最大的剪力锥与锚杆长度比,以及自由张拉长度与锚杆长度比	(1)要求较长的锚杆,但在软岩中也能锚固
(2)能在锚杆安装后立即产生锚固效应	(2)须采用分阶段水泥灌浆或预包装的快凝及缓凝环氧树脂卷
(3)杆体良好的居中,能保证杆体周边足够而均匀的保护层厚度。杆体先张拉锁定后注浆,注浆体处于零应力状态,无注浆体开裂问题,防腐保护性能高,具有良好的长期工作性能	(3)杆体周边保护层厚薄不均,锚杆受拉时,拉应力集中区易开裂,会影响锚杆由腐蚀引起的长期性能变差

EX 型涨壳式中空锚杆的技术性能见表2。

EX 型涨壳式中空锚杆 表2

锚杆型号	杆体外径 (mm)	杆体壁厚 (mm)	极限拉力 (kN)	钻孔直径 (mm)	钻头直径 (mm)
ZB 32/20	32	6	280	53	51
ZB 32/18	32	7	340	53	51
ZB 40/20	40	10	450	65	60
ZB 49/16	40	12	500	65	60
ZB 50/30	50	10	480	85	80
ZB 50/20	50	15	720	85	80

4 EX 型涨壳式中空锚杆力学性能试验

为了切实掌握这种新型的岩石锚杆在不同拉力作用下锚杆涨壳锚固件与岩层间的摩阻抗力特性,检验锚杆的极限抗拔力与蠕变性能,论证这种锚杆的安全可靠性,曾在专门设计研制的混凝土模拟台座上,运行了 EX 型涨壳中空锚杆的力学性能试验。

4.1 模型试验台座

用于锚杆力学性能试验的模型台座是一个长 4m、宽 3m、高 1.2m 的混凝土台座(图4),预埋件由钢板围成的箱体与钢管焊接而成,箱体内用 C30 混凝土充填,并预留与涨壳锚固件相匹配的孔道,该孔道即作为试验用模拟钻孔。试验台可用于长 3.5m 的涨壳式中空锚杆的基本试验与蠕变试验。

4.2 锚杆抗拔性能试验

当混凝土模拟台的混凝土强度满足设计要求后,即按试验设计要求,完成钻孔、涨壳件与中空锚杆端头的固定,将涨壳式中空锚杆安设于预定位置后,采用多循环加荷张拉方式运行锚杆的抗拔力试验。起始荷载为 $0.1N_t$ (N_t 为锚杆承载力设计值,其值为 90kN),并按 $0.25N_t$、$0.50N_t$、$0.75N_t$、$1.0N_t$、$1.2N_t$、$1.33N_t$ 和 $1.5N_t$ 循环加荷和卸荷。

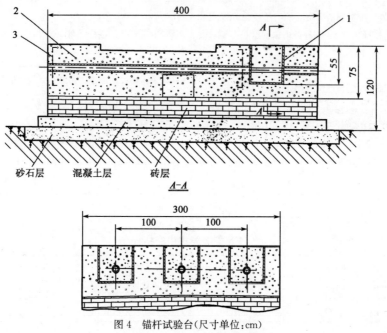

图 4 锚杆试验台(尺寸单位:cm)
1-预埋件;2-混凝土;3-加强用钢筋

经整理试验结果,最终获得了 1 号、2 号、3 号锚杆荷载—位移曲线图(图 5~图 7)及 2 号锚杆荷载(Q)—弹性位移(S_e)及荷载(Q)—塑性位移(S_p)曲线图(图 8)。

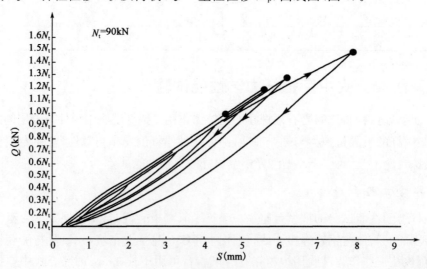

图 5 1 号锚杆荷载(Q)—位移(S)曲线

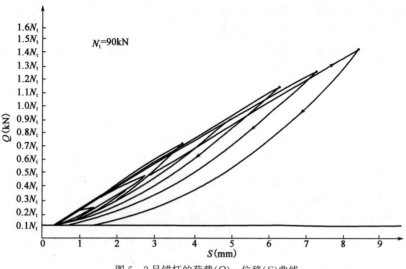

图6 2号锚杆的荷载(Q)—位移(S)曲线

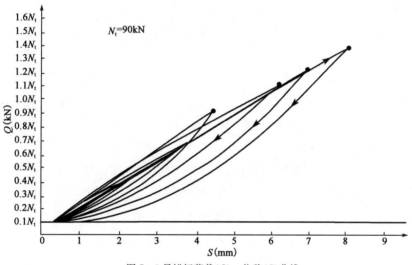

图7 3号锚杆荷载(Q)—位移(S)曲线

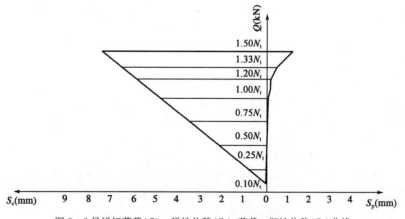

图8 2号锚杆荷载(Q)—弹性位移(S_e)、荷载—塑性位移(S_p)曲线

由图中可以看出:1号、2号、3号锚杆当加荷至90kN($1.0N_t$)时,位移量分别为4.4mm、5.2mm、4.6mm,且均为弹性位移。当加荷至108kN($1.2N_t$)时,开始出现微小的塑性位移。加荷至135kN($1.5N_t$)时,锚杆总位移分别为8.0mm、8.4mm和7.9mm,其中塑性位移分别为0.64mm、0.78mm和0.82mm,塑性位移仅约占锚杆总位移的0.08、0.093和0.10。这说明即使当锚杆承受荷载为设计值的1.5倍时,涨壳式中空锚杆的涨壳锚固件与杆体,涨壳锚固件与模拟岩层间的剪切位移是很小的。EX型涨壳中空锚杆的锚固件具有高抗拔承载力,在满足设计要求的条件下使用具有足够的安全度。

为了解在无灌浆条件下涨壳式中空锚杆的蠕变性能,在混凝土台座上进行了锚杆蠕变试验,试验锚杆的结构参数与施工工艺同锚杆的循环加载试验。加荷采用液压千斤顶,蠕变试验在每级荷载下保持恒定,并按1、2、3、4、5、10、15、20、30、45、60、90、120、180、210、240、270、300min记录蠕变量。锚杆蠕变试验结果见锚杆蠕变量与对数时间关系曲线图(图9~图11)。

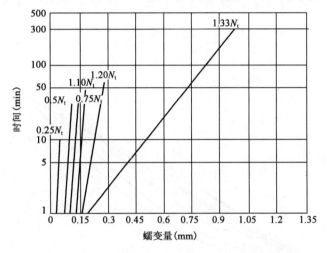

图9　1号锚杆蠕变—对数时间曲线

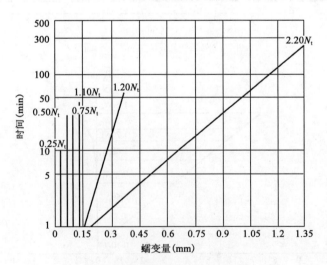

图10　2号锚杆蠕变—对数时间曲线

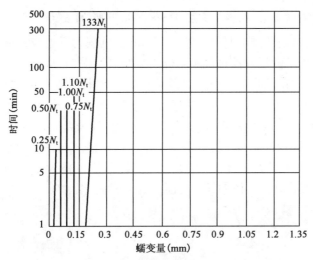

图 11 3 号锚杆蠕变—对数时间曲线

由图中可以清楚地看到,在最后一级试验荷载($1.33N_t$,120kN)恒定 60min,锚杆蠕变量仅为 0.2～1.0mm,远小于国内外相关规范规定的 2.0mm,完全符合锚杆的质量标准要求。

4.3 锚杆初始预应力变化监测

在涨壳式预应力中空锚杆的抗拔试验与蠕变试验完成后,还进行了锚杆初始预应力变化的监测,锚杆的锁定荷载为 90kN($1.0N_t$),锚杆加荷前在垫板与锚具间安装了振弦式测力计。锚杆锁定后 3 个月的实测资料表明,锚杆初始预应力损失仅为锁定荷载值的 1.05%～2.0%,随后锚杆预应力值不再变化。

4.4 锚杆力学性能试验小结

EX 型涨壳式中空锚杆具有良好的力学性能,在与本次力学性能试验相似的(抗压强度≥30MPa)岩层中应用这种新型低预应力锚杆,在不灌浆的条件下,锚杆涨壳锚固件抗拔承载力高,蠕变量及锚杆初始预应力损失小。这些力学特性可使锚杆开始施工的几分钟内对岩体施加支护抗力,迅速抑制岩体变形或松动,大大改善岩石开挖工程的稳定性。

5 工程应用及其效果

5.1 重庆彭水水电站大跨度洞室顶拱支护

重庆彭水水电站地下厂房围岩为灰岩、白云岩及含灰质页岩或白云质页岩,围岩等级属Ⅱ级和Ⅲ级,主厂房开挖跨度达 30m,高 59m,长 252m。该工程由长江委勘测设计院负责设计,设计对厂房拱顶部位采用系统的 EX 型涨壳式中空注浆锚杆及厚 15cm 的钢纤维喷射混凝土支护。涨壳式中空注浆锚杆杆体直径 32mm,长 8m 和 10m 间隔布置,间距为 1.5m×1.5m,锚杆初始预应力锁定值为 90kN。边墙则采用系统的普通水泥砂浆锚杆、厚 15cm 的钢纤维喷射混凝土和预应力锚索支护。预应力锚索长 25m,柱力设计值为 2000kN。锁定张拉力为 1500kN,间距为 4.5m×4.5m。

地下厂房完工后,拱顶下沉量小于 25mm,侧墙(顺层侧边墙)最大位移小于 60mm。10 多年来,该大型锚固洞室一直处于稳定状态。

5.2 锦屏二级电站高埋深、高应力场条件下隧洞支护

锦屏二级电站引水洞和排水洞最大埋深2525m。隧洞附近地应力最大值约54MPa，在此高埋深、高压力场条件下隧洞开挖过程中岩爆现象频频发生，危及施工人员及机械的安全。为了有效应对岩爆给工程正常施工带来的危害，经过对多种锚杆形式的试验比较，最后选定在4条引水洞中全面采用EX型涨壳式中空锚杆，总计用量为30万套。

锦屏4条引水洞，分别采用钻爆法与TBM法开挖，隧洞直径分别为13m与12.4m。引水洞顶部120°范围内均采用长4.5m的EX型涨壳式中空锚杆，锚杆初始预应力为80kN，锚杆中空杆体直径32mm，间距为1.2m×1.0m。挂网，网片规格为$\phi 8$钢筋，网格为150mm×150mm，再喷一薄层CF30纳米仿钢纤维混凝土封闭岩面(图12)。

图12 锦屏二级电站高埋深、高地应力引水洞采用EX型涨壳式中空锚杆支护

锦屏二级电站高地应力场中的引水洞采用涨壳式中空锚杆支护实践表明：

(1)基于这种以涨壳锚固为主的低预应力锚杆，能在隧洞开挖后，具备钻孔条件的10min内，即可对隧洞周边提供径向抗力，并能改善锚杆锚固范围内岩体的应力状态。此外，初期无须注浆的钻孔与中空杆体的空腔，也有利于高应力岩体在垂直于锚杆轴线方向的应力释放，因而有效抑制和降低了岩爆的滋生和发展，保证了施工安全。

(2)大大加快了隧道施工进度，特别是能满足TBM掘进对快速支护的要求。

(3)涨壳式中空注浆锚杆能在施工初期利用机械锚固和中空杆体等特点，有效控制围岩变形、抑制与降低岩爆的滋生与发展。后期向钻孔内注浆，以适应永久支护杆体防腐保护的要求，将初期支护与最终支护的功能有机地结合起来，以达到安全、高效、经济地实施隧洞支护的要求。

参 考 文 献

[1] 程良奎,李象范.岩土锚固·土钉·喷射混凝土——原理、设计与应用[M].北京:中国建筑工业出版社,2008:62-65.

[2] 程良奎,王勇,韩军,等.EX型涨壳式中空锚杆的力学性能试验研究(R),2008.

[3] 中铁十八局.中水七局联合体锦屏项目部:涨壳式中空注浆锚杆在锦屏二级水电站引水隧洞的应用,2011.

[4] 王勇.涨壳式中空预应力锚杆在锦屏二级水电站引水洞岩爆区的应用[M]//党林才,候靖,吴世勇,等,中国水电地下工程与关键技术.北京:中国水电水利出版社,2012:411-415.

A New Innovation in Mine Tunnel Support in China

Cheng Liangkui　Hu Jianlin

(Central Research Institue of Building & Construction of Ministry of Metallurgical Industry, Beijing, China)

ABSTRACT　In this paper, based on the results of the model tests and the in-situ experiments, the mechanism of the friction rockbolts (split sets) is further discussed, and their unique advantages by comparision with other types of bolts are indicated. Some applitions of the friction rockbolts to mine tunnels are presented.

1　Introduction

The friction rockbolts have been widely used in China as support in mine tunnels and underground engineering. Their effects are satisfactory, not only used in the deformation control of the soft host rock, but also used in heading stope stood violent blasting vibrations. Now, as least 1500000 friction rockbolts are used in mine tunnels in China annually.

A friction rockbolts is a high-strength longitudinally slotted steel tube, the upper part of which has a conical shape and its lower end to which a steel ring is welded. In general, the friction rockbolt is driven into borehole whose diameter is slightly smaller than that of the rockbolt, so that the tube is squeezed, the slot becomes narrow. Due to the tube's elasticity, the friction rockbolt squeezes borehole wall to exert radial pressure on the surrouding rock at its full length. Measurement indicates that the average value of the radial pressure is generally higher than 0.4MPa. In addition, the roof plate is tightly pressed on the rock during rockbolt installation an produces about 30kN support resistance to the rock. Thus, the rock reinforced by the rockbolts is in a three-dimensional state of compression, the stress state of the wall rock is improved thus making the wall rock stable.

Due to the unique mechanism of the friction rockbolt and its being used widely, the authors made the model tests and in-situ experiments to discuss further the mechanism and support effects of the friction rockbolts and to hope people make full use of its unique mechanism to develop new type of rockbolt.

2　Model Test

2.1　General conditions

The test discussed emphatically the deformation and failure characteristics of the deep-

---

*　本文摘自 *Proceedings of International Congress on Progress and Innovation in Tunnelling*. September 9-14, 1989. Toronto: 475-480.

buried circular tunnel supported by the friction rockbolts and the non-tensile grouted rockbolts. Thus, the surrounding rock was simplified as uniform media, the influence of the structure plane(joint, crack etc) was not taken into account, and the rock sole weight was neglected. The rock was supposed in the state of primary stresses composed of vertical principal stress(P_V) and horizontal principal stress (P_H), with lateral compression coefficient K(the ratio of horizonal stress to vertical stress) being equal to 1/4.

According to the requirement of the test and equipment conditions, the geometry scale factor and stress scale factor were defined as follows:

$$C_L = 25 \qquad C_\sigma = 4$$

The test used similar material as tunnel model media. The model material was composed of plaster stone and sand. Its mechanical parameters were shown in Tab. 1.

Mechanical parameters of the model material Tab. 1

σ_c (MPa)	σ_t (MPa)	E (MPa)	C (MPa)	φ
2.4	0.25	4.1×10^3	0.4	41°

To take account of the friction rockbolt inherent property and its formability, the purple copper was used as similar material of the bolt. The model friction rockbolt was 4mm in diameter, 0.2mm in slot width. While the model non-tensile grouted bolt was 0.3mm in outside diameter, 0.28mm in inside diameter. The model bolts basically met the similar relationship.

The model blocks measured 50cm×50cm×20cm, while the tunnel was circular, with its diameter being 10cm. The test was made in the PYD-50 type geomechanical model test equipment (Fig. 1) which has three pairs of steel jacks, supplying force in three dimensions independently. Specially designed friction-reducing material was used to eliminate the boundary effects. The model blocks were loaded in three-dimen-sions, being in plane state of strain. The loaded state is shown in Fig. 2. The model tunnel and its support parameters are shown in Tab. 2.

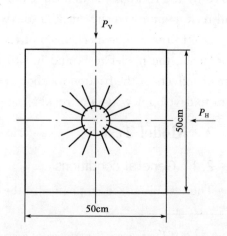

Fig. 1 PYD-50 type test equipment   Fig. 2 Test model

Support parameters of the model tunnel   Tab. 2

Number	Bolt space (mm)	Bolt length (cm)	Support type
YJ00			Unsupport
YJf$_1$	26.2×25	6	*
YJb	26.2×25	6	**
YJf$_2$	26.2×25	4	*

* Friction rockbolts.

** Non-tensile groutde rockbolts.

2.2 Method of the test

Initial, the model blocks were loaded to the primary stress ($P_V=1.6$MPa), then tunnel excavation and support began. Excavation was made in eight times, while support in four times. After being excavated every two times (the depth being equal to 3cm, 2cm in sequence), the support was made. In addition, after the excavation and support were finished, the model blocks were overloaded (P_V was loaded in synchronism with P_H in the light of lateral compresion coefficient) until tunnel collaped, with increment of P_V being equal to 0.4MPa.

2.3 Results of the test and analyses

The tunnel was excavated in the "excavating-supporting-excavating" sequence. Excavated every step, the wall rock vertical deformation at a distance of 5cm apart from upper surface of the model block was measured. The results are as shown in Fig. 3. Therefore, the friction rockbolts in comparision with non-tensile grouted bolts can more effectivily restrain the wall rock deformation. The reason is that friction rockbolts have the property of reinforcing actively surrounding rock, and can supply support resistance immediately after installation, while the nontensile grouted bolt is a passive device, it has effects only when the wall rock has some deformations. Thus, so far as the control of wall rock deformation in the early stage, the friction rockbolt has advantage over the non-tensile grouted bolt. In addition, the convergence measure-ment of the tunnel indicates that friction rockbolts have better support effects than the non-tensile grouted bolts.

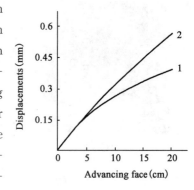

Fig. 3   Relationship between advancing face and displacements in P_V direction

1-Friction rockbolts support; 2-Non-tensile grouted rockbolts support

In the course of overload test, the term of failure load was defined as the load under which P_V can not be proportionally loaded in synchronism with P_H, with tunnel deformation rate increasing swiftly. The test results (Tab. 3) show that the bolt support can raise the carrying capacity of the model tunnel and the effect of the friction rockbolts is more evidently than that of the non-tensile grouted bolts. It must be especially noted that although the anchorge length of the friction rockbolts in YJf$_2$ model is only two thirds of the non-tensile grouted bolts in YJb model, yet the failure load of the YJf$_2$ model is higher than that of YJb model. All these demonstrate that the friction rockbolt can raise the strength of the wall rock evidently.

Failure loads(P_V) of the model tunnel Tab. 3

Number	YJOO	YJb	YJf$_2$
Failure load (MPa)	8.4	9.6	>10

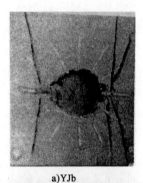

a) YJb

b) YJf$_2$

Fig. 4 Failure forms of the model tunnel

The failure forms of the model YJb, YJf$_2$ are as shown in Fig. 4. From Fig. 4 it can be seen that, the tunnel supported by non-tensile grouted bolts takes the slip lines shear failure. That is to say, cracks occur in both sidewall of the tunnel and some part of the wall rock collaps, forming two groups of similar conjugation cracks. While the tunnel supported by friction rockbolts has only a little failure in the side wall, with shear failure occuring outside of anchorage areas, thus forming loosen areas. Because of loosen areas being apart from the tunnel wall, the tunnel is stable. The reason is that the friction rockbolt exerts radial pressure and friction force on the borehole wall, forming a three-dimensions compression state around the bolt stick (Fig. 5), together with a ball-shaped compression zone formed by roof plate, a unique pear-shaped compression areas is formed around the bolt. Rockbolts arranged at a given interval make adjacent the pear-shaped compression zones locked, form compression reinforce-ment areas around tunnel, increasing the strength and deformation rigidity of the surrounding rock, as well as improving the stress state of the wall rock. In addition, friction rockbolts not only supply restraint to the wall rock in three dimensions, but also allow the wall rock to have larger deformations. So, with the increment of load (P_V), the wall rock stress concentra-tion becomes drastic, and light failure occurs in the sidewall. Due to compression reinforcement areas around tunnel, wall rock anchored can bear rather high shear force, while unanchored wall rock can not, so shear effect occurs between both boundary, finally shear failure take places outside of the anchorage areas, with loosen areas forming. Above all, it is the carrying capacity ring formed by anchored wall rock that makes the tunnel stable which is supported by the friction rockbolts.

3 In-situ Experlment

The time effect of the holding force of rockbolts installed in different ground conditions of iron, manganese and gold mines has been determined. The results show that, the anchorage force of rook-bolts has been increased considerably in a given time interval under all conditions(Fig. 6). Anchorage force of rockbolts increases by 35%~65% in 60~100 days after installation. In the working conditions, friction rock bolts do not have stress concentration. Shearing displacement of the rock and vibration impact due to blasting in the process of mine may make the steel pipe bends, as a result, the rock will be further locked. In the overstressed or swelling ground, the bore-holes will tend gradually to reduce in size and the steel pipes will be further squeezed, results in increase of the radial tension of the rockbolts. In case of humid medium, the slight rusting of rockbolts can increase the surface roughness of the rockbolts. All these will improve the holding power of rockbolts with the passage of time. While mechanical point load rockbolts may produce serious stress concentration. Rock fracture, vibration impact due to blasting, anchor creep and other factors make rock unrestrained, so that the holding power of rockbolts sharply decreases, and rockbolt under operating condition may even lose action altogether.

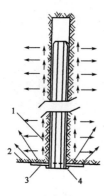

Fig. 5 The rock around the rockbolts is in the three-dimensional state of compression
1-The force of bolt stick and plate exerted on the rock; 2-Rock; 3-Roof plate; 4-Retaining ring

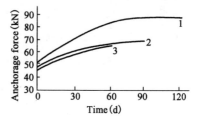

Fig. 6 Anchorage force-time curves
1-black shale(Xiang-tan Mn Mine); 2-Mn ore body(Xiang-tan Mn Mine); 3-chlorite(Xiang-dong Fe Mine)

In addition, a number of pull tests of friction rockbolts show that, friction rockbolts is that their friction anchorage are over the entire length and uniform bearing force. Even if the friction rockbolts are somewhat overloaded and there occur sliding between the rockbolt and the rock, the anchorage force will not sharply drop as the mechanical point-load rock bolt or bonding rockbolt do. Quite high anchorage force still exist. Fig. 7 shows the relation curve for the pulled out amount and the anchorage force of rock-bolts tested in several metallic mines.

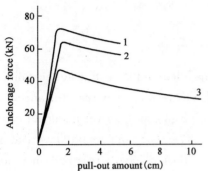

Fig. 7 The relationship between anchorage force and pulling-out amount of friction rockbolts

1-sandy shale(Xiang-dong Fe mine); 2-Mn orebody (Xiang-tan Mn Mine); 3-chlorite (Xiang-tan Mn Mine)

It can be seen from Fig. 7 that the anchorage force decreased only by 5~8kN when the rockbolts were pulled out by 5~10cm. In fact the friction resistance lost is nothing but that of the small length of the rockbolt which becomes out of contact with the rock. Once the pulled out part of the rockbolt is pushed into borehole again, the anchorage force of the rockbolt can be restored to the full original state.

The above-mentioned facts demonstrate that though rockbolts will slide in the direction force exerted by the rock, when the rock load exceeds the anchorage force, the rockbolts can still keep its anchorage force. Rockbolts cease to slide when the force exerted on the roof plate becomes smaller than anchorage force. The radial force exerting on the rock produced as a result of the compression of the steel pipe rockbolt will anchor itself again. In the new place the rockbolt will provide anchorage force again over the length that it contacts with rock, until rock moves further and produces sliding. That friction rockbolts allow the country rock to slide and at the same time, keep their supporting resistance gives them flexible pressure-release under large tension or shear force. Therefore a dynamic balance between rock movement and friction resistance of rockbolts is maintained on account of the interaction of the rock and bolts.

It must be noted that the support rigidity and supporting resistance of friction rockbolts increases with time and friction rockbolt can keep its holding power after the occurrence of large displacement of the ground are in conformity with the principle of toughness at first and then rigidity as required by the "rock-support" coor-dinated deformation. Thus, friction rockbolting is quiet adaptable, especially for soft host rocks and plastic squeezing rocks.

4 Application and Effects

Because of the superior mechanical char-acteristics and reinforcement effects, friction rockbolts have found wide use in China. At present time, it has been used in at least 100 mines.

(1) Development work and deepening drifts of No. 3 mine (coal mine) of Fengfeng Bureau of Mines is 10.48~14m² in final cross-section with 400m in depth. The rock formation passed through is sandy shale which is soft, fragmental and has large tectonic stress. Quarry stone and grouted rockbolt-shotcrete were used for support. Because, no dynamic balance could be established between support reaction and rock reaction, approximately 1700m length of openings were damaged in different degrees, about 400m length of drifts supported by

quarry stones was damaged due to compressive deformation. Floor heave up to 10~100cm and horizontal convergence up to 10~60cm occurred, roof subsided or collapsed, therefore this section could no longer used and the coal mining operation was seriously impaired. By using 1.5~1.8m long friction rockbolts with 0.7m spacing and 100~150mm shotcreting to strengthen these openings, the deformation of the surrounding rock was finally controlled and the stability of the openings was restored (Fig. 8). In the new development and deepening operation made for the mine under similar geological conditions, friction rockbolting was adopted and good results have been achieved.

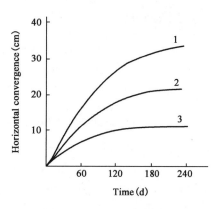

Fig. 8 Drift horizontal convergence-time curve
1-quarry stone support; 2-grouted rock bolt-shotcrete support; 3-friction rockbolt-shotcrete support

(2) Two adjacent stoping drifts with 3~20m spacing in Xiangtan Mn Mine both passing through carbonaceous shale, have very similar geological conditions. One drift was supported by a layer of 250mm thick cast concrete reinforced with 14mm steel bars. The other drift was supported by friction rockbolts (1.5m in length, 0.8~0.9m in spacing) and 30-70mm thick reinforced Shotcrete. The drift supported by in-situ cast concrete failed seriously and could not be used after blasting from upper mining. Drift supported by friction rockbolts and shotcrete can be continu-ously used even there were slight cracks in drift.

(3) No. 4~6 stalls on 335m level in Lushui operation of Xiangdong Fe Mine is 8m wide and 33m in inclined length. The thickness of the overburden is 5~10m. The roof consists of chlorite, argillaceous sandy shale with 1.5cm thick weathered mud between them. Joints are developed in host rock which is seriously weathered. There are five faults passing through, and the roof tends to collapse. According to statistics in the process of mining the adjacent stalls with similar geolo-gical conditions, roofs of chlorite sup-ported by timber frame was sloughed by 60%~70%. Chlorite was basically not sloughed as it was supported by 1.6m friction rockbolts. In the process of roof supporting by friction rockbolts, roof sag measuring points, measuring bolts, wooden signal columns and pressure boxes have been installed for monitoring whether the roof was stable. Observation results showed that the maximum roof sag at different points in the stope was 1.55~4.7cm where mining operation finished. It was only half of the maximum sag of roofs supported by timber frame under similar conditions. Roof rockbolting has improved the stability and intactness of roof rock and meets the need for safe mining and construction. In comparision with timbering this method can save timber by 50%, reduce the percentage of ore impoverishment by 2% and enhance the mining efficiency.

5 Conclusions

(1) Friction rockbolts can exert immediately three dimensional prestress on rock after installation, have good support effects in early stage and evident reinforcement results. In the same conditions, friction rockbolts have better effects than non-tensile grouted bolts.

(2) In the case of $K=\frac{1}{4}$ primary stress field, compression reinforcement areas are formed in the sidewall of the tunnel which is supported by friction rockbolts, with loosen areas forming outside of anchorage areas. It is the carrying capacity ring that make the tunnel stable.

(3) The holding power of friction rockbolt increases with time. Friction rockbolt can keep its holding power after the occarrance of large displacement of the ground. It has the property of toughness at first and then rigidity.

(4) The friction rockbolts have good supporting effectiveness for tunnel and stopes through soft host rock, rheologic host rock, fault and fracture zones, as well as those subject to blast vibrations.

References

[1] Cheng Liangkui & Feng Shenduo. Mechanics and supporting result of friction split-set stabilizer[J]. Coal Science and Technology, 1984.

[2] Hu Jianlin & Chen Liankui(director). Model study on the interaction between the bolt and rock and its support effect[J]. M. E. Thesis, 1987.

[3] Cheng Liangkui. Mechanics of friction rockbolt and its adaptability to controlling deformation of soft ground[C]//Proc. Int. Sym. Engineering in Complex Rock Formations, Beijing, November 3-11, 1986.

岩土锚杆的设计

程良奎

(冶金部建筑研究总院)

1 一般要求

在计划使用岩土锚杆时,应充分研究锚固工程的安全性、经济性和施工可行性。设计前应认真调查与锚固工程有关的地形、场地、周围已有建筑物、地下埋设物、道路交通和气象等事项,并进行工程地质钻探及有关岩土物理力学性能试验,提供锚固工程范围内岩土性状、抗剪强度、地下水等资料。对于土层,则还应掌握标准贯入值、颗粒级配、含水率和塑限。

使用期限在 2 年以内的工程锚杆,可按临时性锚杆设计;使用期限在 2 年以上的工程锚杆,应按永久性锚杆设计。

还必须指出,有机质土层作为永久锚杆的锚固地层,会引起锚固体的腐蚀破坏;液限 $\omega_L > 50\%$ 的土层,由于其高塑性会引起明显的蠕变,不能长久地保持恒定的锚固力;相对密度 $D_r < 0.3$ 的松散地层,锚固体单位面积上的摩阻力极低,上述三种未经处理的地层均不得作为永久性锚杆的锚固地层。

2 锚杆类型

目前,国内外岩土锚杆的类型主要有以下三种。

2.1 圆柱形锚杆(图 1)

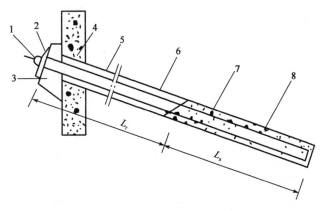

图 1 圆柱形锚杆结构

1-锚具;2-承压板;3-台座;4-支挡结构;5-钻孔;6-塑料套管;7-预应力筋;8-圆柱形锚固体;L_r-自由段长度;L_a-锚固段长度

---

* 本文摘自《工业建筑》,1993(2):46-51,41。

这种锚杆是国内外早期开发的一种锚杆形式,施加拉力时,预应力由自由端传递给锚固体,再由锚固体上段逐渐往下传递,靠锚固体与周围岩土介质间的黏结摩阻强度传递结构物拉力。圆柱形锚杆工艺简单,适用于各类岩石和较坚硬的土层,但在软弱黏土中,往往难以满足设计拉力值的要求。

2.2 端部扩大头型锚杆

端部扩大头型锚杆可用爆炸及叶片切削两种施工方法扩孔。国外及中国台湾等地采用较多的是在锚固段最底端设置扩孔叶片,平时为闭合状,当钻至预定深度时,叶片张开进行扩孔作业,叶片上端与旋转变化头连接,扩孔完成后灌满灰浆,扩孔叶片置留于孔底,作为加强锚固结构之用。如图2所示。

端部扩大头型锚杆靠锚固体与土体间的摩阻强度及扩体处土层的端承强度来传递结构拉力,在相同锚固长度条件下,端部扩大头型锚杆的承载力远比圆柱形锚杆为大。该种锚杆适用于黏土等软弱土层以及受毗邻地界限制土锚长度不宜过长的土层和一般圆柱形锚杆无法满足要求的情况。

2.3 后高压灌浆型锚杆

这种锚杆利用设于自由段与锚固段交界处的密封袋和带许多环圈的套管,可对锚固段进行高压灌浆处理,必要时还可使用高压破坏原来已有一定强度(5.0MPa)的灌浆体,对锚固段进行二次或多次灌浆处理,使锚固段形成一连串球状体,使之与周围土体有更高的嵌固强度。对锚固于淤泥、淤泥质黏土地层或要求较高锚固力的土层锚杆,宜采用连续球体型锚杆如图3所示。

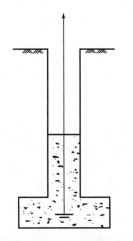
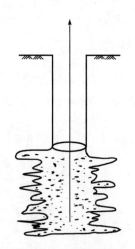

图2 端部扩大头锚杆示意图　　　　图3 后高压泥浆型锚杆示意图

3 锚杆设计流程

锚杆设计包括计算外荷载,决定锚杆布置和安设角度,锚杆锚固体尺寸设计,预应力筋的确定,稳定性验算,锚头设计等主要步骤。其设计流程见图4。

4 锚杆布置和安设角度

(1)锚杆上覆地层厚不应小于4.0m,以避开车辆行驶等反复荷载的影响,也为了不至于由于采用较高注浆压力而使上覆土隆起。

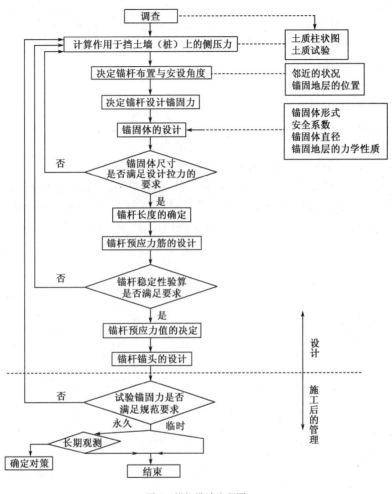

图 4　锚杆设计流程图

(2)锚杆的水平和垂直间距,一般不宜大于4.0m,以避免应力集中,亦不得小于1.5m,以免群锚效应而降低锚固力。

(3)锚杆的安设角度,对基坑或近于直立的边坡而言,需考虑邻近状况、锚固地层位置及施工方法。一般锚杆的俯角不小于13°,不大于45°,以15°～35°为好。俯角愈大,则有利于抵抗侧压力的水平分力愈小,而由于垂直分力加大,会引起护壁桩向下压力增加等不良影响。此外,在可能的条件下,锚杆锚固体应固定于较好的地层中。

5　锚杆结构的设计

5.1　锚杆锚固力计算及锚固体设计

依锚固体形式不同计算方法亦有所不同,圆柱形锚杆的锚固力由锚固体表面与周围地层的摩擦力提供。端部扩大型锚杆的锚固力则由扩座端的面承力及与周围地层的摩擦力提供。

(1)圆柱形锚杆的锚固力和锚固体长度的计算锚杆的极限锚固力:

$$P = \pi \cdot L \cdot d \cdot q_s$$

则锚固体长度为：

$$L = \frac{mN_t}{\pi \cdot d \cdot q_s}$$

式中：P——锚杆的极限锚固力(kN)；

N_t——锚杆的设计轴向拉力值(kN)；

m——安全系数；

q_s——锚固体表面与周围岩土体间的黏结强度；

L、d——锚固体长度和直径，锚固体直径 d 一般为 8~15cm。

(2)端部扩大头型锚杆的锚固力和锚固体长度的计算

端部扩大头型锚杆锚固力构成如图5所示。在砂土中锚固体扩体部分的面承力计算，可引用国外关于砂土中锚锭板抗拔力计算的成果。Mitsch 和 Clemence(1985)从圆形锚锭板的试验结果发现，埋入深度 h 与板径 D 之比值同锚固力因素 β_c 间的线性关系，只能维持到 $h/D=10$ 左右。当 h/D 继续增加时，则 β_c 便趋于定值，不再受 h/D 的影响，而 β_c 也随摩擦角的增加而增大(图6)。

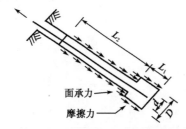

图5 端部扩大头型锚杆锚固力构成

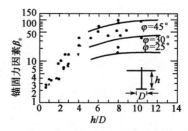

图6 砂土中锚杆锚固力因素 β_c

砂土中锚杆锚固力可依下式计算：

$$P = \gamma h \beta_c \frac{\pi(D^2 - d^2)}{4} + \pi \cdot D \cdot L_1 \cdot q_s + \pi \cdot D \cdot L_2 \cdot q_s$$

则在外力作用下，所需锚固体长度由下式求得：

$$mN_t = \gamma h \beta_c \frac{\pi(D^2 - d^2)}{4} + \pi \cdot D \cdot L_1 \cdot q_s + \pi \cdot d \cdot L_2 \cdot q_s$$

式中： P——锚杆极限锚固力(kN)；

N_t——锚杆设计轴向拉力值(kN)；

D、d、L_1、L_2——锚固体结构尺寸(m)；

m——安全系数；

q_s——锚固体表面与周围土体间的黏结强度；

β_c——面承力因子(图6)；

γ——土体重度(kN/m³)；

h——扩大头上覆土层厚度(mm)。

黏土中端部扩大头型锚杆的锚固力计算可类似砂土中端部扩大头型锚杆的计算：

$$P = \pi \cdot D \cdot L_1 \cdot C_u + \frac{\pi(D^2 - d^2)}{4} \beta_c \cdot C_u + \pi \cdot d \cdot L_2 \cdot q_s$$

则锚固体长度可由下式求得：

$$mN_t = \pi \cdot P \cdot L_1 \cdot C_u + \frac{\pi(D^2-d^2)}{4}\beta_c \cdot C_u + \pi \cdot d \cdot L_2 \cdot q_s$$

式中： P——锚杆极限锚固力(kN)；

N_t——锚杆的设计轴向拉力值(kN)；

m——安全系数；

β_c——面承力因子，可取 9.0；

q_s——锚固体表面与周围土体间的黏结强度(kPa)；

C_u——土体不排水抗剪强度(kPa)；

L_1、L_2、D、d——锚杆锚固体结构尺寸(m 或 cm)。

从上式中得知，黏土中的锚固力因素与黏土中的承载力因素在数值上是一致的。这是因为从图 7 锚锭板面承力因子 β_c 同埋入深度 h 与板径 D 之比的关系图中看出，当 h/D 大于 6 时，β_c 即趋于定值。

锚固体表面与周围地层间的黏结强度，与钻孔方法、岩土性质、渗透性、抗剪强度、锚杆上覆地层厚度、灌浆压力、有无多次灌浆等有关，不能事先精确确定，一般应由试验确定。综合国内外实测结果，表 1 给出了黏结强度推荐法，但它仅用于初步设计时估算锚杆锚固力。

关于锚杆锚固体的安全系数 m，中国工程建设标准化协会标准《土层锚杆设计与施工规范》(CECS 22∶90)已作了明确规定(表 2)。对于永久性锚杆，若地层有长期徐变的可能时，锚杆的安全系数可提高至 3.5。

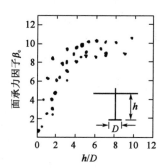

图 7 黏土中锚锭板的面承力因子

锚固体与周围岩土间的黏结强度(kPa)　　　　　　表1

岩土种类	岩土状态	q_s 值
淤泥质土	—	20～25
黏性土	坚硬	60～70
	硬塑	50～60
	可塑	40～50
	软塑	30～40
粉土	中密	100～150
砂土	松散	90～140
	稍密	160～200
	中密	220～250
	密实	270～400
岩石	泥岩	600～1200
	风化岩	600～1000
	软质岩	1000～1500
	硬质岩	1500～2500

注：表中 q_s 系采用一次常压灌浆。

锚杆锚固体安全系数表　　　　　　表2

锚杆破坏后危害程度	安全系数	
	临时锚杆	永久锚杆
危害轻微,不会构成公共安全问题	1.4	1.8
危害较大,但公共安全无问题	1.6	2.0
危害大,会出现公共安全问题	1.8	2.2

5.2 锚杆自由段(张拉段)长度的确定

锚杆自由(张拉)段长度不宜小于5.0m,以防止由于锚具的缺陷或移动使施加的预应力出现显著衰减。同时,自由段一般应超过破裂面1.0m,以利于改善被锚固地层的稳定性。

5.3 锚杆预应力筋的设计

锚杆的预应力筋应尽可能地采用钢绞线、高强钢丝或高强精轧螺纹钢筋。因为这样能降低锚杆的用钢量,最大限度地减少钻孔和施加预应力的工作量。此外,当其达到屈服点时,所产生的延伸量要比普通钢筋屈服时的延伸量大好几倍。假定钢材的弹性模量相同($E=1.9\times10^5$MPa),对其施加预应力到达屈服点时,就会产生以下不同的延伸值。

钢筋:

$$\varepsilon=\frac{\sigma}{E}=\frac{210}{1.9\times10^5}=0.0011$$

钢绞线:

$$\varepsilon=\frac{\sigma}{E}=\frac{1440}{1.9\times10^5}=0.0076$$

这就是说,在同等地层徐变量的条件下,采用钢纹线的锚杆的预应力损失量仅为普通钢筋的1/7。同时钢绞线还便于运输和安装,不受狭窄地段的限制。普通的Ⅱ、Ⅲ级钢筋仅用于设计轴向力小于500kN,长度小于20m的锚杆。

锚杆预应力筋的截面面积应按下式确定:

$$A=\frac{m\cdot N_t}{f_{ptk}}$$

式中:N_t——锚杆的设计轴向拉力值(kN);

m——安全系数,临时性锚杆取1.4,永久性锚杆取1.8;

f_{ptk}——钢丝、钢绞线、钢筋强度标准值(MPa);

A——预应力筋截面面积(cm^2)。

为便于选用,表3给出了不同的锚杆设计轴向拉力值所要求的钢绞线根数。

锚杆设计轴向拉力值(工作荷载)与钢绞线根数对照表　　　表3

工作荷载 N_t(kN)	$d=12mm(7\phi4)$ 钢绞线(根)		$d=15mm(7\phi5)$ 钢绞线(根)	
	临时性	永久性	临时性	永久性
250	3	4	2	3
300	3	4	2	3
350	4	5	3	4

续上表

工作荷载 N_t(kN)	$d=12mm(7\phi4)$ 钢绞线（根）		$d=15mm(7\phi5)$ 钢绞线（根）	
	临时性	永久性	临时性	永久性
400	4	5	3	4
450	5	6	4	4
500	5	7	4	5
550	6	7	4	5
600	6	8	5	6
650	7	9	5	6
700	7	9	5	7
750	8	10	6	7
800	8	10	6	7
850	9	11	6	8
900	9	12	7	8
950	10	13	7	9
1000	10	13	7	9

6 锚杆的锁定荷载和锚头的设计

对于锚杆，原则上可按锚杆设计轴向拉力值（工作荷载）作为预应力值而加以锁定，但锁定荷载应视锚杆的使用目的和地层性状而加以调整。

6.1 岩体加固和边坡抗滑的锚固

因岩体松散而施加的预应力，或为加固地基和抵抗滑动力而施作预应力的锚杆，以设计拉力值（工作荷载）作为锁定荷载为好。

6.2 结构物背面地层为松散土质

被锚固的结构物背面地层，因土质松散，由张拉力引起的徐变和塑性变形大的情况，可由这些地点的张拉试验结果确定锁定荷载。一般情况下，锁定荷载为设计拉力值的 0.6~0.8。

6.3 对允许变形的结构物的锚固

被锚固的结构物在采用铰接构造，允许其变位的情况时，锚杆不必按设计拉力值锁定，可根据设计条件决定锁定荷载。一般取设计拉力值的 0.5~0.7。

6.4 预计地层有明显徐变的情况

可先将锚杆张拉到设计拉力值的 1.2~1.3 倍，然后再退到设计拉力值锁定，这样可减少地层的徐变量。

锚杆头部的传力台座的尺寸和结构构造应具有足够的强度和刚度，不得产生有害的变形，锚具型号、尺寸的选取应保持锚杆预应力值的恒定。

7 锚杆的稳定性验算

锚杆的稳定性分为整体稳定性和深部破裂面稳定性两种,需分别予以验算。整体失稳时,土层滑动面在基坑支护桩的下面[图 8a],可按土坡稳定验算方法进行验算。深部破裂面在基坑支护桩的下端处[图 8b]。这是德国 Kranz 于 1953 年提出的一种破坏形式。关于深部破裂面的稳定验算,可采用 Kranz 的简化计算法。

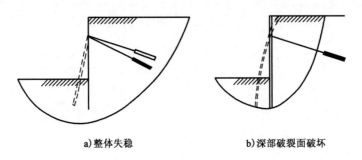

a) 整体失稳   b) 深部破裂面破坏

图 8　土层锚杆的失稳

7.1 单排锚杆深部破裂面稳定性验算方法

从地基内取一平面楔体(包括桩、锚杆与土体)作为单元体。根据单元体的平衡状态用力多边形图解法对锚杆稳定性进行验算。其计算简图见图 9,即通过锚固体中心点 c 与基坑支护桩下端的假想支承点 b 连成一直线,并假定 bc 线为深部滑动线,再通过 c 点垂直向上作直线 cd,这样 $abcd$ 块体上除作用有自重 G 外,还作用有 E_a、F 和 E_t,当块体处于平衡状态时,即可利用力多边形求得锚杆承受的最大拉力 R_{tmax}。R_{tmax} 与锚杆设计轴向拉力 N_t 之比就是锚杆的稳定安全系数 K_s,一般为 1.5。

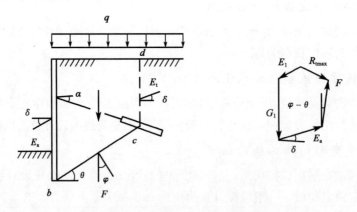

图 9　单排锚杆深部破裂面的稳定性验算简图

G-深部破裂面范围内土体重量;E_a-作用在基坑支护上的主动土压力的反力;E_t-作用在 cd 面上的主动土压力;F-bc 面上反力的合力;φ-土体内摩擦角;δ-基坑支护与土体间的摩擦角;θ-深部破裂面与水平面的夹角;α-锚杆倾角

即:

$$K_s = \frac{R_{tmax}}{N_t} \geq 1.5$$

7.2 双排锚杆深部破裂面稳定性验算方法

双排锚杆深部破裂面稳定性验算的假设和计算方法与单排锚杆深部破裂面稳定性验算相同,其计算简图见图 10。在单元体内存在 bc、be、bec 三个滑动面,当其处于平衡状态时,即可利用力多边形求得锚杆承受的最大拉力 $R_{t(bc)max}$、$R_{t(be)max}$ 和 $R_{t(bec)max}$,相应的稳定安全系数 $K_{s(bc)}$、$K_{s(be)}$ 和 $K_{s(bec)}$ 应不小于 1.5。

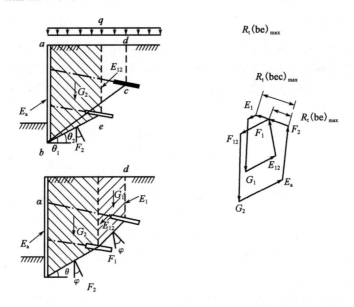

图 10 双排锚杆深部破裂面稳定性验算简图

即:

$$K_{s(bc)} = \frac{R_{t(bc)max}}{N_t} \geq 1.5$$

$$K_{s(be)} = \frac{R_{t(be)max}}{N_t} \geq 1.5$$

$$K_{s(bec)} = \frac{R_{t(bec)max}}{N_t} \geq 1.5$$

8 锚杆的防腐设计

对锚杆的腐蚀环境,应进行充分的调查并选择适宜的防腐方法。防腐方法应适应岩土锚固的使用目的,既不能影响锚杆各部件(包括锚固体、自由段和锚头)的功能,因此对锚杆的不同部位要作不同的防腐结构设计;防腐方法的确定也必须使防腐材料在施工期间免受损伤,并保证长期具有防腐效能。永久性锚杆应采取双层防腐,临时性锚杆可采用简单防腐,当腐蚀环境特别严重时,也应采取双层防腐。

8.1 锚固体防腐

永久性锚杆的锚固体防腐,宜采用波形防护管,在钢索与波形防护管间的空隙内则充填环氧树脂或水泥砂浆。在不担心发生有害裂缝的情况下,也可考虑仅用水泥浆封闭防腐,但钢杆(索)一定要居中,一般使用定位器,使水泥砂浆保护层厚度不小于20mm。临时性锚杆锚固段的杆体的保护层则不小于10mm。

8.2 自由段防腐

防腐构造必须不影响张拉钢材的自由伸长,临时锚杆常用的方法是用润滑油或防腐漆涂刷后,再用塑料布包裹。永久锚杆则还要在塑料布上涂润滑油或防腐漆,最后套防腐塑料管。

若自由段存在空隙,容易积存雨水。因此经以上防腐处理后,最好用水泥浆充填封死。

8.3 锚头的防腐

永久性锚杆的承压板一般要涂敷沥青。一次灌浆硬化后承压板下部残留空隙,要再次充填水泥浆或润滑油,如锚杆不需再次张拉,则锚头涂以润滑油、沥青后用混凝土封死,如锚杆需重新张拉,则可采用盒具密封,但盒具的空腔内必须用润滑油充填。临时性锚杆的锚头宜采用沥青防腐。

参 考 文 献

［1］ 中国工程建设标准化协会标准.土层锚杆设计与施工规范(CECS 22：90)［S］.北京：中国计划出版社,1991.

［2］ VSLフンカ-协会.VSLフンカ-工法设计［J］.施工指针［案］,1987(1).

［3］ 美国后张预应力混凝土学会,华东预应力混凝土技术开发中心译.后张预应力混凝土手册［M］.南京：东南大学出版社,1990.

［4］ 卢锡焕.地岩锚之设计与品质管制［M］.台北：现代营建杂志社,1998.

［5］ Robert M. Koemer. Construction and Geotechnical Methods in Foundation Engineering. MoGraw-Hill Book Company.

［6］ 赵志缙.高层建筑基础工程施工［M］.北京：中国建筑工业出版社,1986.

岩土锚固的若干力学问题

程良奎

(冶金部建筑研究总院)

在岩土锚固的设计和应用中,以下一些力学问题,对锚固工程的质量和成效有极大关系,是不容忽视的。

1 锚杆的极限承载力

作为受拉杆件的岩土锚杆,其承受拉力的能力,一方面取决于预应力筋的截面积和抗拉强度,这是容易较精确地设计并满足使用要求的;另一方面,则取决于锚固体的抗拔力。锚固体的抗拔力事先不易准确确定,它与许多因素有关,如锚固体几何形状、传力方式、锚固体与周边地层的黏结摩阻强度及上覆层厚度等。锚固体的抗拔力是影响单根锚杆极限承载力的关键所在,特别在软黏土地层中,如何提高锚固体的抗拔力,对改善锚杆的经济性和适应性有重要影响。一般来说,可以采用以下方法来提高锚固体的抗拔力和锚杆的承载力。

1.1 增加锚固体长度

国内外岩土预应力锚杆钻孔直径一般在100～168mm,由于钻机功能的限制,进一步增加钻孔直径是不现实的。因此,通常试图采用增加锚固体长度来提高锚固体的抗拔力,但对于土层中的锚杆,大量实测资料表明,当锚固体长度超过10m,单位面积的抗拔力将明显下降。同时,随着钻孔深度的加长,钻孔难度加大,钻孔成本也相应增加,因此对土层锚杆,一味采用增长锚固体长度提高锚固体的抗拔力是不相宜的。

1.2 高压灌浆

锚杆的承载力与锚固体所用的灌浆压力有直接关系。试验已经证明,锚杆的承载力随灌浆压力增大而增大[1](图1)。显然,这是由于高压浆液渗透到周围地层或高的压力在钻孔周围形成径向压力,提高了锚固体表面的黏结摩阻力(抗拔力)的缘故。但锚杆承载力随灌浆压力的增大不是无限的。英国ATC有限公司试验得出的结论是,当注浆压力超过4MPa时,锚杆承载力的增加将是微不足道的。

法国、意大利和我国已经成功地掌握了在土层锚固中采用高压灌浆的方法(IRP工法)。它是借助于把锚固段同

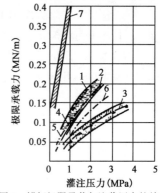

图1 锚杆极限承载与注浆压力的关系
1-比利时布鲁塞尔地区的中粒砂;2-泥灰质石灰岩;3-泥灰石;4-法国塞纳河的沉积物;5-带黏土的砾石和砂子;6-软质白垩沉积物;7-硬石灰岩

---

* 本文摘自《工业建筑》.1993(3):52-54;《工业建筑》1993(4):45-48。

自由段分离开来的密封袋和带环圈的灌浆管实现的,必要时还可重复灌浆。

密封袋套在锚杆锚固段上方,袋的两端紧固在锚杆杆体上,当杆体连同环轴管插入钻孔后,在密封袋内充填灰浆以挤压钻孔壁并,把锚固段分隔开。在环轴管的侧壁每隔 1m 开有小孔,其外部用橡胶环圈套住,从而使灰浆只能从该管流入钻孔内,但不能反向流动。当密封袋内的灰浆灌注 6～12h 后,即可从钻孔底部开始沿环轴管由下向上在开孔处进行压力灌浆,如果一次灌浆不能获得足够的锚杆承载力,可使用高压来破坏已开始硬化的灌浆体,对锚固段进行二次灌浆处理,使周围的土层强度得以提高,从而也提高了锚固体表面的摩阻力。

处于饱和淤泥质土层中的上海太平洋饭店基坑锚固工程,就采用了上述 IRP 工法,它是在锚固段第一次灌浆体强度已达 5MPa 时,采用 2～3MPa 的压力冲破有一定强度的灌浆体,浆液向土体渗透、挤压和扩散,形成不规则的水泥浆镶嵌体,提高了原状土体的力学强度,也增大了锚固体与土体的摩阻面积,因而使锚杆承载力得以显著提高(表1)。

不同注浆方式的锚杆承载力 表1

编号	钻孔直径 (mm)	锚固长度 (m)	注浆方式		锚杆极限承载力 (kN)
			一次灌浆压力 (MPa)	二次灌浆压力 (MPa)	
1	168	24	0.6～0.8	—	420
2	168	24	0.6～0.8	2.0～3.0	800
3	168	24	0.6～0.8	2.2～2.5	1000
4	168	24	0.6～0.8	1.4～2.6	800

1.3 端头扩体或多段扩体

国内外的许多经验已经证实,采用端头扩体或多段扩体型锚杆能显著地提高锚杆的极限承载力。这是因为在荷载作用下与锚固段扩体相接触的地层具有相当大的支承力。

在设计锚杆底部扩体时,应使扩体上方有足够的覆盖层厚度,以防在外力作用下出现土体隆起(整体破坏),因而一般要求扩体覆土层高度 h 与扩体直径 d 之比不小于 10～13。同时也要防止在轴向力 P 作用下,紧贴扩体正面的土层出现塑性变形(局部破坏),这就要求扩体的最小面积为:

$$A = \frac{mP}{\sigma_a}$$

相应的扩体段直径:

$$d = \sqrt{\frac{4mP}{\pi \sigma_{cr}}}$$

式中:P——锚杆荷载(kN);

m——安全系数;

σ_a——土体在轴向压力作用下的容许应力(kN)。

端部扩体可采用爆炸或绞刀成孔。一般可形成直径不小于 50cm 的孔穴。冶金部建筑研究总院在残积亚黏土中用爆破法在钻孔底端形成直径 60cm 的孔穴,使端部扩体锚杆的承载力比同等锚固长度的圆柱形锚固体锚杆提高了 1 倍。台湾省卢锡焕先生发明的保壮地锚 PC-BA 工法,就是一种端部扩体地锚。其锚固端由特殊机械活叶所构成,平时机械活叶为闭合状态,当钻至预定深度时,该机械活叶可借助上部传递的动力旋转而张开进行扩孔,扩孔完成后即灌浆,机械叶片锚头即留置于孔底,作为扩大地基之锚固结构。

英国的某些公司使用专门钻孔和绞刀,在钻孔内制作几个两倍或四倍于钻孔直径的连续扩张孔洞,每一个扩张孔洞的形状像截头圆锥体或铃形体。用这种方法获得的锚杆容许承载力:在黏结力 $C=0.1$ MPa 的黏土中为 0.25MN;在砾石和砂土中为 0.5MN;在岩石中为 1~4MN。

英国 Fondedile 基础公司制作的多个圆锥扩大头锚杆系统,其近似的极限承载力的控制数值示于表 2。

英国 Fondedile 公司多个圆锥形扩大头锚杆的极限承载力   表 2

圆锥形锚杆的截头数量(个)	黏土的抗剪强度(kPa)		
	120	160	200
2	400	520	660
3	590	790	980
4	790	1050	1310
5	980	1310	1640
6	1180	1540	1970
7	1380	1830	2300

2 锚固体与土体间的黏结摩阻力

在土体中进行锚固,其最薄弱环节是锚固体外表面与土体间的黏结,而不是水泥浆与受拉钢杆(索)间的黏结。

阻止锚固体从土体中被拔出的抗力是由土体与锚固体界面上的黏结摩阻力决定的。应当指出,黏结摩阻力在整个锚固体长度上分布是不均匀的,而黏结摩阻力值与土的渗透性、灌浆压力有很大关系。

对粗颗粒的砂质土中的锚固,德国 Ostermayer 等曾测得锚固长度为 2m、3m 和 4.5m 的灌浆体与土体间的表面摩阻力的分布(图 2),并获得以下一些结论:

(1)在很密的砂中锚固,最大表面摩阻力分布在很短的锚固长度范围内。在松砂和中密砂中,锚杆与地层的弹模比高,表面摩阻力接近于理论假定的均布情况。

(2)随着荷载的增加,峰值表面摩阻力逐渐移向锚固段底端。

(3)较短锚杆的平均表面摩阻强度要大于较长锚杆的平均表面摩阻强度。

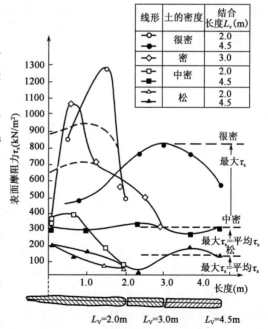

图 2 在极限状态下量测的沿锚杆长度方向表面摩阻力的分布

(4) 砂的密实度对表面摩阻强度有重要影响,从松砂到很密的砂,平均表面摩阻强度要增加 5 倍。

在北京京城大厦深基坑工程中所测得的第三层位于粉细砂、中砂和砂砾石地层中锚固长度为 18cm 的预应力锚杆锚固体全长黏结摩阻力分布形态见图 3,结果表明:

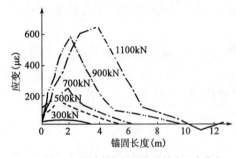

图 3 砂性土地层中锚杆锚固段黏结摩阻力分布状态(北京京城大厦基坑)

(1) 沿锚固体全长黏结摩阻力分布是不均匀的。

(2) 在外荷作用下最大黏结摩阻应力,分布在锚固体的前半段。

(3) 随着荷载的增加,黏结摩阻应力峰值逐渐向锚固体后端转移。

Ostermayer 通过试验,还得到了砂质土中锚杆锚固长度与极限承载力的关系(图 4)可见,对于密实度有较大差异的砂质土中的锚固,当锚固段长度超过 8m 后,锚杆承载力的提高就不是很明显。

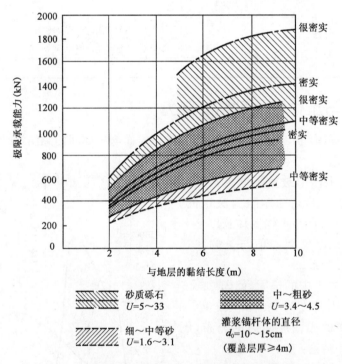

图 4 砂质土中锚杆承载力与土体种类及锚固段长度的关系

对于黏性土中的锚固,同等长度的锚固体,其单位表面摩阻力要比砂质土中小得多。Ostermayer 收集到的关于砂质土中单位表面摩阻力随锚固长度的变化见图 5。

综合国内外在黏性土中锚固体表面的黏结摩阻力的测定结果,可得到以下一些结论:

(1) 锚固体单位面积上的黏结摩阻力随土的强度的增大和塑性的减少而增加。对于中塑~高塑的硬黏土,平均单位表面摩阻力值为 $0.05 \sim 0.08$MPa;而中塑性的硬~很硬的粉细砂土中的最大表面摩阻力可达 0.4MPa。

(2) 在 4~12m 锚固段长度范围内，单位表面摩阻力随锚固段长度的增加而有所下降。

(3) 后期二次或三次高压灌浆，单位表面摩阻力会有明显增加，其效果几乎与灌浆压力是一致的。

3 锚固体内部的传力机理

按照锚固体内部拉杆（预应力筋）与水泥浆之间的传力方式的不同，可将锚杆分为拉力型、压力型和剪力型三种，如图 6 所示。目前，国内外应用最广的仍为拉力型锚杆，这类锚杆的传力方式是通过拉杆与水泥浆以及水泥浆与地层间的黏结引导外力依次传递到岩石或土体中。从受力分析来看，拉力型锚杆锚固体上的轴向力是递减的，它依靠锚固段首尾部位的不均匀拉伸变形来带动与锚固段相结合的岩土体变形，以此调用岩土体的抗剪强度。这种锚杆的锚固体易开裂、防腐性差。压力型锚杆是瑞士 Stump-Bohr AG 公司的 Eweber 于 1966 年发明的，其制作特点是沿拉筋全长涂以油脂，并套上胶管使之与胶结材料分隔

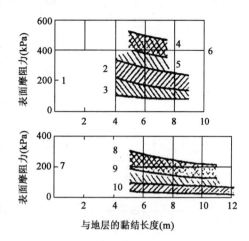

图 5 黏性土中不同锚固长度（用与不用二次高压灌浆）的表面摩阻力

1-中塑性黏土；2-不同二次高压灌浆的很硬的黏土；3-不同二次高压灌浆的硬黏土；4-进行二次高压灌浆的硬~很硬的黏土；5-不同二次高压灌浆的硬~很硬的黏土；6-中塑性粉砂；7-中~高塑性黏土；8-用二次高压灌浆的很硬黏土；9-不同二次高压灌浆的很硬黏土；10-不同二次高压灌浆的硬黏土

开。锚杆受力后，外力通过无黏结拉筋直接传到锚固体根部，将对钢筋束的拉力转变为对锚固体的压力，再通过锚固段根部与首部间不均匀压缩变形来带动与其结合的土体发生变形，从而调用土体的抗剪强度。我国台湾和国外使用的压力型锚杆正在逐年增多，特别是可拆芯锚杆的发展，在一定程度上推动了压力型锚杆的应用。

剪力型锚杆是英国人 D. A. Greenwood 和 T. A. McNulty 于 1987 年共同发明的，它也是用油脂将钢筋束与胶结材料分开，再通过若干个与环氧树脂黏结的小剪力管将作用于锚杆的总拉力分解为几个分力，使之分别作用于锚固体的不同部位，使得整个锚固体均匀受力并产生较均匀的变形，从而带动与之黏结的土体变形，调动更大范围内的土体强度。

对不同类型的锚固体的应变量测表明，在外力作用下，拉力型、压力型和剪力型锚固体与土体间的结合应力分布及发展规律如图 7 所示。

从图 7 可看出，在外力作用下，拉力型和压力型锚杆都有明显的应力集中现象。只能使与锚固体相结合的土体局部地、先后地进入屈服状态，都不能较充分地调用整个与锚固段相接触的土体的潜在强度。剪力型锚杆的结合应力分布较均匀，应力集中较小，如果设计得当，能更好地消除应力集中现象，使得与整个锚固段相结合的土体近乎同时进入屈服状态，故这种锚杆能更多地调用土体的强度。从某种意义上说，这种锚杆克服了拉力型和压力型锚杆所固有的缺陷，即锚固长度的增加导致结合面上单位面积承载力的下降。当锚固体长度超过某值（此值与土体种类有关），锚固长度的增加几乎无助于承载力的提高。

从灌浆体的受力特征来看，拉力型锚杆的灌浆体受拉，易开裂，不利于防腐。压力型锚杆

灌浆体受压，不易开裂，防水防腐效果好，剪力型锚杆的灌浆体既有受拉区，又有受压区，但其应力值远较前两类锚杆小。

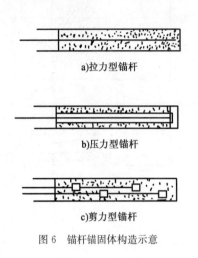

图6　锚杆锚固体构造示意

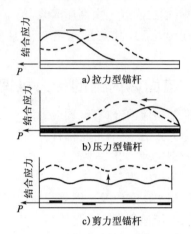

图7　不同类型锚杆在外力作用下结合应力分布形态及其发展规律

从锚杆的变形性能和承载力来看，根据 Mastra-ntuouo 和 Tomiolo 的试验，在相同的土层和相同的荷载条件下，压力型锚杆的最大应变只有拉力型锚杆最大应变的 2/3。D. A. Greenwood 等人在粉砂土中进行的拉力型和剪力型锚杆试验（锚杆的几何尺寸和施工条件相同）则表明，剪力型锚杆的承载力要比拉力型高 50%。

4　锚杆荷载作用下地层的徐变

地层在锚杆拉力作用下的徐变，是由于岩层或土体在受荷影响区域内的应力作用下产生的塑性压缩或破坏造成的。对于预应力锚杆，徐变主要发生在应力集中区，即靠近自由段的锚固段区域及锚头以下的锚固结构表面处。

坚硬岩石产生的徐变是很小的，即使在大荷载持续作用下也如此。根据美国预应力混凝土协会的有关资料，岩石锚杆的预应力损失量在 7d 内可达 3%，这主要是由于钢材的松弛造成的。对锚固的大坝进行的长期观测也表明，预应力的损失量最大可达 10%，主要是由于钢材的松弛和混凝土的徐变造成的，而不是由基岩的徐变引起的。

在软弱岩石和土体中，由地层压缩产生的变形是相当大的，特别是在黏性土和细的、均匀粒状砂中，变形非常明显，而且持续时间很长。固定在此类土体中的锚杆在极限荷载作用下，锚固段会发生较大的徐变位移，而且锚固体周围的土体会产生流动，可能导致锚杆承载力的急剧下降，进而危及工程安全。

掌握徐变变形随时间推移的变化是很重要的，特别对埋置于压缩性较大的地层中的锚杆更是如此，一般情况下，永久受荷锚杆的徐变—时间关系是指数关系。Ostermayer 对均匀粒状砂中的锚杆，进行的徐变试验结果如图8所示。

根据时间—位移图上直线的坡度可以求出徐变系数 k_s。

$$k_s = \frac{s_2 - s_1}{\lg t_2 - \lg t_1}$$

式中：s_1、s_2——时间 t_1、t_2 时的徐变量。

利用锚杆徐变试验中得到的徐变系数，就可以从理论上计算出锚杆的预计长期徐变位移。Ostermayer 建议，对黏性土中的永久性锚杆进行试验时，应把 1.5 倍使用荷载下的徐变系数的容许极限定为 1.0mm。

冶金部建筑研究总院曾对上海太平洋饭店和天津第二医学院等基坑锚杆进行了徐变试验，图 9 和图 10 分别为该两个工程锚杆的徐变曲线。

从图 9 可以看出，当锚杆荷载水平为 300kN（锁定荷载与锚杆极限承载力之比 $\beta=0.33$），恒载 100min 的徐变量为 2.1mm。当荷载水平为 600kN（$\beta=0.66$）时，恒载 100min 的徐变量为 4.2mm，且变形仍不收敛。图 10 呈现出同样的规律性，即荷载水平和 β 值愈小，徐变量愈小，荷载水平和 β 值愈大，徐变量也愈大。

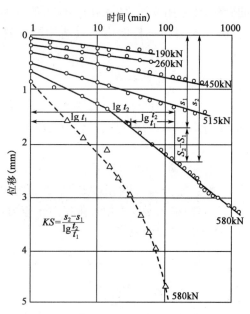

图 8　均匀砂层在不同荷载作用下得到的时间—位移曲线和徐变系数

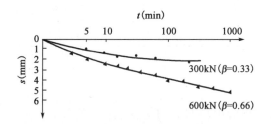

图 9　上海太平洋饭店饱和淤泥地层中锚杆的徐变曲线

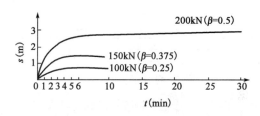

图 10　天津第二医学院软黏土中锚杆的徐变曲线

在上海太平洋饭店饱和淤泥质土中锚杆的徐变试验还表明，当荷载水平为 300kN 时，最初 1h 的徐变量为 1.8mm，占 5h 徐变量的 85.7%；当荷载水平为 600kN，前 4h 的徐变量为 4.3mm，占 16h 总徐变量的 75.7%。

由此可见，软黏土中锚杆的徐变量和变形收敛时间主要与荷载比 β 有关，且徐变变形主要发生在加载初期。要控制土锚的徐变变形量和徐变收敛时间，必须从降低锚固段的应力峰值入手。因此，保持适宜的 β 值（即选用较高的安全系数），改拉力型锚杆为压力型锚杆，尽可能地采用端头扩体或高压灌浆锚杆，都有利于减少锚杆的徐变变形。

还应指出，为了确保锚杆的正常工作，永久性锚杆不能固定在带有大量有机物的高压缩地层或高液限（$\omega_L > 50\%$）、地稠度（$I_c < 0.9$）的极度软弱土层，因为这些地层会产生较大的徐变变形。

5　锚杆预应力随时间的损失及其控制方法

随着时间的推移，锚杆的初始预应力总会有所降低。在很大程度上，这种预应力损失是由锚杆钢材的松弛和受荷地层的徐变造成的。有些情况下，锚固介质中发生的冲击和锚杆荷载的变化,也会引起明显的锚杆预应力的损失。其他一些因素,如温度变化、地层平衡力系的变化等,甚至会使锚杆的应力有所增加,锚杆预应力的这些变化均明显地影响或损害锚杆的功能。

5.1 钢材的松弛

长期受荷的钢材预应力松弛损失量通常为 5%~10%。根据对各类钢材进行的试验发现,受荷 100h 后的松弛损失约为受荷 1h 所发生损失的两倍;约为受荷 1000h 后应力损失量的 80%。

钢材的应力松弛与张拉荷载大小密切相关,当施加的应力大于钢材强度的 50%时,应力松弛就会明显加大,并随荷载的增大而增大。

钢材品种和是否采用超张拉对于应力松弛损失也有显著影响,表 3 是国家标准给出的预应力钢筋的应力松弛值。

预应力钢筋的应力松弛值（N/mm²） 表 3

预应力筋的品种	应力松弛量	
	一次张拉	超张拉
冷拉钢筋,热处理钢筋	$0.05\sigma_{con}$	$0.35\sigma_{con}$
碳素钢丝,钢绞线	$\left(0.36\dfrac{\sigma_{con}}{f_{ptk}}-0.18\right)\sigma_{con}$	$0.9\left(0.36\dfrac{\sigma_{con}}{f_{ptk}}-0.18\right)\sigma_{con}$
冷拔低碳钢丝	$0.085\sigma_{con}$	$0.065\sigma_{con}$

注:σ_{con}-控制应力;f_{ptk}-极限抗拉强度标准值。

5.2 底层的徐变

在前一节中已经谈到,在软黏土层中固定的锚杆会出现明显的徐变位移。它是构成锚杆预应力损失的一个主要因素。图 11、图 12 分别为上海太平洋饭店饱和的淤泥地层和北京新侨饭店砂质地层中的锚杆预应力变化曲线。它清楚地表明:

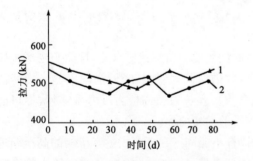

图 11 上海太平洋饭店饱和淤泥地层中锚杆预应力变化

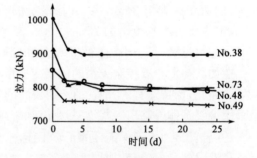

图 12 北京新侨饭店砂质黏土和砂层中锚杆的预应力变化

(1)在外力作用下锚杆预应力变化趋势与锚固地层的徐变趋向是基本一政的。无论是砂质土还是黏性土中的锚杆,在锁定后的 5d 内,一般都呈现预应力值的明显降低,约在一个月后趋于稳定。

(2)锚杆锁定后的预应力损失一般在15%以内,预应力损失量的大小与张拉荷载高低有密切关系。张拉荷载高,预应力损失量大,反之亦然。如图12所示的73号与38号锚杆,施加的拉力为1000kN和920kN,25d后的预应力损失达14.6%和15%,而48号和49号锚杆的锁定荷载为850kN和800kN,25d后的预应力损失仅为5.22%和7%。

(3)基坑锚杆下部土层开挖对锚杆预应力变化,视基坑土质和支挡结构的刚度而异。对于土质较好并采用刚度较大的护壁桩的北京新侨饭店基坑,在锚杆锁定后第9d开挖下部土方,直到完成全部挖方工程经历75d的实测表明,深部开挖对锚杆预应力无明显变化。处于饱和淤泥地层并采用刚度较小的板桩的上海太平洋饭店的情况却截然不同,锚杆下部土体开挖引起板桩位移,相应地带动锚头移动,导致锚杆预应力上升,而锚杆预应力值增加,会导致地层徐变和预应力筋应力松弛加大,反过来又会引起锚杆预应力降低。图11呈现锚杆预应力呈现波浪形变化正是这些因素交替作用的结果。

5.3 锚固地层中发生的冲击

爆破、重型机械和地震力发生的冲击引起的锚杆预应力损失量,较之长期静荷载作用引起的预应力损失量大得多。美国曾研究过爆破对水平层状白云石矿山锚固系统的影响。当在距离锚杆3m以内进行爆炸时,锚杆预应力有明显损失,其预应力损失量要比锚杆在相似时间受静荷作用发生的预应力损失量大36倍左右。在离锚杆5m之外,普通爆破的影响就不显著了。冲击作用会使固定在密实性差的非黏性土中锚杆的预应力和承载力发生变化,尤其对具有触变性的不稳定黏性土产生不利影响。此外,用机械方法固定的锚杆受冲击的影响要比用水泥或合成材料固定的锚杆大得多。

5.4 锚杆的荷载变化

潮汐、风荷载等变异荷载,对保持锚杆预应力和锚固体的锚固力,都具有不利影响。因此,国外的一些标准规定,作用于预应力锚杆上的变异荷载不能大于设计拉力值的15%。

5.5 控制锚杆预应力损失的方法

在分析了引起锚杆预应力损失的主要因素后,不难发现,采用适宜的荷载比(锚杆锁定荷载与极限承载力之比)β值,对控制锚杆预应力损失是有效的。此外,采用再次或多次补偿张拉对于减少锚杆预应力损失有明显效果。冶金部建筑研究总院在上海太平洋饭店饱和淤泥地层锚杆工程中曾测得一次张拉和二次张拉对锚杆预应力的变化影响,如图13所示,当锚杆在荷载526kN时锁定后5d,预应力值下降到461kN,应力损失了12.3%。经二次张拉,锚杆在545kN的锁定,7d后应力值降至520kN,仅损失了4.6%,以后锚杆预应力值基本趋于稳定。分析认为,在第一次对锚杆加荷后的一

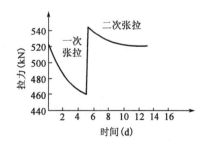

图13 二次张拉对锚杆预应力损失的补偿作用

段时间内,受荷土体的塑性压缩变形已基本完成,土体的固结度有明显提高。再次加荷,由土体压缩所产生的徐变就会减小,因而锚杆预应力损失也明显减少。

参 考 文 献

[1] 程良奎.土层锚杆的几个力学问题[C]//第二次全国岩土锚固学术会议论文集,1992.
[2] 余志成,施文华.京城大厦深坑施上方案与实践,建筑技术[J],1991(7).
[3] 中华人民共和国国家标准.GBJ 10—1989 混凝土结构设计规范[S].北京:中国建筑工业出版社,1989.
[4] 程良奎,等.高压灌浆锚杆及其在饱和淤泥质地层中的应用[J].工业建筑,1988(4).

土层锚杆的几个力学问题*

程良奎　胡建林

（冶金部建筑研究总院）

摘　要　本文结合工程实践、现场量测和理论分析，讨论了土层锚杆的极限承载力、锚固段黏应力分布、软黏土中锚杆蠕变特性和锚杆预应力随时间的变化及其控制等力学问题，旨在经济合理，安全可靠地推广应用土层锚杆技术。

关键词　极限承载力；结合应力；蠕变特性

近年来，随着土木建筑工程的发展，土层锚杆在我国得到了广泛的应用。北京京城大厦、王府饭店、亮马河大厦、新侨饭店、上海太平洋饭店等深基坑工程；上海、天津污水处理厂沉淀池抗浮工程；常州东货港挡墙锚固；深圳金湖山庄边坡加固等工程相继采用了土层锚杆技术，取得了良好的技术经济效益。土层锚杆不仅适用砂性土、黏性土而且在饱和淤泥质地层中也获得了成功应用。笔者根据近年来从事土层锚杆研究、开发和技术推广的实践，讨论了土层锚杆应用中的几个重要的力学问题，旨在引起国内同行们的重视和探讨，以不断提高土层锚杆的设计和应用水平。

1　锚杆的极限承载力

单根土层锚杆的极限承载力是反映锚杆工作特性的重要指标，它在很大程度上决定了锚杆的经济性和适用性。研究表明，对于圆柱形锚固体锚杆，其承载力主要取决于锚固体与土体间的总摩阻力。即锚杆承载力：

$$P = \pi \cdot D \cdot L \cdot q_s$$

由上式可知，锚杆承载力 P 除与锚固体与土体间的摩阻强度 q_s 有关外，还与锚固体直径 D 和锚固体长度 L 有关。固定在抗剪强度低、压缩性高、透水性小的软黏土中的锚杆，q_s 是较低的。此外，受施工机具与经济性的限制，欲突破目前国内外常用的钻孔直径为 10～15cm，以增大 D 也不可能。而锚固长度 L，实际上也并不与 P 成线性关系，即当 L 超过 10m，对锚杆承载力的提高就相当有限了。鉴于以上情况，我们研究采用端头扩孔和二次高压灌浆工艺，成功地实现了在软黏土中提高锚杆极限承载力的目的。

1.1　端头扩孔

厦门仙岳宾馆边坡部分区段为残积亚黏土，含水率较大，$\varphi=23°$，$C=88$kPa。试验锚杆的钻孔直径为 155mm，锚固段长 6.0m。端头采用 2 号岩石炸药爆破扩孔后，能形成高 45cm、直径 60cm 的扩体。试验表明，在同等锚固长度条件下，端部扩大头型锚杆的承载力比圆柱形锚

---

* 本文摘自中国岩土锚固工程协会编.《岩土锚固工程技术》，北京：人民交通出版社，1996：1-6.

杆有成倍提高，这一方面是由于扩孔增大了锚固体与土体的接触面积，更主要的是由于锚杆受力时扩大头部分土体的支承作用。

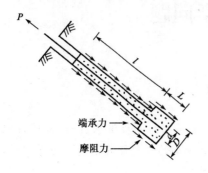

图1 端部扩大头型锚杆力学计算简图

对于锚固于软黏土中的端部扩大头型锚杆，其极限承载力可按图1的计算简图估算：

$$P = \pi \cdot DL \cdot \tau \frac{\pi(D^2 - d^2)}{4} \cdot \beta_c \cdot \tau + \pi d \cdot l \cdot q_s$$

式中：β_c——扩大头承载力系数，取9.0；

τ——土体不排水抗剪强度(kN)；

q_s——非扩孔段锚固体与土体间的黏结强度(kN)；

D、d、l 及 l 的含义见图1。

1.2 后高压灌浆

为了适应上海地区饱和淤泥质土地层采用预应力锚杆的需要，我们采用二次高压灌浆工艺，使锚杆抗拔承载力在不增加锚杆长度情况下提高了一倍。这种形式的土层锚杆已成功地用于上海太平洋饭店深基工程。

后高压灌浆锚杆是借助安放于锚固段上部的止浆密封装置，独特的袖阀和注浆枪，在一次灌浆形成的锚固浆体强度达5.0MPa时，依次由下向上对锚固段施行第二次劈裂灌浆，压力为2.0～3.0MPa的浆液冲破低强度锚固体向土体渗透、挤压和扩散，形成一连串直径较大的球体(图2)。从二次灌浆量推算，球体直径约为原圆柱直径的两倍。这样一方面增大了锚固体与周围土体的摩阻面积，另一方面高压水泥浆的渗透、挤压和镶嵌作用，提高了原状土的力学强度，因而使锚杆承载力得以显著提高(表1)。

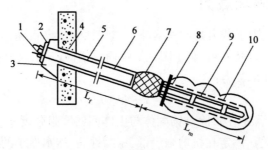

图2 后高压灌浆

1-锚具；2-减压板；3-台座；4-支挡结构；5-钻孔；6-塑料套管；7-止浆密封装置；8-预应力筋；9-袖阀管；10-连续球体型锚固体；L_f-自由段长度；L_m-锚固段长度

不同灌浆方式的锚杆承载力　　表1

编号	钻孔直径(mm)	锚固直径(m)	灌浆方式		锚杆极限承载力(kN)	编号	钻孔直径(mm)	锚固直径(m)	灌浆方式		锚杆极限承载力(kN)
			一次灌浆压力(MPa)	二次灌浆压力(MPa)					一次灌浆压力(MPa)	二次灌浆压力(MPa)	
1	168	24	0.6～0.8	—	420	3	168	24	0.6～0.8	2.2～2.5	1000
2	168	24	0.6～0.8	2.0～3.0	800	4	168	24	0.6～0.8	1.4～2.6	800

对位于黏性土中的后高压灌浆锚杆，建议按下式估算锚杆极限承载力：

$$P = K \cdot L_m \cdot \pi \cdot D \cdot q_s$$

式中：L_m——有效锚固长度(m)；

D——高压灌浆渗透挤压后形成的锚固体的直径(mm)；

q_s——土体与锚固体间的黏结强度(kN)；

K——采用二次高压灌浆后黏结强度增高系数，取 1.2～1.4。

采用二次高压灌浆工艺，不仅能极大地提高锚杆极限承载力，还具有抑制塑性变形的能力。

2 锚杆锚固段结合应力分布规律

掌握在外力作用下土层锚杆锚固段应力分布特征及其传递规律，对于正确设计锚固段长度，合理确定锚固段形态及应力传递方式以及经济有效地提高锚杆承载力是十分重要的。

对上海太平洋饭店和北京京城大厦两个深基坑工程的拉力型锚杆锚固段的黏结应变的分布形态进行了测定。实测结果见图3、图4。

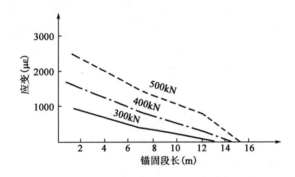

图 3　上海太平洋饭店基坑锚杆锚固体(钢绞线与浆体间)黏结应变分布

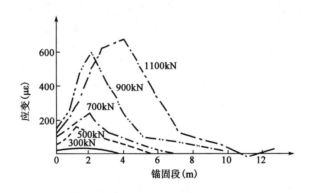

图 4　北京京城大厦基坑锚杆锚固段(浆体与土体间)黏结应变分布

从以上两个工程的锚杆锚固体应变量测结果中可以得到以下规律性认识：

(1)沿锚杆锚固段的黏结应力分布是很不均匀的。观测到的黏结应力从锚固段的近端(即邻近自由段的一端)逐渐向远端减少。随着张拉力的增加，黏结应力峰值逐渐向远端转移。由此可知，设计中所采用的摩阻强度均指平均值而言。

(2)测得黏结应力主要分布在锚固段前端的 8～10m 范围内，即使在最大张拉荷载作用下，锚固段远端的相当一段长度内，几乎测不到黏结应力值，它鲜明地反映出，在外力作用下，并不是与锚固段全长接触的土层的强度都得以调用,对于外力的抵抗区段,主要发生在锚固段前段,也就是说,当锚固体长超过某值(该值与土体种类有关)后,则长度的增加对锚杆承载力的提高就极有限了。一般推荐土层锚杆锚固段长度不宜超过 10m 是有其力学依据的。

(3)在外力作用下,拉力型锚杆的锚固体有严重的应力集中现象。应力峰值点的转移,也说明锚固段前端可能已出现局部破坏。这固然并不意味着锚杆承载力的消失,但会加速锚杆的腐蚀。为克服这些缺点,国外已开发并应用了压力型锚杆,它是沿拉筋全长涂以油脂,并套上 PE 管使之与胶结材料分隔,锚杆受力后通过无黏结的拉筋直接传到锚固体根部,将对筋体的拉力转变为对锚固体的压力,再通过锚固段根部与首部的不均匀压缩变形带动与之相结合的土体产生变形。许多实测结果已经证实,在相同荷载作用下,压力型锚杆锚固段的黏结应力峰值远比拉力型锚杆的小,因而在同等锚杆长度情况下压力型锚杆具有较高的承载能力。

3　软黏土中锚杆的蠕变特性

在软黏土中由地层压缩产生的变形相当大,变形的衰减速度也十分缓慢。固定在此类土体中的锚杆在较大荷载作用下产生的蠕变变形不容忽视,它可能导致锚杆预应力值的急剧下降,进而危及工程安全。

为了掌握软黏土中锚杆的蠕变特性,我院与有关单位合作,曾对上海宝钢、太平洋饭店和天津第二医学院等基坑锚杆进行了蠕变试验。图 5 和图 6 分别为上海太平洋饭店淤泥质地层和天津第二医学院软黏土中锚杆的蠕变曲线。

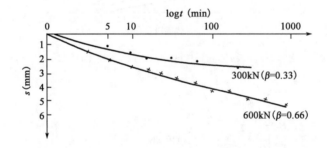

图 5　上海太平洋饭店饱和淤泥地层中锚杆的蠕变曲线

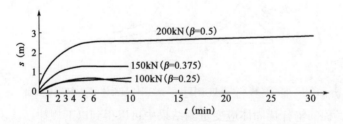

图 6　天津第二医学院软黏土中锚杆的蠕变曲线

从图 5 中可以看出,当锚杆荷载水平为 300kN($\beta=0.33$),恒载 100min 的蠕变量为 2.1mm。当荷载水平为 600kN,$\beta=0.66$ 时,锚杆恒载 100min 的蠕变量 4.2mm,且变形仍不收敛。图 6 呈现出同样的规律性,即荷载水平和 β 值愈小,蠕变量愈小,荷载水平和 β 值愈大,则蠕变量也愈大。

在上海太平洋饭店饱和淤泥地层中锚杆的蠕变试验表明,当荷载水平为300kN时,最初1h的蠕变量为1.8mm,占5h总蠕变量的85.7%,当荷载水平为600kN,前4h的蠕变量为4.3mm,占16h总蠕变量的75.7%。在天津二医工程的试验中,三种荷载等级下,都是蠕变量的95%发生在加载后的前6min。

由此可见,软黏土中锚杆的蠕变量和收敛时间主要与荷载比β(锚杆的锁定荷载与锚杆的极限承载力之比)有关;土锚的蠕变变形主要发生在加荷初期。

在本文第二节中已经谈到,土锚锚固段的黏结应力分布是很不均匀的。显然,土锚的蠕变变形主要发生在锚固段的应力集中区。要控制土锚的蠕变变形量及蠕变收敛时间,必须从降低锚固段区的应力峰入手。因此,保持适宜的β值,改拉力型锚杆为压力型锚杆等降低锚固区应力峰值的方法,都能使土锚的蠕变变形量减小,以保证锚杆的正常工作。

图7为位于上海宝钢饱和淤泥质土地层中的锚杆分别采用一次灌浆(锚杆极限承载力为420kN)和二次高压灌浆(锚杆极限承载力为1000kN)条件下蠕变曲线比较图。图7表明,采用一次灌浆的低承载力锚杆在锁定荷载为420kN,恒载100min时,蠕变量达6.5mm,且蠕变量仍在上升。而采用二次高压灌浆和高承载力锚杆,在锁定荷载为420kN的条件下,恒载500min时,蠕变量仅为2.5mm,且很快趋于稳定。这就清楚地说明,在锁定荷载不变条件下,提高锚杆极限承载力保持较小的β值,对控制土锚的蠕变变形是有效的。从目前初步积累的经验来看,$\beta \leqslant 0.55$可作为淤泥质土层锚杆蠕变变形收敛的制约因素。

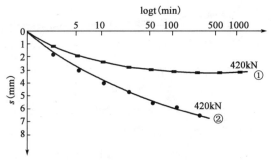

图7 不同注浆工艺对锚杆蠕变变形的影响(上海、宝钢饱和淤泥质土地层)
①-二次高压灌浆;②-一次灌浆

4 预应力随时间的变化及其控制

随着时间的推移,锚杆的初始预应力总会有所降低。在很大程度上,这是由于锚杆在外力作用下钢材的松弛和地层的蠕变造成的。

为了揭示锚杆预应力随时间变化的规律,我们曾在两个分别处于不同地层和采用不同的护壁桩结构形式的深基坑工程施工中,对锚杆预应力值进行了长期观测。

一个是上海太平洋饭店的基坑工程,深11.65m,地层为饱和淤泥质土,45cm厚钢筋混凝土板桩及四排预应力锚杆,测得的锚杆的预应力变化见图8。另一个为北京新侨饭店基坑工程,深12.4m,采用直径1.0m、间距2.0m的钢筋混凝土灌注桩与单排预应力锚杆作支挡结构,锚杆固定的重砂黏土和砂层中。测得的锚杆预应力随时间的变化见图9。

对上述两个基坑工程锚杆预应力值的长期观测可以得到以下认识:

(1)无论是设置在砂质土或黏性土的锚杆,在锚杆固定后5d内,一般都呈现出预应力值的明显降低,约在一个月后趋于恒定。不难看出,在外力作用下锚杆预应力变化趋势同锚固土层蠕变趋势一致,它进一步说明土层蠕变是引起锚杆预应力损失的主要因素。

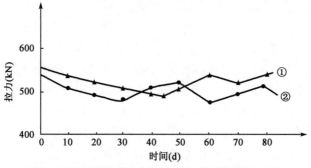

图8 上海太平洋饭店饱和淤泥地层中锚杆的预应力变化

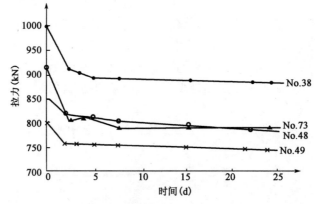

图9 北京新侨饭店砂质地层中锚杆的预应力变化

(2)锚杆锁定后的预应力损失一般在15%以内。预应力损失量大小与锁定荷载高低有密切关系。张拉荷载高,预应力损失量大,反之亦然。如图9所示的73号和38号锚杆,锁定荷载为1000kN和920kN,25天后的预应力损失达14.6%和15%,而48号和49号锚杆的锁定荷载为850kN和800kN,25天后的预应力损失仅为5.22%和7%。显而易见,在较高荷载作用下,锚固地层单位面积上的压缩应力增大,会引起较大的蠕变变形,同时,钢材的松弛也随外荷的增大而加剧,这些都会引起锚杆初始预应力值的进一步降低。

(3)锚杆下部土层开挖对锚杆预应力变化的影响,视基坑土质和支挡结构刚度而异。对于土质较好并采用刚度较大的护壁桩的北京新侨饭店基坑,在锚杆锁定后第9天开挖下部土方,直至开挖和浇筑基坑底板完成,共实测了75天的锚杆应力变化,表明深部土方开挖对锚杆预应力值无明显影响。处于饱和淤泥质土地层并采用刚度较小的板桩结构的上海太平洋饭店基坑锚杆的情况却截然不同。如图8所示,锚杆下部土体开挖会引起板桩位移,相应地也就带动锚杆头部位移,这就相当于进一步张拉锚杆,因而呈现锚杆预应力值上升。而锚杆预应力值增加,会导致锚固地层压缩蠕变变形加大,又会引起锚杆预应力值降低,图8呈现出锚杆预应力呈波浪形变化,正是这些因素交替作用的结果。

应当指出,锚杆在使用过程中,应力值的过大波动,必然会影响锚杆的功能,甚至会危及工程的稳定,因此对应力波动范围应进行控制。

对于控制锚杆的预应力损失,除了选择适宜的 β 值(锚杆的锁定荷载与极限承载力之比),以抑制锚杆的蠕变变形外,采用再次补偿张拉,其效果也是十分明显的。我们曾利用安装于锚头处测力传感器,研究了一次张拉与二次张拉对锚杆预应力变化的影响(图10)。当锚杆在荷载值为526kN时锁定后5天,预应力值下降至461kN,损失了12.3%。经二次张拉,锚杆在545kN时锁定,7天后应力值降至520kN,仅损失了4.6%,以后预应力值也基本趋于稳定。分析认为,在第一次对锚杆加荷后的一段时间内,受荷土体的塑性压缩变形已经完成,土体的固结度有明显提高,再次加荷,由土体压缩所产生的蠕变就会减少,因而锚杆预应力损失也明显减少。

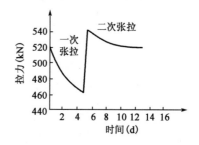

图10 二次张拉对锚杆预应力损失的补偿作用

在基坑工程中,由于支挡结构的位移引起预应力值上升的情况,也应加以限制。这可以通过合理确定锁定荷载值来解决。锁定荷载一般均应小于预应力设计值,当采用刚度较小的挡土结构时,锚杆的锁定荷载可取 $0.7\sim0.8$ 的锚杆拉力设计值。

5 结语

(1)采用端头扩孔和后高压灌浆工艺能有效地提高黏土中锚杆的抗拔承载力。

(2)对锚杆锚固段黏结应力的量测和分析表明,在外荷作用下,锚固体黏结应力分布是很不均匀的。随着外荷的增加,锚固体上黏结应力峰值和局部破坏逐渐由近端向远端转移。锚固段大于10m后即会降低锚固体与土体间的平均黏结强度值。变拉力型锚杆为压力型锚杆,能降低锚固段上的黏结应力峰值,并有利于提高锚杆的承载力。

(3)在软黏土中,锚杆的蠕变变形主要发生在加荷初期,蠕变量和收敛速度主要与荷载比 β 有关。工程实践表明,保持较小的 β 值($\beta\leqslant0.55$)或在锁定荷载不变条件下通过提高锚杆承载力,能有效地减小锚杆的蠕变变形。

(4)锚杆的预应力值随时间的变化(一般呈现预应力损失)主要是由地层蠕变、钢材松弛以及基坑开挖引起的。为保证锚杆的正常工作,对部分锚杆的预应力变化进行长期观测十分必要。锚杆的预应力变化不宜大于设计值的10%。可采用二次张拉方式补偿锚杆预应力损失。

第三部分

喷射混凝土与地下工程喷锚支护体系的研究与应用

喷射混凝土及其在矿山巷道中的应用

程良奎　王岳汉　苏自约

（冶金部建筑研究总院）

1965年，冶金部建筑研究总院与第三冶金建设公司第四井巷公司合作，研究成功喷射混凝土新技术。

喷射混凝土是一种快速、高效、不用模板和把运输、浇筑、捣固结合在一起的新型混凝土工艺。它使混凝土成为高度密实、黏结力强和具有特殊结构特征的新材料。喷射混凝土用于矿山井巷衬砌，能与围岩结合成统一的整体，利用岩石本身的物理力学性能作为支护体系，免除了临时支护、模板和壁后充填，实现了井巷支护的全盘机械化，减少了掘进工作量。

喷射混凝土已在弓长岭铁矿某平硐和北方某铁路隧峒使用了1600余平方米，作为永久支护和衬砌加固，质量良好。

1　喷射混凝土的基本原理

喷射混凝土是由水泥、砂、石和水组成的混合物，是用喷射的方法喷向基岩和构筑物表面凝结硬化而成的。

喷射混凝土时，水泥和惰性集料（有时外加速凝剂）均匀地拌和后，装入混凝土喷射机，借助压缩空气，将干混合物压送至喷头与水混合，以很高的速度喷向受喷面。喷射混凝土颗粒在高速度连续冲击下，相当于连续捣固与压实；因其水灰比较小，在管道内不断摩擦，喷射时又连续撞击，故能激发水泥的活性。这样就使混凝土具有致密的结构和良好的物理力学性能。

2　混凝土喷射机

采用冶建65型混凝土喷射机。它的生产能力为 $4m^3/h$（干混合物），喷射最大骨料料径为25mm，输料管直径为50mm。机身高1.65m，宽0.85m，喂料室体积为 $0.128m^3$。拌和料最大输送距离：水平200m，垂直40m。压缩空气消耗量为 $6 \sim 8m^3/min$。

喷射机的构造如图1所示。它由漏斗1、喂料室3、工作室5、输料盘7、减速箱8、出料弯管9、喷头、传动装置、通气管路和车架等主要部件所组成。

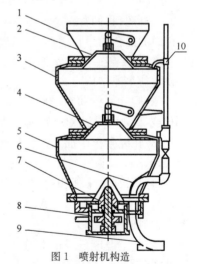

图1　喷射机构造

1-漏斗；2-钟形闸门；3-喂料室；4-钟形闸门；5-工作室；6-输料管；7-输料盘；8-减速箱；9-出料弯管

---

* 本文摘自《黑色金属矿山》，1966(3)：22-26。

喂料室是在工作室工作时,借助于下钟形闸门4的关闭,得以暂时存料的容器。当上钟形闸门2关闭并打开喂料室的进气阀时,则存放于喂料室的干混合物因自重作用而进入工作室,这样往复循环,即保证喷射机能连续地进行工作。

输料盘7是一个四周布有径向叶片而分成相等的12个空格的圆盘,它安装于蜗轮的竖轴上,当它和固定在工作室上的刮刀产生相对转动时,能使混凝土干拌和料均匀地送入出料口。

它由电动机通过皮带轮和蜗轮蜗杆二级减速,使输料盘转速控制在理想范围内。

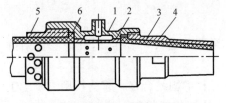

图2 喷头剖面图

1-混合室外壳;2-混合室内衬;3-喷咀;4-喷咀内衬;5-连接管;6-胶垫圈

整个机械安装在车架上,可以在轨道上行走,若在地面作业时,也可改用胶皮轮胎式车架。

喷头由喷咀、混合室组成,如图2所示。混合室内有一加水衬环,其上布有两圈孔眼,每圈8个,孔径为1.5mm,当干拌和料由输料管经过混合室时,与由小孔进入的压力水雾混合后而黏结成为混凝土,然后通过喷咀以高速喷向受喷面。

3 喷射混凝土的材料、组成和物理力学性能

3.1 材料

水泥:一般采用普通矽酸盐水泥为宜。矿碴水泥也可采用,但其初期强度增长缓慢,对滴水和低温较敏感,因而应加速凝剂。火山灰水泥对于减少喷射时的回弹,较为有利。

水:与一般混凝土同。

集料:粗细集料均以纯净并具有足够强度者为佳,粗集料采用卵石、碎石均可,颗粒组成中,针片状含量宜量少,且表面少气孔。

促凝剂:我们曾对 NaF、Na_2CO_3、"ANG"(铝氧厂烧结料)、$CaCl_2$、$FeCl_3$、石膏、SiO_2 粉末及它们的混合物进行了试验。试验表明:

(1)在矿碴矽酸盐水泥中,掺入2%~3%NaF、2%Na_2CO_3 或 2%NaF+1%"ANC",在普通矽酸盐水泥中掺入 2%NaF+1%"ANC"或 2%Na_2CO_3,能使水泥初凝期缩短到7~16min。

(2)同一种掺和料,对于不同品种水泥的快凝作用是不同的。而掺入1%"ANC"+2%NaF 或 2%Na_2CO_3 对于矿碴水泥与矽酸盐水泥几乎是相同的。

(3)在混凝土中加入快凝剂后,后期强度均有降低,一般降低10%~20%。而当加入2%Na_2CO_3 后,却能使混凝土后期强度降低30%~40%。

(4)从快凝、早强和后期强度不致降低过大等因素全面考虑,一般在矿碴矽酸盐水泥中加入 2%~3%NaF 或 1%"ANC"+2%NaF,在普通矽酸盐水泥中掺入 1%"ANC"+2%NaF 作为掺和料比较适当。

(5)施工温度低于正常温度(15~20℃)或使用存放期较长的水泥,都可能使掺和料的快凝效果减弱。

(6)使用快凝膨胀水泥(建筑材料研究院试生产产品),不仅能使初凝时间缩短到7~9min,且一天后的混凝土强度能达到28d强度的80%~90%。

3.2 干混合物的组成

喷射混凝土水泥用量的确定,除要考虑所需的强度和密实性,以及减少回弹外,同时也需

考虑随水泥用量的增加而引起的混凝土收缩和费用过大。在一般情况下，宜采用 350～450kg/m³ 的水泥用量。

喷射混凝土的配合比一般可采用 1∶2.5∶2（水泥∶砂∶石），但喷射第一层时，可采用 1∶2∶1.5 或 1∶2.5∶1.5，砂子的含量要比石子多一些，主要是从有利于岩层的黏结和减少回弹率的角度来考虑的。

砂、石集料的含水量宜控制在 3‰～6‰ 之间，以减少灰尘，加速凝固和减少水泥飞散，特别是减少其中细小的活性最大的颗粒的飞散。

3.3 喷射混凝土的物理力学性能

喷射混凝土是一种结构致密，黏结力强和抗渗性高的混凝土。根据试验，喷射混凝土的水灰比一般变动于 0.40～0.48。由 1∶2.5∶2 配制的喷射混凝土容重为 2.18～2.32t/m³，喷射混凝土的剖面如图 3 所示。

(1) 抗压抗拉强度：试验表时，在同样配合比的条件下，喷射混凝土的抗压强度要比用振动台捣制的混凝土高 0.5 倍左右，比用人工捣制的高 1 倍左右。同样，抗拉强度也比普通捣制混凝土为高。

(2) 喷射混凝土与岩石的黏结强度：喷射混凝土与岩石黏结力极高，即使受强力冲击，也不能使它们从结合面上分开。

图 3　喷射混凝土的剖面图

(3) 抗渗性：试验表明，用 500 号普通矽酸盐水泥，采取 1∶2.5∶2 配合比，细心向模型内喷射（不要使石子堆积在边角）制得的试件，在 16kg/cm² 的水压下才开始渗水。

4　喷射混凝土的主要工艺参数

4.1　压缩空气的压力

当管道输送距离为 20m，喷咀与受喷面间距为 1m，配合比采取 1∶2.5∶2 时，无论以回弹损失还是以混凝土强度来衡量，均以工作室压缩空气压力为 1.4～1.5kg/cm² 时最为优越，如图 4 所示。

4.2　喷咀与受喷面的间距及交角

当输料管长度为 20m，工作室压缩空气压力为 1.4～1.5kg/cm² 时，喷咀与受喷面的距离以 1.0m 左右最为合适。喷咀与受喷面间距对混凝土强度及回弹率的影响如图 5 所示。

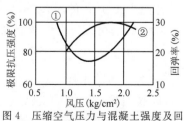

图 4　压缩空气压力与混凝土强度及回弹率的关系
①-回弹率；②-抗压强度

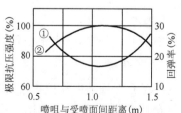

图 5　喷咀与受喷面间距对混凝土强度及回弹率的影响
①-回弹率；②-抗压强度

喷咀与受喷面呈各种不同喷射角喷射时,其回弹损失是不同的。当喷头与受喷面垂直时,回弹率最小。

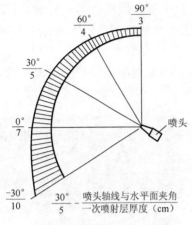

图 6　喷射层厚度与喷射角的关系

4.3　一次喷射层厚度

一次喷射层厚度的确定,应综合考虑喷射效率,回弹损失、混凝土颗粒间的凝聚力和喷射层与受喷面间黏结力等因素。

根据多次试验表明,一次喷射层厚度,可按图 6 所示的受喷面与水平面不同夹角来确定。

4.4　喷射层之间的间歇时间

在一般温度条件(15～20℃)下,掺入快凝剂时,喷射层之间的间歇时间可为 30min 左右;不掺快凝剂时,应为 4min 左右。当温度较低或采用凝结较慢的水泥时,则喷射层之间的间歇时间还应延长。

5　喷射混凝土在矿山巷道中的应用

5.1　试验地点

试点段在弓长岭铁矿 157 平硐内,上部覆盖层厚 25～30m,围岩系体晶岩化混合岩,普氏系数 $f=8～10$,节理发育且分布不均,较大裂隙有 9 条,并在几处有透水现象。试验段两端均为厚 25cm 的捣制混凝土支护。

5.2　喷射混凝土巷道衬砌形式与材料组成

巷道喷射混凝土衬砌均为连续式拱形结构。混凝土材料采用 400 号矿碴矽酸盐水泥,5～25mm 卵石和碎石,侧墙与拱脚处采用 1:2.5:2 的配合比,拱顶采用 1:2:2 或 1:2:1.5 的配合比。喷射拱顶时,为了减少回弹损失,还采用了快凝膨胀水泥和在矿碴矽酸盐水泥内加 2%～3%NaF、2%Na_2CO_3 或 3%"ANC"促凝剂。

5.3　巷道喷射混凝土的设备布置

基于喷射区段距硐口较近,将搅拌机和皮带运输机置于硐外,并将喷射机设在搅拌机附近,如图 7 所示。搅拌机出来的干混合料,由上料小车送上喷射机上部漏斗。同出料弯管相边的输料管一直延伸到喷射地点,输料管为 2 寸铜管,同喷咀相连的 10m 左右采用软管,这是喷射作业移动管路所必需的。若全部输料管均采用软管,虽移动方便,但磨损快,不经济。

喷射机用的压缩空气,由矿山巷道内的风管通过容积为 1.1m³ 的风包供给;喷头用的水通过水箱来供给,如图 8 所示。水箱上有引入压缩空气的通孔,可以自由地调节水压。

5.4　喷射前准备

喷射前的准备是保证喷射作业正常进行及喷射质量所必需的工作。它包括:检查巷道断面尺寸是否符合技术要标;处理局部凹凸不平的表面;彻底消除一切松动及已风化的岩层;在每 1～1.5m² 巷道表面上预埋控制喷射层厚度的钉子;检查喷射机及其辅助机械的各部件是否正常,各个阀门的关启是否正确和各管路连接是否严密,以及材料工具备品等是否齐全。

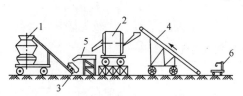

图 7　喷射混凝土作业机械联动线

1-混凝土喷射机；2-混凝土搅拌机；3-上料小车；4-皮带运输机；5-受料台；6-磅秤

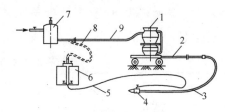

图 8　喷射机连接示意图

1-混凝土喷射机；2-2 时钢管；3-2 时橡胶管；4-喷头；5-1 时胶管；6-水箱；7-风包；8-通水箱风管；9-通向喷射机管

5.5　喷射作业

在试验段的喷射中，使用输料管长度共为 25~50m，喷射机工作室压力为 $1.0~1.9 kg/cm^2$，水箱压力约比喷射机工作室压力高 $0.2~0.3 kg/cm^2$。

为了减少因重力作用而引起喷射混凝土滑动或脱落，每一区段内的喷射作业均由下向上进行，先喷侧墙，再喷拱脚，后喷拱顶。在喷射时，喷咀除必须和受喷面垂直外，还要求移动均匀与缓慢。

在喷射作业中，应特别重视风、水阀门和输料电动机开关的开启与关闭顺序。正确的开闭顺序是：在喷射开始时，先供风供水，再开电动机，然后再供料。在喷射完毕时，先关闭电动机，再切断风源和水源。

喷射时，水灰比是通过调节喷咀处的水阀门来调节的。如水灰比适宜，则喷射表面呈现光泽，不会下落。当供料均匀时，就可将水灰比稳定在一定数值上，不必经常调节水阀门。供料均匀与否，可从风压波动的大小看出。在正常喷射时，工作室的风压基本上是稳定的，最大的波动范围也只有 $0.1~0.2 kg/cm^2$，一旦加料不均或钟形闸门关闭不严而漏气，会使压力波动加大，并会使喷咀处射流速度不均，增加回弹和造成混凝土的不均质性。

5.6　喷射混凝土的质量控制

用于喷射混凝土的干拌和料应进行均匀搅拌，当用机械搅拌时，不得小于 2min。当加入快凝剂时，最好溶解在水箱中，只有当快凝剂不溶于水时，才和水泥一道掺于干拌和料中。这时，搅拌时间还应适当增长。所有干拌和料应在拌和后一小时内用完。

喷射时要正确地控制风压和水压，要正确掌握喷头的方向、喷头与喷射面的间距，并适时地调节水灰比。

喷射后，禁止在尚未凝固的混凝土表面撒干水泥和在硬化初期的表面上进行各种加工。

在喷射后的二周内，务必保持混凝土表面的湿润（最好用喷雾法）以加速水化，提高水泥的水化作用。增加其防水性，以及减少水泥收缩引起的裂缝。

5.7　喷射混凝土的质量

质量检验表明，巷道喷射混凝土的抗压强度达 $300 kg/cm^2$ 左右（比普通捣制的高 0.5~1 倍），抗拉强度达 $23 kg/cm^2$，原先岩石表面有渗水现象者在喷有 10cm 厚的混凝土后，已经看不到渗水痕迹。此外，喷射混凝土与岩石的黏结力是很高的，即使使用铁锤敲击，也很难使混凝土在岩石结合面分开。关于喷射厚度，可直接在预埋钉子上检查出来。

5.8 喷射混凝土巷道衬砌的技术经济分析

根据157平峒的实际情况,对喷射混凝土和捣制混凝土的技术经济比较见表1。

喷射混凝土与捣制混凝土的技术经济比较   表1

衬砌类型	掘凿断面(m^2)	净断面(m^2)	材料消耗			其他消耗			工班	速度米/班	支护造价(元)	备注
			混凝土(m^3)	木材(m^3)	快凝剂(kg)	压缩空气(m^3)	电(°)	水(m^3)				
捣制混凝土	11	5.78	150号 毛石 1.86 3.46	0.054	—	—	1.97	0.72	13	1.0	190	按实际157平峒掘凿断面
喷射混凝土	11	9.55	1.77	—	7.1	320	3.54	0.53	3.7	3.5	110	按实际157平峒掘凿断面

注:表中捣制混凝土的衬砌厚度为25cm,喷射混凝土中的混凝土量系按试验成巷实际总消耗量计算而得(包括回弹损失)。

从表1可见,即使喷射混凝土所支护面积比捣制混凝土大65%,而采用喷射混凝土工艺仍能节约混凝土67%、木材100%,节约劳动力65%,提高支护速度2.5倍和降低成本42%。

6 喷射混凝土使用中的几个问题

6.1 回弹物处理

在混凝土喷射过程中,还不可能消除回弹,只能将它的比率控制在一定范围内。当采用400号矿碴矽酸盐水泥,卵石骨料最大料径为25mm,配合比为1∶2.5∶2时,喷射侧墙的回弹率为17%～20%,喷射拱顶(掺入3%的NaF)的回弹率为23%～25%。当采用快凝膨胀水泥,配合比为1∶2∶1.5或1∶2∶2喷射拱顶时,其回弹率也可控制在20%以下。

回弹物中,主要由集料的最大颗粒组成,对配合比为1∶2.5∶2喷射混凝土的回弹物分析表明,石子占60%～65%,砂子占25%～32%,水泥占8%～10%。

尚未硬化的回弹物可以掺于新拌制的干混合物中,重新喷射。我们会在干混合物中掺入大于骨料总量50%的回弹物进行喷射,在工艺上没有问题。

6.2 控制输料管堵塞

混凝土喷射中,输料管路堵塞,将使辅助时间增长,生产效率随之明显下降。通过试验,查明了造成输料管路堵塞的原因,系骨料直径过大或操作不合规定造成的。因此,只要严格控制骨料粒径和操作正确,管路堵塞便可能避免。

6.3 提高喷射机利用效率

喷射机的高生产能力与有效工时利用间存在着很大的矛盾。采取如下措施,就可能把喷射机利用效率提高到每班4h左右。

(1)增加和喷头相连的软管长度(增长到15～20m)以增加一次喷射区的长度。

(2)在喷射侧墙时,也掺入快凝剂,以缩短喷射层之间的间歇时间。

(3)喷射拱顶时,采用机械装置来操纵喷头。
(4)准备好充足的原材料、易损部件和必要工具等。
(5)为了有利于回收回弹物应利用拼装式板件铺放在巷道底板上。
(6)加强机械设备和管路的检查和清理。

喷射混凝土性能的研究

程良奎

(冶金部建筑研究总院)

喷射混凝土的性能除与原材料的品种和质量、拌和料配合比、施工条件等因素有关外，施工人员的操作方式也有直接的影响。

1 喷射混凝土的强度

1.1 抗压强度

喷射混凝土抗压强度常用来作为评定喷射混凝土质量的主要指标。

喷射混凝土的抗压强度是指用喷射法将混凝土拌和物，喷射在 450mm×350mm×120mm 模型内，当混凝土达到一定强度，用切割机锯掉周边，加工成 100mm×100mm×100mm 的试件，于标准条件下(温度为 20℃±3℃，相对湿度为 90% 以上)养护 28d，所测得的抗压强度值乘以 0.95 的尺寸换算系数。

喷射混凝土抗压强度应为三个试件测值的算术平均值。三个测值中的最大值或最小值，如有一个与中间值的差值超过中间值的 15% 时，则取中间值作为该组试件的抗压强度值。

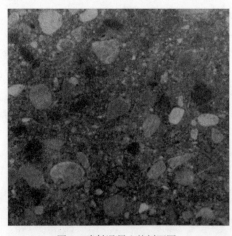

图 1 喷射混凝土的剖面图

喷射混凝土的强度等级常以 C15、C20、C25、C30、C40、C50 表示，它们分别表示喷射混凝土的抗压强度为 15MPa、20MPa、25MPa、30MPa、40MPa、50MPa。在施工中，必须保证喷射混凝土的抗压强度符合设计要求的强度等级。

喷射法施工时，当拌和料以较高的速度喷向受喷面时，水泥颗粒与集料的重复冲击，使混凝土层连续地得到压密，同时喷射工艺可以使用较小的水灰比，因而喷射混凝土一般都具有良好的密实性(图 1)和较高的强度。国内有代表性的喷射混凝土工程的实测抗压强度值(采用大板切割法)如表 1 所示，不同龄期喷射混凝土抗压强度的变动范围如表 2 所示。

喷射混凝土的抗压强度受多种因素影响。如拌和料设计(用水量、单位水泥用量、砂率、速凝剂用量等)和施工工艺(喷射压力、喷嘴与受喷面的距离、角度以及拌和料的停放时间等)都对抗压强度有影响，将在下面内容中加以较详细的讨论。

---

* 摘自《喷射混凝土》，北京，中国建筑工业出版社．1990，28-59．

国内各类工程的喷射混凝土抗压强度* 表1

工程名称	水泥品种标号	配合比 （水泥∶砂∶石）	速凝剂掺量 （占水泥重%）	抗压强度 （MPa）	测定单位
碧鸡关隧道	普硅425	1∶2∶2	2.8	26.7	铁道部昆明铁路局
灰峪隧道	普硅425	1∶2∶2	3.0	25.2	铁道部第三工程局
梅山铁矿地下洞室	普硅425	1∶2∶2	4.0	24.7	冶金部建筑研究院
冯家山水库	普硅425	1∶2∶2	4.0	22.4	西北水利科学研究所
涘子溪一级电站	普硅425	1∶2∶2	3.5	23.2	
石头河水库	普硅425	1∶2∶2	3.0	28.9	西北农学院
舜阳钢铁公司主电室修复工程	普硅425	1∶2∶2	3	30	冶金部建筑研究院
石景山饭店建筑结构补强工程	普硅525	1∶2∶1	0	53	冶金部建筑研究院
薄壳工程	普硅525	1∶1.77∶3.59	0	33～53	北京市第三建筑工程公司
昌平水池工程	普硅525	1∶2∶2	0	34	冶金部建筑研究院
北京房山供电局住宅补强工程	普硅425	1∶2∶2	0	28.5	冶金部建筑研究院
怀柔水序桥墩加固	普硅525	1∶2∶2	0	33～39	冶金部建筑研究总院
玉渊潭二号住宅楼剪力墙加固	普硅525	1∶2.5∶1.5	0	33～39	冶金部建筑研究院

注：* 表示均系干拌法喷射混凝土。

喷射混凝土的抗压强度 表2

水泥	配合比 （水泥∶砂∶石子）	速凝剂 （占水泥重的%）	抗压强度（MPa）		
			28d	60d	180d
普硅425号	1∶2∶2	0	30～40	35～45	40～50
矿渣325号	1∶2∶2	0	25～30	25～35	30～40
普硅425号	1∶2∶2	2.5～4	20～25	22～27	25～30

在拌和料中，加入适量速凝剂后，可以明显地提高喷射混凝土早期强度。1d 的抗压强度可达 6～15MPa。根据国内外大量资料的统计，加速凝剂的喷射混凝土的抗压强度随龄期增长的趋势见图2。从图2可以看出，加速凝剂的喷射混凝土，龄期 3d 内强度发展最为显著，28d 后强度增长速度虽然放慢，但仍有一定的增长。

关于分层喷射对混凝土抗压强度的影响问题，已经查明，施工质量良好的喷射混凝土并没有因为分层施作而影响其强度（表3）。

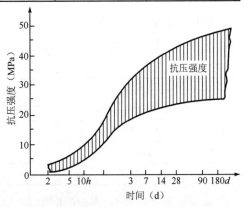

图2 加速凝剂的喷射混凝土的强度与龄期的关系图

粗骨料和细骨料喷射混凝土芯样的强度　　　　表3

类　别	喷射混凝土抗压强度(MPa)	
	在喷射方向加压	垂直于喷射方向加压
粗骨料拌和物	15.4	17.3
	22.3	23.4
	22.5	21.6
细骨料拌和物	33.1	29.7
	29.7	32.3
	27.6	34.0

1.2　抗拉强度

喷射混凝土用于隧洞工程和水工建筑，抗拉强度则是一个重要参数。

一般确定喷射混凝土抗拉强度有两种方法，即轴向受拉或劈裂受拉试验。受拉试验是在混凝土试件的两端用夹具夹紧进行张拉，劈裂受拉试验则在立方体试件中线（圆柱形试件的两侧）施加压力，使喷射混凝土沿加压的平面出现破坏。

喷射混凝土抗拉强度试件的制取方法同喷射混凝土抗压强度试件。测定喷射混凝土劈裂抗拉强度可采用 100mm×100mm×100mm 的立方体试件。

喷射混凝土劈裂抗拉强度应按下式计算：

$$f_{ts} = \frac{2P}{\pi A} = 0.637 \frac{P}{A}$$

式中：f_{ts}——喷射混凝土劈裂抗拉强度(MPa)；

　　　P——破坏荷载(N)；

　　　A——试件劈裂面面积(mm^2)。

劈裂抗拉强度计算精确到 0.01MPa。以三个试件测值的算术平均值作为该组试件的劈裂抗拉强度值。三个测值的最大值或最小值，如一个与中间值的差值超过中间值的15%，则把最大及最小值一并舍除，取中间值作为该组件的劈裂抗拉强度值。如有两个测值与中间值的差超过中间值的15%，则该组件的试验结果无效。采用 100mm×100mm×100mm 试件取得的劈裂抗拉强度值，应乘以尺寸换算系数 0.85。

根据国内外大量实测资料的统计，不同龄期喷射混凝土的劈裂抗拉强度值见表4。喷射混凝土的劈裂抗拉强度为抗压强度的10%~12%，约高于中心受拉强度15%。

喷射混凝土的劈裂抗拉强度　　　　表4

水　泥	配合比 (水泥：砂：石子)	速凝剂 (占水泥重量%)	劈裂抗压强度(MPa)		
			28d	60d	180d
普硅425号	1：2：2	0	2.5~3.5	2.7~3.7	3.0~4.0
矿渣325号	1：2：2	0	2.0~2.5	2.5~2.7	2.4~2.8
普硅425号	1：2：2	2.5~4	1.5~2.0	—	2.0~2.5

喷射混凝土抗拉强度随抗压强度的提高而提高。因此提高抗压强度的各项措施，基本上也适用于抗拉强度。采用粒径较小的集料，用碎石配制喷射混凝土拌和料，采用铁铝酸四钙

(C_4AF)含量高而铝酸三钙(C_3A)含量低的水泥和掺用适宜的减水剂都有利于提高喷射混凝土的抗拉强度。

1.3 弯拉强度

据有关文献报道的喷射混凝土的弯曲抗拉强度数值,归纳在表 5 中。苏联工程建筑物维修用喷射混凝土技术规程中规定的喷射混凝土弯曲抗拉强度值也落在这一区间。我国冶金部建筑研究总院测得的喷射混凝土 28d 龄期的抗弯强度为 4MPa。

弯曲抗拉强度变化范围　　　　　　　　　　　表 5

龄　　期	8h	3～8d	28d
抗弯强度(MPa)	0.27～1.76	0.99～6.16	2.82～10.6

抗弯强度与抗压强度的关系同普通混凝土相似,即为抗压强度的 15%～20%。

喷射混凝土弯曲抗拉试验可采用 100mm×100mm×400mm 试件(由喷射混凝土大板上切割而成),并在三分点处同时施加两个相等的集中力。试件破坏时,如折断面位于两个集中荷载之间时,弯曲抗拉强度应按下式计算:

$$f_f = \frac{PL}{bh^2}$$

式中:f_f——喷射混凝土弯曲抗拉强度(MPa);

P——破坏荷载(N);

L——支座间距即跨度(mm);

b——试件截面宽度(mm);

h——试件截面高度(mm)。

同组试件弯曲抗拉强度的计算方法与抗拉强度的计算方法相同。采用 100mm×100mm×400mm 试件时,取得的弯曲抗拉强度应乘以尺寸换算系数 0.85。

1.4 抗剪强度

在地下工程喷射混凝土薄衬砌中,常出现剪切破坏,因而在设计中应考虑喷射混凝土的抗剪强度。但目前国内外实测资料不多,试验方法又不统一,难于进行综合分析。表 6 为国内部分喷射混凝土抗剪强度测定值。一般变化在 3～4MPa 之间。国外泰勒斯等曾报道过 7d 的抗剪强度,当含有 390～675kg/m³ 水泥时,无论干喷或湿喷,28d 喷射混凝土的抗剪强度变化在 4.15～5.04MPa 之间。博茨等人提出,含 279～501kg/m³ 水泥和 3%速凝剂的粗集料喷射混凝土,其 7d 的抗剪强度为 4～4.65MPa,28d 的则为 4.7～6.5MPa。

喷射混凝土的抗剪强度　　　　　　　　　　表 6

测定单位与现场	水泥品种标号	速凝剂 (占水泥重%)	配合比 (水泥∶砂∶石子)	抗剪强度 (MPa)
冶金部建筑研究总院 (梅山铁矿巷道工程)	普硅 425	2.5～4	1∶2∶2	3～4
铁道部第四工程局 (牛角山隧道)	普硅 425	2	1∶2.5∶1.5	3.7
铁道部第三工程局 (灰山谷隧道)	普硅 425	3	1∶2∶2	3.7

1.5 黏结强度

喷射混凝土常用于地下工程支护和建筑结构的补强加固,为了使喷射混凝土与基层(岩石、混凝土)共同工作,其黏结强度是特别重要的。

对于喷射混凝土,必须考虑的黏结强度有两种,即抗拉黏结强度与抗剪黏结强度。抗拉黏结强度是衡量喷射混凝土在受到垂直于结合界面上的拉应力时保持黏结的能力,而抗剪黏结强度则是抵抗平行于结合面上作用力的能力。实际上,作用在结合面上的应力,常常是两种应力的结合。

由于喷射时拌和料高速连续冲击受喷面,而且要在受喷面上形成 5~10mm 厚的砂浆层后,石子才能嵌入。这样水泥颗粒会牢固地黏附在受喷面上,因而喷射混凝土与岩石或混凝土有良好的黏结强度。根据国内一些试验资料的统计分析,表 7 列出了喷射混凝土与岩石或旧混凝土的黏结强度值。

喷射混凝土的黏结强度 表 7

综 合 类 型	水泥品种与强度等级	配合比 (水泥:砂:石)	速凝剂 (占水泥重的%)	黏结强度 (MPa)
与岩石黏结	普硅 425	1:2:2	0	1.0~2.0
与岩石黏结	普硅 425	1:2:2	2.5~4	0.5~1.5
与旧混凝土黏结	普硅 425	1:2:2	0	1.5~2.5
与旧混凝土黏结	普硅 425	1:2:2	2.5~4	1.0~1.8

所收集到的国外的关于喷射混凝土的抗拉黏结强度的资料虽然不多,但还是可看出喷射混凝土与旧混凝土的黏结强度为 0.7~2.85MPa,喷射混凝土与喷射混凝土界面的抗拉黏结强度为 1.47~3.49MPa。泰勒斯等曾经指出,两层喷射混凝土间的黏结强度可以等于喷射混凝土的抗拉强度。

瑞典 T.hahn 曾对喷射混凝土与不同种类完整岩面进行了系统的纯抗拉黏结强度试验,提出了有价值的成果(表 8)。从表 8 可以看出:

喷射混凝土与各种岩石表面的黏结强度 表 8

岩 石 类 型	含矿物成分百分比(%) (接触处)	颗 粒 尺 寸	黏结强度(MPa)	
			光面	糙面
页岩	长石 33 石英 32 黑云母 35	极细颗粒	0.24±0.18	0.28±0.11
云母片岩	绿泥石	中等颗粒	0.58±0.19	0.85±0.35
片麻岩⊥纹(001)	石英 35 斜长石 16 微斜长石 8 黑云母 41	中等颗粒	0.19±0.05	0.51±0.11

续上表

岩石类型	含矿物成分百分比(%)（接触处）	颗粒尺寸	黏结强度(MPa) 光面	黏结强度(MPa) 糙面
片麻岩//纹(001)	石英 47 斜长石 23 微斜长石 13 黑云母 17	中等颗粒	1.53±0.28	1.8
石灰岩 泥灰岩	方解石 90 黏土矿场 10	细颗粒	1.49	1.84
礁灰岩	方解石 100	细颗粒	1.58±0.12	1.64±0.3
大理石	方解石 100	中等颗粒	1.38±0.30	1.52±0.28
晶质 砂岩	石英 98 长石 2	细颗粒	>1.8	>1.8
花岗岩	石英 27 斜长石 5 微斜长石 68 （黑云母）	粗糙微状变晶的	0.34±0.12	1.12±0.20
花岗岩	石英 34 斜长石 64 （黑云母） 2	中细颗粒	1.48±0.46	1.71±0.14
花岗岩	石英 斜长石 （黑云母）	中等颗粒	1.04±0.32	1.40±0.26
辉长石	斜长石 62 辉石 38	中细颗粒	1.56±0.25	1.7

(1)在同一混凝土拌和料的情况下，其抗拉黏结强度主要与矿物成分有关，由于水泥和云母或长石之间没有什么化学反应，所以含有云母及 K 长石的岩石黏结强度低。最高黏结强度出现在与水泥水化物产生化学反应的岩石中，也就是碳酸岩、砂岩（石英）、富石英花岗岩。辉长石也表明有高的黏结力，试验者认为这是因为它含有丰富的钙斜长石。此外，由于高的云母含量，在片麻岩进行试验时，黏结面垂直或平行于云母层面方向，两者的黏结强度有很大差异。

(2)糙面的抗拉黏结强度普遍有所提高，T. hahn 认为，主要是因表面增大所造成。推测有小部分抗剪黏结强度增加了最终强度。

影响喷射混凝土与岩石黏结强度的因素还包括岩面的干净状态，节理填充物的规模与性质，界面的湿润和养护情况等。

对于喷射混凝土与旧混凝土黏结强度也同样受到旧混凝土表面的粗糙程度、界面的湿润状态和养护状况的影响。

检验喷射混凝土与岩石混凝土的抗拉黏结强度常采用两种方法。

一种是劈裂抗拉黏结强度试验。即在 $350mm \times 450mm \times 120mm$ 的模型内，放置厚度为 50mm 的岩石板或混凝土板件，再施作喷射混凝土至模型厚度，养护至 7d 龄期，有切割法去掉周边，加工成边长为 100mm 的立方体试块（其中岩石和混凝土的厚度各为 50mm），养护至 28d 龄期，在结合面处，用劈裂法求得喷射混凝土与岩石或混凝土的黏结强度。

另一种方法是在实际工程条件下，用钻取芯样拉拔法，测定喷射混凝土与岩石（或混凝土）的黏结强度。钻取芯样拉拔法的主要设备有 WI-1 型测试仪和带固定臂杆的 GZ-200 型工程金刚石钻机。试验时，首先用 GZ-200 型金刚石钻机在工程欲测部位钻取芯样，芯样应深入岩石或旧混凝土结构数厘米，然后将卡套插入芯样与岩石（或旧混凝土）的孔隙中，使卡套卡紧芯样，再安装拉拔头，以每秒施加 20~40N 的速率缓慢加压，直至芯样断裂，并记录压力表读值。按下式计算黏结强度：

$$f_{or} = c \cdot \frac{P}{A} \cos\alpha$$

式中：f_{or}——黏结强度（MPa）；

P——压力表读值（N）；

A——芯样横截面（mm^2）；

c——压力表读值与芯样受力值相关系数，可在仪器率定时求得；

α——断裂面与芯样横截面交角（°）。

1.6 弹性模量

由于拌和物设计、混凝土龄期、抗压强度和试件类型不同，并且定义也不相同。因而国内外文献报道的喷射混凝土弹性模量有较大的离散。

国外报道的喷射混凝土弹性模量变动范围见表 9。国内实测得到的喷射混凝土弹性模量值见表 10。

国外喷射混凝土弹性模量的典型范围　　　　　表 9

龄　期(d)	1	3~8	28
弹性模量(MPa)	$(1.3~2.9)\times 10^4$	$(1.8~3.4)\times 10^4$	$(1.8~3.7)\times 10^4$

国内喷射混凝土的弹性模量　　　　　表 10

抗压强度等级	弹性模量(MPa)
C_{20}	$(2.01~2.3)\times 10^4$
C_{25}	$(2.3~2.5)\times 10^4$
C_{30}	$(2.5~2.7)\times 10^4$
C_{35}	$(2.7~3.0)\times 10^4$

同普通混凝土一样，喷射混凝土的弹性模量与下列因素有关：

(1)混凝土的强度和容重。混凝土强度、容重越大，弹性模量则越高。

(2)骨料。骨料弹性模量越大，则喷射混凝土的弹性模量也越高；轻骨料喷射混凝土的弹性模量只有相同强度的普通喷射混凝土的 50%~80%。

(3)试件的干燥状态。潮湿喷射混凝土试件的弹性模量较干燥的高。

2 喷射混凝土的变形性能

2.1 收缩

喷射混凝土的硬化过程常伴随着体积变化。最大的变形是当喷射混凝土在大气中或湿度不足的介质中硬化时所产生的体积减小,这种变形被称为喷射混凝土的收缩。国内外的资料都表明,喷射混凝土在水中或在潮湿条件下硬化时,其体积可能不会减小,在一些情况下甚至其体积稍有膨胀。

同普通混凝土一样,喷射混凝土的收缩也是由其硬化过程中的物理化学反应以及混凝土的湿度变化引起的。

喷射混凝土的收缩变形主要包括干缩和热缩,干缩主要由水灰比决定,较高的含水量会出现较大的收缩,而粗集料则能限制收缩的发展。因此,采用尺寸较大与级配良好的粗集料,可以减少收缩。热缩是由水泥水化过程的温升值所决定的。采用水泥含量高、速凝剂含量高或采用速凝块硬水泥的喷射混凝土热缩较大。厚层结构比含热量少的薄层结构热缩要大。

喷射混凝土水泥用量大,含水量大,又掺有速凝剂,因此比普通混凝土收缩大。我国冶金部建筑研究院测定的喷射混凝土收缩量随龄期的增长见图2。图2表明,在自然条件下养护的喷射混凝土,360d龄期的收缩值变动为$(80\sim140)\times10^{-5}$ cm/cm。美国报道的喷射混凝土收缩值变动为$(60\sim150)\times10^{-5}$ cm/cm。国内外的实测结果是较为近似的。

许多因素影响着喷射混凝土的收缩值,主要因素有速凝剂和养护条件。由图3可以看出,同样在自然条件下养护,掺加占水泥重3%~4%的速凝剂的喷射混凝土的最终收缩率要比不掺速凝剂的大80%。这是因为加入速凝剂后,加速了水泥水化作用,使存在于水泥颗粒间的大量游离水被未水化的颗粒迅速吸收,使C_3S提前进入凝结硬化。由于新生成物不断加入,胶体迅速变稠失去塑性,氢氧化钙与含水铝酸三钙逐渐从胶体中结晶,使水泥具有强度。同时,当水泥加速反应时,放出大量热量,失去水分。这些都使加速凝剂比不加速凝剂的收缩要大。

养护条件,也就是喷射混凝土硬化过程中的空气湿度和混凝土自身保水条件,对喷射混凝土的收缩也有明显的影响。曾对不同条件下养护的标准喷射混凝土试件(六面敞开)和保水喷射混凝土试件(六面均用石蜡封闭,近似模拟不失水情况)的收缩进行测定。测定结果见图4和图5。图4表明:喷射混凝土在潮湿条件下养护时间愈长,则收缩量愈小。图4表明,保水(近似反映紧贴表面或旧混凝土面无失水)状态下的喷射混凝土的收缩值远比标准试件小,在相对湿度90%条件下养护45d后再行自然养护的保水试件,龄期150d的收缩率为14.2×10^{-5}。

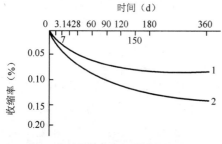

图3 喷射混凝土收缩量随时间的变化
1-不掺速凝剂的试件;2-掺3%~4%速凝剂的试件

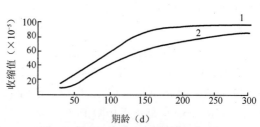

图4 不同养护条件下的喷射混凝土的收缩
1-空气相对湿度为90%条件下养护28d后自然养护;2-空气相对湿度为90%条件下养护45d后自然养护

如果喷射混凝土硬化过程,水分蒸发过多,当剩余水量少于继续水化所需的水量,则硬化过程就会暂时中止。这时,喷射混凝土表面就会明显地产生网状收缩裂纹。

如果在喷射混凝土变干后又重新放入水中(或潮湿空气中),它就会吸收水分,使试件的重量接近于假设始终置于水中(或潮湿空气中)的数值(图6)。但收缩的可逆性是不完全的,总会有不可逆的残余变形保留下来。

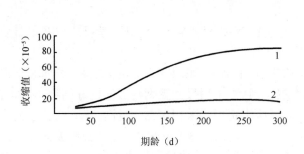

图5 不同保水条件下的喷射混凝土的收缩
1-标准试件;2-保水试件

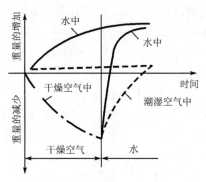

图6 变干后重新湿润的喷射混凝土的重量变化

收缩是一个从混凝土表面逐步向内部发展的过程,它能引起内应力和残余变形。喷射混凝土层的形状或尺寸不同,这种残余变形也不相同。如果喷射混凝土结构厚薄相差悬殊,则薄的部位常常容易产生裂缝,原因就是该处水的蒸发速度快。

显而易见,保持喷射混凝土表面的湿润状态,能够减缓收缩,减弱内应力,从而减少开裂的危险。

还要提及,作为隧洞支护或建筑结构物补强加固的喷射混凝土,其收缩受到附着的岩石或结构物的限制,实际的收缩量远较自由收缩为小。

2.2 徐变

喷射混凝土的徐变变形是其在恒定荷载长期作用下变形随时间增长的性能。一般认为,徐变变形取决于水泥石的塑性变形及混凝土基本组成材料的状态。

影响混凝土徐变的因素比影响收缩的因素还多,并且多数因素无论对徐变或对收缩都是相类似的。如水泥品种与用量、水灰比、粗集料的种类、混凝土的密实度、加荷龄期,周围界质及混凝土本身的温湿度及混凝土的相对应力值均影响混凝土的徐变变形。

喷射混凝土的徐变变形规律在定性上是同普通混凝土的徐变变形规律相一致的。试验证实当喷射混凝土的水泥品种与用量、水灰比、粗集料种类等条件不变时,其徐变变形有下列主要影响因素。

1)持续荷载时间和加荷应力的影响

随着持续荷载时间的增加,徐变变形亦增加,加荷初期增加得比较快,以后逐渐减缓趋近于某一极限值。喷射混凝土的徐变稳定较早,28d 龄期加荷的密封试件持荷 120d 的徐变度 $c=6.6×10^{-5}$ cm/N,即接近极限值。

当加荷应力小于 $0.4R_a$(轴心抗压强度)时,喷射混凝土的徐变应变 ε_c 与加荷应力 σ 成正经,即 $\varepsilon_c=c·\sigma$。c 为徐变度,即单位应力的徐变(图7)。

2)加荷龄期和周围介质湿度的影响

从图8可以看出,加荷龄期和周围介质相对湿度对喷射混凝土的徐变影响很大。加荷龄期越早,徐变值大,加荷龄期晚,徐变则小。加荷龄期早的试件持荷前期变形发展快,徐变速率衰减也快。加荷龄期晚的试件,持荷前期变形发展慢,但徐变衰减也慢。

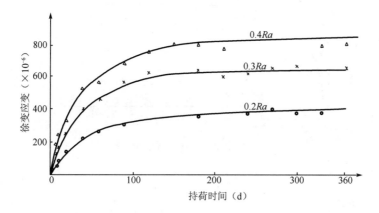

图7　不同持荷时间和加荷应力下喷射混凝土的徐变曲线

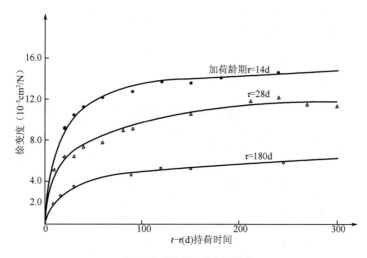

图8　加荷龄期对徐变的影响

周围介质的相对湿度越低,徐变越大,相同的加荷龄期和持荷时间条件下的非密封试件(环境相对湿度80%±5%)比密封试件的徐变度大1.22～1.99倍,而徐变系数大1.06～1.66倍,而且变形延续时间要长得多(图9)。如同样28d龄期加荷的两种试件,持荷时间为90d的密封试件的徐变度已达300d持荷时间的徐变度的92%,而非密封试件持荷时间为90d的徐变度只有持荷时间为300d徐变度的73%。

3)速凝剂的影响

速凝剂使喷射混凝土的徐变增大(图10)。这是因为速凝剂的掺入虽然提高了早期强度,但后期水泥矿物的继续水化受到阻碍,从而降低了同龄期混凝土强度,使徐变增大。

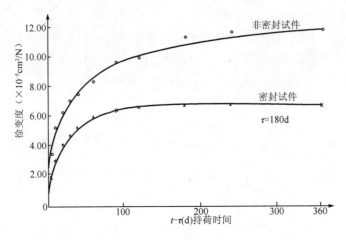

图9 密封试件和非密封试件的徐变

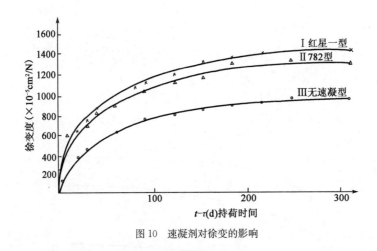

图10 速凝剂对徐变的影响

3 喷射混凝土的渗透性与抗冻性

3.1 喷射混凝土的渗透性

渗透性是水工及其他构筑物所用混凝土的重要性能。它在一定程度上对材料的抗冻性及抵抗各种大气因素及腐蚀介质影响起决定作用。

喷射混凝土的抗渗性主要取决于孔隙率和孔隙结构。喷射混凝土的水泥用量高，水灰比小，砂率高，并采用较小尺寸的粗骨料，这些基本配制特征有利于在粗骨料周边形成足够数量和良好质量的砂浆包裹层，使粗骨料彼此隔离，有助于阻隔沿粗骨料互相连通的渗水孔网，也可以减少混凝土中多余水分蒸发后形成的毛细孔渗水通路。因而国内外一般认为，喷射混凝土具有较高的抗渗性。国内某些喷射混凝土的抗渗性的实测值见表11。由表11可以看出，喷射混凝土的抗渗指标一般均在0.7MPa以上。表中所列抗渗性有较大的离散，这同采用在标准铁模内喷射成型试件有很大关系。若今后改用钻取芯样做抗渗试件，对于较真实地反映喷射混凝土工程的实际抗渗性，缩小抗渗指标的离散都是有利的。

喷射混凝土的抗渗性 表 11

测 定 单 位	抗渗强度(MPa)	测 定 单 位	抗渗强度(MPa)
水电部第一工程局	0.8～1.5	铁道部三局四处	1.5～3.2
水电部第十二工程局	1.0～2.0	第十五冶金建设公司	2.2
西北水利科学研究所	0.7	山西中条山有色公司	1.0
冶金部建筑研究总院	0.5～2.0		

应当指出，级配良好的坚硬内料，密实度高和空隙率低均可增进材料的防渗性能。任何能造成蜂窝、回弹裹人、分层、孔隙等不良情况的喷射条件都会恶化喷射混凝土的抗渗性。

3.2 抗冻性

喷射混凝土的抗冻性是它在饱和水状态下经受反复冻结与融化的性能。引起冻融破坏的主要原因是水结冰时对孔壁及微裂缝孔所产生的压力。水的体积在结冰时增长9％～10％，而混凝土的刚性骨架阻碍水的膨胀，因此在骨架中产生很高的应力，经多次冻融循环，混凝土将逐步遭到破坏，冻融循环次数愈多，破坏也愈甚。

混凝土试件重量损失小于5％，强度降低不超过25％的冻融循环数被定为混凝土的抗冻性标号。

喷射混凝土具有良好的抗冻性，这是因为在拌和料喷射过程中会自动带入一部分空气。空气含量为2.5％～5.3％。气泡一般是不贯通的，并且有适宜的尺寸和分布状态，这相似于加气混凝土的气孔结构，有助于减少水的冻结压力对混凝土的破坏。

冶金部建筑研究总院对普通硅酸盐水泥配制的喷射混凝土进行的抗冻性试验表时，在经过200次冻融循环后，试件的强度和重量损失变化不大，强度降低率最大为11％（表12）。美国进行的冻融试验也表明，有80％的试件经受300次冻融循环后，没有时显的膨胀，也没有重量损失和弹性模量的减小。

喷射混凝土抗冻性 表 12

冻融循环次数	冻融状态	速凝剂	冻融后试块强度（MPa）	检验试块强度（MPa）	冻融后强度变化率
150	饱和吸水	无	29.4	27.1	+8％
		有	23.5	24.0	−2％
	半浸水	无	32.4	33.3	−3％
		有	18.9	19.4	−3％
200	饱和吸水	无	28.8	32.2	−11％
		有	22.2	21.0	+6％
	半浸水	无	30.2	33.5	−10％
		有	20.8	19.0	+9％

我国辽宁南芬铁矿的泄水洞，1966年采用喷射混凝土衬砌，已经历了20年，衬砌未因反复冻融而破坏。美国伊利诺斯水道的德累斯顿岛的船闸和水坝上的喷射混凝土结构物是1953年施

工的,到1976年从闸门墙上钻取直径为15cm的芯样,已经历了23年,而且一直暴露在连续不断的干—湿与冻—融交替的环境中,未引起任何破坏。还对三件有代表性的喷射混凝土芯样做了显微镜分析,以确定其气孔量(表13)。从气孔结构来看,喷射混凝土具有良好的抗冻性。

喷射混凝土芯样的微气孔分析　　　　　　　　　　　表13

组　份	芯样钻取地点		
	北墙		南墙
	1号	2号	1号
带入的含气量[①](%)	2.3	1.8	1.6
截留含气量(%)	1.5	0.9	1.4
总气量(%)	(3.8)	(2.7)	(3.0)
水泥浆(%)	43.1	40.5	41.5
集料(%)	52.5	56.6	55.3
金属网(%)	0.6	0.2	0.2
总计	100.0	100.0	100.0
气孔间距系数(mm)	0.33	0.25	0.36

注：①1mm或小于1mm直径的气孔。

有多种因素影响着喷射混凝土的抗冻性。坚硬的集料,较小的水灰比,较多的空气含量和适宜的气泡组织等,都有利于提高喷射混凝土的抗冻性。相反,采用软弱的、多孔易吸水的集料,密实性差的或混入回弹料并出现蜂窝、夹层及养护不当而造成早期脱水的喷射混凝土,都不可能具有良好的抗冻性。

4　喷射混凝土的动力特性

在快速变形下的强度和变形性能,对抗动荷工程采用喷射混凝土是十分重要的。国内曾用C-3动载试验机测定了不同应变速率($\dot{\varepsilon}=0.425\ 1/s, 0.045\ 1/s, 0.006\ 1/s$)下喷射混凝土的抗压和抗剪动力性能。

4.1　抗压动力性能

不同应变速率$\dot{\varepsilon}$下的轴心抗压强度f_{dc}如表14所示。说明加载速度愈快,相应的轴心抗压强度愈高。在中等应变速率范围($\dot{\varepsilon}=0.006\sim0.427\ 1/s$),喷射混凝土强度提高比为1.11~1.41。喷射混凝土与其他类型混凝土在不同应变速率($\dot{\varepsilon}$)下的强度提高比值k_d的比较见图11。可以看出,不同类型混凝土的强度值相差高达7~8倍,而k_d值却非常接近。

不同应变速率$\dot{\varepsilon}$下的轴心抗压强度　　　　　　　　　表14

加载类型	平均加载时间t(s)	平均应变速度$\dot{\varepsilon}$(1/s)	轴心抗压强度(MPa)		强度提高比值(k_d)
			平均值	均方差	
静载	300		22.6	2.02	1
快速加载	0.034	0.006	25.0	2.28	1.11
	0.048	0.045	28.4	1.37	1.26
	0.005	0.427	31.8	3.26	1.41

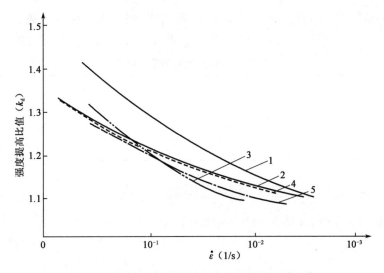

图 11 几种混凝土在不同应变速率 $\dot{\varepsilon}$ 下的强度提高比值

1-喷射混凝土($f_c=22.6$MPa);2-普通混凝土($f_c=30\sim40$MPa);3-高强混凝土($f_c=51.2\sim107.4$MPa);4-钢纤维混凝土($f_c=117\sim155$MPa);5-聚合物浸渍混凝土($f_c=131\sim191$MPa)

4.2 受压弹模动力性能

不同应变速率下的 E_{cd} 及其 k_E 见表 15。由表 15 不难看出,在加速加载条件下,喷射混凝土弹模的提高比值比相应的抗压强度提高比值 k_d 要小,在试验的 $\dot{\varepsilon}=0.006\sim0.427$ 1/s 范围内,k_E 介于 1.09~1.21 之间。

不同应变速率 $\dot{\varepsilon}$ 下的弹性模量值   表 15

试件编号	静载时的弹性模量 E_c	加速加载			弹性模量提高	
		加载时间(s)	平均应变速度 $\dot{\varepsilon}$(1/s)	动力弹模(E_{cd})	单个值	平均值
4	2.42			2.71	1.12	
11	2.76	0.34	0.006	2.81	1.02	1.09
12	3.64			3.85	1.06	
17	3.08			3.53	1.15	
6	2.85			3.63	1.27	
24	2.50			2.83	1.13	
26	2.86	0.048	0.045	3.14	1.10	1.12
28	3.08			3.08	1.00	
34	2.78			3.11	1.12	
1	2.38			3.00	1.26	
5	3.23			4.11	1.27	
9	3.08	0.005	0.427	3.53	1.15	1.21
29	2.63			3.04	1.16	
18	2.70			3.66	1.36	
27	2.75			2.85	1.04	

4.3 抗剪动力性能

喷射混凝土的抗剪动力性能采用双面剪切法测定。试件的正应力 σ 用千斤顶施加。切应力

τ 则采取快速加载的方法,加载时间为 7~14ms。动力抗剪强度见表 16。由表 16 可以看出,当加载时间为 7~14ms 时,喷射混凝土的抗剪强度提高系数 k_1 介于 1.14~1.68 之间。

不同正应力 σ 下的动、静载抗剪强度　　　　　　　　　　表 16

σ(MPa)		0	1.0	2.0	3.0	4.0
剪切强度(MPa)	静载(2min)	3.06	4.67	6.72	8.14	8.05
	动载(7~14ms)	3.92	7.85	9.50	9.32	11.10
剪切强度提高比值 k_1		1.28	1.68	1.41	1.14	1.38

5　喷射混凝土的腐蚀及其防止措施

实际应用的喷射混凝土,只有一小部分处于严重的化学侵蚀之下。一般的化学侵蚀见表 17。喷射混凝土抗化学侵蚀的能力同水泥品种有密切的关系。大体上不同水泥品种的抗化学侵蚀能力按下列次序增加:普通硅酸盐水泥、矿渣硅酸盐水泥、抗硫酸盐水泥或火山灰质水泥、硫酸盐矿渣水泥、高铝(矾土)水泥。

某些化学物质对混凝土的作用　　　　　　　　　　表 17

侵蚀速度	无机酸	有机酸	碱溶液	盐溶液	杂　质
快	盐酸 氢氟酸 硝酸 硫酸	醋酸 甲酸 乳酸	—	氯化铝	—
中	磷酸	丹宁酸	钠碱 氢氧化钠 >20%	硝酸铝 硫酸铝 硫酸钠 硫酸镁 硫酸钙	溴(气体) 亚硫酸盐废液
慢	碳酸	—	氢氧化钠 10%~20% 氯化钠	氯化铝 氯化镁 氯化钙	氯(气体) 海水 软水
忽略不计	—	草酸 酒石酸	氢氧化钠 <10% 氯化钠 氢氧化氨	氯化钙 氯化钠 硝酸锌 铬酸钠	氨(气体)

现将几种主要的侵蚀类型分别加以叙述。

5.1　硫酸盐侵蚀

固体盐类并不侵蚀混凝土,但是盐溶液却能与硬化水泥浆发生化学反应。例如,当岩石中含硫酸镁与硫酸钙时,这种岩石中的地下水实际上就是硫酸盐溶液。硫酸盐与 $Ca(OH)_2$ 及水化铝酸钙发生反应,就会对水泥产生腐蚀。

反应生成物石膏与硫铝酸钙,其体积均较原化合物体积大很多,因此,与硫铝酸盐反应引起混凝土的膨胀与破裂。

硫酸钠与 $Ca(OH)_2$ 的反应式如下：
$$Ca(OH)_2 + Na_2SO_4 \cdot 10H_2O \longrightarrow CaSO_4 \cdot 2H_2O + 2NaOH + 8H_2O$$

硫酸钠与水化铝酸钙的化学式如下：
$$2(3CaO \cdot Al_2O_3 \cdot 12H_2O) + 3(Na_2SO_4 \cdot 10H_2O) \longrightarrow 3CaO \cdot Al_2O_3 \cdot 3CaSO_4 \cdot 31H_2O + 2Al(OH)_3 + 6NaOH + 17H_2O$$

冶金部建筑研究总院曾进行硫酸盐(Na_2SO_4)溶液对喷射混凝土的侵蚀试验。结果表明：

(1)硫酸盐(Na_2SO_4)溶液对喷射混凝土的腐蚀程度随 SO_4^{2-} 离子浓度的增加而增加。在 SO_4^{2-} 离子浓度为1%时，试块外表无异常变化，强度损失也不大。当 SO_4^{2-} 离子浓度大于2%时，试块外表掉皮，棱角破损以至全部崩解碎块。

(2)喷射混凝土试件在1%～5%的 SO_4^{2-} 浓度的溶液中，腐蚀程度随时间的增大而加剧，在1% SO_4^{2-} 浓度的溶液中，不加速凝剂的试件一年内无异常变化，而一年半后则完全被腐蚀破坏。

(3)速凝剂加速喷射混凝土的腐蚀，如同样在 SO_4^{2-} 离子浓度1%的溶液中，不加速凝剂的试件浸泡半年后，外观未变化，而加速凝剂的试件则腐蚀严重。

(4)腐蚀程度与混凝土的密实性有很大关系。密实性好，即使 SO_4^{2-} 浓度很高，喷射混凝土浸泡后强度并不降低。如在浓度为4%的溶液中，由于试块密实，经过半年、一年时间的浸泡，虽然试块有掉皮现象，但强度仍较高。

为了提高喷射混凝土抵抗硫酸侵蚀的能力，一般应采取以下措施：

(1)减少速凝剂的掺量。

(2)根据 SO_4^{2-} 离子的侵蚀程度，采用低热硅酸盐水泥或抗硫酸盐水泥。

(3)严格控制水灰比，避免施工过程的干砂夹层和裹入回弹物，提高喷射混凝土的密实性。

5.2 海水浸蚀

喷射混凝土用于建造或加固海工结构时，常引起海水侵蚀问题。海水含有硫酸盐，除化学侵蚀之外，盐类在混凝土孔隙中的结晶作用，可引起混凝土的破裂。

在潮汐标界之间的喷射混凝土，因遭受干湿交替的作用而侵蚀严重；长久浸入水中的混凝土则侵蚀较轻微。

就配筋喷射混凝土而言，盐的吸附建立了阳极与阴极场，由此引起的电解作用促使钢筋周围的混凝土破裂，因此海水对配筋喷射混凝土的腐蚀比对素喷混凝土更为严重。为了提高喷射混凝土抵抗海水侵蚀的能力，应当采取以下措施：

(1)钢筋保护层厚度不得低于50mm，最好为75mm。

(2)采用密实的不透水的喷射混凝土。

(3)喷射混凝土水灰比不大于0.45。

5.3 碱性水泥对硅质骨料混凝土的腐蚀作用

工程实践已经表明，水泥中的氢氧化物和骨料中活性二氧化硅之间的反应(碱—骨料反应)会导致混凝土的破坏。

碱骨料反应引起混凝土破坏的原因比较复杂。一般认为，混凝土加水拌和后，水泥中的碱

类 Na_2O、$NaCO_3$ 不断溶解为 $NaOH$，同时水泥浆中的铝酸钙和硅酸盐又不断吸收水分，使 $NaOH$ 变浓。这种碱液与活性骨料中的硅酸物质起反应，生成硅酸碱：

$$2NaOH + SiO_2 \xrightarrow{H_2O} Na_2O \cdot SiO_2 + nH_2O$$

硅酸碱类为白色胶体，会从周围介质中吸水膨胀（体积可增大 3 倍）。这种膨胀力足以使混凝土内部出现明显的内应力，从而引起混凝土的开裂与破坏。

之所以要特别审慎地注视喷射混凝土的碱—骨料反应问题，是因为目前广泛使用的喷射混凝土速凝剂（红星 1 型、711 型），纯碱（$NaOH$）含量高达 40%。若速凝剂以 3% 的量加入水泥，即相当于掺入水泥重 1.2% 的 $NaCO_3$。连同水泥本身的碱性物质含量为 0.4%～0.6%。这样，水泥中的总碱量就可高达 1.8%～2.0%。因此，对于喷射混凝土使用的骨料，除应进行各项常规检验外，还应做是否属活性骨料检验。

活性骨料可用岩石学鉴定、化学法试验、砂浆长度法试验等进行检验，现已确定的活性骨料有：蛋白石、玉髓、鳞石英及方石英；火成岩，如玻璃质或隐晶质流纹岩、安山岩、辉绿岩；硅质岩，如蛋白燧石、玉髓燧石、硅质灰岩；变质岩，如千枚岩。

为了防止碱—骨料反应，可采取如下专门措施：

(1) 采用碱性物质含量小于 0.5% 的低碱水泥。

(2) 采用掺有善于吸收和结合水泥中碱性物质的磨细掺和料的特种水泥（如火山灰水泥）。

(3) 在混凝土中掺入加气剂或引气剂，以便为碱—骨料反应的生成物提供缓冲压力的孔隙。

6 影响喷射混凝土强度和性能的若干因素

喷射混凝土强度值变化较大，这同许多因素有关（表18），主要影响因素如下：

6.1 拌和料设计的影响

水泥含量为最佳值时，能提高早期和极限强度，当水泥用量超过这一标准时，喷射混凝土瞬凝之后一旦受到扰动，则会降低早期及极限强度。

速凝剂的掺量在适宜范围内（一般为水泥重的 2.5%～4%）有利于提高早期强度，降低后期强度也较少。但如进一步增加掺量，则喷射混凝土的早期及极限强度都会进一步降低。

集料含水率过大易引起水泥预水化，含水率过小，则颗粒表面可能无足够水泥黏附，也无足够的时间使水与干拌和料在喷嘴处拌和。这两种情况都能造成较低的早期和极限强度。

6.2 喷筑条件对强度的影响

影响强度的喷筑条件包括配料作业、喷嘴与喷射机的操作、集料温度和环境温度等。

喷射手是控制喷射混凝土最终产品的一个主要因素。尤其是干喷，喷射手技术不佳会因裹入回弹或对水的控制不当而造成产品的强度及匀质性降低。

在普通浇注混凝土技术中，含水率或水灰比是设计人员为控制混凝土强度可改变的参数。但在喷射混凝土技术中即使是湿喷对强度的控制，也不是调整含水率能办到的。对干喷技术，喷射手控制加水量时，拌和物的水灰比过大或过小的范围是很窄的。应当注意，只要偏离最佳的水灰比范围强度就降低，偏离水灰比过小时，喷射混凝土的强度降低更多。因为水灰比小就会出现分层现象，这种分层常为一些干水泥砂层，对混凝土长期强度的影响是很大的。

影响喷射混凝土（含速凝剂）工程性能的多种因素　　　　表 18

性能不佳的类型		拌和料设计	喷敷条件	养护情况	地层或结构物条件
早期及极限强度均低		1. 水泥含量少。 2. 选用的拌和料活性过高，造成水泥预化水或瞬凝后受到扰动： ①水泥含量高； ②水泥的速凝潜力高。 3. 集料完全干燥。 4. 水的质量不佳	1. 喷敷条件使拌和料中高活性得到激发造成水泥预水化。 ①使用过湿的集料且拌和料停放时间长； ②加入速凝剂后，由于各种原因，延误喷出时间。 2. 喷敷条件使水泥在瞬凝后受到扰动： ①速凝剂用量高； ②材料及工作环境温度过高； ③水灰比过低。 3. 喷敷工艺不适宜： ①喷射时工作风压低； ②喷嘴处水压不足； ③水环堵塞； ④喷射时裹入空气、回弹物或有分层现象	养护湿度过低	土中或地下水中硫酸盐浓度高
极限强度低，早期强度满意		使用的速凝剂量超过该温度条件下所需要的用量： ①对水泥与速凝剂相容性的理解不正确； ②材料或工作环境温度增高	1. 掺入速凝剂的方式不当，使实际的速凝剂用量过高。 2. 喷射条件掌握不当造成砂窝或成层。 3. 工作风压低，压实力不够	1. 养护温度过低。 2. 在温暖环境下或使用热材料喷射，随后在低温下养护	
早期强度低，极限强度满意		1. 速凝剂用量低于该温度条件下所需要的用量： ①对水泥与速凝剂相容性理解不正确； ②材料及工作环境温度降低。 2. 使用了凝结慢的水泥。 3. 水的质量不佳	1. 实际的速凝剂用量过低。 2. 喷射混凝土水灰比过大。 3. 水泥、集料或水的温度过低	养护温度过低	
黏结力不佳	喷敷中或喷敷后当时不能黏附	水泥含量低	1. 速凝剂用量过低。 2. 喷射的拌和料水灰经过大。 3. 喷层过厚。 4. 受喷面未处理好。 5. 材料极工作环境温度过低		1. 岩石表面有滑溜的断层泥或尘埃。 2. 岩石有大量的淋滴水。 3. 结构物吸湿性强
	早期黏结强度低	水泥含量低	1. 速凝剂用量低。 2. 喷射的拌和料水灰比过大。 3. 受喷面（旧混凝土、砖石）喷射前未用水浸湿	受喷面与喷射混凝土结合的界面上养护不良	地下水或土壤中硫酸盐浓度高
	极限黏结强度低	水泥含量低	速凝剂用量过高	养护不良，任其干燥	

续上表

性能不佳的类型	拌和料设计	喷敷条件	养护情况	地层或结构物条件
耐久性较差	1. 集料质量不良。 2. 集料对水泥和速凝剂有不良反应	1. 喷嘴操纵不当,以至裹入空气,回弹物,使喷射混凝土易于渗透。 2. 喷射时工作风压低,压实力不足。 3. 喷射的拌和料水灰比过大	养护条件不好	地下水的硫酸盐浓度高
渗透性强	1. 集料质量不好。 2. 集料级配中断。 3. 水泥含量低。 4. 湿喷拌和料的水灰比高	1. 喷嘴操纵不当,以至裹入空气或回弹物。 2. 压实力不足。 3. 喷射的拌和料水灰比过大	养护条件不好	
收缩量大	1. 水泥含量高。 2. 集料质量不佳。 3. 砂率过大。 4. 湿喷的水灰比过大	1. 喷射的拌和料水灰比过大。 2. 速凝剂用量高。 3. 喷层过薄	养护环境的湿度过低	1. 受喷面为过于软弱的土层。 2. 附着的结构物表面过于干燥

干喷法的含水量并不是一个独立变量,它也取决于一些其他条件,如水泥含量、拌和料级配、湿度和喷射速度等。

速凝剂的用量和与水泥的相容性已在前面内容中进行了讨论。但若工地对速凝剂的控制不良,拌和不适当能造成速凝剂浓度高于或低于最佳含量,显然,这会造成早期强度和长期强度的很大变化。

6.3 水泥预水化对强度的影响

干法喷射混凝土。水泥与骨料是在加入喷射机前进行拌和的。所用骨料一般有3%~5%的含水率。这种预先潮湿的骨料会减少灰尘和干拌合料通过管路时所产生的静电现象,然而,假如水泥与潮湿骨料保持接触,并停滞一段时间,就会发生预水化。在喷射时,部分预水化了的水泥颗粒会受到冲击力的扰动,影响骨料与水泥颗粒间的紧密黏结,也不利于水泥水化的均匀发展。从而延缓凝结时间和降低强度。这种现象在掺或不掺速凝剂的喷射混凝土中均会发生。

加入速凝剂会加速水泥预水化。在同样的骨料含水率条件下,喷射混凝土混合料中掺入4%(占水泥重量)的速凝剂并在喷射前停放2h,则喷射混凝土28d的强度约降低40%。而混合料中不掺速凝剂并同样在喷射前停放2h,则喷射混凝土28d的强度降低10%左右。

在实际工程中常常可以看到,预水化的混合料,出现结块成团现象,混合料温度升高,喷射后则形成一种缺乏凝聚力的、松散的、力学强度很低的混凝土。

干拌合料从拌和到喷射,促使水泥预水化的因素是:高水泥含量;高速凝剂含量或使用能引起速凝早强的特种水泥;延缓拌合料(特别是混有速凝剂后)的存放时间;高的环境温度和湿度。

预水化往往不是单一因素引起的,而是几种因素的联合作用的结果。为了防止水泥预水化的不利影响,最重要的是缩短混合料从搅拌到喷射的间隔时间,也就是说,混合料一般应随搅随喷,搅拌与喷射作业应紧密衔接。

6.4 试验方法的影响

试件制作、加载方法不符合要求,也可能影响喷射混凝土的早期强度与极限强度,或造成混凝土强度值离散。如试件在龄期数小时内即受到扰动;试件养护环境温度偏低、湿度过小;试件加压时,试件未放在机器中心,加载速率过低、荷载未见标定和垫帽不良等都会使喷射混凝土强度试验结果偏低或出现较大的离散。当试件养护环境比实际工作环境温度高且湿度大;试件加压方向垂直于分层方向,加载过快,就会出现试验结果过高。

影响含速凝剂的喷射混凝土性能的各种因素见表18。从表18可以找到混凝土各种性能不佳的原因,以便对症下药,采取相应措施,改善喷射混凝土的性能。

钢纤维喷射混凝土的研究与应用

程良奎　杨志银

（冶金部建筑研究总院）

钢纤维喷射混凝土是一种采用喷射法施工的典型的复合材料，它同时含有抗拉强度不高的混凝土基体材料和抗裂性大、弹性模量高的钢纤维材料。采用这种复合材料的目的是改善喷射混凝土的性能，如抗拉强度、抗弯强度、抗冲击强度、抗裂性和韧性。

近年来，冶金部建筑研究总院对钢纤维喷射混凝土的性能运行了系统的研究，并将其用于地下工程支护和交换建筑结构修复加固，成效显著。现将钢纤维喷射混凝土的增强机理，原材料及其组成，主要性能、施工工艺及应用实例综述如下，以期引起工程界的关注，共同推动钢纤维喷射混凝土技术的进一步发展。

1 增强机理

目前主要有两种理论来分析和认识钢纤维对混凝土的增强机理，即纤维间隔理论和强度复合理论。

1.1 纤维间隔理论

喷射混凝土作为一种脆性材料，在外力作用下，首先在有缺陷（裂缝、空隙）部位产生较大的应力集中，然后进一步扩大，最后导致整个混凝土结构的破坏。1963年罗缪弟（Romuald）提出了在混凝土脆性材料中加入钢纤维约束裂缝扩展的模型，即纤维间隔理论。该理论的基本观点是，为了增加混凝土、水泥砂浆等原来有缺陷材料的强度，必须增加其韧性，约束其缺陷的发展，减少内部裂缝末端的应力扩大系数。罗缪弟等人从裂缝约束的概念出发，曾对间距较密的纤维配置的梁进行弯曲试验，证明了纤维混凝土的初裂强度由纤维间距的大小决定。

图1a)所示为沿钢纤维接力方向有规则分布着钢纤维（间距s），假定裂缝（半径a）发生在四根钢纤维所包住的部分，那么由拉伸应力所产生的黏附应力τ就分布在钢纤维的裂缝端部附近[图1b)]，从而使得裂缝的发展受到约束。

罗缪弟等进行的试验，除了得出纤维混凝土的抗裂强度由纤维间距决定的结论外，还得出改善混凝土抗裂强度的有效纤维间距(s)不能大于1.27cm，当纤维间距小于0.76cm时，抗裂强度急剧增加。并提出能有效地抵拉伸应力的纤维平均间距可由下式求出：

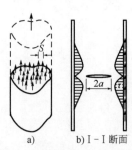

图1 脆性材料中加入钢纤维以后裂缝控制机理模型

---

* 本文摘自《工业建筑》，1986(3)46-52.

$$s = 13.8d\sqrt{\frac{1}{V_r}} \tag{1}$$

式中：d——钢纤维直径(mm)；

V_r——钢纤维体积掺量百分数。

依据纤维间隔理论，复合材料的抗拉强度可按下式计算：

$$f_{ct,s} = f_{ct} + K\left(\frac{1}{\sqrt{S}-1}\right) \tag{2}$$

式中：$f_{ct,s}$——钢纤维混凝土抗拉强度(MPa)；

f_{ct}——素混凝土抗拉强度(MPa)；

S——钢纤维平均间距(mm)；

K——由钢纤维和基本黏结强度决定的常数，平直纤维为45，钢板切削纤维为57。

1.2 强度复合理论

强度复合理论又称混合物法则，该理论的基点是认为钢纤维在水泥砂浆或混凝土中的作用是利用纤维在基体里的黏着力传递荷载。纤维喷射混凝土的强度取决于纤维和基体材料的体积比以及纤维与基体材料的抗拉强度，并可按下式计算：

$$f_{ct,s} = f_{ct}(1-V_f) + nf_{st}V_f \tag{3}$$

式中：$f_{ct,s}$——钢纤维喷射混凝土的抗拉强度(MPa)；

f_{ct}——喷射混凝土的抗拉强度(MPa)；

V_f——纤维在复合体中的体积百分率(%)；

f_{st}——钢纤维的抗拉强度(MPa)；

n——纤维定向系数。

应当指出，钢纤维喷射混凝土的拉伸破坏，是纤维从混凝土基体中被拔出而造成的，而纤维抵抗从基体中拔出的能力则受纤维材料性能、断面形状、纤维外形、纤维长径比、纤维体积百分率及纤维与基体的黏结强度的影响。

2 原材料及其组成

2.1 钢纤维

常用的钢纤维直径为0.25~0.4mm，长度为20~30mm，长径比一般为60~100。钢纤维可由表1所示的几种方法取得。

钢纤维的制取方法 表1

方　法	工艺说明	价　格
熔化拉拔法	由钢液直接抽取	较低
切削法	由钢锭或薄钢板切削制取	中等
截断法	由冷拔钢丝前断	高

不同品种的钢纤维具有不同的功能，碳素钢纤维用于常温下的喷射混凝土，不锈钢纤维则由用于高温下的喷射混凝土，端头带弯钩的钢纤维具有较高的抗拔强度，当比平直的纤维掺量少量，也能获得相同性能的喷射混凝土。

2.2 水泥

一般采用 425 号普通硅酸盐水泥，用量为每立方米混凝土 400kg。

2.3 粗骨料

其最大粒径一般为 15mm，这是由于粗骨料应完全被长为 20～30mm 的纤维所包裹，以保证其良好的力学特性。

2.4 配合比

国内常用的配合比为水泥∶砂∶石子＝1∶2∶2，钢纤维掺量为每立方米混凝土 80～100kg。

表 2 和表 3 则是国外常用的干式及湿式喷射钢纤维混凝土的配合比。

钢纤维混凝土干式喷射施工配合比　　表 2

粗骨料最大粒径(mm)	细集料比率(%)	水灰比	单位水泥用量(kg/m³)	钢纤维掺入率(%)	钢纤维的形状尺寸(mm)
15	70	0.5	350	1.5	0.5×0.5×20
10	70	0.48	380	1.0	0.5×0.5×20
5	100	0.48	380	1.0	0.3×0.3×25

钢纤维混凝土湿式喷射施工配合比　　表 3

粗骨料最大粒径(mm)	细集料比率(%)	水灰比	单位水泥用量(kg/m³)	钢纤维掺入率(%)	钢纤维的形状尺寸(mm)
15	70	0.42	510	0.9	0.25×0.25×30
5	100	0.54～0.61	448～500	1.0	0.25×0.25×25
10	70	0.50	380	1.5	0.5×0.5×30
10	70	0.55	350	1.0	0.5×0.3×20

3　主要性能

3.1 抗压强度

在一般条件下，钢纤维喷射混凝土的抗压强度要比素喷混凝土高 50% 左右，表 4 为国内外纤维喷射混凝土的抗压强度实测资料，当钢纤维的尺寸相同时，混凝土强度随纤维含量增加而提高。

钢纤维喷射混凝土的抗压强度　　表 4

实测单位		中国冶金部建筑研究总院		美国混凝土学会		美国陆军工程兵部队	
水泥∶集料(重量比)		1∶4		1∶4		1∶4	
钢纤维尺寸(mm)		—	$d=0.3, L=25$	—	$d=0.3, L=30$	—	$d=0.25, L=25$
钢纤维掺量(体积百分率)		0	1.20	0	1～1.5	0	1.3～1.5
抗压强度	测定值(MPa)	28.0	36.0～46.0	36.0	48.1～58.8	25.4	41.2
	相对值(%)	100	135～150	100	134～163	100	162

在混凝土中加入适宜的钢纤维后,可明显地改善 48h 内的强度,图 2 为含 2% 体积的钢纤维与不含钢纤维的喷射混凝土早期强度的比较。

3.2 抗拉、抗弯强度

钢纤维喷射混凝土的抗拉强度比素喷混凝土提高 50%～80%,抗拉强度随纤维掺量的增加而提高(图 3)。当钢纤维的长度和掺量不变时,细纤维的增强效果优于粗纤维,这是因为细纤维单位体积的比表面积大,与混凝土的黏结力高的缘故。

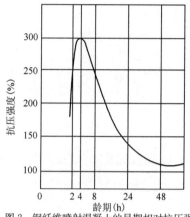

图 2 钢纤维喷射混凝土的早期相对抗压强度
(水泥 380kg/m³;水/水泥＝0.5;钢纤维 $l/d = 25mm/0.4mm$)
注:纵坐标为 100,与横坐标平行的直线为不含钢纤维,图中曲线为含 2% 钢纤维。

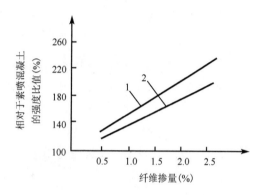

图 3 钢纤维喷射混凝土的抗拉强度与钢纤维掺量的关系
1-抗拉强度;2-抗弯强度

钢纤维喷射混凝土的抗弯强度要比素喷混凝土提高 0.4～1 倍,国内外的实测资料见表 5。同抗拉强度的规律一样,增加纤维掺量,或减小纤维直径,均有利于提高钢纤维喷射混凝土的抗弯强度。

钢纤维喷射混凝土的抗弯强度 表 5

实测单位		中国冶金部建筑研究总院		美国混凝土学会		美国矿山局	
钢纤维尺寸(mm)		$d=0.3, L=25$		$d=0.3, L=30$		$d=0.4, L=25$	
钢纤维掺量(体积百分率)		0	1～2.0	0	2.0	0	2.0
抗弯强度	实测值(MPa)	6.3	8.6～10.8	5.6	7.5	—	—
	相对值(%)	100	143～170	100	140	100	200

3.3 韧性

良好的韧性是钢纤维喷射混凝土的重要特性。所谓韧性是指从加荷开始直至试件完全破坏所做的总功。韧性的大小常以荷载—挠度曲线与横坐标轴所包络的面积表示。国外采用 10cm×10cm×35cm 的小梁试验表明,钢纤维喷射混凝土的韧性可比素喷混凝土提高 10～15 倍。国内冶金部建筑研究总院采用 70mm×70mm×300mm 的试件试验表明,钢纤维喷射混凝土的韧性为素喷混凝土的 20～50 倍(图 4)。

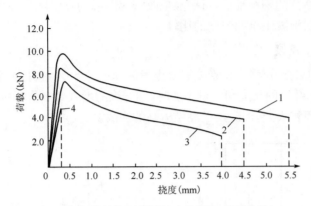

图 4 钢纤维喷射混凝土小梁荷载—挠度曲线

1-钢纤维直径 0.3mm,长 25mm,掺量 2%;2-钢纤维直径 0.4mm,长 25mm,掺量 2%;3-钢纤维直径 0.4mm,长 25mm,掺量 1.5%;4-素喷混凝土

3.4 抗冲击性

在喷射混凝土中,掺入钢纤维可以明显地提高抗冲击性。测定钢纤维喷射混凝土的抗冲击力,常采用落锤法或落球法。美国用 4.5kg 锤对准厚 38～63mm,直径为 150mm 的试件进行锤击。素喷混凝土在锤击 10～40 次后即破坏。而使用钢纤维喷射混凝土试件破坏所需的锤击次数在 100～500 次以上,即抗冲击力提高 10～13 倍。

我国冶金部建筑研究总院曾用直径 35mm,重 2.55kg 的钢球,在距度试件 1m 高的上方对 70mm×250mm×250mm 的试件进行撞击,试验结果见表 6,掺入钢纤维后喷射混凝土的抗冲击力提高 8～30 倍。

钢纤维喷射混凝土抗冲击性能　　　　表 6

试件名称	钢纤维掺量(%)	初 裂		破 坏	
		裂纹条数	冲击次数	裂纹条数	冲击次数
素喷混凝土	0	1	3～6	1	4～7
钢纤维喷射混凝土	1	1～3	4～7	3～4	30～46
钢纤维喷射混凝土	1.5	1～3	8～10	3～4	67～95
钢纤维喷射混凝土	2.0	1	15～24	3～4	195～416

注:钢纤维直径为 0.4mm,长度为 20mm。

3.5 拔出强度

对钢纤维喷射混凝土中埋入的锚杆所做的抗拔试验表明,抗拔强度与喷射混凝土的抗压、抗弯强度有一定关系,在加拿大一露天矿边坡上对钢纤维喷射混凝土所做的试验结果列于表 7。

14d 的拉拔强度　　　　表 7

混 合 物	抗拔强度(MPa)	混 合 物	抗拔强度(MPa)
喷射混凝土	7	钢纤维喷射混凝土	12.6

3.6 90%极限荷载的拉应变

美国卡顿(Katon)完成了对 100mm×100mm×305mm 喷射混凝土试件的快速加载弯曲

试验,发现在 90% 极限荷载时,外层纤维拉应变为 $320×10^{-6} \sim 440×10^{-6}$,而素喷混凝土只有 $192×10^{-6}$,钢纤维喷射混凝土在破坏时的应变值有较大增长。

3.7 黏结强度

瑞典 BESAB 报告,采用湿法施工的钢纤维喷射混凝土与花岗岩的黏结强度约为 1.0MPa。

3.8 收缩

冶金部建筑研究总院的试验表明,在每立方米喷射混凝土中掺入 90kg 的钢纤维后,则各个龄期喷射混凝土的收缩量均明显减小。在不加速凝剂情况下,一般减小 20%~80%;在掺速凝剂情况下,一般减小 30%~40%(图 5)。这一性能对于喷射混凝土用于防水工程和大面积薄壁结构工程是极为有利的。

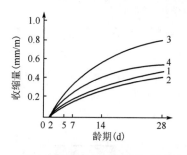

图 5 自然条件下喷射混凝土的收缩曲线
1-不加速凝剂的素喷混凝土;2-加速凝剂的钢纤维喷射混凝土;3-加速凝剂的素喷混凝土;4-加速凝剂的钢纤维喷射混凝土

4 施工工艺

4.1 施工机具

现有的喷射混凝土机械,包括双罐式、转子式、转盘式干法喷射混凝土机械或挤压泵送型湿法喷射混凝土机械,有的稍加改进就能用于钢纤维喷射混凝土施工。

为了减少堵管,应取消 90°弯头,在管路内径突变处,采用长的锥形变径器。输料管直径应为纤维直径的 2 倍。

目前,瑞典已研制出用于单独喂送钢纤维的专门设备(图 6、图 7 和图 8)。新的钢纤维喂入器主要是一个能旋转的圆筒,其内壁上装有很多长钉,当钢纤维喂入后,旋转筒可使成团的纤维松散开来,圆筒是向下倾斜的,圆筒前端有一可调的开口,纤维经过开口,落入给料漏斗,再由喷吹器吹进软管,并送至喷咀处,与混凝土混合料均匀混合后喷出。

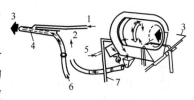

图 6 新式的钢纤维喂入器
1-水;2-纤维;3-喷纤维混凝土;4-剩余空气;5-空气;6-水泥+砂石;7-排出器

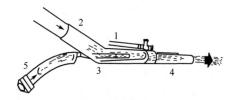

图 7 干法钢纤维喷射混凝土用的新式喷头
1-水;2-纤维;3-剩余空气;4-水环;5-水泥+砂石

图 8 湿法钢纤维喷射混凝土用的新式喷头
1-纤维;2-空气;3-湿拌混凝土;4-喷钢纤维混凝土

4.2 施工工艺

在钢纤维喷射混凝土施工中,最重要的问题是要能较均匀地掺入混合料,尽可能地减小钢纤维的回弹。

纤维结团现象既会造成管路堵塞，又会影响钢纤维的增强效果。有利于防止钢纤维成团的措施如下：

（1）采用新型钢纤维喂入器，使纤维单独喂入喷咀处与混凝土混合料均匀混合。

（2）通过纤维分散机使纤维分散后加入皮带机或搅拌机内，与该处正在输送或搅拌的混合料混合。国外钢纤维分散机的种类见表8。国内冶金部建筑研究总院已研制成 DB-81 型钢纤维分散机，该机利用电磁振动原理，具有分散和输送钢纤维两种功能，结构紧凑，无旋转和无须润滑的零部件，易于维护，分散能力为 8～10kg/min，外形尺寸为 643mm×408mm×454mm，重量为 60kg（包括配重 30kg）。

表8 钢纤维分散机的种类

机型		住金式分散机	神钢式分散机	SF_2 型分散机	可移动式分散机	OCE 离心式 SFS 分散机
机体尺寸 长×宽×高 (mm)		1200×650×800	920×680×800	880×400×620	200×970×670	(550～1050)×(420～660)×(917×1634)
发动机	kW	0.75	0.75 无级变速	0.75	0.75～0.5 无级变速	0.75～7.5
	转·min	1200	83～275	1410	30～200	
分散方法		摇动法	圆盘摇动法	滚筒旋转法	滚筒、振动分散机和供料器组合分散	离心法
分散能力 (km/min)		20～60 (可变)	10～70 (可变)	40	15～70 (可变)	10～100
重量(kg)		200	170	90	分散机 200，供料器 250	70～300

（3）钢纤维加入搅拌机内时，应卸入混合料处，不要卸至叶片处，防止纤维堆叠。

（4）控制钢纤维的掺量。特别对于长径比大于 80 的钢纤维，其掺量一般不宜大于 1.5%（占混凝土体积）。

至于减少纤维回弹，则可采取以下措施。

（1）采用较低的空气压力或较少的空气。

（2）控制纤维的长径比，采用短而粗的钢纤维和较大的喷射厚度。

（3）采用较小的骨料和预湿骨料。

5 应用实例

钢纤维喷射混凝土具有良好的力学性质，特别是韧性、抗冲击性和抗弯强度均大大地高于普通喷射混凝土，已在国内外矿山工程、隧道工程、边坡加固、堤坝建筑、建筑结构补强、磨损表面及拱桥返修、防火涂层、薄壳圆顶结构等工程得到日益广泛的应用（表9），并收到了明显的技术经济效果。

美国工程兵对蛇河的某高 4.5～13.5m，长 465m 的边坡工程，采用平均厚度为 6.3cm 的钢纤维喷射混凝土代替加钢丝网的喷射混凝土，节约工程造价约 20%。英国对某公路桥桥下的砖砌拱加固，曾采用了钢纤维喷射混凝土取代钢筋网喷射混凝土，其突出的优点是不需要脚手架，交通运输不受影响。

国内外一些钢纤维喷射混凝土工程实例 表9

地 名	时间(年)	用 途	喷层厚度(cm)	施 工 方 法
美国蛇河	1974	岸坡稳定	6.3	干法
瑞典、勃洛夫乔顿	1974	岸坡稳定	3.0	干法
美国	1974	桥梁与隧洞维修	5～15	干法
瑞典波立登矿		矿山竖井	10～15	干法
日本宫下隧道	1975	隧道衬砌	8	湿法
日本板谷隧道	1976	隧道衬砌	10	湿法
日本东各高速公路、日本坂隧洞	1979	隧道衬砌		干法
中国湖北金山店铁矿	1983	采矿进路	10	干法
中国江苏梅山铁矿	1983	溜井、采场进路、储贮矿仓	10～20	干法
中国河南舞阳钢厂	1983	主电室烧伤梁板的补强	5～7	干法
中国河北秦皇岛	1983	刚构立交桥补强	5	干法
美国		半球形掩体	5	干法

瑞典波立登矿矿石溜井由于长期矿石冲击而遭到严重磨损,使井壁逐渐刷大开裂,影响生产正常进行,采用厚10～15cm的钢纤维喷射混凝土加固井壁,显示了多方面的优点,如修补速度快,对生产影响较小,特别是可以延长使用寿命,更不用担心长期磨损后钢筋头、金属网的脱落而影响下道工序的正常进行。美国陆军工程结构研究所,在伊利诺斯州平原建造了一系列半球形掩体,最大直径为8.5m,他们把用作防火层的聚氨基甲酸乙酯泡沫塑料加到充气的薄膜外面,再在抱沫塑料表面喷射一层厚50mm的钢纤维混凝土。这种壳体在封闭状态下,可承受75t的模拟荷载,抵抗手榴弹和轻型炮弹的袭击。

我国梅山铁矿用钢纤维喷射混凝土加固储矿仓和放矿溜槽也取得了满意的效果,加固储矿仓的费用仅为传统加固方法费用的52%,且不会堵塞下部放矿口,加固施工需停产的时间也短。加固放矿闸门侧壁的费用可比传统锰钢板加固降低52.7%。

我国河南舞阳钢铁公司主电室于1984年发生火灾,致使钢筋混凝土梁板受到严重烧伤,烧伤面积达2000余平方米,烧伤影响深度达5～7cm,采用钢纤维喷射混凝土修复,获得了良好效果。由于钢纤维喷射混凝土工艺简单,施工方便,节省大部分模板支撑系统,从而加快了修复进度,节约了修复费用。经质量检验,钢纤维喷射混凝土的抗压强度达29.5MPa,抗拉强度达2MPa,与旧混凝土的黏结强度为1.0MPa,均满足了设计要求,特别是良好的黏结强度,保证了新旧混凝土的共同工作。而且钢纤维喷射混凝土韧性好,能减少收缩,从而增加了结构的耐久性。

参 考 文 献

[1] 冶金部建筑研究总院.钢纤维喷射混凝土的研究,1984,9.
[2] 程良奎.喷射混凝土及其在地下工程中的应用(二)[J].地下工程,1984,9.
[3] 程良奎.国外钢纤维喷射混凝土的研究及应用[J].冶金建筑情报,1981,10.

[4] Charles H. Henager. Steel Fibrous shotcrete: A Summary of the state-of-the Art, Concrete International, Design & Construction, 1981, 1.
[5] V. Ramakrishnan, W. V. Coyle. A Comparative Evaluation of Fiber shotcretes, Concrete International, Design & Construction, 1981, 1.
[6] 上海市梅山工程指挥部铁矿、冶金部马鞍山矿山研究院. 钢纤维喷射混凝土在梅山铁矿井巷工程中的应用, 1984, 9.

影响喷射混凝土强度的若干主要因素

程良奎　张　弛　邹贵文

（冶金部建筑研究总院）

1　引言

自从喷射混凝土在我国得到应用和推广以来，以它十分明显的技术经济效果，引起了地下建筑界的普遍重视，目前已越来越广泛地应用于矿山井巷、交通隧道、水工隧洞和工业与民用硐库等地下工程的支护，在地面建筑的路堑及边坡稳定、建筑结构的补强加固、深基坑护壁、水池、渠道及薄壳层顶等薄壁异型结构的建造中，也收到了相当显著的效果。可以预料，今后喷射混凝土的发展前途是十分广阔的。

喷射混凝土是一种以压缩空气或其他动力使水泥、骨料和水组成的混合物，借助于喷射机械、沿着输料管路，以较高速度从喷嘴处喷出，连续反复地向受喷面冲击而压实成型的混凝土。为了早凝而不致使已喷混凝土脱落，尤其在仰喷时，在混合料中需要加入速凝剂，因而其施工工艺和许多物理力学性能与浇筑混凝土有较大的差别。喷射混凝土的强度、变形和耐久性等性能除与材料组成有关外，在很大程度上则受工艺条件的影响。因此，揭示主要影响喷射混凝土强度的工艺因素及配合比设计因素，采取相应的措施，这对于提高喷射混凝土的强度，保证工程质量，减少材料消耗，降低工程造价具有重要意义。

本文根据较长期的工程实践，对影响喷射混凝土强度等几个方面进行了较为系统的研究。分析讨论了混合水加入方式、水泥预水化、速凝剂和配合比等因素对喷射混凝土强度的影响问题，并对如何提高喷射混凝土强度、改善喷射混凝土性能也进行了讨论。

2　混合水加入方式

喷射混凝土可采用两种方法施工，即干喷和湿喷。前者，混合水是在喷头处加入；后者，混合水是在喷射机内或进入喷射机前加入的。目前，国内主要采用干混合料喷射（简称干喷）工艺。这种工艺的主要缺点是水和料流在喷头处 50～80cm 长度内（喷头加拢料管的情况下）进行混合且混合在一瞬间完成，所以混合不易均匀，影响水化作用的进行。同时，水量全由喷射手控制，水灰比不稳定，混凝土强度增长受到影响，匀质性较差，喷射时粉尘较大。湿混合料喷射（简称湿喷）工艺，由于混合料在进入输料管前加水预先搅拌，使水与水泥得到充分均匀的混合，有利于水泥颗粒充分水化，水灰比不受喷射手调节而影响混凝土质量，这就提高了喷射混凝土的强度和均质性。试验表明，在相同龄期条件下，风动型湿喷混凝土强度比干喷混凝土强度提高 10%～15%。

但是，湿喷工艺的缺点也是不容忽视的。从混合料在管路中的运行规律来看（图1），干混合料在气流中以悬浮方式通过输料管带到喷头，料流均匀，运行阻力小，输送距离长，风压较

---

* 本文摘自《地下工程》，1981(9)11-16.

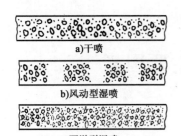

图 1　混合料在管路中的流动情况

低,波动性小,易于喷射手手工操纵喷头。湿法则不同,若以压缩空气为动力,则湿料流在管路中常呈混凝土柱塞间断性地向前移动,由于料流在管路中的不连续性,喷射时风压又比干喷高,常出现脉冲现象,手工操作费劲,同时,均匀地加入速凝剂困难。若以活塞泵或挤压泵输送混合料,料流在管路中被挤实向前推进,不能泵送坍落度为"0"的混凝土,必须用较大的水灰比和较高的水泥用量,以保证混凝土的和易性才能向前推进,这就影响到喷射混凝土的早期强度和后期强度。此外,同干喷相比,设备较复杂,速凝剂加入也较困难。

综上所述,全面分析"干"、"湿"喷工艺的优点和缺点,为了改善喷射混凝土的水化条件,提高喷射混凝土强度,而且并不使设备工艺变得过于复杂,可研究采取以下的加水方式,其要点是采用现有干喷机械控制砂子含水率,使其变动于5%～7%之间,并设置双水环,提前在管路中加入部分混合水,以增长水和水泥的混合时间。为此,有必要研究双水环的合理间距,水环加水量的分配和水环结构等问题,使这种加水方式真正成为一种既有实际效果,又简便可行的方法。

3　水泥"预水化"

干混合料喷射工艺,混合前要求骨料具有一定的含水率,以有利于水泥和水的均匀混合,有利于水泥同骨料颗粒黏结,有利于提高喷射混凝土强度和减少粉尘。但如果混合料不立即喷射出去而存放时间较长,特别在加入速凝剂后稍有放置停留,则混合料中的水泥与水立即提前发生水化,我们称这种喷射前的水泥水化现象叫作"预水化"。根据实验结果和大量的工程实践,水泥"预水化"将会导致喷射混凝土早期和后期强度降低。当水泥颗粒与水一接触,在水泥颗粒表面就发生一系列的物理化学变化,反应生成的各个水化产物以无定型胶状体沉淀,并在水泥颗粒表面生成难透水的水化保护薄膜。当已水化的水泥硬化时,水化薄膜不仅在本身颗粒之间互相联结,而且与骨料的表面也有很好的黏结力。当喷射后,水泥因预水化生成胶体系统受到扰动,破坏了水泥颗粒及水泥颗粒与颗粒之间的凝聚力,减弱了混合料中的胶结物(水泥)的作用,使之成为一种较松散的聚合体,因而必然导致喷射混凝土强度的降低。

为了获得喷射混凝土干拌和料停放时间对强度影响的变化规律,我们进行了水泥砂浆的模拟试验。其方法是把砂子加水至含水率为8%,按水泥∶砂为1∶2.5配制成水灰比为0.6%、分别加4%的"711"型速凝剂和不加速凝剂的两种试件(按相当于胶骨比1∶4折合,集料平均含水率为5%),进行不同停放时间的对比试验。试验证实,水泥"预水化"对喷射混凝土强度的影响随着混合料停放时间的增长而加剧(表1)。图2和图3分别为含4%(占水泥重)速凝剂和不含速凝剂的混合料,停放不同时间对强度的影响。

干拌和料停放时间对试件强度的影响　　　　　表1

拌和料配合比 (水泥∶砂)	砂子含水率 (%)	速凝剂掺量 (%)	拌和料停放时间(min)	抗压强度(kg/cm²)				
				1d	3d	7d	14d	28d
1∶2.5	8	4	0	60	134	173	200	219
1∶2.5	8	0	0	40	90	169	219	232
1∶2.5	8	4	30	56	91	147	154	155

续上表

拌和料配合比（水泥∶砂）	砂子含水率（%）	速凝剂掺量（%）	拌和料停放时间（min）	抗压强度（kg/cm²）				
				1d	3d	7d	14d	28d
1∶2.5	8	0	30	35	76	165	214	231
1∶2.5	8	4	60	53	91	129	132	149
1∶2.5	8	0	60	34	74	163	213	228
1∶2.5	8	4	120	49	88	119	130	143
1∶2.5	8	0	120	27	71	159	194	202
1∶2.5	8	4	240	45	78	100	125	141
1∶2.5	8	0	240	21	53	129	156	159
1∶2.5	8	4	480	39	45	97	104	106
1∶2.5	8	0	480	18	49	108	140	150

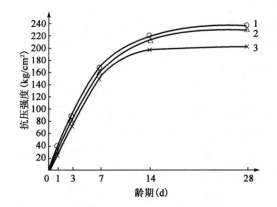

图2 不含速凝剂的干拌和料停放时间对试件强度的影响
1-无停放；2-停放 30min；3-停放 120min

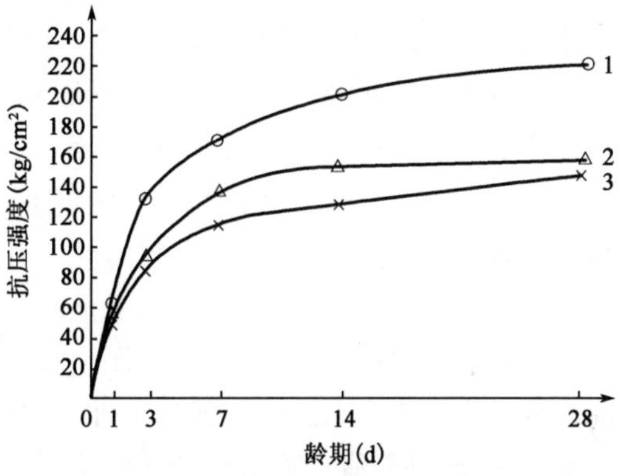

图3 含速凝剂的干拌和料停放时间对强度的影响
1-无停放；2-停放 30min；3-停放 120min

图3表示速凝剂的加入，加速了水泥预水化，因而在同样骨料含水率条件下，含4%（占水泥重）速凝剂的混合料喷射前停放30min，龄期28d的混凝土强度降低20%以上，停放2h，龄期28d的试件强度降低近40%；而不含速凝剂的混合料喷射前停放2h，试件强度才降低10%左右。

试验还表明，在混合料停放期间，骨料含水率对水泥预水化有严重影响。表2为砂子不同含水率、混合料停放1h的试件强度值。

砂子不同含水率、混合料停放 1h 试件强度值　　　　　表2

拌和料配合比（水泥∶砂）	砂子含水率（%）	速凝剂掺量（%）	拌和料停放时间（min）	抗压强度（kg/cm²）				
				1d	3d	7d	14d	28d
1∶2.5	0	4	60	59	143	159	187	205
1∶2.5	4	4	60	41	105	136	144	153
1∶2.5	8	4	60	37	90	122	129	148
1∶2.5	12	4	60	29	75	88	96	108

图 4 为不同含水率的集料同水泥混合停放 1h 再喷射的试件强度增长曲线。

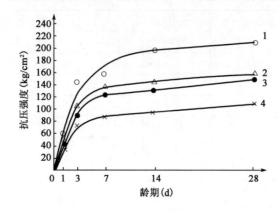

图 4 加速凝剂的不同骨料含水率的混合料停放 1h 对混凝土强度的影响（图内纵坐标的量纲为 kg/cm²）
1-骨料含水率为零的混合料；2-骨料含水率（4％）为水泥重的 0.1 的混合料；3-骨料含水率（8％）为水泥重的 0.2 的混合料；4-骨料含水率（12％）为水泥重的 0.3 的混合料

喷射前，部分水泥预水化，说明速凝剂已经同水泥发生反应。故喷射时，速凝剂的化学效应就大大减弱了。水泥中的缓凝石膏不能充分分解，国产速凝剂中原有的能加速水泥水化的 $NaOH$ 或 $NaSO_4$ 及部分铝离子的化学效应明显减弱，因而凝结时间延长。

实际工程中，我们常常看到，有一定湿度（含水量占水泥重 0.1～0.2）的拌和料停放一段时间，即出现结块、成团现象，混合料的湿度升高，而喷射后的混凝土则是一种缺乏凝聚力的、松散的、力学强度很低的混凝土。这就是水泥预水化对混凝土性能不良影响的特征。

干混合料从拌和到喷射，促使水泥预水化的因素是：高湿度的干拌和料；高水泥含量；高速凝剂含量或使用能引起速凝早强的特种水泥；混合料搅拌后至喷射时的存放时间；高的环境温度和湿度；掺速凝剂后和喷射间的任何耽误。

预水化往往不是单一因素的结果，而是几种因素的联合作用。为了防止水泥预水化的不利影响，最重要的是缩短混合料从搅拌到喷射的间隔时间，也就是说，混合料一般应随搅随喷，搅拌和喷射工艺应紧相衔接，而目前多数矿山在井口地面集中搅拌干混合料的状况应当改变。只有当骨料干燥时，才允许搅拌同喷射作业分开一段距离；速凝剂如在搅拌时加入，应力求在搅拌后 10min 内用完。

4 速凝剂因素

在喷射混凝土施工中，为了增加一次喷层厚度，或提高其在潮湿含水岩面上的适应性，往往掺入一定数量的速凝剂，使混凝土速凝早强，以达到施工的要求。根据实验和工程实践证实，目前国内常用的"红星一型"、"711 型"及"阳泉一型"速凝剂都能达到速凝早强的效果，但却会降低喷射混凝土的后期强度（表3）。

当掺 3％～4％速凝剂时，28d 喷射混凝土的抗压强度均较不掺者低 30％～40％。

在喷射混凝土中掺加速凝剂，其作用在于：提高水泥熟料中个别矿物成分的溶解度；产生胶溶作用；影响胶体物质凝聚过程等。经验表明，所有碱金属盐类、碱土金属盐类和一些多价金属盐类均能加速水泥凝结和硬化。目前，国内常用的速凝剂均为无机化合物。上述三种常用的速凝剂熟料的化学成分为 SiO_2、Fe_2O_3、Al_2O_3、CaO、NaO、K_2O 等，其主要矿物成分为铝酸钠、硅酸二钙、碳酸钠和生石灰等。"红星一型"速凝剂是由纯碱、铝氧烧结块和生石灰组成，而烧结块的主要成分是铝酸钠。水泥中掺入 3% 速凝剂，即相当于掺入 1.2% 的碳酸钠、0.6% 的铝酸钠和 0.6% 的氧化钙。这些成分和水泥混合，在常温下，按 0.4 水灰比搅拌均匀后，能使水泥净浆的终凝时间缩短到 7min 左右，并在 1h 就开始产生强度，但后期强度却降低 30% 左右。不掺速凝剂的硅酸盐水泥，由于水泥中的石膏与 C_3A（铝酸三钙）及 $Ca(OH)_2$ 在溶液中发生反应生成难溶的硫铝酸钙，致使铝酸盐水化物不能从溶液中析出，这时反应较慢的 C_3S（硅酸三钙）进入溶液中沉淀出硅酸钙水化物来。因为铝酸盐水化物凝结非常迅速，并且在水化时放出大量热，而 C_3S 水化时又生成 C_2S，而 C_2S 硬化较慢，早期强度不高，这就是不掺速凝剂的硅酸盐水泥初期水化时凝结慢。随着水泥水化的继续进行，在 28d 左右，C_3S 和 C_2S 水化作用增强，颗粒周围水化薄膜增厚，颗粒之间的黏结力增大，这就是后期强度高的原因。

速凝剂对喷射混凝土强度的影响 表 3

速凝剂	速凝剂掺量(%)	配合比(水泥:砂:石)	抗压强度(kg/cm^2)				28d 相对抗压强度(%)	试验条件
			1d	3d	7d	28d		
红星一型	0	1:2:2	55	99	175	271	100	水泥:500 号普硅;砂:中砂;石子:
	4	1:2:2	62	105	122	167	61.6	5～20mm 卵石,15cm^3 试模直喷
"711"型	0	1:2:2			304	368	100	水泥:500 号普硅;砂:中砂;石子:
	4	1:2:2			198	230	61.6	5～20mm 碎石,10cm^3 大板切割
阳泉一型	0	1:2:2				247	100	水泥:500 号普硅;砂:中砂;石子:
	3	1:2:2				147	60	卵石,10cm^3 大板切割

掺速凝剂的普通硅酸盐水泥水化时，作为水泥缓凝剂的石膏与速凝剂的反应物 $NaOH$ 生成 Na_2SO_4，使溶液中 $CaSO_4$ 浓度显著降低，这时 C_3A 非常迅速地进入溶液，析出其水化产物，导致水泥面形成疏松的铝酸盐结构，因此凝结快，并能在 1h 开始产生强度。水泥石中新生成的 Na_2SO_4 或 $NaOH$ 能加速硅酸盐矿物(特别是 C_3S)水化。随着龄期不断延长，C_3S 水化物不断以极细固体颗粒析出，生成胶体系统，填充加固疏松的铝酸盐结构，这时溶液中 $Ca(OH)_2$ 浓度增高，使 Na_2SO_4 和 $Ca(OH)_2$ 发生反应重新生成 $CaSO_4$，从而形成针状的 $C_3A \cdot 3CaSO_4 \cdot 31H_2O$（硫铝酸三钙）晶体。这些硅酸盐水化物和硫铝酸钙晶体的出现，对疏松的铝酸盐结构的加固、致密极为有利。这就表现在 1～3d 的强度高。

然而，在另一方面，掺入速凝剂后，会使后期强度降低。这是因为：

(1)先期生成的铝酸盐结构，使硅酸盐颗粒分离，妨碍硅酸盐水化物的紧密接触。

(2)速凝剂不但加速硅酸盐矿物的水化，同时也加速水泥中 C_4AF（铁铝酸四钙）的水化。由于水泥中 C_4AF 含量一般大于 10%，水化时析出大量 CFH（水化铁酸钙）胶体包围在 C_3S 表面，从而阻碍了 C_3S 的后期变化。

(3)速凝水泥石在早期水化形成的结晶中造成的裂隙和空穴，削弱了水化物晶体间的结合能力，产生不均匀的膨胀和结构缺陷。

不同速凝剂掺量对水泥净浆和喷射混凝土强度的影响的试验表明，承着速凝剂添加量的增加，后期强度降低也愈益严重(图 5)。因此，为保证喷射混凝土在 2～3min 内初凝，10min

左右终凝,又不至于使后期强度降低太多,要严格控制速凝剂掺量。在西北某铁矿运输巷道喷射混凝土支护的施工中,由于施工人员对速凝剂性能不太了解,曾发生过大比例掺量,致使一段喷射混凝土支护发生严重碱腐蚀,膨胀疏松,似豆腐渣样,用手一抓就碎。因此,速凝剂的添加量一般宜控制在2.5%～4%之间,并要在施工中做到同混合料拌和均匀。对于厚层为5～7cm的侧墙,最好不加速凝剂。

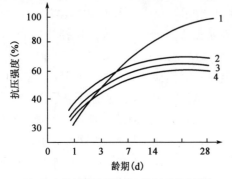

图5 速凝剂掺量对混凝土抗压强度的影响
1-无速凝剂;2-速凝剂掺量2.5%;3-速凝剂掺量4%;
4-速凝剂掺量5%

此外,鉴于目前采用的无机类速凝剂都有使混凝土后期强度降低的缺点,发展有机类速凝剂是十分必要的。根据国外有关资料介绍,有机类速凝剂能溶解石灰和硫铝酸钙,从而加速水化作用,能使水泥石块硬早强。但它不改变水泥—水反应的基本原理,不存在降低强度的问题。

5 配合比因素

配合比对普通混凝土强度的影响规律,同样适用于喷射混凝土。所不同的是喷射混凝土的配合比设计,不仅要取决于混凝土的强度要求,同时还必须考虑适应减少回弹的要求。

在配合比设计中,水灰比是影响喷射混凝土强度的主要因素。当水灰比为0.2时,水泥不能获得足够水分与其水化,硬化后有一部分未水化的水泥质点。当水灰比为0.4时,水泥有适宜的水分与其水化,硬化后形成致密的水泥石结构。当水灰比为0.6时,过量的多余水待蒸发后,在水泥石中形成毛细孔。因而不同的水灰比就会在水泥硬化后形成不同的水泥石结构(图6)。实测表明,喷射混凝土的水灰比在0.4左右,强度最高。当水灰比大于0.4时,喷射混凝土强度随水灰比的提高而降低。当水灰比小于0.4时,则强度又随水灰比的降低而降低(图7)。喷射混凝土强度随水灰比不同的变化规律,从不同的水泥石结构组织是可以得到解释的。干法喷射工艺,混合水是在喷头加入的。因而水灰比全凭喷射手控制,但从喷射后的外观特征是不难判断水灰比合适与否。当水灰比过大时,喷层表面出现流淌脱落;当水灰比过小时,喷层表面出现干斑,呈暗黑色;当水灰比适宜(0.4～0.45)时,则喷层表面平滑,呈现光泽。

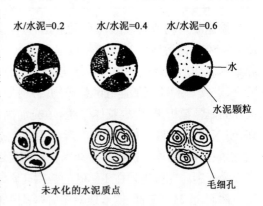

图6 不同水灰比对水泥石结构的影响

胶骨比是影响喷射混凝土强度的另一个因素。从纯强度的观点来分析喷射混凝土的实用胶骨比(1∶4),显然是不合理的。也就是说,配制同样强度的混凝土并不需要那么多水泥。之所以采用较高的胶骨比那完全是基于控制回弹率的需要。显而易见,如果没有足够的水泥包裹骨料,回弹率的增加是不可避免的。但如果一味过多地提高水泥用量,不仅会加大收缩,也往往会使水泥"预水化"现象加剧,甚至出现瞬时凝结现象,反而不利于强度的提高。

砂率对喷射混凝土抗压强度的影响也是显著的。当胶骨比为1∶4及其他条件恒定时,不同砂率对喷射混凝土强度的影响如图8所示。这是因为,砂子过多,骨料比表面积增大,包裹骨料的水泥浆就显得不足,因而影响强度。反之,若砂率太小,没有充分的砂子填充粗骨料的空隙,也会影响混凝土的密实性。喷射混凝土常用的砂率为45%～53%。这个数值比普通混凝土要大一些,也是考虑到减少粗骨料的回弹问题。

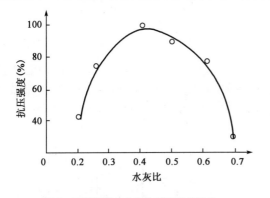

图7 喷射混凝土水灰比对强度的影响　　　图8 喷射混凝土砂率对抗压强度的影响

骨料的级配对喷射混凝土强度也很重要。最佳的砂子颗粒级配应以单位体积砂的总表面积及空隙量最小为佳。细骨料料度模数应为 $M_K = 2.2 \sim 3.2$。颗粒级配的技术要求见表4。

喷射混凝土细骨料颗粒级配要求　　　　　　　　　　　　　　　　表4

颗粒级配	筛孔尺寸(mm)	0.15	0.30	1.2	5.0
	累计筛余(以重量%计)	95～100	70～95	20～55	0～10

粗骨料的级配不良,将由于空隙率加大,导致增加水泥浆的用量,并降低混凝土的密实性和强度。国内喷射混凝土最大骨料粒径一般为20mm,其颗粒级配技术要求见表5。

喷射混凝土粗骨料技术要求　　　　　　　　　　　　　　　　　表5

骨料粒径(mm)	5～7	7～15	5～20
百分率	25～35	60～50	<15

6 工艺参数

喷射速度、喷射料流与受喷面夹角和喷头与受喷面距离等工艺参数,对喷射混凝土强度也有明显影响。

6.1 喷射速度

喷射混凝土的喷射速度是通过调整喷射机的工作风压来控制的。适宜的料流喷射速度使混凝土回弹小,密实性好,强度高。如果喷射速度过小,动能不足,冲击力小,粗骨料不等嵌入砂浆层就坠落。若喷射速度过大,动能也大,会使粗骨料在受喷面上猛烈撞击而被弹回,造成混凝土中粗骨料减少。这都会使喷射混凝土强度降低(图9)。为保证获得适宜的喷射速度,喷射时采用冶建—65型等双罐式喷射机,其工作室的空载压力(P_i)及工作压力(P_w)可按下式确定:

$$P_i = 0.01L$$

$$P_w = 1 + 0.12L$$

式中：L——水平输送时的输料管长度，m。

6.2 喷射料流与受喷面夹角

喷射料流与受喷面垂直时，石子嵌入到混凝土中多，回弹小。当倾斜时，在平行于受喷面的方向出现一个分力，分力越大，混合料与岩面的黏着力越差，粗骨料嵌入混凝土中少，造成强度降低。

6.3 喷头与受喷面距离

在正常的喷射速度条件下，喷头与受喷面距离为500～1000mm时，这时冲击动能适宜，喷射混凝土的回弹小，强度也较高。若距离过近，喷射动能过大，料流与岩面产生强烈碰撞，骨料回弹多。若距离远，则喷出的粗骨料，因喷射动能不足而难于冲入砂浆中，同时料束在受喷面上扩散较大，会使混凝土密性和强度降低（图10）。

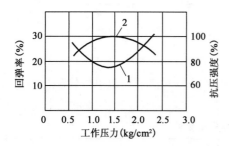
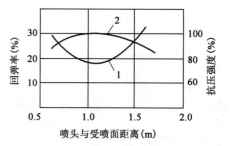

图9 工作压力同喷射混凝土回弹率及强度的关系（双罐式喷射机，输料管长20m）
1-工作压力同回弹率的关系；2-工作压力同强度的关系

图10 喷头与受喷面距离同回弹率及强度的关系
1-喷头与受喷面距离同回弹率的关系；2-喷头与受喷面距离同强度的关系

7 结论

(1)采用现有干喷机械，在管路上设置双水环两次给水的半湿喷工艺是一种有发展前途的施工方法。它与干喷相比，有利于水泥与水的均匀混合及水化作用的进行，从而提高了强度，减少了粉尘；它与湿喷相比，则能简化设备，方便施工。

(2)喷射前，混合料的停放能产生水泥预水化。预水化程度同骨料含水率，速凝剂掺量及混合料停放时间等因素有关。水泥预水化对喷射混凝土的强度影响很大。为了防止水泥预水化的不良影响，一定要使搅拌和喷射工艺紧相衔接。一般情况下混合料应随搅随用，速凝剂宜在喷咀处加入，如在搅拌时加入，也应力求在搅拌后10min内用完。

(3)掺入一定数量的无机盐类速凝剂，可以使喷射混凝土速凝早强，以满足施工要求。但它使喷射混凝土28d强度降低30%～40%，而且强度的降低，随速凝剂掺量的增加而愈严重。因此，要严格控制速凝剂的掺量，一般在2.5%～4%（占水泥重）为宜，并在施工中做到同混合料拌和均匀。与此同时，要积极研究解决有机类速凝剂。

(4)配合比对普通混凝土强度的影响规律一般也适用于喷射混凝土，但喷射混凝土的配合比必须同时满足减少回弹的要求。喷射混凝土的最优配合比为：水灰比0.4～0.45；胶骨比1∶4；砂率为45%～53%，砂为中粗砂；石子最大粒径为20mm；速凝剂掺量为2.5%～4%（占水泥重)。

(5)喷射速度(喷射机工作压力)、喷射料流与受喷面夹角及喷头与受喷面间的距离等工艺因素对喷射混凝土强度影响较大,必须按规定严格控制。

参 考 文 献

[1] H. A. 托罗波夫. 水泥化学[M]. 北京:中国建筑工业出版社,1961.
[2] 徐维忠,张令茂. 建筑材料[M]. 北京:中国建筑工业出版社,1963.
[3] 中国科学院工程力学研究所. 混凝土速凝剂及早强剂[M]. 北京:中国建筑工业出版社,1973.
[4] 程良奎,苏自约,张弛. 浅论改善喷射混凝土性能的若干问题[C]//冶金建筑学术会议论文,1979年
[5] 交通部科学研究院西南研究所. 喷射混凝土强度性能的试验研究报告[R]. 1974.
[6] H. R. Egger. Wet or Dry Proces[R]. Shotcrete For Ground support,1976.
[7] J. W. Mabar,etc. Shotcrete Practice in Underground Construction[M]. 1975.

喷射混凝土工程设计施工中的若干问题

程良奎

(冶金部建筑研究总院)

1 设计强度

喷射混凝土的设计强度同设计强度等级紧密相关,当喷射混凝土强度等级小于C30时,其设计强度及弹性模量可按中华人民共和国国家标准《锚杆喷射混凝土支护技术规范》(GBJ 86—1985)取用(表1和表2)。当喷射混凝土强度等级大于C30时,可参考苏联工程建筑物维修用喷射混凝土技术规程选取有关设计强度(表3)。

喷射混凝土的设计强度(单位:MPa)　　表1

强度种类	喷射混凝土强度等级			
	C15	C20	C25	C30
轴心抗压	7.5	10	12.5	15
弯曲抗压	8.5	11	13.5	16
抗拉	0.8	1.0	1.2	1.4

注:C15表示抗压强度为15MPa的混凝土,以此类推。

喷射混凝土的弹性模量(单位:MPa)　　表2

喷射混凝土强度等级	弹性模量	喷射混凝土强度等级	弹性模量
C15	1.85×10^4	C25	2.3×10^4
C20	2.1×10^4	C30	2.5×10^4

喷射混凝土的物理力学特征与设计强度　　表3

喷射混凝土的物理力学特征与设计强度	喷射混凝土强度等级		
	C30	C40	C50
密度(kg/m^3)	2300	2350	2400
抗压和抗拉弹性模量(平均值)(N/cm^2)	2.35×10^6	2.55×10^6	2.85×10^6
剪切模量(N/cm^2)	0.94×10^6	1.02×10^6	1.14×10^6
与岩石的黏结强度(N/cm^2)	50~150	80~200	100~250
与混凝土的黏结强度(N/cm^2)	100~120	120~150	150~180
与钢筋的黏结强度(N/cm^2)	200~300	300~350	350~450
抗渗性(喷层厚度10cm)	B-8	B-8	B-8
波松比	0.15	0.15	0.15

---

* 摘自《工业建筑》,1986(8).

续上表

喷射混凝土的物理力学特征与设计强度	喷射混凝土强度等级		
	C30	C40	C50
棱柱体(标准)强度(N/cm²)	2100	2800	3500
弯曲抗压(标准)强度(N/cm²)	2600	3500	4400
轴心抗拉(标准)强度(N/cm²)	230	270	310
极限弯曲抗拉强度(N/cm²)	480	550	700
设计轴心抗压强度(N/cm²)			
配筋结构	1300	1700	2000
非配筋结构	1150	1550	1800
设计弯曲抗压强度(N/cm²)			
配筋结构	1600	2100	2500
非配筋结构	1400	1800	2200
设计轴心抗拉强度(N/cm²)			
配筋结构	115	135	155
非配筋结构	105	125	140
计算弯曲抗拉强度(N/cm²)	210	240	280

2 回弹物的窝积

喷射混凝土时，出现回弹是不可避免的。有时回弹物没有从冲击点掉落下来，而是集积于有窝穴之处，容易被新喷的混凝土覆盖而构成喷射混凝土结构中的薄弱部位。窝积物由不密实、水化不充分的回弹料组成，会损害工程质量，必须注意避免。对挡水结构、承重结构、预应力结构和外部保护工程尤应严格避免。

窝积的形成是由如图 1 所示的三种情况（遮挡，直角边缘和从上而下喷筑）造成的。在这些情况下，喷射手虽然使用了正确的压力和喷射距离，并注意了明显障碍的扫除，但窝积仍容易发生。遮挡[图 1a)]只发生在钢筋直径 10mm 以上的情况，从工艺的角度来说，喷射混凝土结构的钢筋直径不应超过 40mm。直角边缘[图 1b)]必须避免，在样板根部要提供释放冲击力和逸出回弹物的条件。由上往下喷射[图 1c)]是喷射手的过失。有窝积之处不能喷筑，应用高压风吹除。砂窝或砂层也可以由机械的故障所产生，如喷射机工作压力的猛增或喷嘴处水量调整不当所引起，这些缺陷都应消除。

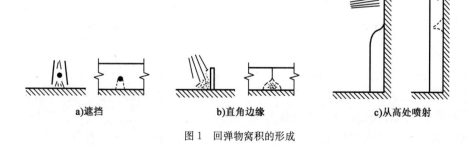

图 1 回弹物窝积的形成

3 管路堵塞

喷射装置各部分如果都是清洁、干燥的,材料又经过筛选,一般不会发生管路堵塞。输料管发生堵塞,主要由于下列原因:

(1)混合料的颗粒过大(集料粒径过大,水泥变质),水泥结块和水泥袋纸片进入管路。
(2)砂料太湿。
(3)管接头进水。
(4)压缩空气中有水或油。
(5)由于在喷射过程中喷射机械漏气或操作失误,致使工作风压突然下降。

为了避免管路堵塞,要仔细筛滤骨料;加强现场砂料的保护,使其含水量控制在5%～7%;对供气设施设置油水分离器;保持喷射机械及管路的良好密封性能;严格按操作程序开启或关闭风源和电源。

清理管路堵塞如果没有适当的措施是很危险的。一般做法是先释放喷射机的气压,卸掉输料管,检查堵塞不在出料弯管处,即吹通出料弯管。然后把输料管接上,以较高的风压吹动堵塞物,这时喷射手务必把料管顺直,并紧紧按住喷头。当高压处理仍不能清除管路堵塞时,较好的方法是保持压力,再敲击管内的堵塞处,使之松动,这样就容易疏通管路。

4 施工缝与伸缩缝

4.1 施工缝

在新建工程中,要使喷射混凝土使用成功,合理地设置施工缝是重要的。施工缝的形式如图2所示。施工缝c)是标准施工缝。对于厚度为75mm的喷层,宜在200～300mm的宽度范围内喷筑成斜面。当喷层厚度增大时,斜面宽度应相应增加。在倾斜的喷射面上,清除浮沫和回弹物后,不要另行切割或压抹,只要用压力水冲洗湿润,即可接受后续的喷射混凝土。

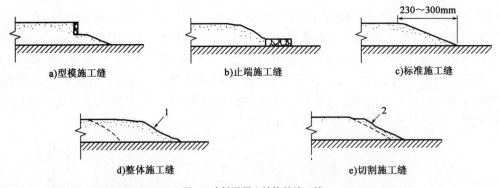

图2 喷射混凝土结构的施工缝

施工缝a)和b)的处理是相同的,都是为了使接缝更为整齐。接缝a)大都出现于喷射工作终止于分段样板的情况。接缝a)、b)和c)可以作进一步的改善,即在再喷筑之前,斜面上涂刷一层环氧树脂、聚氯乙烯或乳胶等接合剂。

接缝d)是一种需要有专门操作技术的做法,在一天施工的最后一批拌和料中掺有缓凝剂,喷筑在接缝线上,使第二天的首次喷筑物与这一层仍处于塑性状态的混凝土凝结成整体,形成均一的接缝。

接缝 e)一般用于海边工程,它与接缝 c)相同,只是把斜面凿去一层,以免斜面受盐分的浸蚀而影响接缝的质量。

4.2 伸缩缝

对于一般结构,常用槽式缝,填嵌复合料就能适用。对于储存液体的结构,使用如图3所示的接缝,嵌封材料为人造橡胶或类似的复合物。

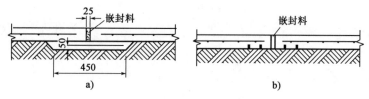

图 3　储液结构的膨胀缝(尺寸单位:mm)

5　表面修整

喷射混凝土表面层水泥含量大而且水分也多,常常是不稳定的,即干燥后会出现干缩裂缝(龟裂)。

一般做法是如果喷射混凝土保持原样不受扰动,可在喷筑 1h 后,用柔软的塑料刷子把附着在表面的回弹尘土刷除,可防止龟裂。这样得到的表面称为"未扰动的喷射面修整"。

如要适当压抹以获得平滑整齐的表面,压抹工作应在混凝土呈现初始硬化即在喷筑 1~2h 后进行。这时的面层柔软可以割划,刮刀不会扰动下层。留下的表面是粗糙的,平整度可达±5mm(操作得好,可以达±2mm)。

镘抹时对表面有拉裂倾向,钢镘子比木镘子更易损害,但采用下列最终处理可以满意的结果。

(1)用比较硬的帚把擦刷喷射面。
(2)用铁制或塑料镘子可得光滑平整的表面;用木镘子可得较柔软多颗粒的表面。
(3)在喷射面刮平至少 4h 后,喷涂一层 3mm 厚水泥砂浆。

应当注意,过重的压抹会损伤喷层的密实性,未扰动的表面更有耐久性。

对于游泳池、灌溉渠等类工程,其平整度和形状只需目测,可用长柄宽幅的刮板修整表面。

6　喷射混凝土的质量管理与强度检验

6.1　质量管理

喷射混凝土的质量管理包括喷射材料的质量管理与喷射混凝土施工的质量管理。

喷射材料必须注意保管,以防质量劣化,对材料要进行所需的试验和检查,并必须使用质量合格的材料。施工前除应对喷射混凝土的原材料(水泥、水、速凝剂、细骨料、粗骨料)进行标准试验外,还应按表4进行日常及定期管理试验。

喷射混凝土原材料的日常及定期管理试验　　　　表4

试验类别	试验内容	试验频数
日常管理试验	(1)砂的含水率； (2)集料运到工地时的粒度状态、含泥及杂质等有害物的情况	必要时进行
定期管理试验	细集料： (1)级配试验； (2)比重试验； (3)含水率试验； (4)冲洗试验	必要时或采样地点变更时进行
	粗集料： (1)级配试验； (2)比重试验； (3)吸水率试验	

对于喷射混凝土施工的质量管理，则可按表5逐项进行。喷射混凝土厚度的检测可采用测针法，钻孔法（钻孔大于32mm）和预埋标记法。

喷射混凝土施工的质量管理　　　　表5

种别	管理项目	管理内容及试验	试验频数	备考
日常管理	配合	配合及使用量检查	—	按现场配合
	施工状况	喷射混凝土黏着性及回弹		
	喷射厚度	用测针测定		
	变形等	对裂纹等观察		根据现场量测结果，采取措施
定期管理	配合	配合及使用量检查	每喷射50m³进行一次	按现场配合
	厚度	喷射厚度检测		
	强度	抗压强度试验弯曲强度试验（采用钢纤维时）		强度试验采用大板切割法芯样钻取法
其他	强度	短龄期抗压强度 长龄期抗压强度	必要时进行	
	回弹	回弹率的测定		

6.2 匀质性

喷射混凝土的匀质性，以现场28d龄期喷射混凝土抗压强度的标准差和变异系数，按表6的施工控制水平（优、良、及格、差）表示。

喷射混凝土的匀质性指标　　　　表6

项目	优		良	
	标准差(MPa)	变异系数(%)	标准差(MPa)	变异系数(%)
母体的离散	<4.5	<15	4.5～5.5	15～20
一次试验的离散	<2.2	<7	2.2～2.7	7～9

续上表

项　目	及　格		差	
	标准差(MPa)	变异系数(%)	标准差(MPa)	变异系数(%)
母体的离散	5.5~6.5	20~25	>6.5	>25
一次试验的离散	2.7~3.2	9~11	>3.2	>11

喷射混凝土施工应达到平均抗压强度可按下式计算：

$$f'_{cc} = f_{cc} + S \tag{1}$$

式中：f'_{cc}——施工阶段喷射混凝土试块应达到的平均抗压强度(MPa)；

f_{cc}——设计的喷射混凝土抗压强度(MPa)；

S——标准差(MPa)。

6.3 强度检验

由于喷射混凝土施工工艺与现浇混凝土不同，因而其力学强度的检验方法也有所区别，主要表现在试块的制取方式上。采用在铁模内直接喷射制取喷射混凝土试块的方法是不可取的，因为在这种条件下喷射，回弹物势必受到铁模壁面的约束，不能自由溅出，而窝集于试模边角，造成测得的强度值比结构上真实的强度值低。检验喷射混凝土的强度，一般可采用以下三种方法：

(1)大板切割法。在原材料、配合比、喷筑方位、喷射条件与实际工程相同条件下，向 45cm×35cm×12cm 的敞开模型，喷筑成混凝土板件，在标准条件下，养护 7~14d 后，切割成 10cm×10cm×10cm 的立方体试块(大板边缘松散部分必须切除丢弃，不得作试块用)，再放置在标准条件下养护至 28d，用普通混凝土同样的方法，检验其抗压或抗拉强度。

(2)钻取芯样法。为了确定实际工程上喷射混凝土的强度，可采用钻取芯样法。钻取混凝土芯样的设备宜用带冷却装置的岩石或混凝土钻机。采用金刚石或人造金刚石钻头。被钻取结构的喷射混凝土强度应不低于 10MPa。芯样尺寸常为直径 10cm，高 10cm。并按下式计算喷射混凝土的抗压强度。

$$f_{cc} = \frac{4P}{\pi D^2 \cdot K} \tag{2}$$

式中：f_{cc}——喷射混凝土的抗压强度(MPa)；

D——芯样直径(cm)；

K——换算系数，当芯样直径为 10cm，高为 10cm 时，$K=1.0$。

(3)销钉拉拔法。为了测得喷射混凝土的早期强度，欧美各国及日本已在工程中采用此法。该法的要点是按图 4 所示，将预先埋在喷射混凝土内的销钉拉拔出来，根据拉拔荷载及破坏面面积求出喷射混凝土抗剪强度，并按照事先用试件求出的抗压强度与抗剪强度的关系，推求喷射混凝土的抗压强度。

拉拔试验的顺序如下：

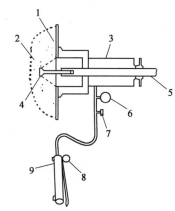

图 4　拉拔试验方法

1-反力板；2-喷射混凝土；3-液压千斤顶；
4-销钉；5-拉拔导杆；6-压力机；7-阀门；
8-压力表；9-油泵

(1)把安装销钉用的固定板固定在测点。

(2)安装销钉。

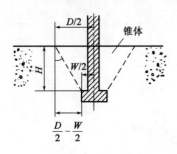

图 5　由拉拔而产生的锥体

(3)施作喷射混凝土。

(4)用压板抹平销钉周围的混凝土。

(5)到所定龄期时,把拉拔装置装到销钉上,用手动液压泵进行拉拔。

(6)从压力表上读取破坏荷载,然后用卡尺量测混凝土厚度。

如图 5 所示,如果被拉出的表面积为 A 时,混凝土的抗剪强度 τ 为:

$$\tau = \frac{P}{A} \tag{3}$$

式中:P——锥体被拉出时的荷载(N);

A——锥体表面积(cm^2);$A = \pi\left(\dfrac{D}{2} + \dfrac{W}{2}\right)\sqrt{H^2 + \left(\dfrac{D}{2} - \dfrac{W}{2}\right)^2}$;

W——销钉头直径(cm);

D——锥体上底直径(cm);

H——锥体高度(cm)。

参 考 文 献

[1] 日本《新奥法设计施工指南》[J].铁道标准设计通讯(专刊),1984.

[2] T. F. Ryan. Gunite-a hand book for engineers[M]. 1973 年.

[3] 中华人民共和国国家标准.GBJ 86—1985.锚杆喷射混凝土支护技术规范[S].1986 年.

[4] Технологнчсскне правнла прнменения Набрызгбетона при ремонте и реконструкиий нuженерных Сооружений. МОСКВА,1977.

喷锚支护的工作特性与作用原理

程良奎

（冶金部建筑研究总院）

喷锚支护加固围岩的作用来源于它的独特的工作特性。概括地说，喷锚支护主要的工作特性有及时性、黏结性、柔性、深入性、灵活性和密封性。这些特性构成最大限度地利用了围岩强度和自支承能力的基本要素。能否根据不同类型的围岩，在设计施工中能动地运用这些特性，是围岩自支承力的得失，围岩加固效果好坏的关键。

1 及时性

及时性是指喷锚支护可在隧洞开挖后几小时内施作，立即提供连续的支承抗力的特性。

在单轴试验中，岩石应力—应变全曲线如图1所示，可以近似地简化为图中虚线所示的三段直线。它表示出岩石从变形到破坏有一个延续的发展过程，即岩石到达峰值强度后，并不完全丧失强度，而是一边降低强度，一边增加变形，出现强度劣化。最后进入保持最终残余强度，变形无约束地发展的松弛阶段。

在三轴压缩下，岩石应力应变的关系如图2所示。

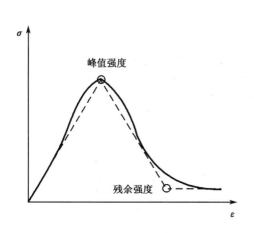
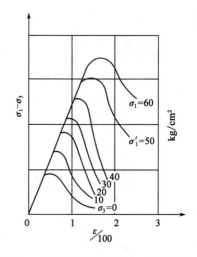

图1　岩石单轴压缩应力—应变全曲线　　图2　三轴压缩下岩石的应力—应变曲线

图2说明：

(1) 岩石峰值及残余强度均随侧限压力的增大而提高。

(2) 岩石强度下降的程度随侧限压力的增大而减小。因此，尽可能快地施作喷锚支护，提

---

* 本文摘自《地下工程》，1981(6):1-12.

供径向抗力,尽量避免岩体处于单轴或二轴应力状态,对于保持围岩强度,维护隧洞稳定性是很有利的。

喷锚支护的及时性,也表现于紧跟掌子面施作。这样就能充分利用空间效应(端部支承效应),以限制支护前变形的发展,阻止围岩进入松弛状态。用轴对称三维有限元对掌子面约束进行的弹性分析表明:在掌子面产生的弹性变形为总弹性变形的1/4,离开掌子面1/4洞径处,则达到总弹性变位的1/2,离掌子面2倍洞径处达9/10(图3)。因此紧跟掌子面施作喷锚支护,就能防止围岩过大变形的发展和岩体松散。

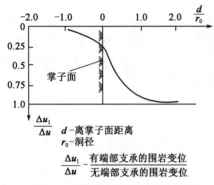

图3　离掌子面不同距离处围岩变形

在工程实践中,反复证明及时进行喷锚支护的重要性和必要性。如金山店铁矿东风井—60m运输巷道,所穿过的岩体为节理裂隙发育,是高岭土化、绿泥石化的闪长岩,并有渗滴水,松软破碎,用手可抠动。采用传统的临时木支护,由于无法提供既及时又连续的支承抗力,连接发生十九次塌方冒顶,最大一次冒顶高达10.5m,严重影响正常掘进。采用紧跟工作面的喷锚支护,能迅速控制岩体扰动,再没发生一次冒顶事故。再如梅山铁矿—200m水平的305巷岔口及其邻近巷道,围岩为叶腊石化、绿泥石化、高岭土化安山岩,极为软弱破碎,采用紧跟掌子面的喷锚联合支护,支护后未见明显变形,而先用临时木支架支护,后用喷锚作永久支护,由于裸露的蚀变较深的高岭土化、绿泥石化安山岩吸湿潮解,发生了明显的松弛,喷锚支护后三个月,喷层开裂剥落,不得不再次维修。由此可见,喷锚支护的及时性对于迅速控制围岩扰动,发挥围岩自支承作用具有明显的影响。

2　黏结性

喷射混凝土同围岩能紧密黏结,一般其黏结力在$10kg/cm^2$以上。通过喷射混凝土—岩石结合面上的黏结力和抗剪力,使隧道表面被裂隙分割的岩块联结起来(图4),保持岩块间的咬合镶嵌作用,并能将局部危石荷载传给附近稳定岩石(图5),从而阻止岩石的移动。

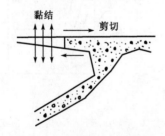　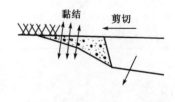

图4　喷射混凝土充填张开节理而加固岩体　　图5　喷射混凝土使危石荷载传给稳定岩石

"喷射混凝土—块状围岩"模拟实验,说明喷射混凝土的良好黏结对限制围岩变形和提高围岩结构强度有明显作用。有34块混凝土块组成的模拟不稳定块状围岩拱,当拱端水平与垂直方向受到约束,采用四点加荷,荷载加至7.5t时,拱件即破坏。当拱件内缘施作10cm厚喷射混凝土,若边界条件和加荷方式不变,则破坏荷载为未支护的9.6倍,5t荷载时,拱中挠度为未支护的4.4%(表1)。拱件破坏时,被径向裂缝分割的混凝土块,仍牢固地同喷射混凝土黏结在一起。

喷射混凝土—块状围岩模拟实验参数与结果 表1

试件名称	试件形式与加荷方式	断面尺寸(mm)	净跨(mm)	拱高(mm)	破坏荷载(t)	5吨荷载时的拱中挠度(mm)
块状围岩拱		250×300	2000	500	7.3	9
喷射混凝土加固拱		250×400	2000	500	70.1	0.1

注:每组试件三个,表内荷载及挠度为三个试件的平均值。

喷射混凝土与围岩间的良好黏结,在其接触面处不仅能承受径向力,还能承受切向力,这样就能改善荷载分布的不均匀性,并大大减少支护层内的弯矩值,而现浇混凝土衬砌是无法做到这一点的。从表2可以看出,虽然这些被量测的喷锚支护地下工程,埋深不同,跨度不同,地质条件也有不小的差异,但测得的径向应力能稳定在一定区间内,平均径向应力多数在3～5kg/cm²内。这也说明,喷锚支护与围岩共同工作的实质,主要在于能更好地调节"围岩—支护"间的应力状态,充分发挥围岩的自稳能力。

喷锚支护接触应力实测结果 表2

工程名称	岩性描述	覆盖层厚度(m)	跨度(m)	喷射混凝土厚(cm)	锚杆	最大径向应力(kg/cm²)	平均径向应力(kg/cm²)	最大切向应力(kg/cm²)	平均切向应力(kg/cm²)
加拿大温哥华隧洞60+21测站	软弱的潮湿的砂岩	80	6.0	15	有	7.7	4.8	27	9.6
西德Schwaikheim隧洞(断面Ⅰ)	塑性黏土质泥灰岩	20	10	20	有	2.6	1.0	5.0	2.5
墨西哥墨西哥城排水隧道	砂质凝灰岩和砂	50	14	20	有	8.0	5.6	65.0	32.0
西德Frankfurt南部隧道	黏土、砂	10	6.7	20	有	2.7	1.5	25	15
奥地利Tarbela3号测站	片麻岩、千枚岩、石灰岩	150	22	20	有	8.0	3.0	90	22
西德Regenberg测站Ⅰ	塑性黏土质泥灰岩	60	6.0	20	—	2.5	1.5	60	30
奥地利陶恩隧道405测站	碎碎千枚岩	140	11	10	有	2.5	1.5	22	10
奥地利陶恩隧道2139测站	碎碎千枚岩	900	11	15	有	8.0	4.0	25	15
中国普济隧道	泥质页岩	40	7.0	15	无	6.3	3.0	92	41

3 柔性

弹塑性理论告诉我们,地下洞室开挖后,在围岩不致松散的前提下,维护洞室稳定所需的支承抗力随塑性区的增大而减少。

$$P_i = -C\cot\phi + (P_0 + C\cot\phi)(1-\sin\phi)\left(\frac{r_0}{R}\right)^{-\frac{2\sin\phi}{1-\sin\phi}}$$

式中:P_i——围岩稳定时所需提供的支承抗力(MPa);

P_0——初始应力(MPa);

C、ϕ——塑性区内岩石的黏结力和内摩擦角(°);

r_0——巷道半径(cm);

R——塑性区半径(cm)。

由于喷射混凝土可施作成薄层(5~10cm厚),凝结后即产生结构作用,以及它的蠕变特征;锚杆则在出现较大的受拉变形后仍保持相当大的支承抗力,甚至能同被加固的岩体作整体移动,因而喷锚支护具有良好的柔性。这一特性对于控制延性流变岩体的变形尤为重要,它可以容许围岩塑性区有一定发展,避开应力峰值,又不致出现围岩的有害松散,能有效地发挥围岩的自承能力和支护材料的性能。

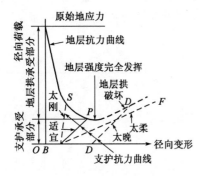

图 6 地层抗力曲线原理图

从地层抗力曲线原理图(图 6)可以得知,如果支护太"刚",则因不能充分利用地层的抗力,而使支护结构承受相当大的径向荷载。反之,如果支护太"柔",则会导致围岩松散,形成松散压力,也会使支护结构所受的荷载明显增大。而薄层喷射混凝土或它与锚杆相结合的支护形式,由于具有相当的柔性,又有足够的支承抗力,可以有控制地使塑性区半径有适度的发展,因而支护体所受的荷载是很小的。

工程实践表明,喷锚支护的柔性卸压作用对于改善围岩应力状态和支护结构的受力性能十分有利。如奥地利宽 11m 的陶恩隧道穿过石墨质千枚岩和砂、卵石、黏土质碎屑等,岩石抗剪强度小于 $1.0kg/cm^2$,内摩擦小于 20°。一度用 50cm 厚配筋喷射混凝土与锚杆、钢拱架联合作初始支护,支护三周后,在拱部产生长 20m 的纵向裂缝,裂缝处喷层错位达 3cm。当时测得的喷层径向应力为 $7kg/cm^2$,切向应力为 $58kg/cm^2$。破坏处随即用其他附加支护修补,使径向和切向应力分别上升到 $18kg/cm^2$ 及 $100kg/cm^2$。显然,喷层破坏是由于拱部太厚和刚度太大。当初始支护改用厚 25cm 的喷射混凝土后,几乎没有发生严重开裂,特别是以后采用设有纵向变形缝(即沿隧道周边每隔 2~3m 留一条宽 15~20cm 并贯通喷层的开缝)的厚 15cm 的配筋喷射混凝土同可缩性钢架、锚杆相结合的支护形式,在隧道净空收敛量达 80cm 时,变形缝闭合,但没引起喷层的破坏。我国金川镍矿某埋深 600m 的宽 5~6m 的水平巷道,穿过石墨片岩和片麻岩等软硬相间的岩体,有很大的水平构造应力,是国内较典型的高挤压地层,采用各种刚度大的传统衬砌,相继出现严重破坏,采用厚 15cm 的配筋喷射混凝土与锚杆作初始支护,使岩应力得以释放,在初始支护后三个半月,当巷道水平收敛值达 15~20cm,变形速率明显下降时,适时地施作二次支护,有效地维护了巷道的稳定性。

4 深入性

深入性是指锚杆深入岩体内部，保持或提高岩体结构强度，改善围岩应力状态的特性。

从模拟块状围岩拱试验结果(表3)可以看到：由34块混凝土块组成的不稳定岩石拱，借端部的约束作用，具有较低的承载力，但当用10根 φ8mm 的灌浆钢筋锚杆加固后，拱的承载力提高了6倍，5t 荷载时的拱中挠度仅为原未加时的13.3%。锚杆支护的破坏，首先在拱的内表面两根锚杆间被两组裂隙交割的混凝土块，由于裂隙面的张裂失去约束而掉落。随着荷载的增加，此处上层混凝土块逐渐被压碎，导致整体破坏，破坏时没有发生锚杆拔出或拉断、剪断现象，而且锚杆将周围的混凝土仍牢固地联结着。这些现象表明，锚杆首先是把被它穿过的岩块锚固在一起，提高了岩体的抗剪强度和整体性，并保持了锚杆间岩块的镶嵌和咬合作用，从而限制了岩块的松动和掉落，维护了围岩的稳定性。

锚杆加固拱试验参数与结果　　　表3

试件名称	试件形式与加荷方式	断面尺寸(mm)	净跨(mm)	矢高(mm)	破坏荷载(t)	5吨荷载时的拱中挠度(mm)
块状围岩拱		250×300	2000	500	7.3	9
锚杆加固拱		250×300	2000	500	50.7	1.2

注：每组试件三个，表内荷载及挠度为平均值。

预应力锚杆则能明显地改善围岩的应力状态，冶金部建筑研究总院完成的锚杆光弹试验表明，采用预应力锚杆加固的均质岩体模型(图7)，在垂直荷载作用下，拱顶Ⅰ-Ⅰ及Ⅱ-Ⅱ截面的切向应力 σ_x 在巷道边界处均为拉应力，但沿截面出现的拉应力高度很小，上部受压区较大，径向应力 σ_y 在巷道边界处为零，向上整个截面均为压应力，而且数值较大，与未被锚杆加固的模型应力图比较可以看出，由于锚杆预应力的作用，切向应力 σ_x 值在巷道边界上增大了约两倍，而沿截面的受拉区高度仅为未用预应力锚杆加固的模型的 1/6～1/5(图8和图9)，即缩小了受拉区，扩大了受压区，促使围岩更多地处于双向受压状态，改善了围岩应力状态。当用锚杆群加固围岩，则在一定范围内形成压缩带，从而维护了围岩的稳定性。

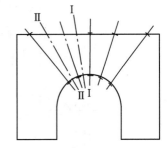

图7　锚杆加固的岩体模型图

近年来，冶金部建筑研究总院等单位研究成功的缝管摩擦式锚杆则具有新的作用原理和独特的力学特性，它实际上是一条沿纵向开缝的高强钢管，当推入比其外径小2～3mm 的岩石钻孔中，钢管整个外表面与钻孔接触，由于开缝钢管在缩径过程产生的径向能力以及托板对岩石的压力,构成对围岩产生多向约束,使锚杆周围的岩石处于三向受压状态(图10),这样被锚杆群加固的区域内即形成一压缩带。这种锚杆(指长1.5～2.0m)的初锚固力可达3.5～7t,当经受岩石移动或爆破震动时,钢管易随之而弯曲,锚固力可显著增长(图11),从而提高了锚杆对岩体的压缩效应,无疑能更有效地发挥岩体的自支承能力。

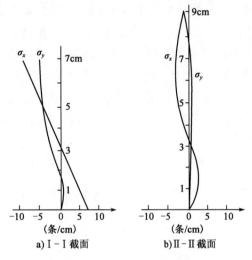
图8 未支护模型拱部截面应力图

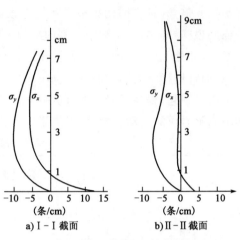
图9 用预应力锚杆支护的模型拱部截面应力图

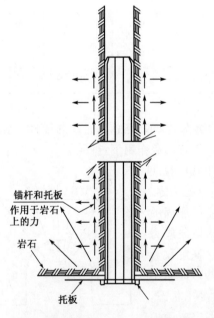
图10 锚杆周围的岩石处于三向受压状态

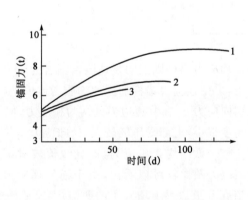
图11 缝管式摩擦锚杆的锚固力随时间而增加

5 灵活性

灵活性,主要是指喷锚支护类型参数、加固方式、支护步骤和施工顺序的可调整性。

岩体是千变万化,错综复杂的,岩体原始应力(包括自重应力和构造应力)、岩体结构、岩石强度、地下水等无不影响着地下工程围岩的稳定性。同一条巷道,可能穿过地质条件差异很大的岩体,因此根据地层条件的变化,适时地、灵活地调整支护参数,是充分利用围岩自支承能力和有效地发挥材料性能的重要问题。传统支护面对复杂多变的岩体,难于随机应变。

喷锚支护则有很大的灵活性和可调性,根据围岩地质既可局部加固,也可整体加固,既可单锚、单喷,也可喷锚联合或同配筋、钢拱架结合使用。特别可根据软弱结构面的产状,在洞体的不同部位采用不同深度、不同方向的锚杆,加固薄弱环节,阻止软弱结构面所引起的岩石滑移、松动和塌冒(图12)。

a) 矿山中常见的锚杆加固方式(1)　　b) 矿山中常见的锚杆加固方式(2)　　c) 雪山电站拱顶岩体结构与锚固　　d) 薄岩柱的锚固　　e) 某水库池洪洞锚固图

图12　用锚杆加固洞体的实例
b-锚杆;F-断层;S-夹层;J-节理

喷锚支护的灵活性,也表现在它的可分性上,即既可一次完成,也可分次完成,以满足对支护柔性的要求。特别对于塑性流变围岩可根据围岩的时间—变形曲线,能动地调节支护柔性和支护抗力间的关系,以适应围岩应力应变的变化,使支护特性线与围岩特性线在协调变形中取得平衡。

例如,塑性流变岩体有明显的时间效应,如图13所示,在不同的时间阶段,岩体的应力—变形曲线是不同的。在t_1、t_2时,比较柔性的支护特性曲线与围岩特性曲线相交,说明这时两者能取得平衡。支护本身的柔性虽导致相对低的压力作用于支护体上,但却引起相当大的位移,随时可能使围岩松散,必须及时提供较刚性的支护,以求得在t_3实现稳定的平衡。对于喷锚支护,做到先"柔"后"刚",就比较容易。如仍以金川镍矿某巷道为例,该巷道穿过有很大水平构造应力的岩体,采用15cm厚配筋喷射混凝土和长2.0m的系统锚杆支护后,2个月后巷道水平收敛值达15cm,变形速率不见减慢,及时增设顶部和侧帮锚杆,增加支护刚度,随即使变形速率明显下降,以后又施作厚15cm的配筋喷射混凝土的二次支护,终于控制住巷道的变形(图14)。

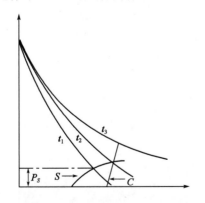 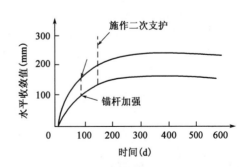

图13　围岩—支护相互作用的特性曲线
S-柔性支护特性曲线;C-刚性支护特性曲线

图14　金川镍矿某锚喷支护巷道水平收敛—时间曲线

喷锚支护的灵活性，还表现于它的易补性，即对于巷道衬砌的开裂剥落或巷道局部坍塌，可以用喷锚支护快速修复，很少影响生产。

6 密封性

与普通浇筑混凝土相比，喷射混凝土具有高水泥含量，低水灰比和大量封闭的毛细孔，特别是无施工缝，使得它有高度的密封性。喷射混凝土支护良好的不透水性，阻止或限制了水流从地层中流出，反之亦然。这样就大大降低了潮湿空气或地下水对岩体的侵蚀和由此伴生的潮解、膨胀和矿物变质，有利于保持岩体的固有强度，也改善了岩体的抗冻性，并能阻止节理间充填物和断层泥的流失，保持岩块间的摩擦力，有助于岩层的稳定。

喷射混凝土支护良好的气密性，也有利于阻止化学腐蚀气体的侵入，实际上它起了保护壳的作用。

参 考 文 献

[1] 程良奎,庄秉文.块状围岩喷锚支护的作用原理与设计[J].中国金属学会岩石力学学术会议论文,1979.

[2] 程良奎,冯申铎.软弱破碎围岩喷锚支护的实践与认识[J].国家建委光爆锚喷技术汇编,1980.

[3] 冶金部建筑研究院.锚杆支护巷道光弹模型试验研究[R].1978.

[4] 程良奎.喷射混凝土支护的作用与设计[J].有色金属矿山,1978,(1).

[5] 程良奎.锚杆支护的作用与设计[J].有色金属矿山,1978,2.

[6] 关宝树.喷锚支护结构的荷载状态[J].岩土工程学报,1980.

[7] 冶金部建筑研究院,金川公司井巷公司,北京有色冶金设计院.金川二矿区不良岩层喷锚支护的试验研究[J].1980.

[8] T. L. Brekke, H. H. Einstein. State-of-the-Art Review on shotcrete[J]. AD/A-028031,1976.

[9] J. W. Mahar, H. W. Pakker. Shoterete practice in underground construction[J]. 1975.

[10] Scott James J. A new innovation in rock Support-Fraction rock stabilizers[J]. 1979.

[11] 王思敬.地下工程岩体稳定问题[J].地质力学技术讲座资料汇编,1974.

[12] 铃木光(日本).岩体力学及其在工程上的应用[Z].专家讲学资料,1980.

岩石隧洞喷射混凝土支护的结构作用

程良奎

（冶金部建筑研究总院）

1 隧洞围岩的稳定性与岩层压力

在岩体内开挖巷道后,破坏了岩体的原始状态(重力和地质构造所引起的原始应力),应力重新分布,围岩发生变形移动,有时还出现破坏或坍落,这种由岩石的力学变化而作用于支护上的压力,就叫作岩层压力。

巷道周边岩壁的稳定性和作用在支护上的岩层压力,与开挖后围岩应力分布有密切的关系。巷道开挖后,应力变化区只限于巷道周围不大的范围内。也就是说,在巷道围岩中可能出现一个破坏了的或者发生塑性变形的区域,但这个区域的范围是有限的,并不扩展到很远处。在这个区域以外的岩体仍处于原来的状态。许多实测工作证实,在开挖后的巷道围岩内,存在着三个不同的应力区域,如图1所示。

1.1 应力降低区

由于开挖爆破作业破坏了围岩浅层内岩体的平衡,并产生了新的裂隙,增加了岩体的破碎程度,岩体内的应力基本释放,产生了一层破坏了的或发生塑性变形的区域,即应力降低区,如图1中Ⅰ部分。如果它在开挖过程中不致塌落,或在一定时间内暂时处于稳定,则主要是依靠裂隙之间摩擦力来维持的。应力降低区范围内的岩石是引起岩层压力的主要方面。

1.2 应力增高区

应力增高区对巷道来说,相当于形成了一个稳定的保护壳,是支承上部岩层重力作用的承载环,是决定巷道稳定的关键区域(图1中Ⅱ部分)。在坚硬的或中等坚硬的岩石中,只要应力的增高不超过岩石的强度,就能保证巷道的总体稳定。在松软的岩体中,应力增高可能引起流变,但适度的流变并不会引起塌陷。

1.3 原始应力区

原始应力区即不受开挖影响的岩体区(图1中Ⅲ部分)。

上述三个应力区是否同时存在,以及每个区域的大小,在不同的岩层中是不一样的。如在

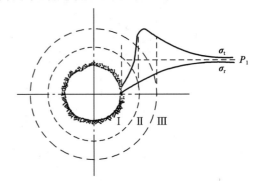

图 1 巷道围岩的应力分布
Ⅰ-应力降低区；Ⅱ-应力增高区；Ⅲ-原始应力区；
σ_t-切向应力；σ_r-径向应力

---

* 本文摘自《井巷喷射混凝土支护》,北京:冶金工业出版社,1973.55-65.

坚硬的岩层中,应力降低区可能很小。而在松软的岩层中,应力降低区可能很大。

从岩石力学角度来看,应力降低区内的岩石将随时可能产生变形和坍落。但变形的发展和坍落,并不仅仅是力学作用所造成的,经常在很大程度上是为地质构造和水文地质情况所控制的。因此,判断巷道的稳定性,必须更多地着眼于岩层的地质构造。

地质构造主要是指岩层的裂隙和层理,也就是岩层的不连续性,它对围岩的稳定性和岩层压力的大小有重大的影响。

裂隙构造,这里是指裂隙、节理、断层等构造软弱面的总称。岩体一般总是被几组一定规律、一定方向的裂隙所切割。在这类岩层中开挖巷道,岩体的相对平衡状态遭到破坏,这时,裂隙在空间的相互组合,它与巷道轴线的关系,裂隙面之间的接触好坏(充填物的性质,裂隙的闭合程度,裂隙表面的粗糙程度和凝聚作用等)和有无裂隙水等,对围岩的稳定性有密切的关系。在坚硬或半坚硬岩层中,如峒顶岩层有足够强度,其变形在弹性极限范围内,则不会有山岩压力,当然更不会坍落。即使峒顶岩层有断层或软弱夹层切割,但它与巷道轴线的组合关系(如断层走向与巷道轴线接近垂直、倾角陡立,又没有其他方位的构造软弱带交割),使其变形没有条件沿这些构造软弱带发展,或周边岩体的构造软弱面的强度能够阻止变形的发展,则也就不会或暂时不致出现坍塌。如果峒顶岩石虽坚硬,但被断层破碎带、软弱夹层或其他软弱面互相切割,这些软弱带和巷道轴线的组合关系,使其变形有条件沿这些软弱面继续发展,而构造软弱带的强度又不足以抵抗围岩裂隙面的继续扩展和围岩松动范围的扩大。当变形超过弹性极限范围,随着时间的增长,变形不断发展,会使围岩沿构造软弱面产生滑移、转动或坍塌。因此,在坚硬或中坚硬的裂隙性岩层中,巷道或隧峒的失稳问题,经常仅表现为被几组裂隙互相交割的危岩的掉落(图2),有时也可能由某一危岩的掉落而引起周围岩石的坍落,使围岩破坏范围不断扩大。由于危岩处于应力降低区内,主要靠裂隙间的黏结力或摩擦力维持暂时的平衡,在长期的水、空气或其他因素(如振动)作用下,会促使岩石风化,分解充填物,减弱裂隙面之间的黏结力,当发展到一定阶段,危岩就失去平衡自重的能力而滑落。

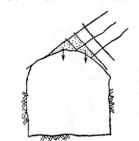 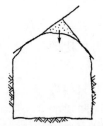 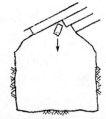

a)破碎性裂隙交割形成的坍落危岩　　b)断层交会成角锥体之坠落危岩　　c)缓倾斜薄层节理之剥落危岩

图2　坚硬或半坚硬的裂隙性岩层局部危岩的掉落

层理,是指岩层内有规律的分层现象。以沉积岩的层理最为典型。岩性不同,层厚不同,夹层间的填充物、胶结性以及破碎程度不同,对开挖巷道围岩的稳定性起着很大作用。如在石质坚硬、层厚大、层理闭合且完整的岩层中开挖巷道,则稳定性较好,而往往存在局部危岩。但如遇到易风化的岩层,其暂时稳定性较好,而经过一段时间,围岩就会逐渐剥落下来。薄层岩层,当层面间的黏结性差,且又破碎,则稳定性就差,容易引起坍落,层理倾斜时,破碎岩层特别易于沿层理面滑动,往往造成倾斜上方的坍落(图3)。

除了岩层的裂隙与层理对巷道稳定性有很大影响外,巷道岩层的挤压和膨胀现象,也是不能忽视的。

挤压和膨胀常发生在基本上属于塑性的岩层中,例如页岩、黏土层或含有较多黏土成分的风化岩层。当巷道位于稳固岩层而通过断层或剪力区时,也会遇到这种塑性物质。

挤压是指塑性岩层受到压力后移动或挤入巷道的现象,膨胀则是指岩层由于化学变化或含水量增加而引起的体积胀大。

有一些矿井,特别是煤矿矿井中发生的围岩鼓胀现象(图4),就是岩层挤压压力或膨胀压力的反映,它们常常造成对支护的严重破坏。

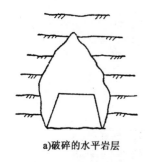
a)破碎的水平岩层

b)破碎的缓倾斜岩层

图3 层状岩石的变形和冒落情况

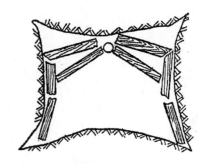
图4 膨胀性岩石的鼓胀现象

综上所述,地质条件不同,开挖后巷道的稳定性和岩层压力的表现形式(大小、方向和分布)就不同。大致可以分为稳定、中等稳定、稳定性差和不稳定几类。

除了地质条件外,巷道的形状、爆破作业方式和支护类型等都对巷道的稳定性有一定影响。

采用光面爆破比一般爆破有利于巷道峒室的稳定。这是因为它在爆破时,对井巷周边围岩的破坏较小,岩峒表面平整,没有明显尖角,不致产生严重的应力集中现象。

圆形或拱形断面比矩形或梯形断面有利于井巷峒室的稳定。这是因为圆形或拱形断面,顶板上的拉应力要比矩形或梯形断面小得多。

采用不同的支护类型对维护巷道峒室的稳定性也有很大的影响。喷射混凝土、锚杆支护可以加强围岩的整体性,提高围岩自身稳定和自支承能力,使之成为承力结构,借以抵抗岩峒周边应力集中而引起的破坏,因此,有利于保持巷道的稳定性。

对巷道围岩的稳定性及岩层压力大小的估计,从目前的经验来看,应由地质人员和矿井支护的设计、施工人员共同根据地质构造和开挖情况来确定,大致定出稳定、稳定性差或不稳定的界限,给出围岩可能坍落的范围、区段和大小。据此,按围岩的不同稳定程度,确定喷射混凝土支护不同的结构类型和支护层厚度。

2 喷射混凝土支护的结构作用

以往常用的木支架和普通混凝土碹等支护类型,支护和岩层间留有空隙,对井巷围岩在一定条件下使其产生自身稳定的能力无法加以考虑,只是消极地、被动地支撑上部的岩石压力。而喷射混凝土支护却完全不同,由于它与岩石间具有良好的黏结力,既加强了开挖后的岩层,又提高了支护结构本身的强度,这样,就变被动为主动,变消极承压为与围岩有机结合,积极地发挥了围岩本身的支承作用。

2.1 加强了开挖后的岩层，提高了围岩自身稳定和自支承能力

喷射混凝土射入岩层表面张开的裂隙节理间，能够把被裂隙分割的岩体联结起来，有利于阻止岩块的松动（滑移、转动）。另外，喷射混凝土填补了巷道表面坑坑洼洼的不平整处，避免或缓和了危岩处的应力集中，并可使峒顶的法向力转化为切向力，并在峒顶表层形成岩层拱（图5）。这种自支护拱至少能支承巷道上部应力降低区内荷载的一部分。

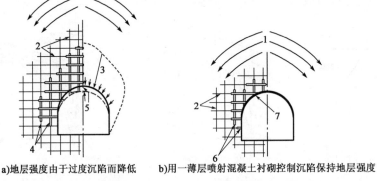

a) 地层强度由于过度沉陷而降低　　b) 用一薄层喷射混凝土衬砌控制沉陷保持地层强度

图5　喷射混凝土阻止松动而使岩层稳定

1-地拱；2-岩层节理；3-支护上的载荷；4-节理张开；5-沉陷；6-节理轻微张开；7-喷射混凝土

图4-5a）表示巷道开掘后，峒顶和边墙向内移动，使岩体原有的联结力消失，个别岩块从巷道周边自由脱落，就产生松散现象，并形成了支护结构上的荷载。

图4-5b）表示使用薄层喷射混凝土支护后，阻止了岩层的松动，限制了裂隙的张开，并在峒顶表层附近形成岩层拱。

此外，喷射混凝土紧贴岩面，完全隔绝了水、空气同岩层的接触，这就避免了节理间填充物的流失，也防止了岩层（特别是松软或易风化岩层）因风化、潮解而出现的剥落现象。

喷射混凝土还能以很短的时间，紧跟掘进工作面施工，大大缩短了"掘进—支护"间的间隔时间，使开掘后巷道表层的松动能迅速地稳定下来。

2.2 岩层—支护形成共同工作系统，提高了整体结构强的承载力

喷射混凝土同围岩紧密黏结和咬合，同岩层间有较高的黏结力，能在结合面上传递各种应力。这样，当喷射混凝土的黏结强度和剪切强度足以抵抗局部破坏时，岩石将参加结构作用，形成"岩石—喷射混凝土支护"共同工作的整体结构。

为了了解岩石同喷射混凝土的整体组合结构作用，有些单位曾进行了模拟试验。模拟岩层一般用混凝土块拼接起来，为模拟不稳定易掉落岩层，"岩层拱"采取正八字形和倒八字形相间组合。冶金部建筑研究院为模拟破碎的不稳定岩层，曾把跨2m，厚30cm的混凝土拱梁劈裂成34块不同裂隙方向的小块，再拼接起来，模拟岩层靠裂隙间的摩擦力勉强维持稳定。这些模拟"岩层拱"承载力较低或几乎无承载力。但当喷上一层混凝土后，情况就完全不一样了，不稳定的岩层将参加支护结构工作，岩层—喷射混凝组合拱的承载力要比单一的喷射混凝土拱大1.2～3倍，而组合拱的挠度在弹性范围内，仅为单一喷射混凝土拱的1/18～1/5。

如按 $\dfrac{f_1}{f_2}=\dfrac{h_2^3}{h_1^3}$ 计算,则:

$$h_2=h_1\sqrt[3]{\dfrac{f_1}{f_2}}$$

式中:f_1——喷射混凝土拱挠度(mm);
$\quad\quad f_2$——组合拱挠度(mm);
$\quad\quad h_1$——喷射混凝土拱厚(mm);
$\quad\quad h_2$——组合拱的有效厚度(mm)。

可以得出,组合拱的换算截面约为喷射混凝土单一拱的1.7倍以上。"岩石—支护"共同工作性能的模拟试验数据列于表1。

"岩石—支护"共同工作性能模拟试验　　　　　表1

编号	结构类型	图例	断面尺寸(mm)	跨度(m)	横跨比	加荷方式	出现裂缝时的荷载(t)	破坏荷载(t)	挠度(mm)/荷载(t)	备注	资料来源
1	喷射混凝土拱		300×100	1.8	1/4	跨中集中加荷	1.57 2.08	6.25 7.63	2/2		据梅山铁矿、冶金部建筑研究院、鞍山矿山设计院、中国科学院力学所实验资料
2	模拟不稳定岩层—喷射混凝土组合拱		300×100/259	1.8	1/4	跨中集中加荷	8.32 8.32	30.20 33.28	0.11/2	模拟不稳定岩层拱无承载力	据梅山铁矿、冶金部建筑研究院、鞍山矿山设计院、中国科学院力学所实验资料
3	喷射混凝土拱		250×100	2.00	1/4	四点均布加荷		32.7(Σq)	2.6/7.5		冶金部建筑研究院
4	模拟不稳定岩层—喷射混凝土组合拱		250×100/300	2.00	1/4	四点均布加荷		73(Σq)	0.5/7.5	模拟不稳定岩层拱承载力为7.5吨(Σq)	冶金部建筑研究院

从表1中所列举的试验结果可以定性地表明,喷射混凝土的黏结强度和剪切强度足以抵抗局部破坏时,则一定范围内的岩石便参加承载结构作用,形成"岩石—支护"共同工作的整体承载结构。

但必须指出,模拟试验初步得到的组合拱换算截面,暂不能作为设计依据,因岩石性状、岩层厚度、巷道表面的形状与规则程度、巷道跨度、支护层厚度及均匀性,无不影响着这一数值,应当通过更多的试验研究进一步摸索。

对于喷射混凝土支护结构作用原理以及支护能力的认识,至今还是很不深刻的。只有从大量成功使用喷射混凝土的实践和必要的试验研究中才能逐步深入地认识和掌握它。

不同工作条件下喷锚支护的使用效果及其分析

程良奎

(冶金部建筑研究总院)

在矿山和地下工程建设中,喷锚支护的应用日益广泛,它在不同工作条件下的使用效果是大家普遍关注的问题。本文以国内外的实际工程使用效果及有关试验研究资料为基础,着重阐述与分析了喷射混凝土锚杆支护在通水、强爆破震动与地震、反复冻融及腐蚀介质影响下的使用效果,讨论了在这些工作条件下喷锚支护的使用范围及提高其适应性的主要途径。

1 通水

国内从 1966 年南芬铁矿尾矿坝泄水洞首先采用喷锚支护以来,用于水力发电、冶金选矿、农业灌溉和山区排洪的通水隧洞越来越多地采用喷锚支护(表 1)。奥地利、瑞典、挪威、美国、苏联等国在水工隧道中采用喷锚支护比我国还要更早一些。从总体来说,喷锚支护在通水隧洞中的应用基本上是成功的,但也有一些失败的教训。如苏联巴依巴金电站导洞跨度为 12.8m,高 6.4m,建于石灰岩中,由于未按设计要求施工,如超挖过多,松动岩石未清净,也未进行水泥固结灌浆,运行两个月后,与现浇混凝土衬砌相接的喷射混凝土衬砌遭到破坏,岩石冲刷深达 4m,洞顶岩石塌落达 8m。苏联托古托克里电站导流隧洞,洞径为 7.0m,围岩为石灰岩,在高速水流下产生冲刷和气蚀破坏,在总长 335m 的喷射混凝土衬砌段中,约有 40m 一段发生塌落。瑞典萨耳斯柔的水电站工程,引水隧道曾发生 3820m^3 塌方。塌方是在隧道通水一年后发生的,必须在整个 9.6km 长的隧洞里通水。在隧洞修复时查明,塌方发生于蒙脱石剪力区(图 1),原先曾用 10cm 厚的喷射混凝土衬砌,最后用现浇混凝土拱加固。在挪威南部,采用喷锚支护的含有膨胀断层泥的通水隧洞,输水后几个月,大约有 30 处开裂和破坏,而且断层泥在三处完全堵塞了隧洞。

国内通水隧洞喷锚支护部分实例　　　　表1

工程名称	隧洞类别	洞径(m)	水头(m)	流速(m/s)	喷射混凝土厚(cm)	锚杆	钢筋网	围岩地质条件	建成年份(年)
南芬铁矿尾矿坝	泄水	3.2		<7	5~15	有	局部有	钙质、炭质、泥质页岩	1968
回龙山电站	引水	11×11	15	3	10×15	有	局部有	结晶灰岩、安山角砾岩	1971
渔子溪电站	引水	5.7	30	<3	15~20			花岗闪长岩	1972
星星哨	引水、泄洪	3.5	16	5~7	15			花岗斑岩	1973

* 摘自《地下工程》,1983(10)10-15.

续上表

工 程 名 称	隧洞类别	洞径(m)	水头(m)	流速(m/s)	喷射混凝土厚(cm)	锚杆	钢筋网	围岩地质条件	建成年份(年)
冯家山水库	泄洪	8.2×11.8	明流		5～15	有		泥质片岩	1977
					20	有	有	绿泥石片岩	
察尔森水库	引水、泄洪	6.7	30	10～12	15～20	有	有	碎屑凝灰岩	1978
攀钢朱家包包	泄洪	5.1×3.6			5			石灰岩	1971
攀钢弄弄沟	泄洪	4.4×6.5			5			细质砂岩	1972

分析通水隧洞发生事故的原因，主要是对软弱地层特别是膨胀性地层认识不足，设计施工不当。提高喷锚支护在通水隧洞中的使用可靠性，有必要从抗冲刷、抗渗、承受内水压和降低糙率等方面进行考察与分析，正确划定使用范围，采取有利于提高使用效果的对策。

1.1 抗冲刷问题

水的流速对喷射混凝土的冲刷有重要影响。当流速较高时，由于喷射混凝土表面凹凸不平，易出现负压而引起剥落及气蚀破坏。渔子溪、回龙山水电站引水隧洞，流速约为3m/s，运营近十年，笔者参加工作的南芬铁矿尾矿坝泄水洞，设计流速为7m/s，已运营十三年。这些隧洞经多次检查，基本情况良好。但是苏联巴依巴金和托克托古里电站导洞喷射混凝土衬砌在高速水流作用下

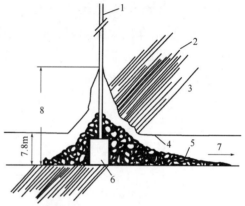

图1 瑞典萨耳斯柔引水隧洞在膨胀压力下喷射混凝土层的破坏

1-12.5cm 直径的通气孔，距地表 108m；2-2~3cm 宽蒙脱石黏土剪力区；3-松散薄片岩；4-坍塌后剩下的喷射混凝土；5-坍塌碎石堆；6-坍塌时现浇混凝土衬砌未破坏；7-水流流向；8-塌方顶部距隧洞底盘 24.6m

出现了冲刷破坏。国内南芬尾矿坝泄水洞底板系用由喷射回弹物拌制的现浇混凝土，施工时底板积水又未进行有效疏导，也出现局部底板破坏。有的隧洞在两种混凝土交界面处，因水流冲刷，也有发生局部喷层失脚的现象。

由此可见，喷射混凝土支护的抗冲刷能力与边界条件有关。因此，在软弱的黏土含量高的地层及断层破碎带处，不得采用喷射混凝土作承受水流冲刷的衬砌结构。在其他地层条件下采用喷射混凝土作经受水流冲刷的衬砌时，则应满足以下要求：

(1) 洞内流速 < 8m/s。

(2) 射喷混凝土与岩石的黏结力 > 8kg/cm^2。

(3) 喷层面起伏差 < 15cm。

(4) 两种混凝土交界面要结合牢固。

1.2 抗渗问题

喷射混凝土水灰比小，水泥含量高，一般抗渗性较好。国内喷射混凝土抗渗强度等级一般大于 4kg/cm^2。但在实际工程中喷射混凝土的砂眼、夹层或混入的空气和回弹物，将会降低抗渗

性,特别是喷射混凝土水泥用量高,又往往掺入速凝剂,易出现收缩裂缝,以及两种混凝土交界面上的薄弱部位,也会导致渗漏。通水隧道的渗漏,在黏土质膨胀地层中,会引起严重坍塌,因而不能在这类地层的通水隧洞中使用喷射混凝土永久衬砌。对于一般地层,由于渗漏,混凝土溶出性侵蚀要加快,工程寿命要缩短。为了提高喷射混凝土衬砌的抗渗性能,应采取以下措施:

(1)在设计施工上尽可能提高喷射混凝土自身的抗渗性能。

(2)岩层固结灌浆。

(3)加强喷射混凝土硬化过程的养护,采用配筋喷射混凝土或钢纤维喷射混凝土,避免喷层收缩开裂。

(4)工程竣工时,对可能渗漏的部位喷涂沥青、环氧树脂,进行防渗处理。

1.3 承受内水压问题

渔子溪、察尔森、湖南镇、西洱河等水工隧洞的水压试验表明:在围岩变形模量为$(2\sim3)\times10^4 kg/cm^2$,泊桑比为$0.25\sim0.30$条件下,洞径为$3\sim5m$,喷层出现裂缝的内水压为$3\sim5kg/cm^2$。裂缝出现部位一般在软弱结构面处。而且一旦压力水由裂缝渗入围岩深处,难以控制。因而使用喷锚支护的水工隧洞的内水压应控制在$3kg/cm^2$以下。

1.4 糙率问题

隧洞的糙率系数,与洞径及洞表面起伏差有关,建议按下式计算:

$$n = \frac{D^{1/6}}{22.35 \lg \frac{3.7D}{\Delta}}$$

式中:D——洞径(m);

Δ——岩石平均起伏差(cm);

n——糙率系数。

喷射混凝土衬砌随岩面起伏施作,本身的粗糙度也较大,因而一般糙率较高。现浇混凝土的糙率系数$n_1=0.014$,喷射混凝土糙率系数一般为$n_2=0.021\sim0.033$。喷射混凝土糙率增加,必然降低泄流能力,因此开挖应采用控制爆破,使岩石表面起伏差不大于10cm,以尽可能降低糙率。

2 强爆破震动与地震

2.1 强爆破震动

地下金属矿山中的电耙道和采矿进路,主要工作特点是受邻近采矿过程高威力爆破震动的影响。这些巷道采用传统的现浇混凝土或钢架支护,常因强爆破震动引起岩体过度松散而导致支护结构破坏倒塌,矿石丢失率大。采用喷锚支护加固这些巷道,表现出良好的抗爆破震动性能(表2)。中条山有色金属公司的地下铜矿,约有100条电耙道(总长约5000m)采用喷锚支护,在上部采场大爆破冲击、爆破后松散矿石压力,放矿时矿石冲击及矿石二次破碎爆破的综合作用下,均经受了考验。以铜矿峪铜矿1150中段1173水平3号电耙道(图2)为例,该巷道开掘于节理发育的变质花岗岩中,长30m,采场设计矿量为2万t,巷道用喷射混凝土、锚杆联合支护,1973年6月采场进行采矿爆破,炸药量为10t,爆破后巷道支护结构完好,在出矿及二次破碎过程中,虽出现喷层小片脱落,但直至矿石全部采完,喷锚支护未出现严重破坏。与此相邻的 2 号电耙道,地质情况及出矿条件与 3 号电耙道相似,采用现浇钢筋混凝土支护,大爆破后即发生严重破坏,出矿过程有的漏斗已完全崩垮,采矿矿石未出完,巷道已不能使用。

承受强爆破震动的喷锚支护工程部分实例　　　　　　　　表 2

单 位	工程名称	断面规格(宽×高)(m)	围岩地质	支护类型	动荷载条件	爆源离巷道边的最小距离	使用效果
铜官山铜矿	耙矿巷道	2.4×2.2	角页岩	100mm 厚喷射混凝土加锚杆	多次 1～5t 炸药爆破	3～5m	良好
铜矿峪铜矿	耙矿巷道	2.5×2.4	变质花岗闪长岩,节理发育	200mm 厚喷射混凝土加锚杆	10t 炸药爆破	3～5m	良好
笕子沟铜矿	耙矿巷道	3.55×2.5	大理岩及黑色片岩,节理发育	喷射混凝土加锚杆	7.2t 炸药爆破	3～5m	漏斗口有局部破坏
程潮铁矿	采矿进路	3.0×3.0	以碎磁铁矿为主,并夹有粉矿	厚 50mm 喷射混凝土加锚杆	多次 1.0t 炸药爆破	临近	能满足出矿要求,但有喷层掉块现象

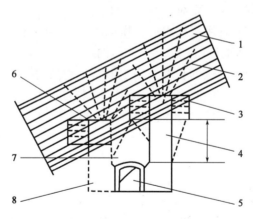

图 2　电耙道工作状态示意图

1-矿体;2-崩矿中深孔;3-拉底中深孔;4-斗穿;5-电耙道;6-切割巷道;7-留底柱;8-喇叭口

苏联季希斯克矿,宽 2.4m 的电耙道开掘于绢云母石英页岩中,分别采用厚 5cm 喷射混凝土与锚杆联合支护及厚 30cm 现浇混凝土支护,先后经历了六次采矿大爆破。第五次爆破用了 7765kg 炸药,炸下 3141m³ 矿石,喷锚联合支护变形扩大,个别锚杆露出 30～35cm,喷射混凝土层出现裂缝。现浇混凝土则成为单独的互不联系的混凝土块,已不能正常使用,并用钢框架和木背板重新加固。最后一次爆破用了 6220kg 炸药,炸下了 5960m³ 矿石,结果在溜井和电耙道连接处的喷锚联合支护变形剧增,钢丝绳拉断,锚杆暴露,相当大面积的喷射混凝土剥落。然而放矿溜井的工作状态是满意的,可以在正常条件下放完溜井上面的全部矿石。而现浇混凝土衬砌则全部破坏,通过溜井仅放了6000t或只有放矿总量的50%的矿石,不得不停止放矿。

2.2 地震

1976年7月28日唐山发生7.8级强烈地震。处于震中的开滦煤矿在震后对矿山支护检查表明,喷锚支护比传统支护有更高的抗地震能力。所调查的4515m采用喷锚支护的井巷峒室工程,完好率达95%,而调查的8489m料石或现浇混凝土衬砌工程,完好率为85%。属严重损坏,必须翻修者,喷锚支护占其总量的1.7%,其他衬砌占其总量的4.5%。

强烈地震后喷锚支护的损坏形式主要有开裂、剥皮和局部片冒,即使在软弱破碎岩层和煤层地段也没出现大面积塌冒。从发生损坏的部位来看,主要是由于未采取控制爆破、锚杆数量不足,喷层过薄,岩石冲洗不净与喷层黏结不好造成的,如果从设计施工上采取措施,则可以进一步增强"喷锚支护—围岩"体系的抗地震性能。

2.3 进一步提高抗震性能的途径

喷锚支护具有良好的抗震性是由于锚杆喷射混凝土同围岩紧密结合,提高了围岩的整体性和结构强度,特别是锚杆有良好的延性,在冲击力和地震力作用下,仍能使围岩不发生松脱。这同传统支护与围岩相分离的工作状态是有本质区别的。

进一步提高喷锚支护抗动载或抗地震的性能,可以采用以下一些途径。

(1)改善支护结构,采用短而密的锚杆。

喷射混凝土本身的延性和韧性并不是很高的,抗拉、抗弯强度均不高,试图增加喷层厚度来提高抗震能力是不实际的,而主要应借助于锚杆。

关于锚杆支护参数问题,曾用石棉水泥板模拟层状矿山岩体,分别采用长而稀(长1.5~1.8m,网距100×80cm)和短而密(长0.5~0.6m,网距50×40cm)的锚杆试验表明:用长锚杆加固的板的变形增长快,而且沿板的长度方向变形是不均匀的[图3a]。用短锚杆加固的板的破坏荷载大约比长锚杆大60%[图3b]。根据变形特征认为,长稀锚杆加固板受弯,短密锚杆加固板则受剪。从静载试验可以看出,在震动荷载条件下,用短密锚杆加固岩层更为有效。

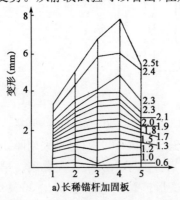
a) 长稀锚杆加固板

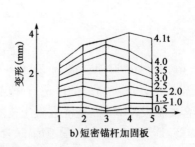
b) 短密锚杆加固板

图3 用锚杆加固的层状板底层的变形

此外，用钢条或钢丝绳把锚杆端部联结起来，或在喷层内配置钢筋网，并使钢筋网同锚杆焊接成一整体，可使喷层应力传递给锚杆，对于抵抗震动是有利的。

(2) 采用缝管式摩擦锚杆。

冶金部建筑研究总院和湘东铁矿研制成的缝管式摩擦锚杆的主体是一条开缝的高强钢管，由于安入比其外径小2～3mm的钻孔中，使钢管压缩，与此同时钢管对围岩产生径向压力而锚固岩层，当承受爆破冲击荷载引起岩石的错动，锚杆会随之而折曲，从而进一步锁紧岩层，在一定时间区段内，锚杆锚固力有明显增长（图4）。

(3) 发展钢纤维喷射混凝土。

在喷射混凝土中掺入直径为0.3～0.5mm、长度为20～25mm、占混凝土重3％～4％的钢纤维，可以明显地改善喷射混凝土的抗动荷能力。试验结果表明，钢纤维喷射混凝土与普通喷射混凝土相比，抗拉、抗弯强度可提高50％～100％，韧性指数提高10～50倍（图5）。

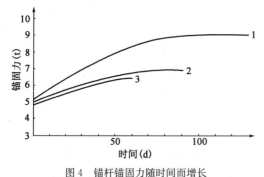
图4 锚杆锚固力随时间而增长
1-黑色页岩（湘潭锰矿）；2-锰矿体（湘潭锰矿）；3-绿泥岩（湘东铁矿）

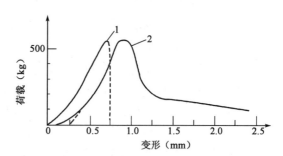
图5 钢纤维喷射混凝土小梁荷载—挠度曲线
1-喷射混凝土；2-钢纤维喷射混凝土

3 反复冻融

地处北方的交通和水工隧洞，喷射混凝土的抗冻性指标是衡量其耐久性的一个主要标志。

南芬铁矿尾矿坝泄水洞，围岩主要为钙质、灰质和泥质页岩，松软破碎，采用喷射混凝土和锚杆联合支护。1986年通水以来，常年流水，该洞每年冬季距洞口200m以内区段的环境温度常低于－10℃，洞顶的渗漏水结成冰柱（图6）。在这种条件下喷射混凝土使用12年后，并未发现冻胀现象。美国伊利诺斯水道的某船闸和水坝上的喷射混凝土工程，1953年喷敷后一直暴露在干湿冻融循环中，1976年取样检查，效果良好。

国内冶金部建筑研究总院曾完成了采用普通硅酸盐水泥配制的喷射混凝土的抗冻试验。试验结果见表3。从表3可以看到，200次冻融循环后，试件强度变化不大，强度降低率最大为11％。美国进行的某些试验也表明喷射混凝土有良好的抗冻性，即有80％试件经

图6 冬季南芬尾矿坝泄水洞内的冰柱

受 300 次冻融循环后,没有明显的膨胀、重量损失和弹性模量的降低。

喷射混凝土的抗冻性　　　　表 3

冻融循环次数	冻融状态	速凝剂	冻融后试件强度（kg/cm²）	冻融前试件强度（kg/cm²）	冻融后强度变化（%）
150	饱和水	无	294	271	+8%
		有	235	240	−2%
	半浸水	无	324	333	−3%
		有	189	194	−3
200	饱和水	无	288	322	−11%
		有	222	210	+6%
	半浸水	无	302	335	−10%
		有	208	190	+9%

工程实践与室内试验都说明喷射混凝土自身的抗冻性是好的。这是因为干拌喷射混凝土在喷射过程中,会自动带进一部分空气。据测定,喷射混凝土的空气含量为 2.5%～5.3%,气泡是不贯通的,具有适宜的尺寸和分布状态,相似于加气混凝土的气孔结构,它有助于抑制冻结水压的发展,因而改善了喷射混凝土的抗冻性。

骨料的质量和性能、水灰比、混凝土内的气孔含量与气孔构造在很大程度上影响着抗冻性。坚硬的骨料,较小的水灰比,较多的空气含量与适宜的气泡组织,都有利于提高喷射混凝土的抗冻性。相反,采用软弱的、多孔吸水的骨料,压实作用差或混入回弹物并出现蜂窝、夹层的喷射条件,以及没有适当养护而造成混凝土表面早期脱水,都会较弱喷射混凝土的抗冻性。

在挪威,由于冰冻作用,隧道使用喷射混凝土几年后常发生松散、开裂和片落。这种破坏一般发生于潮湿地段及与岩石黏结力低的地段。由此可见,喷射混凝土衬砌的抗冻性同边界条件关系很大。含有云母、绿泥石、滑石、石墨和黏土矿物质的片理、层理和节理面以及油、灰尘覆盖或受爆破影响的部位,都会严重影响喷层与岩石间的黏结强度,为了防止这些地段的破坏,应用锚杆加强。

由于喷射混凝土的封闭,渗漏水保持于岩石节理、孔穴和裂隙中,并产生冻胀现象,用钻孔排水效果有限,而喷层中配置钢筋效果较好。

4　腐蚀性介质

在地下工程中采用与围岩密贴的薄层喷射混凝土,对于抵抗来自围岩的腐蚀性介质的影响特别不利。而地下水中,硫酸盐型侵蚀是最易碰到和后果最为严重的一种侵蚀。

成昆铁路羊臼河 1 号隧洞,围岩中含脉状石膏,地下含水 SO_4^{2-} 达 3312mg/L,渗到喷层表面由于蒸发作用,使 SO_4^{2-} 浓度加大,混凝土由外向内逐渐腐蚀,隧洞工作十年后,薄层喷射混凝土表面形成厚 1cm 的酥松白色物质。梅山铁矿穿过黄铁矿化安山岩的巷道,地下水中含有较强的 SO_4^{2-},喷射混凝土支护后两年,喷层较薄处,混凝土呈淡黄色,有胀裂现象,强度明显降低,手捏即成粉末。取腐蚀后试样进行室内 X 光衍射分析,其中含有较多的 $CaSO_4 \cdot 2H_2O$、$CaCO_3$、SiO_2 和少量的硫铝酸钙。其中生成的石膏体积膨胀,产生较大内力,使已硬化的水泥破坏。而生成的石膏又与水泥中含水铝酸三钙生成含水硫铝酸钙。

$$3CaSO_4 \cdot 2H_2O + 3CaO \cdot Al_2O_3 \cdot 6H_2O + 19H_2O = 3CaO \cdot Al_2O_3 \cdot 3CaSO_4 \cdot 31H_2O$$

含水硫铝酸钙生成后,体积剧烈膨胀,可增加 1.5 倍,使混凝土发生严重开裂破坏。

为了检验喷射混凝土耐硫酸盐侵蚀的能力,冶金部建筑研究总院曾进行了喷射混凝土试件的浸泡试验,试验采用普通硅酸盐水泥,水泥与砂、石之比为 1∶2∶2,试件采用大板切割成的 7cm×7cm×7cm 立方体,养护 28d 后,直接浸入到 SO_4^{2-} 离子浓度为 1‰~3‰(10000~30000mg/L)水溶液中,当浸泡时间为半年、一年、一年半时,其强度降低及外观检查情况见表 4。

喷射混凝土在 Na_2SO_4 溶液中的腐蚀试验 表 4

SO_4^{2-} 浓度	试件种类	试件尺寸(cm)	浸泡时间(年)	外 观	浸泡后抗压强度(kg/cm²) / 浸泡前抗压强度(kg/cm²)
1‰	有速凝剂	7×7×7	0.5	无变化	274/308
			1.0	一个试块有夹层,被腐蚀	293/291
			1.5	一组试件全被腐蚀崩解	0/355
	无速凝剂	7×7×7	0.5	无变化	340/294
			1.0	无变化	330/346
			1.5	一组试块全被腐蚀崩解	0/396
2‰	有速凝剂	7×7×7	0.5	试块表面局部掉落	178/283
			1.0	一块崩解,另一块掉六角	182/278
			1.5	全腐蚀崩解	0/320
	无速凝剂	7×7×7	0.5	试块表面掉皮	247/334
			1.0	试块掉角	236/334
			1.5	全被腐蚀崩解	0/394
3‰	有速凝剂	7×7×7	0.5	一块腐蚀掉	208/274
			1.0	全腐蚀崩解	0/276
			1.5	全腐蚀崩解	0/295
	无速凝剂	7×7×7	0.5	有轻微掉皮	335/496
			1.0	掉皮掉角	380/469
			1.5	全被腐蚀崩解	0/506

由表 4 可以看出:

(1)用普通硅酸盐水泥制得的喷射混凝土试块在 1‰~3‰ 的 Na_2SO_4 溶液中,腐蚀程度随时间的增长而加剧。

(2)加速凝剂试块腐蚀明显比不加速凝剂者严重。在 1‰ 浓度时,试块浸泡半年,强度有所降低;在 2% 浓度时,浸泡时间超过半年,试块就严重腐蚀,强度大幅度降低。

(3)腐蚀程度与喷射混凝土试件的密实性关系较大,密实的混凝土试块即便在浓度较高的硫酸盐溶液中浸泡,强度仍较高。反之当密实性差,如试件有夹层,即便在 1% 浓度的硫酸盐溶液中,经一年浸泡即完全腐蚀崩解。

(4)受硫酸盐介质侵蚀的喷射混凝土支护,应采用抗硫酸盐水泥。

地下工程喷射混凝土支护的作用与设计*

程良奎

(冶金部建筑研究总院)

近十年间,在国内外矿山井巷和地下工程中,喷射混凝土支护或与锚杆相结合的联合支护,得到了广泛的应用。它以简便的工艺,独特的效应,经济的造价,广阔的用途,向人们显示出其旺盛的生命力。这种新型支护与传统的浇灌混凝土支护相比,可以减薄支护厚度 1/2~2/3,节省岩石开掘量 10%~15%,加快支护速度 2~4 倍,节省劳动力 50% 以上,节约全部模板和 40% 以上的混凝土,降低支护成本 30%。因而,大力推广喷锚支护,对于加速矿山、交通、水利水电等各类地下工程建设都具有重要意义。

1 喷射混凝土的主要特点

喷射混凝土是通过喷射机械,将按一定比例配合的混凝土拌和物直接喷于岩石表面,经硬化而形成的一种结构致密、质地良好的新型支护形式。它在工艺、材料和结构作用上有许多与普通混凝土不同的特点。

喷射混凝土支护工艺,不要模板,不用壁后充填,把混凝土运输、浇筑、捣固结合为一道工序,有利于实现机械化施工。喷射混合物通过管道,可作远距离(水平大于 200m,垂直向上大于 50m)输送,无需其他运送设备。喷射混凝土既可侧喷,又可顶喷,喷射厚度可任意调整,可与钢筋网、锚杆等加固形式结合使用,具有很大的灵活性和广泛的适应性。

喷射混凝土材料,由于喷射时有较高的速度(压力),骨料与水泥颗粒受到重复冲击,使混凝土得到连续的冲实与压密,工艺上又容许采用较小的水灰比(约 0.45 左右),因而具有良好的物理力学性能(表 1)。特别是它同岩石有较高的黏结力。喷射混凝土加入速凝剂后,早期强度能成倍提高,有利于及时阻止围岩的松弛。

喷射法施工,混凝土能射入裂隙、凹穴,与被加固的岩体紧密黏结,结成一体,共同工作,保持围岩的镶嵌、锁合效应,具有独特的结构作用。

喷射混凝土的物理力学性能 表1

项 目	指 标
容重	2.2~2.3(t/m^3)
抗压强度	200~300(kg/cm^2)
抗拉强度	15~25(kg/cm^2)
与岩石的黏结强度	15~20(kg/cm^2)
与旧混凝土的黏结强度	15~20(kg/cm^2)

---

* 摘自《有色金属》(矿山部分),1978(1)32-37。

续上表

项　目	指　标
与钢筋的黏结强度	35～45(kg/cm²)
弹性模量	(2.0～3.0)×10⁵(kg/cm²)
抗渗	>4～7(kg/cm²)
冻融	150次冻融循环后强度损失小于20%
收缩	>2.0×10⁻⁴(150d)

注：1. 水泥为500号普通硅酸盐水泥或矿渣水泥。
　　2. 配合比：水泥∶砂∶石子为1∶2∶2。
　　3. 未注明期龄的均指28d。

2　喷射混凝土支护的作用原理

喷射混凝土支护并不像旧式的钢、木支架或现浇混凝土初砌那样，被动地承受围岩压力。而是主动地、及时地对围岩进行加固，利用和加强围岩的自支承作用，来维持围岩的稳定性。

喷射混凝土的支护作用有：

(1) 射入张开的节理裂隙和充填围岩表面的凹穴，提高岩块间的黏结摩阻和剪切强度，有利于防止围岩松动，并缓和围岩的应力集中现象。

(2) 密闭岩面，阻止节理间充填物的流失，防止水和空气对围岩的破坏。

(3) 与围岩紧密黏结，并提供足够的抗剪强度，阻止松动岩块的滑移或坠落。

(4) 具有良好的蠕变性能，又属薄层柔性支护，能适应围岩一定的变形，不致在喷层中引起大的弯曲应力。

(5) 能紧跟在掘进工序后及时进行支护。喷射混凝土早期强度增长较快，因而能迅速控制岩体的扰动，改善围岩的应力状态。

喷射混凝土支护的这些作用能使接近巷道硐室表面的围岩形成自支承拱，维持围岩的稳定性(图1)。

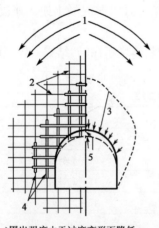
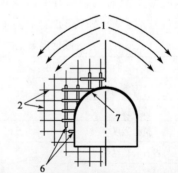

a) 围岩强度由于过度变形而降低　　b) 用一薄层喷射混凝土支护控制变形而保持围岩强度

图1　喷射混凝土阻止围岩松动而使其稳定
1-岩层拱；2-岩层节理；3-支护上的载荷；4-节理张开；5-变形；6-节理轻微张开；7-喷射混凝土

从喷射混凝土支护的工程量测、模型模拟试验和实际使用效果,均能说明喷射混凝土支护防止围岩松弛和形成自支承拱的作用是十分明显的。

从工程量测来看,日本岚山隧道在蛇纹岩中通过,分别对喷射混凝土支护地段和未支护地段,用声波探测仪测定弹性波速度。其结果表明,在未支护地段,24d后测定的弹性波速度与开掘后立即测定值相比,明显降低,说明围岩发生了松弛。相反,在喷射混凝土支护地段,24d后测定的弹性波速度几乎与刚掘进时相同,说明围岩没有松弛。西德希瓦克海姆隧道通过的岩层大部为塑性泥灰岩,用压力盒测得喷层内的切向应力及喷层与岩体结合处的径向应力,测定结果是径向应力向着拱脚处逐渐减小(图2)。加拿大温哥华铁路隧道穿过砾岩、砂岩和页岩等松软岩层,采用厚15cm的喷射混凝土支护,用压力盒测得的在三个断面起拱线处的径向应力几乎都等于零。由此看来,开掘后立即支护,则喷射混凝土支护并不像传统的支护那样,承受松散岩石的荷载并把它传送到底板,而是调整围岩应力分布状态,阻止围岩松动,保持或提高围岩的C、ϕ值使围岩表面形成自支承拱。所测得的不大的径向应力则是抵抗围岩变形的反映。国内处于砂岩和泥质页岩互层、节理裂隙发育的软弱岩层中的某隧道,分别采用厚20cm的现浇混凝土支护和厚10cm的喷射混凝土支护。变形量测结果表明,20cm厚的现浇混凝土支护,四个月后变形仍在发展,十个月后在两侧拱腰,出现贯穿裂缝。用10cm厚的喷射混凝土支护,两个月后变形基本趋于稳定。

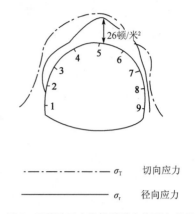

图2 西德希瓦克海姆隧道支护两个月后喷射混凝土层内应力分布

从模拟试验结果来看,我们进行了一系列用喷射混凝土加固不稳定岩层拱的试验(表2)。试验表明:由五块混凝土块组成的模拟不稳定岩拱,正"八"字形岩块在集中载荷作用下,随即下坠,当喷以厚10cm的混凝土后,由于喷射混凝土同模拟岩块紧密黏结,组成一体,即具有较大的承载力,为单一喷射混凝土拱承载力的4.5倍。同样由34块大小不等的混凝土块组成的模拟破碎岩拱,由于拱端顶紧,暂时维持岩块间的互锁与镶嵌,但当上部作用的四点集中载荷增至7.5t时,岩拱由于松散而失去承载力。当在其上喷射10cm厚混凝土后,承载力即提高至73t,为单一喷射混凝土拱的2.2倍。用喷射混凝土加固的34块碎块组成的模拟岩石拱,在7.5t荷载作用下其拱中挠度,仅为单一喷射混凝土供的1/5。在破坏特征上,加固拱一般均由于径向裂缝扩大而出现破坏。当载荷逐渐加大后,裂缝由内缘穿过黏结面而延伸至模拟岩块。破坏时,模拟岩块压碎,但喷层同压碎的岩块仍黏结在一块,说明喷射混凝土与岩块的黏结力是如此之大,足以传递在载荷作用下的各种应力,正是这种黏结作用,能有效地阻止围岩的变形和松动。试验表明,喷层阻止围岩变形,抵抗岩块松动的结果,使得围岩的拱效应不致破块,这种拱效应不仅能维持自身的稳定,并具有相当的结构强度,阻止深部围岩的变形。

从工程实践来看,在节理裂隙发育的围岩中开掘巷道,用临时木棚支护后,隔上一段时间,松动岩块即压在木棚上,有时则引起木棚的变形和倒塌。而在这种围岩地质条件下,采用喷射混凝土支护,即使是薄薄的一层,也能长久地保持围岩的稳定。有时正处于松动过程或正在掉块的坍落区，喷以 5cm 厚混凝土后，立即制止了塌落。表 3 是在稳定性较差的围岩中成功地采用单一喷射混凝土或配筋喷射混凝土支护的部分实例。这些实例告诉我们，采用旧式支护，由于不能及时、可靠地对围岩提供径向支护抗力，因而使岩体松散，表现在摩尔圆与破坏包络线相切（图 3），同时，围岩松散后，$C、\phi$ 值则下降，包络线位置下移，与摩尔圆相交，造成岩体破坏，形成松散压力。而开挖后立即喷射混凝土，一方面喷射混凝土射入围岩表面裂隙，提高了岩体的 $C、\phi$ 值，使包络线上移，另一方面喷层提供的支护抗力 P_i 使岩体的摩尔圆右移，这就使岩体的稳定性更得到了保证。

用喷射混凝土加固模拟不稳定岩拱试验 表 2

结构类型	图 例	断面尺寸(mm)	跨度(m)	矢跨比	加荷方式	出现裂缝时的荷载(t)	破坏荷载(t)	挠度(mm)/荷载(t)	备注
喷射混凝土拱		300×100	1.8	1/4	跨中集中载荷	1.57 2.08	6.25 7.63	2/2	
喷射混凝土加固不稳定岩石拱		300×250×100	1.8	1/4	跨中集中载荷	8.32 8.32	30.2 33.28	0.11/2	未加固前的模拟不稳定岩石拱无承载力
喷射混凝土拱		100×250	2.0	1/4	四点均布载荷		32.7(Σq)	2.6/7.5	
喷射混凝土加固不稳定岩石拱		250×300×100	2.0	1/4	四点均布载荷		73(Σq)	0.5/7.5	未加固前的模型不稳定岩石拱承载力为 7.2t

喷射混凝土支护实例 表 3

单 位	工程名称	跨度(m)	围岩地质条件	开掘后临时支护情况	喷射混凝土支护厚度	使用情况
冶山铁矿	矿块进路	3.0	风化石英闪长岩，风化强烈，节理发育，长石大部已成高岭土，围岩稳固性差，遇水易坍落	原用木棚支护，发生高达 5m 的冒顶	8～10cm	良好
冶山铁矿	平硐	3.1	强风化花岗岩，单体强度极低，手抓或锤击即成砂粒，黏结性差，但无大的软弱结构面		5cm	良好

续上表

单 位	工程名称	跨度(m)	围岩地质条件	开掘后临时支护情况	喷射混凝土支护厚度	使用情况
金山店铁矿	放顶平巷	3.0	透辉石夕卡岩,粉矿及砂岩,节理裂隙发育	开掘后即用木棚支护,拆棚时,发生高达4～5m的冒顶	8～10cm	良好
梅山铁矿	回风大巷	5.1	凝灰角砾岩,开掘后3～5d,顶部即出现剥落掉块现象	开掘后数天内即进行喷射混凝土支护	10cm	良好
铜官山铜矿	运输平巷井底车场	3.5～4.0	角页岩及石灰岩,岩性复杂,节理裂隙较发育		10～15cm	良好
人防工程	坑道	4.0	覆盖层10～30m,为杂填土,淤亚黏土,亚黏土和硬塑～中塑土	开掘后立即喷上5cm混凝土	局部地段配筋15cm并配有钢筋主筋$\phi12$,副筋8ϕ	良好

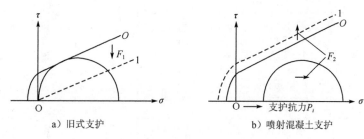

a) 旧式支护　　　　　b) 喷射混凝土支护

图3　围岩表面应力状态图
F_1-抗剪力减弱;F_2-抗剪力加强

3　喷射混凝土支护的设计

在井巷硐室工程中,除围岩大面积渗漏水经疏导无效的地段、具有严重膨胀压力的地段、流砂等无黏结性的地段以及平硐口、竖井锁口等部位,不宜采用喷射混凝土支护外,各种围岩地质条件,均可采用喷射混凝土支护或其与钢筋网、锚杆相结合的支护。

喷射混凝土支护与巷道围岩的关系并不是支承物与被支承物的关系,而是加固与被加固的关系。因此必须在设计喷射混凝土支护时,首先了解围岩地质特征,诸如围岩结构和岩石强度,特别是节理裂隙发育情况及其在空间的组合关系,据此判断围岩的稳定状态,然后根据不同的围岩稳定等级和工程跨度,确定喷射混凝土或其与锚杆、相结合的支护形式及喷射混凝土的厚度。综合冶金、煤炭、铁道和水利等部门采用喷锚支护技术的经验,建议按表4和表5来确定围岩稳定性分类及喷锚支护类型与参数。

适用于喷射混凝土支护的围岩分类　　　　　　　表4

围岩分类		主要工程地质特征		岩石单轴饱和抗压强度 (kg/cm²)	毛硐室稳定情况 (跨度5~10m)	备注
类别	稳定性	岩体结构	构造影响程度和结构面发育情况			
Ⅰ	稳定	整体状结构	地质构造影响轻微。裂隙、结构面不发育，以原生构造节理为主，多闭合型。裂隙结构面一般不超过1~2组，间距大于1.0m，无危险结构面组成的落石掉块。层状岩层为厚层，层间结合良好	>600	稳定。长期稳定无碎块掉落	1. Ⅰ、Ⅱ类围岩，一般地下水对其稳定性影响不大，可不考虑降级；Ⅲ、Ⅳ类围岩应根据地下水类型、水量大小和危害程度，酌情降级。 2. 层状岩层的层厚划分：厚层大于0.5m；中厚层0.1~0.5m；薄层小于0.1m
Ⅱ	稳定性较好	整体状结构	同上	300~600	稳定性较好。围岩较长时间能维持稳定，仅出现局部小块掉落	
		块状结构	地质构造影响较重。裂隙结构面较发育。以构造节理为主，有少量软弱面（或夹层）和贯通微张节理，少有充填，裂隙、结构面一般为2~3组，间距大于0.4m，岩体被切割成大块状，其形状及组合关系不致产生滑动。层状岩层为中层或厚层，层间结合一般，很少有分离现象，或为硬质岩石偶夹软质岩石	>600		
Ⅲ	中等稳定	块状结构	同上	300~600	中等稳定。围岩能维持一个月以上的稳定，仅出现局部岩块掉落	
		整体状结构	同前整体状结构描述	<300		
Ⅳ	稳定性较差	块状结构	同前块状结构描述	<300	稳定性较差。围岩能维持数日到一个月的稳定，仅出现局部小坍落、片帮	
		碎裂状结构	地质构造影响严重。裂隙、结构面较发育，以构造风化节理为主，大部微张，部分张开，部分为黏性土充填，裂隙、结构面一般在3组以上，间距0.2~0.4m有许多分离体形成。层状岩层为薄层或中层，层间结合差或很差	>300		
Ⅴ	不稳定	碎裂状结构	同前碎裂状结构描述	<300	不稳定。开挖后短时期内即有较大塌落	
		散体状结构	地质构造影响很严重。裂隙、结构面很发育，断层碎碎带交叉，构造及风化裂隙密集，间距小于0.2m，结构面及组合错综杂乱，并多充填黏性土，组成大量大小不一的分离岩块	<300		
			易风化、解体、膨胀、剥落的松软岩体	变化范围大		

喷射混凝土支护类型与参数的选择　　　　　　　表5

围岩分类		工程跨度(m)		
类别	名称	<5	5~10	10~15
Ⅰ	稳定	不支护	不支护或50mm喷射混凝土支护	50~100mm喷射混凝土支护
Ⅱ	稳定性较好	50mm厚喷射混凝土支护	100mm厚喷射混凝土或50mm厚喷射混凝土与锚杆联合支护	100mm厚喷射混凝土与锚杆联合支护
Ⅲ	中等稳定	100mm厚喷射混凝土或50mm厚喷射混凝土与锚杆联合支护	100mm厚喷射混凝土与锚杆联合支护	150mm厚喷射混凝土与锚杆联合支护
Ⅳ	稳定性较差	100mm厚喷射混凝土与锚杆联合支护	150mm喷射混凝土与锚杆钢筋网联合支护	待定
Ⅴ	不稳定	150mm喷射混凝土与锚杆钢筋网联合支护或配筋喷射混凝土支护	待定	待定

此外，还可根据不同情况用局部验算的方法确定喷层厚度。

3.1 单一喷射混凝土支护的喷层厚度

当围岩属整体状或块状结构，且跨度在 5m 以内的巷道工程，一般宜采用单一喷射混凝土支护。在这种围岩结构条件下，围岩常用某一块"危岩"的旋转、错动或坠落而引起失稳，因此，喷层必须有足够的抗剪强度，阻止危岩的错动、坠落，才能保证围岩的总体稳定，建议按冲切破坏公式确定喷层厚度：

$$h \geqslant \frac{K \cdot G}{0.75 \cdot u \cdot R_L} \tag{1}$$

式中：h——喷射混凝土层厚度(cm)；

G——可能坠落的危岩重量，由地质调查确定(kg)；

u——危岩与喷射混凝土接触面周长(cm)；

R_L——喷射混凝土设计抗拉强度，如按《钢筋混凝土结构设计规范》(TJ 10—74)表 1 选用，宜折减 20%；

K——冲切强度设计的安全系数，取 $K=2$。

3.2 喷锚联合支护时的喷层厚度

当围岩为碎裂状结构或散体状结构，易出现局部坍塌或较大面积的坍塌；受附近中深孔爆破影响的采矿巷道；高度大于 10m 的垂直边墙则一般应选择喷锚联合支护。这时喷层的计算可以锚杆为支点，按双支座梁确定喷层厚度。计算时，假定锚杆间松动岩块高度为锚杆间距的一半，且由于喷层与岩面的紧密黏结，能传递各种应力组成共同工作体系，则假定计算工作厚度为实际喷层厚度的两倍，经推导得到以下公式：

$$h = \sqrt{\frac{0.1 \cdot K \cdot \gamma \cdot a^3}{R_L}} \tag{2}$$

式中：h——喷层厚度(cm)；

K——安全系数，取 $K=2$；

R_L——喷射混凝土设计抗拉强度(kg/cm^2)；

γ——岩石重度(kg/cm^3)；

a——锚杆间距(纵向与横向间距相等)(cm)。

3.3 配筋喷射混凝土支护时的喷层厚度

当围岩系散体状结构或易解体、剥落或带有膨胀性的松软岩体，且锚杆不能发挥明显效益时，宜采用配筋喷射混凝土支护，钢筋网的作用是防止喷层收缩开裂，抵抗震动，使混凝土应力得到均匀分布，增加整体性，并提高抗剪、抗拉强度。

考虑到在不规则拱形巷道中，钢筋网很难布置于受拉区，也难于满足喷射混凝土施工质量的要求，因此一般要按构造要求进行设计。钢筋直径一般为 6～12mm，钢筋间距一般为 200～400mm，钢筋净保护层宜为 20mm。

在配筋喷射混凝土支护中，喷层厚度一般不应小于 10cm，应将所有钢筋网全部覆盖，但最大厚度也不宜大于 15cm，过厚的喷射混凝土层不仅在经济上不合算，从受力观点上说，由于刚度加大，势必在喷层中造成较大的内力，易出现开裂。

新奥法与喷射混凝土锚杆支护的监控量测*

程良奎

（冶金部建筑研究总院）

新奥地利隧道设计施工法（简称新奥法）并不是一般的喷射混凝土支护方法，它是一种设计、施工、监测相结合的科学的隧洞建造方法。喷射混凝土、锚杆和现场监控量测被认为是新奥法的三大支柱。至今，新奥法在世界各国的隧洞和地下工程建设中获得了极为迅速的发展，特别在困难地层条件下修建隧洞以及控制高挤压变形方面，显示了很大的优越性。

1 新奥法的发展与基本原则

新奥法是由奥地利 Rabcewicz 在总结隧洞建造实践经验基础上创立的。它的理论基础是最大限度地发挥岩石的自支承作用。近十年来，新奥法发展的主要标志如下。

奥地利的陶恩隧洞，高初始应力使破碎的抗剪强度只有 0.1MPa 的千枚岩产生强烈的挤压变形，采用带纵向变形缝的喷射混凝土和较长的灌浆锚杆，获得明显的稳定效果。

巴基斯坦塔贝拉闸门水道工程，宽 21m，高 24m，岩土条件很不均匀，采用新奥法获得成功，证明新奥法对穿过各种不良岩层的断面很大的地下洞室的适应性。

欧洲一些国家在软土层和无内聚力的砾石地带，修建城市地下铁道，埋深仅 3~4m，采用新奥法也很成功，使下沉量控制在 10mm 以下。

我国下坑铁路隧洞，穿越层理陡倾的千枚岩，岩块强度大部分在 10MPa 以下，隧洞埋深小于 20m。金川矿山巷道穿过软岩破碎的石墨片岩、黑云母片麻岩等，巷道埋深大于 500m，有很高的水平构造应力，巷道开挖后有明显的流变特征。这两个隧洞都遵循新奥法关于"设计—施工—监测"一体化的基本思想，成功地控制了围岩变形。

近年来，新奥法在铁路、公路、水工隧洞及软弱地层中的城市地下工程中获得了广泛的应用。

新奥法的基本原则有：

(1)围岩是隧洞承载体系的重要组成部分。

(2)尽可能保护岩体的原有强度。

(3)力求防止岩体松散，避免岩石出现单轴和双轴应力状态。

(4)通过现场量测，控制围岩变形，一方面要容许围岩变形，另一方面又不容许围岩出现有害的松散。

(5)支护要适时，最终支护既不要太早，也不要太晚。

(6)喷混凝土层要薄，要有"柔"性，宁愿出现剪切破坏，而不要出现弯曲破坏。

(7)当要求增加支护抗力时，一般不加厚喷层，而采用配筋，加设锚杆和拱肋等方法。

(8)一般分两次支护，即初期支护和最终支护。

---

* 本文摘自《工业建筑》，1986(5)：52-56。

(9)设置仰拱,形成封闭结构。

总之,新奥法是与其必须遵循的原则紧密地联系在一起的。新奥法的特征就在于充分发挥围岩的自承作用,喷射混凝土、锚杆起加固围岩的作用,把围岩看作是支护的组成部分,因此应重视监控量测,实行信息化设计和施工。

隧洞支护抗力与岩石压力的关系图(图1)表明:支护抗力 P_i 与围岩径向应力 σ_r 相等,即 $Pi=\sigma_r$。曲线1表示径向应力 σ_r 逐渐减小时壁面变形 u 与 Pi 的关系曲线。若围岩仅有弹性变形,则 σ_r 逐渐减少,在达到某一变形量时,$\sigma_r=0$。但如岩体发生破坏,则作用在支护上的压力,在 P_{1min} 以后,再次上升,形成松散压力(曲线$1'$)。曲线2、3、4、5为在不同时间安设的不同刚度的支护变形——抗力特性曲线。隧洞开挖后,即产生一定变形,设置喷射混凝土与锚杆后,此时由于岩石压力的作用,产生新的变形,抗力也同时增大。当支护特性曲线与岩石特性曲线相交时,则支护抗力与山体的径向压力相平衡,变形停止。曲线2、4为刚性较大的支护情况,曲线3、5为较柔性的支护情况。曲线2、3为开挖后及早设置支护,与岩石压力平衡所得的情况。曲线4、5为支护设置较晚,发生了松动地压时的情况。曲线4的情况,大致能达到平衡。曲线5的情况,则不能达到平衡。

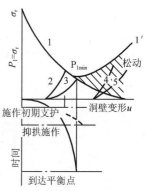

图1 隧洞支护抗力与围岩压力关系图

采用传统支护,即使较早设置支撑,由于它们与地层不密贴,故作用于支护上的地压多处于松散压力。无疑,在松动地压发生以前,处于 P_{min} 时与岩石特性曲线相交的曲线3的支护最理想。采用新奥法的原则应当是用柔性支护,使其抗力在岩石应力(P_1)小的时候达到相互平衡。

2 喷射混凝土支护的监控量测

工程量测被认为是新奥法的三大支柱之一,可见它对合理地组织喷射混凝土支护设计施工的重要性。还要说明,在地下工程中,喷射混凝土经常和锚杆一起使用,因此在讨论喷射混凝土支护的监控量测时,实际上多数情况是包括锚杆在内的。

2.1 监控量测的目的

监控量测的目的如下:
(1)及时掌握围岩变化动态及支护受力情况,为修改设计提供信息。
(2)监视施工过程的安全程度,正确地指导施工。
(3)检验和评价隧洞的最终稳定性,作为安全使用的依据。

2.2 监控量测的主要内容

1)隧洞收敛量测

收敛量测系测量隧洞水平、垂直方向相对应的两测点间距离的变化。为了及时掌握隧洞开挖后收敛变化趋势,应紧跟工作面迅速安设收敛测点。

收敛量测装置常使用机械式收敛计,伸缩测杆和带钢尺。机械式周边收敛计如图2所示。

收敛量测只能反映隧洞内的总收敛量,不能反映隧洞周边上某一部位的位移量,也不能确定岩石松动的范围和深度。

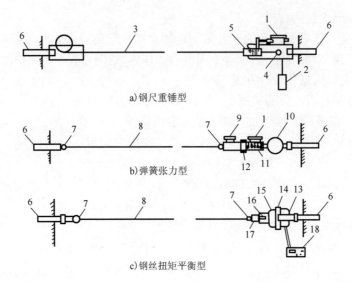

a) 钢尺重锤型

b) 弹簧张力型

c) 钢丝扭矩平衡型

图 2　收敛计示意图

1-读数百分表；2-重锤；3-钢尺；4-滑轮；5-活塞；6-固定测点；7-万向接头；8-钢钢丝；9-测力百分表；10-转角盘；11-拉力弹簧；12-调节螺栓；13-水平环；14-垂直环；15-微型马达；16-读数窗口；17-伸缩杆；18-控制器

2) 隧洞围岩移动量测

为了测定隧洞围岩松动带，多点位移计被安放在与隧洞轴线相垂直的钻孔里。多点位移计读数是锚固点相对于位移计头部的位移测量值。如果多点位移计埋置到足够深度，一般离隧洞边缘 2～3 倍洞径处，则底部锚固点就能假定为固定的，相对于该点的位移是可确信的。

多点位移计国外有钢丝型和杆型两类。国内的多点位移计以机械式的为多。其锚固头直径可根据需要设计，如 BM-1 型多点位移计的锚头直径就有 110mm、58mm 和 38mm 三种，锚头用压缩木固定。

多点位移计不仅能证实和补充收敛量测的结果，也有助于确定锚杆的最佳长度。

3) 锚杆内力量测

为了解锚杆轴力分布状况进行的锚杆内力量测，通常采用在锚杆杆体上贴电阻片的方法，关键是要做好防潮处理。

4) 喷层应力量测

喷层切向应力和围岩与喷层间的径向压力量测，国外一般采用 Gloetz 压力盒。该压力盒有一特别敏感的垫板，它埋入喷混凝土层内或喷层与围岩间，垫板依次将压力传给盒内的液体。

国内测定切向应力，常用应变砖和差动应变计，要通过换算才能求得应力。围岩与喷层间的压力则用钢弦压力盒测定。

监控量测项目的布置及测试时间见图3及表1。

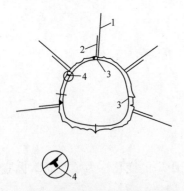

图 3　隧洞横断面上量测元件布置

1-多点位移计；2-监测锚杆；3-隧洞收敛量测测点；4-喷层切向应力和接触压力的测量元件

监控量测项目　　　　　　　　　　　表1

项目名称		手段	布置	测试时间			
				1~15d	16d~1个月	1~3个月	3个月以后
应测项目	周边收敛	收敛计、测杆、钢尺	每30~100m,1个断面,每断面2~4对测点	1~2次/d	1次/2d	1~2次/周	1~3次/月
	拱顶下沉	水平仪、测杆	每30~100m,1~3个测点	1~2次/d	1次/2d	1~2次/周	1~3次/月
选测项目	围岩位移	多点位移计	选择有代表性的地段测试	参照上述测试间隔时间进行			
	锚杆内力	应变片、测力计					
	接触压力	压力传感器					

注:测点布置的数量与地质条件和工程性质有关,凡地质条件差和重要工程,应从密布置。

2.3 监控量测数据的整理和利用

1)隧洞收敛量测数据的分析和利用

隧洞收敛包括隧洞水平收敛与隧洞垂直收敛。一般应整理出收敛—时间曲线。由此曲线可看出各时间阶段的收敛量、收敛速度及其速度变化的趋势。

隧洞收敛一定要控制在允许的范围内,如图4所示,当支护特性曲线与围岩特性曲线在最大允许变形量处相交,则所需提供的支护抗力最小。当平衡点位于 P_m 右侧曲线上时,则将引起变形急剧增大,当出现曲线②的位移—时间曲线,岩石发生破坏,这是不容许的。因此,根据对变形时间曲线的回归分析,预计的变形量将要超过允许变形量时,要迅速采取增长、增密锚杆,设置仰拱等提高支护抗力的措施,使变形控制在容许的范围内。

允许的收敛(变形)量取决于许多因素,包括岩石应力、岩石强度、岩石结构特征、隧洞尺寸和所使用的施工方法与支护类型。隧洞收敛可以是岩石塑性也可以是岩块移动所造成的。因而隧洞的容许变形量有很大的差别,如巴基斯坦塔贝拉隧道,衬砌断裂需要

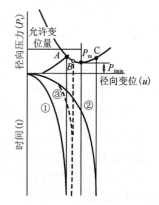

图4　隧洞径向压力与允许变形量

10cm 的径向变形;埋深很大的格兰杜克矿用喷射混凝土和钢肋支护的巷道,在变形量达23cm 的两年后喷射混凝土仍无明显的裂缝,而在美国华盛顿地下铁道,由岩块移动所造成的位移大于1.3mm 时,薄层喷射混凝土就出现裂缝。

显然,确定允许变形量时,应采取慎重态度,一般要充分考虑隧洞的覆盖层厚度和围岩的属性(脆性、弹塑性、塑性)等因素。法国工业部制定的地下工程允许下沉量(表2),可以作为我们初选变形量的参考,但更重要的则是靠工程实测资料的积累。

拱顶处围岩最大容许下沉量　　　　　表2

覆盖层厚度(m)	拱顶最大容许下沉量	
	硬岩(cm)	塑性地层(cm)
10~50	1~2	2~5
50~500	2~6	10~20
>500	6~12	20~40

注:隧洞断面为 50~100m²。

在分次支护的条件下,收敛—时间曲线可用来确定最终支护的时机。施作最终支护应满足以下几个条件:
(1)隧洞收敛速度明显下降。
(2)隧洞收敛量已达最大允许收敛量的80%～90%。
(3)收敛速度达0.1mm/d。

2)围岩移动量测数据的分析和利用

围岩移动量测可了解围岩表面和围岩内部的移动情况,从而可获得以下信息:
(1)隧洞周边的位移量及其随时间的变化。
(2)岩石松动带的范围与深度。

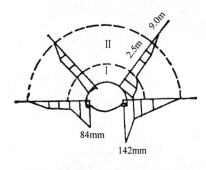

图5 金川镍矿某巷道实测围岩变形图
Ⅰ-松动区;Ⅱ-塑性区

我国某金属矿的埋深580m,跨度5.0m的运输巷道,采用锚杆和配筋喷射混凝土作初始支护,用多点位移计实测的围岩移动如图5所示。从中可以看出,在巷道表面到深2.5m的范围内,岩石位移有明显的突变,为松动区。因而确定锚杆长度不小于2.5m。

从图5还可看出,右侧岩石移动量远较左侧大,这是由于右侧围岩主要系石墨片岩,而左侧主要系黑云母片麻岩。掌握位移量大的局部部位,有助于进行局部加强支护。

3)锚杆内力量测数据的分析和利用

当实测的锚杆轴力较高,接近或超过锚杆设计强度,同时围岩变形又很大,则必须及时增设锚杆或加长锚杆长度;当实测的锚杆轴力较低或出现压应力时,同时围岩变形又很小,则可适当减少锚杆数量。

4)喷层应力数据的分析和利用

喷层应力量测可以掌握沿隧洞周边喷层应力分布状态及其随时间的变化,从而监视喷射混凝土支护的安全程度,为是否需要调整支护参数提供信息。

对收集到的国外地下工程喷射混凝土应力量测结果的分析,可以得到以下一些规律性的认识。
(1)切向应力一般要比径向应力大一个数量级,二者的最大值通常发生在拱的对应两边。
(2)浅埋的软弱地层隧道,这里指的是覆盖层小于20m,则无论地层条件如何,有无锚杆或跨度大小,平均径向应力不超过0.15MPa,平均切向应力不超过1.5MPa。
(3)高应力塑性地层的隧道,包括西德的累根斯堡,巴基斯坦的塔贝拉,奥地利的陶恩和墨西哥的墨西哥市隧道。喷层的径向应力和切向应力都很高,即平均径向应力常达0.4～0.5MPa,平均切向应力达3～6MPa,而且不能很快达到平衡。

3 对喷射混凝土支护监控量测的几点认识

(1)监控量测法设计的主导思想是要最大限度地发挥围岩的作用,以减轻支护的负担。具体来说,就是要按照监测数据,能动地、适时地调整支护抗力和支护刚度,使围岩应力得到较多的释放而并不出现有害的松散,使"围岩—支护"体系变形有较大的发展而并不出现破坏,以较经济的支护而获得巷道的稳定性。

(2) 理论计算和工程类比法都不可能准确地体现特定条件下"围岩—支护"变形特性对支护的要求。采用设计、施工、监测相结合的现场监控量测设计法则能及时掌握围岩变形发展形态,通过修改设计,调整施工程序和时机,保持围岩特性线与支护特性线的动态平衡,是今后最有发展前途的一种设计方法。

(3) 由于"围岩—支护"变形是"围岩—支护"力学形态的集中表现,同时也易于测得,便于推广。因此在监控量测中,应当把变形(收敛)量测放在首位。特别是机械式变形量测装置,虽然一般分辨度较大,但测量数据可靠,方法简单,受外界干扰小,应优先采用。

(4) 围岩变形随时间的变化特征,对判断地下工程稳定性极为重要。为了使围岩变形控制在容许范围内,则要调整喷射混凝土(经常加锚杆)的支护抗力和支护刚度,直至保持地下工程的最后稳定。调整支护抗力的方法是多种多样的。

提高支护抗力的方法有:在喷射混凝土中配筋或设置钢架;设置封底结构,形成闭合支护环和加长加密锚杆等。

改善支护柔性的方法有:分期施作喷射混凝土;推迟施作最终支护;推迟闭合仰拱和在喷射混凝土支护层上设纵向变形缝等。

参 考 文 献

[1] 徐祯祥. 地下工程试验与测试技术[M]. 北京:中国铁道出版社,1984.
[2] 程良奎. 喷锚支护的几个力学问题[J]. 金属矿山,1983.7.
[3] 程良奎. 喷射混凝土及其在地下工程中的应用(三)[J]. 地下工程,1984,10.
[4] J. Golscr. 新奥法[J]. 地下工程,1984,10.

喷锚支护监控设计及其在金川高挤压岩层巷道工程中的应用

程良奎

(冶金部建筑研究总院)

1 引言

在高应力软岩中开挖巷道,围岩流变效应明显、变形量大,如何经济有效地进行维护,至今还有许多问题值得探讨。即使采用喷锚支护,巷道严重破坏的实例也是屡见不鲜的。

这是因为复杂地层中的巷道的稳定性明显地取决于——"岩体—支护"间相互作用的特性。亦即:

(1)岩体特征:岩体应力,岩体结构,岩石的力学强度及其随时间、空间而变化的性质。

(2)支护特征:支护与围岩间的接触条件,共同工作性能,支护刚度,支护抗力等。

而所有这些,在巷道开挖前,几乎不可能较准确的了解和判断,工程类比法带有较大的主观片面性,无法对各种变化因素做出定量的类比。理论计算无论力学参数的选取,力学模型的建立都难以反映客观真实。总之,对于"围岩—支护"体系的认识与处理上,带有较大的盲目性,导致喷锚支护的设计与施工,脱离或背离围岩特性线的要求,无法在开挖后的全过程中,保持围岩特性与支护特性的动态平衡。喷锚支护的破坏大都归因于此。

在大量的软弱岩体喷锚支护工程实践中,人们为了检验和判断巷道开挖后一系列力学变化过程,作为修改设计的依据;为了监视施工方法的安全程度,以正确指导施工;为了检验与评价巷道的最终稳定性,以作为安全使用的保证,十分重视监控量测的作用。喷锚支护的监控设计也就这样发展起来了。国内外软弱岩体中的地下工程,采用监控设计的喷锚支护而获得成功是不乏其例的。

监控设计一般分为预先设计与最终设计,预先设计是在施工前根据围岩特征,按经验对初始支护参数、施工程序、监测方法进行设计,同时对二次支护进行预设计。最终设计是根据掌握的工程监测数据,进行分析整理,调整初始支护,包括确定二次支护的类型、参数、施作时间以及仰拱闭合的时间。

喷锚支护监控设计在金川高挤压地层中获得了良好的效果,现作如下的描述与分析。

2 预先设计

施工前的预先设计,一般包括掌握围岩工程地质资料、确定工程断面、设计初始支护及工程监测方法等步骤和内容。

---

* 本文摘自《地下工程》1983(1)及《岩土加固实用技术》,北京:地震出版社.1994.111-119.

2.1 金川超限应力地层巷道工程地质与围岩地压特点

金川矿区出露前震旦系古老变质岩,经历次构造变动留下了以断裂为主的构造形迹,地质构造极为复杂,地应力大(在构造应力场作用下,埋深480m的巷道中曾测得的最大水平主应力达32MPa),开掘后呈现松散和挤压现象,围岩变形量大(采用传统支护,围岩变形值常达80~100cm),并具有明显的流变效应。采用传统方法支护,常常多次返修,仍不能维持巷道稳定,严重地影响了矿山的正常生产和建设。

采用监控设计的试验巷道位于该矿西副井1150水平井底车场双轨运输巷道内。根据地质素描、岩性试验和工程调查,其工程地质及围岩地压有以下一些特点:

(1)位于F_{16}断层带及断层影响带中,所穿过的岩层主要为黑云母片麻岩、石墨片岩、绿泥石片岩组成。黑云母片麻岩属破裂结构,石墨片岩属散体结构。石墨片岩透镜体岩块薄膜$C=1.8\text{kPa}$,内摩擦角$\phi=13°$,石墨片岩碎屑(断层泥)$C=26\text{kPa}$,$\phi=24°$。

(2)根据试验巷道位于断层带内以及矿区原岩应力测定及临近巷道的地压显现特征,可认为该巷道岩体原始应力值较大,且以水平构造应力为主,它是巷道开掘后围岩不断向巷道内部挤压的主要原因。

(3)围岩变形量大,变形持续时间长,有明显的流变效应。

(4)石墨片岩强度较低,手抓即碎,以致无法获取试件,当空顶距达1m,空顶时间大于4h,即可发生片冒。1975年采用传统支护方法曾先后从巷道两端即井筒马头门和巷道岔口处向中间掘进,都曾发生严重冒顶,终因无法正常施工而被迫停止掘进。

2.2 巷道规格与断面形状的设计

试验巷道由第一试验段与第二试验段组成,全长32m(图1)。掘进断面宽6.0m,高4.45m,较符合等应力轴比的原则。此外,综合考虑有利于承受较大的水平应力,易于施工和有效利用面积较大等要求,断面形状选用矮墙半圆拱(图2)。

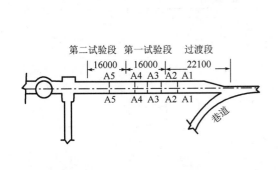

图1 试验巷道平面布置(尺寸单位:mm)

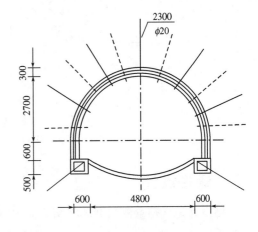

图2 巷道断面及支护结构参数(尺寸单位:mm)

2.3 支护设计

巷道支护由初始支护与二次支护组成。初始支护的目的是及时提供一定的支承抗力,防止岩体松散冒落,容许围岩在不致松散的前提下,有一定量的变形,使岩体应力得以相当的释放,使二次支护避开应力峰值。二次支护的作用是承受长期蠕变阶段的围岩压力,保证巷道的长期稳定性,这两者是有机结合的。基于喷锚支护具有施作及时、与围岩紧密结合、能加固与保护围岩、柔性较大、灵活性强等特点。根据经验,初始支护采用厚 10～15cm 的配筋喷射混凝土与锚杆。喷锚作业紧跟掘进工作面,一般在放炮后 4h 内即喷一层 3～5cm 的薄层混凝土,然后安设长 2.5m、间距 1.0m 的锚杆,再绑扎 $\phi6\sim\phi12$、间距 250mm 的钢筋网,再喷至初始支护设计厚度。

为了抑制巷道侧壁基底处岩体的松散和巷道底鼓,设置了钢筋混凝土底梁和混凝土砌块砌筑的仰拱,仰拱矢跨比为 1/8,底梁和仰拱一般按每 4.0m 一段,一次完成。支护参数及封底结构见图 2。

2.4 工程监测设计

为了及时掌握巷道开挖后围岩变化的动向和支护结构的力学形态,监测施工过程中的安全程度,为调整初始支护,确定二次支护类型及其施作时间提供信息,并判断巷道的稳定性,在每一试验段中央设有主要量测断面,安有多种监测装置,其中有巷道收敛变形量测(用带钢尺和伸缩式位移测杆)、围岩内部位移量测(用机械式多点位移测杆)、锚杆应力量测(用贴有电阻应变片的量测锚杆)、喷层应变量测(用压磁元件和钢弦应变计)。监测元件埋设位置图见图 3。此外,还有若干个仅量测巷道收敛变形的辅助量测断面。

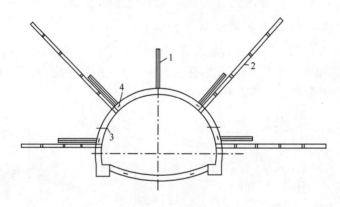

图 3 监测元件布置
1-量测锚杆;2-多点位移计;3-收敛量测测点;4-喷层应变量测元件

3 最终设计

最终设计是根据量测数据调整初始支护参数,并进行二次支护设计。

3.1 根据围岩松动范围和锚杆应力调整锚杆支护参数

从第一观测断面多点位移计实测的围岩内部位移图(图 4)可以看出,巷道表面至深 1.5m 处围岩位移值一般较大。而深度大于 2.5m 的各点,位移显著减小,位移无突变现象。可以认为深 2.5m 是松动区的界限。按照常规,锚杆应不小于围岩松动范围,以有效地固结随时可能脱落的

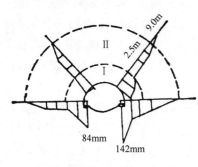

图 4　巷道围岩变形实测
Ⅰ-松动区范围；Ⅱ-塑性区范围

围岩，保持围岩的整体刚度，抑制围岩过量的变形，避免出现有害的松散。可是在初期设计中，曾把第一次试验巷道的顶部锚杆设计为 1.8m，根据上述原则，随即将锚杆长度调整为 2.5m。

此外，从锚杆的受力情况看，当围岩向巷道内部移动时，锚杆主要承受拉力。实测结果表明，在第一观测断面上（即以石墨片岩为主的断面），测得的锚杆最大拉应变达 $2180\mu\varepsilon$（图 5），相应的拉应力为 437MPa。在第二观测断面上（以黑云母片麻岩为主的断面），测得拉应变为 $1040\mu\varepsilon$，相应的拉应力为 208MPa（图 6）。

第一观测断面锚杆承受如此大的拉力，说明锚杆对于控制围岩变形发挥了良好的作用，但同时也反映了锚杆的工作状态已超过了其屈服点，说明加密锚杆是完全必要的。在这种情况下，通过调整锚杆密度，使锚杆间距由原设计 1.0m 改为 0.5m，以减小每根锚杆的负担。锚杆加密后，锚杆的拉应变值不再增加，并有一定的下降。

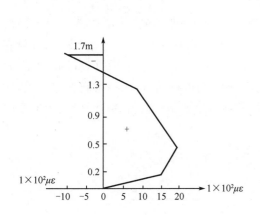

图 5　第一观测断面锚杆典型应变曲线
（锚杆支护后 6 个月）

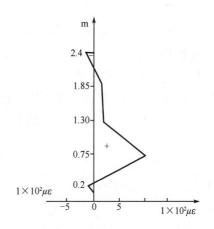

图 6　第二观测断面锚杆典型的深度—应变曲线
（锚杆支护后 6 个月）

主要穿过黑云母片麻岩的第二观测断面，锚杆安设半年后，测得的最大拉应力并未超过锚杆体屈服点，其工作状态是安全的，因而没有调整锚杆参数。

3.2　根据"围岩—初始支护"体系的变形量与变形特征调整支护抗力与支护柔性间关系

初始喷锚支护与围岩相结合以后，所测得的巷道收敛值或围岩变形值，都是"围岩—初始支护"体系变形，它一方面同岩体结构、原岩应力、岩石性质、工程规模有关，另一方面又同支护的刚度和抗力有关。

针对金川高应力地层、巷道开掘后流变效应明显、变形量大的特点，预先设计中对围岩变形采取有控制的"放"和"让"的对策，即充分利用支护的"柔"性，使围岩应力释放，使围岩塑性变形有较大发展但并不引起岩体松散。所设计的支护结构，其抗力能否保证围岩不松散条件下使"围岩—支护"体系的变形速率明显下降，为施作第二次支护提供必要的条件，并不是完全有把握的。在我们的实践中,就出现过两种情况,一种是第二试验段的情况,围岩主要为黑云母片麻岩,由 10～15cm 配筋喷射混凝土和长 2.5m、间距 1.0m 的锚杆作初始支护,并用 300mm 厚混凝土砌筑的仰拱封底,大约在 70d 后,巷道收敛量近 10cm,变形速率开始明显下降,喷层未出现明显的开裂。说明初始支护抗力能适应"围岩—支护"体系变形的协调发展,最后趋于稳定。

另一种是第一试验段 A_3、A_4 测点附近出现的情况,围岩主要为石墨片岩,10～15cm 厚配筋喷射混凝土与长 1.8～2.5m、间距为 1.0m 的锚杆作初始支护,随后又用混凝土砌块封底,约 60d 后巷道收敛量达 10cm,喷层开裂,说明"围岩—初收支护"体系变形不能协调发展,围岩变形量大于配筋喷射混凝土所能承受的极限变形量。当巷道收敛值达 15cm 时,围岩突鼓处,喷层开裂达 2～3cm,局部围岩出现离层现象。如不及时提高支护抗力,抑制围岩变形的急剧发展,有全面进入松散状态的可能。这时,立即用长 2.5m、间距 1.0m 锚杆全面加强顶拱与侧壁,由于"围岩—支护"整体刚度的提高,使巷道收敛变形速率由 0.7～1.0mm/d 减至 0.2mm/d,随后又及时施作二次支护,使巷道趋于稳定。

设置底拱和控制底拱安设时间,也是调整支护柔性和支护抗力间制约关系的一个主要方法。

设置底拱,形成封闭结构,对于提高支护抗力的效果是十分明显的。例如与第一试验段毗邻的过渡阶段,围岩条件、工程断面和初始支护几乎完全一样,所不同的只是过渡段没有封底结构,听任底部围岩自由变形,不仅底鼓严重,还导致支护一年后巷道水平收敛量高达 40cm (图 7),围岩松散,喷层严重开裂剥落,钢筋扭曲,不得不全面进行返修,包括重新施作底拱,才使巷道趋于稳定。采用预制混凝土块封底的第一试验段,则变形量远比过渡段小,变形速率明显下降(图 7)。

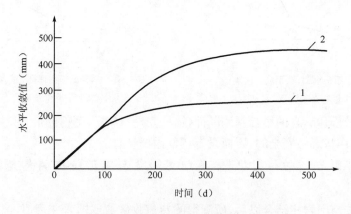

图 7 施作底拱对巷道收敛变形的影响
1-有封底结构;2-无封底结构

3.3 根据围岩变形速率确定二次支护时间

巷道收敛或围岩变形这一物理量是"围岩—喷锚支护"体系其他物理量的综合反映。实测的变形曲线表明,围岩变形过程一般包括增速率、等速率、减速率、明显减速率、零速率等几个不同阶段。若变形呈增速率或等速率发展,说明围岩仍处于向不稳定状态转化过程中。若变形呈减速率增长,则说明围岩向稳定的状态转化。若变形处于明显减速率阶段,则说明围岩已接近趋于稳定。

金川矿区高应力地层巷道喷锚支护试验表明,在围岩变形呈等速率发展时,施作二次支护是不适宜的。如第一试验段 A_2 测点两旁 6m 长的区间。在初始支护后 15~30d 内,即完成了 10~15cm 厚的配筋喷射混凝土二次支护,由于这时围岩变形正处于剧烈增长阶段,刚性较大的支护体对围岩变形的约束力过强,导致支护层上受有很大的荷载,在拱肩处出现严重的纵向剪切裂缝,剪裂宽度达 5cm,同时变形速率长期不得下降(图8)。

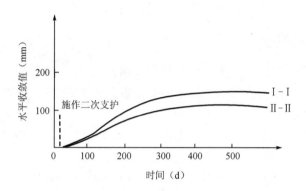

图 8　巷道水平收敛—时间曲线(收敛速率剧烈增长时施作二次支护)

与上述情况不同,虽然体系变形量较大,但凡在变形速率处于明显递减时施作二次支护的,由于这时围岩变形已近最大变形值的 80%,二次支护所受的形变压力较小,均取得良好的效果。如 A_3 测点段在巷道收敛值达 200mm,收敛速率已由初期的 1.3~1.5mm/d 减至 0.2mm/d,再作二次支护,"围岩—支护"体系变形速率迅速趋于稳定(图9)。

第二观测断面所穿过的岩石主要为黑云母片麻岩,也是在围岩变形速率明显下降时才上二次支护的,同样取得了良好效果(图10)。

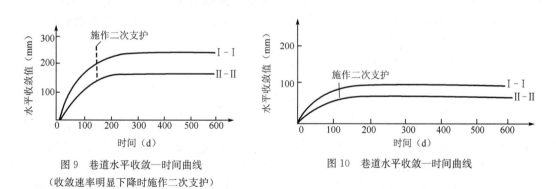

图 9　巷道水平收敛—时间曲线　　　　图 10　巷道水平收敛—时间曲线
(收敛速率明显下降时施作二次支护)

若"围岩—初始支护"变形速率长期不得下降,但体系变形量已接近或局部超过"围岩—支护"体系容许变形量,则正如前面所说,应采取措施加强支护抗力,调整"围岩—支护"体系刚度,促使体系变形速率明显下降,再施作二次支护。

3.4　根据量测结果及工程使用要求,确定二次支护类型

二次支护采用 10~15cm 配筋喷射混凝土,主要是基于以下一些因素。

(1) 二次支护前,巷道收敛量为 10～20cm。
(2) 二次支护前,巷道收敛速率已明显下降,收敛速率小于 0.2mm/d。
(3) 一次支护与二次支护能紧密黏结,接触条件好。
(4) 工程范围内水文地质简单,地下水不发育,无腐蚀性介质的影响。
(5) 该工程系矿山运输巷道,服务年限约 20～30 年。
(6) 施工工艺单一化,有利于组织施工。

当然,二次支护也不排斥其他类型,如钢筋混凝土衬砌、预制混凝土砌块衬砌、钢拱架喷射混凝土、锚杆喷射混凝土等,应视具体情况灵活选用。

4 巷道稳定性分析

对试验巷道进行近二年的量测及外观检查表明:
(1) 巷道收敛变形已稳定下来,个别量测断面收敛值虽有变化,但数值约为 0.01mm/d,仅为支护初期收敛变形速率的 1/200～1/100。
(2) 围岩松动范围,已稳定在离巷道表面 1.5～2.5m 以内,围岩内部移动已经终止。
(3) 喷层外观检查完好。

因而,从总体来看,可以认为试验巷道是稳定的,今后可以满足长期使用的要求。

但是从实用的观点出发,不能像试验巷道那样等 2～3 年以后再判断巷道的稳定问题,因为这样可能严重影响使用与安全。

巷道稳定性的判据一般有以下两个依据:
(1) 巷道位移量小于允许位移量,即

$$u_{\max} < [u]_{\max} \quad 或 \quad u_t < [u_t]$$

(2) 巷道收敛速率小于允许收敛速率,即

$$v_{\max} < [v]_{\max} \quad 或 \quad v_t < [v_t]$$

通过对试验巷道"围岩—支护"的测试,以及对金川矿区高挤压地层喷锚支护变形、破坏的调查,并参考国内外经验研究分析,对与金川矿区试验巷道埋深、围岩地质工程断面相类似的高挤压地层中喷锚支护巷道的稳定性,提出以下判据:
(1) 一个月内巷道平均水平收敛速率:$v_{初} \leqslant 2\text{mm/d}$。
(2) 施作二次支护时巷道断面收敛速率:$v_t \leqslant 0.25\text{mm/d}$。
(3) 施作二次支护时巷道表面最大位移量:$s_t \leqslant 10\text{cm}$。

试验巷道的喷锚支护,由于采取了一系列控制变形的方法,如喷锚紧跟工作面支护;先柔后刚,分两次支护;设置底拱,形成全封闭结构;合理确定两次支护的间隔时间。特别是根据"围岩—支护"变形曲线,适时地调整了支护抗力与支护柔性间的关系,使变形量与速率符合上述判据,保证了巷道的稳定性。

与试验巷道毗连的过渡段及金川矿区高挤压地层中的不少喷锚支护,由于没有采取上述一些控制围岩变形的方法,特别是当变形速率及变形量超过容许值时,没有用系统锚杆锚固围岩和强有力的封底结构,而只是在不规则的巷道表面一味采用增加喷层厚度的办法来控制变形的发展。实践证明,这种做法效果不佳,最后导致围岩松散,喷层严重破坏,不得不全面返修。

由此可见,在软弱的、流变效应明显的高挤压地层中,虽然喷锚支护对于控制围岩变形、维持巷道稳定占有重要地位。但如果不能采用适宜的设计参数、施工程序、支护时间,以及同其他支护的结合方式,不能根据围岩变形曲线,适时地调整支护抗力与支护柔性间的关系,不能把喷锚支护作为一种科学性很强的技术体系加以正确运用,使巷道变形控制在适宜的范围内,就不能取得良好的使用效果,甚至招致严重的破坏。

5 技术经济效果

在软弱的、流变效应明显的高挤压地层中,采用监控法设计和实施的喷锚支护,与传统支护相比,在技术经济上有许多明显的优越性:

(1)施工过程中,能有效防止巷道的片帮冒顶,确保施工安全,有利于加快巷道建设。

(2)立足于保护和加固围岩,能利用围岩的自稳能力和围岩变形的时间效应,因而可以较经济的支护量,维持巷道的稳定性。传统支护则立足于抵挡巷道周围岩石的松散而形成的荷载,即使以较厚的支护结构,仍不能避免破坏。如与试验巷道位于同一轴线上的尾洞,围岩地质尚好于试验巷道,采用厚300mm的混凝土块衬砌被压坏后,再次采用混凝土块修复,又普遍发生了严重开裂。

(3)减少支护材料,节约全部木材,减少掘进断面,免除巷道支护重复返修,无须壁后充填,节约成本20%以上。

6 对监控设计的几点认识

(1)监控设计的主导思想就是要最大限度地发挥围岩的作用,以减少支护的负担。按照监测数据,能动地、适时地调整支护刚度和支护抗力,使围岩应力得到较充分的释放而并不出现有害的松散,使"围岩—支护"体系变形有较大的发展而并不出现破坏,以较少的支护量获得巷道的稳定性。从这个意义上来说,金川高挤压地层中巷道工程,在量测数据指导下,喷锚紧跟掘进工作面;喷锚结合,以锚为主;先柔后刚,分次支护;设置底拱,全面封闭;合理掌握二次支护时间等一系列控制围岩变形的方法,对于提高喷锚支护在软弱的流变效应明显的岩体中的适应性,具有十分重要的作用。

(2)理论计算和工程类比都不可能真实地把握在特定条件下的"围岩—支护"变形特性,只有采用设计、施工、监测相结合的现场监控法才能完成这一任务。由于"围岩—支护"变形是"围岩—支护"力学形态的集中表现,同时也易于测得,便于推广。因此在监控量测中,应当把变形(收敛)量测放在首位。特别是机械式变形量测手段,虽然一般分辨度较大,但测量数据可靠、方法简单、受外界干扰小,在围岩流变效应明显、变形量大的巷道中应优先采用。

(3)如何确定合理的容许变形量与变形速率,是监控设计的关键。不可能给出一个统一的判据,因为不同的围岩条件、原岩应力、工程布置、工程规模、支护方式,会有不同的容许值。合理的容许值应当对量测数据进行全面分析整理后才能给出。一般来说,只要使开挖后(10d或一个月内)及施作二次支护前的变形量及变形速率控制在容许范围内,地下工程稳定性就可以得到保证。

(4)为了使开挖后围岩的变形特性控制在容许范围内,就要调整喷锚支护的刚度与抗力,直至保持地下工程最后稳定。调整喷锚支护的刚度与抗力的方法是多种多样的。

提高支护抗力的方法有：
①加大锚杆长度,缩小锚杆间距。
②采用预应力锚杆。
③设置封底结构,形成闭合支护环。
④在喷层内配置钢筋或钢拱架。

改善支护柔性的方法有：
①分次施作喷射混凝土。
②推迟施作二次支护。
③推迟闭合仰拱。
④沿隧洞横断面,每隔 2~3m 设置一条宽 15cm 的纵向变形缝,当隧道收敛变形很大时,仅出现变形缝的靠拢或闭合,而并不引起喷射混凝土的破坏。
⑤采用钢纤维喷射混凝土,增加支护韧性;使喷锚能承受更大的变形而不破坏。
⑥采用摩擦式锚杆,当围岩移动量大于 10cm 时仍不损坏锚杆的作用。

(5)采用监控设计的喷锚支护在金川矿区高挤压地层中获得成功的经验告诉我们:不能笼统地说喷锚支护的适应性,更不能由于没有掌握要领,对事物缺乏规律性的认识,在某种复杂地层中应用失败了就列为"禁区"。应当看到,喷锚支护作为新奥法的主要组成部分,作为一种科学方法,具有广阔的发展前途。问题在于我们不能把喷锚支护作为一种僵化的凝固的支护形式加以运用,而应当把它看作是一种十分灵活,不断发展的控制围岩变形的科学方法。在同样复杂的围岩条件和工程条件下,喷锚支护有的失败,有的成功,关键是要在巷道开挖后的全过程中,运用量测方法,根据围岩变形规律,恰当地分配支护刚度,适时地追加支护抗力,正确地掌握支护时机,在"围岩—支护"体系的协调变形上下功夫。

建筑结构修复加固工程中的喷射混凝土技术[*]

程良奎

(冶金部建筑研究总院)

采用喷射混凝土修复加固建筑结构具有多方面的优点。如：与其他材料或建筑结构有高的黏结强度；能向任意方向和部位施作；可灵活地调整自身厚度；能射入建筑结构表面较大的洞穴、裂缝；具有快凝、早强的特点，能在短期内满足生产使用要求。此外，由于喷射法施工工艺简便，不需要大型设备和宽阔的进路，管道输送可越过障碍物，通过狭小孔洞到达喷筑地点，节省了大量的脚手架和输送道。喷射混凝土用于修补工程一般也不需支设模板，可直接在被修复加固的基底上喷射。特别是在许多情况下，可不停顿生产而进行建筑结构加固施工。因此采用喷射混凝土修复因地震、火灾、腐蚀、超载、冲刷、震动、爆炸和碰撞等因素而损坏的各种建筑结构，修补因施工不良造成的混凝土与钢筋混凝土结构的严重缺陷，加固各类钢、钢筋混凝土及砖石结构，具有经济合理、快速高效、质量可靠等特点，在国内外已广为应用，日益发展。

1 钢筋混凝土结构的修复与加固

1.1 腐蚀损坏的钢筋混凝土结构的修复与加固

对于出现腐蚀破坏征兆的配筋混凝土结构，则在修复前必须首先彻底清除沿钢筋出现的开裂以至敲击混凝土发生空响的部分。

对外露钢筋则必须详细检查其腐蚀程度，如果腐蚀是轻微的，则用喷射混凝土补强即可。如果钢筋锈蚀是严重的，则必须在锈蚀部位的侧边附加钢筋后再覆以喷射混凝土。

在凿除任何部位损坏的混凝土前，对由于清除混凝土而削弱结构断面所产生的不利影响，必须有足够的估计，如果混凝土损坏是相当严重的，则在清除前应设置适宜的支撑结构。

如果钢筋锈蚀十分严重或者恢复钢筋的黏结强度极为必要，则清除钢筋背后的锈斑是必不可少的。但也要注意不宜过量地清除，以免使钢筋进一步受到损伤。

当钢筋混凝土结构使用后短期内就出现严重腐蚀的情况，则必须在修复前查明腐蚀破坏的原因。在这种情况下，为了提高喷射混凝土修补层的耐久性，一般要加大外覆层厚度和采用抗硫酸盐水泥、高铝水泥等特种水泥。

对于钢筋混凝土结构的加固，应采用这样的原则，即在受压区附加喷射混凝土，在受拉区用喷射混凝土覆盖钢筋，同时要使喷射混凝土的修复设计保持结构截面上受压区与受拉区的平衡。

---

[*] 摘自《喷射混凝土》，北京：中国建筑工业出版社，1990：261-287。

1.2 火灾烧伤的混凝土结构的修复

对于火灾烧伤的钢筋混凝土结构，喷射混凝土是一种理想的修补材料与方法。

采用喷射混凝土修复，设计前，必须对火灾现场进行详尽的了解和勘察，并配合必要的试验，以便能对建筑结构的受损情况做出正确的评价。

调查混凝土表面颜色变化及其他物理现象可以大致判断混凝土表面受热温度（图1）。此外，通过现场残存物调查和取样检验，可进一步地印证混凝土表面受热温度。

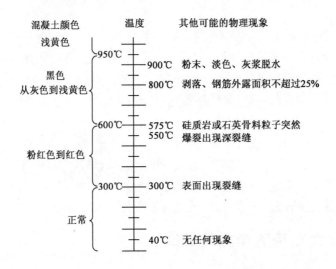

图1　混凝土表面受热温度与外观颜色变化的关系

火灾时构件混凝土的内部温度则可通过实地调查、试验或理论计算来确定。直径为30cm的圆形混凝土柱，按标准火灾曲线试验，四周暴露在火中2h，内部温度曲线见图2。

当掌握了火灾时混凝土结构表面及内部温度后，就可估计其力学强度损失。在没有条件进行针对性试验时，建议按表1、表2和表3分别估计混凝土的抗压强度、弹性模量和握裹强度的损失。从表1可以看出，当温度超过300℃时，混凝土的强度及弹

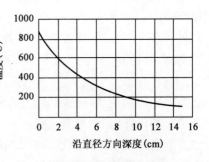

图2　圆形柱内部温升曲线

性模量有着明显的下降。至于火灾温度对钢筋强度的影响，由于在600℃以内，钢筋冷却后仍能基本上恢复到原有强度，故重点应检查火灾时钢筋温度是否已超过600℃。

受热混凝土抗压强度残存率　　　　　　　　　　　　　表1

温　度（℃）	100	200	300	400	500	600	700
抗压强度残存率（%）	100	92	82	72	57	37	18
抗压强度残存率最小值（%）	95	80	69	50	23	—	—

受热混凝土弹性模量折减系数　　　　　表2

温度(℃)	20～50	100	150	200	300	400	500
折减系数	1.0	0.85	0.78	0.63	0.45	0.22	—

不同温度下握裹强度降低系数　　　　　表3

温度(℃)	20	60	100	150	200	250	350	400	450
对光面钢筋	—	0.85	0.75	0.6	0.48	0.35	0.17	—	—
对变形钢筋	—	—	—	—	—	—	0.99	0.75	0.5

条件许可时,也可用声波法测定损伤混凝土的强度。

对于仅在结构表面出现轻微烧损的情况,则通常先剔除烧伤的混凝土,再以喷射砂浆或喷射混凝土予以修补。当钢筋混凝土结构出现严重损坏,即混凝土大面积开裂剥落,钢筋外露时,对受损的混凝土应全部凿除,对受损的钢筋应根据实际有效截面积和材质折减进行计算。如果必须增加主筋和箍筋,则新增主筋应在靠近支座处与原来的钢筋焊接。新增的箍筋通常需在楼板上打孔使其通过[图3a)],也是焊接在原来的箍筋上[图3b)]。如要增加梁的高度,则新增主筋可利用折筋或浮筋与原有主筋焊接。对于烧伤严重的钢筋混凝土柱也可按图4所示的方法处理。新增主筋可锚固在梁内或板上,并与原构件中有可靠锚固的钢筋焊接。计算主筋截面时,应考虑到由于焊接产生的过烧现象,可能使受力钢筋截面减少25%,补强用喷射混凝土强度不得低于C15,也不得低于原结构的强度等级。

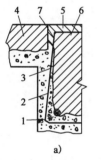
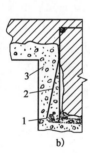
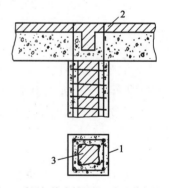

图3　火灾烧伤梁在喷射混凝土前放置钢筋的方法
1-新主筋;2-新钢箍;3-喷射混凝土;4-完好混凝土;
5-形成凹槽;6-搭接或焊接钢箍;7-钻孔

图4　采用加筋喷射混凝土方法修复柱子
1-喷射混凝土;2-带联系杆或钢丝网的新的垂直钢筋;3-完好的原结构混凝土

在凿除损伤混凝土前,必须采取适宜的支撑方式保护损伤结构,以免在工作时出现结构物的过度变形或倒塌。

1.3　地震或施工不良造成的钢筋混凝土结构的损坏及缺陷的修补

其修补的设计原则与施工要求,可以参照由于腐蚀或火灾引起的结构损坏的处理。

2　钢筋混凝土结构采用喷射混凝土修补加固的设计要点

(1)由于各种原因遭到损伤的配筋或非配筋混凝土结构以及预应力结构均可使用喷射混凝土修补加固。

(2)进行加固设计前,应弄清原始情况,既要掌握原有建筑结构设计施工的原始资料,建筑结构的损坏程度,对现有建筑结构基本承载力做出评价。

(3)修补加固损坏的承受结构,所使用的喷射混凝土与钢筋的强度等级,至少应相当于原有建筑结构的强度等级。

(4)由于受损结构不仅受到破坏本身的影响,而且施工时要凿掉因火灾、地震、化学腐蚀等因素而引起的酥松的混凝土部分,致使结构受到严重削弱。故必要时,需对结构进行稳定性验算。

(5)结合界面处两种不同强度等级的混凝土共同作用时,应以较低强度等级作为计算标准。

(6)如果结合界面上最大剪应力值 τ_v 超过表4中规定的 $0.8\tau_{011}$(板)或 $0.8\tau_{012}$(梁)值时,应验算连接件所能承受的剪力。

(7)结合面中最大剪应力不得超过表4中的 τ_{02}。

使用荷载下混凝土剪应力的极限值(MPa)　　　　　　　表4

建筑结构	范围	最大剪应力 τ_{0max}	不同强度等级混凝土相对应的剪应力极限值					抗剪钢筋的验算
			C15	C25	C35	C45	C55	
板	1	τ_{011}	0.25	0.35	0.40	0.50	0.55	不需要
			0.35	0.50	0.60	0.70	0.80	
	2	τ_{02}	1.20	1.80	2.40	2.70	3.00	需要
梁	1	τ_{012}	0.50	0.75	1.00	1.10	1.25	不需要
	2	τ_{02}	1.20	1.80	2.40	2.70	3.00	需要

注:板中范围1较小的剪应力极限值适用于错列钢筋,即在受拉区有部分锚固。

(8)计算侧面与底面均加固的梁的界面时,可按加固后的梁断面计算剪应力。

(9)当按(7)不要求验算结合界面上的剪力时,则在主要承受静荷载的板中可以不设连接件。当喷射混凝土层厚度大于5cm,在有较高剪力部位应使用适宜的连接件。在承受动载作用的板和梁中,则结合界面上40%的计算剪应力应由连接件承受。

(10)结合界面上的连接件可以是原有的钢筋、增设的定位销、螺栓、箍筋或其他适用的钢质连接件。

(11)如果按(7)的规定,要求验算结合面上的剪应力,则应按下述设计值 τ 计算连接件。

范围1适用于整个横截面都出现纵向压应力的建筑构件(即在正常情况下不需要验算钢筋所承受的切应力)。

当 $0.8\tau_{011} < \tau_v \leqslant \tau_{011}$ 时,则:

$$\tau = \frac{\tau_N^2}{\tau_{011}} (\text{MPa})$$

当 $0.8\tau_{012} < \tau_v \leqslant \tau_{012}$ 时,则:

$$\tau = \frac{\tau_V^2}{\tau_{012}} (\text{MPa})$$

范围2适用于承受弯曲荷载的建筑构件(即在正常情况下需要验算钢筋所承受的切应力)。

当 $\tau_{011} < \tau_v \leqslant \tau_{02}$(板),则:

$$\tau = \tau_v$$

当 $\tau_{012} < \tau_v \leqslant \tau_{02}$(梁),则:

$$\tau = \tau_v$$

(12)喷射混凝土中的钢筋应按静力要求和构造上的需要设置。在钢筋混凝土或预应力钢筋混凝土构件上的喷射混凝土层厚度大于 5cm 时,应设置构造钢筋。

(13)喷射混凝土中的附加钢筋与原结构的结合,应符合钢筋混凝土结构设计的有关规定。

(14)喷射混凝土与钢筋的设计黏结应力值按表 5 取用。

单位长度上钢筋的黏结应少的允许设计值(MPa)　　　　表 5

表面特征	喷射混凝土强度等级				
	C15	C25	C35	C45	C55
光面钢筋	0.3	0.35	0.4	0.45	0.5
螺纹钢筋	0.7	0.9	1.1	1.3	1.5

3　砖砌体的加固

在已有建筑物上,旧式无筋砖砌体结构会产生最为严重的地震灾害。目前,国内外广泛采用的砖砌体抗震加固技术就是在无筋砖砌墙的一面施加一层配筋的喷射混凝土。

国内外都分别进行过用喷射混凝土加固砖砌墙的荷载试验,证明加固后的砖砌墙的抗剪强度能得到明显的提高,因而极大地增强了砖墙的抗震能力。

美国佐治亚州技术学院所进行的 1.0m×1.0m 砖板试验表明:采用 0.19% 配筋率的层厚为 89mm 的喷射混凝土加固后,可提高砖板的抗剪强度 1700%;采用 0.25% 配筋率层厚为 38mm 的喷射混凝土加固后,可提高砖板的抗剪强度 680%。Yokel 和 Fattal 等人对试验砖板的强度表达为以下关系式:

$$f_t = 0.7336 \frac{P_d}{\sqrt{2}t \cdot b}$$

式中:f_t——斜向(对角)受荷时的最大拉应力(MPa);

P_d——在开裂或极限状态时的斜向(对角)荷载(kN);

t——板或喷射混凝土的厚度(mm);

b——板的长度(mm)。

加固砖板的试验还表明,膨胀金属以及焊接钢丝网都能提高足够的配筋率,加固砖板承受非弹性变形的能力还较未加固砖板的大。

砖板表面处理方式(干燥的、潮湿的或用环氧涂层处理的)对加固板的极限强度没有产生明显的影响。在完成施荷之后,用锤子敲打每块试验板的砖面,使砖和喷射混凝土分开,观测到的砖—喷射混凝土界面上的实际黏结损失为:占干燥砖板的 40%,占潮湿砖板的 30%,占涂环氧砖板的 10%。在到达极限荷载以后,环氧涂层板随其非弹性变形的增大而具有最小强度损失,而干燥板的强度损失最大。用抗震性能来表示,潮湿和环氧涂层的试验板具有较大的能量逸散能力,因而比干燥板具有较大的抗震能力。

我国冶金部建筑研究总院曾进行配筋喷射混凝土加固砖砌体的强度试验,所用砖砌体试件尺寸为 200cm×63cm×24cm。砖砌体试件有两种形式,一种是完整的,没有受到损坏的;另一种则是模拟受到地震损坏的,有一条宽 1.0cm 的贯通的斜裂缝分布在试件对角线上。这两种试件分别采用单面或双面配筋喷射混凝土加固,喷层厚为 5cm。

加固砖砌体的荷载试验表明：加固砖砌体抵抗水平荷载的能力，主要取决于喷射混凝土的强度、厚度和钢筋截面积；即使对严重缺损的、几乎无法承受水平力的砖砌体，采用配筋喷射混凝土加固后，其承受水平荷载的能力并不低于用同等的配筋喷射混凝土加固的未损坏的砖砌体，这说明喷射混凝土能紧密地填充缝隙，良好的嵌镶和咬合效应，使被裂隙分离的砖砌体连接起来，如同整体一样。

对于设计计算配筋喷射混凝土加固的砖砌体（剪力墙），建议按下列两种情况分别验算其抗剪强度。

情况一：强度为喷射混凝土控制时：

$$K_c Q \leqslant \frac{0.8}{\xi}\left(0.6 f_{mv} A_m + f_{cv} A_0 + \frac{0.6 n_c f_{st} A_s \cdot L}{s}\right)$$

情况二：强度为钢筋网控制时：

$$K_c Q \leqslant \frac{0.8}{\xi}\left(0.4 f_{mv} A_m + 0.7 f_{cv} A_0 + \frac{2 n_c f_{st} A_s \cdot L}{s}\right)$$

注：上式适用于 $\phi 4 \sim \phi 8$ 的钢筋，且间距不小于 15cm。

式中：Q——水平地震剪力（kN）；

A_m——砖墙截面积（mm²）；

f_{mv}——砖墙的抗剪强度（MPa）；

A_0——喷射混凝土截面积（MPa）；

f_{cv}——喷射混凝土抗剪强度（MPa）；

K_c——安全系数，7度地震区取 2，8、9 度地震区取 1.4；

n_c——喷射混凝土层数；

A_s——单根钢筋截面（mm²）；

L——砖墙水平长度（mm）；

s——方格状钢筋网网距（mm）；

ξ——截面切应力不均匀系数，矩形截面 $\xi=1.2$。

剪力墙加固设计，还应满足下列构造要求：

(1) 喷射混凝土厚度不小于 5cm。

(2) 保护层厚度不小于 1cm。

(3) 钢筋网须用 $\phi 6$ 穿墙 S 筋或连接杆与墙体固定，S 筋或杆件的间距为 1.2～1.5m。

(4) 钢筋网纵筋需通过楼板或伸入地坪时，可采用在楼板或地坪处中断纵筋，并在楼板或地坪上凿洞插入短筋，但洞距不宜大于 1.2m。短筋截面积总和不应少于中断的纵筋截面的总和，短筋与楼板上下纵筋的搭接长度及伸入地坪以下的长度应不小于短筋直径的 30 倍，所凿孔洞应用细石混凝土填充。

4 钢结构的补强与加固

由于磨损和腐蚀，使钢结构遭到损伤后，首先必须决定被腐蚀的钢结构有多大的部位需要清除，其次则要确定须加固的部位和程度。

柱：对遭受腐蚀的钢柱，为了修复钢结构截面上的受压面积，通常用钢丝网喷射混凝土包裹钢柱。喷射混凝土的修复常用沿轮廓包裹[图 5a)]和完全包裹[图 5b)]两种方式。

梁:梁遭到腐蚀后,必须对上下翼缘和腹板分别测定其腐蚀程度,特别对支承区、严重腐蚀区及高应力区更要严格检测。加固设计不仅要补偿腐蚀引起的结构截面的损失,也要补偿喷射混凝土包裹层的重量。

如果梁被加固到原始承载力以上,则上翼缘的受压面积必须同横卧在下翼缘的受拉钢筋相平衡,以保持其中性轴的位置。尽管一般不大可能发生腹板的纵向弯曲,但在支承点处仍必须验算承压面积和受剪的翼缘。

图 5c)为用配筋喷射混凝土加固的钢梁。下翼缘的覆盖层应呈倾斜状,以防止积水。为了取得规则状的隅角,应采用施工样板。不良的施工可能形成渗水缝,使外界水接触钢材,这是应当加以避免的。如果采用喷射混凝土包裹前,钢结构已严重腐蚀,则要事先用敲击或钢丝刷把腐蚀部分清除干净。

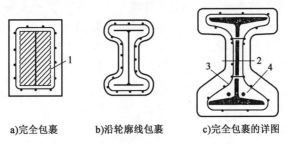

a)完全包裹　　b)沿轮廓线包裹　　c)完全包裹的详图

图 5　钢柱、钢梁用配筋喷射混凝土修复加固

1-固定钢筋网前喷射混凝土;2-中性轴;3-钢筋网;4-同增加顶部翼缘面积相平衡的附加钢筋

5　海洋结构与支挡结构修补与加固

5.1　海洋结构的修补

建造于海洋旁的结构物通常要承受空气或雨中的可溶性盐的侵蚀,而建造于海洋中的结构物则除了受氯盐腐蚀外,还要经受海浪的冲击、海浪夹带的砂石的腐蚀和黏附于岩石上的海洋生物的腐蚀。

海洋钢结构的修补方式如同前面所述,但覆盖于钢结构表面的喷射混凝土层厚应当增大,特别是处于海洋中的钢结构修补尤应如此。

海洋环境的配筋混凝土结构可能遭到严重腐蚀和磨损,用喷射混凝土修补表现出特别好的效果。

一般说来,海洋环境的配筋混凝土结构应设计成圆状体,特别是打入海洋基底的桩。因为方形截面或其他带有直角边的结构易损失其棱角,能更快地引起钢筋的腐蚀。钢筋保护层一般为 50mm,至少应为 40mm。

为了获得有效的修补,所有损坏的混凝土都要凿除掉,直至露出坚硬的、干燥的材料。如果喷射混凝土施作在软弱的、易变形的和海水渗透的基底上,则喷射混凝土的修补是不可靠的。确保质量的做法应当是在白天凿除损伤的混凝土,然后在整个夜间用淡水喷洒凿除后的表面,在清晨即着手喷射混凝土。对处于高低水位变化区段的喷射混凝土施工,或者在已喷成的混凝土层上再继续喷射混凝土,则必须在接缝面上切除不小于 12mm 厚的混凝土,并应避免在接缝处出现孔眼,以阻止海水渗入。

喷射混凝土能很好地抵抗海水的侵蚀,主要是因为厚度超过50mm的喷射混凝土具有良好的不透水性。但海水周期性断续接触影响的新鲜喷射混凝土一般尚需喷敷沥青涂层。其功能是既作为混凝土的养护膜,又作为防止海水渗入的附加保护层。

大多数海岸护壁是由大体积混凝土或块石圬工构成的。大体积混凝土常常是低质量和多孔隙的,对抵抗海水渗透的能力很弱,在海岸旁经受海水冲刷后极易损坏。采用喷射混凝土并同绑扎在岩石锚杆上的铜丝网结合使用,可以解决防护问题。但在严重破坏的情况下,作为防护面层的喷射混凝土,并不能一劳永逸,而要经常更换。

对于严重破裂的块石圬工护壁,还可用水泥灌浆充填裂隙和孔穴,并用钢筋网喷射混凝土护面(图6),同样能成功地得到修补。潮汐区的结构损坏一般较严重。这个区段损坏结构的修补应选择在热天进行,并采用加速硬化的高强度等级水泥,这样可使喷射混凝土在施作后1~2h内,达到一定的强度,足以抵抗潮水的侵袭。

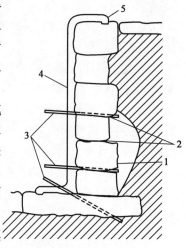

图6 破裂的海岸护壁用水泥灌浆和喷射混凝土修补
1-空洞;2-裂缝;3-注浆管;4-喷射混凝土;
5-嵌入槽内的喷射混凝土

5.2 支挡结构的修补与加固

海岸护壁、坝、拦河堰、河堤、水闸门、水库护壁、桥梁台墩、挡土墙等支挡结构,一旦出现开裂或灰浆从缝中被水冲走,会导致水自由地通过结构物,使其损坏进一步扩大。挡土墙遇到这种情况,则可能在短期内发生倾倒和坍塌。

对这类结构的修补方法,不仅要停止水对墙体的渗透,而且要阻止水的运动和水压对整个区域的影响。图7为一建造于山边的填方体挡土墙,由于水自由地流入填充物和块石挡墙,使结构遭到严重损坏。挡土墙的修复,采取以下几个步骤:

(1)灌浆锚杆穿过挡土墙并因定在山体岩层内,它与敷设在圬工挡墙表面的钢筋网相连[图7b)、c)]。

(2)在墙体上从顶到底按一定间距安设排水管[图7b)]。

(3)在锚杆头之间按格栅状施作喷射混凝土肋条[图7c)、d)]。

(4)从每一台阶填方顶部向下安设长注浆管,然后由底到顶地向填方体注浆。

(5)注浆前向填方体顶面喷射一层混凝土。

这种用喷射混凝土处理壁面,并用固定在山体中的锚杆相结合的方法治理有倾倒趋势的挡土设施,可用于相似条件的工程。

6 喷射混凝土修复加固的工程概况及效果

喷射混凝土的一系列特点,使得它成为当前大面积修复加固建筑结构物的主要方法之一。国内外用喷射混凝土修复加固的部分实例见表6和表7。从表中可以看到,喷射混凝土不仅适用于火灾、地震、腐蚀、超载和施工不良等各种因素引起的建筑结构的损坏或缺陷的修补整治,而且也适用于住宅、桥梁、涵洞、水池、厂房、烟囱、冷却塔、隧洞、矿井、坝体等不同类型建筑结构的修复加固。

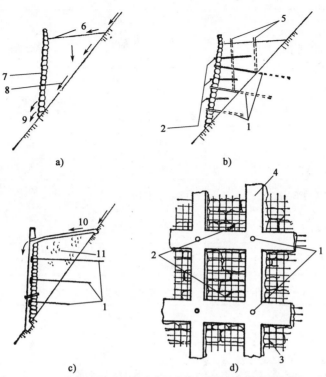

图 7 采用喷射混凝土和灌浆技术修复有破坏危险的填方体
1-灌浆锚杆；2-排水管；3-钢筋网；4-条状喷射混凝土；5-注浆管；6-潮水；7-挡土墙；8-多孔的填充土；9-渗流的潮水；10-流出的潮水；11-固结的填土

国内用喷射混凝土修复加固建筑结构的部分实例　　　　　表6

使用单位	工程名称	修复加固原因	技术要点
本溪钢铁公司	煤焦厂熄焦塔	反复冻融作用，砖砌体表层酥裂剥落	配筋喷射混凝土修补
湘潭钢铁公司	平炉车间屋架	烟气腐蚀，导致屋架酥裂剥落	喷射混凝土修补
唐山钢铁公司	炼钢厂主厂房	地震力引起窗间墙出现 X 型裂缝	喷射混凝土及配筋喷射混凝土
	炼钢厂砖烟囱	地震力所引起烟囱开裂错位	配筋喷射混凝土修补
	炼铁厂高位料仓	地震力使钢筋混凝土框架的钢筋扭曲、混凝土剥落	附加钢筋喷射混凝土覆盖
天津耐火材料厂	隧道窑车间	砖壁柱地震力引起错裂	喷射混凝土修补
北京地下铁道	地铁钢筋混凝土顶板和侧墙	施工中发生火灾，引起混凝土表层烧伤	喷射混凝土或配筋喷射混凝土修复
舞阳钢铁公司	主电室地下室	火灾烧伤钢筋混凝土梁板、钢筋外露混凝土剥落	附加钢筋喷射混凝土或钢纤维喷射混凝土修复
广东深圳华侨企业公司	1000m³ 生活水池	施工质量低劣，池壁混凝土出现大量狗洞、蜂窝与麻面	喷射混凝土与防水砂浆抹面

续上表

使用单位	工程名称	修复加固原因	技术要点
防原子工程	箱形钢筋混凝土结构	施工质量低劣,出现狗洞20余处	喷射混凝土修补
河北廊坊	受民道铁路立交桥	桥涵混凝土出现蜂窝并露筋	喷射混凝土修补
北京石景山饭店	钢筋混凝土框条、剪力墙	施工不足,结构物出现严重蜂窝、狗洞、钢筋外露	喷射混凝土与钢纤维喷射混凝土修补
北京有色金属研究总院	砖墙、水塔	抗震加固	配筋喷射混凝土加固
轻工业部	办公大楼剪力墙	抗震加固	配筋喷射混凝土加固
北京铁路机械厂	办公楼钢筋混凝土梁	增加使用荷载	增加受拉筋并用喷射混凝土加大梁高
石景山饭店	剪力墙	滑模施工不良产生水平裂缝	喷射混凝土或钢纤维喷射混凝土补强
北京市房山区供电局	六层砖混结构的住宅	因施工不良构造柱及圈梁出现严重蜂窝及狗洞	喷射混凝土填补狗洞,配筋喷射混凝土加固圈梁

国外用喷射混凝土修复加固建筑结构的部分实例　　表7

国别	工程名称	修复加固原因	技术要点
日本	北海道地区部分钢筋混凝土建筑结构	1966年北海道十胜地震引起的破坏	喷射混凝土或加筋喷射混凝土
美国	潘诺拉玛城凯塞医院多层钢筋混凝土建筑物	1971年美国圣费尔多南地区6.6级地震引起的破坏	用配筋喷射混凝土加固抗震墙
苏联	塔什干地区的住宅建筑	1966年塔什干地震引起的砖砌体破坏	在损坏墙体两面用配筋喷射混凝土加固
美国	钢筋混凝土拱桥	长期(约50年)使用引起损坏	喷射混凝土全面修复
日本	东名高速公路日本坂隧道	火灾烧伤钢筋混凝土衬砌	钢纤维喷射混凝土修补
日本	伊豆快车道稻取隧道	地震引起隧道衬砌破坏	钢纤维喷射混凝土修补
日本	名神高速公路下今须桥	交通荷载长期作用,使承载力降低	桥面上浇灌钢纤维混凝土、下部施作钢纤维喷射混凝土
英国	伯明翰附近铁路桥砖砌涵洞	长期使用后损坏	15cm厚钢纤维喷射混凝土
英国	冷却塔工程	Ferrybridge的冷却塔倒塌	用5cm厚喷射混凝土修补未倒塌的混凝土
瑞典	波立登矿溜矿井	溜井因矿石长期冲击磨损而影响正常溜矿	用钢纤维喷射混凝土加固
联邦德国	多特蒙德一次思霍尔斯特中学健身房	轻混凝土大型墙板因火灾而破坏	用轻质喷射混凝土修复
联邦德国	慕尼黑博览会3号展厅	长期使用及二次大战的影响使钢筋混凝土结构受损坏	配筋喷射混凝土全面修复

用喷射混凝土快速修复火灾引起的大面积烧伤结构,应用极为普遍。日本东名高速公路日本坂隧道衬砌损坏,致使交通中断,居民被困于一地。采用钢纤维喷射混凝土修复,仅用10d就完成长1122m的隧道修复任务,从而能迅速恢复运输任务。1981年我国舞阳钢铁公司

主电室发生火灾,地下室钢筋混凝土梁板烧伤面积达 1300m²,混凝土酥裂,钢筋外露,采用加筋喷射混凝土与钢纤维喷射混凝土修复,免除了大量模板支撑,使工序大为简化,缩短修复工期1/2。新旧混凝土界面上的抗拉黏结强度大于 1.0MPa,能保证修复结构的耐久性,平整度也符合设计要求。

对于修复地震损坏的建筑结构物,喷射混凝土显示了独特的效应和良好的效果。1976年,我国唐山丰南发生 7.8 级强烈地震后,曾用喷射混凝土修复了一大批遭到严重破坏的建筑结构物,其中包括砖墙、砖柱、钢筋混凝土梁柱板、烟囱、水塔、水池等(图 8 和图 9),不仅满足了当时迅速恢复生产的需要,而且经受了多次 8 度余震的考验,至今使用情况一直良好。

图 8 用喷射混凝土加固钢筋混凝土框架

图 9 用配筋喷射混凝土加固砖烟囱

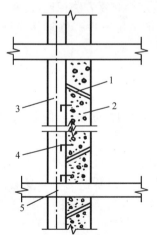
图 10 用配筋喷射混凝土加固钢筋混凝土抗震墙
1-用环氧树脂修复裂缝;2-抗震墙;3-新配筋喷射混凝土;4-以 120cm 间隔预埋的连接件;5-在模板上下部用环氧树脂固定连接件

1966 年苏联塔什干地震,位于震中(8 度区)的某城市的大量住宅遭到严重破坏,砖砌体的典型破坏是墙体和上层窗间墙水平裂缝、大量斜裂缝和少量交叉裂缝。修复的方法主要是在损坏墙体的两面放钢筋网,再喷射混凝土。曾对 50 多栋用不同方法修复的建筑物进行了动力特性量测,从地震前后、修复后和强余震后的建筑物动力特性比较来看,配筋喷射混凝土的加固最为有效。

1971 年,美国圣费尔南发生 6.6 级地震使洛杉矶市 2000 多栋无筋砖石建筑遭到极其严重的破坏。此后,美国土木工程师协会提出关于修复无筋砖砌建筑的标准中,规定出现破裂而不必拆除的部分砖墙,可以拆除皮砖后用 100mm 厚的配筋喷射混凝土加固。位于震中以南的潘诺拉玛城凯塞医院的多层钢筋混凝土建筑也遭到严重破坏,采用配筋喷射混凝土加固抗震墙(图 10),喷射混凝土采用无收缩水泥,取得了良好效果。

用喷射混凝土修补有施工缺陷的混凝土结构,更是不乏其例。如深圳沙河华侨企业公司的生活蓄水池,蓄水量 1000m³,为一全封闭式钢筋混凝土结构,由于施工不良,拆模后出现大小孔洞 47 个,且大部分是贯通性孔洞,孔洞总面积约占池壁面积的 30%,用喷射混凝土填补孔洞后,再附加 5cm 厚喷射混凝土与 2cm 厚喷射砂浆修补,使用后未发生渗漏现象。它与现浇混凝土修补加固方案相比,节约混凝土量 50%,木材 90%,加快施工速度 2~4 倍,降低工程造价 50% 左右。

苏联克里沃罗格和卡姆拉尔冶金工厂曾以矿渣水玻璃喷射混凝土修补容积为 2500m³ 的储罐、高炉喷水池和其他建筑结构,兼有修补和防水两种性能,抗渗性可达 0.8~1.1MPa,获得了很高的经济效益。

在英国,当 Ferrybridge 冷却塔倒塌以后,许多钢筋混凝土冷却塔的外表施作了 50mm 厚的喷射混凝土,其中还加入直径很小的高强钢筋以增加垂直方向上的强度,抵抗向上的拉力。

英国的某混凝土坝,因为原来的坝体中产生很大应力,使坝体逐渐拱起。在大坝的下游面施作了足够厚度的配筋喷射混凝土,钢筋网由剪力连接件与坝体连在一起,从而减小了坝体中的工作应力。国外对被削弱了的砖石拱桥,常在原拱下面做一个厚度适当的钢筋网喷射混凝土拱来补强,同时对桥墩、桥基和桥体灌浆并安上拉杆以防止倒塌。在拱下面用切力连接件与较多的钢筋相连,均收到良好的加固效果。

国内外大量的修复加固工程表明,喷射混凝土具有密实、坚固和耐久的特点,与被修复加固的建筑结构具有良好的黏结,能保证两者共同工作。只要设计合理,使用恰当,用喷射混凝土修复加固的建筑结构的寿命大致和未损坏的原建筑结构物的寿命一样长,并在长期内不需要维修。若严格遵照规范施工就能得到美观的外表和高质量的修复加固层。

对于处理不同损坏形态的不同类型的建筑结构物,应选择不同的喷射混凝土修复加固方式,如配置钢筋、掺入钢纤维或与环氧灌缝、水泥灌浆、安设锚杆等修复加固方式结合使用。

喷射混凝土修复加固费用是重建费用的很小部分,同其他建筑结构修复方法相比,也能节省人工和材料,特别是修复工期短,甚至有时可在不停止正常工作的情况下进行修复,因而具有很大的经济效益。

7 喷射混凝土修复加固工程实例

7.1 联邦德国多特蒙德——沙恩霍尔斯特中学受火灾破坏的轻混凝土墙板的修补

联邦德国多特蒙德——沙恩霍尔斯特中学健身房的墙体采用 C15 轻混土大型墙板。1975 年初由于火灾,使健身房墙面受到严重破坏。混凝土面层破坏达 5cm 深。为了恢复墙板的承载能力并达到要求的最低厚度,需采用相同强度等级和容重尽可能相同的混凝土修复受损坏的墙板。

通过选用粒径为 0~8mm 并有适宜级配的膨胀黏土陶粒,使喷射混凝土的强度和容重符合修补要求。轻质喷射混凝土的拌和料配合比见表 8。硬化后的喷射混凝土 28d 平均抗压强度为 23MPa,容重平均达 1150kg/m³,满足了修补设计的要求。

进行修补时,先将所有损坏的混凝土打掉,并经喷砂处理,然后将旧混凝土彻底冲洗和预先湿润,经过处理的表面,采用干喷法喷上混凝土层,最后将混凝土表面磨光。

轻质喷射混凝土拌和料的配合比　　　　　　　　　　表8

原 材 料	用量(kg/m³)
膨胀黏土陶粒(4～8mm)	300
膨胀黏土陶粒(0～4mm)	350
砂(0～4mm)	210
水泥	320

7.2 联邦德国博览会展览厅的维修

1908年建造的联邦德国慕尼黑博览会3号展厅在联邦德国来说是第一座大型钢筋混凝土厅堂建筑物，大厅为28m×104m，净空高度为21m，为单跨钢筋混凝土框架结构，轴距7.0m，与一中央圆顶建筑紧连。

这幢经过70年的展厅是否能再使用20年，还是应该拆了重建，为了弄清这一问题，对展厅的耐久性进行了鉴定。最后确定用喷射混凝土全面维修。

1) 钢筋混凝土结构的一般状况

在展厅内部，结构表面为白色石灰涂层，乍看上去几乎没有什么损坏，然而用锤子敲击时发现有许多空穴，特别是在边缘部位，与边缘平行的裂缝也预示将要出现剥落。例如使用轻型风动锤锤击某一部位，会有约1m长的保护层块松动下落。对不同部位进行深入研究后发现混凝土中组织结构的破坏，接近表面区出现开裂和褪色现象。产生这些破坏的原因主要是二次世界大战中火灾的影响。

2) 混凝土强度

为了检验混凝土抗压强度和特性，按规定的间隔，在整个结构上钻取芯样。试验得出混凝土抗压强度为22.2～61.8MPa，平均抗压强度为37.1MPa。

3) 混凝土的保护层

使用钢筋探测仪和对某些部位将混凝土保护层凿开，可以抽样检查钢筋的位置和现状，以及混凝土碳化层深度。对35个测点做了调查后就可以确定，建筑物的混凝土保护层已远不能满足现行标准的规定要求。

4) 碳化深度

由于结构使用年限较长，而且在建造时所用的混凝土振捣方法尚未达到今天的技术水平，因此可以估计到，混凝土的碳化速度较快。根据上述理由要求通过凿开的观测孔来测定混凝土的碳化深度。在展厅内部测得的混凝土碳化深度介于2～16cm，展厅外部由于受到气候的影响，其碳化深度介于0.5～8cm。于是得出平均碳化深度内部为6cm，外部为3cm。在展厅内部，当混凝土碳化深度达6cm时，已达到钢筋表面，为此钢筋已不具有主动防锈能力。相反，在外部，由于碳化层仅为3cm，尚未超过混凝土保护层的厚度(当然开裂部位除外)，因而钢筋无锈蚀的危险。

5) 配筋

在所有观测点看到的都是光面钢筋，从经验来看，当时所用钢筋的$\sigma_{允许}=120$MPa，可作为强度验算的依据。钢筋的腐蚀程度按不同的取样部位,有"表面轻度腐蚀"、"有腐蚀疤的严重腐蚀部位或原有钢筋断面受到剥削的部位"等不同类型。

6)对结构现状的综合评价

对结构的检验结果表明,展厅在使用过程中受到战争的影响产生损坏。混凝土保护层的剥落主要是由于钢筋的锈蚀引起的,出现裂缝和一些部位混凝土强度低于30MPa的主要原因是火灾的作用。只有少数部位的钢筋严重腐蚀和钢筋断面减小。

尽管展厅的整体可靠性还不成问题,但混凝土块掉落会伤害参观者,因此从安全角度考虑必须进行彻底维修,对钢筋混凝土框架结构的承重构件进行加固,保证展厅能继续安全使用20~30年。

7)结构的维修和加固

先凿下松动的和受损坏的混凝土部分,用喷砂机将表面彻底清理和打毛。安上附加钢筋(附加钢筋同原结构用锚杆连接)之后,用压力水冲洗混凝土表面并进行预湿润。再在处理过的表面上喷射混凝土,喷层厚至少为5cm,喷射混凝土强度为C25。为使表面规整,应将所有边缘刮平,再将表面磨光。使用三台喷射机同时进行施工。维修和加固共用600m³喷射混凝土,在规定的八周工期完成。供1975年9月建筑展览会使用。图11为对旧混凝土进行喷砂处理后增设钢筋。图12为喷射混凝土施工的情景。图13为用喷射混凝土修复后的屋面结构。

图11 在经喷砂处理后的旧混凝土上铺设钢筋

图12 用喷射混凝土修复

图13 喷射混凝土修复后的屋顶结构

7.3 受地震破坏的唐山钢铁厂建筑结构的修复

1976年7月,唐山发生7.8级的强烈地震,唐山钢铁厂的各类建筑结构遭到严重破坏。对于其中部分遭到地震破坏的建筑结构,采用喷射混凝土抢修加固,经历了余震和十来年连续生产的考验,证明加固效果是良好的。

1)砖墙

地震后,唐钢许多厂房(原料厂机制砖车间与风眼砖车间、三轧主厂房、铁合金厂主厂房、炼铁厂的筛焦楼等)砖墙在整体上未失稳,但出现裂缝和错位。砖墙裂缝以斜缝和X型缝为多见,缝宽一般为1~5cm。对于整体未失稳,错位在5cm以下的砖墙均确定采用喷射混凝土修补。不同情况分别采用条带状局部喷层修补、砖墙单面喷层修补和双面钢丝网喷层修补等多种形式。对于裂缝稠密且有较大错位的承重或非承重砖墙,则在两侧配置直径为4~8mm,

网距为 100×100～200×200mm 的钢丝网,并用夹板固定,再喷上 5cm 厚混凝土。加固前,凡墙面有抹灰的,一律清除,砖面上的裂缝要凿成表面宽 5cm 的"V"形槽,以利于喷射混凝土与砖墙的咬合。图 14 为两面用钢丝网喷射混凝土加固的砖墙。

2)砖壁柱

根据唐山钢铁厂某些厂房砖壁柱震后所产生的不同破损情况,对砖壁柱的加固一般采用单一喷射混凝土及用角钢与箍筋加强的喷射混凝土两种方法。对于砖壁柱仅有开裂(缝宽小于 20mm)且没有明显外倾者,一般采用 5cm 厚的喷射混凝土加固。在柱与墙连接处加厚喷层并向砖墙延伸 30～50cm。对于砖壁柱开裂较严重(缝宽大于 20mm),并有局部外倾和脱落者,则采用由角钢、钢箍加强的喷射混凝土加固。在砖柱转角处先用 90mm×90mm 的角钢包好,再用直径为 16～18mm 的螺栓箍紧,箍筋间距为 1.0～1.5m。最后喷上 5cm 厚混凝土。喷射混凝土要延伸至砖墙 30～50cm。图 15 为唐钢原料厂东碾房外墙砖壁柱加固。图 16 为风眼砖车间内墙砖壁柱加固。

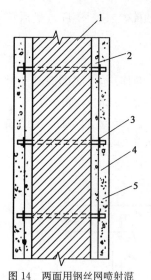

图 14 两面用钢丝网喷射混凝土加固的砖墙

1-砖墙;2-螺栓;3-夹板;4-钢丝网;5-喷射混凝土

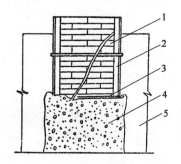 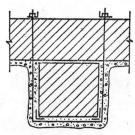

图 15 唐钢原料厂东碾房外墙砖壁柱加固

1-破损砖壁柱;2-90mm×90mm 角钢;3-间距为 1.0～1.5m φ18mm 的箍筋;4-厚 5mm 的喷射混凝土;5-砖墙

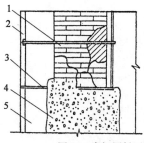 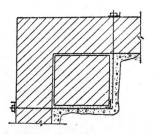

图 16 唐钢原料厂风眼砖车间内墙砖壁柱加固

1-破损砖壁柱;2-90mm×90mm 角钢;3-间距为 1.0～1.5m φ18mm 的箍筋;4-厚 5mm 的喷射混凝土;5-砖墙

3)钢筋混凝土柱

地震后部分钢筋混凝土柱表层开裂酥松,钢筋扭曲。修复时,首先凿除酥松的混凝土部分,在钢筋扭曲段加焊钢筋,再喷 5cm 厚的混凝土。炼铁厂的高位料仓柱子在联系梁处出现裂缝,并伴有混凝土压碎现象。则在加固时先凿除酥松混凝土,再用角钢加强(图17),最后覆盖100mm厚喷射混凝土。

4)钢筋混凝土梁

地震前炼铁厂铸铁机机后平台钢筋混凝土梁板结构,由于汽化热的作用,梁底部混凝土酥松剥蚀。地震后,酥松剥落现象加剧,影响正常使用,采用加筋喷射混凝土加固。加固时,先清除全部酥松的混凝土,并将原结构钢筋除锈,在梁底部加焊6根直径为25mm的钢筋,再用喷射混凝土覆盖钢筋(图18)。喷层厚6~10cm,采用花岗岩碎石作为粗集料。

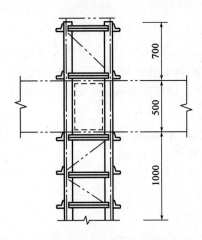

图17 破损的高位料仓柱子的加固
（尺寸单位：mm）

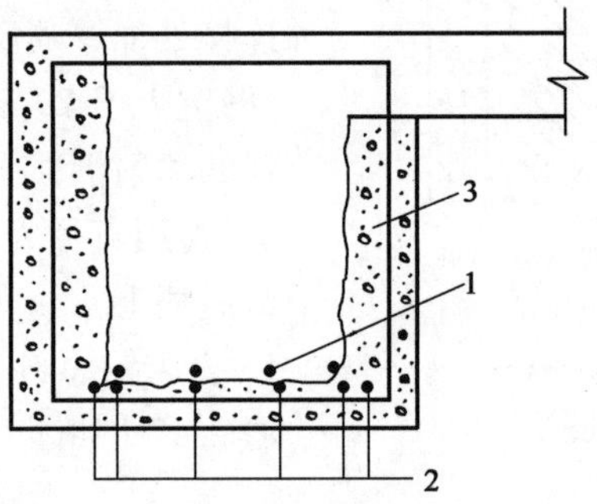

图18 炼铁厂铸铁机机后平台钢筋混凝土梁加固示意
1-原有钢筋；2-新增6根 ϕ25mm的钢筋；3-喷射混凝土

5)烟囱

第三轧钢厂加热炉烟囱高30m,其外径底部为3.96m,顶部为2.56m,震后上部12m倒塌,下部18m筒身砖砌体几处出现水平裂缝(缝宽2~6cm),并有错位。地震破损的18m筒身用厚10cm的配筋喷射混凝土加固。喷射混凝土筒内垂直主筋为 ϕ18@300mm,焊在旧烟囱的扁钢筋上,环筋布置为 ϕ12@200mm,同垂直筋绑扎。配筋喷射混凝土加固图见图19。上部12m用砖砌筑,外套有垂直钢筋和扁钢箍,新旧砖烟囱垂直筋搭接长度为1.0m,用喷射混凝土覆盖。

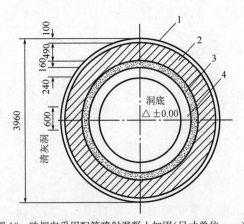

图19 砖烟囱采用配筋喷射混凝土加固(尺寸单位：mm)
1-配筋喷射混凝土加固筒；2-厚490mm砖砌体；3-厚160mm水渣隔热层；4-厚240mm耐火黏土砖

Recent Development of Shotcrete-Rockbolt Support in Chinese Mine Tunnels and Chambers*

Cheng Liangkui　Feng Shenduo　Hu Jianlin

(Central Research Institute of Building & Construction of Ministry of Metallurgical Industry, Beijing, P. R. China)

Abstract　This articLe briefly describes the recent development of shotcrete-rockbolt support technique in mine workings in China, the principle and methods for maintaining and stabilizing mine drifts in difficult strata by use of shotcrete-rockbolt support. In addition, the application and results of shotcrete-rockbolt support in different mines have been presented. In the paper, several typical case histories have been given.

1　Preface

Shotcrete-rockbolt has been widely used in mines of China as a new supporting technique since the 1960's, the mechanism of actively reinforcing host rock by this support and giving full play of self-supporting of host rock has been gradually accepted, its maneuverability and multifunction supporting technique are ingeniously employed and developed. The application of shotcrete-rockbolt support spreads almost over all fields of mine workings and slope support. According to statistics of coal and metal mines, annual amount of mine workings by shotcrete-bolt support exceeds 1200km. By the end of 1986, accumulative total amount exceeded 16000km. The use of a great many of shotcrete-bolt support has fundamentally changed the face of mine workings support in China and has achieved good techno-eco-nomic results. Support cost reduced by 30% and more as compared with traditional support. At the present time, the research, development and popularization of this technique are being made by thousands of engineers and technicians. Lots of new materials, new rockbolts, new machines and tools as well as new technologies have emerged one after another. Such new supporting technique is developing towards more perfect and wide direction.

---

*　本文摘自 *Proceedings of International Congress on Progress and Innovation in Tunnelling*, September 9-14, 1989. Toronto: 815-820.

2 The Summary of Development of Shotcrete-Rockbolt Supporting Technolocy

2.1 Shotcreting technology

Shotcreting technology is divided into two categories—"dry mix" process and "wet mix" process according to different locations of water addition. But major shotcreting technology now used in our country is dry mix method, the volume in use accounts for over 95% of the total shotcreting volume. Wet mix shotcreting process has been developed to a certain degree in recent years. But the meaning of dry process used by us is not complete the same as conventional process. In practical operation mix material is not complete dry, but is to increase the water-containing ration of sand, stone or to introduce a certain amount of water into material pipe in advance at the place 6~8m from nozzle, so that watercement ration of mix material can reach about 0.2 before it arrived at nozzle. Then a certain amount of water is again added at nozzle to enable the final watercement ratio to reach 0.42~0.45. We call this process as "semi-wet mix". In comparison with dry mix process, water quantity of the semi wet mix process is easily controlled. Dust and rebound reduced and strength of the shotcrete increased. At the same time it can avoid the shortcomings of wet mix technology which is of complex machinery as well as short conveying distance.

2.2 Steel fibre shotcrete and admixture

A certain amount of steel fibre admixed into mixture can improve the property of shotcrete, admixed amount of steel fibre is generally 3%~6% of shotcrete weight. It is 0.3~0.5 mm in diameter and 20~25mm in length, steel fibre shotcrete can increase tensile strength and bending strength by 50%~100% and can increase toughness index by a factor of 10~50 times as compared with conventional shotcrete (see Fig. 1). Currently, steel fibre shotcrete is used in drifts under dynamic load, impact load and substantial deformation, such as entrance of mine stope, ore chute, ore bin, slusher drifts and mine stope etc. There are three methods for fabricating steel fibre in China-shearing, cutting and fused wire drawing.

Major admixtures for shotcrete are accelerator, waterproof compound, water-reducing admixture, binder etc. Commonly used accelerators are Red Star 1711, 782, WJ-1 and other types. These accelerators can guarantee initial set in 5mins, and final set in 10mins. The later two ad-

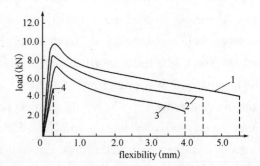

Fig. 1 Load-flexibility curve of steel fibre shotcrete beams
1-steel fibre diameter 0.3mm, length 25mm, admixed amount 2%; 2-steel fibre diameter 0.4mm, length 25mm, admixed amount 2%; 3-steel fibre diameter 0.4mm, length 25mm, admixed amount 1.5%; 4-plain shotcrete

ditives are neutral, therefore they have such advantages: basically non-corrodibility to human body, no distinct decrease of shotcrete strength in later stage.

2.3　New rock bolt

Currently, over 30 kinds of rock bolts are used in mines of China. Rock bolts manufactured and developed since seventies are resin-grouted bolts, split sets, quick-hardening cement bolts, yieldable bolts and prestressed cable etc. All of them are now widely used. Among which annual amount of resin-grouted bolts, split sets and quick-hardening cement bolts used is 1~1.5 million sets. Major part of rock bolts used in China is composed of these rock bolts. Especially split sets are very suitable for soft rock drifts of projects being influenced by blasting vibration.

2.4　Construction machines and tools

More than 10 types of shotcreting machines and shotcreting manipulators, rock bolting jumbos and steel fibre distributors have been developed with the development of shotcreting-rockbolt supporting technique. For example, grouted rock bolter can continuously carry out bolt hole drilling, grouting and bolt inserting. It is characterized by simple operation and high efficiency. It is particularly necessary to point out that installor for split set with its unique working principle has solved the split set fixing problem in low and narrow working faces. The advantages of the installor are such: light weight, large impact force, no need for special support frames. The installor got the patent of China in 1987 and was awarded a bronze medal of Beijing International Invention Exhibition in 1988.

2.5　Technical specifications of shotcrete-rockbolt support

A new national standard *Technical Specification of Shotcrete-Rockbolt Support* (GBJ 86—1985) was issued in 1986 on the basis of considerable engineering practice and scientific research. The specification stipulate the design, construction and quality control of rock bolt-shotcrete support in an all-round way. In the light of current practical status, the specification suggest that underground support design should take the engineering analogy method as the main method; if necessary, it can take monitoring and measuring method and theoretical calculation method as supplement methods. Host rock classification is the basis of engineering analogy method. The specifications divide the host rock into five categories in accordance with the structure of rock mass, the effect of structural and status of structural surface, rock strength indexes, strata sound and wave indexes, ratio of rock strength to rock stress etc. Parameters of shotcrete-rockbolt support can be preliminarily selected in conformity with rock classification, engineering property and span. The outstanding progress of the technical specifications is the corresponding stipulations for design of shotcrete-rockbolt support under special conditions (such as rhelogic rock, hydraulic tunnel, drift under influence of mining vibration). It can be said that shotcrete-rockbolt supporting technique has entered into a new stage of standardization.

3 Shotcrete-Rockbolt Supporting Technique Under Difficult Strata Conditions

In part of deep coal and metal mines of China, traditional temporary timber support and reinforced concrete lining have been used in the past due to unstable, high stress and distinct creep rock. Such support system could not meet the needs of drift stability, resulted in serious deformation and failure of drifts and influenced on normal use of mine workings. Indecent years the combined method of shotcrete-rockbolt support and in-situ monitoring and measuring technique was used for monitoring data of drift deformation to instruct construction and revise design. It has successfully solved the problem of mine drift stability under difficult strata conditions. The general principle for designing and constructing mine tunnels in difficult strata (combining of shotcrete and rock bolt, prompt supporting implementation by stages, flexibility at first and then rigidity and complete enclosure) has been summarized.

There are complicated geological conditions maximum horizontal tectonic stress of 32MPa in Jinchuan nickel mine. Serious looseness and squeeze of rock have emerged after excavation. There is large deformation of host rock (maximum drift convergence reached $80\sim100$cm as traditional support was used). Host rock has obvious creep and deformation property. In one haulage drift of 580m depth, an excavated section is 6.0m in width and 4.45m in height. The strata through which drift passes are biotitic gneiss, grapholite and chlorite schist and are very weak and crumbly. 15cm thick reinforced shotcrete combined with rock bolts of 2.5m length and $1.0m \times 1.0m$ space is used as initial support. Drift convergence and deformation, displacement of host rock, stress of rock bolt and strain of shotcrete layer are monitored and measured (the laying of measuring elements is shown in Fig. 2). On the basis of data measured, concrete inverted arch of 30cm thickness in used after 7 days to enable complete enclosure. Secondary support is conducted after $100\sim120$ days when drift convergence and deformation reached 15cm, plastic deformation of host rock greatly developed, but looseness did not appear. For secondary support, 10cm thick reinforced shotcrete is used or it is combined with rock bolts. Therefore it can finally control the drift deformation (Fig. 3) and drift stability has been effectively maintained.

The host rock of drift excavated in 500m depth in zhangjiawa iron mine is "red slate". It has low consolidation and low strength. It is liable to water absorption and softening. There arises volume expansion to varying extent. Drift is in a good working condition, when shotcrete-bolt initial support was used, then reinforced shotcrete support was used after $20\sim30$ days.

The host rock of drifts in Shulan coal mine, northeast China are water-bearing sandstone, sandy shale and shale. Clay minerals mainly contain montmorillonite and kaolin etc. This is highly expansible, liable to weathering, deliquescence and caving. Traditional support used meets with failure repeatedly. Implementation of shotcrete-bolt support by stages and control of floor-heave of drift by rock bolts have met the need of long-term use of drifts.

Recently, large deformed drifts of some mines of China started to adopt stretchable rock bolts with high percentage elongation and flexible fibre shotcreting.

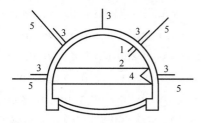

Fig. 2 Distribution of measuring element
1-piezomagnetic strain meter; 2-steel string strain meter; 3-measuring bolt; 4-measurement of convergence deformation; 5-multi-point extensometer

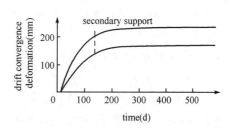

Fig. 3 Horizontal convergence-time curve of shotcrete-bolt support drift in Jinchuan mining district

This has achieved good effect and has controlled the deformation of drift with maximum 40cm convergence.

4 Application of Shotcrete-Rockbolt Support to Different Workings

4.1 Vertical shaft engineering

The application of shotcrete-rockbolt support to vertical shaft started in 1966. Up to now among large shafts for ore, material and man hoisting, nearly 100 shafts have adopted shotcrete-rockbolt support. Most of these shafts are 4.5~6.0m in diameter and 150~600m in depth. The depth of the deepest shaft exceeds 1000m. As for host rock conditions of these shafts, most shafts of metal mines are in stable or moderate stable host rocks conditions, but geological conditions of coal mines are generally complicated. Underground water inflow of considerable part of shafts is quite large, that of some shafts reaches over 200m^3/hr. According to different geological conditions these shafts adopt following support methods: simple shotcreting, shotcrete-rockbolt support, or composite lining of shotcrete-rockbolt support and cast-in-place concrete. On the basis of engineering investigation, the quality of 90% shotcrete-rockbolt support in large vertical shafts is quite good, but that of 10% shotcrete-bolt support is relatively poor, even was obviously damaged.

The reasons for poor quality of shot-crete-bolt support are as follow: firstly, large underground water has not been brought under control and brings about troubles; secondly, the quality of construction is not good, shotcrete layer is relatively thin, in some places it is less than 5cm; thirdly, the design is improper, those parts where rock bolts should be applied have not used such support, weak support leads to damage.

4.2 Mine chamber engineering

Shotcrete-bolt support is commonly used in mine chambers. Besides the wide use in chambers with 5~7m span for substation, pump room, winding engine house, locomotive shed, the application of shotcrete-bolt support to primary-crusher chamber with 10~15m span increases day by day. Shotcrete-bolt support used in mine chambers has overcome inherent shortcomings of traditional supports and has achieved remarked techno-economic results. For example, primary-crusher chamber of Jinshandian iron mine is 11.5m in width, 14m in height and 31m in length. Host rock is guartzite, being compact and hard, but joints and fissures are developed. There is fissured water in local section. Reinforced shotcrete-bolt support is used. Shotcrete is 150mm thick. Rock bolts are 2.2m, 3.0m and 1.8m in length respectively at arch apex, arch feet and side wall. Excavation and supporting of the chamber spend six months. The construction was simple, time limit for the project was shortened by six months and investment decreased by 50% as compared with cast-in-situ concrete lining.

In coal mines, some mine chambers are excavated in unstable host rock under complicated geological conditions. Practice showed that long-term stability can be achieved provided that support plan is rational and good construction quality is ensured. For instance, 603 winding engine house with 7.3m span of Longfeng coal mine is in unstable crushed shale. Rock boltshotcrete-steel mesh support has been used for more than 20 years. It has satisfied the requirement for normal production. The pump room chamber of Jishu No. 2 shaft of Shulan mining district is in 230m deep-seated brown shale. Roof is sandstone and coal. floor is shale. The chamber is 26m in length and 15m^2 in section. For permanent support, a combined method of shotcrete-bolt-steel mesh mat support, backfill sand, concrete block lining, metallic lagging hoard and U-shape steel is used. Such king of support has overcome the difficulty of large deformation and high-pressure of host rock and guaranteed the stability of the chamber. Field measurement for 400 days demonstrated that maximum rate of deformation in the chamber was 0.03mm/day.

It is necessary to point out that rock mass reinforced by shotcrete and rock bolt in used as crane beam in underground chamber equipped with crane. It has given good results technically and economically. Therefore it has been greatly developed.

4.3 Water-carrying tunnels

Water-carrying tunnels in mines include drainage tunnel for tailing dam of concentrating mill, surface spillway tunnel and underground water-carrying tunnel etc. The support of these tunnels is characterized by: long service time, usually longer than 30~50 years, long time flowing water washing, some are in severe cold zone and are subject to freezing in winter. The first water-carrying tunnel which adopted shotcrete-bolt support has been in operation for more than 20 years. The investigation of these tunnels demonstrated that shotcrete-bolt support has been basically in good operation. For example, the flood discharging tunnel with full length of 1909m for Nanfen concentrator constructed in 1966 is 2.2~3.0m in diameter. It undertakes the double task for draining tailing water and flood water in high-water season. Host rock in interbedded carbonaceous shale, mud shale and quartzite. Joints are developed.

Local host rock is very crushed. Shotcrete-rock bolt support or shotcrete-bolt-reinforced mesh mat support is used. Shotcrete is 5~10cm in thickness, rock bolt is 1.5~1.8m in length with 1m×1m space. Fault and crushing zones as well as outlet section were consolidated by steel support. Inverted arch of full tunnel was supported by cast-in-place and tamped concrete with thickness of 20cm. The tunnel is in northeast China, so temperature of the tunnel decreases to −20℃ in winter. Inspection showed that the quality of monolithic shotcrete-bolt support is good after more than 20 years service. It has stood best of long-term repeated freezing and melting.

4.4 Mine stope

The application of shotcrete-bolt support technique in mine workings of China showed great superiority. That inspired the people to apply it to mine stopes. Now conventional rock bolts, long anchor cable, shotcrete and steel fibre shotcrete etc. are widely applied to mine stopes where room and pillar wall, shrinkage, cut-and-fill, caving, VCR and other mining methods are used. The application of shotcrete-bolt support, especially different kinds or rock bolts to mine stopes not only has solved technical problems of stope maintenance, but economic results are also remarkable. for example, the use of combined support of rock bolts and ore pillars in mine stopes of shrinkage and wall mining methods makes mined-out area reach 300~1300m^2. Ore dilution rate decreased by 2%, ore loss reduced by 10%. In mine stopes of caving method, the use of combined method of split sets and shotcrete in entrance of mine stopes has greatly increased the stability of ore, rock and entrance. ore extraction rate increased to 90% from 70%.

It is necessary to point out that shotcrete-rock bolt support instead of traditional support has greatly improved performance of dynamic load resistance. For example, slusher runner and entrance of mine stope in metal mines being seriously influenced by heavy blasting vibration have adopted shotcrete-bolt support of ten thousands meters. Under the same conditions, cast-in-situ concrete lining was destroyed to varying degrees, even collapsed, however, shotcrete-rock bolt support was safe and sound. Normal production was maintained as well. Especially the use of a great many of split sets has offered effective measure of engineering support under dynamic load conditions. The application of shotcrete-bolt support to stopes has been promoted.

5 Prospects

Shotcrete-rockbolt support has found wide application in mine workings in China. Nevertheless, it has to be improved in respect of design, material and methods of support. In years to come, shotcrete-bolt supporting technique of China will be greatly developed in the following fields.

(1) Study and develop new binders and accelerators, improve wet shotcrete technology continuously to further reduce amount of fine dust and rebound.

(2) Encourage field monitoring and measuring method, standardize and improve the accu-

racy level of measuring meters and instruments, and make fielfd analysis of measured data with the aid of a computer to improve construction by information.

(3) Make thorough study continuously on stability of drifts in high-stress, large deformation and expansible strata, recommend more rational and scientific rock support principle and method.

(4) Further improve host-rock classification, increase quantitative indexes in host-rock classification, establish expert system for shotcrete-rockbolt support design,

(5) increase comprehensive mechanization of shotcrete-rock bolt support to speed up the construction of mine working.

References

[1] Cheng Liang-Kui. Some problems with mechanics of shotcrete-rockbolt support[J]. Metal Mines, 1983(8).

[2] Cheng Liang-Kui. Feng Shen-Duo. Principle of Mechanics for Friction bolt[J]. Coal Science and Technology, 1984(6).

[3] Cheng Liang-Kui. Problem of Tunnel Stability in Extruding and Expansible Strata [J]. Underground Engineering, 1984(8).

[4] Cheng Liang-Kui. Shotcrete Technology[J]. Industrial Construction, 1986(3).

[5] National Standard of the People's Republic of China. GBJ 86—1985 Technical Specifications for Shotcrete-Rock Bolt Support Technique[S]. 1986.

[6] Sun Xue-Yi. Experiment and Research on Shotcrete-Bolt Support Technique Used in Red Shale Drift[C]// Selections of Papers from Experience exchange Conference on Underground Engineering, May, 1986, Zhangjiawa Mining District.

第四部分

岩土锚固与喷射混凝土支护工程的设计及稳定性

挤压膨胀性岩体中巷道的稳定性问题

程良奎

(冶金部建筑研究总院)

1 挤压膨胀围岩的特征

围岩的挤压膨胀是一种随着时间的推移,围岩不断向巷道内部突出的现象。

"挤压"主要由于软弱岩体有较高的初始应力(如有高的水平构造应力或埋深很大的页岩、断层泥等软弱物质等),开掘后产生应力释放所引起。这类围岩有明显的塑性和流变特征,而且有很大的塑性变形。破坏形态常表现为洞壁内挤,顶板下沉,底板隆起,整个断面向巷道净空缩小(图1)。变形持续时间可能从几个月到几年。这类围岩从变形到松散的形态如图2所示。起初,洞室周围的岩石应力是高的,由于岩石变形,则围岩应力降低。应力降低和洞室周边向内移动导致沿岩块端面的法向剪切强度降低,接近洞室表面的岩石产生分离,洞室周围的松散岩块在重力作用下掉落,周边岩石的变形和松散降低了岩石强度和岩块间的制约,并引起深部岩体的扰动,这种变形和松散过程继续至达到新的平衡。

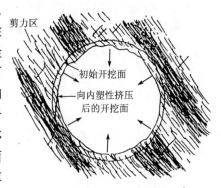

图 1 超限应力围岩的塑性挤压

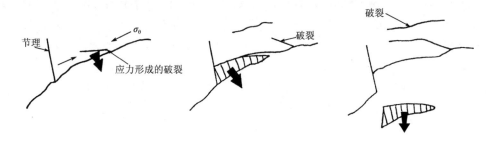

图 2 超限应力围岩的松散过程

"膨胀"则是因为围岩中含有膨胀率高的黏土矿物质,并有与水接触的条件。引起塑性膨胀的围岩主要有黏土矿物质含量较高的泥岩、泥质页岩、泥质粉砂岩、蛇纹岩、石墨片岩等,特别是其中的蒙脱石、绿泥石、高岭土含量较高的岩石,最易膨胀。膨胀围岩有可能接触的水则有:排入洞室底部的水;邻近膨胀性岩石的含水;围岩自身水的移动和巷道空气中的湿度。膨胀围岩作用于衬砌上的荷载通常是缓慢发展的,同时荷载增加速率随膨胀变形而增加。然而

---

* 本文摘自《地下工程》,1981(8):26-33.

当大的水量与含有高膨胀潜力的物质直接接触,则能很快形成很高的膨胀压力。洞室周围能形成的潜在的膨胀压力取决于岩石中膨胀性物质的性状,原始湿度及其在岩石中占有的百分率。

挤压围岩和膨胀围岩十分相似,常常难以区别这两种围岩的形态。挤压、膨胀常常同时发生,甚至同围岩松散结合在一起,是地下工程遇到的最困难、最具有危险的地层之一。

2 关于挤压膨胀岩体中巷道稳定性的若干问题

2.1 巷道布置与断面形状

在岩体中开挖地下工程后,出现临空面,应力重分布,洞体围岩应力集中、应力状态较开挖前的初始应力状态有很大改变。由于围岩应力实质上是初始应力在洞室周围的重新分布,所以初始应力(包括自重应力和构造应力)对围岩应力状态起决定作用,但是在一定的受力条件下巷道方位的选择与洞室形状的设计,对围岩应力分布影响也很显著。

巷道轴线与最大主应力及软弱结构面的交角,对围岩应力与巷道变形就有严重影响。如我们金川镍矿二矿区岩体最大主应力方向接近水平。该矿 2 行风井 1250 水平石门,与岩石最大主应力方向呈较大角度,使用过多种形式支护,包括使用抗压强度 800kg/cm² 的料石衬砌,经返修多次,巷道仍严重破坏,难于维护。后在 1200 水平石门掘进时,使巷道轴线与围岩最大主应力呈较小夹角,且近与垂直破碎带,则巷道较稳定,维修量少。奥地利阿尔贝格隧道的云母页岩与陶恩隧道的千枚岩,在岩石力学上极为相似,但由于阿尔贝格隧道轴线与岩层走向相同,而陶恩隧道则横穿岩层,故阿尔贝格隧道出现的变形比陶恩隧道大得多和快得多。在我国煤系地层中,建造的丰城建新立风井,净井 4.0m,深 302m,穿过 8°~10°厚层粉砂岩,厚层泥岩,巷道方向与层理面近于垂直,采用 100mm 厚喷射混凝土支护,使用 3 年来,情况良好。而尚二矿风井,斜长 352m,净断面 5.16m²,穿过粉砂岩、泥岩,斜井轴线平行于 F_{24} 号断层带(落差 60~100m)和次生断层带 12 条,采用厚 100mm 喷射混凝土和锚杆联合支护,使用后,多处出现严重破坏。因此,巷道的轴线布置,在可能条件下,要选择平行于岩体的最大主应力或垂直于主要软弱结构面的走向;这对减少巷道变形是极为有利的。

在一定受力条件下,不同的断面形状,其应力集中部位及范围也有明显差异。例如在垂直荷载下,圆形洞室在两侧切向应力集中[图 3a],而水平椭圆洞室则在两侧切向应力集中更大,范围也更大,而且在洞顶及洞底出现拉应力区[图 3b]。直墙圆弧拱形断面洞体拱脚和洞脚部位切向应力集中,而在梯形洞室边角应力更为集中,并在顶底部出现更大范围的拉应力区[图 3c]、图 3d]。一般说来,圆形断面应力条件较好,椭圆形断面只在长轴平行于最大主应力方向才比较有利,如果长轴与最大主应力方向垂直或斜交,这时应力条件就比圆形洞差。梯形断面,直墙圆弧拱断面应力条件差,特别在挤压膨胀性岩体中,常常水平构造应力较大,直墙形断面是不相宜的。如金川镍矿埋深 600m 的巷道,穿过薄层大理岩、石墨片岩等岩体,由于水平构造应力很大,采用传统直墙拱断面,用混凝土砌块衬砌,经常出现侧墙内移,巷道底鼓等严重破坏,将巷道断面改为似扁平椭圆形后,则破坏较轻微。

2.2 开掘方式

目前,巷道工程常用钻爆法开挖。一般以振动速度作为衡量爆破震动强度的参量,即用以下公式判断爆破震动的破坏程度。

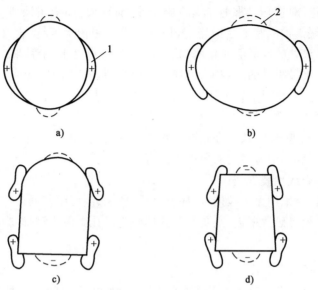

图3 不同断面形状洞室围岩的应力状态比较(洞室在铅直方向受力)
1-切向压应力集中区；2-切向拉应力区

$$V = K\alpha\sqrt[3]{\frac{Q}{R}} \tag{1}$$

式中：V——振动速度(m/s)；

K——与地形地质有关的系数；

α——衰减系数，一般岩石为 1~7.5；

Q——炸药量(kg)；

R——测点至爆破中心的距离(m)。

由式(1)可知，质点爆破震动强度大小，与一次爆破的炸药量及至爆源的距离有关。已有观测资料表明，在坚硬岩石中爆破震动频率较高，软弱围岩中震动频率较低。随着至爆源距离的增加，周期较短的高频振动迅速衰减，而周期较长的低频振动则可传播较远。由于低频振动持续时间长，振动幅度大，因而传统钻爆法掘进对围岩的变形和破坏，在挤压膨胀性岩体中远比坚硬岩体为大。如奥地利阿尔贝格公路隧道和我国金川镍矿巷道，均通过高挤压地层，测得的巷道径向收敛值可以明显地看出，爆破震动对巷道变形有显著影响(图4和图5)。

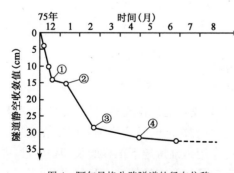
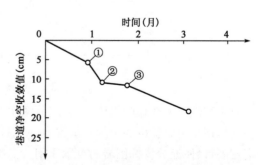

图4 阿尔贝格公路隧道的径向位移
①-暂停掘进；②-继续掘进；③-支护环闭合

图5 金川镍矿某穿过高挤压岩层巷道的径向位移
①-加速掘进；②-暂停掘进；③-继续掘进

采用钻爆法掘进,对挤压膨胀性岩层的影响范围较大,如金川镍矿 1250 水平某离爆源 25m 处已建成的喷锚支护的巷道已经稳定,位移测点测量值无变化,但在附近放炮震动的连续影响下,三个月后该处的变形值又新增 22mm。此外临近处 19 个月来一直保持稳定的某喷锚支护巷道,在掘进爆破震动的影响下,出现了严重开裂,缝宽达 15mm。

普通钻爆法掘进,不仅对围岩破坏大,而且导致巷道表层超欠挖严重,岩块突出处,易造成应力集中,而引起岩体松散。

综上所述,改善掘进方式,减少爆破震动对围岩的扰动,对于提高挤压膨胀岩体中巷道的稳定性是有利的。有利于围岩稳定的掘进方法有:

(1)采用光面爆破或预裂爆破;

(2)在可能条件下,采用无爆破掘进,如掘进机、风镐、液压镐挖掘;

(3)如仍采用传统爆破法掘进,则要变深孔爆破为浅孔爆破,或断面中心部分用钻爆法,边缘部分用风镐挖掘。

2.3 两次支护

有明显挤压变形的围岩,其塑性变形常常与时俱增,延续时间达数月至数年,巷道收敛变形可能高达 50cm 以上。变形量大,持续时间长,是高挤压围岩的主要特征。

在这种情况下,正像岩层抗力原理图(图 6)表示的那样,采用传统的刚性支护(如现浇混凝土支护等)由于施工不及时或充填不密实,常引起岩体松散冒落,而一旦完成刚性支护,则又由于支护刚性太大,过早地限制围岩的通性变形,导致支护结构上承受较大的荷载,使支护结构出现破坏。因此在高挤压围岩中,不宜采用一次刚性支护。

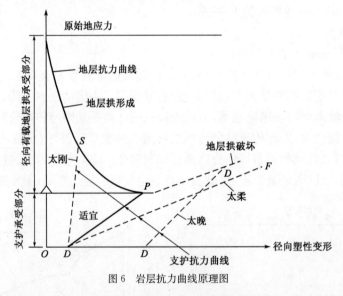

图 6 岩层抗力曲线原理图

对于塑性流变明显的岩体,一般应分两次支护,即初始支护与二次支护(最终支护)。初始支护的作用是及时提供一定的支承抗力,使围岩不致发生松散;同时又容许围岩的塑性变形有一定发展,以便充分发挥围岩的自承作用。二次支护的作用是维持地下工程的长期稳定性,并能满足使用要求。初始支护是二次支护的前提,二次支护是初始支护的补充和加强,两者是有机联系的,都是永久性支护不可分割的部分。

作为初始支护,喷锚联合是比较适宜的。这是因为,他们具有以下一些不同于传统支护的特点。

(1)及时性。能在巷道开掘后几小时内施作,并密闭岩面,迅速提供连续的支承抗力,及时阻止水气对岩体的破坏。

(2)深入性。锚杆深入岩体内部,限制围岩变形,保持或提高岩体强度,改善围岩应力状态。

(3)柔性。容许围岩一定量的变形,具有卸压作用。特别是锚杆,具有相当大的位移时,仍保持其支撑作用。

金川镍矿离地表 500~600m 深的 1150、1250 水平的巷道,部分穿过石墨片岩、薄层大理岩等软弱破碎岩体,初始构造应力大,开掘后,来压快,围岩自稳时间极短,采用传统支护,经常出现冒顶事故,有的巷道长期无法贯通。采用厚 10~15cm 配筋喷射混凝土加锚杆作初始支护,虽在 1~2 个月后出现了开裂,但从根本上避免了冒顶,并当巷道水平收敛值达 15~20cm 时并无出现岩体松散,这就为经济地确定二次支护提供了条件。

对于严重挤压围岩,为了减少支护需要量,应当容许有一定的变形和移位,但必须提供足够的支承抗力,对围岩变形和位移加以控制,以防止可能引起的塌落及保持岩石强度。从国外的经验来看,除了采取喷锚联合作初始支护外,还应在喷层内配置可缩性钢架。奥地利陶恩(Tauern)公路隧道,马蹄形断面,直径近似于 11.0m,遇到了严重挤压的地层,长度约 300m。初步设计的支护系统为厚 15cm 的喷射混凝土,长 4.0m 的锚杆(间距 0.75m)和轻型(25 kg/m)钢架。在这区域的大部分范围内,发生了小于 25cm 的总位移,经过某些修补,就可以保证隧道稳定。在某一 40m 长的区段内,80cm 的位移导致喷射混凝土的严重破坏和钢支架的扭曲。根据这种情况,又在沿喷层表面每隔 2~3m,设置一条开口宽为 15cm 的纵向变形缝,随着隧道径向收敛值的增加,变形缝不断靠拢。当收敛值达 80cm 时,纵向缝闭合,但并没引起喷层的明显破坏。由此可见,喷射混凝土、锚杆作为初始支护,在调整支护柔性和支承抗力方面具有很大的灵活性。

2.4 先"柔"后"刚"

工程实践反复说明,初始支护的柔性十分重要。如日本新泻到东京的某交通隧道,穿过千枚岩、片麻岩等岩体,有很大的初始构造应力,隧道开掘后,呈现严重的挤压变形,采用传统的钢支架支护(ASSM 法),45d 后的隧道收敛变形达 3ft(1ft=0.3048m),钢支架扭曲呈麻花状。采用配置可缩性钢支架的喷射混凝土同锚杆相结合的柔性支护,情况则截然不同,45d 后的变形量仅 2cm。我国邯郸矿务局康二煤矿三坑部分巷道穿过高挤压变形的泥岩,采用双层料石碹,泥岩挤入灰缝,引起衬砌的严重破坏(图 7)。金川镍矿位于高挤压变形岩体中的巷道,采用混凝土砌块支护,也遭到严重破坏(图 8)。若采用喷锚初始支护,如果刚度太大,由于喷层中出现较大内力,也会造成开裂及破坏。如奥地利陶恩公路隧道(马蹄形,直径约 11.0m),穿过高挤压地层,一度曾采用配有钢肋和钢丝网的厚 50cm 的喷射混凝土支护,三周后,右 1/4 拱处的径向应力(P_r)和切向应力(P_t)分别为 7kg/cm^2 和 58kg/cm^2,产生了一条长 20m 的纵向裂缝,裂缝处喷层错位达 3cm。破坏处随即用其他附加支护修补,使径向和切向应力分别上升到 18kg/cm^2 及 100kg/cm^2。显然,喷层破坏是由于拱部太厚和刚度太大,在底拱闭合前没有足够时间允许塑性变形。当修改了初始支护参数,把喷层厚度减小为 25cm 后,没有进一步发生破坏。总之,对于塑性流变围岩,初始支护的柔性要求是不容忽视的。

图7 康二煤矿某巷道泥岩挤入砌块灰缝而引起衬砌破坏

图8 金川镍矿某巷道混凝土砌块支护的破坏

但是,也必须指出,塑性流变岩体有明显的时间效应。如图9所示,在不同的时间阶段,岩体的应力——位移曲线是不同的。从理论上分析,薄层配筋喷射混凝土与锚杆相结合,作为比较柔性的支护,在 t_1、t_2 时,其支护的应力—位移曲线与岩体特性曲线相交,说明在 t_1、t_2 时两者取得平衡,能协同一致地工作,也即支护本身较大的柔性导致相对低的应力 P_s 作用于支护上。但却引起相当大的位移,当超过时间 t_2 时,两者的特性曲线不得相交,并出现过度的支护变形,而使围岩松散。如金川镍矿 1250 水平沿脉巷道,穿过薄层大理岩,采用厚 10cm 配筋喷射混凝土和长 1.8m 砂浆锚杆支护,90d 后巷道水平收敛值达 48.3cm,平均 5.37mm/d。由于没及时提供更大的支承抗力,使围岩 C、ϕ 值急剧下降,形成岩体松散,导致喷锚支护严重破坏(图10)。相反,在该矿西副井 1150 水平井底车站,巷道宽 5.0m,位于 F_{16} 断层带内,围岩为石墨片岩和片麻岩。采用 15cm 配筋喷射混凝土和长 2.0m 的锚杆作初始支护,一个月后,巷道收敛变形值达 10cm,变形速率达 0.7~1.0mm/d,喷层出现剪切裂缝,并且日趋发展。随即用增设锚杆的方法,加强支承抗力,使巷道收敛变形值很快由 0.7~1.0mm/d 降至 0.03~0.05mm/d。

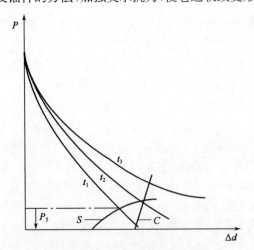

图9 围岩特性曲线与支护特性曲线相互作用
S-柔性支护特性曲线;C-刚性支护特性曲线

图10 岩体松散引起喷锚支护的破坏

由此可见,当支护变形过大时,为了防止围岩松散,必须提高支承抗力,施作刚性较大的支护结构,使支护特性曲线在 t_3 时与围岩特性曲线相交,以保证巷道的长期稳定。

分两次支护,先"柔"后"刚",决非单一地采用喷锚支护。应根据围岩最大收敛变形值、工程服务年限及工程重要性,采用不同的二次支护。如增设锚杆,追加喷射混凝土、安设可缩性钢支架,浇筑钢筋混凝土衬砌。无论采取何种二次支护形式,设置仰拱则都是需要的。

2.5 支护时间

如前所述,在高挤压膨胀变形的岩体中开掘巷道,应采取先"柔"后"刚",先"让"后"顶",分两次支护的方法。但还有一个合理确定支护时间的问题。对于初次支护,为了及时抑制岩体扰动,防止岩体松散,支护要快,要紧跟工作面,这是认识比较一致的。因为洞壁无径向力时,围岩易进入松弛状态。而及早支护,给予一定的径向抗力 σ_r 时,莫尔圆右移(图11),围岩不易进入松动状态。同时尽快紧跟工作面支护,还有利于利用巷道工作面(掌子面)的支承约束效应,以限制围岩支护前的变形和松动。国外有人用轴对称三维有限元程序对掌子面约束影响进行弹性分析。计算表明。在掌子面处将产生总弹性变位的1/4的变位值,离掌子面1/4洞径处,达到1/2的总变位值。离掌子面一倍洞径处达到9/10的总变位值。可见紧跟掌子面支护,对迅速阻止围岩变形是颇有影响的。大量的工程实践均证实了这一点。

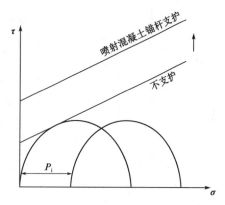

图11 及时施作喷锚支护使围岩抗剪强度提高

至于在什么时候施作二次支护较合适呢?实践证明,过早施作是不行的。金川矿1150水平西副井井底车场采用喷锚支护(初始支护)后不久,即出现剪切裂缝,收敛速率平均为1.0mm/d。当时急于试欲制服裂缝,曾在初始支护后15～30d内施作了15cm厚的配筋喷射混凝土支护(二次支护)。由于这时围岩应力释放很不充分,过早地提高支护结构刚度,对围岩变形的约束过强,在喷射层中的内应力增大导致裂缝照样在原处复现和发展,变形速率也没有下降(图12)。而地质条件近似的相邻地段,二次支护在初始支护后75～100d施作,由于围岩应力有了一定的释放。二次支护后,巷道收敛变形速率明显下降,日平均收敛量仅为初始支护初期的1/20,且日趋平缓,呈现了完全不同的结果(图13)。

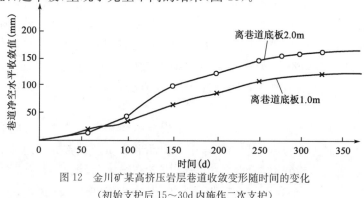

图12 金川矿某高挤压岩层巷道收敛变形随时间的变化
(初始支护后15～30d内施作二次支护)

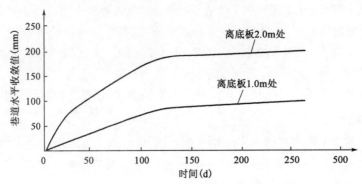

图 13 金川某高挤压岩层巷道收敛变形随时间的变化
(初始支护后 75～100d 施作二次支护)

初次支护与二次支护间的合理间隔时间并不是一个固定值。喷层出现开裂并不是必须施作二次支护的信号,只要不出现围岩松散,推迟二次支护的施作时间是有利的。隧道"围岩—支护"力学形态观测,包括巷道收敛变形、围岩内部移动、喷混凝土接触应力的测量资料,特别是隧道收敛变形速率变化,是确定二次支护时间与参数的实际而可靠的方法。因为围岩变形是围岩性状最直观和最终的表现形态。这种方法的要点是在隧洞开挖后,施作初始支护的同时。安设各种测点,对隧道水平位移和垂直位移及其随时间的变化等力学形态进行测量,并整理出隧道收敛变形速率曲线。据此及时调整初始支护参数及确定二次支护时间与参数,避免过于保守和危险的设计出现。

一般来说,当巷道收敛变形长期处于等速率增长时,应考虑用锚杆加强初始支护,调整初始支护参数,提高支承抗力。当收敛变形速率处于减速或月收敛量为几毫米时,在进行二次支护是比较合适的。

2.6 巷道底鼓及其抑制方法

对于一些深埋的地下巷道,由于岩体潜在应力的释放或岩体吸水膨胀,沿四周向巷道内挤压。支护体在一定程度上抑制了岩体的挤压膨胀,但如底部没有约束,围岩裸露,必然形成鼓胀和应力释放的集中部位,于是便产生底鼓。底鼓不加控制,任其发展,常常造成巷道底脚内移和支护结构的严重破坏。

金川镍矿二矿区不少巷道位于离地表 500m 深处,当巷道围岩属碎裂结构和散体结构,富含石墨、绿泥石等矿物时,底鼓现象极为严重。鼓胀量有不少超过 50cm,甚至达 1.0m 者也有所见。如该矿混凝土块砌筑的巷道由原宽 1.6m 被挤成 80cm(图 14)。另一条采用厚 200～250mm 的配筋喷射混凝土和锚杆联合支护的巷道,没有封底结构,导致墙基内移,离基底 1.0～1.5m 的喷混凝土层普遍出现宽 10cm 的剪切裂缝(图 15),不得不全面返修。

在挤压膨胀性岩体中建造巷道,抑制底鼓的主要方法有:
(1)设置底拱,快速闭合。

挤压膨胀岩体中的巷道在力学上可看作由围岩支承环和支护(衬砌)组成的厚壁圆筒。该圆筒只有在没有开口时才在力学上起圆筒作用。因而形成闭合式支护结构是十分重要的。武钢金山店铁矿某运输巷道,围岩结构破碎,富含高岭土、绿泥石,并有裂隙水,底鼓明显。采用厚 150mm 的配筋喷射混凝土和锚杆联合支护,其中 15m 长一段用 400mm 厚钢筋混凝土封底,另一段 15m 长未封底,两者呈现了完全不同的效果。封底者使用多年未见异常变化。未封底者,两个月后出现底鼓,两邦向内移动,喷层开裂,五个月后,水沟一侧墙脚位移达 15cm,喷层错裂剥落极为严重,拱脚处部分 $\phi 8mm$ 钢筋被剪断,然后进行全面加固修复,并用 400mm 厚钢筋混凝土封底,才使巷道稳定下来。国外许多变形量大的隧道,都是在作完仰拱后,隧道变形速率明显放慢,控制住变形的发展。总之,形成封闭结构,是提高支护支承抗力的有效途径。

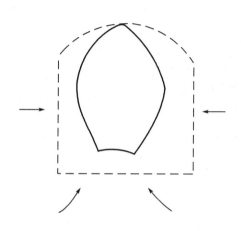

图 14 未封底的混凝土砌块支护巷道变形图

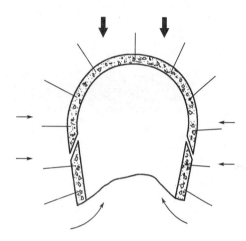

图 15 没有封闭的喷锚支护巷道变形破坏图

关于底拱的形式。对于严重挤压膨胀岩体中巷道的封底,可采用现浇钢筋混凝土仰拱或装配式钢筋混凝土仰拱,前者不仅抑制底鼓的能力强,且能防止巷道积水渗入底板岩体。一般不推荐喷射混凝土封底,因施工中巷道底板经常充水,且喷射时常夹杂回弹物,混凝土质量不易保证。如某金属矿运输巷道采用平板形喷射混凝土封底结构,由于不足以承受膨胀力,而引起开裂隆起破坏(图 16)。

(2)设计形状应采用不致使底板产生拉应力的圆弧形。

(3)锚固底板,并施加预应力,提高节理裂隙面上的抗剪强度和岩石的整体刚度,这在底鼓明显的层状岩体中使用效果更好。

(4)对底板进行水泥灌浆,以减少岩体松动和岩体的渗透性。

2.7 水的渗透

在底下工程中,水向围岩渗透的途径是多方面的。如岩体裸露后水气的侵入;巷道内长期的施工积水;排水沟无衬里和岩体内水的流动等。水可以大大改变软弱岩体的强度和体积(图 17 和图 18)。工程中由于水的影响而引起挤压膨胀岩

图 16 喷射混凝土底板开裂隆起

体中巷道失稳的实例是很多的,尤其是采用与围岩密贴的喷锚支护时,水渗入岩体后,其自支承力几乎完全丧失,往往形成很大的松散膨胀压力,薄层支护不足以承受,所造成的恶果更为突出。如金山店铁矿某巷道,围岩破碎,含有高岭土、绿泥石,并有渗漏水,用喷射混凝土支护,3个月后底鼓明显,6个月后,附近开挖通风井,作业水长期充满底板,使底鼓加剧,两侧腰线部位喷层出现严重错裂剥落,不得不用喷锚结构加强,并追补封底结构。梅山铁矿某处于天井附近的巷道,围岩为矿化物和高岭土化、绿泥石化安山岩交变带,开挖后及时施作100mm厚喷射混凝土和深1.5m的锚杆联合支护。支护两年多,巷道一直是稳定的。以后上一水平(垂直距离为60m)施工,作业水沿天井流下渗入岩体裂隙中,围岩遇水膨胀。产生明显的膨胀压力,不到50天该巷道就发生鼓邦,喷层剥落,被软化的岩体出现剪切破坏。剪切椎体深达1.2m,剪切面上锚杆被剪弯,松散岩体同砂浆锚杆失去黏结力而脱落(图19和图20)。以后,用长3.0m锚杆和厚150mm的配筋喷射混凝土系统加固,才使巷道稳定下来。

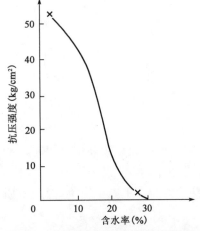

图17 某黏土抗压强度与含水率的关系

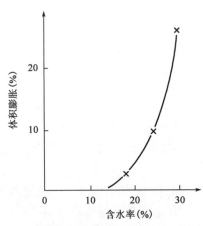

图18 某黏土质泥岩含水率与体积膨胀的关系

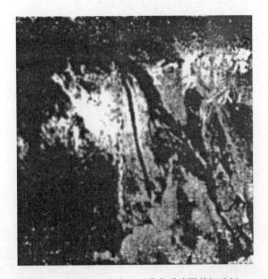

图19 梅山铁矿不到50天井巷道喷层剪切破坏

图20 水从岩体中渗出锚杆被剪弯(梅山铁矿)

由此可见,隔绝水气的补给条件,是保证挤压膨胀岩体稳定的必要措施。隔绝水气补给的主要方法有:

(1)巷道开掘后,立即用喷射混凝土封闭岩面;

(2)底板应设置封底结构;

(3)裂隙水应疏导至支护层外壁一定距离;

(4)排水沟要紧跟工作面挖出,并及早砌筑混凝土内衬;

(5)巷道积水应及时疏导,经常检查附近水(包括生产与施工用水)的流向,防止意外水流的渗入。

参 考 文 献

[1] J W Mahar. Shotcrete practice in underground construction[M]. 1975.

[2] 徐云尧. 膨胀地压下的喷锚支护[M]. 1979.

[3] 王思敬. 地下工程岩体稳定问题[M]. 1974.

[4] 程良奎. 挤压膨胀岩体中巷道的稳定性[C]//中国金属学会井巷工程学术会议论文,1980.

[5] 程良奎,冯申铎. 破碎软弱围岩喷锚支护的实践和认识[J]. 国家建委光爆锚喷技术汇编,1980.

[6] 山区巨大挤压地层用新奥法修建隧道的理论与实践[J]. 隧道译丛,1979(6).

[7] 足立贞彦. 膨胀地层中的隧道施工[J]. 隧道译丛,1979(6).

[8] H H Einstein. European shotcrete design and practice[M]. 1976.

[9] 朱效嘉. 对松软膨胀岩层的初步认识[M]. 1979.

[10] 冶金部建筑研究院,金川公司井巷公司. 金川二矿区不良岩层喷锚支护的试验研究[M]. 1980.

块状围岩隧洞喷锚支护的作用原理与设计[*]

程良奎　庄秉文　张　弛　邹贵文

（冶金部建筑研究总院）

喷锚支护技术已广泛应用于矿山和地下工程建设中，有些部门已经从实践经验中总结编写了施工、设计等各种技术规程或规定，喷锚支护技术的试验研究也获得了不少新成果。但对喷锚支护的作用原理，还不能从理论上全面地、透彻地加以说明。在设计上，主要借助围岩分类，用工程类比法建议工程支护设计参数，基本上是处于经验阶段。这种情况显然不能适应当前大力推广喷锚支护的要求。为此，加强对喷锚支护作用原理和设计方法的研究，是喷锚支护技术继续发展中的一个关键问题。

近年来，我们对喷锚支护块状围岩进行了一些试验研究。现根据试验研究结果及工程实践的总结，对块状围岩喷锚支护的作用及设计提出一些初步的看法。如有不妥之处，希望指正。

1 块状围岩的特征

矿山井巷及地下工程的围岩是十分复杂的，但是这些围岩的岩体结构，都可以看作是由各种不同性质和产状的结构面切割而成不同形状的块体，即结构体的组合。岩体结构的类型，主要根据这两个方面的要素，并考虑到结构体的组合特征来划分的。各部门结合自己的工程地质特点，把工程围岩结构分为若干类，其中都包含块状结构。我们把主要由块状结构组成的围岩称为块状结构围岩，或简称块状围岩。

块状围岩的特征是结构面以节理为主，并有断层、断层影响带，以及劈理、片理、层间错动等形成。结构体形式以块状、柱状为主，受区域构造影响严重。根据裂隙、节理的组数及其密度的不同，块状结构可分为巨块状、大块状、块状、碎块状。而巨块状结构因其整体性很好，一般都划为整体状结构，而不划为块状结构。因此，这里讨论的块状围岩仅是大块状、块状、碎块状三类。

块状围岩根据岩体结构特征、岩石强度以及地下水活动情况等不同的组合类型，在围岩工程地质分类中，可能属于稳定性较好、中等稳定或稳定性较差等。块状围岩一般是岩块强度较高，但岩体的整体性较差。因此，围岩稳定性主要受结构面的性质及其空间组合影响，特别是受软弱结构面控制。

2 块状围岩隧洞喷锚支护的作用原理

在我国发展十多年的喷锚支护技术的实践已经证明，它在技术上是先进的，质量上是可靠的，经济上是合理的，是一项行之有效的多、快、好、省地建设矿山和地下工程的重要措施之一。在我国冶金、煤炭、铁道、水电、军工和人防等各个系统，普遍推广应用。不论是小跨度巷道，还

---

[*] 本文摘自冶金部建筑研究院《科学技术成果报告》(7801号)，1978年1月。

是大跨度峒室;是临时支护、还是永久支护;是受静压作用,还是受动压作用,都有效可靠地发挥其支护作用。特别是近几年来,喷锚支护在处理塌方、冒顶事故和抢险、排险工程上显示了它独特的效能。

从一些现场支护工程的变形量测也证明了喷锚支护的效果。如处在砂岩和泥质页岩互层节理裂隙发育的软弱岩层中的某隧道,对三种形式支护进行径向变形量测。用20cm厚的现浇混凝土支护,四个月后变形仍在发展,十个月后,在两侧拱腰出现了贯穿裂缝。用10cm厚喷混凝土支护,两个月后变形基本趋于稳定。而采用长2m的砂浆锚杆和15cm喷混凝土联合支护,22天后变形基本稳定,变形绝对值远小于现浇混凝土支护。

块状围岩喷锚支护模型试验结果,更形象地说明了其支护效果。

用断面250mm×300mm净跨2m的具有许多裂隙的混凝土拱,作为节理裂隙发育的不稳定块状围岩拱形模型(图1)施作喷锚支护后,进行垂直均布加载试验(图2)。

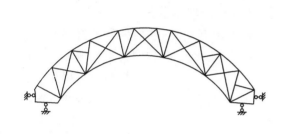

图1 模型

图2 加载试验

从模型试验结果看(表1),块状围岩经喷混凝土支护后,破坏荷载为未支护的9.6倍,加荷5t时的拱中挠度为未支护的1/8。经砂浆锚杆支护后,破坏荷载为未支护的7倍,加荷5t时的拱中挠度为未支护的1/7.5。试验结果充分证明,几乎是不稳定的块状围岩拱,经喷锚支护后,不仅阻止了"危石"的离层掉落,维持了拱的稳定,而且大大减小了荷载作用下的变形,承载能力提高了好几倍。这也为我国十几年来在矿山井巷和地下工程中普遍应用喷锚支护的良好效果和可靠性提供了根据。

试验参数及结果　　　　　表1

试件名称	试件形式	断面尺寸 (mm)	净跨 (mm)	矢高 (mm)	破坏荷载 (t)	5t荷载时拱中挠度 (mm)
块状围岩拱		250×300	2000	500	7.3	9
喷混凝土支护拱		250×380	2000	500	70.1	0.4
砂浆锚杆支护拱		250×300	2000	500	50.7	1.2

注：每组试件有 3 个，表内荷载及挠度为平均值。

喷锚支护并不像旧式衬砌那样被动地承受围岩压力，而是它能主动地及时地对围岩进行加固，有效地阻止围岩内岩块的松动和坠落，从而提高了以至充分发挥了围岩的自承能力。喷锚支护块状围岩模型试验的破坏过程和结果，很能说明喷锚支护对围岩内部的这种加固作用。

图 3　喷混凝土支护拱破坏情况

喷混凝土支护拱在破坏试验时，大都首先在混凝土拱中部裂缝的喷混凝土支护层，产生径向剪切裂缝。随后随着荷载的增加，在这些裂缝处的混凝土块体逐渐被压碎而导致整体破坏(图 3)。破坏后被这些径向裂缝分割的部分，喷混凝土支护层与未压碎的混凝土块体仍牢固地黏结在一起(图 4)。由此可看出，一薄层喷混凝土支护层所具有良好的黏结力，它把围岩表层岩块紧密地黏结在一起，阻止了表层岩块的松动和掉落。依靠这一薄层又阻止了外层岩块的继续变形和松动，从而提高了岩层的整体性，维护了围岩的稳定。同时，因为牢固地黏结在一起，又牵制了喷混凝土支护层的自由变形，提高了它们的整体刚度，这样互相作用，形成一个共同工作的联合体系。

锚杆支护拱的破坏，首先是在拱内表面两根锚杆之间被两组裂隙交割的混凝土块，由于裂隙面的张裂失去联系而掉落。随着荷载的增加，此处上层混凝土块逐渐被压碎，导致整体破坏(图 5)。破坏都是在两根锚杆之间的混凝土块被压碎，而没有发生锚杆被拉出、拉断或剪断现象。而且每根锚杆附近被它锚固的混凝土块，仍牢固地联结在锚杆周围(图 6)。从这个现象可以看出，锚

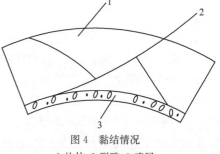

图 4　黏结情况
1-块体；2-裂隙；3-喷层

杆首先是把被它穿过的岩块锚固在一起，成为一个大岩块，这就扩大了岩块的块度，降低了岩体的节理裂隙性。同时，又靠这扩大了岩块与其周围岩块间不规则的节理裂隙面(即结构面)的联系(嵌固、挤压、黏结、摩擦等)作用，阻止了周围岩块的松动和掉落，形成能传递更大内力的联合体系。正是由于锚杆的这种加固作用，确保了围岩的稳定性。

喷锚支护同围岩岩体构成了一种统一的联合体系。在这统一的联合体系中，围岩由过去被作为纯粹的荷载物，变成了充分发挥自承能力的岩

图 5　锚杆支护拱破坏情况

体结构物。喷锚支护已不是被动地承受围岩荷载的独立的支护结构，而是一种主动加固围岩的有效技术措施。

喷锚支护的这种加固作用，从洞室开挖后围岩的力学形态变化及其破坏过程，可以清楚地看出来。

开挖洞室后，在围岩一定范围内，岩体初始应力平衡状态被破坏，产生应力重分布，洞壁表面径向应力 $\sigma_r=0$，切向应力 σ_t 逐渐增大。当洞壁切向

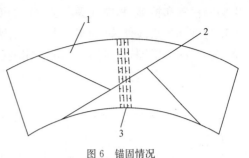

图 6　锚固情况
1-块体；2-裂隙；3-砂浆锚杆

应力 σ_t 增大到大于岩体的弹性极限时，围岩产生塑性变形，形成塑性区（图 7）。在块状围岩中，这种塑性变形首先从岩体的构结面，特别是软弱结构面开始，然后发展到结构体。如 σ_t 不断增大，甚至大于强度极限，塑性区就不断发展，围岩向洞内变形，以致坍塌破坏。

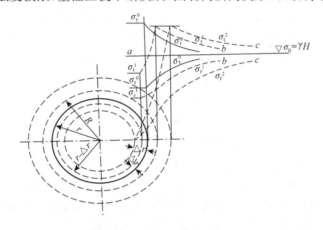

图 7　圆形洞室周边应力调整示意
r-洞室开挖半径；R-塑性区半径；Δr-径向变形；σ_0-初始应力；σ_r^0、σ_t^0-$\Delta r=0$ 时的径、切向应力；σ_r^1、σ_t^1-及时的喷锚柔性支护的径、切向应力；σ_r^2、σ_t^2-不能及时的传统旧式支护或无支护的径、切向应力

假设在洞室开挖后未经应力释放，径向变形 $\Delta r=0$，立即作密贴的刚性支护。刚性支护代替了岩体的一部分，并完全参与了岩体工作，围岩不产生应力重分布现象，保持了原始应力状态。这是相当于刚性支护给予围岩一个 $P_i=\sigma_r=\sigma_t$ 的抗力。同时刚性支护内产生很大的内力，其值等于岩体的初始应力 σ_0（如图 7 中 a 曲线所示）；如果洞室开挖后，用不能及时支护的、不密贴的旧式衬砌，由于这种衬砌不能及时地对围岩提供必要的抗力（即 $P_i=0$），在摩尔应力图上表现为摩尔圆左移（如图 8 中 b 曲线所示）。围岩产生应力重分布，切向应力 σ_t 不断增高，经过弹性极限后达到或大于岩体的强度极限，应力继续释放，塑性区不断扩展，产生径向应变 Δr^1，岩体松散，以致离层掉落（如图 7 中 c 曲线所示），岩体的 C、ϕ 值（岩体的黏结力及内摩擦角）下降，抗剪强度下降，在摩尔应力图上表现为破坏包络线内移与摩尔圆相交，岩体破坏（如图 8 中 b 曲线所示）。破坏首先从围岩被软弱结构面切割的岩块（或软弱部分）开始坍塌冒落而失稳。这样，旧式衬砌必须承受较大的松散压力。如果在开挖洞室后，立即作喷混凝土支护，因为喷混凝土支护立即胶结、填补了围岩面层的节理裂隙，与围岩紧密黏结成一体，阻止了

岩层的松动和掉落,相应地提高了岩体的 C、ϕ 值,也提高了围岩的抗剪强度,在摩尔应力图上表现为破坏包络线外移(如图 8 中 c 曲线所示)。同时具有一定强度的喷混凝土支护层与被黏结在一起的一层围岩,对围岩产生一定的径向抗力($P_i=\sigma_1$),在摩尔应力图上表现为摩尔圆右移(如图 8 中 c 曲线所示),阻止围岩塑性区的扩展和应力不断释放,阻止围岩径向变形的发展,相应地提高了围岩岩体强度的 C、ϕ 值。这样喷混凝土支护就及时地主动地加固了围岩,维护了围岩的稳定。而且薄层喷混凝土具有一定的柔性,在围岩应力重分布过程中能与围岩一起共同产生一定的变形,允许形成一定的塑性区,释放一部分应力,使 σ_t 降低到 σ_t',调整了围岩的应力分布状态(如图 7 中 b 曲线所示)。这样,就避免了围岩与喷混凝土层中切向应力 σ_t 无限制地增高导致围岩破坏,又有效地确保了围岩的稳定性。

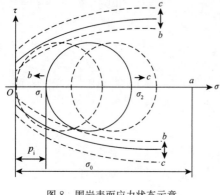

图 8 围岩表面应力状态示意

锚杆支护的作用,同喷混凝土的作用是基本相似的。其共同点是:都能及时主动地阻止围岩岩体 C、ϕ 值的降低,甚至能提高岩体的 C、ϕ 值。在围岩变形过程中,对围岩产生一定的径向抗力,达到维护围岩稳定的目的。锚杆对提高岩块结构面的抗剪强度、抵抗岩块沿结构面移动的作用,则极为明显。特别是预应力锚杆,深入岩体,对岩体主动施加预应力,其作用尤为突出有效。因此,在有几组较弱结构面交割、有明显不稳定结构体(危岩)出露的块状围岩中,用锚杆支护更为经济有效。而在碎块状围岩中,则用喷射混凝土支护更好些。

从上述分析表明,喷锚支护这种加固作用的实质,就在于它深入了围岩,同围岩紧密固结成一体,并参与了围岩工作。及时主动地控制围岩塑性变形和应力释放的不断发展,有效地调整了围岩应力重分布的过程和状态,及时促使围岩获得某种新的应力平衡状态。充分发挥围岩特别是不稳定围岩本身的自承能力,达到稳定围岩的目的。

喷锚支护除主要起加固作用外,还有减弱或消除围岩表面应力集中和防止围岩表面风化剥蚀等作用。总之,喷锚支护对围岩的维护和加固作用是多方面的,也是十分理想的。

从上述喷锚支护作用的原理看,喷锚对围岩的作用并非是支护这个旧含义,而是起黏结、加固的作用,因此喷锚支护这个名词并不确切,改用喷锚固结或喷锚加固好些。

3 块状围岩喷锚支护的设计

在前一节里,以喷锚支护加固块状围岩的模型试验结果,揭示了喷锚支护利用和加强围岩自支承力的显著效果。这就说明,喷锚支护同巷道块状围岩间的关系并非支承与被支承的关系,而是加固与被加固的关系。因此,在设计理论上,喷锚支护与旧式的传统支护(浇筑混凝土衬砌,钢、木支架等),则截然不同。后者把围岩一概视为荷载,把支护看作是被动地承受上部松动围岩荷载的结构体。前者则认为围岩在一定条件下能够维持稳定的能力,是客观存在的,也是可以加以改造和利用的。喷锚支护则是一种利用和加强围岩结构强度的加固技术,在设计时,必须把"围岩—喷锚支护"当作不可分割的统一体考虑。尤其要更多地掌握围岩的地质特征,诸如软弱结构面的间距、组数、产状及其在空间与巷道轴线的组合等,从分析和认识围岩的不稳定因素着眼,采用喷锚加固技术,使之变为稳定。实质上,喷锚支护的设计乃是如何评价围岩稳定性和如何控制、加强围岩稳定性的问题。

鉴于围岩地质的复杂性和多变性，至今对块状围岩中的喷锚支护参数还难于精确的公式计算确定。而根据围岩地质条件、洞室（巷道）尺寸、使用要求及其他条件，用工程类比与稳定性验算相结合的方法确定。

3.1 用工程类比法确定喷锚支护参数

工程类比是一种经验分类的设计方法。在设计时，首先根据块状围岩的地质特征（结构特征、节理发育程度、岩石强度等）进行围岩分类（表2）。然后，结合现有经验，再按不同的围岩分类及工程跨度，相应地确定不同的喷锚支护类型和参数（表3）。

块状结构围岩分类　　　　　表2

适用于喷锚支护的围岩分类			主要工程地质特征		毛洞稳定情况（跨度4～8m）
类别	稳定性分类	岩体结构	结构描述	岩石强度（kg/cm²）	
Ⅱ	稳定性较好	大块状	受地质构造影响较重，节理裂隙发育，节理2～3组，呈X形，较规则，以构造型为主，多数间距为0.5～1.0m，多为闭合，部分微张（宽1～3mm），少有泥质物充填	>800	基本无碎石掉落
Ⅲ	中等稳定	大块状	描述同大块状结构	500～800	有块石掉落
		块石、碎石状	受地质构造影响严重，节理发育，节理3组以上，不规则，呈X形或米字形，以构造型或风化型为主，多数间距为0.25～0.5m，大部微张（宽度1～3mm），部分张分（宽>3mm），部分为黏性土充填	>800	
Ⅳ	稳定性较差	大块状	描述同大块状结构	300～500	常有块石掉落或局部松动坍塌
		块石、碎石状	描述同块石、碎石状结构	500～800	

注：分析围岩稳定性时，还必须重视软弱结构面的产状及其空间的组合关系。

巷道洞室喷锚支护类型及参数选择　　　　　表3

围岩分类		工程跨度									钢筋网
		<4m			4～8m			8～12m			
类别	名称	喷层厚度	锚杆		喷层厚度	锚杆		喷层厚度	锚杆		
			锚深	间距		锚深	间距		锚深	间距	
Ⅱ	稳定性较好	50			100			100	1600～2000	1000～1200	
					50	1200～1600	1000～1200				
Ⅲ	中等稳定	100			100	1400～1800	800～1000	100～150	2000～2200	1000～1200	
		50	1200～1600	800～1000							
Ⅳ	稳定性较差	50	1400～1800	800～1000	100	1600～2000	800～1000	100～150	2000～2200	800～1000	配筋

注：1. 巷道服务年限在5年以上。
　　2. 竖井喷锚参数可参考此表酌情处理。
　　3. 锚杆直径一般为16～20mm。
　　4. 未注明单位的均以mm计。

当采用喷锚联合支护时,锚杆布置可根据具体情况而定。当只可能出现局部的危岩或不稳定结构体时,可采用局部布置。当可能出现大面积坍塌时,则应采用规则的连续布置。锚杆在巷道洞室横断面上的布置方向,一般应垂直于结构面或巷道轮廓线,以充分发挥锚杆的加固作用。

当需要加钢筋网时,可按构造配置,直径一般为 6~12mm;间距一般为 200~400mm;钢筋保护层为 20mm。钢筋的主要作用在于加强喷射混凝土的整体性,承受收缩应力,减少收缩裂缝的出现,提高抵抗震动的能力,以及承受拉应力及剪应力。

3.2 用稳定性验算或经验公式确定喷锚支护参数

(1)纯喷射混凝土支护。

在块状围岩中,岩体结构面尤其是软弱结构面的组合,在大部分情况下对岩体的变形、破坏起控制作用。常常由某一块危岩的掉落、旋转或错动而逐渐引起围岩的失稳。因此,用喷射混凝土加固块状围岩,控制围岩稳定的条件,应能阻止危石的坠落和转动。也就是一方面不致由于抗剪强度不足,在岩体节理面处喷层出现冲切破坏;另一方面也不致由于喷层与围岩的黏结力过小,而使喷层出现撕裂现象。因而,喷射混凝土层厚度除按工程类比法确定外,也可按下列公式验算。

①按冲切破坏验算厚度。

$$h \geqslant \frac{K \times G}{0.75 \times u \times R_L} \tag{1}$$

式中:h——喷射混凝土层厚度;

G——可能坠落的危岩质量(kg),由地质调查确定;

u——危岩与喷射混凝土接触面周长(cm),由地质调查确定;

R_L——喷射混凝土设计抗拉强度,如按《混凝土结构设计规范》(GB 50010—2010)中表 1 选用,宜折减 20%;

K——冲切强度的设计安全系数,取 $K=2.0$。

②按黏结破坏验算喷层厚度。

$$h \geqslant 3.65 \left(\frac{G}{u \times R_{Lu}}\right)^{\frac{3}{4}} \times \left(\frac{K}{E}\right)^{\frac{1}{3}} \tag{2}$$

式中:G——可能坠落的危岩质量(kg),由地质调查确定;

u——危岩与喷射混凝土接触面周长(cm),由地质调查确定;

K——岩石弹性抗力系数;

E——喷射混凝土的弹性模量(kg/cm^2);

R_{Lu}——允许黏结强度,宜由试验确定,一般可取 $3.0kg/cm^2$。

(2)喷锚联合支护。

对块石、碎石状结构的围岩,且工程跨度较大时,常采用喷锚联合支护。根据可能产生的松动坍塌范围,分别确定锚杆局部布置或连续布置。

①局部布置的锚杆。

当巷道、洞室围岩揭露后,即进行地质调查,弄清楚影响围岩稳定性的软弱结构面的产状、间距、延伸长度,然后利用赤平极射投影及实体比例投影作图法,求得不稳定结构体的出露面积和体积。局部布置的锚杆,需保证不稳定结构体与稳定岩体的有效固结,并不致滑落。

锚杆参数可按以下公式验算。
锚杆直径:通常按经验取用 16～22mm。
锚杆间距:

$$D \leqslant \frac{d}{2}\sqrt{\frac{\pi R_{\mathrm{g}} A}{K \times P}}$$

锚入稳定岩体深度:

$$l_1 \geqslant \frac{d}{4} \times \frac{R_{\mathrm{g}}}{\tau} \tag{3}$$

式中:D——矩形布置的锚杆间距(cm);
　　　d——锚杆钢筋直径(cm);
　　　R_{g}——锚杆钢筋设计强度(kg/cm²);
　　　K——安全系数,取 1.5;
　　　P——不稳定结构体质量(当侧壁存在不稳定结构体,P 值应为下滑力减去抗滑力)(kg);
　　　A——不稳定结构体面积(m²);
　　　τ——砂浆的黏结强度(kg/cm²)。

②连续布置的锚杆。

规则的连续布置的锚杆参数的确定,必须保证锚杆加固作用的有效发挥,把受结构面切割的岩体串联一起,提高节理裂隙面上的抗剪强度,保持岩块的联锁、咬合、镶嵌效应,以维持块状围岩的总体稳定。

锚杆参数可按以下经验公式计算:
锚杆长度:

$$L = N\left(1.1 + \frac{a}{10}\right) \tag{4}$$

锚杆间距:

$$D = (0.5 \sim 0.7)L \tag{5}$$

式中:a——巷道或峒室跨度(m);
　　　N——围岩稳定性影响系数:
　　　　　Ⅱ类围岩 $N=0.9$;
　　　　　Ⅲ类围岩 $N=1.0$;
　　　　　Ⅳ类围岩 $N=1.1$。

上述锚杆长度 L 的计算公式适用于一般中等(12m)跨度以内的巷道或洞室拱部布置锚杆,大跨度洞室拱脚的锚杆长度应根据围岩性状和工程特点适当加长。大跨度洞室的高边墙,必须布置锚杆,其长度和间距根据围岩性状和工程要求酌情选取,以确保洞室的安全和使用要求。

③喷层厚度。

喷锚联合支护中的喷射混凝土,主要是防止锚杆间岩块的掉落,喷层厚度验算方法同纯喷射混凝土支护。

3.3 设计中应注意的其他几个问题

(1) 块状围岩采用喷锚联合支护时，锚杆一般在顶拱布置，但当围岩结构呈块状、碎石状，且稳定性较差时，宜考虑顶拱与侧墙全断面布置。

(2) 高度大于10m的垂直边墙，为防止边墙岩块滑移而引起失稳，应以锚杆加固为主，而不宜采用纯喷射混凝土支护。

(3) 围岩应力较集中的马头门、岔口和高低拱连接处，以及受爆破震动影响较大的采矿巷道，一般宜采用喷锚联合支护。

三峡永久船闸高边坡预应力锚固技术的研究与应用

程良奎　范景伦　胡建林　韩　军　周彦清　盛　谦　李绍基　等

（中冶集团建筑研究总院等）

1　概述

双线连续五级船闸是三峡工程重要建筑物之一，因其独特的结构要求，需在三峡坝址左岸制高点、坛子岭北侧花岗岩山体中深切开挖修建，形成最大深度170m，下部45～68m直立闸墙的双向岩质高边坡，两线闸槽间保留宽56m、高45～68m的直立岩石中隔墩。为保证船闸边坡的整体稳定性，使其长期变形控制在毫米级，以不影响闸门的正常运行，高边坡加固需采用截、防、排水与岩石锚固支护相结合的方法，如图1、图2所示。共采用3000kN级与1000kN级预应力锚索4000多根，高强锚杆100000多根，其工程规模和技术难度之大在世界岩石工程史上都是空前的。

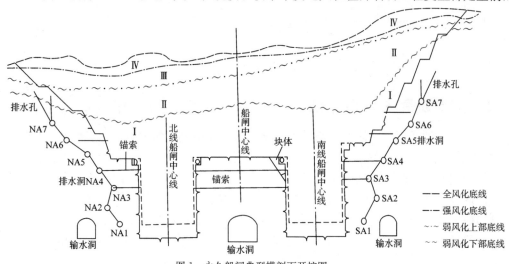

图1　永久船闸典型横剖面开挖图

为了快速优质的建成三峡永久船闸高边坡预应力锚固工程，并推动岩石锚固的技术进步和学科发展，冶金部建筑研究总院、长江科学院与东北岩土工程公司紧密合作，对高承载力（3000kN）锚索的钻孔机具、施工工艺、质量控制、长期工作性能、加固作用与效果进行了较全面系统的研究，建立了高承载力（3000kN）锚索综合配套的技术体系，揭示了高承载力预应力

---

* 本文摘自冶金部建筑研究总院《科学技术成果报告》，2001年2月。该项研究负责单位为冶金部建筑研究总院，参加单位为长江科学院和东北岩土工程公司。主要研究人员有程良奎、范景伦、胡建林、周彦清、韩军、李绍基、邹爱清、盛谦、田野、丁秀丽、孙灵慧、朱杰兵、肖国强、刘元坤。

锚索的加固机理与效果,并圆满地完成了永久船闸高边坡预应力锚索工程施工,为按期建成永久船闸工程和提高船闸工程长期可靠性做出了贡献。

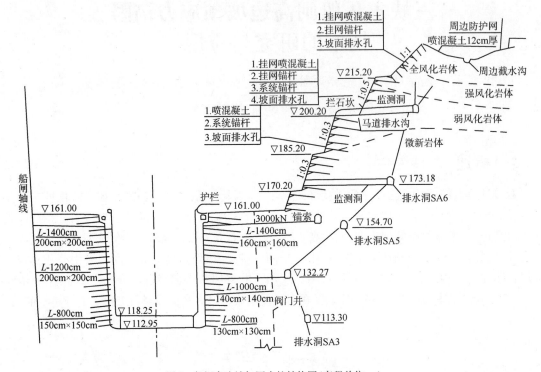

图2 船闸高边坡加固支护结构图(高程单位:m)

2 主要研究内容与方法

(1)研究一种适用于三峡船闸高边坡锚索工程特点的钻孔机具,为高效、快速、优质的成孔工艺提供基本条件。

(2)研究高精度的深孔钻进工艺,以满足锚索锚固力均匀地分布于坡体的需要。

(3)研究高承载力(3000kN级)预应力锚索快速优质施工工艺及质量控制方法。

(4)研究预应力锚索荷载变化的影响因素及控制方法,以保持锚索良好的长期工作性能。

(5)采用多点位移计、声波、钻孔弹模等综合方法研究锚索加固对改善边坡岩体力学性状的作用。

(6)采用三维及二维显式有限差分法研究预应力锚索加固机理与加固效果。

3 主要研究成果及其分析

3.1 DKM型钻机

在永久船闸开挖一期工程中,采用国产或进口钻机,大都无法达到钻孔偏斜率<1%的设计要求,使即将开工的直立墙与中隔墩锚固工程面临十分被动的局面。为此根据三峡永久船闸边坡锚固工程的施工条件及工艺要求,开发了DKM型钻机。截至2000年8月,该钻机在三峡船闸锚索工程中,共完成锚索孔钻进3000多个,占整个船闸锚索工程总量的80%以上,

平均孔深约40m,80%的锚索孔可在孔口直视孔底,钻孔偏斜率<1‰,为快速、优质地建设三峡永久船闸岩石预应力锚固工程提供了基本条件。

(1)DKM型钻机结构构造及基本性能

DKM型钻机主要由行走机构、机架、液压给进调平与夹持系统、电力系统、链传动机构、动力头等构成(图3)。其主要配套器具为气液分流器、双壁钻杆、潜孔锤。

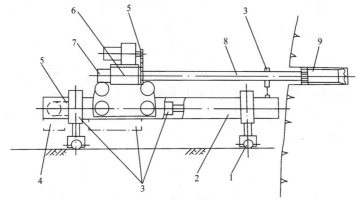

图3 DKM型钻机结构简图

1-行走机构;2-机架;3-液压给进调平与夹持系统;4-电力系统;5-链传动机构;6-动力头;7-气液分流器;8-双壁钻杆;9-潜孔锤

DKM型钻机的基本性能见表1。

DKM型钻机的主要性能　　表1

项　　目	性能指标	项　　目	性能指标
钻进深度	100m	转速	20～30r/min
钻孔直径	59～180mm	扭矩	>2000N·m
钻孔角度	0～±30°	电机功率	21kW
给进行程	1700mm	整机质量	1100kg
给进力	0～20kN	最大单件质量	120kg
起拔力	0～40kN	外形尺寸	2.75m×1.25m×1.2m

(2)DKM型钻机的特点

①液压给进调平机构,为钻进过程中随时纠偏,并保证钻孔高水平度提供条件。

②滚动迁移机构能适应钻机在狭小场地施工的整体搬迁。

③浮动动力头结构设计,提高了刚性连接钻杆的丝扣寿命。

④气液分流双通道设计,满足了高效水雾除尘。

⑤给进机构的倍速设计,解决了狭小场地与钻机机体长度间的矛盾。

3.2 高精度长锚索孔钻进技术

长江三峡水利枢纽永久船闸高水平或近似水平的对穿锚索孔,平均长度40m,设计要求孔斜误差不大于1‰,这是保证对边坡施加较均匀的锚固力,以满足预应力锚索设计功能的关键。在分析长锚索孔偏斜机理的基础上,建立了一套长锚索孔偏斜控制方法,实现了高精度深孔钻进,为圆满完成高边坡预应力锚固工程奠定了基础。

(1)长锚索孔钻进倾斜机理分析

长锚索孔的钻进偏斜与地层岩性特征、钻具结构及钻进工艺参数有关。

长锚索孔钻进时会产生水平方向(左右)偏斜和垂直方向(上下)的偏斜。水平方向的偏斜是由钻具旋转产生的摩擦力引起的,垂直方向的偏斜是由钻具的重力引起的。当钻杆位于钻孔中心,由于冲击器和钻头的重力作用,钻头有一定的向下侧钻破岩体的能力,即钻头位于钻孔的底部,使钻头向下倾斜,且随孔深的增加而增加;钻杆及冲击器钻头右转时,钻头靠近钻孔的下侧时,钻头在孔壁下部转动,产生一个较大的向右的扭力引起钻孔向右偏斜,而当钻头靠近钻孔的上部时,钻头向上的压力将产生由转动的扭力,引起的向左偏斜,根据力的组合,钻孔向左的偏斜往往伴随着向上的弯曲。钻孔向右的偏斜,则伴随向下的弯曲。因此,如何保持钻头位于钻孔的中心,乃是消除钻孔上下左右偏斜的关键。

(2)长锚索孔钻进偏斜控制方法

①设置支点,纠正偏斜。

经过大量的试验及分析,我们确定在冲击器和钻杆连接处设支点导正器(主导正器),离主导正器一定距离设钻杆导正器(副导正器),有效地解决了钻头向上或向下倾斜破岩的缺陷,保证了钻头按预定的轴线方向钻进。采用支点纠偏应具备以下四个条件。

a. 岩石较坚硬,具有支承钻具的能力;

b. 起支点作用的导正器具有良好的强度、抗冲击性和耐磨性,并具有一定的长度和直径;

c. 钻杆具有适宜的刚度和质量;

d. 钻具应具有的合适的钻速和钻压。

通过大量的钻孔实践,我们在永久船闸长锚索孔钻进时采用45号钢作导正器,主导正器(支点导正器)直径为140~150mm,长度为80~100mm。副导正器(钻杆导正器)直径为130~140mm,长度为150~300mm。主导正器设在冲击器与钻杆的结合处,副导正器的设置由理论计算结合钻进实际情况确定。并假定冲击器钻头为一刚体(图4),当 O 点处钻杆转角为零时,则主、副支点(导正器)的距离 L 应近似地满足以下方程式:

$$\frac{q_1 a^2 L}{6EI} = \frac{q_2 L^3}{24EI}$$

$$L = 2a\sqrt{\frac{q_1}{q_2}} \tag{1}$$

式中:a——冲击器长度(m);

L——两支点间的距离(m);

q_1——冲击器重力分布荷载(N/mm);

q_2——钻杆重力分布荷载(N/mm);

E——钻杆弹性模量(MPa);

I——钻杆惯性矩(mm^4)。

当 $a=1.16m$、$q_1=1.14N/mm$、$q_2=0.17N/mm$、$L=6.03m$ 时,综合考虑上述三个影响因素,在实际钻进时,正、副导正器的间距一般选择 4.5~7.5m,获得了良好的钻进精度。

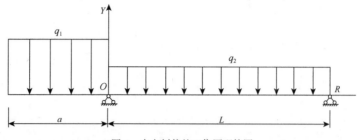

图 4 支点纠偏的工作原理简图

②采用适宜刚度和质量的钻具。

钻具具有适宜的质量和刚度,对控制钻进偏斜也是十分重要的。当钻杆直径、质量变化时,不仅主副支点导正器的距离发生变化,而且还会影响支点的调节作用,不利于控制钻孔的偏斜,难以达到防偏的目的。同时还对钻孔速度、排渣程度产生较大影响,不利于发挥钻具的效率。大量试验表明,选择配套的 DHD360 型冲击器和 $\phi89$ 双壁钻杆控制钻孔偏斜和提高钻进效率是比较理想的。

③适时地调整导正器的参数。

钻进过程中应随时进行孔斜的自检,并相应调整导正器的参数。第一次初检在孔深 20m 左右,以后每钻进 5m 左右自检一次,根据钻孔偏斜的不同情况,适时地调整导正器的参数,见表 2。

不同偏斜情况的调整措施 表 2

钻孔偏斜情况	调 整 措 施
左上	增大副导正器直径及缩小两导正器间距
左	增大副导正器直径
左下	增大副导正器直径及加大两导正器间距
右上	减小副导正器直径及缩小两导正器间距
右	减小副导正器直径
右下	增大副导正器直径及加大两导正器间距

④合理的钻进工艺参数。

合理的钻进参数及操作工艺是控制钻孔偏斜的基础。一般钻压采用 6~10kN。钻具的转速采用 30r/min。风压为 0.9~1.1MPa,风量为 $15m^3/min$。既有利于控制钻孔的偏斜,又可提高钻孔效率。

(3)长锚索孔钻进效果分析

采用上述锚索孔钻进偏斜控制方法,使长锚索孔孔斜率显著降低,成孔效率成倍提高,并且将该控制方法推广到整个永久航闸锚索成孔,为高效优质完成永久船闸边坡预应力锚固工程做出了贡献。表 3 是随机抽取的部分钻孔孔斜实测资料。从表中可看出,采用长锚索孔钻进偏斜控制方法,钻孔孔斜可控制在 1‰ 以内,满足了高精度锚索成孔的要求。

钻孔孔斜实测数据　　　　　表3

孔　号	类型	孔径(mm)	倾角(°)	孔深(mm)	水平方向偏斜(m)	垂直方向偏斜(m)	孔斜率(%)	备注
NC2-27	端头锚	165	0	35.20	+0.05	-0.28	0.8	要求孔斜2%以内
NC2-28				35.17	-0.19	-0.33	1.1	
NC2-29				35.00	+0.04	+0.16	0.5	
NC2-30				35.10	+0.14	-0.35	1.0	
NC1-7				41.27	+0.29	+0.28	1.0	
NC2-1-31	对穿锚	165	0	40.27	-0.04	+0.13	0.16	要求孔斜1%以内
NC2-1-32				40.36	+0.05	-0.02	0.39	
NC2-1-33				39.74	+0.34	+0.20	0.84	
NC1-2-32				36.04	+0.12	+0.32	0.95	
NC1-2-33				36.12	+0.12	+0.04	0.35	
NC1-1-34				36.04	+0.01	-0.04	0.11	
NC1-1-35				35.16	+0.04	-0.09	0.28	
NC1-1-36				36.45	-0.07	+0.11	0.50	
NC1-1-37				36.06	+0.23	-0.11	0.71	
NC4-3-8				36.07	-0.22	-0.21	0.97	
NC4-3-9				35.41	-0.08	-0.18	0.56	
NC4-3-10				35.53	-0.03	-0.04	0.14	
NC4-3-27				36.12	+0.15	-0.01	0.42	
NC4-3-28				36.04	-0.05	-0.16	0.47	
NC4-3-29				35.68	+0.28	-0.02	0.79	
NC2-1-6			5.77	29.85	+0.22	+0.12	0.54	
NC2-1-7				29.85	-0.15	-0.20	0.84	
NC2-1-8				29.85	-0.14	-0.09	0.53	

3.3　3000kN锚索施工工艺及质量控制技术

在3000kN预应力锚索施工中，如何提高施工效率，缩短施工周期，确保工程质量是我们研究的重点。

（1）锚索施工工艺

锚索施工工艺如图5所示。

造孔→测孔→编束→穿束→两端锚墩混凝土浇筑→张拉、锁定→灌浆→外锚头保护

图5　锚索施工工艺

每道工序完成后，须由监理单位签订合格证后，方能进行下一道工序。

①造孔。

造孔工序为：测定钻位→钻机定位→钻孔→地质缺陷处理→洗孔→终孔测斜→孔口保护。

由于本工程对钻孔孔斜要求小于1‰，因而采用专为三峡工程研制的DKM-1型水平锚索钻机、DHD360型潜孔冲击器和φ89mm双壁空心钻杆，并由VHP700英格索兰中风型空压机供风，进行钻孔作业，特别是研究采用了一套支点纠偏的方法，为三峡永久船闸锚固工程的按期完成起到了良好的保证作用。

②编束、穿束。

根据设计要求，对钢绞线切割下料，下料长度为钻孔深度与两侧混凝土垫座及预留张拉长度三者之和，然后进行清洗，做到钢绞线无锈、无油污和无杂质。

编束时先将按要求下料的钢绞线、进浆管、回浆管对齐平放于工作平台，并将钢绞线对号穿过架线环(每3m 1个)。然后用无锌铅丝绑扎，编束完成后依钻孔孔号来编号挂牌。穿束采用人工方法，运输中各支点的间距不大于2m，转弯半径不宜小于5m。

③垫座混凝土浇筑。

垫座混凝土浇筑的工序为：孔口岩体缺陷处理→打插筋→安装孔口管及锚垫板→立模板→开仓签证→浇混凝土→养护。

锚垫板是将锚索的集中荷载均匀地传递到混凝土垫座上的重要构件，必须安装牢靠，且锚垫板平面必须与钻孔轴线垂直。浇混凝土前，仓面必须冲洗干净，不得有浮石，地质缺陷须进行挖除或加固处理。

3000kN级锚索垫座混凝土的强度为$R_7 \geqslant 35.0$MPa。

④张拉、锁定。

锚索张拉、锁定的工序为：张拉机具率定→分级理论伸长值计算→垫座混凝土强度检查→张拉机具安装→预紧→分级张拉→锁定→签证。

预紧是锚索张拉前的重要工序，施工中采用多次循环预紧方式，预紧力为30kN，以每根钢绞线两次张拉伸长值相差不超过3mm为限。

张拉采用限位张拉自行锚固的方式进行，1999年7月25日以前，张拉分级标准为：预紧→750kN→1500kN→2250kN→3000kN→3450kN；1999年7月25日以后，张拉分级标准为：预紧→800kN→1450kN→2100kN→2750kN→3000kN。张拉过程中，当达到每一级的控制张拉值后，稳压5min，随后进行下一级张拉。在达到最后一级张拉载荷后，稳压10min，然后进行锁定。

⑤灌浆。

对穿锚索封孔灌浆强度为$R_{28} \geqslant 35.0$MPa，水灰比0.4，灌浆压力为0.2～0.4MPa，进浆压力0.3MPa，进浆时间为30min。灌浆达到以下标准后方可结束，即实际灌浆量大于理论计算吃浆量；排气管、回浆管均回浓浆；回浆比重为2.0以上。

⑥外锚头保护。

锚索张拉、锁定并封孔灌浆后，将外露钢绞线(50mm长)、工作锚用$R_{28} \geqslant 25.0$MPa细骨料混凝土密封保护。

(2)3000kN锚索快速高效施工方法

钻孔的施工效率和锚头处混凝土墩头的养护时间是直接影响3000kN锚索工程施工周期的两个主要因素。为此，我们紧紧抓住这两个主要环节，通过大量试验，确立了一套有效的施工方法,使锚索成孔速度由 2～3m/h 提高到 5～7m/h,墩头养护时间缩短至 5～7 天,显著地加快了 3000kN 锚索的施工速度。

①提高钻孔施工效率的主要方法。

a. 选择 DKM-1 型钻机和与其配套的 $\phi 89$ 双壁空心钻杆,上海英格索兰产 VHP700 型中风压缩空气机提供风源。

b. 选择宣化英格索兰产 DHD-360 型无阀潜孔冲击器和配套的 DHD-360-19B 硬质合金柱齿钻头。

c. 尽量提高钻机给进压力,一般为 5～6MPa。

d. 适宜的风压与风量:风压为 0.9～1.1MPa,供风量为 14～17m^3/min。

e. 钻具的转速以采用 30r/min 为好。

f. 缩短辅助工序(孔位测定、钻机定位、开孔、钻进、清洗)时间。

②配置早强混凝土,缩短锚头墩座养护时间

采用 525 号普硅水泥和占水泥重量 2% 的 JG-2 型固体早强剂(冶金部建筑研究总院生产)配置了 7d 强度不低于 35MPa 的墩头混凝土(表4),确保在混凝土浇灌 7d 后即可张拉。

锚头墩座混凝土强度　　　表4

试件编号	NG1-2-11、12、16	NG1-2-13、15	NG4-3-21、24	NG2-2-49、54	NC2-2-55、57、62
R_7(MPa)	53.5	54.1	49.5	51.4	59.1
检验日期	98　30/7	98　2/9	98　14/10	8　20/10	99　30/1

(3)预应力锚索施工质量控制

预应力锚索的施工是一项技术要求较高的工作,因而须对其各个环节进行质量控制。首先对于垫座混凝土、灌浆体、钢锚索体等应进行严格的检验,对各个工序进行三级验收,其次对于使用的张拉机具应在规定时间内进行率定,尤其重要的是应对主要的施工工艺环节进行质量控制。

①钻孔精度控制。

针对三峡永久船闸工程对锚索钻孔精度的特殊要求,我们开发了 DKM-1 型水平地质钻机,提出了支点纠偏理论与方法并在孔位测定、钻机定位、钻孔工艺以及开孔等方面采取一系列质量保证措施,取得了较为理想的效果。

②张拉、锁定质量控制。

工程施工中首先比较了单向预紧和双向预紧的效果,确定全部采用双向预紧工艺,并以每次各钢绞线预紧伸长差值小于 3mm 作为控制指标。张拉、锁定的载荷以张拉千斤顶油泵压力表读数来控制,并用锚索理论伸长值与实测值进行比较,而装有测力器的锚索还可以用测力器读数来校核,3000kN 级锚索的控制张拉载荷为 3450kN(1999 年 7 月 25 日以后改为 3000kN)。

③灌浆质量控制。

根据对穿锚索孔基本上为水平孔的特点,为改善浆液的可注性和流动性,我们在配置的浆液中掺了适量的 GYA 减水剂和 AEA 膨胀剂(表5),得到了满意的效果。此外严格控制灌浆压力和进浆时间,对确保灌浆效果也极为重要。

纯水泥浆流动度延时损失测定结果　　　　　　　　　　　　　　表5

试样编号	W/C	外加剂占水泥重量(%)		GYA掺入方式	不同历时流动度(cm)				
		AEA(内掺)	GYA		初始	15min	0min	45min	60min
1	0.4	—	—	—	12.5	13.0	13.8	13.5	13.1
2	0.4	8	—	—	13.2	13.2	13.6	12.9	12.8
3	0.35	8	0.7	先掺	24.8	19.9	17.5	17.5	17.3
4	0.35	8	0.7	后掺	25.4	23.1	23.2	23.1	23.0
5	0.32	8	0.7	先掺	23.2	19.2	15.2	13.4	12.5
6	0.32	8	0.7	后掺	24.5	20.5	19.2	17.9	17.8
7	0.30	8	0.7	先掺	19.1	13.3	11.6	9.2	8.8
8	0.30	8	0.7	后掺	22.8	21.0	18.9	17.8	16.4

3.4 高边坡预应力锚索长期工作性能观测分析

三峡永久船闸高边坡预应力锚索的长期工作性能主要表现在它的力学稳定性和化学稳定性。为了解3000kN锚索长期受力状况,采用辽宁丹东三达测试仪器厂生产的GMS-3680型测力计和GPC-1型频率测定仪测定了锁定过程及锁定后锚索的荷载变化,并分析了引起锚索荷载变化的主要因素,提出了控制锚索荷载变化的方法。

(1) 3000kN预应力锚索荷载变化观测结果

①锁定过程引起的锚索荷载变化。

表6为张拉锁定过程锚索荷载(预应力值)损失,从表6可以看出,锚索锁定过程引起的锚索预应力损失,在1.17%~4.41%之间,它主要是由锁定过程钢绞线的弹性回缩造成的,可通过适当提高张拉荷载值的方法来消除锁定过程的荷载损失。

锚索锁定过程的荷载损失　　　　　　　　　　　表6

锚索编号	张拉荷载值(kN)	锁定荷载值(kN)	荷载损失(%)	备注
NC1-2-43	3399.869	3313.31	2.55	
NC1-2-55	3459.44	3378.68	2.33	外侧
NC2-1-09	3272.90	3229.80	1.32	
NC2-2-08	3356.22	3269.50	2.58	
NC2-2-36	3155.41	3118.53	1.17	
NC2-2-70	3478.30	3354.00	3.75	
SC2-2-51	3376.10	3227.30	4.41	
SC3-1-07	3457.30	3365.20	2.66	

②锚索工作中的荷载变化。

表7为锚索工作状态中随时间推移的荷载变化测定结果。它们显示出在锚索锁定后的一年多的时间内,锚索均呈现荷载损失,损失率一般在10%以下。荷载—时间变化曲线呈现出

锁定后的早期荷载值急剧衰减的半年后趋于稳定的势态。这是钢绞线松弛、岩体徐变、边坡位移等因素综合作用的反映。

锚索预应力随时间的损失 表7

锚索编号	张拉日期	锁定荷载(kN)	观测日期	观测荷载(kN)	应力损失率(%)
NC1-2-43	990511	3313.31	000510	3016.09	8.97
NC2-2-08	990221	3269.50	000221	2921.60	10.64
NC2-2-29	990203	3189.50	000203	3113.80	2.37
NC2-2-36	990122	3118.53	000120	2839.37	8.95
SC3-1-07	980110	3365.20	990112	3240.10	3.72
D-1-02	980110	3337.60	981224	3081.40	7.70
D-1-05	980110	2878.00	981224	2546.80	11.50
D-1-08	980112	3369.40	981224	3192.40	5.30
D-4-05	971222	3405.20	981224	3184.20	6.50
D-4-13	971214	3297.00	981224	2977.30	9.70

(2)影响锚索荷载值变化的主要因素

①钢绞线的松弛。

钢绞线及其他钢材的松弛特点是众所周知的,长期受荷的钢绞线预应力松弛损失通常为4‰~10‰。

根据对钢绞线进行的试验发现,受荷100h的松弛损失约为受荷1h所发生的损失的2倍,约为受荷1000h后松弛损失量的80%,约为受荷30年后损失量的40%。

值得提出的是钢绞线的松弛损失量同它的受荷状况密切相关。当对钢绞线施加的应力等于其抗拉强度标准值的50%时,这种松弛损失几乎可忽略不计。三峡船闸边坡工程3000kN级锚索,采用19根直径为15.24mm钢绞线,其抗拉强度标准值为1860MPa。一般施加的拉力为3300~3400kN,为钢绞线抗拉强度标准值的70%左右。因而在其受荷初期(7~14d内),其应力松弛损失量十分明显的,它是三峡永久船闸直立边坡锚索锁定后早期荷载急剧下降的主要原因之一。

②岩体的徐变。

对于三峡船闸边坡坚硬的花岗岩来说,由锚索荷载所引起的岩体徐变,主要表现在锚头与岩体结合处等应力集中区的岩体节理裂隙的塑性压缩。

《高边坡预应力锚索加固对周边岩体力学性状影响的测试研究》已经证实,对于三峡船闸直立的花岗岩边坡,在3000kN预应力锚索作用下,能形成一个半径约2.0m、深度约为8.0m的锥形压缩区,其塑性压缩变形在3~7d后才趋于稳定。这是导致锚索加荷早期荷载损失较大的又一个主要原因。由于锚索受荷后,钢绞线的松弛与岩体徐变(压缩变形)均主要发生在早期,因此,所测得锚索荷载—时间变化曲线,几乎都是呈现加荷初期锚索荷载急剧衰减的势态,见图6和图7)。

③爆破震动的冲击作用。

爆破震动的冲击能使锚杆的受荷状态发生变化,从而导致锚杆(索)预应力的降低。

美国人研究过爆炸对水平成层的白云石矿山锚固系统的影响。当距离锚杆3.0m以内进行爆炸时,锚杆预应力有明显的损失。这种预应力损失量要比同样锚杆在相似条件下受静荷载作用发生的预应力损失量大 36 倍。在离锚杆 5.0m 之外,普通爆炸的影响就不显著了。

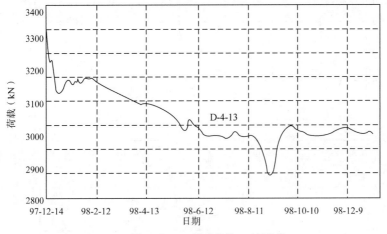

图 6　D-4-13 锚索荷载—时间曲线

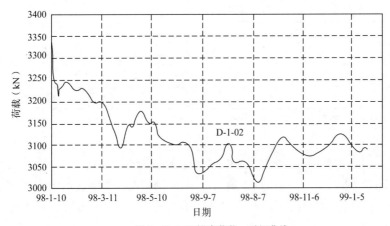

图 7　D-1-02 锚索荷载—时间曲线

三峡船闸的预应力锚索安装后,岩石开挖爆破点离锚头的距离一般在 10m 以外,从测得锚索荷载变化曲线来看,岩石开挖爆破冲击并未对锚索的荷载变化带来明显影响。在中隔墩上安装的部分锚索,其锚头离爆破点约 4.0m 也未测得锚索的荷载有明显损失,但当爆破孔距锚头 1.5m 时,锚索的荷载值则有明显衰减,如图 8 所示,两根锚索的荷载值分别由爆破前的 2897.3kN 和 2783.7kN,下降至爆破后的 2494.6kN 和 2665.5kN,荷载损失率达 13.90% 和 4.25%。

④边坡变形。

由于开挖卸荷变形以及应力释放过程的时效变形,根据实测资料,得到了三峡船闸边坡变形与开挖深度的关系曲线。从▽245m 或▽230m 向下开挖至▽92m,边坡上部全强风化岩体向闸室方向的开挖变形为 33～50mm,时效变形为 10～12mm,总变形在 60mm 以内。下部的微新岩体从▽170m 开挖至▽92m,开挖变形为 13.6mm～16.0mm,时效变形为 4～5mm,总变形在 20mm 左右。

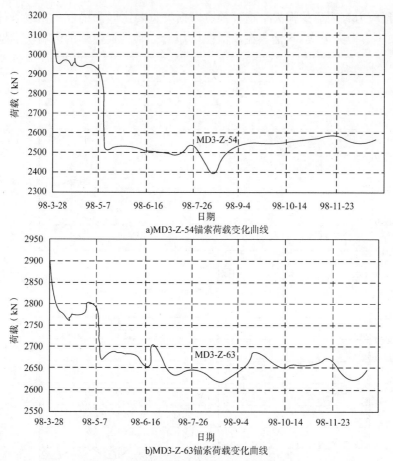

图 8 爆破对锚索荷载变化的影响（爆破孔距锚头 1.5m 时）

测试锚索 NC1-2-43，NC2-2-08 均位于离直立墙顶 8～10m，离墙底约 40m 之处，随着时间的推移及向下开挖的延伸，因开挖卸荷及应力释放引起的水平变形，相当于对已锁定的锚索进一步实施张拉，从而导致锚索荷载的上升。

从测得的诸多的锚索荷载变化曲线（图 9 和图 10）来看，在锚索锁定半年后，应力相对处于平稳状况，随后则有一定程度的回升，这是边坡位移进一步增大的结果。

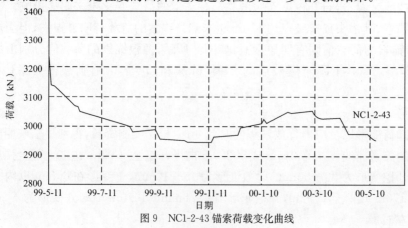

图 9 NC1-2-43 锚索荷载变化曲线

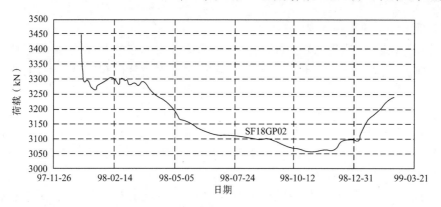

图10 SF18GP02锚索荷载变化曲线

(3) 控制锚索预应力变化的主要方法

锚杆(索)预应力的变化,会明显地影响或损害锚杆(索)的功能。国内外有关岩土锚杆的规范都明确规定,在锚杆工作过程中,其预应力变化不得大于10%。这是因为,锚杆(索)预应力有过大的损失,表明对岩体主动支护抗力的减小,直接影响边坡锚杆(索)所能提供的抗滑力。若锚杆(索)预应力有过大的增加,则在锚杆(索)的钢绞线受力不均的条件下,极有可能引起钢绞线的断裂。因而控制锚杆(索)预应力值的变化,就成为能否保持预应力锚杆(索)良好的长期工作性能的一个关键问题。从三峡船闸边坡锚索荷载值长期观测资料分析得出,对于高承载力锚杆(索)可采用以下方法控制其预应力值的变化。

① 预应力筋采用Ⅱ级低松弛钢绞线。

不同品种的钢绞线,其松弛损失有很大差异。当钢绞线的初始负荷为最大负荷的70%及80%时,则Ⅰ级普通松弛钢绞线在受荷1000h的松弛值分别为8%和12%。而Ⅱ级低松弛钢绞线在受荷1000h的松弛值为2.5%和4%。因此,预应力筋采用Ⅱ级低松弛钢绞线,对于控制锚杆(索)的应力损失是十分有效的。三峡船闸边坡的锚索均采用Ⅱ级低松弛钢绞线,对控制锚索的应力损失产生了良好的效果。

② 确定适宜的锚杆(索)拉力设计值。

锚索预应力筋的应力水平同应力损失密切相关。保持适宜的应力水平,即锚索的控制应力小于钢绞线抗拉强度标准值的60%,即可减小锚索受荷后的应力损失,又可避免锚索在高拉应力作用下出现应力腐蚀的危险。

③ 采取能缓减应力集中的结构设计。

在上一节中已经说明,在坚硬岩石中,由锚杆预应力引起的岩体徐变主要因素表现为锚头与岩面接触处等应力集中部位的岩石节理裂隙的塑性压缩变形。因此,用短锚杆加固锚索孔周边的破碎岩体;传力系统应具有足够刚度,并与基岩有足够的接触面积;端头锚固型锚杆(索)采用单孔复合锚固结构,使锚固体内的剪应力得以均匀分布,都会有助于减少岩体的徐变变形及锚杆的荷载损失。

④ 实施补偿张拉。

所测得的三峡船闸边坡锚索荷载—时间关系曲线表明,锚索锁定后的7~14d内,是其荷载急剧损失的阶段。这是钢绞线的松弛和岩体徐变联合作用的结果。建议在锁定后的7~10d内,实施补偿张拉以消除锚索受荷初期的预应力损失。

⑤控制爆破冲击的不利影响。

无疑,锚索受到距离很近的爆破冲击作用,会影响锚索原有的荷载值,分析三峡工程所积累的经验教训,尽管离锚头 4.0m 处开挖爆破,未见对锚索荷载值有明显影响,但从安全角度考虑,建议与三峡永久船闸相似的开挖工程,爆破作业与锚索孔的距离以不小于 10m 为好。

(4)结语

①三峡工程地质条件好,岩石坚硬,3000kN 锚索预应力损失通常在 3%～10%以内。而预应力损失大于 10%的少量锚索则处于岩体破碎带断层影响带或受到附近的爆破震力影响。

②在张拉、锁定过程中,锚索预应力值损失在 1.17%～4.41%之间,可通过超张拉措施予消除。

③锚索锁定后荷载损失主要发生在锁定后 7～15d 内,这是由于锚索锁定后,钢绞线(预应力筋)的松弛和岩体(节理裂隙)的徐变变形主要表现于受荷初期的缘故。

④对于高边坡岩石预应力锚固工程,采用以下措施,可使锚索预应力损失减小到最低程度。

a. 预应力筋采用低松弛钢绞线;

b. 预应力筋的控制应力不大于其抗拉强度的 60%;

c. 采用能缓减应力集中的锚索(杆)结构;

d. 在荷载锁定后的 7～10d 实施补偿张拉;

e. 控制爆破与锚头的距离,一般应不大于 10m。

3.5 预应力锚索对改善周边岩体力学性状的影响

为了解三峡船闸边坡预应力锚索对改善周边岩体力学性状的影响,采用多点位移计、声波及钻孔弹模测试三种方法综合测试锚索张拉前后周边岩体变形、波速及岩体弹性模量的变化。

(1)测试方法、布置及测试部位的基本地质情况

测试方案的钻孔布置见图 11。其中编号 D1～D7 为 7 个变形测试孔,分为两组,每孔的孔深为 17m,共布置变形测点 26 个;编号 S1～S22 为 22 个波速测试孔,分为三组,孔深 5～6m 不等,每孔均进行了单孔波速测试,锚墩周边孔进行了跨孔声波测试;编号 T0 为岩体静弹模测试孔,深度为 6m。

测试部位的岩体主要为闪云斜长花岗岩,多为中粗粒结构,局部细粒结构。岩体为微风化岩带至新鲜,岩质致密坚硬,以整体及块状结构为主,岩体完整且坚硬。测试区内,有数条倾角 40°～60°的 NE-NNE 或 NNE 向裂隙切剖面,多数裂面平直光滑,少量弯曲粗糙,均为钙质与绿泥石充填。

(2)变形测试成果分析

①锚索张拉结束后坡面变形分布。

锚索张拉结束后直立墙表层变形分布见图 12 和图 13。测试结果表明:

a. 随着张拉荷载的增加,越靠近锚索作用点的测点,压缩变形值越大。如 55 号锚索张拉结束后,距其最近测点的变形值为 0.15mm,距其最远观测点的变形值仅为 0.03mm。

b. 锚墩周边岩体的压缩变形范围逐步向外扩散,且在张拉结束后 3～7d,变形范围才趋于稳定,变形有明显的滞后现象。张拉结束后,距锚孔 70cm 处的压缩变形量在 0.15mm 左右,3～7d 后距锚孔 70cm 处边坡压缩变形稳定值在 0.21～0.23mm,滞后的变形值在 0.1mm 左右。这种变形的滞后现象主要是锚固力在逐步压密岩体内的节理与裂隙所引起。

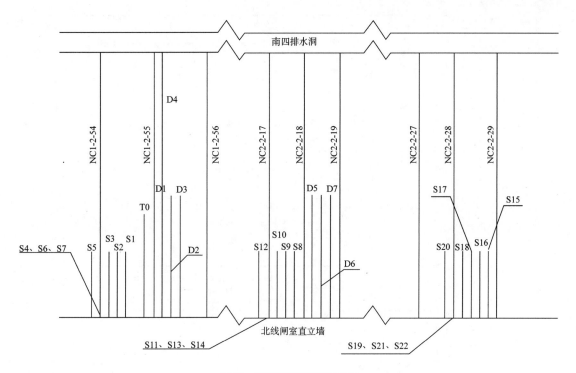

图 11　测试孔布置平面示意图

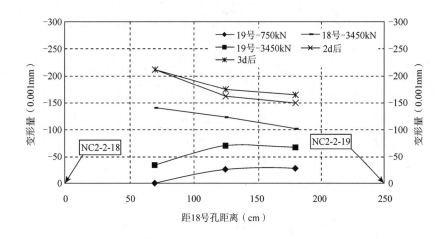

图 12　第一组变形测点坡面变形分布

② 锚索张拉后沿测孔轴线方向的变形分布。

测试结果表明：

a. 随着张拉荷载的增加，沿测孔轴线方向的岩体压缩变形范围在增加，且变形量与外加锚固力基本同步变化。

b. 变形值自孔口向里面呈明显衰减的特征，孔内 8.0m 以后的岩体变形量普遍不大。见图 14 和图 15。

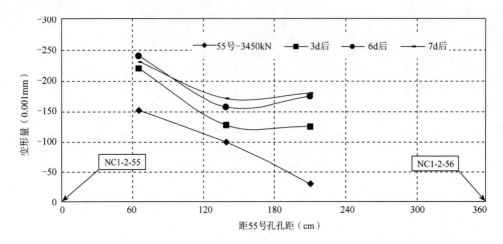

图 13 第二组变形测点坡面变形分析

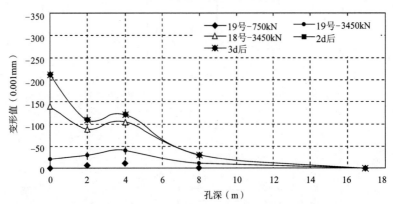

图 14 第一组测试 D5 孔张拉前后轴线方向压缩变形曲线

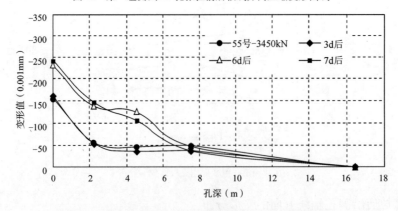

图 15 第二组测试 D1 孔张拉前后轴线方向压缩变形曲线

c. 沿测孔轴线方向的变化在张拉结束后,仍在向边坡内发展,也呈现明显的滞后现象,滞后变形在 3～7d 才基本稳定,最大的稳定变形值在 0.17～0.34mm 之间。

d. 通过分析沿坡面及沿孔轴线方向的测试结果,并结合在其他工程所进行的类似测试,可以认为,在锚索张拉 3～7d 后,在锚墩周边形成一个半径 2m 左右、深 8m 左右的锥形受压区,该区内岩体的应力状态有所改善,岩体为压应力状态。当多根锚索的压应力区重叠连接成片时,就组成所谓的"承载墙",使边坡的稳定性得到明显的改善。

③沿对穿锚索全程的变性分布。

D1 及 D4 孔基本沿 NC1-2-55 号锚索孔全称分布,结合两孔的测试资料就可得到 NC1-2-55 号锚索张拉后的实际变形值分布图(图 16),该图表明,NC1-2-55 号张拉结束后,锚索两墩头之间的稳定压缩变形为 0.58mm。

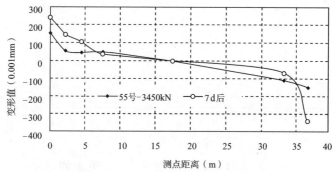

图 16　NC1-2-55 号锚索张拉结束后变形分布

④锚索张拉 70d 后的变形分析。

锚固结束后 70d 的变形测试结果表明:

a. 尽管锚索张拉锁定后预应力有一定的损失,但锚固部位岩体的力学特性没有明显变化。

b. 锚墩周边岩体的最大变形值 70d 以来基本保持不变。

(3)声波测试成果分析

声波测试结果表明:

①锚索张拉后,明显地减少了波的传播时间,提高了周边岩体的波速,波速变化率大于10%,测点大部分分布在孔口段,离锚墩 2.5m 以内的测点数有 20 个,占总数的 2/3,见图 17。表明在锚固力作用下,对边坡浅层岩体力学性状的改善最为明显。

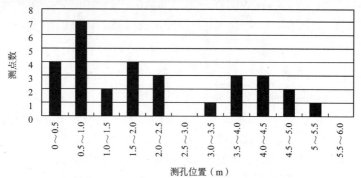

图 17　波速变化率大于 10%测点在锚孔内分布直方图

②锚索张拉前初始波速越低,其波速提高率越大。如 S19 测孔 0.8m 测点初始波速为 4470m/s,张拉后波速提高 17.5%,2.2m 测点初始波速 4880m/s,张拉后波速提高 16.22%。这说明锚索对岩体的加固在软弱面处尤为明显。

③在锚索张拉前后进行的单孔声波和跨孔声波测试表明,锚索张拉后单孔波速的提高比跨孔波速的提高要明显,这表明,与加载方向成大夹角的结构面受到压缩后,对岩体的完整性的提高更为显著。

(4) 钻孔弹模测试成果分析

岩体弹模测试在锚索张拉前、张拉后及灌浆后三个阶段进行。弹模曲线见图18。

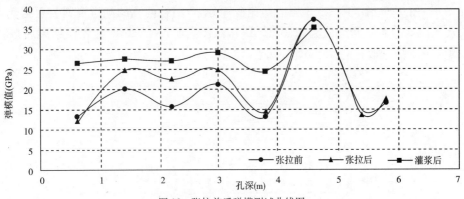

图18 张拉前后弹模测试曲线图

测试成果表明:锚索张拉后,由锚索墩头向坡体内4m范围的岩体弹模有所提高,平均上升4GPa左右,4m以后范围的岩体弹模变化不明显。这表明:锚索张拉可使边坡浅层岩体内的结构面压密,力学性状有所改善,浅层岩体完整性提高。

灌浆以后所做的测试表明,岩体弹模有所提高,且大部分测点的岩体弹模值在27GPa左右。这种弹模增加的主要因素之一是由于水泥浆液固结了地质弱面,使岩体的完整性得到了提高所致。

(5) 结语

①对于花岗岩直立边坡的开挖损伤区,在3000kN锚固力作用下,能形成一个半径2.0m,深8.0m左右的压应力区。

②在3000kN锚固力作用下,在离坡面4.0m左右的范围内,岩体波速一般提高10%以上,最大波速提高率为48.34%,这表明在一定深度范围内,岩体的完整性有所提高。

③钻孔弹模测定表明,在3000kN锚索张拉锁定及灌浆后离坡面约4.0m范围内岩体的弹性模量有明显增高。

3.6 船闸高边坡锚索(杆)加固效果分析

为了探讨预应力锚索和锚杆对三峡船闸高边坡的加固效果,选取二闸室13-13′剖面(图19)进行了二维数值分析。通过对无锚固和不同锚固方式多种方案的计算,分析探讨了预应力锚索和锚杆对岩体应力、应变状态以及边坡稳定性的改善。

计算采用了FLAC-2D程序,该程序的基本原理类似于FLAC-3D。

(1) 关于岩石锚固墙

①现场监测及试验资料表明,船闸高边坡在开挖形成以后,由坡面至破内,形成了开挖损伤区、卸荷影响区、轻微扰动区或未扰动区三带(图20),其中,开挖损伤区厚度为0~8m,岩体的力学性状明显劣化。

②由图19可见,南北边坡与中隔墩直立墙布置的系统锚杆,从直观上已形成了所谓的岩石锚固墙。系统锚杆的长度为8~12m,贯穿开挖损伤区,开挖损伤区是系统锚杆的锚固区。已有的研究成果表明,系统锚杆可使锚固区也即开挖损伤区的岩体力学性状得到改善,即弹模

E 和黏结力 C 得到了提高,具体考虑了中、高、低三种方案。即锚固区岩体的弹模和黏结力分别取 $E=1.1E_0, C=1.2C_0$(低值);$E=1.2E_0, C=1.3C_0$(中值);$E=1.3E_0, C=1.4C_0$(高值)。

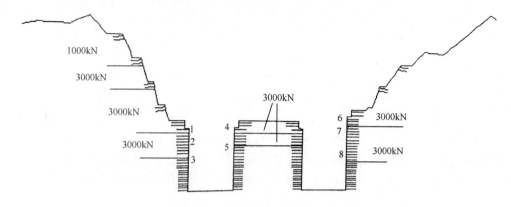

图19　13-13′剖面锚杆和锚索布置图

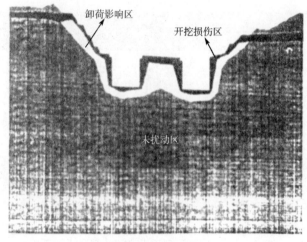

图20　卸荷分区示意图

③本课题的有关研究成果表明,预应力锚索在张拉过程中使岩体内形成了浅层压缩区。该区范围沿锚索轴向为 8m 左右。由于多根预应力锚索的作用,每根锚索的压应力区互相叠合形成一个较完整的压缩带,其分布形态与锚索布置方式、间距、锚索根数以及预应力的大小有关。

(2)计算条件

①计算域。

计算坐标系 X 轴为水平向,由北向南为正,Y 轴铅直向上为正。计算范围为:X 向 1200m,以中隔墩为中心向南北各延伸 600m,Y 向 510～540m,自地表向下延伸至 −300 高程,共剖分了 100×60 个单元,101×61 个节点。计算域的两侧及底边均采用法向约束。

②岩体力学参数及初始应力场。

边坡岩体开挖后,由于应力释放和开挖爆破的双重作用,在开挖面附近形成卸荷松动区,从而导致岩体力学性状的弱化。报告第 3 部分对松动区范围、三个带划分以及设计采用相应的加固措施已作了详细说明。图20给出了13-13′剖面卸荷分区示意图,边坡上部岩体依次为全强风化带和弱风化带。计算所用的岩体力学参数见表8。

计算力学参数表　　　　　　　　　　　　　　　　表8

岩体分区	距直立边坡面深度 (m)	弹性模量 E (GPa)	泊松比 μ	摩擦系数 f	黏结力 C (MPa)	抗拉强度 R_t (MPa)
开挖损伤区	0.8	9.88	0.24	1.4	1.0	1.0
卸荷影响区	8～20	16.72	0.23	1.5	1.0	1.2
轻微或未扰动区	>20	33.08	0.22	1.7	2.0	1.5

初始应力场对于全强风化带岩体采用自重应力场,弱风化岩体地应力场按埋深由微风化带岩体应力场与全强风化带应力场插值确定。微新区岩体采用反分析结果,按下式计算:

$$\sigma_x = 6.11 + 0.01093 \times H \tag{2}$$
$$\sigma_y = 0.28 + 0.02995 \times H \tag{3}$$
$$\sigma_z = 5.703 + 0.01176 \times H \tag{4}$$

式中:H——深度(m);
　　　σ——应力(MPa)。

(3)开挖与锚固模拟

计算开挖步骤根据施工开挖过程作适当概化,共划分了12个开挖步骤,见图21。

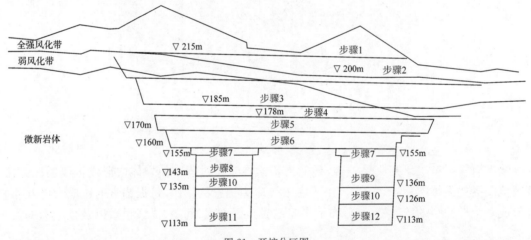

图21　开挖分区图

根据显式有限差分法的特点,在模拟开挖时考虑岩体的卸荷效应,卸荷带与过渡带随开挖卸荷形成。对边坡的某一区域,在当前开挖步骤,主要为应力开挖释放模拟;在下一开挖步骤,主要模拟岩体卸荷效应即形成卸荷带与过渡带,降低力学参数,同时保存历史开挖步形成的卸荷带与过渡带,直至最终开挖步骤。

如前文图19所示,为计算模拟的13-13′剖面南、北坡及中隔墩锚杆和锚索分布图。直立墙以上边坡锁口锚杆长度8m,直径ϕ25mm;预应力锚索两排,吨位分别为1000kN和3000kN,均为对穿锚索。直立墙及中隔墩部位高强锚杆长度8～12m,直径ϕ40mm,间距1.5～2.5m;

在闸室墙和中隔墩上各布置了两排对穿锚索,吨位为3000kN,锚索由19根ϕ15.24mm的钢绞线组成。

计算中对系统锚杆的模拟采用提高开挖损伤区岩体的弹性模量E和强度指标c的方法,预应力锚索及斜坡段锁口锚杆采用锚单元模拟。

(4)计算方案

根据锚固施作方式的不同,共完成了下列6种方案的计算。

方案1:无锚固,即不考虑锚杆和锚索加固,进行边坡的分步开挖计算。

方案2:边挖边锚,在某一开挖步完成后,立即对开挖面附近岩体施锚。锚杆和预应力锚索的布置及吨位依据13-13′剖面的加固设计图,见图19。其中,闸室南、北侧直立墙及中隔墩部位系统锚杆的加固采用提高开挖损伤区岩体的弹模E和强度参数c的方法。锚固区岩体的弹模和黏聚力按低中高三种方案取值。

方案3:南、北侧闸室直立墙中部144m高程处,增设一排3000kN级的对穿锚索;开挖损伤区岩体的弹模和黏聚力取中值,其他计算条件同方案2。

方案4:方案3中的三排3000kN级预应力锚索及中隔墩的二排对穿锚改为1500kN。

方案5:闸室直立墙及中隔墩部位的非预应力锚杆改为200kN的预应力锚杆;预应力锚杆采用锚单元模拟,同时提高开挖损伤区岩体的c值($c=1.3c_0$)。

方案6:边坡开挖完成后施作锚杆和预应力锚索。

(5)计算成果分析

①锚固措施对开挖位移的影响。

图22~图25给出了无锚固(方案1)及按设计加固方案、E和c取中值(方案2b)时边坡开挖完成后的位移矢量图和水平方向位移等色区图。

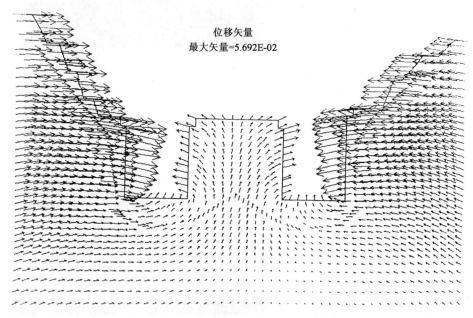

图22 开挖完成后位移矢量图(方案1)

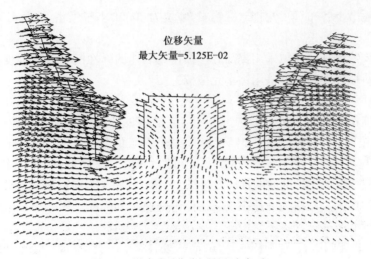

图 23 开挖完成后位移矢量图(方案 2b)

图 24 水平位移等色区图(方案 1)

图 25 水平位移等色区图(方案 2b)

图 26、图 27 分别对应于方案 4、方案 5 的水平位移等色区图。

图 26　水平位移等色区图(方案 4)

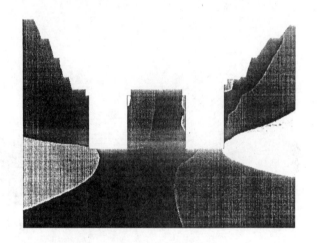

图 27　水平位移等色区图(方案 5)

表 9 列出了边坡南、北侧直立墙和中隔墩开挖边界上部分节点的水平位移值。

各计算方案对应的开挖边界节点水平位移值(单位:mm)　　　　表 9

方案＼边界点	1	2	3	4	5	6	7	8
方案 1	55.20	54.84	44.12	−17.80	−11.58	−45.49	−43.64	−39.50
方案 2a	53.10	49.13	38.16	−13.74	−10.05	−44.02	−39.42	−33.42
方案 2b	52.12	47.74	37.25	−13.21	−9.39	−43.80	−38.46	−32.75
方案 2c	50.95	46.69	36.37	−12.63	−9.15	−42.93	−37.98	−32.01
方案 3	52.03	46.95	36.13	−13.19	−9.35	−43.61	−38.41	−32.57
方案 4	52.75	49.02	37.38	−14.02	−9.70	−44.10	−39.02	−32.96
方案 5	48.82	44.69	35.71	−10.37	−8.63	−42.67	−36.77	−31.12
方案 6	55.12	54.72	44.01	−17.65	−11.41	−45.32	−43.47	−39.37

边坡开挖完成后,南、北侧直立边墙表现为向闸室中心线方向变形,矢量近水平略向下,最大水平位移发生在北坡直立墙顶部,不考虑边坡施锚时为55.2mm;中隔墩总体变形趋势向两侧张开。

计算结果表明,锚固方式的不同不改变边坡的总体位移形态,只在位移量值上有差别。按设计采用的加固方案,闸室直立墙和中隔墩的位移比无锚固时减少了6%～15%;系统锚杆若改用预应力锚杆,则位移可以减少8%～20%(相对于无锚固方案)。由于开挖损伤区岩体的弹模和黏聚力取值变幅不大,在低值～高值范围内变化时,边界节点的位移值仅相差1～3mm。南、北侧直立边墙各增加一根3000kN的预应力锚索或锚索吨位降低到1500kN时,位移量值变化不大;通常,锚索施加部位岩体的变形比其他部位更为敏感。锚杆和锚索的施作时机对变形量的影响较大,如果在整个边坡开挖完成后再进行加固,此时,边坡的总位移与无锚固方案基本相同。

②岩石锚固对应力场、拉应力区的影响。

图28为设计锚固方案(E和c取中值)边坡开挖完成后的主应力矢量图;图29～图33给出了方案1、方案2b和方案5的水平应力等色区图以及拉应力区分布图。

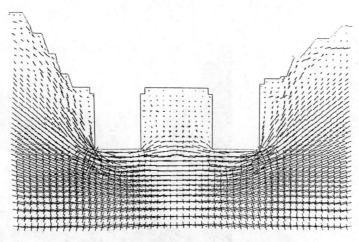

图28 开挖完成后的主应力矢量图(方案2b)

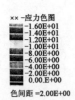
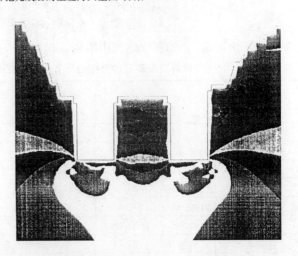

图29 水平应力等色区图(方案1)

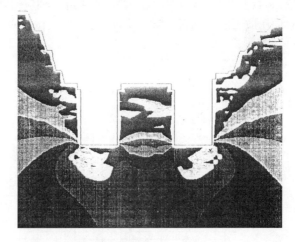

图 30　水平应力等色区图(方案 2b)

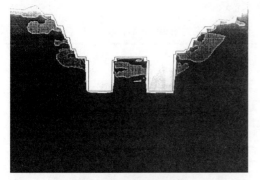

图 31　拉应力区分布图(方案 1)

图 32　拉应力区分布图(方案 2b)

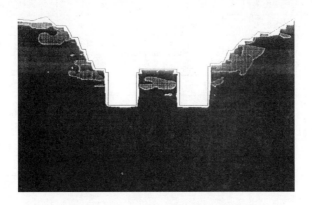

图 33　拉应力区分布图(方案 5)

表 10 列出了部分计算方案北闸室直立边墙及中隔墩开挖面附近的单元应力值(图 34),各计算方案对应的拉应力区面积见表 11。

在船闸开挖过程中,岩体初始应力场受到扰动,引起应力重新分布,开挖临空面附近岩体的大主应力接近于平行开挖面,次主应力接近于垂直开挖面。开挖完成后,直立墙上部及南北边坡开挖面附近约 10~25m 范围内岩体或接近单轴应力状态或呈拉压应力状态；中隔墩上部岩体由双向压应力状态趋近于零应力状态，局部为拉压应力或双拉应力状态。

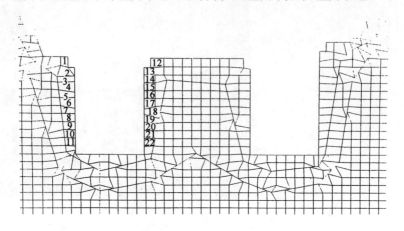

图 34　开挖边界单元示意图

北坡直立边墙及中隔墩开挖面附近单元水平应力值（单位：MPa）　　　表 10

单元号 \ 计算方案	方案 1	方案 2b	方案 3	方案 4	方案 5
1	0.179	0.232	0.233	0.266	0.101
2	−0.047	−0.763	−0.785	−0.464	−1.381
3	−0.038	−0.231	−0.179	−0.117	−0.788
4	0.294	0.404	0.501	0.523	0.423
5	0.146	−1.401	−2.423	−1.861	−2.773
6	−0.379	0.270	0.471	0.501	0.274
7	−0.320	−2.040	−2.031	−1.756	−2.462
8	−0.355	−0.576	−0.579	−0.437	−1.136
9	0.033	−0.535	−0.542	−0.426	−1.413
10	−0.489	−0.529	−0.524	−0.514	−1.481
11	−1.258	−1.505	−1.513	−1.483	−2.583
12	0.176	0.146	0.142	0.214	−0.391
13	−0.252	−0.235	−0.242	−0.208	−0.621
14	0.439	−0.938	−0.936	−0.621	−1.558
15	−0.371	0.183	0.175	0.213	0.094
16	−0.017	−1.544	−1.517	−1.048	−2.032
17	0.409	0.583	0.577	0.552	0.422
18	−0.223	−0.236	−0.244	−0.233	−0.724
19	−0.160	−0.146	−0.146	−0.137	−0.901
20	−0.095	−0.181	−0.187	−0.186	−0.905
21	−0.151	−0.161	−0.198	−0.194	−0.923
22	−0.149	−0.171	−0.170	−0.173	−1.032

各计算方案对应的拉应力区和塑性区面积(单位:m²) 表11

计算方案	方案1	方案2a	方案2b	方案2c	方案3	方案4	方案5	方案6
拉应力区面积	6495	5807	5811	5802	5594	5917	5498	6387
塑性区面积	7468	6673	6593	6396	6530	6636	6296	7357

边坡开挖过程中,若及时施加锚杆和锚索支护,开挖面附近岩体的应力状态普遍有所改善,拉应力区范围有明显减少。从表10和表11可知,锚杆(索)的施作提高了坡面岩体的正应力,部分恢复了岩体中原有的构造应力;特别是预应力锚杆方案,闸室开挖边界单元的水平应力比施加普通锚杆提高了0.8MPa左右。不同锚固方案对应的拉应力区面积均比无锚时有不同程度的降低,在设计锚固条件下,拉应力区面积约减少了11%;系统锚杆为预应力锚杆时,则面积可以减小了16%。此外,增加预应力锚索的根数及提高锚索的承载力也可以有效地减少拉应力区范围。

③岩石锚固时塑性区分布的影响。

图35～图37分别给出了无锚固方案、加锚方案2b和方案5的塑性区分布图(开挖完成后)。

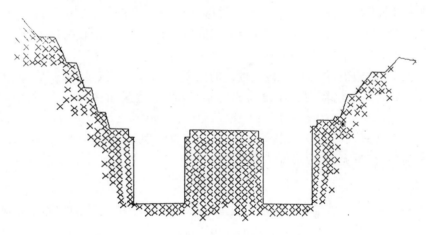

图35 塑性区分布图(方案1)

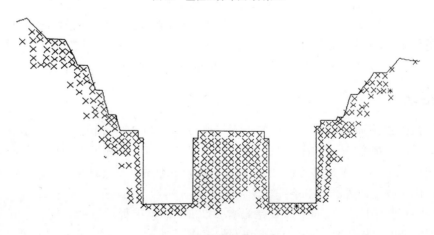

图36 塑性区分布图(方案2b)

图 37 塑性区分布图(方案 5)

表 11 列出了不同计算方案对应的塑性区面积。

计算结果表明,随着闸室开挖深度的增加,中隔墩顶部的塑性区范围逐渐扩大,两侧直立边墙的塑性区也逐渐向下延伸,两侧斜面边坡及闸室底板部位的塑性区相对较小。从开挖完成后的塑性区图来看,在两侧斜面边坡上,塑性区基本上发生在开挖损伤区和部分卸荷影响区内;在两侧直立墙,塑性区的分布与开挖损伤区和卸荷影响区的范围较为接近;中隔墩绝大部分区域的岩体均进入了塑性状态,闸室底部的塑性区与开挖损伤区范围基本一致。

边坡若考虑及时施锚,在锚固区内塑性区的面积有较明显地减少;特别是南、北侧直立边墙塑性区的分布范围变化较大。在设计锚固条件下,塑性区面积比不考虑加锚时减少了 10%～14%;南、北直立边坡中部增设一根锚索,塑性区面积略有减少;提高预应力锚索的吨位(方案 3 与方案 4 比较),可以减小 2%。在所有加固方案中,系统锚杆改为预应力锚杆时,塑性区面积减小的幅度最大,大致降低了 16%。

3.7 结论

通过对三峡船闸高边坡锚索(杆)加固效果的初步分析表明,现有的加固方案对改善边坡岩体的应力状态,限制边坡的变形是有效的。由于锚杆和预应力锚索的作用,从不同程度上减小了边坡岩体的开挖位移、应力释放产生的拉应力区和塑性区范围,从而提高了船闸高边坡的整体稳定性。从本次分析的结果来看,系统锚杆由普通锚杆改为预应力锚杆时,对边坡岩体的加固效应更为显著;预应力锚索密度和吨位的增加,也从一定程度上提高了锚固支护的效果。同时,计算还表明合适的施锚时机对发挥锚索(杆)的作用影响甚大。

4 结语

(1)针对三峡船闸高边坡预应力锚固工程特点研制的 DKM 型锚杆(索)钻机,在结构设计中充分考虑了钻孔精度、钻进效率、使用寿命、劳动保护等多方面的要求,具有机身紧凑,钻进中能随时纠偏,在狭小场地搬移方便,刚性连接钻杆丝扣使用寿命长和高效水雾除尘等特点,为实现快速优质成孔创造了基本条件。

(2)钻孔精度、张拉程序、灌浆质量是影响 3000kN 锚索工程质量的关键。通过对长锚索孔钻进倾斜机理的分析研究,提出了支点纠偏的工作原理与方法,并采用适宜刚度和重量的钻具，适时地调整导正器参数，合理地选择钻进工艺，实现了深孔（＞36m）钻进偏斜率小于1‰的设计要求，这对保证边坡锚固力的均匀分布，避免应力集中具有重要作用。此外，在锚索张拉前对单根钢绞线实施预紧工艺，以提高各根钢绞线受力的均匀性；在灌浆的浆液中掺入适量的减水剂与膨胀剂，以改善浆液灌注过程中的流动度，提高灌浆质量和防止水泥结石体的收缩。这些质量控制方法对提高锚索加固工程的长期可靠性是十分有效的。

（3）提高钻孔效率和缩短混凝土传力墩座的养护时间是加速锚索工程进度的重要环节。工程实践表明，在与三峡永久船闸边坡相似的岩层条件下，选择DKM-Ⅰ型钻机和与其相配套的ϕ89双壁空心钻杆，采用DHD-360型无阀潜孔冲击器和配套的DHD360-19B硬质合金柱齿钻头，提高钻机给进压力（一般为5～6MPa），保持适宜的风压（0.9～1.1MPa）和风量（14～17m³/min），能显著地提高钻孔工效。采用占水泥重量2％的JG-2型早强剂，能配制出$R_7 \geqslant$35MPa的传力墩头混凝土，在混凝土浇筑7d后，即可进行张拉作业。从而明显地缩短了边坡锚固工程施工周期。

（4）长期观测结果显示，三峡永久船闸边坡锚索工作一年后的预应力损失率一般在3％～10％之间，荷载变化已经稳定，表明工程锚索处于良好的工作状态。

影响锚索锁定后荷载变化的主要因素有钢绞线的松弛，岩体节理裂隙等软弱结构面的徐变，开挖卸荷及应力释放引起的边坡位移和锚索邻近处的爆破震动的影响。

能显著减少锚索的预应力损失的有效方法有：锚索的预应力筋选用低松弛钢绞线，锚索控制应力不大于钢绞线抗拉强度的60％，采用能缓减应力集中的锚固结构，在锁定7～10d内实施补偿张拉和控制爆破作业与锚头的距离等。

（5）预应力锚索加固边坡能明显地改善岩体的应力状态，提高岩体力学性能。实测资料表明，三峡永久船闸直立边坡在3000kN锚索荷载作用下，能在岩石开挖损伤区形成一半径为2.0m，深8.0m的压应力区，并能提高一定范围内的岩体完整性及岩石弹性模量。

（6）采用FLAC-2D程序，对三峡船闸高边坡系统锚杆和预应力锚索加固效果分析表明，现有的加固设计对改善边坡岩体的应力状态，限制边坡的变形是有效的。由于系统锚杆和预应力锚索的共同作用，能形成"岩石锚固墙"，从不同程度上减小了边坡的开挖位移，应力释放产生的拉应力区和塑性区范围，从而提高了船闸高边坡的整体稳定性。本次计算分析结果还表明，若系统锚杆由非预应力改为预应力，则对边坡岩体加固效应更为显著；预应力锚索密度和承载力的增加，也从一定程度上提高了锚固支护效果；施锚时机对加固效果影响甚大，若在整个边坡开挖完成后再进行锚固，则几乎不能减小边坡的总位移量。

影响锚固边坡稳定性的若干主要因素

程良奎

(中冶建筑研究总院有限公司)

摘　要　采用工程调查、理论分析和工程监测等方法,研究分析了影响锚固边坡稳定性的主要因素,提出了提高锚固边坡长期稳定性的建议与对策。

关键词　锚固边坡;稳定性;安全系数;验收试验

Main Factors Influencing Stability of Anchored Slopes

Cheng liangkui

(*Central Research Institute of Building and Construction Co. Ltd, MCC, Beijing* 10088, *China*)

Abstract　The methods such as project investigation, theoretical analysis and project monitoring etc are used to study and discuss thd major factors influencing thd stability of anchored slopes; it is also proposed that some suggestions and countermeasures for raising long-term stability of anchored slopes.

Key words　anchored slope; stability; safety factor; acceptance test

1　引言

在我国水利水电、公路、铁路、矿山、市政及地下空间等工程建设中,人工开挖边坡已广泛采用岩土锚杆稳定技术。特别是开挖高度大于 15m 的边坡,采用锚固技术或许可以说是最优的选择。

与重力式挡土墙等传统的支挡结构相比,采用锚杆锚固方式维护边坡稳定,有许多独特的优点:

(1)可采用逆作法施工,能最大限度地利用岩土体的自稳能力;

(2)岩土体开挖后可及时将锚固力传递到边坡破坏面以外的稳定地层,控制边坡变形的能力强;

(3)随着钻孔技术与高强钢绞线材料的发展,可容易地实现超长的抗拔承载力达 3000kN 的岩石锚杆,以消耗较少材料的轻型结构,满足稳定高边坡所需的高支护抗力的要求。

---

*　根据作者在成都、昆明、广州、杭州、湖北等地所做的学术报告整理,于 2015 年 5 月作了适当修改补充。

目前我国锚固边坡的质量与稳定状况，总体是好的或比较好的。但是岩土边坡是一复杂的地质体，在开挖与锚杆施工过程及锚固边坡使用期间，受到施工因素及环境条件的影响，岩土体的强度、变形及锚杆的工作特性都会发生变化，其不确定性是不易被充分认识和掌握的。此外，我国地域广阔，各地的岩土锚固技术水平存在差异，某些岩土工程师对影响锚固边坡稳定性的主要因素认识不足，存在锚杆的设计缺陷、施工不当问题或缺乏必要的规范化的锚杆试验与工程监测，导致边坡锚杆失效，局部区域岩石变形过度或岩块滑移现象频频出现，边坡大范围坍塌事故也时有发生。因此，揭示分析影响锚固边坡稳定性的主要因素，严格遵守相关规范的技术要求，不断推进边坡锚固的技术创新，对抑制锚固边坡不稳定因素的滋生与蔓延，保障锚固边坡工程安全具有重要意义。本文根据笔者多年从事锚固边坡研究、设计和施工实践经验，讨论了影响锚固边坡稳定性的主要因素，以冀引起同行们的关注，共同为提高锚固边坡的长期安全性而不懈努力。

2 锚杆类型的选择

用于稳定边坡的锚杆有两类，即预应力锚杆（索）和非预应力锚杆。前者杆长筋体通常为多束钢绞线或预应力螺纹钢筋，抗拉承载力高，能将荷载传递到边坡潜在破坏面以外的稳定地层中，能在边坡开挖后及时提供主动的支护抗力，控制位移能力强，并能改善锚杆周边地层的应力状态，由拉应力转化为压应力，更有利于边坡的稳定。后者又称全长黏结型锚杆或土钉，杆短，筋体通常为普通钢筋，抗拉承载力低，是一种被动型锚杆。当边坡岩土体发生位移时，才具有受力作用，主要起加固作用。两者在基本原理、力系的作用特征和对边坡稳定性的贡献度等方面存在明显的差异。

凡须有明确的抗力维护边坡稳定的情况，均应采用预应力锚杆，或以预应力锚杆为主，非预应力锚杆为辅的边坡锚固体系。在边坡稳定性计算分析中，一般只考虑预应力锚杆的作用。这是因为非预应力的全长黏结型锚杆，只有当边坡位移相当大时，其根部才可能发挥受力作用，而且这个力是不确定的，通常是很小的，若锚杆长度不能穿越边坡潜在滑裂面，则更无法考虑其抗滑力。

但非预应力锚杆边固边坡岩土体的作用应予肯定。特别在岩石边坡中，系统布置的锚杆群可以使岩块固定于原位，发挥岩块间的镶嵌、咬合效应，提高岩石的整体性，阻止边坡开挖早期浅层岩体松动和预应力锚杆间岩块的剪切位移，它可以单独用于开挖高度较小的岩石边坡的稳定，也可以与预应力锚杆复合使用，用于加固与稳定边坡浅部的岩体。

对于土质边坡，由于雨水和地下水对土的强度和锚杆与土层之间的黏结力十分敏感，以及筋体PE防护层的缺失，单一的非预应力锚杆（土钉）一般不建议作用永久性支护。当用于基坑临时性边坡时，宜采用放坡开挖，对其开挖高度也应加以限制，在富含地下水的地层而又无完善的降水措施条件下，更应慎用单一的土钉支护。

至于用哪一种预应力锚杆更适用于锚固边坡呢？通过对拉力型、压力型、拉力分散型和压力分散型等四种预应力锚杆工作性能的比较，压力分散型锚杆更适用于稳定永久性边坡。其理由有二：第一，根据理论分析和锚杆黏结应力实测结果，这种新型锚杆受荷时，能大幅度降低黏结应力峰值，使黏结应力均匀地分布于整个锚固段长度（图1），从根本上改善荷载传递方式，能最大地提高锚固边坡的安全度；第二，压力分散型锚杆的单元锚杆所受荷载仅为荷载集中型锚杆的1/3～1/4,锚固段又很短,基本上消除了锚固段的黏结应力集中现象,导致锚杆的蠕变变形与初始预应力损失均很小。

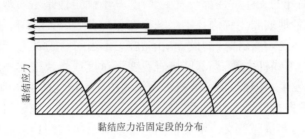

图 1　荷载分散型锚杆黏结应力沿锚固段全长的分布特征

此外,这种锚杆的筋体为无黏结钢绞线,且受荷时锚固段水泥砂浆体硬化后基本处于受压状态,不易开裂,防腐保护性能高,具有良好的力学稳定性与化学稳定性。

3　边坡稳定与锚杆设计的安全系数

3.1　锚固边坡的稳定安全系数

锚固边坡的岩土体常常是复杂多变的。在边坡工程施工及运营过程,设计时用以分析计算边坡稳定性的岩土体及其结构面的力学参数均会有所改变。其次,锚杆锚固段常常不得不设置于地质条件各异的地方,常规的场地勘探通常不能发现这些差异,从而导致锚杆性能的差异。此外锚杆的施工质量也可能出现与工程设计要求不符的情况,因此,足够的锚固边坡稳定安全系数(抗滑力与下滑力之比)对保障锚固边坡的长期稳定与安全是十分必要的。

锚固边坡的稳定性计算可采用极限平衡法,对重要或复杂边坡的锚固设计,则宜同时采用极限平衡法与数值极限分析法。对可能产生圆弧滑动的锚固边坡,宜采用简化毕肖普法、摩根斯坦—普赖斯法或简布法计算,也可采用瑞典法计算;对可能产生直线滑动的锚固边坡宜采用平面滑动面解析法计算;对可能产生折线滑动的锚固边坡,宜采用传递系数隐式解法、摩根斯坦—普赖斯法或萨玛法计算,对岩体结构复杂的锚固边坡,可配合采用赤平极射投影法和实体比例投影法进行分析。

按沿岩体结构面可能产生平面滑动的锚固边坡进行稳定性计算分析,锚固边坡的稳定安全系数可按下式计算(图2)。

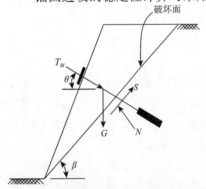

图 2　锚固沿结构面产生平面滑动的
岩质边坡的稳定性分析简图
N-垂直滑动结构面的反力;S-滑动结构面上
的摩擦力

$$K=\frac{\sum_{i=1}^{n}T_{di}\cdot\sin(\theta+\beta)\cdot\tan\varphi+G\cdot\cos\beta\cdot\tan\varphi+c\cdot A}{G\cdot\sin\beta-\sum_{i=1}^{n}T_{di}\cdot\cos(\theta+\beta)}$$

(1)

式中:T_{di}——第 i 根预应力锚杆受拉承载力设计值(kN);
　　　G——边坡岩体自重(kN);

c——边坡岩体结构面的黏聚力标准值(kPa);
φ——边坡岩体结构面的内摩擦角标准值(°);
A——边坡岩体结构面面积(m^2);
β——岩体结构面与水平面的夹角(°);
θ——预应力锚杆的倾角(°);
n——预应力锚杆的根数。

关于锚固边坡稳定安全系数 K 的确定,则与边坡安全等级和边坡工况有关。边坡安全等级则与岩土类别、岩质边坡结构类别、边坡开挖高度及边坡破坏后果有关。新修订的国家标准《岩土锚杆与喷射混凝土支护工程技术规范》(GB 50086—2015)已给出了滑动破坏型岩质边坡的结构类别及锚固边坡安全等级的划分标准。并对锚固边坡稳定安全系数做出了规定(表1)。

锚固边坡稳定安全系数 K 表1

边坡安全等级 \ 边坡工况	持久状况 (天然状态)	短暂状况 (暴雨、连续降雨状态)	偶然状况 (地震力作用状态)
一级	1.35~1.25	1.20~1.15	1.15~1.05
二级	1.25~1.20	1.15~1.10	1.10~1.05
三级	1.15~1.10	1.10~1.05	1.05

表1中的边坡稳定安全系数,基本上包含了国内相关标准所规定的各类岩土边坡的稳定安全系数。特别是采用预应力锚杆锚固的边坡,能主动提供支护抗力,改善边坡岩土体的应力状态,提高边坡结构面或潜在的滑裂面的抗剪强度,最大限度地减少开挖面的裸露时间和裸露的面积,有利于抑制岩土体松动变形的发展。采用表1的边坡稳定安全系数值,会取得良好的稳定效果。

3.2 锚杆设计的安全系数

在锚固边坡工程中,预应力锚杆对边坡稳定性的作用与贡献有二:一是减小了下滑力,所减少的下滑力则为锚杆逆向于下滑力方向的切向分力,即式(1)中的分母项 $\sum_{i=1}^{n} T_{di} \cdot \cos(\theta + \beta)$;二是对岩石滑动面提供了法向力,即式(1)中的分子项 $\sum_{i=1}^{n} T_{di} \cdot \sin(\theta + \beta) \cdot \tan\varphi$。

由式(1)可知,要满足国家规范规定的锚固边坡稳定安全系数的要求,则设计的锚杆必须具有不小于工作荷载或拉力设计值 T_d 的受拉承载力,而受拉承载力设计值与安全系数的乘积就是锚杆极限状态时的承载力。锚杆的安全系数是对锚杆的工作荷载或拉力设计值而言的。

锚杆设计中主要应考虑两种安全系数,一种是锚固段灌浆体与筋体间及锚固段灌浆体与地层间的黏结安全系数,即锚杆锚固体抗拔安全系数,另一种是筋体的抗拉安全系数。前者主要考虑锚杆结构设计中的不确定因素和风险程度,如地层性态与地下水或周边环境的变化;灌浆材料与工艺的不确定性;钻孔方式和成孔质量的差异;锚杆群个别锚杆承载力下降或失效所附加给周边锚杆的工作荷载增量等。岩土锚杆规范规定的锚杆锚固体抗拔安全系数值是按锚杆的工作年限及锚杆破坏后的危害程度确定的。其具体数值见表2。

国内外岩土锚杆规范的锚杆抗拔安全系数 表2

国别或协会	标准名称及主编机构或单位	最小安全系数	
		临时锚杆	永久锚杆
中国	岩土锚杆(索)技术规范(CECS 22:2005)(中冶建筑研究院主编)	1.4,1.6,1.8	2.0,2.0,2.2
中国	岩土锚杆与喷射混凝土支护工程技术规范(GB 50086—2015)	1.5,1.6,1.8	2.0,2.0,2.2
英国	BS-8081岩土锚杆实践规范(1989)(英国标准学会)	2.0	2.5~3.0
美国	PT1预应力岩土锚杆的建议(1996)(美国后张预应力混凝土协会)		2.0
国际预应力混凝土协会	FIP预应力灌浆锚杆设计施工规范(国际预应力混凝土协会)		2.0
日本	地层锚杆设计施工规范(CJG 4101—2000)(日本地盘工学会)	1.5	2.5
日本	建筑地基锚杆设计施工指南和解说(2001)(日本建筑学会)	1.5,2.0	3.0

注：凡最小安全系数有2个或3个数值时，系指锚固工程破坏后果危害大，较大或轻微情况对安全系数的要求。

关于锚杆筋体(预应力筋)的抗拉安全系数,即锚杆筋体的极限抗拉力与筋体拉力设计值之比。鉴于预应力锚杆时一种典型的后张法预应力结构,应满足张拉控制应力要求,在筋体截面设计时,仅满足筋体的抗拉强度设计值要求是不够的。当前,世界各国锚杆规范都规定,在满足设计抗力要求时,预应力锚杆筋体的张拉控制应力水平不应大于钢材抗拉强度标准值的60%,即锚杆筋体抗拉安全系数应不小于1.67。具体来说,锚杆筋体安全系数：美国为1.67；日本为1.54(临时)与1.67(永久)；英国为1.6(临时)与2.0(永久)；中国为1.6(临时)与1.8(永久)。若锚杆筋体抗拉安全系数小于上述规定值,对岩土锚固工程的安全性是不安全的,这主要是因为锚杆张拉后各股钢绞线的拉应力是很不均匀的,可能出现拉应力值差异高达15%~20%。其次当被锚固结构物发生较大位移时,相当于筋体被进一步张拉而导致筋体应力的增大,此外高拉应力状态下工作的钢绞线筋体,极易出现应力腐蚀的风险。

4 控制施锚滞后

边坡开挖引起的卸荷作用,爆破震动对岩体的扰动,均会导致边坡的变形,随着开挖深度的延深,开挖面积的扩大以及裸露岩体遭受雨水的侵袭,边坡变形会与日俱增。因此,边坡开挖后如不及时锚固,极易引起局部岩块滑落或大面积坍塌。近年来,我国锚固边坡发生的坍塌事故几乎都与施锚严重滞后有重要关系。

如南方某高速公路有几座高20~30m的锚固边坡,当完成全部开挖工序,形成有多台阶的裸露边坡,而锚固迟迟未能跟上,经历了2场大雨后,即发生全面塌滑,原先的台阶荡然无存。长江边上一座高70m的边坡,须直立开挖,当第一道或二道预应力锚杆锚固后,未按设计要求开挖一步就锚固一步,而是连续地向下开挖至坡脚,无锚固的裸露岩面有的竟高达40~50m,致使发生多次大小塌方。再如福建省一座临海的高边坡,最大开挖高度80m,长1170m,边坡地层顶端向下依次为素填土、粉质黏土和全风化、强风化,中风化闪长岩与花岗岩,设计要求按8个台阶开挖和锚固,当上部2个台阶按设计坡率开挖,并完成了锚杆钻孔、扦筋和注浆作业,但并未对锚杆张拉锁定。在连续降雨的影响下,即突然发生坡体的大范围坍塌,结果多花了千万元才建成了锚固边坡,工期也推迟了一年多。

诸多的锚固边坡在施工过程因锚固严重滞后于开挖所发生的工程事故,清楚告诉人们,控制施锚滞后对于保障锚固边坡的稳定性是关重要的。

这里所说的施锚时机,是指锚杆的预加力作用于边坡潜在破坏面的时机。因此控制边坡施锚时机,一方面必须按照规范及设计要求,认真贯彻随开挖随锚固的原则,并把它作为边坡质量控制体系的一项主要项目。另一方面,应改革工序多、费时长的现浇凝土制作框架传力结构方式,采用预制的钢筋混凝土块件在现场拼装的框架传力结构不失为一种好方法。在这方面,日本 PC 格构协会在锚固边坡中广泛采用的预制的预应力混凝土传力块件的经验值得吸取。笔者曾实地考察过这一技术,这种块件在工厂生产,按设计承载力的大小有十字形、菱形与正方形等多种规格,这种块件强度高、刚度大、韧性强。可按指定地点安放,能及时有效地将锚杆预加力传递给边坡破坏面以外的稳定地层。使无锚固的开挖区裸露面积最小(图 3),裸露时间最短,有利于边坡稳定。传力板块外形有一定坡度,且各块件安设后均有一定间隙,以利于排水。不同形态尺寸的板块,通过灵活多变的布置,在其空格内种草,与自然环境相协调,能得到美丽的景观(图 4)。

图 3　在很小的边坡裸露面积上安设传力块件

图 4　日本高速公路锚固边坡采用装配式格构呈现美丽的景观

5　边坡排水

对锚固的岩石边坡,采用较完善的排水系统,以降低岩石裂隙中的孔降水压力是维护岩坡稳定性最有效措施之一。排水可用的方式很多,包括地下廊道、水平孔和坡顶截水沟排水等。Hoek 和 Bary 提出的岩石边坡排水系统总体布置示意图(图 5),基本上概况了岩土边坡排水方法及其布置。我国黄蜡石滑坡整治完全依靠完善的排水系统保持了边坡的长期稳定。长江三峡永久船闸高 170m 边坡在采用预应力长锚杆和系统锚固的短锚杆锚固的同时,所采用的地下排水洞排水与地面排水沟排水系统,是保持边坡稳定不可或缺的两大主要举措。

应当指出,不管采用哪种排水系统,必须对可能的破坏面有足够的了解,并确定地下水状况。坡顶的截水沟应离开边坡破坏面一定距离。紧挨坡顶的地面应有坡度,以防大雨时表面积水。

此外,对于采用格构梁作为锚杆传力结构的锚固边坡,框架梁务必与其基底结合牢固,并有完善的排水设施,梁的横截面的形状应有利于排水,不然,当遭受暴雨或连续降雨,雨水会积聚在格构梁上部与坡面结合处的凹槽内,使土体软化、冲刷直至被掏空导致锚杆预应力值急剧下降,造成边坡的失稳和破坏。这种情况已在我国南方的多个锚固边坡工程发生过,必须严加防范。

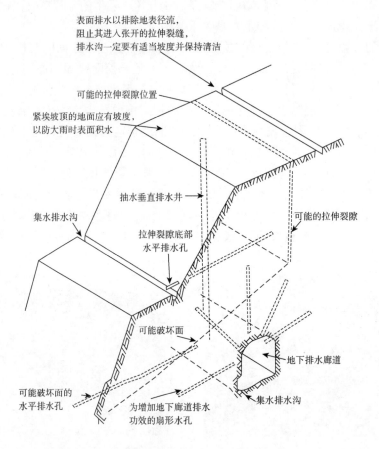

图5 岩石边坡排水系统总体布置示意图

还要提及,从保护岩土体免受雨水的侵袭,有利于排水的角度来说,坡面采用喷射混凝土防护是适宜的,用作永久性坡面防护的喷射混凝土层厚不宜小于10cm,并应在喷层内敷设网格为 150mm×150mm~300mm×300mm 的构造钢筋网。

6 锚杆的腐蚀及其防护

锚固边坡的使用寿命取决于锚杆的耐久性,对寿命的最大威胁则来自腐蚀,预应力锚杆的工作条件是十分不利的。锚杆埋设于地层深处,锚杆筋体一般由直径4mm和5mm的钢丝组成,仅靠10~20mm厚的水泥浆保护层,极易引起周边地层和地下水侵扰。地层的电阻率,氧化还原势,含水率,含盐量,pH值,有机物含量及氧气的输送是引起锚杆腐蚀的主要因素。特别是锚杆筋体在高拉应力状态下工作,出现应力腐蚀的概率大大增加。1974年法国朱克斯混凝土重力坝锚固工程,安设的几根承载力为13000kN的锚杆,使用了几个月后,由于锚杆筋体的应力水平为极限抗拉强度的67%,引起筋体的应力腐蚀而断裂。英国泰晤士河某锚拉钢板桩挡墙工程在工作了21年后,因锚杆筋体腐蚀断裂,引发了严重的钢板桩倒塌事故(图6)。我国西南地区某大型锚固边坡工程,局部锚杆的锚头保护层仅为10~20mm,使用了几年后,保护层开裂脱落,锚头处钢绞线与锚具出现严重腐蚀(图7)。梅山水库坝基锚固工程,锚杆的锁定荷载为 3200kN,工作 8 年后,因钢丝受力不均,应力水平过大,出现应力腐蚀和氢脆现象,有 3 根锚杆的部分钢丝(直径为 5mm)发生断裂。

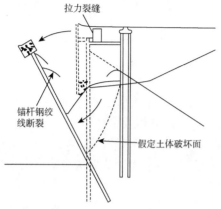

图 6 英国泰晤士河锚拉挡墙因锚杆断裂
引发钢板桩倾倒

图 7 边坡锚杆的锚头锚具与钢绞线锈蚀

分析出现锈蚀病害的原因,主要有:

(1)锚杆控制应力过高,锁定荷载大于筋体抗拉强度极限值的 60%,引起钢绞线的应力腐蚀;

(2)锚杆安全度不足,导致边坡变形急剧发展,岩体裂隙张开,又使锚杆遭受裂隙水的侵蚀;

(3)锚头下一定范围内自由段筋体裸露,封孔灌浆不到位;

(4)长期工作在海水或酸性水环境中,且锚杆自由段筋体无 PE 防护层;

(5)在工作范围内有杂散电流侵蚀;

(6)锚头保护层过薄,开裂后遭大气水的入渗而被腐蚀。

因此,为保障锚固边坡长期工作的安全性,在锚杆的防腐保护方面,必须做好下述事项:

(1)严格检测地层与地下水的腐蚀性,当对地层的检测发现下列一种或多种情况时即判别该地层具有腐蚀性。

①pH 值小于 4.5;

②电阻率小于 2000Ω·cm;

③出现硫化物;

④出现杂散电流,或出现对水泥浆体和混凝土的化学腐蚀。

(2)腐蚀环境中的永久性边坡的锚杆应采用Ⅰ级防腐保护构造设计;非腐蚀环境的永久性边坡锚杆及腐蚀环境中的临时性锚杆应采用Ⅱ级防腐保护构造设计。

(3)非腐蚀环境中的边坡的锚杆筋体的控制应力(锁定荷载)不得大于其破坏值的 60%,腐蚀环境中的边坡锚杆的控制应力则不得大于其破坏值 50%。

(4)锚头承压板与自由段筋体间应设置过度钢管,管内应灌满防腐剂。

(5)锚头的混凝土保护层厚应不小于 50mm。

7 锚杆试验

对于永久性锚固边坡工程,预应力锚杆的基本试验和验收试验是必须进行的,此外还要进行锚杆的蠕变试验。

锚杆的基本试验,能准确确定锚杆的极限拉拔力和锚杆锚固段灌浆体与地层间的平均极限黏结强度值,为锚杆锚固段设计提供依据。锚杆的验收试验,则是一种经济、快速地检验锚杆是否符合设计要求和质量标准的唯一方法。

我国和世界各国对于锚杆的基本试验及验收试验的方法(包括最大试验荷载、多循环加载、规定时间内的蠕变率、锚杆显性弹性位移、试验结果的整理分析及锚杆检验合格的判据等)都有明确规定。然而,在我国锚杆边坡工程中,不按规范要求或任意降低规范标准要求对待锚杆基本试验与验收试验现象还相当普遍。下列一些不规范甚至很离谱的做法也常常被质检监理人员确认为锚杆质量验收合格,如:

(1)永久性边坡锚固工程,锚杆加荷至 1.05~1.1 倍拉力设计值,随即锁定被认定为锚杆验收合格。

(2)验收试验不采用分级循环加荷,无各级荷载水平条件下的锚杆的显性弹性位移资料,也不判断锚杆的自由段长度是否符合设计要求。

(3)锚杆加荷至最大试验荷载后立即锁定,不按规范要求衡载 10min 或 60min,也不测定在限定时间内锚杆的蠕变量。

(4)锚杆加荷至最大试验载荷后立即锁定,锁定后,初始预应力急剧下降,甚至降至 50% 的锁定荷载值,也视同锚杆验收合格处理。

凡此种种,集中到一点,说明有不少不合格的锚杆已混入正在工作的锚固边坡工程中。其中有的已经暴露,滋生了锚杆失效、局部锚固边坡失稳、破坏乃至边坡大范围坍塌等恶性事故。有的虽暂未暴露,但它毕竟是构成边坡工程的安全隐患,对它可能随时引发的安全风险是不可无视的。

我国新修订的国家标准《岩土锚杆与喷射混凝土支护工程技术规范》(GB 50086—2015)对锚杆的验收试验有明确规定:

占工程锚杆总量 5% 和不少于 3 根的锚杆应进行多循环张拉验收试验,占工程锚杆总量 95% 的锚杆应进行单循环张拉验收试验。并作为强制性条文列入规范。GB 50086—2015 还对包括最大试验荷载、锚杆的弹性位移和蠕变率等锚杆验收合格标准作出规定:

(1)最大试验荷载:永久性锚杆取锚杆轴向受拉承载力设计值的 1.2 倍,临时性锚杆取锚杆轴向受拉承载力设计值的 1.1 倍。

(2)最大试验荷载作用下,在 10min 持荷时间内,锚杆的位移增量应小于 1.0mm,不能满足时,则增加持荷时间至 60min,锚杆的位移增量应小于 2.0mm。

(3)压力型锚杆或压力分散型锚杆的单元锚杆在最大试验荷载作用下测得的弹性位移应大于锚杆无黏结长度理论弹性伸长值的 90%,且小于锚杆无黏结长度理论伸长值的 110%。

(4)拉力型锚杆或拉力分散型锚杆的单元锚杆在最大试验荷载作用下,所测得的弹性位移应大于锚杆自由段长理论弹性伸长值的 90%,且小于自由段长度与 1/3 锚固段长度之和的理论弹性伸长值。

(5)验收试验结果应及时整理出锚杆的荷载—位移(N-δ)曲线、锚杆荷载—弹性位移(N-δ_e)曲线和锚杆荷载—塑性位移(N-δ_p)曲线(图8),并与锚杆验收合格条件相对照,以判别是否有不合格锚杆。

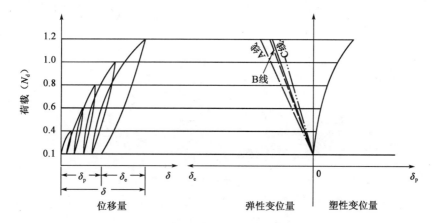

图8 锚杆多循环张拉验收试验荷载(N)—位移(δ)曲线、荷载(N)—弹性位移(δ_e)曲线和荷载(N)—塑性位移(δ_p)曲线

对于验收试验中,检验出的不合格锚杆,GB 50086—2015 规定,应根据不同情况分别采取增补、更换或修复方法处治。

8 工程稳定性的长期监测

在锚固边坡施工过程及使用期间,为了掌握边坡的稳定与安全状况,防止工程安全病害的滋生与发展,对边坡锚杆初始预应力变化,锚头及边坡位移变化等进行定期监测是十分必要的。国内一些土质边坡工程,由于认真履行了对边坡位移与锚杆轴力变化的监测,不失时机地准确地捕捉到边坡呈现等速或增速发展的信息,及时采取反压及增补锚杆等加强措施,避免了灾难性事故的发生,使锚固边坡转危为安,但是也确有不少忽视锚固工程长期监测的情况。如:

(1)不安设边坡位移及锚杆轴力测试的测点。

(2)工程锚杆监测数量远小于规范与设计要求,如南方某高速公路有数十座高 20m 以上的人工边坡,预应力锚杆用量在 10 万 m 以上,仅有 4 根锚杆监测其轴向拉力变化。

(3)永久性锚固边坡工程,仅在施工期间监测边坡位移与锚杆轴力变化,在工程使用期间不监测或仅监测一年左右。

(4)某大型永久性锚固边坡工程大量采用有黏结钢绞线的对拉型预应力锚杆,监测其轴力变化的锚杆筋体则采用无黏结钢绞线,测量结果无法反映工程锚杆真实受力状态。

基于上述情况,目前国内有相当部分具有一定规模的锚固边坡,其安全状态是不确定的,令人十分担忧。因此正视锚固边坡稳定性监测对保障工程安全的必要性,在已建和新建的锚固边坡工程中,严格执行国标 GB 50086—2015 的相关规定,切实做好下列有关锚固边坡的监测工作。

①全面布设或增设监测边坡位移及锚杆预加力的测点(图9)。

永久性预应力锚杆或安全等级为一级的临时性预应力锚杆应进行锚杆预应力的长期监

测。单个独立工程锚杆预加力的监测数量应符合表3的规定,并不得少于3根。

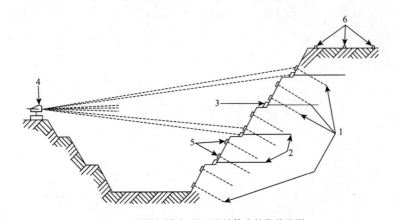

图9 边坡锚杆锚头、坡面及坡体内的位移监测
1-锚杆;2-地中多点位移计;3-多点位移计测点;4-光波测距仪;5-锚头位移测点;6-水准测量测点

监测预加力的锚杆数量   表3

工程锚杆总量	监测预加力变化的锚杆量(%)	
	永久性锚杆	临时性锚杆
<100根	8～10	5～8
100～300根	5～7	3～5
>300	3～5	1～3

②锚固边坡位移与锚杆预加力的监测,在安设位移测点或测力计的最初10d宜每天测定一次,每11～30d宜每3d测定一次,以后每月测定一次。但当遇有暴雨及连续降雨、临近地层开挖、相邻锚杆张拉、爆破震动及预加力结果发生突变等情况时应加密监测。

③监测期限,永久性锚固边坡位移与锚杆预加力的监测应不少于5年。

④工程稳定状态监测结果应及时反馈给工程管理部门及相关设计单位。当锚杆锚头或锚固边坡变形明显增大,并达到设计提出的变形预警值时,应采取增被锚杆或者其他措施予以加强。

⑤在腐蚀环境中工作的预应力锚杆,若其锚头混凝土出现开裂、剥落等异常情况时,检查分析锚杆的腐蚀状况,并根据锚杆腐蚀程度,采取相应的防腐保护增补措施。

9 结语

认真对待和切实把握下列要点,对保障锚固边坡的长期稳定性至关重要:
(1)边坡稳定宜主要采用压力分散型预应力锚杆;
(2)足够的锚杆设计与边坡稳定安全系数;
(3)严格控制施锚滞后;
(4)建立完善的边坡防排水设施;
(5)全面周到的锚杆结构防腐保护;
(6)按国家规范要求,不折不扣地做好锚杆的验收试验和锚固工程的长期监测。

参 考 文 献

[1] 程良奎.岩土锚固研究与新进展[J].岩石力学与工程学报,2005(21).
[2] 程良奎,张培文,王帆.岩土锚固工程的若干力学感念问题[J].岩石力学与工程学报,2015(4).
[3] BS8081. British Standard Code of practice for ground anchorages[S]. 1989,19-20.
[4] T·H·汉纳.锚固技术在岩土工程中的应用[M].北京:中国建筑工业出版社,1987.
[5] 程良奎,韩军,张培文.岩土锚固工程的长期性能与安全评价[J].岩石力学与工程学报,2008(5).
[6] 中华人民共和国国家标准.GB 50086—2015 岩土锚杆与喷射混凝土支护工程技术规范[S].北京:中国计划出版社.

地下工程喷射混凝土锚杆支护的设计与应用

程良奎

（冶金部建筑研究总院）

1 喷射混凝土支护的作用

作为隧洞支护的喷射混凝土，其主要作用是保护与加固围岩，改善围岩的应力状态，充分发挥围岩的支承作用，从而达到维护隧洞稳定的目的。具体来说，喷射混凝土支护有以下作用：

(1)喷射混凝土与围岩紧密黏结，在喷射混凝土—围岩界面上能传递拉应力和切应力，可使易失稳岩块的荷载转移到附近的稳定岩石上（图1），同时由于喷射混凝土充填于隧洞表面的张开裂隙中，从而加强了围岩的镶嵌和联锁效应（图2），这样在隧洞周壁附近能形成岩石拱。在多裂隙的硬岩中，这种作用尤为明显。

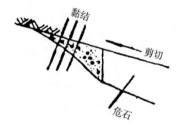

图1 喷射混凝土通过黏结力和剪力传递岩石荷载　　图2 喷射混凝土充填张开裂隙而提高岩块间的联锁

(2)在隧洞开掘后，喷射混凝土能迅速施作，给围岩以支护抗力，使隧洞周边围岩由双向应力状态转化为三向应力状态，以阻止围岩强度的降低。

采用传统支护，由于不能及时队围岩提供连续的径向抗力（$\sigma_r=0$），导致围岩松散，表现在莫尔圆与强度包络线相切，同时围岩松散后，C、ϕ值必然下降，使包络线位置下移，与莫尔圆相交，造成岩体破坏，形成松散压力。而开挖后随即施作喷射混凝土，一方面由于提供了支护抗力P，使岩体莫尔圆右移，另一方面则由于C、ϕ值提高，使包络线上移（图3）。这样就大大提高了围岩的稳定性。

(3)喷射混凝土能以薄层用于隧洞支护，并能在开始硬化时即产生支护作用，因而具有良好的柔性。这种柔性不仅可以减少或避免喷层的弯曲应力，更主要的是能调节和控制围岩变形，在不使围岩进入有害松弛的条件下，容许围岩塑性变形有一定程度的发展，以便最大限度地发挥围岩的自承作用。

(4)喷射混凝土能填补隧洞表面的凹穴，缓和应力集中。

---

* 摘自《工业建筑》，1986(4)：46-53。

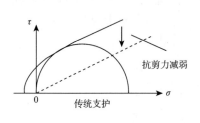
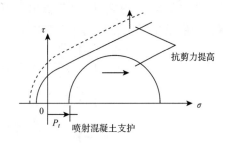

图 3　喷射混凝土支护与传统支护对围岩抗剪强度的不同影响

(5)喷射混凝土能及时封闭岩面,阻止水气对岩石的风化和侵蚀,有利于防止裂隙间充填物流失,减少岩石的膨胀、潮解、蚀变,保持岩石的力学性质。

2　喷射混凝土支护的设计

目前,喷射混凝土支护的设计有三种方法,即以围岩分类为基础的工程类比法;以计算为基础的理论分析法和以量测为基础的现场监控法。为了做出经济有效并符合客观实际的设计,往往需要两种甚至三种设计方法结合适用。

2.1　工程类比法

这是当前应用最广的设计方法,它是根据已经建成的类似工程经验直接提出支护设计参数。工程经验主要涉及围岩分类和工程跨度。国外用于喷射混凝土设计的围岩分类主要有岩石质量指标(R、Q、D)分类,劳弗尔的壁立时间分类和巴顿分类等。

岩石质量指标(R、Q、D)是一种衡量岩石节理裂隙程度的方法,它是以单位长度钻孔中10cm 以上的岩芯占有的比例来确定的,即:

$$R、Q、D(\%) = \frac{10\text{cm 以上岩芯累计长度}}{\text{岩芯进尺总长度}}$$

1969 年美国伊利诺斯大学迪尔等人提出这种分类的同时,还相对应地给出了所需的支护要求。

1970 年赛尔西(Gecil)按照 R、Q、D 指标,提出了相对应的喷射混凝土和锚杆支护的经验参数(表 1)。

Cecil 关于喷射混凝土支护设计的经验法则　　　　表 1

岩石质量参数		支护程度	支护要求
RQD	平均不连续面的间距		
<60%	<30cm	最大	多层喷射混凝土支护;现浇混凝土拱,或与局部锚杆相结合
60%~80%	30cm~1m	中等	中等间距(2~5m)到小间距(<2m)的局部锚杆;单层喷射混凝土;局部锚杆和一层喷射混凝土相结合
80%	>1m	最小	不支护或中等间距(2~5m)到大间距(>3m)的局部锚杆

注:单层喷射混凝土指喷层厚 4~6cm,多层则为单层的重复。

奥地利学者 H. 劳弗尔在 1958 年提出了以隧洞开挖后能保持稳定的时间为基础的岩石分类。作者在图中给出了从几秒到 100 年的时间范围，并把岩石分成七类(图 4)。

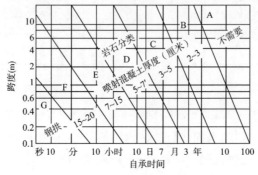

图 4　劳弗尔岩石分类

西德林特等人根据老弗尔分类提出了喷射混凝土支护参数。即：

A 类：不需支护；

B 类：2～3cm 喷射混凝土；或间距 1.5～2.0cm 的锚杆，并配钢丝网，有时仅拱部支护；

C 类：3～5cm 喷射混凝土；或间距 1～1.5cm 锚杆，配钢丝网，有时仅顶拱支护；

D 类：5～7cm 喷射混凝土，配钢丝网；或间距 0.7～1.0m 的锚杆和 3cm 厚钢丝网喷射混凝土；

E 类：7～15cm 厚钢丝网喷射混凝土；或间距 0.5～1.0m 锚杆和 3～5cm 厚钢丝网喷射混凝土；

F 类：15～20cm 厚钢丝网喷射混凝土和钢拱；或用带背板的钢拱并施作喷射混凝土；

G 类：喷射混凝土和带背板的钢拱。

挪威巴顿等人在 1974 年提出了岩体质量 Q 是六个参数的函数，即：

$$Q=\left(\frac{RQD}{J_n}\right)\cdot\left(\frac{J_c}{J_a}\right)\cdot\left(\frac{J_w}{SRF}\right) \tag{1}$$

式中：RQD——岩石质量指标；

J_n——节理系数；

J_c——节理粗糙度；

J_a——节理蚀变系数；

J_w——裂隙水降低系数；

SRF——应力降低系数。

三者之积 Q 变化在 0.01～1000 之间，将岩体分成九类。并给出相应的喷射混凝土锚杆参数。

我国在 1979 年制定的《锚杆喷射混凝土支护设计施工规定》，根据岩体结构及受地质构造影响程度，结构面力学特征，岩块单轴抗压强度和围岩自稳时间把围岩分成五类(表 2)，再按不同工程跨度给出了不同的喷射混凝土和锚杆支护参数(表 3)。

围岩稳定性分类 表2

围岩类别	主要工程地质特征		岩石单轴饱和抗压强度（MPa）	毛洞稳定情况（跨度5～10m）
	岩体结构	构造影响程度及结构面发育情况		
A	整体状结构	地质构造影响轻微。裂隙、结构面不发育，以原生构造节理为主，多闭合型。裂隙、结构面一般不超过2组，间距大于1.0m，无危险组成的落石掉块，层状岩层间结合良好	>60	稳定。长期稳定，无碎块掉落
B	整体状结构	同A类整体状结构	30～60	稳定性较好，围岩较长时间能维持稳定，仅出现局部小块掉落
	块状结构	地质构造影响较重。裂隙、结构面较发育，以构造节理为主，有少量软弱面（或夹层）和贯通微张节理。少有充填，裂隙、结构面一般为2～3组，间距大于0.4m，岩体被切割成大块状，其产状及组合关系不致产生滑动，层状岩层层间结合一般，很少有分离现象，或为硬质岩层偶夹软质岩层	>60	
C	块状结构	同B类块状结构	30～60	中等稳定，围岩能维持一个月以上的稳定，仅出现局部岩块掉落
	整体状结构	同A类围岩整体结构	<30	
D	块状结构	同B类围岩块状结构	<30	稳定性较差，围岩能维持数日达到一个月的稳定，仅出现局部小块坍落片帮
	破裂状结构	地质构造影响严重，断层、断层破碎带、裂隙、结构面发软发育，以构造及风化节理为主。大部分微张，部分微张开，部分为黏性土充填，裂隙结构面一般在3维以上，间距0.2～0.4m，有许多分离体形成，层状岩层为薄层或中厚层。层间结合差或很多	>30	
E	破裂状结构	同D类围岩破裂结构	<30	不稳定。开挖后，短时间内即有较大坍落
	散体状结构	地质构造影响严重。裂隙、结构面很发育，断层破碎带交叉，构造及风化裂隙密集，间距小于0.2m，结构面及其组合错综杂乱，并多充填黏性土，组成大量大小不一的分离体	变化范围较大	
		易风化、解体、剥落的松软岩体	变化范围较大	

注：A、B类围岩，一般地下水对其稳定性影响不大，可不考虑降级；C、D类岩应根据地下水类型、水量大小及危害程度，酌情降低。

隧洞喷锚支护设计参数表　　　　　　　　　表3

围岩类别	不同跨度的支护类型及设计参数			
	<5m	5～10m	10～15m	15～20mm
A	不支护	50～70mm厚喷射混凝土	70～100mm厚喷射混凝土，必要时加锚杆	100～150mm厚喷射混凝土与长2.0～2.5m的锚杆，必要时配钢筋网
B	50～70mm厚喷射混凝土	1.70～100mm厚喷射混凝土；2.50～70mm厚喷射混凝土与长1.5～2.0m的锚杆	10～150mm厚喷射混凝土与长2.0～2.5mm的锚杆，必要时配钢筋	150～200mm厚喷射混凝土与长2.0～2.5m的锚杆，配钢筋网
C	1.7～100mm厚喷射混凝土；2.50～700mm厚喷射混凝土与长1.2～1.5m的锚杆	1.70～100mm厚喷射混凝土与长1.5～2.5m的锚杆；2.100～150mm厚喷射混凝土	150～200mm厚喷射混凝土与长2.0～2.5m锚杆，必要时配钢筋网	200～250mm厚喷射混凝土与长2.5～3.0m的锚杆、配钢筋网
D	1.7～100mm厚喷射混凝土与长1.5～2.0mm的锚杆；2.100～150mm厚喷射混凝土	150～200mm厚喷射混凝土与长2.0～2.5m的锚杆，必要时配钢筋网	200～250mm厚喷射混凝土与长2.5～3.0m的锚杆，配钢筋网	待定
E	150～200mm厚喷射混凝土与长1.5～2.0m的锚杆，配钢筋网	待定	待定	待定

2.2 理论分析法

喷射混凝土用于坚硬裂隙岩体与软弱破坏岩体的作用是不同的，前者着重于防止局部岩石的滑移坠落，后者则着重于防止围岩整体失稳。

(1)坚硬裂隙岩体中喷射混凝土支护的设计

在坚硬裂隙岩体中，围岩的坍落常常从某一局部不稳定危石的坠落开始，因此一旦能阻止不稳定岩块的滑落和坠落，就可以维持围岩的稳定。这就要求喷层不致由于抗剪强度不足出现冲破坏，也不致由于喷层与围岩的黏结力不足而出现沿面的撕裂现象。因此喷层厚度除按工程类比法确定外，还应按下式进行验算。

按冲切破坏计算喷层厚度：

$$h \geqslant \frac{KG}{0.75 \cdot \mu \cdot R_L} \tag{2}$$

按黏结破坏计算喷层厚度：

$$h \geqslant 3.65K\left(\frac{G}{u \cdot R_{Lu}}\right)^{4/3}\left(\frac{K_0}{E}\right)^{1/2} \tag{3}$$

式中：h——喷射混凝土层厚度；
　　G——可能坠落的危石重；
　　u——危石与喷射混凝土的接触周长；
　　R_L——喷射混凝土设计抗拉强度；
　　R_{Lu}——喷射混凝土与岩石的设计黏结强度，可取 0.3MPa；
　　K_0——岩石弹性抗力系数；
　　E——喷射混凝土的弹性模量；
　　K——强度安全系数，可取 $K=2$。

(2) 软弱破碎岩体中喷射混凝土支护的设计

把软弱破碎岩体中的隧洞假定为均质圆形隧洞，当 $\lambda \approx 1$ 及 $\lambda < 0.8$ 两种不同情况。喷层的破坏特征是不同的，前者主要验算压切破坏，后者则按楔形破裂体的剪切破坏验算。

① $\lambda \approx 1$ 的圆形隧洞喷层计算

a. 围岩压力计算。

弹塑性围岩压力 P_t 应满足 $P_{1max} \geqslant P_t \geqslant P_{1min}$。先求得最大围岩压力 P_{1max} 和最小围岩压力 P_{1max}。

$$P_{1max}=P(1-\sin\phi)-C\cos\phi \tag{4}$$

$$P_{1min}=\frac{\gamma \cdot r_0\left(\dfrac{R_{min}}{r_0}-1\right)}{2} \tag{5}$$

$$P_{min}=\left[\left(\frac{P+C\cot\phi}{P_{1min}+C\cot\phi}\right) \cdot \left(\frac{1-\sin\phi}{1+\sin\phi}\right)\right]^{\frac{1-\sin\phi}{2\sin\phi}} \tag{6}$$

式中：P——原岩应力；
　　$C、\phi$——分别为岩石的黏结力与内摩擦角，求 R_{min} 时，塑性区中的黏结力取残余强度时的 C 值；
　　r_0——隧洞开挖半径；
　　γ——围岩重度；
　　R_{min}——与 P_{1min} 相应的松动半径，P_t 应大于 P_{1min}，以保持一定的安全度，但又不宜过大，以取得较好的经济效果。

$P_1 = kP_{1min}$，k 一般可取 $3\sim 5$。

b. 喷层厚度的计算。

作为强度校核，喷层内壁上的切向应力 σ_t 应小于喷层材料的单轴抗压强度：

$$\sigma_t=\frac{2P_t b^2}{b^2-a_0^2} \leqslant R_a \tag{7}$$

由于喷层厚度 $h=b-a_0$（b 为喷射混凝土支护的外半径），故喷层厚度：

$$h=k_1 a_0\left[\frac{1}{\sqrt{1-\dfrac{2P_1}{R_a}}}-1\right] \tag{8}$$

式中：R_a——喷射混凝土轴心抗压强度；
　　　a_0——喷射混凝土支护的内半径；
　　　k_1——喷层安全系数，可取 1.2～1.5。

②$\lambda<0.8$ 的圆形隧洞喷层计算

a. 围岩压力计算。

剪切滑移线长度（图5）：

$$r = a \cdot \exp[(\theta-\alpha) \cdot \tan\alpha] \tag{9}$$

式中：a——隧洞半径。

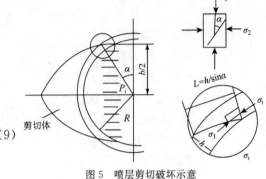

图 5 喷层剪切破坏示意

以 $R=r$，即可求得满足喷层不出现剪切破坏时所需的支护抗力 P_1：

$$P_t = (P + C\cot\varphi)(1-\sin\varphi)\left(\frac{r_0}{R}\right)\frac{2\sin\varphi}{1-\sin\varphi} - C\cot\varphi$$

b. 喷层厚度的计算。

隧洞喷锚支护设计参数见表3。

按奥地利学者腊布希维茨的剪切破坏理论，当原岩应力场中垂直应力大于水平应力时，巷道两帮出现锥形剪切体破坏（图5）。设喷层厚度为 h，则在喷层中剪切面长度为 $L=h/\sin\alpha$，按莫尔强度理论，破坏面与最大主应力（喷层中切向应力 σ_t）的夹角 $\alpha=45°-\varphi/2$，则 $L=h/\sin(45°-\varphi/2)$，按外荷与剪切面上剪切强度相等的条件得：

$$K_1 P_1 \frac{b}{2} = \frac{hR_1}{\sin\left(45°-\frac{\varphi}{2}\right)} \tag{10}$$

或

$$h = \frac{K_2 p_1 b \sin\left(45°-\frac{\varphi}{2}\right)}{2R_1} \tag{11}$$

式中：K_2——剪切破坏安全系数，可取得 1.5～2.0；
　　　b——$2r_0\cos\alpha$（r_0 为隧洞半径）；
　　　R_1——喷射混凝土的抗剪强度，约为抗压强度的 20%。

2.3 现场监控法

现场监控是新奥法的主要原则之一，就是把锚喷支护的设计同现场测紧密结合起来，通过现场量测，及时掌握围岩变化动向及支护受力情况，为修设计和指导施工提供信息。

现场监控设计一般分为预先设计与最终设计，预先设计是施工前根据经验或辅以理论计算，对初期支护的类型参数、施作程序、工程量测方法进行设计，对最终支护类型进行估计。最终设计是根据掌握的监测资料，调整初期支护，设计最终支护，包括确定最终支护的类型、参数、施作时间及仰拱闭合时机。

现场监控法设计特别适用于软弱围岩及复杂地质围岩中喷锚支护的设计。现场监控法的原则及技术要点将在下一讲中进一步阐述。

3 喷射混凝土锚杆支护的工程应用

3.1 大型洞室工程

在地下电站、地下仓库、地下影剧院等大型洞室工程中,喷射混凝土与锚杆相结合的支护,得到了迅速发展(图6)。特别是在大跨度、高边墙的地下洞室中,成功地应用了喷锚支护,如宽25.4m、高54m、长148.5m的白山水电站主厂房,采用厚15cm的配筋喷射混凝土,局部加预应力锚索的支护结构,取得了良好效果,国内一些直径达22.8m、壁高14.64m、球顶中心处总高度为18.25m的圆柱钢板油罐洞室,采用喷射混凝土和锚杆支护,也保证了安全适用。

总括起来,大型洞室中喷锚支护的设计与施工,有以下一些主要经验。

图6 辽宁鞍山某地下洞室正在用喷射混凝土加固围岩

(1)加强地质调查工作,采用工程类比和理论分析相结合的设计方法。对于局部的软弱结构面、不稳定结构体和应力集中区,采用局部加强措施。必要时,可埋设检测元件,对洞室的长期稳定性进行监视。

(2)采用上下导坑,天井溜渣,先拱后墙自上而下的开挖方式。

(3)采用光面爆破和预裂爆破技术。以利于维持围岩稳定,保证成拱质量。

(4)在坚硬、致密的围岩中可用锚杆加固岩台,承放吊车梁。

(5)在局部淋水、滴水处,用下埋导管和设置盲沟等方法将水排走,对于防潮通风要求高的地下工程,还可采用与喷锚支护相分离的离壁式轻型内衬。

3.2 不良岩体中的隧洞巷道工程

用喷射混凝土、锚杆和量测技术相结合,控制不良岩体中隧洞的变形,维持隧洞的长期稳定性,无论在国外和国内,其成就是十分突出的。

奥地利的阿尔贝格隧道和陶恩隧道,地质构造作用强烈,前者通过混杂的片麻岩、云母页岩和千枚岩。后者通过破碎软弱的千枚岩,具有石墨特征的千枚岩的抗剪强度小于0.1MPa,内摩擦角小于20°。这两条隧道开挖时都显现出剧烈的挤压变形,采用喷混凝土与锚杆支护,终于成功地控制住严重的变形。我国金川镍矿在具有高应力的石墨片岩、黑云母片麻岩中开挖巷道,传统支护遭到严重破坏,采用配筋喷射混凝土与锚杆相结合的支护,也取得良好效果。

塑性流变岩体中的喷射混凝土支护的设计和施工,应当有利于减少和控制围岩变形,并保持围岩压力与支护抗力间的动态平衡。因而必须遵循下列原则:

(1)隧洞宜采用圆形或椭圆形断面,椭圆形断面的长轴宜与垂直于洞轴线平面内的较大主应力方向相一致;

(2)分期支护,先"柔"后"刚";

(3)仰拱封底,形成封闭结构;

(4)采用监控量测,根据量测数据,及时调整支护抗力。

3.3 通水隧洞

从总体来说,喷射混凝土、锚杆支护用于通水隧洞是成功的。国内建成的南芬铁矿尾矿坝泄水洞、回龙山电站引水洞、渔子溪电站引水洞和冯家山水库泄洪洞等通水隧洞,至今使用年限一般在10年以上,而喷射混凝土、锚杆支护工作正常。

但是,为了提高喷射混凝土支护在水工隧洞中的适应性,必须在改善喷射混凝土支护的抗冲刷、抗渗、承受内水压性能和降低糙率等方面,采取一系列措施。主要措施有:

(1)洞内水流流速应小于8m/s,喷射混凝土与围岩的黏结力应大于0.5MPa,喷射混凝土与现浇混凝土底拱要结合牢固;

(2)加强养护,并在喷射混凝土层内配置钢筋或掺入钢纤维,避免收缩开裂;工程竣工时,对可能渗漏的部位喷涂沥青、环氧树脂,进行防渗处理;

(3)采用控制爆破开挖,使岩石表面起伏差不大于15cm,以尽量降低糙率。

3.4 受爆破震动影响的巷道和采场

在受强爆破震动影响的地下耙矿巷道和采场,采用喷射混凝土、锚杆支护要比其他支护类型好,如苏联哈萨克斯坦矿电耙巷道,原侧壁采用300~400mm厚混凝土,顶部用金属梁和背板,后改用5cm厚的喷射混凝土及每米3~7根锚杆支护,保证了耙矿的要求。虽然在大火爆破作用下,出现了不同程度的变形和剥落,但其程度要比其他支护小得多,而且在修复加固时,无需另外的材料,被认为是耙矿巷道最合理的支护类型。美国海克拉矿山公司有几个矿山原采用木材支护的水平分层充填法开采,矿房改用喷射混凝土支护后,支护费用降低15%~20%,采用直接成本降低30%。我国中条山、铜官山、红透山铜矿数百条耙矿巷道采用喷射混凝土锚杆支护,均满足了生产要求。如铜官山铜矿5m中段的耙矿巷道曾经受了一次14t炸药的采矿爆破。结果,采用厚30~50cm的现浇钢筋混凝土支护的巷道遭到不同程度的破坏,而相邻的地质条件与工作条件相似的巷道采用厚15~20cm配筋喷射混凝土支护却依然完好。

3.5 Q_2黄土隧洞

Q_2黄土山具有湿陷性小,强度较高的特点,我国西北地区的一些通过Q_2黄土的铁路隧道和地下洞室,已经成功地采用配筋喷射混凝土支护,保持了洞体的长期稳定。现场量测和工程实践表明,喷射混凝土能及时支护土体,发挥土体自承作用。

黄土地层有明显的侧压力,其静力侧压力系数约为0.5作用,因此,隧洞应采用曲线形边墙。当边墙曲率较大(矢高不小于弦长的1/8)并设置仰拱后,喷射混凝土支护的隧洞能较快地达到稳定。

此外,用喷射混凝土支护的黄土隧洞沿洞轴线方向每隔5~10m宜设置环向伸缩缝(缝宽一般为1~2cm),以克服隧洞纵向地层不均匀变形、温度应力和喷层收缩带来的不利影响。

参 考 文 献

[1] 于学馥.地下工程围岩稳定性分析[M].北京:煤炭工业出版社,1984.
[2] 郑颖人,徐振远.围岩分类现状及其分析[M].空军工程学院,1982.
[3] 程良奎.喷射混凝土及其在地下工程中的应用(三)[J].地下工程,1984(10).
[4] J W Mahar, H W Parker, W W Wucllner. Shoterete practicc in underground Construction,1975.

关于地下水封洞库锚喷支护体系的思考与展望

程良奎

(中冶建筑研究总院 地基与地下工程研究所,北京 100088)

摘 要 根据锚喷支护体系的长期科研成果和黄岛地下水封洞库建设的工程实践,采用喷射混凝土和锚杆加固块状围岩拱的足尺寸模型试验,验证和揭示了锚喷支护的黏结与深入效应对提升围岩自支承力,抑制围岩变形,形成"围岩—锚喷支护"承载体系的显著作用。讨论了大型水封洞库锚喷支护的设计、材料、施工、监测等关键问题。论述了采用与发展低预应力锚杆、钢纤维喷射混凝土、含硅粉喷射混凝土及渗漏水综合控制技术对提高水封洞库的长期稳定性及有效防治地下水渗漏的重要作用。

关键词 地下水封洞库;锚喷支护系统;低预应力锚杆;喷射混凝土

中图分类号 TU45 **文献标志码** A **文章编号** 1001-5485(2014)01-0103-07

Considerations and Prospect of Anchor-Shotcrete Support for Underground Water-sealed Cavern

Cheng Liangkui

(*Institute of Ground and Underground Engineering of MCC Central Research Institute of Building and Construction, Beijing 100088, China*)

Abstract: We carried out full-scale model test of applying shotcrete and anchors to strengthen surrounding rockblocks. According to research achievements in this regard and engineering practice at Huangdao water-sealed cavern, we demonstrated and revealed that the anchoring effect could increase the self bearing capacity and restrain the deformation of surrounding rock. We also discussed the key issues inclusive of the design, materials, construction and monitoring of the anchor-shotcrete support for large underground water-sealed cavern. Measures such as applying anchor with low prestress, steel-fiber reinforced shotcrete, shotcrete containing silicon powder, as well as over all control over seepage water could increase the long-term stability of water-sealed cavern and prevent the groundwaterseepage.

---

* 本文摘自《长江科学院院报》,2014(1).

Key words: underground water-sealed cavern; anchor-shotcrete support system; shotcrete; low-prestessed rockbolt

1 研究背景

我国地下水封洞库工程建设正在迅速发展,锚喷支护体系的设计和施工是影响地下水封洞库长期稳定和安全运行的关键因素。近10多年来,我国地下工程锚喷支护体系取得了许多令人瞩目的新进展与新成就,如水利水电工程中大跨度、高边墙洞室群单一型锚喷支护体系的设计和应用技术;煤矿巷道、采场开挖工程普遍采用以树脂卷锚固料,小直径高强钢筋杆体为主要特征的低预应力锚杆体系加固软岩与煤层;钢纤维喷射混凝土、高性能喷射混凝土、高生产率的泵送型湿拌喷射混凝土、涨壳式中空注浆锚杆的应用与发展等。但是也应看到一些隧道开挖工程中锚杆支护质量低下的现场仍较严重,在Ⅲ、Ⅳ级围岩中采用密排(间距0.5m)高度≥25cm的型钢拱架与厚30cm以上的喷射混凝土作初期支护(后期再施作50cm厚的混凝土衬砌)的情况并不少见,诸如此类偏移岩石地下工程现代支护基本原则与方向的问题应当着力加以扭转。欣慰的是,因工作关系,近期笔者2次赴黄岛考察地下水封油库工程,该工程的锚喷支护质量是一流的,体现了现代支护保护、发挥和加强围岩自承能力的基本原则。

作为50年前就开始从事喷射混凝土、锚杆支护技术研究的老科技工作者,笔者及其所领导的科研小组曾于1965年在国内最早成功研究喷射混凝土技术,并于同年和次年将喷锚支护技术成功应用于鞍钢弓长岭矿浅埋岩石隧洞和本钢南芬选矿厂长2.0km,并通过碳质、钙质和硅质页岩互层的通水隧洞。当前我国地下水封油库工程正积极发展的新形势引发了笔者对发展地下水封油库锚喷支护体系的一些思考,现汇集成文,以期引起同行们的讨论和共鸣,共同为充实发展地下水封油库"围岩—锚喷支护"承载体系的理论与实践而不懈努力。本文研究成果可对我国大型地下水封洞库锚喷支护体系的设计施工提供指导,对地下水封洞库的长期稳定和安全运行有重要作用。

2 黄岛地下水封油库锚喷支护体系工程质量评估

黄岛地下水封洞库是我国最早建造的一座大型地下水封原油洞库,设计储油容量为$300×10^4 m^3$,共有9个主洞室,洞跨20m,洞高30m,断面呈直墙拱形,各洞室长484~777m不等。主洞室所处岩体主要为花岗片麻岩,呈块状结构,岩体较破碎至较完整,局部岩体绿泥石化严重,强度明显降低。花岗片麻岩体内赋存孔隙水和基岩裂隙水。主洞室围岩以Ⅱ、Ⅲ级为主,约占主洞室区围岩的80%,Ⅳ级围岩较少,约占8%。根据不同围岩级别,分别采用了系统锚杆—喷射混凝土支护、系统锚杆—钢纤维喷射混凝土支护、系统锚杆—挂网钢纤维喷射混凝土支护和顶拱部加钢筋格构梁与局部长锚杆的系统锚杆—钢纤维喷射混凝土支护等4种支护形式,具体参数见表1。该工程实施了对各洞室围岩变形和锚杆应力的系统检测,并能及时整理和反馈监测信息,适时调整支护参数与支护时机。

黄岛水封油库主洞室锚喷支护参数　　　　　表 1

围岩分类	喷混凝土	锚杆支护参数
Ⅰ,Ⅱ	喷 C25 强度等级混凝土,厚 80mm	系统锚杆:$\Phi 25mm, L=4.5m@2m\times 2m$
Ⅲ$_1$	喷 C25 强度等级钢纤维混凝土,厚 120mm	系统锚杆:$\Phi 25mm, L=4.5m/6m@1.5m\times 1.5m$
Ⅲ$_2$	喷 C25 强度等级钢纤维混凝土,厚 150mm	系统锚杆:$\Phi 25mm, L=4.5/6m@1.5m\times 1.5m$
Ⅲ$_2$ 特殊	喷 C25 强度等级钢纤维混凝土,厚 150mm,挂网 $\Phi 6.5mm@200mm\times 200mm$	系统锚杆:$\Phi 25mm, L=6m@1.2m\times 1.2m$
Ⅳ$_1$	喷 C25 强度等级钢纤维混凝土,厚 150mm,挂网 $\Phi 8mm@200mm\times 200mm$	系统锚杆:$\Phi 25mm, L=6m@1.2m\times 1.2m$
Ⅳ$_2$	起拱线以上钢筋格构梁,$4\Phi 25mm$ 钢筋,$\Phi 8mm$ 挂网 $200mm\times 200mm$,喷 C25 强度等级钢纤维混凝土,厚 200mm(30mm);起拱线以下 $\Phi 8mm$ 挂网 $200mm\times 200mm$,喷 C25 强度等级钢纤维混凝土,厚 150mm	左右起拱附近各 3 根锚杆 $\Phi 28mm, L=9m@1.2m\times 1.2m$,其余锚杆 $\Phi 25mm, L=6m@1.2m\times 1.2m$

在洞室岩石开挖和锚喷支护施工方面,控制爆破效果甚佳,可以清晰地看到,一系列整齐有序的半圆状炮眼裸露于岩面,这种受爆破扰动小和表面平整的围岩条件为发挥锚喷支护的加固效应打下了良好基础。

高生产率的湿拌法喷射混凝土的全面应用,由机械手操纵喷嘴,可伸向掌子面进行连续的喷射作业,在岩石开挖后及时迅速提供支护抗力,对抑制围岩早期松动变形、提高喷射混凝土匀质性及改善工人劳动条件都是十分有利的。

钢纤维喷射混凝土及掺矿粉喷射混凝土的应用,大大提升了喷射混凝土的早期强度、黏结强度、抗裂性、抗渗性和耐久性。高性能喷射混凝土与密集的系统锚杆相结合的支护体系,是构成发挥和强化围岩自支承力、保障地下水封油库工程长期安全工作的两大支柱。

试验与检验结果表明,黄岛水封洞库喷射混凝土的各项主要性能指标均达到国内外相关规范的要求标准,品质是一流的。其中喷射混凝土的抗压强度:8.5~10.6MPa(1d);15.7~30.9MPa(3d);25.0~46.2MPa(28d)。喷射混凝土与岩石间的黏结强度为1.21MPa;钢纤维喷射混凝土龄期 28 d 的小梁荷载试验表明,梁挠度为 2 mm 时,其残余弯曲应力为 4.2~4.5MPa。

目前,9 条主洞开挖与支护工程已基本完成,实测的洞库测点位移最大值一般为 2.33~6.55mm;仅有 2 个洞库测点位移最大值分别为 9.9 和 11.38mm。洞库位移已经稳定。设计要求的渗水控制目标为 300m³/d,经采用超前预注浆和后注浆等堵漏技术,目前洞库的实际渗水量已由注浆前的 500~600m³/d 降到 120~150m³/d,大大低于设计要求的渗水控制量。

综上所述,笔者认为黄岛水封油库锚喷支护体系设计合理,工程质量优异,综合设计施工水平达到国际先进水平,该工程的锚喷支护体系能够保障水封洞库的长期稳定和安全运营。

3 围岩的自支承能力

岩石隧洞洞室工程传统支护的力学概念是支护与围岩相分离,一概视围岩为荷载,依赖支撑体自身的结构强度,被动地承受围岩荷载,以维护地下空间的稳定。作为现代支护的锚喷结构的力学概念则截然不同,它是与围岩紧密黏结、融成一体、不可分割的,视围岩为承载结构的主要组成部分,依靠能动地发挥自身的及时性、黏结性、柔性、深入性、灵活性和密封性等独特的工作特性,调动、利用和提升围岩的自支承力,维护地下洞室的长期稳定。

锚喷支护对块状、碎块状岩石的加固作用早在20世纪70年代末,曾被我国冶金部建筑研究总院程良奎、庄秉文用喷射混凝土和锚杆加固块状围岩拱的试验所验证。该试验揭示了锚喷支护的黏合效应和深入效应对提升围岩自支承力、抑制围岩变形的显著作用。试验成果发表后,曾引起地下工程界的普遍重视和积极反响,至今仍被有关专业人士所引用。

图1 块状岩石加固拱试验实况

块状围岩拱由34块混凝土块拼装而成,断面高300 mm,宽250 mm,净跨2000 mm,拱高500 mm。当拱端水平与垂直方向受到约束,采用4点加荷(图1),荷载加至73 kN时,拱件即破坏。当拱件内缘施作厚10cm、C25强度等级的喷射混凝土层支护,在拱的边界约束与加荷方式不变条件下,则拱的破坏荷载为未支护拱的9.6倍,50kN荷载时,拱中挠度仅为未支护拱的4.4%(表2)。拱件破坏时,被径向裂缝分割的混凝土块件,仍牢固地同喷射混凝土黏结在一起。

喷射混凝土和锚杆加固块状围岩模拟试件加荷试验结果　　　　表2

试件名称	试件形式与加荷方式	断面尺寸 (mm×mm)	净跨 (mm)	拱高 (mm)	破坏荷载 (kN)	50kN荷载时的 拱中挠度(mm)
块状岩石拱		250×300	2000	500	73	9.04
喷射混凝土加固块状岩石拱		250×400	2000	500	701	0.4
锚杆加固块状岩石拱		250×300	2000	500	507	1.2

注:每组试件3个,荷载及挠度为平均值。

从表2的加荷试验结果还可看到,当用10根Φ8 mm的灌浆钢筋锚杆加固后,拱的承载力提高了6.9倍,50kN荷载时的拱中挠度仅为未支护拱的13.3%。锚杆支护的破坏过程,首先在拱的内表面2根锚杆间被2组裂隙交割的混凝土块处,由于裂隙面的张裂失去约束而掉落,随着荷载的增加,此处上层混凝土块逐渐被压碎,导致整体破坏,破坏时没有发生锚杆拔出或拉断、剪断现象,而且锚杆将周围的混凝土仍牢固地固结着。这些现象表明,锚杆首先是把被它穿过的岩块锚固在一起,提高了岩体的抗剪强度和整体性,并保持了锚杆间岩块的镶嵌和咬合作用,从而限制了岩块的松动和掉落,维护了围岩的稳定性。

4 关于锚喷支护体系设计

我国正在建设中的地下水封油库属大跨度、高边墙洞群工程,围岩地质条件一般好或较好,围岩等级属Ⅱ和Ⅲ级居多,局部为Ⅳ级,采用适宜的锚杆－喷射混凝土支护类型与参数,是能满足地下洞库长期稳定和安全工作需要的。锚喷支护体系的设计则应采用工程类比与现场监测相结合的方法。

根据国家标准 GB 50086（修订）报批稿关于隧洞洞室锚喷支护类型参数的规定,结合黄岛水封油库锚喷支护设计经验,为确保地下水封油库的长期稳定和安全工作,建议按不同围岩等级,采用下列锚喷支护类型与参数:

(1) Ⅰ级围岩、跨度 20～25m、高跨比≤1.5 的洞室,宜采用厚 100～120mm 的喷射混凝土和 $L=3.0～4.0$ m、间距 1.5～2.0 m 的锚杆支护。

(2) Ⅱ级围岩、跨度为 20～25m、高跨比≤1.5 的洞室,宜采用厚 120～150mm 的钢筋网喷射混凝土和相间布置 $L=4.0$m 的低预应力锚杆与 $L=2.5～3.0$ m 的普通水泥砂浆锚杆支护,锚杆间距 1.5～2.0m。

(3) Ⅲ级围岩、跨度为 20～25m、高跨比≤1.5 的洞室,宜采用厚 150mm 的钢纤维或钢筋网喷射混凝土和 $L=4.0～5.0$ m、间距 1.5～2.0m 的低预应力锚杆或相间布置 $L=4.5～6.0$ 的低预应力锚杆与 $L=3.0～4.5$m 的普通水泥砂浆锚杆,间距为 1.5 m。

(4) Ⅳ级围岩、跨度 15～20m、高跨比≤1.5 的洞室,宜采用厚 200mm 的挂网钢纤维喷射混凝土和顶拱安设钢架或格栅拱架（间距 2.4 m）,相间布置 $L=6.0、4.5$ m、间距 1.2 m 的低预应力锚杆支护,必要时,局部加 $L≥10$ m 的预应力锚杆。

(5) 当洞室高跨比＞1.5 时,应加强洞室侧墙的锚杆支护,必要时应布置 $L≥10$m 的预应力锚杆。

5 低预应力锚杆

在大跨度、高边墙的水封洞库锚喷支护工程中,采用单一的全长黏结的水泥砂浆锚杆是不相宜的。这种非预应力锚杆是一种被动的支护结构,控制围岩位移的能力差,只有当围岩发生明显的位移时,锚杆才能发挥作用。当围岩位移增大后,锚杆的轴力和切应力主要集中分布在锚杆前端,长尺寸的非预应力锚杆根部相当长的范围内,锚杆筋体是很难发挥其力学效应的。注浆体受拉后易开裂,不利于筋体防腐。此外,这种锚杆的质量和承载力也很难检验。

在水封洞库工程中,采用系统布置的低预应力锚杆（张拉锚杆）则是很适宜的。因为它同高预应力的长锚杆一样,都具有以下独有的工作特性和显著的力学效应：

(1) 能在开挖后迅速对开挖岩体提供足够的支护抗力；

(2) 提高锚固岩体内软弱结构面或潜在滑移面的抗剪强度；

(3) 改善锚固范围内岩体的应力状态,形成压应力岩石拱(图2);

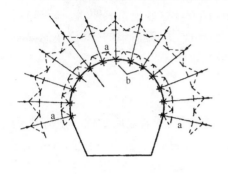

图 2 用均布预应力锚杆加固破碎岩体
a-压应力环;b-预应力锚杆

(4) 系统布置的低预应力锚杆被张拉锁定后,筋体与岩壁间的水泥浆体处于零应力(围岩无位移)和低拉应力(围岩稍有位移)状态时,不易开裂,有利于杆体的防腐保护;

(5) 通过锚杆的张拉工序,能有效地检验锚杆的承载力和品质。

关于低预应力锚杆品种选择问题,当前国内大型洞室系统锚杆支护所用的涨壳式中空注浆锚杆、树脂卷锚杆、快硬水泥卷锚杆都是技术成熟和质量可靠的。涨壳式中空注浆锚杆与树脂卷锚杆可在安设后立即或几分钟内达到设计抗拔力,锚杆成本相对较高,快硬水泥卷锚杆约在安设后24h达到设计抗拔力,成本较低。此外,黏结型锚固头锚杆可适用于任何岩体,而机械型(涨壳式)锚固头锚杆则不适用于Ⅳ和Ⅴ级围岩。

6 钢纤维喷射混凝土

喷射混凝土虽具有许多良好的性能,但它却有抗拉强度低和脆性较大等缺点。钢纤维喷混凝土则同时含有抗拉强度低的混凝土基材和抗裂性大、抗拉强度和弹性模量高的钢纤维材料,这种复合材料可大大改善喷射混凝土的性能,特别是钢纤维喷射混凝土的高早期强度、高韧性和低收缩率,对满足水封洞库的长期安全工作具有良好的适应性。

(1) 48h 内的早期强度:在喷射混凝土中加入适量的钢纤维后,可明显改善48h内抗压强度,图3为含2%体积的钢纤维喷射混凝土与不含钢纤维普通混凝土早期相对强度的比较。

此外,采用钢纤维喷射混凝土可以省去在岩面上铺设钢筋网的工序,且在采用机械手喷射时,喷射混凝土生产量可达15~20m³/h,这样就可在开挖后立即连续地进行大面积的喷射作业,迅速获得高早期强度的钢纤维喷射混凝土支护,这样阻止岩石松动和控制围岩变形的能力可得到显著提升。

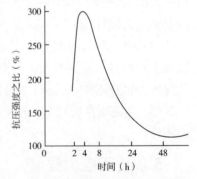

图 3 钢纤维喷射混凝土的早期相对强度

(2) 韧性:良好的韧性(残余抗弯强度)是钢纤维喷射混凝土的重要特性。所谓韧性也就是小梁试件从加荷开始直至破坏所做的总功。韧性的大小常以荷载—挠度曲线与横坐标所包络的面积表示。国外采用100mm×100mm×350mm(高×宽×长)的小梁荷载试验表明,钢纤维喷射混凝土的韧性比素喷混凝土可提高10~15倍。国内冶金部建筑研究总院采用70mm×70mm×300mm(高×宽×长)试件的荷载试验表明,钢纤维喷射混凝土的韧性约为素喷混凝土的20~50倍(图4)。高韧性的钢纤维喷射混凝土具有较高的残余抗弯强度,可以提升喷射混凝土层的抗弯能力及在较大围岩变形条件下工作的适应性。

(3) 收缩:冶金部建筑研究总院的试验表明,当在每立方米喷射混凝土中加入 90kg 抗拉强度为380MPa的钢纤维后,各龄期喷射混凝土的收缩量均明显降低,在不掺速凝剂情况下,一般减少20%～80%,在掺速凝剂情况下,一般减小30%～40%。钢纤维喷射混凝土上收缩量的减少,有利于控制喷射混凝土的收缩裂缝。

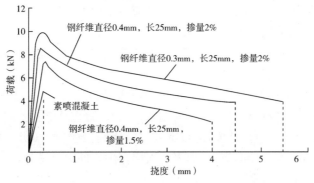

图4　钢纤维喷射混凝土小梁的荷载—挠度曲线

7　掺加硅粉的喷射混凝土

随着混凝土配制理念的更新,国内外喷射混凝土混合料的配制已发生很大变化,以往单纯以水泥作为胶凝料的混凝土配制已逐渐转化为以水泥为主,辅以粉煤灰、矿渣粉和硅粉等外掺料作为胶凝料来配制喷射混凝土。这样,不仅节约了水泥,而且喷射混凝土的性能也有很大改善。

应当特别指出,在喷射混凝土中加入占水泥重8%～10%的硅粉,对喷射混凝土性能的改善最为明显。

硅粉是制造硅铁金属的副产品。将高纯度的石英和煤在电弧炉内还原,从过滤炉排出的气体中可得到硅粉。这种散发在气体中的硅粉含有65%～97%的SiO_2且比表面积很大($20\sim35m^2/g$),即其微粒尺寸为水泥的1/60～1/100。在喷射混凝土中掺入适量的硅粉,具有以下突出作用:

(1)硅粉、水泥与水作用后,有很高的黏聚性,减小了喷射混凝土的离析和泌水现象,能提升喷射混凝土与岩层间及混凝土层自身的黏结效应。

(2)超细颗粒的硅粉充填水泥质点间的微细孔隙,并堵塞混凝土内的毛细孔,能显著改善喷射混凝土抗渗性和耐久性。

(3)水化水泥生成的$Ca(OH)_2$与硅粉中的SiO_2作用后形成稳定的钙化硅(图5),可显著提高混凝土的密实性和抗压强度。干拌法喷混凝土掺入硅粉后,7d龄期混凝土抗压强度达到40MPa或50MPa。

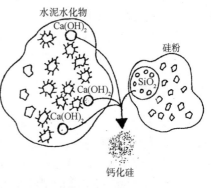

图5　硅粉的化学作用

此外,据称加入硅粉胶凝料的新鲜喷射混凝土具有极高的黏聚性,可使回弹率显著降低,如加拿大的试验资料表明,掺入占水泥重12%硅粉的干拌法喷射混凝土,回弹率可减少40%(侧墙)和50%(顶拱)。挪威一些工程同时采用钢纤维和硅粉的湿拌喷射混凝土的回弹率仅为5%～8%(侧墙)和8%～12%(顶拱)。这样,由于回弹率的减少,或许就可以补偿掺加硅粉所增加的费用。

8 监测与试验

对大跨度、高边墙洞库的锚喷支护设计,单独应用工程类比法是不合适的。洞室围岩是十分复杂的地质体,开挖后的围岩地质很可能与原先判定的围岩级别存在差异,而根据工程类比法设计的锚喷支护类型与参数对控制围岩变形的适应性也必须由实测的数据加以验证。因此对锚喷支护体系的现场监测是不可缺失的。

实施现场监测的洞室必须进行围岩地质和支护状况的观察及周边位移、拱顶下沉和锚杆初始预应力变化量测。当设计有要求时,尚应进行围岩内部位移、围岩与喷层间接触应力和锚杆内力等项监测。选择有代表性地段,进行围岩与喷层间接触应力(切向应力与径向应力)监测,若测得的切向应力远大于径向应力,则表明喷层与围岩间黏结良好,已形成稳定的"围岩—锚杆—喷射混凝土"承载环体系。

各项量测点原则上应安设在距开挖面 1.0m 范围以内,并应在下一次工作面开挖前读取初读值,每一项量测的间隔时间可根据该项目量测数据的稳定程度确定和调整。

锚喷支护的试验和检验也很重要,它是检验锚杆、喷射混凝土质量的主要手段。必须进行的试验指标有预应力锚杆的极限承载力,喷射混凝土 28d 龄期的抗压强度,喷射混凝土与围岩间的黏结强度(现场试验),钢纤维喷射混凝土的残余抗弯强度等项目。

9 防堵相结合的渗漏水综合防治技术

对依靠稳定的地下水位的密封作用储藏原油的水封油库,其渗漏水的控制和防治十分重要。应根据围岩地下水发育情况和渗流特征,采用防堵结合的渗漏水控制方法,建议的渗漏水防治技术有:

(1)利用端头锚固的低预应力系统锚杆已有的垫板和注浆(排气)管等装置,在锚杆安设过程,将原有的杆体防腐保护注浆压力提高至 1.0MPa 以上,导致浆液向钻孔周边的岩石裂隙中渗透和固结,力求在洞库周边形成 4~5m 厚具有加固和防渗双重作用的岩石环。

(2)采用掺加硅粉或优质防水剂的喷射混凝土,提高喷射混凝土自身的密实性和抗渗性。

(3)实施以上 2 种方法后仍有渗漏的区段采用注浆堵水。

10 结语

锚喷支护系统是地下水封油库建设工程的重要组成部分,它既有保持洞库长期稳定的需要,又有满足支护结构控制渗漏和耐久性的要求,因而必须从工程勘测、设计、施工、试验、监测等各环节,努力打造高性能、高品质的锚喷支护体系。

水封油库高性能、高品质的锚喷支护体系的目标与内涵应包含以下主要内容:

(1)最大限度地保护、发挥和强化围岩的自支承能力;
(2)完善工程类比法与监控量测法相结合的设计方法;
(3)岩石开挖采用严格的控制爆破技术;
(4)洞库围岩系统锚杆采用低预应力锚杆(张拉锚杆);
(5)采用掺硅粉、钢纤维的湿拌法喷射混凝土技术;

(6)系统地实施现场监测,坚持信息化设计与施工;
(7)采用经济有效的渗漏水综合防治方法。

参 考 文 献

[1] 程良奎.岩土锚固的现状与发展[J].土木工程学报,2001,34(3):7-12.[Cheng Liangkui. State and Development of Rock-Soil Anchorage[J]. Chinese Journal of Civil Engineering,2001,34(3):7-12. (in Chinese)]

[2] 杨秀山,刘宗仁,郑谅臣.黄河小浪底水利枢纽岩石力学研究与工程实践[M]//中国岩石力学与工程——世纪成就.王思敬.南京:河海大学出版社,2004:829-860.[Yang Xiushan, Liu Zongren, Zheng Liangcheng, et al. Research and Engineering Practice of Rock Mechanics of Xiaolangdi Water Conservancy Hub on the Yellow River[M]//Century Achievements of Rock Mechanics and Engineering in China. Edited by WANG Sijing. Nanjing:Hohai University Press,2004:829-860(in Chinese)]

[3] 张孝松.龙滩水电站地下洞室群布置与监控设计[J],岩石力学与工程学报,2005,24(21):3985-3988.[Zhang Xiaosong. Layout and Monitoring-Controlling Design of Underground Openings and Tunnels for Longtan Hydropower Station[J]. Chinese Journal of Rock Mechanics and Engineering,2005,24(21):3985-3998. (in Chinese)]

[4] 康红普.煤巷锚杆支护成套技术研究与实践[J].岩石力学与工程学报,2005,24(21):3959-3964.[Kang Hongpu. Study and Application of Complete Rock Bolting Technology to Coal Roadway[J]. Chinese Journal of Rock Mechanics and Engineering,2005,24(21):3959-3964. (in Chinese)]

[5] 程良奎.喷锚支护的工作特性与作用原理[J].地下工程,1981(6):1-8.[Cheng Liang kui. Working Characteristics and Principles of Shotcrete and Rock Bolt Supporting[J]. Chinese Journal of Underground Engineering,1981,(6):1-8. (in Chinese)]

[6] 程良奎,庄秉文.块状岩体锚喷支护的作用机理与设计[C]//中国金属学会矿山岩石力学学术会议论文集.北京:冶金出版社,1981.[Cheng Liangkui, Zhuang Bingwen. Mechanism and Design of Shotcrete and Rock Bolt Supporting of Block Rock Body[C]//Proceedings of Mine Rock Mechanics Conference Under China Metal Society. Beijing:Metallurgical Press,1981. (in Chinese)]

[7] 程良奎.喷射混凝土[M].北京:中国建筑工业出版社,1990.[Cheng Liangkui. Shotcrete[M]. Beijing:China Architecture and Building Press,1990. (in Chinese)]

[8] ISBN095224831X,European Specification for Sprayed Concrete[S]. UK:EFNARC,1996.

[9] VANDEWALLE M. Tunnelling is an Art[M]. Belgium:NV Bekaert SA,2005.

[10] 程良奎,李象范.岩石锚固·土钉·喷射混凝土——原理、设计与应用[M].北京:中国建筑工业出版社,2008.[Cheng Liangkui, Li Xiangfan. The Principles,Design and Application of Ground Anchorage, Soilnail and Shotcrete[M]. Beijing:China Architecture and Building Press,2008. (in Chinese)]

关于提高喷锚支护隧洞稳定性的几点认识

程良奎

（冶金部建筑研究总院）

我们来谈谈如何提高喷锚支护隧洞稳定性的几个问题。

1 井巷洞室工程的整体稳定性

整体稳定性主要指区域稳定性和山体稳定性。区域稳定性着重于地震、活动断层及其对工程稳定性的影响。从辽南地震后对南芬选矿厂泄水洞工程喷锚支护的观察，及唐山地震后对开滦煤矿井下喷锚支护的调查来看，地震对井下工程的破坏远较地面为小。一般来说，喷锚支护的抗地震性能较强，但对于处在断裂发育，特别是与发震构造平面平行的断裂带，附近的喷锚支护工程，必须予以加强。活断层对区域稳定性有严重影响，竖井和大型洞室等主要工程应尽可能避开活断层带。此外，还应考虑区域应力场的情况，特别对冶金矿山深埋的地下巷道影响颇大。一些矿山巷道变形破坏的资料表明，当巷道走向与区域应力场最大主应力方向垂直或接近垂直时，则往往变形破坏显著。特别是在破碎的软弱岩体中，可能出现大规模塌冒或严重变形。矿区主要运输巷道的布置要考虑这一情况，如不能避开，则巷道喷锚支护要采取加强措施，或采用喷锚支护同其他类型支护的复合形式。

山体稳定性问题，除了查明有无控制山体滑移的结构面外，还要弄清崩塌、滑坡、山洪等对稳定性的影响。如攀枝花冶金矿山公司某排洪洞，在洪水季节，暴雨集中，导致靠金沙江一侧洞口发生近 10 万 m^3 的大滑坡，不仅洞口约 40m 长的现浇混凝土断裂错动，发生严重破坏，而且邻近的喷射混凝土支护也出现多条宽 2mm、长 1.5m 的裂缝。此外，在石灰岩发育地区，还要探明井巷周围有无溶洞现象。因溶洞的存在，使围岩呈架空结构，造成应力集中，不利于地下工程的稳定性，若采用喷锚支护，必须予以加强。

2 采用光面爆破

喷锚支护是一种加固围岩、并与围岩紧密结合的支护类型。因而，减少爆破对围岩的破坏，减少超欠挖，保证工程断面的轮廓规则就显得更为重要。

传统的凿岩爆破法，采用高威力炸药，对围岩破坏较大，不利于井巷的稳定性。工程实践表明，不同的开挖方式，对巷道洞室的稳定性有明显的影响（图 1 为不支护巷道长度 L 和时间 T 的关系）。

传统的凿岩爆破法，超欠挖严重，很难保证成拱质量。巷道表面凹凸悬殊，造成应力集中，不规则的喷混凝土层常常由此而出现开裂或剥落（图 2）。

---

* 本文摘自《有色金属（矿山部分）》，1978(6)：39-43。

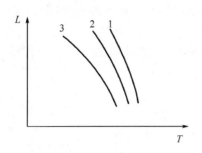

图1 开挖方法不同对巷道稳定性的影响
1-掘进机开挖；2-光面爆破；3-采用普通的凿岩爆破法

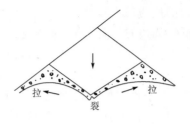

图2 巷道凸面处喷层开裂示意图

采用光面爆破法,对围岩的破坏较轻,岩面上无明显的爆破裂缝,超欠挖量少,工程周边轮廓更符合设计要求,能提高围岩的自支承能力,改善了喷锚支护的受力状态。此外由于巷道周边规整,可减少通风阻力,防止瓦斯积聚,能降低岩面粗糙率,补偿喷层表面粗糙带来的不利影响。还应指出,采用光面爆破可减少出渣量和混凝土材料的消耗,具有一定的经济意义。

3 及时施作薄层支护

围岩的活动规律告诉我们:围岩的稳定性具有明显的时间效应。也就是说,岩体的结构强度随时间由于风化、水解、蠕变、化学作用等因素而弱化,围岩的松动变形或塌落破坏随时间而加剧。如果在洞室开挖后,围岩应力重分布尚未充分发展前立即施作喷射混凝土支护,就能阻止围岩的径向位移,防止围岩的松散和坍塌。但是,如果喷层的刚性过大,一次喷射厚度大于20cm时,则必然要招来很大的形变压力。只有当我们在洞室开挖后,及时施工作薄层喷射混凝土支护,既能迅速控制围岩的松弛,又能适应围岩一定数量的变形,这样,保证围岩稳定所需提供的支护抗力是较小的。

弹塑性理论指出,围岩稳定时的塑性区半径 R 与所提供的表面支护抗力间有下列关系(假定 $N=1$)。

$$P_a = -C\cot\varphi + [C\cot\varphi + P_0(1-\sin\varphi) - C\cot\varphi\sin\varphi]\left(\frac{r_0}{R}\right)^{\frac{2\sin\varphi}{1-\sin\varphi}} \tag{1}$$

式中:P_a——衬砌对围岩提供的表面支护抗力;

C——岩体黏聚力(kPa);

φ——岩体内摩擦角(°);

r_0——洞室半径(m);

R——塑性区半径(m);

P_0——岩体原始应力(MPa)。

从上式可知,当其他因素确定后,围岩稳定时所需提供的表面支护抗力 P_a 的大小主要取决于围岩中形成的塑性区半径 R 的大小,而塑性区半径 R 的大小又表现为洞室表面所产生的径向位移 Δr 的大小。

$$P_a = f_1(R) = f_2(\Delta r)$$

由此表明,围岩稳定时,洞室围岩稳定区半径 R 越大或洞室表面所产生的径向位移 Δr 越大，所需提供的支护抗力 P_a 越小，反之 R 值越小，Δr 越小，则所需的 P_a 越大。

洞室周边的应力状态如图 3 所示。P_a-Δr 曲线则如图 4 所示。隧洞或巷道周边的径向位移 Δr 及塑性区半径与维持巷道稳定所需要 P_a 值之间的关系可根据卡斯特勒方程用 I-I 表示。I-I 曲线表明，随着塑性区半径 R 的增大，支护抗力 P_a 随之减小。在这同时，由于喷层同围岩共同变形则产生相应的压缩变形，它对围岩所提供的支护抗力 P_a 也渐趋增大。如曲线 II-II 所示。当 Δr 发展到一定值时，II-II 曲线与 I-I 线相交。相交处的 P_a 值即为洞室达到稳定时所需喷层提供的支护抗力。如果喷层较厚，刚度较大，如 III-III 曲线所示，则平衡时传到衬砌上的荷载 P_a 也较大。因此，喷射混凝土的厚度不宜太大，一般初始支护不宜大于 10cm，就是最终支护也不宜大于 20cm，喷层过厚，会招来大的形变压力。

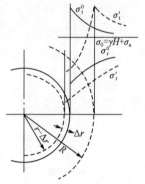

图 3 洞室周边的应力状态
r-洞室半径；R-塑性区半径；Δr-径向变形；σ_0-初始应力（$\sigma_0 = rH + \sigma_s$）；σ_s-岩层的构造应力；σ_r^0、σ_t^0-Δr 为 0 时的径向应力和切向应力；σ_r'、σ_t'-产生径向变形 Δr 时径向应力和切向应力

但是，维持巷道稳定所需提供的表面抗力 P_a 随 Δr 增大而减小是有限度的。当 Δr 过大时，塑性区并非无限增大，而要产生岩体松散，C、ϕ 值急剧下降，致使岩体松动、坍落，从而造成"松散压力"，出现 P_a 值急剧增长如图 4 中 IV-IV 的情况。传统的浇筑混凝土衬砌不能在洞室开挖后及时施作，又不能与围岩密贴，无法限制 Δr 的发展，只是被动地等待围岩松弛，它所受的荷载是松散压力。通常这种松散压力是很大的（如图 4 中 V-V 所示）。

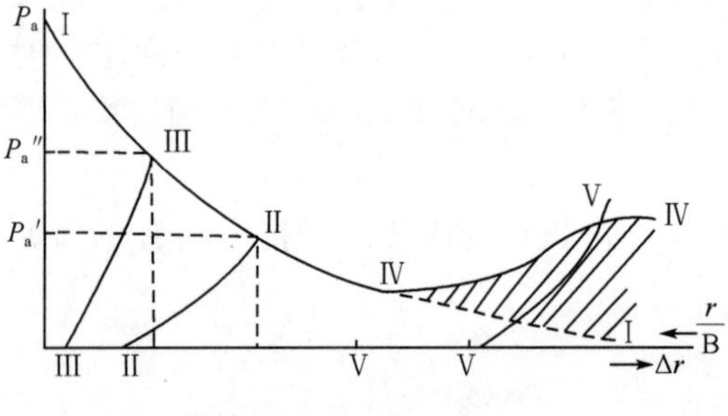

同样，没有一定厚度的喷层控制 Δr 的发展，或者喷射混凝土作得太晚，均可能导致围岩不必要的松弛，作用在喷层上的荷载也就增大了。

总之，要在洞室开挖后及时地施作薄层喷射混凝土支护，以迅速控制岩体的扰动，又能适应同围岩的共同变形，使塑性区得以发展，这就可以以较小的支护抗力，收到安全的效果。初始支护的喷层厚度以 5~10cm 为好，最终的喷层厚度也不要大于 20cm，如果认为单一喷射混凝土支护还不够可靠，那就应当增设锚杆。一味采用加大喷层厚度的办法来提高支护的可靠性，不仅是不经济的，也会带来很大的形变压力。

图 4 P_a-Δr 关系图

目前，有的单位在井巷施工中有片面追求掘进进尺，不讲综合效果的倾向。遇到松软破碎的不稳定围岩，依旧照例采用临时木棚，等到围岩出现明显的松弛、潮解、冒落或木棚倒塌，再施作喷锚支护。这样既拖延了时间，影响了成巷速度，又增加了支护材料消耗和出渣工作量。像这种由于喷锚支护不及时所造成的恶果是应当引以为戒的。

4 最小喷层厚度

喷射混凝土水泥用量多，砂率较高，又掺有速凝剂，因而收缩较大。若喷层厚度小于

50mm，嵌入喷层中的石子少，更易引起收缩开裂。同时，过薄的喷层不足以抵抗岩块沿裂隙面的滑移或转动，对于膨胀性围岩的适应性就更差，常出现局部开裂或剥落现象。近年来，对喷锚支护现状进行调查结果表明，喷层出现局部开裂或剥落的，绝大多数厚度在 30mm 以下（表1）。因而，起加固作用的喷射混凝土层，其最小厚度不应小于 50mm。目前施工中，由于一些采用喷锚支护的工程并未采用光面爆破，巷道轮廓极不规则，再则也缺乏严格的喷层厚度检查制度，层厚小于 50mm 的部位极为多见，这是应当严加控制的。

喷层局部剥落实例 表1

单 位	工程名称	病害位置	剥落面积(m^2)	围岩情况	喷层厚度(mm)
梅山铁矿	305 平巷	拱墙	1.2×0.8 1×0.8	高岭土化安山岩，节理裂隙发育 绿泥石化安山岩，节理裂隙发育	10～70
梅山铁矿	2号绕道	墙	0.45×0.45	黄铁矿化安山岩	10
冶山铁矿	405 矿块， 4 号进路叉点	拱	0.9×0.4	蚀变花岗闪长岩，含绿泥石	10～20
铜官山铜矿	宝山竖井	井壁	1.0×0.4	角页岩、大理岩	20～30
凤凰山铜矿	竖井	井壁	0.8×0.4	角页岩、大理岩	10～30
丰、沙Ⅱ线	铁路隧道	拱部	3.0（喷层与离层的岩石一起剥落）	震旦纪硅质灰岩，薄层（层厚1～3cm）；夹泥岩、泥灰岩互层，层面联结较弱，两组节理垂直交割	20～30

5 挤压、膨胀性围岩的喷锚支护要点

在工程实践中，常常遇到像泥岩、页岩、凝灰岩、蛇纹岩、变质安山岩及高岭土、绿泥石化严重的岩体，出现明显的挤压、膨胀现象。追究其原因，不外是岩体中潜在应力的释放；岩石强度不够而使地层出现塑性变形；存在吸水而膨胀的物质，特别当围岩松弛破坏，产生无数剪切面，其邻近的岩石由于应力集中，而使岩石中的水向剪切面转移，使之吸水膨胀，使岩体强度显著降低。

在挤压、膨胀性围岩中，采用素喷混凝土支护，往往不能保证长期可靠性。如金山店铁矿-60m 中段 5 号穿脉风井口附近，围岩为碳酸盐化石英二长岩，靠近接触带，节理裂隙发育，伴有高岭土、绿泥石化，并有渗漏水现象。支护三个月后，出现底鼓。支护到半年后，临近开掘通风井时，两帮受作业水的渗透，围岩膨胀加剧，两帮喷射混凝土出现剪切裂缝，局部喷层剥落（图5）。

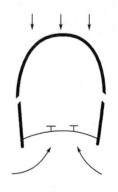

图 5 膨胀围岩喷层支护
变形破坏图

在这类围岩中，素喷混凝土支护不可行。那么，只要采用喷锚联合支护或喷锚网联合支护是否就决然安全可靠了呢？也不然，重要的是要在岩体开挖后，尽快予以封闭，隔绝水对岩体的破坏，同时要制止底板的隆起，采用封闭式支护，上述金山店铁矿-60m 中段东翼运输大巷内有一段长约 20m 的膨胀性围岩区段。围岩为高岭土化、绿泥石化石英二长岩，似泥状、粉状，并有大块风化蚀变较弱的石英二长岩呈大角砾状嵌布其中。采用紧跟掘进面喷锚网支护，喷层厚 15cm。其中 10m 长一段采用厚 500mm 的现浇钢筋混凝土底板（底板钢筋和侧墙钢筋连成一体）。支护后，喷锚支护

未见异常变化。另 10m 段则没有钢筋混凝土板封底,支护两个月后底鼓明显加大,引起侧墙内移,半年后水沟一侧位移达 15cm,出现喷层严重开裂和剥落,三根 $\phi 8$ 钢筋被拉断的严重破坏现象。以后不得不用喷混凝土加固,并补作了钢筋混凝土底板,才使巷道稳定下来。

在挤压膨胀性围岩中,用锚杆控制底鼓是有效的。西德鲁尔煤矿宽 2.4m 的巷道,用长 1.5m、间距 0.9m 的锚杆 4 排加固底板,使底板隆起从 1.4m 控制到 10cm 以内。我国湖南白沙永红煤矿围岩绝大部分属遇水膨胀的沙质页岩和灰质页岩,底鼓严重,每年要卧底 4~5 次,每次卧底 30~70cm,后用长 1.5m、间距 600mm 的锚杆加固底板,一年多无须卧底,保持巷道运输畅通,而邻近没用锚杆加固的底板已卧底多次。

在严重挤压膨胀性地层中,还可以采用喷射混凝土、锚杆和可缩性钢支架等组成的复合支护。如日本 K-G 公司在开挖一条长 12540ft 的铁路隧道期间,围岩的膨胀使隧道侧墙在三个月后向内移动 4.5ft。巨大的膨胀挤压力使巷道内截面为 6~10in^2(1in=0.0254m)的钢支架扭曲成蛇形。

采用锚杆、可缩性钢支架和喷射混凝土相结合的柔性支护系统,则使得三个月后向巷道内的位移,缩减到 2in 以内。安装柔性支护,第一步是开挖顶部岩石,随后架立可缩性拱形支架,再喷敷混凝土,但接头处不喷,这样就更能发挥柔性支护的效能,并减少喷层的开裂现象。

在挤压、膨胀围岩中设计喷锚支护,采用适宜的断面形状也很重要,矿山中常见的直墙拱形断面,侧面变形大,侧帮极易出现拉应力。为改善喷锚支护的工作状态,提高喷锚支护的可靠性,工程断面形状可考虑为圆形、马蹄形、椭圆形等。

在这类围岩中,采用二次支护很有利。即先施作薄层喷射混凝土支护,随后安设锚杆,这种初始支护用以控制围岩过度的变形,但又容许围岩挤压膨胀应力得以释放。在适当时候再施作最终支护,它可以用喷射混凝土加厚,也可以用其他类型的支护,构成复合支护。

6 喷锚支护的耐久性

喷射混凝土中掺有速凝剂,会降低其强度。但是否 28d 后喷射混凝土强度就不再增长或反而逐步降低呢?我们所进行的某些实验研究表明,在 28d 后,喷射混凝土的强度值仍然是在不断增长的(表 2)。

外掺速凝剂的喷射混凝土强度　　　　　　　　表 2

水 泥	配 合 比 水泥:砂:石	速凝剂掺量(%)(占水泥重)	抗压强度(kg/cm^2)				
			28 天	45 天	3 个月	6 个月	1 年
500 号　普硅	1:2:2	3~4		247	326	283	409
500 号　矿渣	1:2:2	3~4		279	269	312	327
500 号　普硅	1:2:2	3~4	201			225	
500 号　矿渣	1:2:2	3~4	187			220	

喷射混凝土施工时,会带进一些空气。喷射混凝土的总孔隙率要比普通混凝土为大,但这些孔隙通常是互不贯通的,因而对抗冻性影响不大。用 500 号或 600 号普通硅酸盐水泥和常规配合比制得的喷射混凝土,经过 100~150 次冻融循环后,强度降低值远小于 25%。美国艾伯特·利特文等人进行的喷射混凝土抗冻性试验表明,绝大部分试件在经过 300 次冻融循环

后,膨胀率小于 0.1%;重量损失小于 5%;弹性模量不低于冻融前的 60%,抗冻性仍然是合格的。本溪南芬铁矿选矿厂一条长 2km 排泄尾矿水和洪水的隧洞,于 1966 年兴建,全长均采用喷锚支护,该隧洞距洞口 200m 区段冬季在 -20℃左右,通水九年后检验,未发现喷射混凝土有冻蚀现象。但是,应当指出:喷射过程中的严重缺陷如砂夹层等会降低喷射混凝土的抗冻性。

由于喷层同围岩紧密贴合,而喷层一般又很薄,对于抵抗围岩中腐蚀介质的能力则远较现浇整体混凝土为差,在工程中已发生了一些局部腐蚀破坏的现象。如梅山铁矿电机车库,在地下水及潮湿空气作用下,黄铁矿化基岩中硫酸根离子与混凝土产生化学反应而使混凝土败坏。喷层的腐蚀破坏过程一般是首先由喷层与围岩分离,继而开裂外鼓,最后导致局部剥落。被腐蚀的喷层呈黄色,质地酥松,手搓即碎。这个矿区的其他类似地质条件,且地下水较发育处,也可看到喷层的腐蚀破坏,这多半发生于层厚小于 5cm 的部位。因而,在具有侵蚀性介质影响的条件下,如何采用永久性喷锚支护,应慎重对待,一般应采用抗硫酸盐等特种水泥,喷层厚度不宜小于 10cm。

大量的实践证明,同传统的支护相比,喷锚支护具有明显的优越性。喷锚支护在矿山井巷和各类地下工程中的应用范围十分广阔。无疑,它是当前最有发展前途的支护形式。但是事物都是一分为二的,喷锚支护同其他任何新生事物一样,也有其自己的弱点和缺点。譬如喷射混凝土表面粗糙,糙率较高,用于有压水工隧洞,水头损失较大,同传统的现浇混凝土衬砌相比,为了保证同样的通水能力,势必扩大隧洞断面。对于矿山通风井巷,也有类似的问题。对于某项工程是否选用喷锚支护,应作全面的经济比较。又如:在大面积淋水区段,若淋水处理不好,混凝土就喷不上去,既影响质量,又增加造价。而要对大面积淋水作全面处理,却是一项比较复杂的工作。再如,前面曾经提到,在能引起严重腐蚀的地质区段,采用喷锚支护却有明显的缺点。

在肯定喷锚支护是当前矿山井巷洞室支护技术的主要发展方向的同时,客观地指出喷锚支护的弱点或不足之处,都是为了更好地发展喷锚支护。

关于喷锚支护的几个力学问题

程良奎

（冶金部建筑研究总院）

分析喷锚支护的主要工作特点,研究围岩—支护间的相互作用,紧紧抓住巷道开挖后围岩变形的基本规律,遵循岩石力学的基本原理,设计与使用喷锚支护,是经济有效地维护巷道稳定的关键。本文就大家所关心的喷锚支护的几个力学问题谈一点个人看法。

1 喷锚支护与新奥法

有人说,新奥法就是喷锚支护,这是不正确的。新奥法全名叫新奥地利隧道施工法,(NATM),实际上,它不单单是一种施工法,也是一种隧道设计法。新奥法的基本思想就是要积极利用与充分发挥围岩的自支承作用。事实上,不管什么类型的围岩,其自支承能力总是可以或多或少地被利用的。关键是要从开挖到支护衬砌,采取正确的对策,充分认识围岩的时间效应与空间效应,处理好围岩特性线与支护特性线的平衡问题。由于喷锚支护具有最有利于发挥围岩自支承能力的特性,因而也就成为新奥法的重要组成部分。喷射混凝土、锚杆和现场量测被认为是新奥法的三大支柱。

新奥法的要点是：

(1)根据原岩应力条件、岩体结构与岩体强度,选择适宜的断面形状。

(2)在整个支护体系中,岩体是主要承载单元。在开挖过程中,要尽可能防止岩体松动和产生不利的应力条件,以保持原岩强度。

(3)及时施作喷锚支护,阻止围岩松散,但喷层要薄,要有柔性,允许围岩在有控制条件下发生变形。

(4)通过对围岩变形和巷道收敛等物理量的量测,掌握围岩—支护的时间效应,复核和修改设计,安排适宜的施工步骤。

(5)支护结构一般分两次施作,即初始支护与二次支护,以便用较少的支护材料求得围岩荷载与支护抗力间的动态平衡。

我国在采用新奥法的基本原则进行不良岩层的隧道(巷道)施工方面已取得了一定的经验。下坑铁路隧道穿越层状陡立的前震旦纪千枚岩地层。岩性软弱,岩块强度大部分在100kg/cm² 以下,隧道埋置很浅,最深处也只有20m左右。金川矿山巷道处于前震旦系古老变质岩中,主要岩石有石墨片岩、黑云母片麻岩等,结构破碎。巷道埋深在600m左右,有高的水平构造应力,巷道开挖后围岩有明显的流变特征。这两个隧道(巷道)的围岩变形控制,都是遵循"设计—施工—监测"一体化的基本思想,采用锚喷结合,两次支护,先柔后刚等主要技术

---

* 本文摘自《金属矿山》,1983(9):13-17.

原则而获得成功的。

2 巷道围岩变形机理与喷锚支护的柔性

巷道开挖后，随着时间的推移，围岩将不断向巷道内产生移动，通常叫围岩变形或巷道洞径收敛。

引起巷道洞径收敛的因素很多，有围岩扩容、回弹、岩石潜在内应力的释放和膨胀等。

"扩容"是指当增加岩石偏应力（$\sigma_1 - \sigma_3$）的整个过程中，先是体积缩小（$\Delta V/V_0$ 为负），待缩小到某一定程度后，体积开始增大（$\Delta V/V_0$ 为正值），直至破坏（图1）。这是由于岩石是非均质介质，在偏应力作用下，变形不协调，因而产生裂隙，使岩石容积扩大，这个力学过程叫"扩容"。

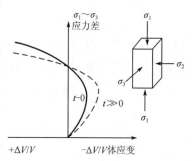

图1 岩石的扩容

"围岩回弹"是在巷道开挖后，破坏了岩体内的原有应力平衡状态，在离周边较近范围内，出现应力削弱区。这对围岩来说，意味着卸荷，围岩将产生回弹，呈现巷道断面不断向内部收敛。

潜在的内应力释放，是指岩石中有较大的内应力，主要是构造应力，当巷道开挖后，原先蕴蓄的内应力要释放出来，引起围岩向内移动。

"膨胀"是由于围岩中含有膨胀率高的黏土矿物质，并有同水接触的条件，引起塑性膨胀的围岩主要有黏土质含量高的泥岩、泥质页岩和石墨片岩等，特别是其中蒙脱石、绿泥石、高岭土含量高的岩石，最易膨胀。

软弱围岩，特别是超限应力围岩或膨胀围岩，常常不仅变形量大，而且变形延续时间长，具有明显的时间效应。

弹塑性理论告诉我们：围岩变形与保持巷道稳定所要提供的支护抗力间遵循一定的曲线关系（图2）。图2清楚地表明，要使围岩变形越小，则满足平衡条件所需要的支护抗力就越大。反之，如容许围岩有较大的变形，那么只要求较小的支护抗力就能保持稳定。但是一旦变形过大，会引起围岩松散，形成松散压力。这时，正如图上虚线所示，支护结构上的荷载就会急剧增大。因此要求支护结构既具有足够的支承抗力，避免围岩松散，又具有相当的柔性，容许围岩变形，就显得十分重要。

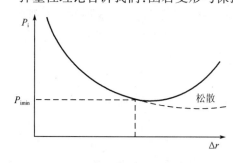

图2 围岩变形与支护抗力间的关系

喷锚支护具有这种既容许围岩有较大的变形又不失去支承抗力的特性，关键是要进行正确的施工和积极发展新型喷锚材料与结构。提高喷锚支护柔性（可变形性）的主要方法有：

（1）喷射混凝土以薄层分次支护。

（2）设置纵向变形缝。即沿隧道周边，每隔2～3m留一条宽15～20cm的开缝，使喷射混凝土层隔开。国外经验表明，在深埋隧道中，它同锚杆或可缩性钢拱架联合支护，当隧道收敛量达 80cm 时，变形缝闭合，但并没引起喷层的破坏。

（3）采用钢纤维喷射混凝土。对喷射混凝土的可变形性有严格要求时，可在喷射混合料中掺入占混凝土重 3%～4% 的钢纤维，纤维直径为 0.3～0.5mm，长度为 20～25mm。钢纤维喷射混凝土与普通喷射混凝土相比，抗拉、抗弯强度可提高 50%～100%，韧性指数提高 10～50 倍。说明钢纤维喷射混凝土对于大变形巷道有更大的适应性。图 3 为钢纤维喷射混凝土小梁的荷载—挠度曲线。

（4）选择延性好的锚杆结构。冶金部建筑研究总院等单位研究成功的缝管锚杆是一种全长摩擦锚固装置。即使受力过大，锚杆与岩层间发生滑动，它也不像机械式点负荷锚杆或黏结型锚杆那样锚固力急剧下降，而仍保持有相当高的锚固力（图 4）。

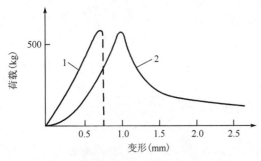

图 3 钢纤维喷射混凝土小梁的荷载—挠度曲线
1-喷射混凝土；2-钢纤维喷射混凝土

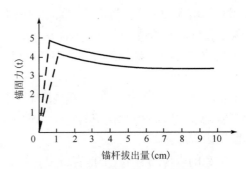

图 4 缝管锚杆锚固力与拔出量关系曲线
（湘东铁矿绿泥岩、泥质砂岩中的测定结果）

缝管锚杆既容许围岩移动，又能保持支承抗力的特性，使它在承受很大拉力或剪力时，具有柔性卸压作用，在岩层与锚杆的相互作用中，保持岩石移动与锚杆摩擦阻力间的动态平衡。

3 关于两次支护先"柔"后"刚"

在软岩中，特别是在流变特性明显的围岩中，喷锚支护的设计，决不仅仅是锚杆长度、间距和喷层厚度或者叫支护抗力的设计。而支护的可变形性、支护刚度或"围岩—支护"体系刚度的设计应占有重要的地位。这就要求合理确定封底及二次支护时间，施工程序以及喷锚支护同其他支护相结合的方式。

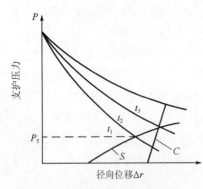

图 5 围岩—支护相互作用的特性曲线
S-柔性支护特性曲线；C-刚性支护特性曲线

塑性流变岩体，有明显的时间效应，如图 5 所示，在不同的时间阶段，岩体的应力—位移曲线是不同的。从理论上分析，薄层喷射混凝土与锚杆相结合，作为比较柔性的支护，在 t_1、t_2 时，其支护特性线与围岩特性线相交，说明在 t_1、t_2 时两者取得平衡，能协同一致地工作。也就是说，支护本身较大的柔性导致相对低的荷载作用于支护结构上，但却引起较大的位移，当超过时间 t_2 时，若两者特性曲线不得相交，则说明出现过度的变形，可能引起支护结构的破坏和围岩的松散。这样，就必须及时增补刚性较大的支护。因而，在这类围岩中，常采用两次支护，先"柔"后"刚"的做法。

两次支护分初始支护与最终支护(二次支护)。初始支护的作用是及时提供支承抗力,使围岩不致发生松散,同时又容许围岩有一定的变形,以减小支护结构的负担。二次支护则是为了满足工程的长期稳定性和使用要求。

两次支护的关键问题有二。一是如何确定二次支护的施作时间。应该说,过早或过晚地施作都是有害的。一般应借助于工程量测,即根据围岩变形速率曲线来确定适宜的施作时间。对矿山巷道而言,当围岩变形速率处于明显下降或变形量已达最终变形量的85%～90%时,实施二次支护是适宜的。对于永久性的交通隧道而言,则一般在围岩变形基本稳定时再实施二次支护,其作用主要是为了满足防水、装修的要求。

二是初始支护后围岩变形速率长期不呈现明显下降,喷层出现严重开裂剥落可能导致围岩进入有害松散状态怎么办。遇到这种情况,说明初始支护支承抗力不足,则应及时采取加强措施,一般可采用增设锚杆、施作预应力锚杆、安设仰拱形成闭合结构等方法使围岩变形速率下降。

现以金川镍矿埋深580m的某运输巷道为例,该巷道毛断面宽6.0m,高4.45m,矮墙半圆拱形,位于该矿F_{16}断层影响带中。巷道所通过的岩层为黑云母片麻岩、石墨片岩和绿泥石片岩,极为软弱破碎,由于有较大的水平构造应力,巷道开掘后变形量大,变形持续时间长。采用15cm厚配筋喷射混凝土与锚杆作初始支护后,巷道日平均收敛量大于1.0mm,不久拱顶附近出现纵向剪切裂缝。约在初始支护后30d内即完成了配筋喷射混凝土二次支护,由于这时围岩应力释放很不充分,过早地提高支护结构刚度,对围岩变形的约束力过强,产生了较大的形变压力,二次支护后又在原处出现喷层开裂,250d后变形速率仍不见明显下降。再次用喷射混凝土局部修补后,又相继出现了局部喷层开裂现象。临近的区段,当初始支护层出现局部开裂剥落时,没有匆忙上二次支护,而是及时调整初始支护参数,采用锚杆系统加强(即把原来锚杆间距1.0m减为0.5m)。随后,根据量测数据,在变形速率趋于明显下降时(在初始支护120d后)才上二次支护,使变形很快势于稳定,喷射混凝土层也没有再出现裂纹(图6)。

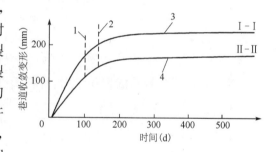

图6 金川矿区某喷锚支护巷道水平收敛与时间关系曲线
1-施作加强一次支护;2-施作二次支护;3-离巷道底板1.0m;4-离巷道底板2.0m

4 关于不同类型锚杆的力学特性

目前,国内外使用的锚杆主要有机械式点负荷锚杆、普通砂浆锚杆、树脂锚杆和缝管锚杆。它们的力学特性是不同的。加固围岩的效果及适用条件也有明显差异。

(1)机械式点负荷锚杆[图7c]。这是一种用扭力扳手张拉的主动型锚杆,一经安装就在垫板和锚头处对岩石加载,在垫板处对岩石的压缩力在3.0t以上,锚头处产生相应的反力。但这种锚杆对爆破震动很敏感,易产生锚头徐变和应力集中,锚头周围的岩石常发生破裂。

(2)普通砂浆锚杆[图7b]。这是一种被动型锚杆,即并不对岩石施加预应力,只有当岩石移动时,锚杆才承受拉应力和切应力。其主要作用是在岩石节理裂隙面上提供抗剪强度,抑制岩块移动,维护岩块于原位,保持岩块间的镶嵌咬合效应。

(3)树脂锚杆[图7a]。不带螺纹的固定锚头树脂锚杆,实质上也是一种被动锚杆,在其安装时并不能取得垫板荷载。如用安装机推顶垫板,则可能有的最大垫板荷载也就是安装机的推力,一般不到1.0t。树脂不产生径向压力。带螺纹锚头的树脂锚杆,在锚杆端头能提供与机械式锚杆相似的球形压力区。但是由于这种锚杆刚度较大,岩石预应力的范围有限,一般不大于20cm,而在该点向上的整个系统,锚杆实际上是被动的,在岩石移动前,并不发挥支护作用。

(4)缝管锚杆[图7d]。这是一种完全主动的锚固装置。在工作条件下,锚杆受到钻孔周壁的约束,管缝缩小,并沿全长对岩石产生$4\sim4.5$kg/cm^{2}的径向荷载,安装时垫板荷载达3.0t以上。这样,锚杆对岩石施加了三向压缩,使锚杆周围的岩石形成梨形压力区。按一定间距排列的锚杆群施于巷道周边,构成围岩压缩带。

图7 不同类型锚杆对岩石预应力的分析
a)树脂锚杆;b)砂浆锚杆;c)机械式点负荷锚杆;d)缝管锚杆

缝管式锚杆与岩石的相互作用,有利于进一步锁紧岩石。如岩石的剪切位移或掘进采矿过程中的爆破震动冲击作用,会使钢管弯曲;在超限应力或膨胀性围岩中,钻孔缩小,钢管被挤得更紧,导致锚杆与钻孔间径向力的提高;在潮湿介质条件下锚杆的锈蚀,会增加锚杆表面的粗糙度。所有这些,就使锚杆的锚固力随时间而增大(图8)。

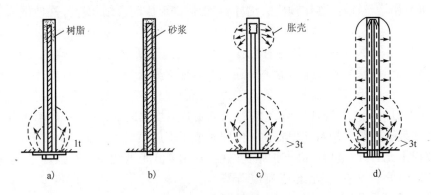

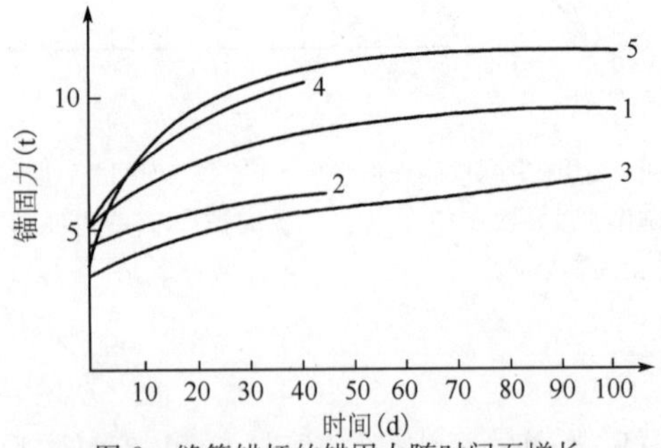

图8 缝管锚杆的锚固力随时间而增长
1-湘潭锰矿(页岩);2-湘东铁矿(绿泥岩、泥质砂页岩);3-美国某碱矿(盐);4-美国某铅矿(白云石);5-美国某铜矿(页岩)

巷道或峒室开挖后,岩体应力重新分布引起围岩向空间内移动。其位移量主要视埋深及围岩地质条件而异。在坚硬岩体中,位移量一般不大于1.0cm,而在深部的软弱岩层(如页岩、泥岩等)中,位移量可达$20\sim40$cm。对于位移量有明显差别的不同类型的围岩,应选择不同刚度的锚杆来加固。

对于被节理裂隙分割的坚硬岩体,可采用全黏结型锚杆,它能与围岩的刚度相适应。如果岩体能够满足锚杆长期无徐变的锚固要求,则也可采用机械式点锚固锚杆。但当岩石应力很高,使岩体受剪,则宜采用柔性较大的缝管锚杆。

对于中硬岩体,如果采用机械式点锚固锚杆,则必须增加锚杆长度以及锚头与岩体接触面积,以防止产生徐变。如果在荷载作用下可能发生大的岩体位移,则应采用可变形的缝管锚杆。

对于软弱围岩,锚杆的可变形性尤为重要,如果采用刚性较强的锚杆,由于刚性装置易使应力集中而使岩体破裂,建议最好采用缝管锚杆。

参 考 文 献

[1] 关宝树. 新奥法的理论与实践[M]. 1980.
[2] 程良奎. 挤压膨胀岩体中巷道的稳定性问题[J]. 地下工程,1981,(8).
[3] 程良奎. 喷锚支护监控设计及其在金川镍矿高挤压地层中的应用[J]. 地下工程,1983(1).
[4] 冶金部建筑研究总院,湘东铁矿矿务局. 摩擦式锚杆的研究与应用[R]. 1982.
[5] James J Scott. Interior Rock Reinforcement Fixtures[M]. 1980.
[6] J W Mabar, H W Parker, W W Wuellner. Shotcrete Practice in Underground Construction[M]. 1975.

压力分散型锚杆的工作特征与大型锚固构筑物的稳定性

程良奎[1]　李正兵[2]

（1. 中冶建筑研究总院有限公司；2. 成都理工大学环境与土木工程学院）

摘　要　本文研究分析了压力分散型锚杆的结构特征与工作特征，阐述了这种新型锚杆用于锦屏一级电站大坝左岸530m高边坡、石家庄重力坝及北京中银大厦深基坑地下连续墙等大型锚固构筑物的基本情况及所取得的良好稳定效果。

关键词　压力分散型锚杆；锚固构筑物；稳定性

Working Charctristics of Pressure-diffused Anchors and Stability of Large Anchored Structures

Cheng Liangkui[1]　Li Zhengbing[2]

(1. *Central Research Institute of Buiding and Construction Co. Ltd, MCC*; 2. *School of Environmental and Civil Engineering, Chengdu University of Science & Engineering*)

Abstract　This paper researches and analyzes the structural features and working characteristics of the pressure-diffused anchors. It also expounds the basic conditions and excellent stability effectiveness of the applications of the new-type anchors to the large anchored structures for a 530m high slope on the left bank of the dam for Jinping Electric Power Plant(Class Ⅰ), Shijiazhuang Gravity Dam and the undergronud diaphragms for the deep excavation of Beijing Zhongyin Tower etc.

Key words　pressure-diffused anchor; anchored structure; stability

1　引言

1997年，国内冶金部建筑研究院等单位研究成功压力分散型锚杆技术以来，该技术正在快速地向纵深方向发展。这种新型锚杆技术以单孔复合锚固为基本特征，在锚杆加荷时，其黏结应力分布均匀；能充分利用地层强度，具有抗拔承载高、蠕变变形小、防腐保护能力强等一系列优越的工作特性，对我国高边坡、大型洞室、混凝土重力坝、桥梁结构受拉基础、抗浮结构、运河挡墙、深基坑支护等构筑物锚固工程的发展，发生了重要影响。

本文研究分析了压力分散型锚杆的结构特征与工作特性，阐述了锦屏Ⅰ级电站大坝左岸

530m高边坡、石家庄混凝土重力坝与北京中银大厦深基坑锚拉地下连续墙等三个大型锚固构筑物工程,采用压力分散型锚杆的基本情况以及其所取得的良好的稳定效果。

2 压力分散型锚杆的结构构造与工作特性

压力分散型锚杆是在同一钻孔内安设2个以上压力型单元锚杆的复合锚固体系。每个单元锚杆均有自己独立的锚固段与自由段(图1)。筋体为无黏结钢绞线,单元锚杆底端设有承载体与筋体连接牢固。对锚杆加荷时,每个单元锚杆均由各自的千斤顶完成张拉作业。

近年来,随着压力分散型锚杆在高陡边坡、大型洞室、混凝土重力坝、桥梁受拉基础等大型构筑物中的应用,加强了对压力分散型锚杆的荷载传递机制与工作特性的理论研究、现场荷载试验及工程监测,进一步揭示了这种新型锚杆的工作特性。其工作特性的独特和优势之处,主要表现在以下三方面:

图1 压力分散型锚杆结构示意图
1-无黏结钢绞线;
2-单元锚杆的锚固段

(1)改善了锚杆荷载的传递机制,黏结应力分布均匀,大幅度提高锚杆的抗拔承载力。压力分散型锚杆工作时,作用于各单元锚杆的拉力仅为压力分散型锚杆总拉力的$1/n$(n为单元锚杆数),且单元锚杆锚固段短,仅为压力分散型锚杆锚固段总长度的$1/n$,因而压力分散型锚杆的锚固段与地层间的黏结应力峰值远低于荷载集中型锚杆,且分布均匀,能充分发挥锚固段周边地层的抗剪强度的作用,显著提高锚杆的抗拔承载力,相应地也可提高由这种新型锚杆锚固的构筑物的稳定安全系数。

(2)压力分散型锚杆锚固段黏结应力分布均匀化(图2),导致锚杆蠕变量显著减小,增强了锚杆的力学稳定性。由这种新型锚杆锚固的构筑物,一般都呈现长期位移小及锚杆初始预应力基本保持稳定的良好效果。

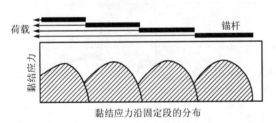

图2 压力分散型锚杆固定段的黏结应力分布

(3)良好的锚杆防腐保持体系,提高了锚杆长期的化学稳定性。压力分散型锚杆筋体全面采用无黏结钢绞线,绞线外涂有油脂,并有PE层密封包裹,形成有效的防腐保护层,此外对锚杆施加荷载,锚固段注浆体受压,不会开裂、均能改善锚杆的化学稳定性。

3 几个大型锚固构筑物实况与稳定性

3.1 锦屏水电站大坝左坝肩高530m的边坡锚固工程

锦屏一级水电站大坝左坝肩自然边坡高1000m,开挖边坡高达530m,且地质条件复杂,岩体节理、裂隙极其发育,卸荷强烈,深拉裂缝分布广泛,左坝肩及抗力体范围内发育有f_2、f_5、f_8、f_{12-9}和f_{42-9}断层及煌斑岩脉等不利于边坡稳定性的地质结构面。高边坡不同高程不同部位可能出现楔形体破坏,沿断层的平面破坏或圆弧形破坏模式。高边坡防护设计由中国水电顾问集团成都勘察设计院负责,设计主要采用6300余根压力分散型锚杆布满整个开挖边坡坡面。预应力锚杆的承载力设计值分别为1000kN、2000kN与3000kN,锚杆长度为30～80m,间距为4.0～6.0m。并布置有能覆盖全部开挖面的监测边坡岩石位移和锚杆初始预应力变化的测点，可以随着开挖和锚杆支护的进程，及时掌握边坡位移和锚杆预应力变化信息，为边坡支护动态设计提供科学依据。

高边坡工程施工由中国水利水电第七工程局负责，基本上做到了随开挖、随锚固。从2006年12月从自高程2150m开挖起到2009年8月挖至高程1580m的坝底高程，共历时2年8个月。其间，中水七局面对地质条件极度复杂的超高边坡工程，与成都理工大学等单位合作，开展科技攻关先后开发了锚杆钻机开孔导向、快速封孔装置、钻孔反吹扶正及碾碎装置、黏度时变性浆材等新技术，解决了复杂地质条件锚索成孔难题。与长江科学院、中冶建筑研究总院合作，完成了高承载力的压力分散型锚杆力学性能的监测试验和数值模拟分析研究，深化了对压力分散型锚杆独特优越的工作性能认识。最后顺利和高质量地完成了530m高的锚固边坡工程，保证了边坡工程稳定。图3为锦屏Ⅰ级电站大坝左岸锚固高陡边坡外貌。

图3　锦屏Ⅰ级水电站大坝左岸锚固高边坡外貌

在锚固高边坡施工及工作的7年多时间里，140余台锚杆测力计和数10套多点位移计一直在监测着压力分散型锚杆的工作状态和锚固边坡的稳定性。监测结果表明：

(1)预应锚杆的锚固力损失为2.0%～4.0%。其中高程1930.21m，边坡0+203.82m测点锚杆锚固力及锚固力损失率见图4。

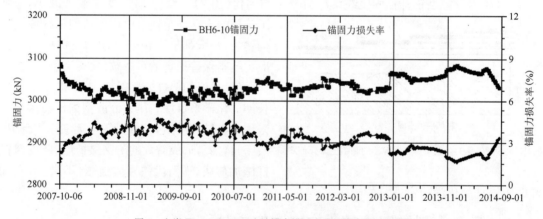

图4　左岸EL.1930.21m边坡锚索锚固力及损失率历时曲线

当大坝蓄水至1880m前后，锚杆锚固力随库水位升降有小量波动，变化量为−24.24～5.82kN，蓄水后锚固力的变化率最大为−1.6%～1.54%(表1)。

(2)锚固边坡的孔口位移量较小，左岸缆机平台以上边坡13个正常工作的13套多点位移计的测定结果显示，边坡孔口位移为−3.85～22.09mm，且位移主要发生在边坡开挖期间，尤其在早期开挖的几个月内(图5)，说明开挖卸荷是构成锦屏锚固边坡的主要因素。当大坝蓄水后，水位增至1860m时，各多点位移计测得的各测点孔口位移变化量仅为−0.26～0.23mm，位移变化量很小，说明外部荷载的增加，对边坡位移变化影响极小。

左岸边坡在大坝蓄水前后的锚杆锚固力变化　　　　表1

埋设部位	数量（台）	蓄水前（kN）	蓄水后（kN）	蓄水前后变化量（kN）	蓄水后损失率（%）
缆机平台以上边坡	35	1002.74～2189.68	997.89～2188.06	−24.24～12.78	−0.82～1.19
EL.1885～EL.1960	49	1108.63～3171.19	1109.33～3164.15	−18.18～15.17	−1.6～1.51
EL.1885以下	53	924.95～2083.08	920.12～2085.01	−11.99～5.82	−0.64～1.54

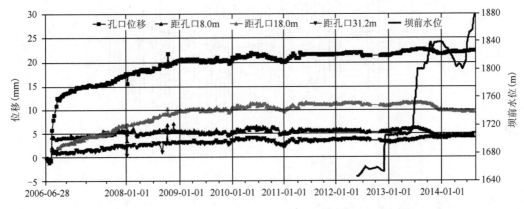

图5　左岸EL.1991.20m边坡多点位移计M_3^5测得的位移历时曲线

3.2　石家庄市峡石沟拦挡坝锚固工程

石家庄市峡石沟垃圾拦挡坝坝长127.5m,坝体底边线呈倒抛物线形,坝体最大坝高32m,横断面呈直角梯形,上游面为垂直面,下游面为1:0.3斜坡面,大坝沿轴线方向将坝体分为9个坝块,最大底宽10.85m,顶面宽度2.0m,坝体混凝土总计16500m^3。在3、4、5、6、7坝块范围内,距上游面1m的位置共布设预应力锚杆62根。每根锚杆的拉力设计值为2200kN。锚杆中心间距在3号坝块内1.5m,在4号、5号、6号、7号坝块内为1.15m。锚杆孔径为168mm,岩石中孔深为9.5～19.05m,基岩内钻孔总长度797m,是通过坝体中预留的直径200mm的水泥管向下钻进的。该锚固混凝土重力坝由石家庄市道桥建设总公司承建。

由于锚杆布置密集,为减少群锚效应的不利影响,相邻锚杆锚固段的底标高相差不低于4m。每根锚杆由14根直径15.20mm的无黏结钢绞线构成,钢绞线抗拉强度标准值为1860MPa。锚杆采用由三个单元锚杆复合而成的压力分散型锚固结构,每个单元锚杆分别由5根或4根钢绞线通过端部的挤压锚被固定在钢板承载体上。各单元锚杆的锚固段长均为2.67m。锚杆布置见图6,锚孔内灌浆体强度为40MPa,张拉端锚墩混凝土强度等级为C25。

该工程锚杆钻孔作业采用Y150钻机,4m长Φ172钻具,并重视钻机固定就位,及时调整钻进速度和加大钻孔过程偏斜监测频率,使钻孔偏斜率一般为0.4%～1.1%。

为控制锚杆锁定后的初始预应力损失,该工程除采用压力分散型锚固体系外,还采用了较小的张拉控制应力(锁定荷载),对钢绞线施加的应力分别为钢绞线极限抗拉强度标准值的53%和57%。此外,对每根锚杆张拉至100%的拉力设计值后,停放5昼夜,再张拉至105%的拉力设计值后,锁定。锁定过程锚杆的预应力损失为1.17%～4.41%。锁定后180d的预应力损失为 3.47%～3.61%，随后即趋于稳定。

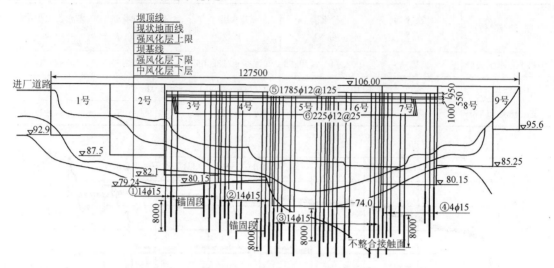

图 6　石家庄峡石沟拦挡坝锚杆布置图

图 7　石家庄峡石沟锚固重力坝

图 7 为使用中的峡石沟拦挡坝全貌。该重力坝采用预应力锚固后，节省混凝土量 39%，节约工程投资 30%，具有显著的经济效益和社会效益。

3.3　北京中银大厦基坑锚拉地下连续墙

中银大厦是中国银行在北京的主办公楼。位于阜内与西单北大街交汇处，地下四层，基坑深度为 -20.5～$-24.5\mathrm{m}$，基坑平面面积 $13100\mathrm{m}^2$，基坑所处地层自上而下为杂填土、粉质黏土、黏质粉土、细中砂、卵石夹细中粗砂。该基坑采用锚杆锚拉地下连续墙支护方式，基坑的南侧、西侧和北侧采用普通拉伸形锚杆，而基坑东侧因其特殊的地理位置，不允许锚杆滞留在红线以外，设计采用压力分散型(可拆芯式)锚杆。该基坑地下连续墙厚 $80\mathrm{cm}$，墙底高程为 $-29.00\mathrm{m}$，基坑东侧连续墙布置四排锚杆，从上至下，一至四排锚杆的高程分别为 $-4.0\mathrm{m}$，$-9.0\mathrm{m}$，$-14.0\mathrm{m}$ 和 $-17.0\mathrm{m}$(图8)。第一、二、三排锚杆的设计拉力值为 698kN，第四排为 722kN，安全系数为 1.8。完成后的基坑东侧外貌见图 9。

中银大厦基坑可拆芯锚杆的结构设计参数见表 2。可拆芯式锚杆的预应力筋采用 Φ12.7mm、1860 级无黏钢绞线。锚杆施工时，由于工程紧迫，曾采用 7 台履带式液压钻孔机同时作业，钻进时，均采用套管护孔，完全避免了塌孔，并保证了压力分散型锚杆质量。

该基坑锚杆支护工程实践表明：

(1)单根可拆芯式(分散压缩型)锚杆的极限承载力大于 1475kN。估计在同等锚固长度条件下，其承载力约比拉力集中型锚杆提高 30% 以上。

(2)基坑东侧采用 337 根锚杆，实际抽芯成功率达 96%，基本消除了基坑东侧日后建造地下空间的障碍。

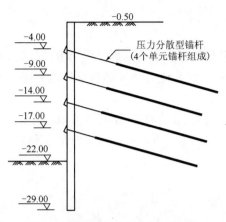

图8 北京中国银行大厦基坑东侧锚杆背拉地连墙剖面图(高程单位:m)

图9 中国银行基坑东侧用压力分散型(可拆芯式)锚杆背拉地连墙的外貌

中银大厦基坑支护用压力分散型(可拆芯式)锚杆结构参数表　　表2

排 数	锚杆长度 (m)	自由段长度 (m)	锚固段长度 (m)	承载体个数	承载体间距 (m)	锚杆倾角 (°)	钢绞线 (根)
第一排	32.0	12.5	19.5	4	5.0、5.0、5.0、4.5	20、25	8
第二排	27.0	10.0	17.0	4	均为4.25	20、25	
第三排	29.0	8.0	21.0	4	均为5.25	20、25	
第四排	24.0	6.0	18.0	4	均为4.5	20、25	

(3)基坑东侧地下连续墙最大位移量为13mm(图10),而与其地质条件相似的基坑南侧和西侧,采用集中拉力型锚杆背拉的地连墙的最大位移量近30mm,这说明压力分散型锚杆控制基坑变形的能力更强。

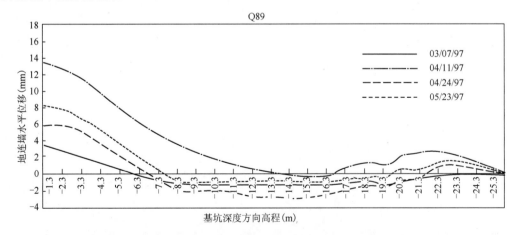

图10 北京中银大厦基坑东侧锚拉地连墙水平位移

4 结语

(1)以单孔复合锚固为主要结构特征的压力分散型锚杆技术具有黏结应力分布均匀,能充分利用其锚固段周边地层的抗剪强度,具有抗拔承载力高、蠕变量小和防腐保护能力强等独特优越的工作特性。

(2)压力分散型锚杆用于锦屏Ⅰ级左岸 530m 高边坡、石家庄混凝土拦挡坝,北京中银大厦深基坑地下连续墙等大型结构物锚固工程,具有良好的适应性,对进一步提高大型锚固构筑物的稳定性发挥了重要作用。

参 考 文 献

[1] 冶金部建筑研究总院.压力分散型锚杆的研究与应用[R].1998.
[2] 程良奎,李象范.岩土锚固·土钉·喷射混凝土——原理、设计与应用[M].北京:中国建筑工业出版社,2008.
[3] 程良奎.岩土锚固的现状与发展[J],土木工程学报,2001,34(3),7-12.
[4] 雅砻江水电站开发有限公司,锦屏建设管理局监测中心.锦屏一级水电站蓄水安全监测报告[R].2014.
[5] 石家庄市道桥建设总公司,石家庄市道桥管理处.高承载力压力与分散型锚固体系及其在新建坝体中的应用研究[R].2005.

水工隧洞中的喷射混凝土锚杆支护

程良奎

（冶金部建筑研究总院）

1 引言

根据不同的地质条件，水工隧洞可分别采用喷射混凝土支护、配筋喷射混凝土支护、配筋喷射混凝土与锚杆联合支护等多种形式，统称为喷锚支护。

水工隧洞中的喷锚支护，由于受到流水和水压的作用，除了维护围岩的稳定以外，还应具有一般地下工程所没有的要求。如支护具有足够的抗渗能力，在内水压力作用下不致产生危及围岩稳定的大量渗水，有时还不允许支护结构开裂；支护层表面应有一定的平整度，以保证泄流能力；能抵抗流水的动力作用，过流时不致产生冲刷和气蚀破坏等。水工隧洞喷锚支护的设计和应用必须满足上述这些工作条件的要求。

2 水工隧洞喷射混凝土锚杆支护概况

水工隧洞中作为防护层的喷射混凝土支护或作为结构物的喷射混凝土锚杆支护，在国内外已有了一定数量的工程实践。国内从1966年南芬铁矿尾矿坝泄水洞首先采用喷射混凝土和锚杆支护以来，用于水力发电、冶金选矿、农业灌溉和城市或山区排水的水工隧洞越来越多地采用喷锚支护（表1）。奥地利、瑞典、挪威、美国、苏联等国，都在一些水工隧洞中采用喷锚支护。水工隧洞采用喷锚支护取代传统的现浇混凝土或钢筋混凝土衬砌，不仅加快了建设速度，而且节省了材料和投资。如辽宁南芬铁矿近二公里的泄水洞采用喷锚支护，工期缩短半年，节约投资40%。吉林察尔森水库输水洞采用喷锚支护节约投资55%。苏联资料指出，水工隧洞使用喷锚支护比浇筑混凝土衬砌节约投资50%。

国内水工隧洞喷锚支护部分实例　　表1

工程名称	隧洞类别	洞径(m)	水头(m)	流速(m/s)	喷射混凝土厚(cm)	锚杆	钢筋网	围岩地质条件	建成年份
南芬铁矿尾矿坝	泄水	3.2		<7	5～15	有	局部有	钙质、炭质泥质页岩	1968
回龙山电站	引水	11×11	15	3	10×15	有	局部有	结晶灰岩,安山角砾岩	1971
渔子溪电站	引水	5.7	30	<3	15～20			花岗闪长岩	1972
星星哨	引水、泄洪	3.5	16	5～7	15			花岗斑岩	1973

---

* 摘自《喷射混凝土》，北京：中国建筑工业出版社，1990，236-245.

续上表

工程名称	隧洞类别	洞径(m)	水头(m)	流速(m/s)	喷射混凝土厚(cm)	锚杆	钢筋网	围岩地质条件	建成年份
冯家山水库	泄洪	8.2～11.8	明流		5～15	有		泥质片岩	1977
					20	有	有	绿泥石片岩	
察尔森水库	引水、泄洪	6.7	30	10～12	15～20	有	有	碎屑凝灰岩	1978
攀钢朱家包包	泄洪	5.1×3.6			5			石灰岩	1971
攀钢弄弄沟	泄洪	4.4×6.5			5			细质砂岩	1972

从总体来说，喷锚支护在水工隧洞中的应用基本上是成功的，但也有一些失败的教训。如苏联巴依巴金电站导洞跨度为12.8m，高6.4m，建于石灰岩中，由于未按设计要求施工，如超挖过多，松动岩石未清净，也未进行水泥固结灌浆，运行两个月后，与现浇混凝土衬砌相接的喷射混凝土衬砌遭到破坏，岩石冲刷深达4m，洞顶岩石塌落达8m。苏联托古托克里电站导流隧洞，洞径7.0m，围岩为石灰岩，在高速水流下产生冲刷和气蚀破坏，在总长335m的喷射混凝土衬砌段中，约有40m一段发生塌落。瑞典萨耳斯柔的水电站工程，引水隧道曾发生3820m³塌方。塌方是在隧道通水一年后发生的，必须在整个9.6km长的隧洞里抽水。在隧洞修复时查明，塌方发生于蒙脱石剪力区（图1），原先曾用10cm厚的喷射混凝土衬砌，最后用现浇混凝土拱加固。在挪威南部，某采用喷锚支护的含有膨胀断层泥的通水隧洞，输水后几个月，大约有30处开裂和破坏，而且断层泥在三处完全堵塞了隧洞。

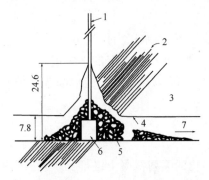

图1 瑞典萨耳斯柔引水隧洞在膨胀压力下喷射混凝土层的破坏（尺寸单位：m）

1-12.5cm直径的通气孔，距地表108m；2-3cm宽蒙脱石黏土剪力区；3-松散薄片岩；4-坍塌后剩下的喷射混凝土；5-坍塌碎石堆；6-坍塌时现浇混凝土衬砌未破坏；7-水流流向

分析水工隧洞发生事故的原因，主要是对软弱地层特别是对膨胀性地层认识不足，设计施工不当造成的。提高喷锚支护在水工隧洞中的使用可靠性，有必要从抗冲刷、抗渗、承受内水压和降低糙率等方面进行考察与分析，正确划定使用范围，采取有利于提高使用效果的对策。

3 水工隧洞喷射混凝土支护设计及使用中的若干问题

3.1 喷射混凝土支护的应力分析

(1)围岩应力计算

假定围岩为均质弹性体，开挖后变形很快稳定，围岩与支护层间的形变压力可以不计。但围岩孔口内圈的切向应力应进行分析。

在自重作用下开挖洞室内缘Q点（图2）的切向应力：

$$\sigma_{\theta1} = \gamma_{岩} H\left[(1+\lambda_0) + 2(1-\lambda_0)\cos2\theta\right] - r_{岩} R_0\left[\left(\frac{1-2\mu_{岩}}{2-2\mu_{岩}}+\lambda_0\right)\sin\theta + (1+\lambda_0)\sin\theta\right]$$

(1)

式中：$\gamma_{岩}$——岩石的重度（kN/m³）；

λ_0——侧压力系数,按实测值计算,如受重力场控制下,$\lambda_0 = \dfrac{\mu_{岩}}{1-\mu_{岩}}$;

$\mu_{岩}$——岩体泊松比。

在均匀内水压力(q_1)作用下围岩受到均匀内压力 P:

$$P = \dfrac{2N(1-\mu_{岩})}{(t^2-1)+N[t^2(1-2\mu_{岩})+1]} q_1 \tag{2}$$

式中: $N = \dfrac{E_{岩}(1+\mu)}{E(1+\mu_{岩})}$;

$E_{岩}$、$\mu_{岩}$——岩体弹性模量(MPa)和泊松比;

E、μ——喷射混凝土弹性模量(MPa)和泊松比;

$t = \dfrac{R_1}{R_2}$;

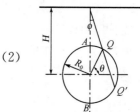

图 2 洞室内缘 Q 点切向应力计算图

R_1、R_2——分别为衬砌的内半径和外半径(m)。

当相对衬砌厚度 $\dfrac{R_2-R_1}{R_1} < 0.05$ 时,可按薄壁圆筒公式计算:

$$P = \dfrac{q_1}{\dfrac{E(1+\mu_{岩})}{E_{岩}}(t-1)+t} \tag{3}$$

在 P 的作用下,围岩 Q 与 Q' 点切向应力为:

$$\sigma_{\theta 2} = P(1+2\tan^2\phi) \tag{4}$$

求出 $\sigma_{\theta} = \sigma_{\theta 1} + \sigma_{\theta 2}$,即可判断围岩有无拉应力区,以便采取相应的措施。

(2)喷混凝土支护应力计算

荷载组合:作用在支护上的荷载计有山岩压力、衬砌自重、内水压力及温度等。若喷混凝土支护用在围岩较好的地段,则不存在山岩压力问题;支护层一般很薄,自重可以忽略;温度应力通过采取必要的结构和施工措施来解决。这样,剩下的只有内、外水压力的问题,对于水压力,应视为渗透压力的场力来计算,而不应作为边界力,关键是求出支护外缘的外水压力 q_0。通过渗透压力电模拟试验说明,q_0 沿支护外缘不是均布的,但为了方便,可取其平均值作为均匀孔隙压力计算。

当仅有外水压力 q_2 时,$q_0 = \beta q_2$;当仅有内水压力 q_1 时,则 $q_0 = (1-\beta)q_1$。β 值可按有裂隙介质渗透场的分析求得。

内外水压力可能有以下五种组合:

(1)正常充水情况,设内水压力为 q_1,外水压力为 q_2 时:

$$q_0 = [q_2 + (q_1 - q_2)(1-\beta)]$$

(2)突然充水情况,当隧洞突然充水,内水来不及外渗,这时内水压力作为边界力计算:

$$q_0 = q_2 \beta$$

(3)正常检修情况:

$$q_0 = q_2 \beta$$

(4)突然放空情况:

$$q_0 = q_2 + (q_1 - q_2)(1-\beta)$$

(5)隧洞过流情况,对于有压隧洞,洞内过流时仍有内水压力 q'_1(内水压力 q_1 减去速头及能头损失):

$$q_0 = [q_2 + (q'_1 - q_2)(1 - \beta)]$$

支护应力计算:

(1)边界力 q_1 作用下应力计算

支护内最大应力为:

$$\sigma_\theta = \frac{1 - N + t^2[1 + N(1 - 2\mu)]}{N[t^2(1 - 2\mu) + 1] + (t^2 - 1)} q_1 \tag{5}$$

当 $\dfrac{R_2 - R_1}{R_1} < 0.05$ 时,可近似按薄壁筒公式计算:

$$\sigma_\theta = \frac{1}{t - 1 + \dfrac{E_{岩} t}{(1 - \mu_{岩})E}} q_1 \tag{6}$$

支护与围岩接触应力按式(2)计算。

(2)边界力 q_2 作用下应力计算

衬砌最大应力为:

$$\sigma_\theta = \frac{t^2 + 1}{t^2 - 1} \cdot \frac{q_2}{1 + A_1} \tag{7}$$

式中:$A_1 = \dfrac{N[t^2(1 - 2\mu) + 1]}{t^2 - 1}$。

支护与围岩接触应力为:

$$P_0 = \frac{A_1}{1 + A_1} q_2 \tag{8}$$

(3)孔隙压力作用下应力计算

把支护及围岩均视为渗透介质。按上述方法求出 q_0,设各层内孔隙压力按对数规律分布且作用面积系数 $\alpha=1$,离支护层 L_1(裂隙平均间距)处的孔隙压力为 q_2(图3),则孔隙压力作用下支护内最大应力为:

$$\sigma_\theta = \frac{q_1 - q_0}{2(1 - \mu)\ln t} - \left[2t^2 \frac{\ln t}{t^2 - 1} + (1 - 2\mu)\right] - \frac{2t^2}{A_2(t^2 - 1)} \times [q_2 - q_0(1 + A_3) + q_1 A_3] \tag{9}$$

式中:$A_2 = \dfrac{1}{t^2 - 1}(t^2 - 1) + N[1 + t^2(1 - 2\mu)]$;

$A_3 = N \dfrac{2\ln t + (1 - 2\mu)(t^2 - 1)}{2(t^2 - 1)\ln t}$。

支护与围岩接触应力为:

$$p_0 = \frac{1}{A_2}[q_2 - q_0(1 + A_3) + q_3 A_3] \tag{10}$$

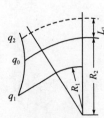

图3 孔隙压力作用下支护应力计算

水工隧洞喷混凝土支护与一般洞室喷混凝土支护尽管荷载不同,但两者都要充分发挥围岩的承载能力,喷射混凝土支护层与围岩密贴的特点能把大部分水压力传给围岩,喷层自身只承受一小部分。围岩变形模量 $E_{岩}$ 越大,喷射混凝土支护就能承受较高的内水压力。通过下面的计算分析，可以进一步说明这一问题的实质及喷射混凝土支护的适用范围。

设喷射混凝土支护厚15cm；允许拉应力为1.15MPa，$E=1.8\times10^4$MPa，$\mu=1/6$，$\mu_{岩}=0.3$，$q_2=0$，按式(5)进行支护抗裂计算，求出不同围岩条件($E_{岩}$)及不同洞径(D)情况下喷射混凝土所能承受的内水压q_1，围岩分担水压力的百分数n_1($n_1=\gamma_2 P_0/\gamma_1 q_1$)及支护层分担的水压力百分数$n_2=1-n_1$。计算结果见表2。

不同地质条件下喷层允许荷载及承担荷载的百分数　　表2

洞径		围岩变形模量 E(MPa)				
		20000	10000	6000	4000	2000
$D=500$cm	q_1(MPa)	1.15	0.57	0.36	0.26	0.16
	n_1(%)	95	89	82	25	60
	n_2(%)	5	11	18	25	40
$D=1000$cm	q_1(MPa)	1.15	0.55	0.33	0.23	0.13
	n_1(%)	97	94	90	83	71
	n_2(%)	3	6	10	17	29

从表2可以看出，围岩变形模量E越大，喷层就能承担较高的水压力。当$E_0\leqslant 2000$MPa时，就不宜采用喷混凝土作为水工压力隧洞的衬砌(永久支护)。

从上述分析看出，水工压力隧洞喷混凝土支护的应用受到其承载能力的限制，但可以通过以下措施扩大其应用范围。

(1)采用高强度等级的喷射混凝土或钢纤维喷射混凝土，将喷射混凝土的抗拉强度提高到2MPa以上。

(2)对围岩进行固结灌浆以提高其抗力系数。从国内外资料看，隧洞进行固结灌浆后，其抗力系数可提高1.5~2.0倍，对于裂隙发育的隧洞，最高可提高4倍。

3.2 喷混凝土支护抗冲刷问题

水的流速对喷混凝土衬砌产生冲刷作用。当流速较高时，由于喷混凝土表面凹凸不平，容易出现负压而引起剥落及气蚀破坏。

回龙山水电站引水隧洞流速为3m/s，渔子溪水电站引水洞流速接近3m/s。这两个隧洞1972年运行以来也未发现喷混凝土支护有冲刷掉块现象。国内几个采用喷混凝土支护的泄洪洞流速不超过7m/s，运行多年基本良好。笔者参加设计的南芬铁矿尾矿坝泄水洞，设计流速7m/s，使用20年来喷锚支护一直在正常地工作着，但由于建造期间，泄水洞底板严重积水，又采用喷射回弹物拌制的现浇混凝土施工，因而出现局部底板混凝土冲刷破坏。

苏联的托克托古里及巴依巴金水电站导流洞喷混凝土衬砌，在水流作用下出现了冲刷破坏。资料中未说明破坏时的流速。苏联莫斯特可夫建议，喷混凝土衬砌隧洞内水流速度不应高于10m/s。

马来西亚泰门子工程有两条直径9m的导流洞。采用喷混凝土衬砌，设计最大流速$V=19.7$m/s，1975年测定实际流速为$V=13.4$m/s，至今运行正常。墨西哥基可森排水洞运行两年，估计最大流速为12m/s，运行正常。试验资料表明$V<12$m/s时，一般不会发生气蚀。

喷射混凝土抗冲刷的能力与其边界条件有关。当喷层表面起伏差较大时,高速水流脱离边界,压力减小甚至形成负压,相对的内外压力差就会加大,喷层可能由于与围岩黏结力不足而遭到破坏。减少喷层的起伏差将能改善水流条件,对喷层的抗冲刷是有利的。

总结分析国内外水工隧洞使用喷射混凝土支护以及喷锚支护的经验教训,笔者认为,穿过软弱的黏土含量高的地层及断层破碎带的水工隧洞不得采用喷射混凝土支护。在其他地层条件下的水工隧洞采用喷射混凝土及锚杆支护,为了确保其抵抗冲刷的安全,则应满足以下要求。

(1)永久性水工隧洞的水流流速<8m/s;临时性水工隧洞的水流流速<12m/s。
(2)喷射混凝土与岩石的黏结力>0.5MPa。
(3)喷射混凝土面层的起伏差<15cm。
(4)喷射混凝土与现浇混凝土交界面要结合牢固。

3.3 喷射混凝土支护的糙率

喷射混凝土支护随岩面起伏而施作,再加上自身表面粗糙,因而其糙率较现浇混凝土衬砌为大,相应地就会使水头损失加大,影响电能和泄流能力。为了弥补这个损失,常要加大洞径。隧洞单位长度水头损失为:

$$\Delta h = \frac{V^2}{C^2 R} \tag{11}$$

将 $C = \frac{1}{n} R^{1/6}$ 代入并简化后得:

$$\Delta h = \frac{Q^2 n^2}{\omega^2 R^{2/6} R} = \frac{Q^2 n^2}{\left(\frac{\pi}{4} D^2\right) \left(\frac{D}{4}\right)^{4/3}} = K \cdot \frac{n^2}{D^{5.33}} \tag{12}$$

式中:n——衬砌(支护)糙率系数;
 D——隧洞直径(m);
 K——与流量有关的系数;
 Q——泄水流量(m^3);
 ω——隧洞面积(m^2)。

现浇混凝土衬砌糙率系数 $n_1 = 0.014$。喷射混凝土支护的糙率系数一般为 $n_2 = 0.021 \sim 0.033$。若 $n_2 = 0.030$,为保持水头损失不变,洞径 D 应加大1.33倍。因此,降低喷射混凝土的糙率系数,对喷射混凝土支护在水工隧洞中的应用具有重要的经济价值。

喷射混凝土支护的糙率系数可按公式计算:

$$n_1 = \frac{R_\omega^{\frac{1}{6}}}{17.72 \lg \frac{14.8 R_\omega}{\Delta}} \tag{13}$$

式中:n_1——喷射混凝土支护的糙率系数;
 R_ω——水力半径(m),对于圆形断面的隧洞:

$$R_\omega = \frac{D}{4} (D 为隧洞直径)$$

 Δ——隧洞洞壁平均起伏差(m)。

当喷射混凝土支护隧洞的底板使用现浇混凝土时,应按下式计算支护的综合糙率系数:

$$n^2 \cdot s_0 = n_1^2 \cdot s_1 + n_2^2 \cdot s_2 \tag{14}$$

式中:n——隧洞的综合糙率系数;

n_1——喷射混凝土糙率系数;

s_0——隧洞全断面湿周(m);

s_1——喷射混凝土的湿周(m);

s_2——现浇混凝土的湿周(m)。

由计算糙率的公式看出,减少壁面起伏差,对降低喷射混凝土糙率系数具有重要作用。因此,喷射混凝土支护的水工隧洞,必须采用光面爆破,使岩面的起伏差不大于 15cm。

3.4 抗渗问题

喷射混凝土水灰比小,水泥含量高,一般抗渗性较好。国内喷射混凝土抗渗强度等级一般大于 0.8MPa。但在实际工程中喷射混凝土的砂眼、夹层或混入的空气和回弹物,将会降低抗渗性,特别是喷射混凝土水泥用量高,又往往掺入速凝剂,易出现收缩裂缝,以及在两种混凝土交界面上的薄弱部位,也会导致渗漏。水工隧洞的渗漏,在黏土质膨胀地层中,会引起严重坍塌,因而不能在这类地层的水工隧洞中使用喷射混凝土永久衬砌。对于一般地层,由于渗漏,混凝土溶出性侵蚀要加快,工程寿命要缩短。为了提高喷射混凝土衬砌的抗渗性能,应采取以下措施:

(1)在设计施工上尽可能提高喷射混凝土自身的抗渗性能;

(2)岩层固结灌浆;

(3)加强喷射混凝土硬化过程的养护,采用配筋喷射混凝土或钢纤维喷射混凝土,避免喷层收缩开裂;

(4)工程竣工时,对可能渗漏的部位喷涂沥青、环氧树脂,进行防渗处理。

深基坑锚杆支护的新进展*

程良奎

(冶金部建筑研究总院　北京　100088)

摘　要　在深基坑桩墙支护体系中,锚杆作为提供水平支撑力的重要受拉杆件,近年来获得迅速发展。本文就锚杆的设计方法、锚固结构与工艺、施工机具与锚固材料、工程应用等方面论述了基坑锚杆支护的新进展,并讨论了今后基坑锚杆支护的发展方向。

关键词　基坑;锚杆;预应力

锚杆作为在深基坑桩墙支护体系中提供水平支撑力的重要受拉杆件,与内支承相比,具有许多明显的优点,如水平支撑力设计值的大小及作用点可根据需要随意调整;能与土方开挖平行施作;锚杆作业完成后,可提供宽敞的工作面,有利于土方开挖及地下室建造,从而能大大缩短工期,因而近年来锚杆支护获得了迅速发展。这主要表现在锚杆设计有了改进,并步入规范化轨道;锚固结构与工艺不断变革,进一步调用了土体的潜能;施工机具与锚杆材料的革新,提高了锚杆支护的施工效率与工程质量。工程规模和应用领域不断扩大,标志着锚杆支护综合水平的明显提高。现就基坑锚杆支护的新进展及发展方向作如下综合评述。

1　锚杆设计

继 1990 年由中国工程建设标准化协会颁布了《土层锚杆设计施工规范》(CECS 22:1990)以来,已经和即将颁发的关于建筑基坑支护的行业标准和地方标准均列入锚杆支护设计的条款。对锚杆支护的设计计算作了明确的规定。其中以下几点是应当提及的。

1.1　关于锚杆按承载能力极限状态设计

(1)锚杆支护结构构件的承载能力极限状态设计,应符合下式要求:

$$\gamma_0 S_d \leqslant R_d \tag{1}$$

式中:γ_0——支护结构重要性系数;

S_d——作用基本组合效应设计值(kN);

R_d——结构构件抗力(承载力)设计值(kN)。

(2)对临时性锚杆支护结构,作用基本组合的效应设计值应按下式确定:

$$S_d = \gamma_F S_k \tag{2}$$

式中:γ_F——作用基本组合的综合分项系数,其值不应小于 1.25;

S_k——作用标准组合的效应(kN)。

(3)锚杆的轴向拉力标准值应按下式计算:

---

* 摘自岩土锚固新技术,北京:人民交通出版社,1998.

$$N_k = \frac{F_h s}{b_a \cos\alpha} \quad (3)$$

式中:N_k——锚杆轴向拉力标准值(kN);
F_h——挡土构件计算宽度内的弹性支点水平反力(kN);
s——锚杆水平间距(m);
b_a——挡土结构计算宽度(m);
α——锚杆倾角(°)。

支护结构重要性系数 γ_0 是根据基坑侧壁安全等级确定的(表1)。同一个基坑工程的不同侧壁当破坏后果不同时,应选用不同的重要性系数 γ_0。

基坑侧壁安全等级及重要性系数   表1

安全系数	破 坏 后 果	γ_0
一级	支护结构破坏、土体失稳或过大变形,对基坑周边环境及地下结构施工影响很严重	1.10
二级	支护结构破坏、土体失稳或过大变形,对基坑周边环境及地下结构施工影响一般	1.00
三级	支护结构破坏、土体失稳或过大变形,对基坑周边环境及地下结构施工影响轻微	0.90

1.2 关于锚杆水平刚度系数 K_T

锚杆水平拉力计算值由弹性支点法确定,其计算简图见图1。

则第 j 层支点力 T_j 及支点边界条件可按下式确定:

$$T_j = K_{Tj}(Y_j - Y_{oj}) + T_{oj} \quad (4)$$

式中:K_{Tj}——第 j 层支点处锚杆水平刚度系数(kN/m²);
Y_j——第 j 层支点处的计算水平位移值(m);
Y_{oj}——第 j 层支点处锚杆设置前的水平位移值(m);
T_{oj}——第 j 层处锚杆预应力值(kN)。

锚杆水平刚度系数 K_T,可由锚杆基本试验确定,当无试验资料时,可按下式计算:

$$K_T = \frac{3AE_s E_c A_c}{(3L_f E_c A_c + E_s A L_a)} \cos\theta \quad (5)$$

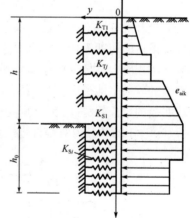

图1 弹性支点法计算简图

式中:L_f——锚杆自由段长度(m);
L_a——锚杆锚固段长度(m);
E_s——杆体弹性模量(MPa);
A——杆体截面积(cm²);
A_c——锚固体截面面积(cm²);
E_c——锚固体组合弹性模量(MPa);

$$E_c = \frac{AE_s + (A_c - A)E_m}{A_c}$$

E_m——注浆体弹性模量(MPa);
θ——锚杆水平倾角(°)。

1.3 关于锚杆预应力值(锁定值)

随着时间的推移,锚杆的初始预应力值是变化的。其影响因素是多方面的,如锚杆在外力作用下杆体材料的松弛、土层的蠕变、锚头的松动,地层进一步开挖,桩墙结构的位移、温度变化等都会对锚杆预应力值产生影响。

在基坑桩墙支护结构水平位移较小的情况下,由于锚杆预应力筋的松弛和土层蠕变,锚杆的预应力值一般是呈现早期随时间而降低的势态(图2)。

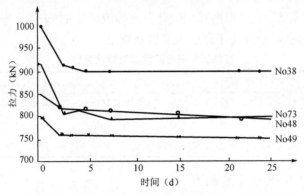

图 2 北京新侨饭店土层掷锚杆预应力随时间的变化曲线

但当基坑桩墙支护有较大水平位移时,锚杆的预应力值的变化则呈现另外一种情况,即在锚杆安设后的初期表现出预应力值的下降,以后则呈现明显的上升势态。图3为在天津华信商厦基坑预应力锚杆背拉连续墙支护工程中测得的锚杆预应力值变化曲线,该基坑处于高地下水位的软黏土地层中,图3表明,在锚杆施作20d(锚杆下部土方开挖)后,锚杆预应力开始呈现明显的增长趋势,增长的幅度为锁定荷载值的19.6%~65.7%,这是基坑地下连续墙明显位移(8~12cm)导致对锚杆进一步张拉的结果。

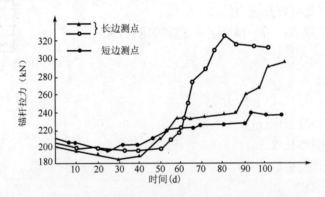

图 3 天津华信商厦基坑锚杆预应力随时间的变化曲线

应当指出,对于基坑开挖后锚杆预应力值的急剧变化,必须给以足够的重视,原则上锚杆预应力的变化幅度不能大于锁定荷载值的15%,不然就要采取适当的再张拉或放松应力的措施,因此,合理确定锚杆的锁定荷载就显得十分重要,笔者认为,锁定荷载值宜取设计值的70%~85%,它既给可能引起的应力增幅提供较宽的余地,又不致因预应力过低,由于主动抗力过小而导致较大的支护位移。

1.4 关于锚杆的蠕变试验及蠕变变形控制问题

中国工程建设标准化协会标准《土层锚杆设计与施工规范》(CECS 22:1990)明确规定:在塑性指数大于17的地层中,应做锚杆的蠕变试验。这是因为在软黏土中由地层压缩产生的变形相当大,变形衰减速度也十分缓慢。固定在此类土体中的锚杆在较大荷载作用下产生的蠕变变形不容忽视,它可能导致锚杆预应力值的急剧下降,进而危及工程安全。

为了掌握软黏土中锚杆的蠕变特性,我院曾对上海太平洋饭店及天津第二医学院软黏土地层中的锚杆进行了蠕变试验,实验结果见图4和图5。

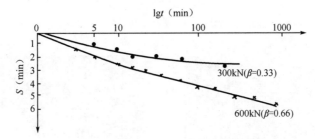

图4 处于淤泥质土中的上海太平洋饭店基坑锚杆的蠕变曲线

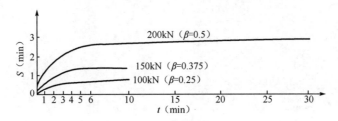

图5 处于饱和软黏土中的天津第二医学院基坑锚杆蠕变曲线

图中的 β 值是指锚杆的锁定荷载与锚杆的极限承载力的比值。从图4中可以看出,当锚杆荷载水平为300kN($\beta=0.33$),恒载900min的蠕变量为2.1mm。当荷载水平为600kN,$\beta=0.66$时,锚杆恒载100min的蠕变量为4.2mm,且变形仍不收敛。图5呈现出同样的规律性,即荷载水平和 β 值越小,蠕变量越小,荷载水平和 β 值越大,则蠕变量也越大。因此,保持较小的 β 值,即增大锚杆的安全系数,对控制土锚的蠕变变形是有效的。从目前积累的经验来看,$\beta \leqslant 0.55$ 可作为控制软黏土地层中锚杆蠕变变形收敛的制约因素。

2 锚固结构与工艺的变革

近年来,锚固结构与工艺的变革,主要围绕着提高单位锚固体长度上的锚固力展开的。其突出的进展是开发了二次高压灌浆型锚杆和分散压缩型锚杆。

2.1 二次高压灌浆型锚杆

二次高压灌浆型锚固不同于一次常压灌浆型锚固的主要特征是在对锚杆锚固段施作一次低压灌浆后所形成的浆体达一定强度,再施作二次高压劈裂灌浆,以显著提高锚固体周边土体的抗剪强度和锚固体与土体间的黏结摩阻强度。

(1)二次高压灌浆型锚杆的工艺特征

二次高压灌浆型锚固又分标准型和简易型两种。

标准型二次高压灌浆锚杆在结构上与普通一次低压灌浆锚杆的主要区别在于它附有密封袋和袖阀管部件(图6~图8)。

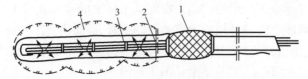

图6 二次高压灌浆型锚杆
1-密封袋;2-钢绞线;3-袖阀管;4-高压灌浆浆液射入土体区

图7 袖阀管外貌图

图8 绑扎在锚杆自由段与锚固段交界处的密封袋

(2)二次高压灌浆型锚杆的力学效果及其机理分析

冶金部建筑研究总院所完成的大量试验研究与工程实践证明,无论在淤泥质土,黏性土或砂性土地层中采用二次高压灌浆型锚杆,均能明显地提高锚杆抗拔承载力,特别是标准型二次高压灌浆锚杆与一次灌浆型锚杆相比,在同等锚固长度条件下,承载力约可提高100%(表2)。

不同灌浆方式的锚杆承载力　　　　　表2

工程名称	地层条件	钻孔直径(mm)	锚固段长度(m)	灌浆方式	灌浆水泥量(kg)	锚杆极限承载力(kN)	资料来源
上海太平洋饭店基坑工程	淤泥质土	168	24	一次灌浆	1200	420	冶金部建筑研究总院
		168	24	二次高压灌浆	2500	800	
		168	24	二次高压灌浆	2500	800	
		168	24	二次高压灌浆(标准型)	3000	1000	
天津华信商厦基坑工程	饱和粉质黏土	130	16	一次灌浆	800	210~230	冶金部建筑研究总院
		130	16	二次高压灌浆(简易型)	1500	410~480	
深圳海神广场基坑工程	黏土	168	19	三次高压灌浆(标准型)	3000	>1260	冶金部建筑研究总院

二次或多次高压灌浆锚杆承载力增高的原因是浆液在锚固体周边土体中渗透、扩散,使得原状土体得以加固,水泥浆在土中硬化后,形成水泥土结构,其抗剪强度远大于原状土,因而锚固体与土体间界面上的黏结摩阻强度会大大提高。

二次或多次高压灌浆型锚杆承载力增高的另一个原因是高压劈裂灌浆使得锚固体与土体间的法向(垂直)应力显著增大。据德国 Ostermayer 的研究认为。由于高压劈裂注浆对周围土体的挤压,锚固体表面法向(垂直)应力可增大到覆盖层产生应力的 2~10 倍。这就极有利于锚固体周边摩阻强度的提高。

二次或多次高压灌浆型锚杆的承载力增长还显示出以下一些规律:

①在同等条件下标准型二次高压灌浆锚杆的承载力要高于简易型二次高压灌浆,这是由于标准型锚杆的结构能更稳定地实现二次高压劈裂灌浆,水泥浆体在整个锚固段周围土体中分布得更均匀和更深入。

②二次高压灌浆型锚杆的承载力提高的幅度,与灌浆水泥量成正比。

③二次高压灌浆型锚杆的承载力随施锚后时间的增长而增高,对天津华信商厦基坑锚杆承载力实测结果表明,二次高压灌浆锚杆施锚后 1 个月测得的锚杆抗拔承载力约比施锚后半个月的高 10.8%,这是由于水泥土的强度增长比水泥浆体强度增长缓慢的缘故。

密封袋绑扎在自由段与锚固段交界处,通常长 1.5~2m,周长 0.6m(或视钻孔直径调整),为无丝土工织布。当锚杆放入带套管的钻孔及拔出护壁套管后(或直接放入钻孔后),以低压注入水泥浆体的密封袋将挤压钻孔孔壁,并把自由段与锚固段分开,形成严实的堵浆塞。为实现≥2.5MPa 的高压灌浆提供了基本条件。

袖阀管为直径 5.0cm 的弹性较强的塑料管,在侧壁上每隔 0.5m 或 1.0m 开有若干小孔。开孔处外部用橡胶圈盖住,使得浆液只能从管内向钻孔注入,而不能反向流动。

采用带袖阀管和密封袋的二次高压灌浆型锚杆常称为标准型二次高压灌浆型锚杆,当一次重力灌浆体强度达 5.0MPa 时,可采用注浆枪从袖阀管空腔内的底端,依次有序地逐渐向锚固段上端施以 2.5~4.0MPa 的高压灌浆,这种注浆方法沿锚固段全长周边浆液射流在土体中分布宽大而均匀,具有良好的土层加固效果。

简易型二次高压灌浆锚杆不设置密封袋和灌浆套管,只是在杆体上附有二次灌浆管,在该管位于锚固段前端的一定长度范围内开有若干排小孔,小孔处缠有胶布,待一次灌浆形成的圆柱状浆体达一定强度后,再采用高压劈裂灌浆,使锚固体周围的土层强度得以提高。但该种注浆方式由于灌浆压力较小,浆液射流深度有限,且浆液在土体中的分布不均,对土体加固效果要差不少。

2.2 压力分散型锚杆

(1)压力分散型锚杆的结构特征

压力分散型锚杆是指由几个压力型单元锚杆组合而成的锚杆。每个单元锚杆的锚固体结构则由无黏结钢绞线绕承载体弯曲成"U"形而成(图 9)。由于这种新型锚杆能把作用于锚杆的集中拉力,分散为几个较小的压力,作用于各单元锚杆,因而能锚杆锚固段周边的黏结摩阻应力峰值大大降低,地层强度利用率高,极大地提高锚杆单位长度锚固段的抗拔承载力。对于基坑等临时性工程当锚杆使用功能完成后,锚杆筋体(无黏结钢绞线)能被方便地回收。

(2)压力分散型锚杆的传力机制与工作特性

分散压缩型锚杆,与拉伸型锚杆相比,具有独特的传力机制和良好的工作特性,这主要表现在:

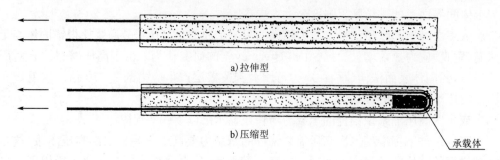

图9　拉伸型与压缩型锚固体的比较

①锚固体长度上黏结摩阻应力分布较均匀,能较充分地调用土体的抗剪强度。

拉伸型锚杆在张拉时,在临近张拉段处的锚固段的界面,呈现最大的黏结摩阻应力,随着张拉力增大,黏结摩阻应力峰值逐步向深部移动,要保持恒定的张拉力,则锚固体周边界面上将出现渐进性破坏[图10a)]。

压力分散型锚杆张拉时,则可借助分散布置的单元锚杆,使较大的总拉力值转化为几个作用于单元锚杆上的较小(仅为总拉力的几分之一)的压力。避免了严重的黏结摩阻应力集中现象,在整个锚固体长度上黏结摩阻应力分布较均匀[图10b)]因而其峰值也得以大幅度降低,这就能较充分地利用土体的抗剪强度。在同等锚固体长度条件下,它比拉伸型锚杆具有更大的承载力,或者说,在满足同等承载力条件下,分散压缩型锚固体长度可以有较大的减少。

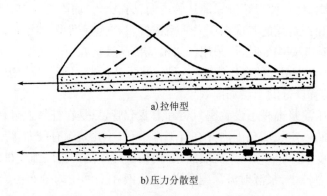

图10　拉伸型与分散压缩型锚杆锚固体周边黏结摩阻应力分布形态

②压力分散型锚杆的锚固体承受压缩力时,会引起灌浆体的径向扩张,因而能提高摩阻强度(图10)。

③当锚杆使用功能完成后,作为锚杆预应力筋的无黏结钢绞线可以被抽出,这就不会构成对基坑周边地下设施建造的干扰。

④锚固体内灌浆材料均处于受压工作状态,不会开裂,灌浆材料与外裹塑料层一道,构成钢绞线可靠的双重防腐体系,大大提高了锚杆的耐久性。

(3)压力分散型锚杆的工程应用

压力分散型锚杆于1997年由冶金部建筑研究总院研究开发成功,已先后用于北京中银大厦和华奥中心等基坑工程。

中银大厦是中国银行在北京的主办公楼。地下四层,基坑深度-20.5～-24.5m,基坑平面面积13100m²,基坑东侧采用厚800mm的地连墙与四排可拆芯式(压力分散型)锚杆,锚杆总量338根,单根锚杆的极限承载力大于1475kN,锚杆钢绞线的抽芯率达96%。

3 锚杆施工机具,锚固材料与工程监测仪表

近年来,我国在基坑锚杆施工中,一方面以美国(英格索兰公司)、德国(克努伯公司)、意大利(土力公司)、日本(三菱公司、矿研株式会社)等国家引进各类履带式液压钻机外,另一方面是坚持研制开发新型钻孔机械。目前在基坑工程中使用的土锚钻机有土星811L型、YTM87型、旋锋Ⅰ型和KGM5型等。YTM87型钻机是履带式全液压钻机,它有两种功能,一是使用螺旋转杆的干式钻进,钻孔深可达32m,二是采用清水循环带护壁套管的湿式钻进,钻孔深可达60m。冶金部建筑研究总院还研制出MH86-1型及YBG8型液压拔管机,有效地配合了带护壁套管的钻孔作业。此外,我国能生产各种加荷水平的预应力锚杆(索)的张拉设备,其主要性能已进入世界先进水平。施工机具的革新,显著地提高了土层锚固的施工效率。

在锚杆材料与锁定装置方面,也有了长足的发展。目前,我国天津、新余等地的预应力钢丝厂均能生产强度级别为1720MPa、18760MPa的普通松弛和低松弛钢绞线,低松弛钢绞线的生产对于减少锚索因松弛引起的预应力损失具有重要作用。无黏结预应力钢绞线的生产体系也已形成,为发展压力分散型锚杆提供了物质保证。此外,冶金部建筑研究总院与有关钢厂研制的精轧螺纹钢筋,其直径为25mm和32mm,屈服强度达715MPa,钢筋长度可根据施工需要确定,用套筒连接。由于这种钢筋强度高,安装方便,深受用户欢迎。

关于锚杆预应力的锁定装置,应当特别提到的是柳州建筑机械总厂生产的OVM锚具,具有良好的自锚性能,锚固效率系数$\eta_a \geqslant 0.95$,极限拉力时的总应变$\varepsilon \geqslant 2.0\%$,锚口摩阻损失系数为0.025,在基坑土锚工程中应用,取得了满意的效果。

此外,为了适应基坑锚杆支护工程信息化施工的需要,锚杆支护的监控仪表也有了新的发展。如丹东三达测试仪器厂生产的GMS型锚杆(索)测力计稳定性好,测量数据准确、可靠,宜于遥测,已广泛用于基坑锚杆支护工程监测锚杆预应力值的变化,受到用户的好评。

4 工程应用

随着土层锚固技术的发展,在基坑工程中,采用预应力锚杆背拉桩墙支护结构得到广泛的应用,仅据北京、天津、深圳、厦门、武汉等城市的统计,基坑工程锚杆年使用量约在100万m以上。基坑锚杆不仅使用在砂、砂卵石及硬黏土地层中,也使用在底下水位以下的软黏土、淤泥质土及承压水土层中。使用锚杆的基坑深度最大达25m,单根土锚的极限承载力大于1500kN,根据不同的地质条件和工程条件,被锚杆背拉的支护结构有各种类型的支护桩(混凝土灌注桩、板桩、H型钢桩等)和地下连续墙,有时也与土钉墙联合使用。

现简述北京、上海、天津、广州等地的几个有代表性的锚杆支护工程实例,大体上可反映基坑锚杆支护应用的广度和深度。

4.1 北京中银大厦基坑可拆芯式锚杆支护工程

中银大厦是中国银行在北京的主办公楼。位于复内与西单北大街交汇处,地下四层,基坑深度为-20.5~-24.5m,基坑平面面积13100m²,基坑所处地层自上而下为杂填土、粉质黏土、黏质粉土、细中砂、卵石夹细中粗砂。该基坑采用锚杆背拉地下连续墙支护方式,基坑的南侧、西侧和北侧采用普通拉伸型锚杆,而基坑东侧因其特殊的地理位置,不允许锚杆滞留在红线以外,所以采用可拆芯锚杆。该基坑地下连续墙厚80cm,墙底高程为-29.00m,基坑东侧地下连续墙上布置四排可拆芯锚杆,从上至下一至四排可拆芯锚杆的高程分别为-4.0m、-9.0m、-14.0m和-17.0m(图11)。第一、二、三排锚杆的设计荷载为698kN,第四排为722kN,安全系数为1.8。

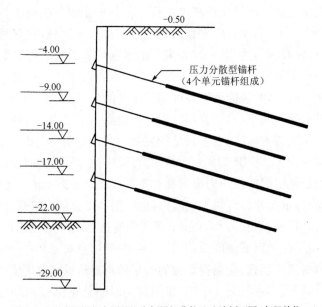

图11 北京中国银行大厦基坑东侧锚杆背拉地连墙剖面图(高程单位:m)

中银大厦基坑可拆芯锚杆的结构设计参数见表3。

中银大厦可拆芯锚杆结构参数表　　表3

排数	锚杆长度(m)	自由段长度(m)	锚固段长度(m)	单元锚杆个数	单元锚杆锚固段长(m)	锚杆倾角(°)	钢绞线(根)
第一排	32.0	12.5	19.5	4	5.0、5.0、5.0、4.5	20、25	8
第二排	27.0	10.0	17.0	4	均为4.25	20、25	
第三排	29.0	8.0	21.0	4	均为5.25	20、25	
第四排	24.0	6.0	18.0	4	均为4.5	20、25	

可拆芯式锚杆的预应力筋采用φ12.7mm、1860级无黏结钢绞线。

锚杆施工时,由于工期紧迫,曾采用7台履带式液压钻机同时作业,钻进时,均采用套管护孔,完全避免了塌孔,是国内机械施工程度最高的一个基坑锚杆工程。

该基坑锚杆支护工程实践表明:

(1)单根可拆芯式(分散压缩型)锚杆的极限承载力大于1475kN。估计在同等锚固长度条件下，其承载力约比拉伸型锚杆提高30%以上。

（2）基坑东侧共采用338根可拆芯式锚杆，实际抽芯率达96%，基本消除了基坑东侧日后建造地下空间的障碍。

（3）基坑东侧地下连续墙最大位移量为13mm（图12），而与其地质条件相似的基坑南侧和西段，采用拉伸型锚杆背拉的地连墙的最大位移量近30mm，这说明可拆芯式（分散压缩型）锚杆控制基坑变形的能力是较强的。

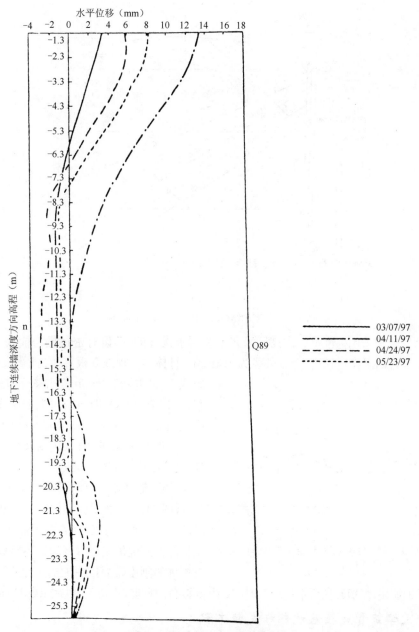

图12　基坑东侧地下连续墙位移图

4.2 上海太平洋饭店基坑工程

太平洋饭店位于上海虹桥开发区,基坑所处地层为饱和流塑至软塑的淤泥质砂质黏土,C 为 15～35kPa,φ 为 0°～1.5°,基坑开挖面积为 80m×120m,深 12.55～13.66m。基坑支护采用厚 45cm 的钢筋混凝土板桩与四道锚杆,除第一道锚杆的水平间距为 5m 外,其余三道锚杆水平间距均为 1.86m。为增强抗滑动能力,又在混凝土板内侧加打 356mm×368mm×20mm H 钢桩一道,其间距为 1.2～1.5m。基坑支护结构及锚杆布置见图 13。

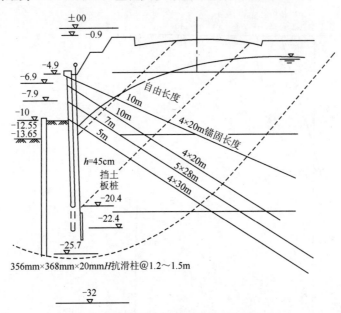

图 13 基坑支护结构及锚杆布置(高程单位:m)

锚杆结构是按采用标准型二次高压灌浆工艺要求设计的,即设有密封袋与袖阀。锚杆孔由专用钻机在套管内湿作业钻进,套管外径为 168mm。杆体由 4 根或 5 根直径为 15.2mm 的钢绞线组成。锚固段长为 25m 的锚杆,如采用一次注浆,当拉至 420kN 时,锚杆即拔出,而采用二次高压灌浆的锚杆拉至 800～1000kN 时也未破坏。一般长 30m 的锚杆(包括长 5m 的自由段)注入的水泥总量约 3000kg。

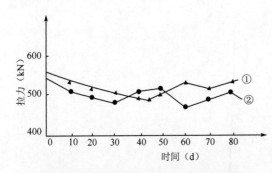

图 14 上海太平洋饭店基坑锚杆预应力随时间的变化

实践表明,该工程锚杆的预应力损失约为 10%(图 14)。板桩最大移位为 10～15cm,满足了基坑稳定的要求,这说明在淤泥质土中采用锚杆支护开挖深坑是完全可行的。还要提出,若加强支护桩的刚度,锚杆支护与挖土配合得当,工序之间衔接尽量加快,缩短开挖后锚拉施工时间,则位移可控制到较小值(一般在 10cm 以内)。

4.3 天津百货大楼基坑锚杆支护工程

天津百货大楼扩建工程除一侧紧邻百货大楼,其余周边均为重要交通道路。基坑深

13.5m,所处土层上部4.0m为杂填土,下部主要为粉质黏土,土层力学参数的加权平均值:$C=16.0$kPa,$\varphi=14°$,地下水埋深为1.5～2.0m。基坑紧邻原百货大楼一侧采用逆作法施工外,其余三侧采用预应力锚杆背拉地下连续墙。地下连续墙厚80cm,高29m,入土深15.5m。共设四排锚杆,锚杆轴向拉力设计值为298kN,轴向拉力极限值为417kN。基坑支护结构见图15。

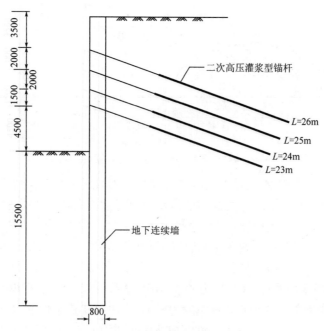

图15 天津百货大楼基坑支护结构(尺寸单位:mm)

该基坑支护设计施工中有以下几点,是值得借鉴的。

(1)锚杆正式施工前,先进行锚杆的基本试验和蠕变试验,满足设计要求后再进行锚杆工程施工。由于采用了二次高压劈裂灌浆工艺,锚杆实际承载力均大于设计承载力。

(2)该基坑是天津市目前最深的基坑工程,又处于地下水位以下的软黏土地层中,由于采用刚度较大的80cm厚的地连墙与四排锚杆支护,特别是土方开挖采用分层台阶式开挖方式,锚杆作业紧跟开挖工作面,使无锚杆支护状态下基坑侧壁的暴露面尽量缩小,暴露时间也短,因而基坑开挖至设计基底后,地连墙的最大位移值为57mm。

(3)重视监控量测工作。除进行基坑周边位观测,还选择有代表性的工程锚杆进行锚杆预应力值变化的测定(图16)。测定结果表明,位于-3.5m处的第一排锚杆,在预应力锁定后的初期,呈现明显的预应力损失,但随着基坑开挖,则锚杆应力值逐渐增长,最终的应力增长值为锚杆锁定应力值的20%,因而应根据锚杆施作后预估的基坑周边位移值,合理地确定锚杆预应力锁定值,以使锚杆应力值与锚杆拉力设计值不致有较大的偏离。

4.4 广州华侨大厦基坑锚杆支护

广州华侨大厦扩建工程,位于海珠广场东侧,南距珠江70m左右,主配楼地下室埋深均为-11.60m,采用厚80cm的地下连续墙(结构外墙)与两排锚杆作基坑支护,锚杆的轴向拉力设计值为970kN。

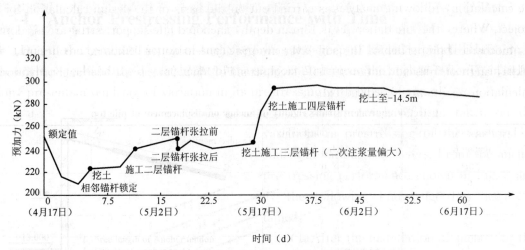

图 16　天津百货大楼基坑 M_{122} 号锚杆预加力变化

该基坑所处地层为地下水位以下的饱和松散的人工填土、淤泥和砂层。特别是第二排锚杆施工要穿过流砂层，钻孔中出现大量涌水、涌砂现象，为成功地解决水砂外涌现象，保证锚杆的正常施工，采取了下列有效措施：

(1) 设计制作了 F-p 及 G-x 两种止水装置，避免水砂从钻管与预留孔间的孔隙涌出。

(2) 改变注浆工艺。当内钻杆拔出后，先接长外钻管，形成高架，以平衡地下水的水头压力。压浆设备使用高压快速挡，连续压力灌浆，用大量水泥浆压住流砂和地下水；当外钻管拔至最后一节时，在水泥浆中掺入止水剂，增大水泥浆的稠度和抗水性能，压浆设备改用低压慢速挡，以求在连续墙外侧孔口周围慢慢堆积成水泥浆围幕；5～6h 后，待外钻管与预埋管间的水泥浆呈初凝状态时，将管拔出。

5　对基坑锚杆支护技术发展的几点看法

(1) 积极发展先进的锚杆施工机具。

在基坑锚杆支护工程中，钻孔是影响施工速度和工程质量的重要环节。今后要重点发展国产的全液压、多功能、有自行机构并能适应含水砂层和卵石层等复杂地层中施作的锚杆钻机。

(2) 努力提高锚杆的工厂化生产水平。

锚杆杆体材料宜采用钢绞线，并应尽可能在工厂内完成锚杆杆体及零部件的加工制作，提高工厂化生产水平，这将大大有利于提高杆体产品质量，实现现场文明施工，缩短施工周期。

(3) 大力推广压力分散型锚杆。

压力分散型锚杆能改善锚杆锚固体传力方式和工作特性，提高单位锚固长度上的锚固力和锚杆的极限承载力。必要时，在完成锚杆使用功能后，可方便地将钢绞线芯体从地层中抽出，不构成对周边地下设施建造的干扰。

(4) 加强施工质量控制和工程监控工作。

要坚持按规范要求，做好锚杆的基本试验、验收试验，必要时，还应做蠕变试验，并做好锚杆施工全过程的工程稳定性监控工作。

实施基坑锚杆支护的监控量测,主要是锚杆支护的位移及锚杆拉力值变化的监测,及时掌握监测信息,以便修改设计或调整施工程序。

(5)根据工程需要,开展研究工作,努力提高锚杆支护设计施工水平,当前,应重点研究以下课题:

①时空效应对锚杆承载力的影响;

②拉力型、压力型、分散压力型锚固体内应力的传递规律;

③承压水地层中锚杆施工方法;

④多段扩体型锚杆;

⑤锚杆与其他支挡结构(桩、墙、喷射混凝土)的共同工作。

土钉墙计算程序及参数研究*

杨志银　程良奎

(冶金部建筑研究总院)

1　土钉墙计算分析程序的编制

土钉墙稳定性分析计算包括大量的重复性计算,计算工作量非常大,手算费时费力。因此,根据冶建总院分析方法编制了微型计算机分析程序(TDQ 程序),使得烦琐的计算变得快速而准确,并打印出土钉墙的结构简图,使计算结果简单明了。下面介绍程序的结构和使用。

1.1　主程序框图和程序的运行

主程序框图如图 1 所示。程序已做成直接执行文件,在系统盘中均可运行。程序使用前,先根据要求制作数据文件,存放在某一目录中,程序执行时首先调用数据文件,输入数据文件名及路径,按回车程序开始执行,根据出现的问答,依次由键盘输入工程名称、土钉层数及每层长度,回车后程序执行完毕,在画完土钉墙结构及滑裂面图后,按任意键结束,此时可进行另一个题目计算。

1.2　数据文件填写说明

数据文件直接填写成顺序文件即可,数字之间用逗号隔开,其符号代表意义如下：

(1) H——土钉墙高度(m);

(2) S_x——土钉水平间距(m);

(3) S_y——土钉垂直间距(m);

(4) T_0——第一层土钉至墙顶垂直高度(m);

(5) Y——土体加权平均重力密度(kN/m^3);

(6) V——土体加权平均内摩擦角(°);

(7) C——土体加权平均内聚力(kPa);

(8) V_1——土钉与水平线之间的夹角(°);

(9) V_2——墙面与水平线之间的夹角,(°);

(10) TDC——程序控制变量 $\begin{cases} 零——土钉等长 \\ 非零——土钉不等长 \end{cases}$；

(11) D_1——土钉钢筋直径(m);

(12) D——土钉钻孔直径(m);

(13) FF——土钉与土体界面抗剪强度(kPa);

---

* 本文摘自程良奎、杨志银《喷射混凝土与土钉墙》,北京:中国建筑工业出版社,1998.404-417.

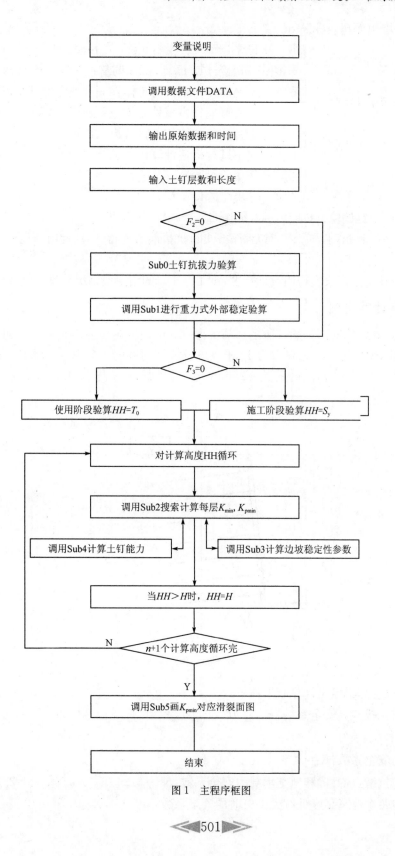

图1 主程序框图

(14)P——墙顶面超载(kN/m^2);

(15)L_0——程序控制变量 $\begin{cases} 零——程序自动调整土钉长度,使 K_{pmin} > 1.2; \\ 非零——直接计算 K_{pmin},不作调整; \end{cases}$

(16)F_1——程序控制变量 $\begin{cases} 零——土钉能力由土钉与土体界面抗剪强度试验值计算; \\ 非零——土钉能力由该处土体抗剪强度计算; \end{cases}$

(17)F_2——程序控制变量 $\begin{cases} 零——进行重力式墙和土钉抗拔力计算; \\ 非零——不进行上述计算; \end{cases}$

(18)F_3——程序控制变量 $\begin{cases} 零——使用阶段验算; \\ 非零——施工阶段验算; \end{cases}$

(19)P_{KB}——土钉试验抗拔能力(kN);

P_{KB}也作程序控制变量,$P_{KB} \neq 0$ 时,程序按土钉抗拔能力进行计算,此时 FF_2 可为零。

(20)N——土钉层数;

(21)L_i——某层土钉长度初始设计长度,m,由 TDC 的给定值情况分别由键盘输入。

1.3 程序计算实例

(1)计算参数和结构简图如图2所示。基坑深度9m,边坡土层为砂质黏土,土的重力密度为$18kN/m^3$,内摩擦角为35°,黏聚力为12kPa,边坡坡度为80°,土钉长度为5m,钻孔注浆型土钉,钻孔直径100mm,土钉钢筋为ϕ25mm,土钉间距横竖均为1.25m。地面超载为$12kN/m^2$。

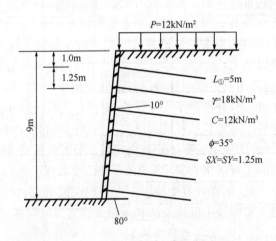

图2 实例设计结构简图

(2)使用阶段计算机输出计算结果如下:

①单个土钉抗拔验算安全系数:$K_{B1}=16.69$, $K_{B2}=11.99$, $K_{B3}=4.38$, $K_{B4}=3.66$, $K_{B5}=3.61$, $K_{B6}=3.54$, $K_{B6}=3.21$。

②总抗拔力安全系数:$K_f=3.8$。

③外部稳定抗滑、抗倾覆和地基承载力安全系数:$K_h=3.24$, $K_q=3.97$, $K_c=2.61$。

④内部稳定每个计算高度处有无土钉时的安全系数:

$HI=1.00$ $K_{min1}=1.98$ $K_{pmin1}=1.98$
$HI=2.25$ $K_{min2}=1.48$ $K_{pmin2}=3.00$
$HI=3.50$ $K_{min3}=1.23$ $K_{pmin3}=2.48$
$HI=4.75$ $K_{min4}=1.09$ $K_{pmin4}=1.98$
$HI=6.00$ $K_{min5}=0.98$ $K_{pmin5}=1.66$
$HI=7.25$ $K_{min6}=0.91$ $K_{pmin6}=1.44$
$HI=8.50$ $K_{min7}=0.85$ $K_{pmin7}=1.29$
$HI=9.00$ $K_{min8}=0.83$ $K_{pmin8}=1.28$

⑤计算机打印滑裂面简图见图3和图4。

图3 使用阶段未加土钉时破裂面位置图   图4 使用阶段加土钉后破裂面位置图

(3)施工阶段计算机输出计算结果：
①除内部稳定安全系数外，其余结果与使用阶段相同。
②内部稳定每个施工阶段有无土钉时的安全系数如下：

$HI=1.25$ $K_{min1}=1.84$ $K_{pmin1}=1.84$
$HI=2.50$ $K_{min2}=1.43$ $K_{pmin2}=2.75$
$HI=3.75$ $K_{min3}=1.20$ $K_{pmin3}=2.27$
$HI=5.00$ $K_{min4}=1.06$ $K_{pmin4}=1.88$
$HI=6.25$ $K_{min5}=0.96$ $K_{pmin5}=1.58$
$HI=7.50$ $K_{min6}=0.89$ $K_{pmin6}=1.38$
$HI=8.75$ $K_{min7}=0.84$ $K_{pmin7}=1.25$
$HI=9.00$ $K_{min8}=0.83$ $K_{pmin8}=1.20$

③计算机打印滑裂面简图见图5和图6。

2 土钉墙设计参数的分析研究

与土钉墙稳定性分析有重要关系的设计参数有：土的强度参数、土钉墙的高度和倾角、土钉参数以及坡顶超载等。这些参数对土钉墙稳定性分析的关系如何，下面根据程序例题使用阶段计算结果来分析各个参数对土钉墙稳定性的影响，具体表现在内部稳定外部稳定土钉抗拔各个安全系数的大小。

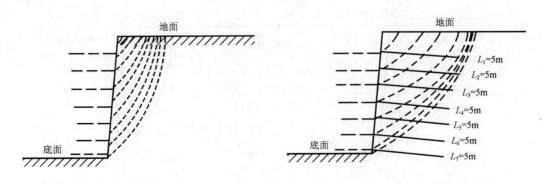

图 5 施工阶段未加土钉时破裂面位置图   图 6 施工阶段加土钉后破裂面位置图

2.1 土钉长度变化对稳定性的影响

在其他参数不变的情况下,仅改变土钉长度,所计算的结果见表1。土钉墙计算参数见程序计算实例,各参数单位见程序数据文件说明,土钉能力由土体抗剪强度计算。

土钉长度变化时计算结果   表1

土钉长度(m)	0	2	3	4	5	6	7	8	9	10
K_{pminN}	0.85	0.93	1.04	1.16	1.29	1.41	1.55	1.67	1.78	1.86
K_{pminD}	0.83	0.95	1.06	1.18	1.28	1.38	1.49	1.60	1.70	1.78
K_h		1.29	1.94	2.59	3.24	3.88	4.53	5.18	5.83	6.47
K_q		0.88	1.67	2.70	3.97	5.47	7.21	9.18	11.4	13.84
K_c		0.41	1.02	1.80	2.58	3.24	3.77	4.20	4.55	4.85
K_{Bmin}		0.70	1.12	2.52	3.21	3.21	3.21	3.21	3.21	3.21
K_f		1.23	2.53	3.8	4.98	6.04	6.95	7.70	8.37	

注:K_{pminN}为通过最下一排土钉头处滑动面最小安全系数;

K_{pminD}为通过基坑底面处滑动面最小安全系数;

K_h、K_q、K_c分别为外部稳定性计算中的抗滑、抗倾覆及承载力安全系数;

K_{Bmin}为土钉抗拔验算最小安全系数;

K_f为土钉总抗拔力安全系数。

从表1可以看出 K_{pminN}、K_{pminD}、K_h、K_q、K_c、K_f 均随着土钉长度的增加而增长,只是增长的幅度不同。因此,增加土钉长度,对土钉墙的稳定性有着重要作用。对于 K_{Bmin},当土钉长度增加一定值后,安全系数 K_{Bmin} 不再增加,这时土钉能力由土钉钢筋的抗拉强度决定。

2.2 土钉密度的变化

在其他参数不变的条件下,改变土钉密度,计算结果列于表2。

土钉间距变化计算表   表2

$S_x=S_y$ (m)	0.5	0.8	1.25	1.5	1.8	2.1	2.4	2.7	3.0	无钉
土钉排数 N	17	10	7	6	5	4	4	3	3	
K_{pminN}	1.85	1.55	1.29	1.21	1.16	1.18	1.05	1.17	1.08	

续上表

$S_x=S_y$ (m)	0.5	0.8	1.25	1.5	1.8	2.1	2.4	2.7	3.0	无钉
K_{pminD}	1.70	1.47	1.28	1.21	1.13	1.05	1.05	0.97	0.97	0.83
K_h	3.24	3.24	3.24	3.24	3.24	3.24	3.24	3.24	3.24	
K_q	3.97	3.97	3.97	3.97	3.97	3.97	3.97	3.97	3.97	
K_c	2.58	2.58	2.58	2.58	2.58	2.58	2.58	2.58	2.58	
K_{Bmin}	18.67	7.29	3.21	2.23	1.62	1.28	0.91	0.76	0.62	
K_f	23.15	9.10	3.80	2.66	1.87	1.37	1.06	0.80	0.70	

从表2可以看出，土钉密度越大，即土钉排数越多 K_{pminN}、K_{pminD}、K_{Bmin}、K_f 变化尤为剧烈；由于计算理论假定的原因，K_h、K_q、K_c 与土钉密度无关。

从图7～图12可以看出，土钉密度越大，滑裂面越往后移，具有明显的试图避开土钉加固区的趋势。对下部阶段滑裂面不通过上部土钉，只有下部的土钉对稳定性计算起作用，因为在计算时，在伸过滑裂面后面的土钉部分才提供抗力。在土钉密度小的时候，滑裂面通过所有土钉，全部土钉对稳定性计算均起作用；随着土钉密度的增大，滑裂面向土层深部发展，试图避开土钉加固的影响，类重力式墙的特性越明显。当土钉密度达到一定程度后，土钉加固区就形成一个土重力式墙，它的性能与重力式挡墙非常相似，这种现象可以理解为经过土钉加固，大大提高了加固区的综合 C、φ 值，使其具有足够的强度，形成一个土复合体挡土墙，从而起到重力式墙的作用。

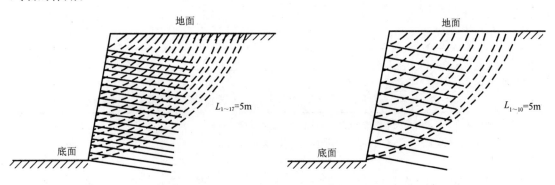

图7　$S_x=S_y=0.5$m 时滑裂面图　　　　图8　$S_x=S_y=0.8$m 时滑裂面图

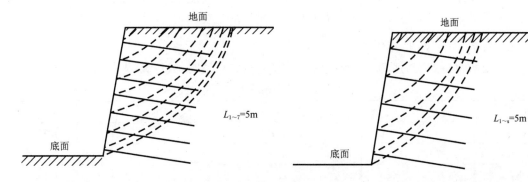

图9　$S_x=S_y=1.25$m 时滑裂面图　　　图10　$S_x=S_y=1.8$m 时滑裂面图

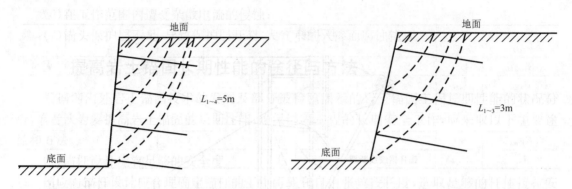

图11 $S_x=S_y=2.4$m时滑裂面图　　　图12 $S_x=S_y=3.0$m时滑裂面图

2.3 土参数 φ 值的变化

在其他参数保持不变的情况下，改变土的强度参数 φ 值时，计算结果如表3所列。

土参数 φ 值变化计算结果　　　　　　　　　　表3

φ 值（rad）	0.2	0.3	0.4	0.5	0.6	0.7	0.8	0.9
K_{pminN}	0.60	0.75	0.91	1.07	1.26	1.49	1.74	2.04
K_{pminD}	0.59	0.74	0.90	1.07	1.36	1.46	1.74	1.99
K_n	0.51	0.60	0.69	0.76	0.84	0.93	1.03	1.13
K_d	0.50	0.58	0.66	0.74	0.82	0.91	1.01	1.10
K_h	0.39	0.68	1.14	1.87	3.08	5.17	8.99	16.51
K_q	1.35	1.70	2.18	2.82	3.85	5.34	7.70	11.70
K_c	0.44	0.66	1.01	1.58	2.46	3.81	5.75	6.58
K_{Bmin}	0.10	0.21	0.99	1.89	3.12	4.22	5.97	8.88
K_f	0.25	0.53	1.05	1.96	3.57	6.46	11.94	22.54

注：K_n 为通过最下一排土钉头处不考虑土钉作用时滑动面最小安全系数；
　　K_d 为通过基坑底面处不考虑土钉作用时滑动面最小安全系数；
　　其余符号意义同表1。

从表3可以看出，随着土的强度参数 ϕ 值的增大，K_{pminN}、K_{pminD}、K_n、K_d、K_h、K_q、K_c、K_{Bmin}、K_f 均有不同程度的增大，K_h、K_{Bmin}、K_f 增长最大，达到 42～90 倍之多，K_d 增长较少，也有 2.2 倍，K_{pminD} 增长为 3.4 倍，因此，ϕ 值是影响土钉墙稳定性的主要因素之一。

2.4 土参数 C 值的变化

在其他参数保持不变的情况下，仅改变土的强度参数 C 值时，其计算结果如表4所列。

C 值变化计算结果　　　　　　　　　　表4

C 值（kN/m²）	0	5	10	12	15	20	25	30
K_{pminN}	0.96	0.10	1.24	1.29	1.37	1.50	1.64	1.77
K_{pminD}	0.97	1.10	1.23	1.28	1.35	1.48	1.61	1.73
K_n	0.31	0.58	0.77	0.85	0.95	1.10	1.25	1.40
K_d	0.31	0.57	0.76	0.83	0.92	1.08	1.22	1.36

续上表

C 值(kN/m^2)	0	5	10	12	15	20	25	30
K_h	2.95	3.07	3.19	3.24	3.31	3.43	3.55	3.67
K_q	3.97	3.97	3.97	3.97	3.97	3.97	3.97	3.97
K_c	1.93	2.20	2.47	2.58	2.74	3.01	3.28	3.55
K_{Bmin}	0.84	1.98	3.02	3.21	3.56	4.33	5.54	7.68
K_f	1.52	2.23	3.27	3.80	4.76	6.77	9.10	11.28

从表 4 可以看出，随着土的强度参数 C 值的增大，K_{pminN}、K_{pminD}、K_n、K_d、K_h、K_c、K_{Bmin}、K_f 均有不同程度的增大，K_n、K_d 要明显一些，K_n 增加为 4.5 倍，说明未加固土坡受到 C 值的影响非常大；K_{pminN}、K_{pminD}、K_h、K_c、增加小一些，说明经土钉加固后的土坡受 C 值变化影响小。由于计算理论假设的原因，K_q 与 C 值变化没有直接关系，实际上是有影响的，影响只是相对要小一些。C 值对土钉抗拔力影响很大，说明土钉抗拔一般由土体抗剪强度来控制。

2.5 墙面倾角 V_2 的变化

在其他参数不变的情况下，墙面倾角 V_2 改变时，各个安全系数计算结果如表 5 所列。

墙面倾角 V_2 变化计算结果　　　　表 5

V_2 值(rad)	1.57	1.47	1.40	1.27	1.17	1.07	0.97
K_{pminN}	1.22	1.26	1.29	1.30	1.33	1.37	1.48
K_{pminD}	1.22	1.26	1.28	1.29	1.32	1.34	1.42
K_n	0.75	0.80	0.85	0.87	0.94	1.01	1.22
K_d	0.73	0.77	0.83	0.85	0.93	0.99	1.19
K_h	3.24	3.24	3.24	3.24	3.24	3.24	3.24
K_q	2.96	3.55	3.97	4.15	4.78	5.45	6.99
K_c	2.58	2.58	2.58	2.58	2.58	2.58	2.58
K_{Bmin}	3.21	3.21	3.21	3.21	3.21	3.21	3.21
K_f	3.4	3.64	3.79	4.07	4.29	4.53	4.80

从表 5 可以看出，随着墙面倾角 V_2 的减小，K_{pminN}、K_{pminD}、K_n、K_d、K_f 均有所增加，增加范围为 16%～63%，K_q 增加稍大一些，由于计算理论假设的原因，K_h、K_c 和 K_{Bmin} 与 V_2 角变化没有直接关系。

2.6 坡顶超载 P 的变化

在其他参数不变的情况下，坡顶面均布超载 P 变化时，各个安全系数计算结果列于表 6 中。

坡顶超载 P 变化计算结果　　　　表 6

P(kN/m^2)	0	6	12	18	24	30	40	50
K_{pminN}	1.36	1.32	1.29	1.26	1.23	1.20	1.17	1.13
K_{pminD}	1.35	1.31	1.28	1.25	1.22	1.20	1.16	1.13
K_n	0.91	0.88	0.85	0.82	0.79	0.77	0.73	0.70

续上表

$P(kN/m^2)$	0	6	12	18	24	30	40	50
K_d	0.89	0.86	0.83	0.80	0.78	0.75	0.72	0.70
K_h	3.48	3.35	3.24	3.14	3.05	2.97	2.85	2.76
K_q	4.56	4.24	3.97	3.73	3.52	3.33	3.05	2.83
K_c	2.96	2.76	2.58	2.40	2.25	2.10	1.88	1.69
K_{Bmin}	3.57	3.38	3.21	3.06	2.92	2.79	2.60	2.44
K_f	5.39	4.41	3.80	3.39	3.08	2.85	2.55	2.34

从表 6 可以看出,随着坡顶超载 P 的增加,K_{pminN}、K_{pminD}、K_n、K_d、K_h、K_c 等各个安全系数均降低,但变化幅度不大,一般在 17%~43% 之间,因此,坡顶面超载对土钉墙整体稳定性影响不敏感。但坡顶面超载对土钉抗拔力计算影响较大,总抗拔力安全系数降低 1.3 倍。

2.7 土钉锚固力 P_{KB} 的变化

土钉锚固力与土体的强度参数 C、ϕ 值有关。当现场进行了土钉的抗拔试验,土钉抗拔力已知时,计算时可直接采用。在其他参数不变的情况下,土钉锚固力变化时,其安全系数计算结果如表 7 所列。

土钉锚固力变化时计算结果　　　　表 7

$P_{KB}(kN/m)$	0	10	20	30	40	50	60	80
K_{pminN}	0.85	1.09	1.20	1.27	1.32	1.36	1.40	1.46
K_{pminD}	0.83	1.07	1.15	1.25	1.31	1.36	1.39	1.45
K_{Bmin}		0.94	1.87	2.81	3.21	3.21	3.21	3.21
K_f		1.74	3.48	5.23	6.91	8.28	9.27	10.44

从表 7 可以看出,土钉锚固力越大,安全系数 K_{PminN}、K_{PminD}、K_{Bmin}、K_f 越大,所以通过压力灌浆措施来提高土钉锚固力,对土钉墙的稳定性起一定的作用,当锚固力超过一定数值后 K_{Bmin} 不增加,这是由于此时土钉能力由土钉钢筋强度和钢筋直径决定,所以在增加锚固力的同时增加土钉钢筋直径,才能提高土钉抗拔安全系数。根据假设计算条件,K_h、K_q、K_c 与土钉锚固力无直接关系,因此土钉锚固力变化对这些参数没有影响。

3 结论

通过利用计算机程序对土钉墙各个设计计算参数进行分析研究得出,土钉长度、土钉布置密度、土钉锚固力和土的强度参数 C、ϕ 值对土钉墙的稳定性起着重要的作用,各个设计参数所起的作用是不同的,所以合理的选择设计参数对土钉墙的设计具有重要的意义。

Issues on the Design and Application of Anchored pile/wall structure for Deep Foundation Pit[*]

Cheng Liangkui[1] Song Fa[1] Han Jun[2]

(1. *Central Research Institute of Building and Construction.*
The Ministry of Metallurgical Industry, Beijing, China;
2. *Yangtze River Scientific Research Institute, Wuhan, China*)

Abstract This paper discusses such issues as the permissible horizontal displacement for foundation pit support, anchor rigidity and anchor prestressing performance with time on the basis of the available actual measurement on the working status of anchored pile/wall structure for several foundation pits and the computer-aided design(CAD) system developed by the authors for foundation pit support.

1 Introduction

In recent years, high buildings are mashrooming in China, therefore, issues on the support of deep cut engineering and its stability have been deeply concerned. At present, anchored pile/wall structure is one of the main supporting means used for the deep cut engineering in China. On the whole, its application in hundreds of deep foundation pits in Beijing, Tianjin, Guangzhou, Shenzhen, Wuhan, Xiamen, Shanghai and other cities has achieved good results.

On the basis of the available actual measurement on the working status of anchored pile/wall structure of several foundation pits and the computer-aided design(CAD) system developed by the authors for foundation pit support, this paper discusses such issues as the permissible horizontal displacement for the foundation pit support, anchor rigidity and anchor prestressing performance with time, in the expectation that the discussion is helpful to the improvement of the design and application of the anchored pile/wall structure for foundation pit.

2 Horizontal Displacement of Foundation Pit Support and Its Permissible Value

The function of foundation pit support is to guarantee the stability of the foundation pit and the regular operation of the buildings and structures around the foundation pit during the construction of underground basement. The support is generally of temporary structure and it

---

[*] 摘自 *Proceedings of the Ninth and International Conference on Computer Methods Advances in Geomechanics Wuhan/C/November2-7 1997. Wuhan: 1875-1879.*

is neither necessary nor economic to prevent completely its displacement. But over displacement may result in unstable damage of the foundation pit and endanger the operation of the buildings and structures around the foundation pit. Therefore, it is essential to determine properly the maximum permissible value for foundation pit support.

Tab. 1 gives the actual measurement on the displacement of anchored pile/wall structure for several foundation pits in Tianjin, Wuhan and other cities in China. Based on the analysis of the available actual measurement of the displacement for the foundation pit and the extent of the influence caused by the damage of the foundation pit support and the distribution of main buildings and structures around the foundation pit, we recommend the permissible value for the displacement of anchored pile/wall structure for the foundation pit as shown in Tab. 2. However, these values are expected to be verified and improved in the future construction practices. The measurement of Fig. 1 shows that the anchor is installed after complete cut of the soil above the anchor and has experienced several heavy rains. The measurement of Fig. 2 shows that the pit is cut by layers and execute anchoring procedure immediately following the working section of the pit.

Actual measurement of anchored pile/wall structures for foundation pit Tab. 1

Description of projects	Soil layer condition	Pit depth (m)	Type of support	Max. displacement (cm)	Average displacement (cm)
Foundation pit for Tianjin Department Store	Mixed fill, silt clay, underground water is 1.0~1.5m below the ground surface	13.5	Continuous wall anchored by 4 rows of prestressed anchor	6.3	4.5
Foundation pit for Tianjin Post & Telecom Network Center	Mixed fill, silt clay, underground water is 1.0~1.5m below the ground surface	9.3	Pile anchored by 2 rows of prestressed anchor	10.7	6.4
Foundation pit for Tianjin Wanke Center	Mixed fill, silt day, silt soil, underground water is 1.0~1.5m below the ground surface	9.6	H shape steel pile anchored by 2 rows of prestressed anchor	10.3	7.1
Foundation pit for Tianjin Huaxin Shopping Center	Mixed fill, silt day, silt clay, underground water is 1.0~1.5m below the ground surface	9.0	Continuous wall anchored by 1 row of prestressed anchor	10.5	7.2
Foundation pit for Wuhan Yiuzi township, (phase III)	Mixed fill, silt clay, silt clay, silt soil sandwiches sand; water impounded in mixed fill, there is pressure water below silt soil layer	6.75	Pile anchored by 1 row of prestressed anchor	2.2	1.4

Continue

Description of projects	Soil layer condition	Pit depth (m)	Type of support	Max. displacement (cm)	Average displacement (cm)
Foundation pit for Wuhan Jianyin Building	Mixed fill, soft plastic clay, silt clay, silt soil, silt sand, fine sand, there is pressure water below silt soil layer	14	Pile anchored by 2~3 rows of prestressed anchor	10.8	4.0
Foundation pit for Wuhan plaza	Mixed fill, clay, silt clay, silt soil, silt sand, fine sand, water impounded 0.95~1.44m deep in upper layer, there is pressure water in silt sand and gravel layer	9.8~12.8	Pile anchored by 2~3 rows of prestressed anchor	3.5	0.5~2.0

The recommended permissible value for displacement of anchored pile/wall structure of foundation pit Tab. 2

Influence caused by the damage of foundation pit support and the condition around foundation pit	Max. permissible value of horizontal displacement for foundation pit support
Influence caused by the damage of foundation pit support is serious or very serious and there are main buildings of structures within 5m from the foundation pit	≤25mm or 0.15H%
Influence caused by the damage of foundation pit support is relatively serious and there are main buildings or structures within 5~15m from the foundation pit	≤40mm or 0.25H%
Influence caused by the damage of the foundation pit support is acceptalbe or light and there are main buildings or structures beyond 15m from the foundation pit	≤100mm or 0.35H%

Note: 1. H is the depth of foundation pit.

2. This table is applicable to foundation pit less than 15m in depth.

Fig. 1 and Fig. 2 indicate that the following key measures should be taken to control the development of the horizontal displacement, so as to conform to the permissible value of the horizontal displacement of the foundation pit support recommended by the authors. These measures are:

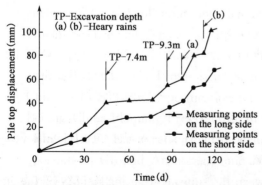

Fig. 1 Time history of displacement of foundation pit support (Tianjin Post and Telecom Center)

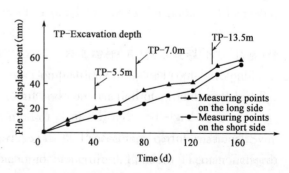

Fig. 2 Time history of displacement of foundation pit support (Tianjin Department Store)

(1) Strictly control the seepage of ground surface water

Low strength concrete may be paved and water diverting ditches built within the range of 3~5m around the top of foundation pit. On the soil between piles, cement mortar should be paved and shotcrete should be provided. It is very effective to control the horizontal displacement of the foundation pit support structure.

(2) Cut soil by layer and step and execute anchoring procedure immediately following excavation of working section to provide support structure with horizontal force.

(3) Strengthen the support structure at the 1/2 section of the long side of the foundation pit Generally, it can be achieved by reducing the distance between the support piles or by increasing properly the vertical density of anchor.

3 Anchor Rigidity

The DECAD system(V2.0) developed by us for deep foundation pit is based on a finite element analysis and calculation method. It can provide not only the internal force but also the displacement of the support structure. The calculation model of this system for the anchored support pile structure is shown in Fig. 3. In K calculation method, anchor is treated as equivalent spring acting on the retaining structure with horizontal support force, and the soil is also treated as spring. The calculation result indicated that in addition to mechanical properties of the soil, the rigidity of the anchor equivalent spring has a direct effect on the displacement of the pile top, that is, displacement of the pile increases wiht the decrease of the rigidity of the anchor equivalent spring. Therefore, to set properly the rigidity of the anchor with different layer of soil is a great concern due to that it will give direct effect on the matching of the calculated displacement and the actually measured displacement of the pile top. The anchor rigidity in spring equivalent K_m can be derived from the following formula.

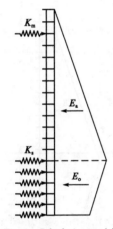

Fig. 3 Calculation model of the support structure

$$K_m = \frac{E \cdot A}{L_o \cdot \cos\theta}$$

Where: E——Elastic modules of the anchor tendon;

A——Section area of the anchor tendon;

L_o——Free length of anchor tendon;

θ——Angle between the anchor and horizontal level.

The above formula indicates that the equivalent spring rigidity of the anchor is in reverse proportion to the free length of an anchor tendon.

In order to further reveal the relations between the equivalent spring rigidity of the anchor the free length of anchor tendon and the displacement of the pile top established during the calculation, following analysis is carried out on the basis of the design calculation for a project. Where, the foundation pit is 13m in depth, anchored pile support structure is adopted, mechanical properties of the soil layer are gravity density $\gamma=19\text{kN/m}^3$, cohesion $C=16\text{kpa}$, angle of internal friction $\phi=16°$, steel strand of $3\phi 15.2\text{mm}$ is used for anchor tendon. Calculation results are shown in Tab. 3.

Effect of equivalent spring rigidity of anchor on displacement of pile top   Tab. 3

Free length of anchor tendon L_o (m)	Equivalent spring rigidity of anchor K_m (kN/m)	Displacement of pile top δ (mm)	Force of anchor (kN)
6	1.22×10^4	25.9	369.2
7	1.04×10^4	30.24	368.7
8	9.14×10^3	34.56	368.2
9	8.13×10^3	38.88	367.7
10	7.31×10^3	43.20	367.2
11	6.65×10^3	47.52	366.7
12	6.10×10^3	51.84	366.2

Analysis on the calculation results and the working characteristic of the anchor indicated the following.

(1) Spring rigidity of anchor K_m has significant effect on the displacement of pile top, that is the spring rigidity of the anchor is in reverse proportion to the displacement of pile top; the value K_m has little effect on the anchor force.

(2) The spring rigidity of the anchor K_m is in reverse proportion to the free length of the anchor tendon L_o, so the displacement of the pile top increases with the extension of the free length of the anchor tendon.

(3) When the anchor is in the working condition, the front section of anchor root close to the free length of the anchor tendon may also be in the working condition of the free section. This is due to that under the action of tensile force, the distribution of bonding friction stress between the anchor root and the soil along the length of the anchor root is very uneven, with peak stress concentrated in the anchor root section close to the free section, while, with very little of little bonding stress in a distance away from the free section. With the increase of the tensile force, bonding stress is transmitting gradually to the bottom of the anchor root. In soft soil layer, when the bonding stress is greater than the bonding strength on the interface of the anchor root, $1/3\sim1/2$ length of the anchor root close to the free section of anchor tendon may suffer successive bonding damage and perform as free section. This will certainly result in the decrease of the spring rigidity of the anchor. Therefore, for the foundation pit engineering in soft soil layer, the value of the spring rigidity of the anchor should be set in a way to compensate for that the $1/6\sim1/3$ length of the anchor root works as free section(Fig. 4). Thus, the calculation result is more close to the actual measurement for the displacement of pile top.

4 Anchor Prestressing Performance with Time

Due to the combined action of such factors as the creep of loaded ground, relaxation of the anchor steel and the displacement of the support structure, the anchor, after its installation, presents a tendency of variation in its prestressing with lapse of time.

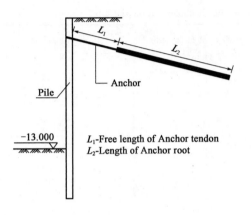

Fig. 4 Support structure

Measurements have been taken on the variations in prestressing of the anchors installed in various soil layers. From the anchor prestressing performance shown in Fig. 5 and 6, the following knowledge has been obtained:

(1) After the installation of anchor for the foundation pit and before the soil excavation of the lower layer, the anchor presents prestressing loss. The higher the anchor prestressing applied during the installation of anchor, the greater the prestressing loss will be. This is because such two main factors as the creep of the loaded ground and the relaxation of the steel is also in direct relation to the prestressing level, that is why the creep of the loaded ground and the relaxation of steel will increase with the increase of the stress.

(2) For the foundation pit built in the sandy soil or hard clay layer with lower plastic index, soil excavated below the anchor does not bring about greater horizontal displacement (generally, the maximum displacement is below 1/1000 of the pit depth). Under this condition, during the initial period of the installation of the anchor, its prestressing presents a tendency of decrease, but very quick, it tends to stable(Fig. 5). For the foundation pit built in the soft clay with higher plastic index (>17), soil excavation below the anchor results in significant increase of horizontal displacement on the support structure, that is the anchor prestressing also presents a tendency of rapid increase(Fig. 6). When the foundation pit is being cut to the bottom, the maximum increment of the anchor prestressing measured at the displacement of 10cm reached to 58%. Obviously, this is the result of further tensioning of the anchor due to significant displacement of the foundation pit support.

(3) Displacement of foundation pit support significantly limits the increment of anchor prestressing. For the sections with great displacement of support(reached to about 10cm), the increment of the anchor prestressing is 58%, for the sections with small displacement of support(reached to about 3cm), the increment of the anchor is 20%.

(4) It should be appointed that over loss or increase of anchor prestressing will affect regular operation of the anchor. In case the prestressing loss is beyond the limit, the positive resistance will reduce rapidly and result in greater displacement of the support structure. If

the stress is over exceed the designed value, it may lead to break of anchor tendon of damage of anchor root and seriously endanger the safety of the support. Therefore, while taking effective measures to control the prestressing loss of the anchor, the prestressing level, namely the locking load should be determined properly, because displacement of support structure for the foundation pit can not be avoided.

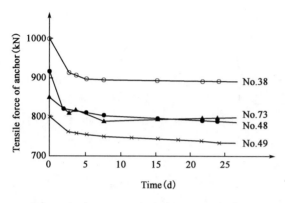

Fig. 5　Anchor prestressing performance with time
(Beijing Xinqiao Hotel, built on sandy soil)

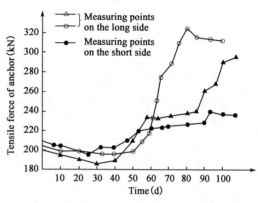

Fig. 6　Anchor prestressing performance with time
(Tianjin Huaxin Shopping Center)

On the basis of the analysis on the actual measurement of the variations in anchor prestressing for several foundation pits, we recommend that 0.7～0.9 of the designed value for the axial tensile force of anchor may be taken as prestressing level, namely the locking load of the anchor. When less displacement(≤3.0cm)is permissible for foundation pit support, 0.9 of the designed value for axial tensile force of anchor should be taken as locking load; When greater displacement(≤10cm)is permissible for foundation pit support, 0.7 of the designed value for axial tensile force of anchor should be taken as locking load.

岩土锚固工程的长期性能与安全评价

程良奎[1] 韩 军[1] 张培文[2]

(1. 中冶集团建筑研究总院,北京 100088;2. 长江科学院,湖北 武汉 430030)

摘 要:岩土锚固在我国土木、水利和建筑工程中已得到广泛应用,其成效显著。岩土锚固的长期性能与安全评价是当前岩土工程界普遍关注的一个热点问题,也是影响岩土锚固工程安全性的一个关键问题。对国内外重力坝、边坡、地下洞室、码头、干船坞、结构抗浮与基坑等17项岩土锚固工程长期性能的分析研究后指出:锚杆设计具有足够的安全富裕度,对锚杆结构整个长度实施完善的防腐保护,采用和发展具有良好化学与力学稳定性的锚杆技术,认真履行高标准的锚杆验收试验和建立完整的岩土锚固工程长期监测与维护管理体系是提高岩土锚固长期性能的主要途径和有效方法。初步建立了岩土锚固工程安全评价模式,还论述了锚固工程危险源的辨认方法,锚杆长期性能的监测与检测,岩土锚固安全工作临界指标以及岩土锚固病害的处治方法。

关键词:岩土工程;岩土锚固;长期性能;安全评价;承载力;防腐保护;初始预应力;病害处治
中图分类号:Tu443 文献标识码 A 文章编号 1000-6915(2008)05-0865-08

Lang-term Performance and Safety Assessmentofof Anchorane in Geotechnical Engineering

Cheng Liangkui[1] Han Jun[1] Zhang Peiwen[2]

(1. *Central Research Institute of Building and Construction*, *China Metallurgical Group Corporation*, *Beijng* 100088, *China*; 2. *Yangtze River Scientific Research Institute*, *Wuhan*, *Hubei* 430030, *China*)

Abstract The ground anchorages have been widely used and significant achievements have been achieved in the civil engineering, hydraulic engineering and construction engineering in China. The long-term performance and safety assessment issues of the ground anchorages are widely focused, which are the key issues influencing the safety of ground anchorages. According to the research and analysis of long-term performance of seventeen domestic and international ground anchorage projects such as gravity dam, slope, underground opening, dock, shipyard, structure against

---

* 本文摘自《岩石力学与工程学报》,2008(5):865-872.

floatation and foundation pit, the measures and means improving long-term performance of the ground anchorage are taken as follows:(1)allowable factor of safety for the design of ground anchor;(2)anticorrosion protection of the whole length of ground anchor;(3)research and development of new anchor system with mechanical and chemical stability;(4)strictly carrying out the acceptance test with the related code;and(5)setting perfect long-term monitoring and maintenance of ground anchor engineering systems. The safety assessment model is initially constructed;and the identification of potential dangerous sources, the long-term performance of monitoring and detection, the critical indices of safety and failure, and treatment methods for ground anchorages, are all described.

Key words　geotechnical engineering;ground anchorages;long-term performance;safety assessment;loading capacity;anticorrosive protection;initial prestress;defect and failure treatment

1　引言

近 20 年来,岩土锚固技术在我国土木、水利和建筑工程中得到空前广泛的发展。其发展速度之快、应用规模之大、应用量之多已跃居世界之首,而且正以飞跃之势向工程建设的广度和深度推进。在这种形势下,研究掌握岩土锚固工程的长期性能,对重大的锚固工程实施安全评价,对安全度不足或出现病害的锚固工程采取有效的处治措施,以保障岩土锚固工程的安全工作,是岩土工程工作者所面临的一项十分紧迫而重要的任务。

在国外,近年来对岩土锚固的长期性能研究已相当重视。1997 年在英国召开的"地层锚固与锚固结构"国际学术研讨会上,交流的 54 篇论文中,主要内容涉及岩土锚固长期性能的就有 11 篇。英国、南非和德国等国有关部门还专门对部分使用 10～22 年的岩土锚固工程的长期性能进行了全面的调查与检测,并做出了安全评价,对避免工程风险和提高工程的安全性发挥了重要作用。在我国,对岩土锚固长期性能的研究工作则刚刚起步,国家或行业标准对岩土锚固工程长期性能与安全评价的规定也不尽完善。相当多的永久性岩土锚固工程的长期监测力度十分不足,部分岩土锚固工程潜伏着安全隐患,有的已经出现了失稳或破坏,这种情况若任其发展,后果极为严重。因此,加强对岩土锚固工程长期性能研究,建立完善的岩土锚固安全评价方法,是我国当前岩土锚固技术健康发展和规避工程安全风险的一个重大课题。

2　岩土锚固工程的长期性能

岩土锚固工程的长期性能是岩土锚杆(索)及被锚固的结构物在经历较长时间(一般在 2 年以上)后,在不同工作与环境条件下的力学稳定性和化学稳定性的客观真实的反映,它直接关系着岩土锚固工程的安全状态。检验岩土锚固工程的长期性能指标一般应包括锚杆锁定荷载(初始预应力)变化量、锚杆现有承载力的降低率、被锚固地层与结构物的变形以及锚杆的腐蚀损伤程度。

本文收集到的世界各国 17 项被监测和检测的岩土锚固工程的长期性能见表 1。其中,长期性能良好的工程有 7 项,占 41.2%;长期性能基本良好,但少量或个别锚杆长期性能弱化或出现缺陷的工程有 5 项,占 29.4%;其余 5 项,即英国普利茅斯德文波斯皇家造船厂的干船坞锚固与泰晤士河挡土墙锚固,南非的德班外环线与萨尼亚道路立交桥边坡锚固和佛罗化萨沃客斯特边坡锚固和瑞士管线桥桥墩锚固等工程,则出现了严重的长期性能恶化和工程病害,占 29.4%。

国内外部分岩土锚固工程的长期性能　　　　表1

国家或地区	工程类型	工程名称	锚杆(索)安设年份	锚杆锁定荷载(kN)	长期性能简要概述	原因分析	处治措施
阿尔及利亚	重力坝锚固	切尔伐斯坝加高工程	1934	10000	使用35年后锚杆荷载平均损失率5%(按国内外有关规范规定,锚杆荷载变化<10%,都是容许的)		
法国	重力坝锚固	朱克斯坝工程	1974	1300	使用几个月后,有几根锚杆锚固段出现钢绞线断裂现象	锚杆的应力水平为筋体抗拉强度极限值的67%,导致筋体在高拉伸状态下应力腐蚀	
南非	挡土墙锚固	普莱顿湾上游围堤	1986~1989	—	8年后检查(包括检测)所有锚杆状态良好	优良的防护系统和完全有效的封孔灌浆,阻止了水和空气接触钢绞线与锚头	
南非	高架桥锚固	娄里爵士通道高架桥	1983~1984	1062	10年后对10%的锚杆进行了拉拔试验,情况良好。一般锚杆荷载损失0.5%~5%,有2根锚杆荷载分别增加0.06%和0.006%,拆开3根以混凝土包裹的锚杆,仅锚头有轻微腐蚀,筋体未有腐蚀,无蚀坑为抑制充泥层理面的顺层破坏,1976年用145根承载力为500kN的锚杆锚固边坡,至1978年6月,锚杆测力计显示,锚杆荷载已超过锁定荷载值的60%,于是新安装了15根750kN锚杆,并将原锚杆的荷载调整到原设计载荷的120%(600kN)。此后锚杆荷载仍不断增加,到1979年,经抗拔试验表明,所有锚杆的现存承载力下降。1981年8月,该区大雨后,边坡继续位移,锚杆荷载进一步增加,开挖检查到某些锚杆在紧挨锚头之下出现腐蚀	锚头轻微腐蚀是由于验收试验后混凝土封闭的时间延误了28d	
南非	边坡防护	德班外环线与萨尼亚道路立交桥	1975~1981	500~750		锚杆的安全系数小于1.5;附近有一条铁路,存在杂散电流;边坡持续位移,节理裂隙张开,使锚杆暴露于地下水的侵蚀环境中	将所有锚杆的工作荷载降低到原设计值的30%;对锚头下方的空隙重新灌浆;并新安装了160根锚杆,确保锚杆的安全系数大于1.5。此后又经历了11年,情况良好

续上表

国家或地区	工程类型	工程名称	锚杆(索)安设年份	锚杆锁定荷载(kN)	长期性能简要概述	原因分析	处治措施
南非	边坡锚固	佛罗伦萨沃塞斯特边坡工程	1989	300~21700(312根)	使用6年后,对10%的工程锚杆进行了抗拔试验,锚杆现存的承载力比锁定荷载低15%~20%	地下水呈酸性(pH值为4.78~5.00),75%锚杆在锚固段上部未封孔灌浆。锚头下方钢绞线张拉后裸露	计划于次年进行抗拔试验并采取相应的处治措施
英国	钢板桩锚固	泰晤士河锚拉钢桩	1969	500	使用21年后,即1990年2月26日锚杆杆体断裂;钢板桩倾倒,离开原来的起重机平台近30m	锚杆的防护存在严重缺陷,1~2根锚杆首先腐蚀破坏,引起相邻锚杆固定的系缆钢板桩也出现倾倒	
	结构抗浮	利物浦桑登多克废水处理工程	1985	1950	对65根锚杆中的9根安装了测力计,经10年的监测,锚杆初始荷载(锁定荷载)变化为-2%~+3%,性能良好	对所有工作锚杆进行并通过1.5倍工作荷载的验收试验,安装测力计的锚杆锚头采取良好的防腐处理	
	综合码头和干船坞锚固	普利茅斯德文波斯皇家造船厂	1971~1974	2000	对在海水中工作了22年的全部锚杆(224根)进行了抗拔试验表明(并以最保守的方法评估),锚杆能承受的工作荷载降低了61%(14号船坞)和38%(15号船坞),未完全用护套并暴露在轻微腐蚀环境中的钢绞线,在工作22年后直径缩小了1~2mm	14号船坞现存锚载荷降低严重,是由于外露钢绞线机械损伤较严重所致	按评估的锚杆荷载继续使用,并增补锚杆,以满足工程设计的锚杆抗力;对每根锚杆的上下方喷补防腐材料,锚头上部裸露的钢绞线涂油脂并加上护套
美国	挡土墙锚固	—	1974	210	采用ϕ35mm的钢筋锚杆背拉挡土墙;使用2年后,其中几根锚杆断裂,并像标枪一样由墙内飞出	筋体未加防护,该区域有烧煤的火车头掉下的煤渣形成硫酸,使地下水具有腐蚀性	
德国	重力坝锚固	EDER大坝	1992~1993	4500	对104根锚杆进行拉拔试验,在26个月后,锁定荷载平均损失为1.4%,也未见腐蚀征兆,长期性能良好	对全部锚杆实施并通过了验收试验,施加预应力荷载是在几周或几个月内采用锁定荷载(4500kN)的50%、80%和100%的间隔分步骤施加	

续上表

国家或地区	工程类型	工程名称	锚杆(索)安设年份	锚杆锁定荷载(kN)	长期性能简要概述	原因分析	处治措施
中国香港	挡土墙锚固	—	1977	1050	3年后检查,有1根锚杆自由段处的2根钢绞线腐蚀破坏,对45根锚索金相检验表明,对自由段锚筋采用涂油套管保护前裸露1~8个月及16~36个月的钢绞线,直径分别减少2.7%和12.0%	锚头下方无防腐保护,在锚杆张拉与锚头封闭保护期间有很长时间耽搁	
瑞士	管线桥桥墩锚固	—	1976	1130~1150	使用5年后,有3根锚杆锚固段筋体(距自由段0.5m)处出现腐蚀断裂,导致锚固桥墩破坏引发倒塌	锚杆锚固段处于透水的填土和砾石层中,地下水中含硫酸和氯化物,施工质量低劣,缺少压水试验,锚固段仅采用水泥浆简单防腐,注浆量也不足	
中国	坝基锚固	安徽梅山水库坝基锚固工程	1963	2400~3240	使用8年后,3根锚杆的部分钢丝(直径$\phi5.0$mm)出现断裂	承载力为3240kN的锚杆杆体由165根钢丝组成,钢丝受力不均,控制应力过高,引起应力腐蚀	
中国	边坡工程	西南某大型边坡锚固工程	1990	1500~2000	使用10年后,部分锚杆锚头拆开后检查,锚具与钢绞线出现锈蚀	外露筋体及锚具未及时封闭,锚头处封闭层太薄,局部仅有厚10mm的砂浆	
中国	基坑支护	北京华正大厦基坑工程	2004	300	3年后对4根土层锚杆进行抗拔试验,极限承载力均大于480kN,未见荷载损失,锚杆长期性能良好		

从表1中还可看出,具有足够的设计安全度、全面而有效的防腐措施,并通过严格的规范化验收试验的岩土锚固工程,均呈现出良好的长期性能。反之则会引发锚杆承载力显著降低、被锚固地层变形急剧发展并偏大、筋体与锚具锈蚀、筋体截面减小乃至断裂等长期性能恶化与工程病害。英国泰晤士河挡墙工程工作21年后,因锚杆杆体断裂引发钢板桩倾倒事故见图1、图2,中国西南某大型边坡锚固工程因锚杆锚头保护层不足20mm,导致锚杆锚头(锚具与筋体)腐蚀,见图3。分析出现这些病害的原因有:

(1)锚杆安全度不足,导致被锚固的岩土体变形急剧发展,而裂隙的展开,又使锚杆遭受裂隙水的侵蚀;

(2)局部锚杆失效,而使邻近锚杆超载工作,从而引发大面积的锚杆破坏;

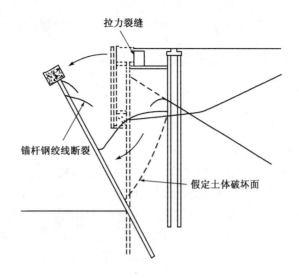

图1 英国泰晤士河挡土墙工程因锚杆断裂引发钢板桩倾倒

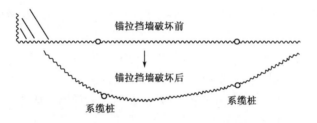

图2 锚拉挡墙破坏前后墙与锚杆的位置

图3 中国西南一大型边坡锚杆锚头锚具与筋体锈蚀

(3)锚杆杆体控制应力(锁定荷载)大于杆体抗拉强度标准值的60%,引起钢绞线应力腐蚀;

(4)锚头下一定范围内的自由段筋体裸露,封孔灌浆不到位;

(5)长期工作在海水或酸性水侵蚀环境中,且锚杆自由段筋体无套管防护;

(6)在工作范围内遭受杂散电流的侵蚀；

(7)锚头保护层不足，导致保护层开裂，大气水的入渗而腐蚀锚杆。

3 提高岩土锚固长期性能的途径与方法

根据国内外岩土锚固技术的发展及部分被检验揭示的岩土锚固工程长期性能的状况分析，笔者认为要提高岩土锚固的长期性能，确保锚固工程的长期安全工作，应采取以下主要途径和方法。

(1)锚杆设计应有足够的安全度。

预应力锚杆设计应合理确定锚杆的工作荷载和自由张拉段长度，选取足够的杆体抗拉安全系数和锚固体抗拔安全系数。锚杆的自由段长度不应小于5.0 m，并应伸入潜在滑移面或破坏面1.5m以上。永久性岩土锚杆的抗拔安全系数应不小于2.0，锚杆(筋)体的抗拉安全系数应不小于1.8。对于采用高强钢绞线、钢丝做筋体的高承载力（>2000kN）预应力锚杆，为有效避免多根钢绞线受力不均及筋体在高拉应力状态下的应力腐蚀的不良影响，杆体的抗拉安全系数应不小于2.0。

(2)建立有效的锚杆防护体系。

永久性锚杆的所有部件，均应有完善的防腐保护方法，应该建立有效的锚杆防护体系，其防护要点有：

①周密调查、检验和判别锚杆工作环境的腐蚀性；

②永久性锚杆应采用双层防护措施(两种物理防护层)；

③锚杆防护的自由段应永久自由，确保锚杆荷载完全传递给锚固体；

④锚杆张拉锁定后，务必对锚头下方进行密封灌浆；

⑤对外露的钢绞线、钢筋及锚具，必须及时涂抹防腐油脂，锚头的混凝土保护层厚度不得小于5cm；

⑥防护系统必须具有足够的强度和韧性。必要时，可采用瑞士等国推行的张拉锁定后测定锚杆的电绝缘值，以检验锚杆防护系统在运输、安装、加荷过程是否受到损坏。

(3)发展能改善力学与化学稳定性的锚固结构。

对土层与软岩锚固，应推行压力分散型锚固体系。这种锚杆受荷时，可显著降低应力集中现象，黏结应力分布均匀，蠕变量小(图4)，且锚杆全长均为双层防腐，锚固段灌浆体基本上处于受压状态，防腐性能好。对软土锚固，应采用可重复高压灌浆型锚杆，以大幅度提高锚杆的极限抗拔力和降低蠕变变形。对节理裂隙发育的破碎岩层或溶蚀岩层的锚固，应发展袋式挤压型锚杆，以抑制水泥灌浆浆液的流失，提高锚固段灌浆体的饱满度和完整性。对承受反复荷载的锚固工程，应采用扩体型锚杆，以增加锚杆与地层间的咬合效应，抑制变异荷载作用下锚杆的附加位移。对在海水或强腐蚀地层中工作的锚固工程，可考虑采用环氧涂层钢绞线、纤维增强塑料等材料做筋体的锚杆。

(4)认真履行锚杆的验收试验。

必须不折不扣地按规范规定的锚杆数量、最大试验荷载值(永久性锚杆应为锚杆拉力设计值的1.5倍)、试验方法和验收合格标准实施验收试验。特别要严格遵守锚杆在最大试验荷载下持续10min或60min，其蠕变量应分别小于1.0mm和2.0mm的规定。如超过这一数值，则锚杆可能在使用过程中因蠕变量过大而失效。验收试验不合格的锚杆应及时更换或降低其设计抗力使用。任何马虎、轻率和不规范的验收试验都会给锚杆长期性能带来后患。

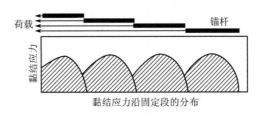

图 4　压力分散型锚杆的黏结应力分布

(5)建立完整的锚固工程长期监测与维护管理体系。

岩土锚固工程的整个生命周期内,在暴雨、冻融、干湿交替、变异荷载、爆破、开挖和震动等不利因素影响下会使锚杆工作荷载增加,影响到锚杆的工作性能,特别对设计施工存在缺陷的锚固工程,对这些不良工作环境的抵抗能力是很差的。因此,务必对岩土锚固工程建立完整的锚杆长期性能监测、检测系统,加强对岩土锚固工程的维护管理与安全评价,切实掌握岩土锚固工程整个生命周期内的安全工作状态。对少量或个别安全度不足的锚杆,应及时采取有效的处理措施。

4　岩土锚固工程的安全评价

4.1　安全评价模式

我国岩土锚固工程正在迅速发展,但对大量使用中的岩土锚杆的长期性能缺乏较深入的了解,对新建的岩土锚固工程的长期监测力度又十分不足,部分岩土锚固工程在长期使用过程中,在诸多不利因素影响下,可能潜伏着锚杆性能的弱化或恶化乃至失稳、破坏的危险。因此加强对岩土锚杆(索)长期性能的检测和监测,认真识别岩土锚固工程的危险源和风险率,合理设定岩土锚固安全工作的临界技术指标,对安全度不足的锚固工程适时地采取有效的处治方法,建立岩土锚固工程安全评价体系是至关重要和必不可少的。

岩土锚固工程的安全评价模式(图 5)主要包括岩土锚固危险性识别与岩土锚固危险度评价两个方面。

4.2　锚固工程危险源识别

对锚固工程危险源的识别,首先应对影响岩土锚固长期性能的一般性危险源进行细致周密地观察。主要调查观察的事项有:

(1)工程防排水设施是否能正常工作,有无局部乃至全面失效或破坏。

(2)工程范围内是否存在引起锚杆腐蚀的介质或杂散电流环境。

(3)暴雨季节雨水入渗边坡及其对锚杆侵蚀程度。

(4)邻近处是否有对岩土锚杆安全工作不利的开挖、爆破和震动等危险因素。

(5)锚杆锚头、传力装置及工程影响范围内的建(构)筑物与岩土体是否有异常的变形迹象。若有,应详细测绘变形特征及分布状况。

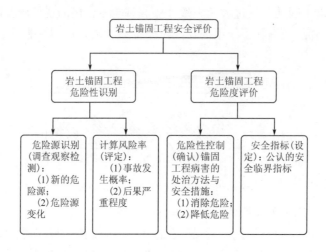

图5 岩土锚固安全评价模式

4.3 锚固长期性能的监测与检测

为深入了解岩土锚固工程危险源的影响度,正确评价岩土锚固工程的安全状态,必须对能反映岩土锚固长期性能的主要指标进行监测与检测。主要监测与检测的项目有:

(1)锚杆现有极限承载力。

可选取工程总量的10%的锚杆进行抗拔试验。其要点是采用将锚杆外露钢绞线接长的方法,对工作锚杆实施再张拉,可测得锚杆现有的极限承载力及极限承载力的损失率。同时也可获得锚杆失效时锚固段灌浆体与岩土层间的平均黏结力。

(2)锚杆初始预应力变化。

永久性锚杆应取10%的工作锚杆进行锚杆初始预应力变化的监测。其方法要点是在锚杆荷载锁定时,即安设振弦式测力计,并定期测定钢弦的频率,由于钢弦频率与荷载有精确的对应关系,因而通过测力计钢弦频率的变化即可掌握锚杆初始预应力的变化。

为有利于对锚杆实施再次补偿张拉或放松张拉力,在锚杆荷载锁定后,锚杆锚头(钢垫板、锚具和外露钢质杆体)应立即用钢罩密封,钢罩内应充满防腐油脂,以防止空气、雨水对锚头金属部件的侵蚀。

(3)锚杆锚头位移及被锚固结构物变位。

以边坡锚固工程为例,可选择有代表性的横断面埋设测点,对锚杆锚头位移、坡面及坡体内的变位进行监测。对锚杆锚头和坡面位移监测,可选用高精度经纬仪、水准仪与光波测距仪等,对坡体内地层的变位监测可采用多点伸长计等。

(4)锚杆腐蚀状况

根据国际预应力混凝土协会统计的世界各国35项锚杆腐蚀破坏案例,预应力锚杆的腐蚀主要发生在锚头和临近锚头的杆体自由段长度内。因而,锚杆腐蚀状况检查的重点是拆除锚头的混凝土保护层和离锚头1.0m范围内的灌浆体,检查筋体的腐蚀及直径变化情况,必要时进行金相分析。

4.4 岩土锚固工程危险度评价

关于岩土锚固工程危险度评价，必须首先设定锚固工程安全临界技术指标。根据国内外的有关锚杆技术标准，及对一些出现锚杆长期性能恶化乃至失稳破坏的岩土锚固工程的研究分析，永久性岩土锚固工程的安全临界技术指标（建议值）见表2，这仅仅作为确定工程是否应进行处治补强的初步的、建议性的判据，有待在工程实践中细化与修正。

永久性岩土锚固工程安全临界技术指标（建议值）　　表2

项　目	安　全　指　标
锚杆极限抗拔力	降低率≤10%
锚杆初始预应力（锁定荷载）	变化幅度≤±10%
锚杆锚头或锚固结构的位移速率与位移量	位移速率≤0.02mm/d 且趋于收敛
锚杆的腐蚀状况	筋体锈蚀引起的横截面减少率≤10%

5 岩土锚固工程病害的处治

通过调查、观察和检测，确实表明锚固工程已出现病害，安全度已明显降低，不能满足原设计要求，有一项以上的锚杆性能指标已越过临界状态，则应采取以下有效的处治方法，以保证岩土锚固工程的安全。

5.1 一般性处治方法

（1）排除不利于锚固工程安全工作的危险源，如修复、完善或增设防排水设施、隔绝杂散电流环境影响等。

（2）对初始预应力（锁定荷载）变化幅度大于10%的锚杆，在查明原因后应采取再次张拉或放松拉力措施。

（3）对于出现锈蚀的锚具、垫板进行喷砂除锈，经查明的锚头以下自由段筋体出现锈蚀的部位，务必认真清除锈迹，对未进行或已开裂破坏的封孔注浆部位应重新进行严格的封孔注浆。

（4）凿除出现开裂的锚头保护层，重新施作锚头处的混凝土，且锚头混凝土保护层厚度不应小于5cm。

（5）加强或更换锚杆的传力结构，使之达到设计要求的强度和刚度。

5.2 增设锚杆

对局部区段出现锚杆抗力不足或变形过大的可采用锚杆局部加固。经检查和检测，出现大范围锚杆抗力不足，工程安全度明显下降的工程，则必须全面系统地采用锚杆加固。增补锚杆的数量和抗力应满足锚固工程的安全度要求。

对处于土层或软岩层中的增补锚杆，宜采用可重复补强型锚杆（图6）或压力分散型锚杆。可重复补强型锚杆的构造特点是通过设置袖阀管、止浆塞，使高压浆液经灌浆管劈开既有的灌浆层而向周边的岩土体挤压扩散，从而能显著提高既有锚杆的抗拔力。压力分散型锚杆则具有良好的力学与化学稳定性。

5.3 完善或重新建立完整的锚杆长期性能监测系统

对出现病害的岩土锚固工程，在采取必要的处治措施的同时，务必完善或重新建立完整的锚杆长期性能(锚杆拉力、位移以及被锚固结构物的变形等)监测系统,加强对岩土锚固工程的维护管理,切实掌握岩土锚固工程在整个生命周期内的安全状态。

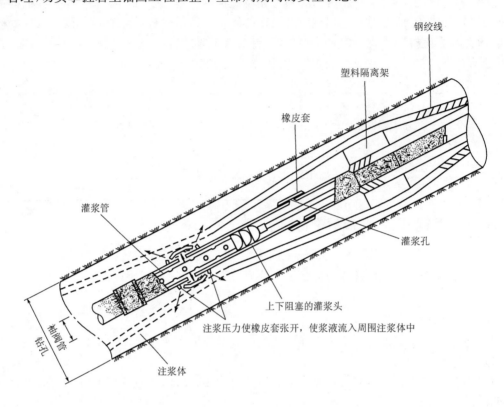

图6 可重复补强型锚杆

6 结论

(1)从所揭示的国内外17项岩土锚固工程的长期性能的检测与监测结果表明:锚杆(索)结构安全度不足,锚杆部件超载;锚杆的控制应力(锁定荷载)大于杆体抗拉强度标准值的60%而引起应力腐蚀;在海水或严重酸性水条件下工作而无完善防护装置;杂散电流侵蚀;紧邻锚头自由段封孔灌浆不到位,锚头防护不及时和保护层过薄是导致锚杆承载力下降、杆体锈蚀、断裂乃至被锚固结构物等长期性能恶化的主要原因。

(2)锚固结构设计具有足够的安全度、对锚杆实施全面有效的防腐保护,采用具有良好的力学与化学稳定性的锚固结构和严格规范的锚杆验收试验,是改善与提高锚固工程长期性能的主要途径和方法。

(3)确立岩土锚固工程安全评价体系对我国岩土锚固工程持续长久安全工作和健康发展具有重大作用。当前尤其应抓紧对工作多年和已显露局部病害征兆的重大岩土锚固工程进行安全评价工作。

(4)本文提出的岩土锚固工程的危险源辨别、长期性能的检测与监测、危险度评价及锚固工程病害处治是岩土锚固工程安全评价系统中不可割舍的重要环节,可在锚固工程安全评价的实践中加以完善和提升。

参 考 文 献

[1] 程良奎. 岩土锚固研究与新进展[J]. 岩石力学与工程学报,2005,24(21):3803-3811. [Cheng Liangkui. Research and new progress in ground anchorage[J]. Chinese Journal of Rock Mechanics and Engineering,2005,24(21):3803-3811. (in Chinese)]

[2] PARRY-DAVIES R, KNOTTENBELT E C. Investigations into long-term performance of anchors in South Africa with emphasis on aspects requiring care[C]// Proceedings of International Symposium on Ground Anchorages and Anchored Structures. London: Themas Telford,1997:384-392.

[3] JONES D,TONGE D,SIMPSON A. Design,installation,testing and long-term monitoring of 200 t rock anchorages at Sandon Dock,Liverpool[C]// Proceedings of International Symposium on Ground Anchorages and Anchored Structures. London: Themas Telford,1997:297-307.

[4] WEERASINGHE R B,ANSON R W W. Investigation on long-term performance and future behaviour of existing ground anchorages[C]//Proceedings of International Symposium on Ground Anchorages and Anchored Structures. London: Themas Telford,1997:353-362.

[5] FEDDERSEN I. Improvement of the overall stability of a gravity damwith 4500kN anchors[C]// Proceedings of International Symposiumon Ground Anchorages and Anchored Structures. London:Themas Telford,1997:318-325.

[6] 程良奎,范景伦,韩军,等. 岩土锚固[M]. 北京:中国建筑工业出版社,2003. [CHENG Liangkui,FAN Jinglun,HAN Jun,et al. Anchoring in soil and rock[M]. Beijing:China Architecture and Building Press,2003. (in Chinese)]

[7] BARLEY A D. The failure of a 21-year old anchored sheet pile quaywall on the Thames [J]. Ground Engineering,1997,30(2):42-45.

[8] LITTLEJOHN G S. 地锚的腐蚀特性[C]// 岩土预应力锚固技术应用及研究. 长沙:湖南科学技术出版社,2002:160-181. [LITTLEJOHN G S. Corrosion character of ground anchorage[C]// Application and Research of Ground Prestress Anchorage. Changsha: Hunan Science and Technology Press,2002:160-181. (in Chinese)]

[9] 中华人民共和国行业标准编写组. CECS22:2005 岩土锚杆(索)技术规程[S]. 北京:计划出版社,2005. [The Professional Standards Compilation Group of People's Republic of China. CECS22:2005 Specification for design and construction of ground anchors[S]. Beijing:China Planning Press,2005. (in Chinese)]

[10] FISCHLI F. Electrically isolated anchorages[C]// Proceedings of International Symposium on Ground Anchorages and Anchored Structures. London: Themas Telford, 1997:335-342.

[11] BARLEY A D. Theory and practice of the single bore multiple anchor system[C]//

Proceedings of International Symposium on Anchors in Theory and Practice. Salzburg, Austria:[s. n.],1995:126-135.

[12] 程良奎,韩军. 单孔复合锚固法的理论和实践[J]. 工业建筑,2001,31(5):35-38. [Cheng Liangkui,Han Jun. Theory and application of single-bore multiple anchors system[J]. Industrial Construction,2001,31(5):35-38. (in Chinese)]

[13] 国家安全生产监督管理局. 安全评价[M]. 北京:煤炭工业出版社,2002:1-32. [State Administration of Work Safety. Safety assessment[M]. Beijing:China Coal Industry Publishing House,2002:1-32. (in Chinese)]

[14] 陈奕奇,郭红仙,宋二祥,等. 岩土锚固结构腐蚀程度的评估[J]. 岩石力学与工程学报,2007,26(7):1492-1498. [Chen Yiqi,Guo Hongxian,Song Erxiang,et al. Corrosion evaluation for existing ground anchored structure[J]. Chinese Journal of Rock Mechanics and Engineering,2007,26(7):1492-1498. (in Chinese)]

[15] 韩军,张智浩,艾凯. 影响岩土锚固工程安全性的几个关键性问题[J]. 岩石力学与工程学报,2006,25(增2):3874-3878. [Han Jun,Zhang Zhihao,Ai Kai. Key issues on safety of ground anchorage engineering[J]. Chinese Journal of Rock Mechanics and Engineering,2006,25(Supp. 2):3874-3878. (in Chinese)]